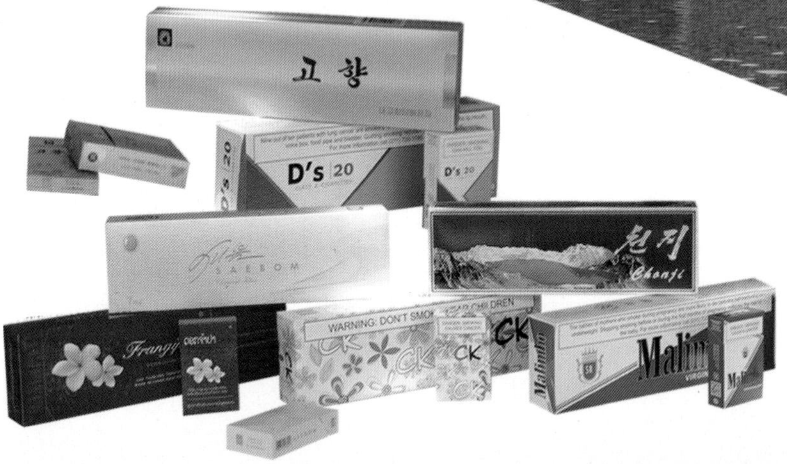

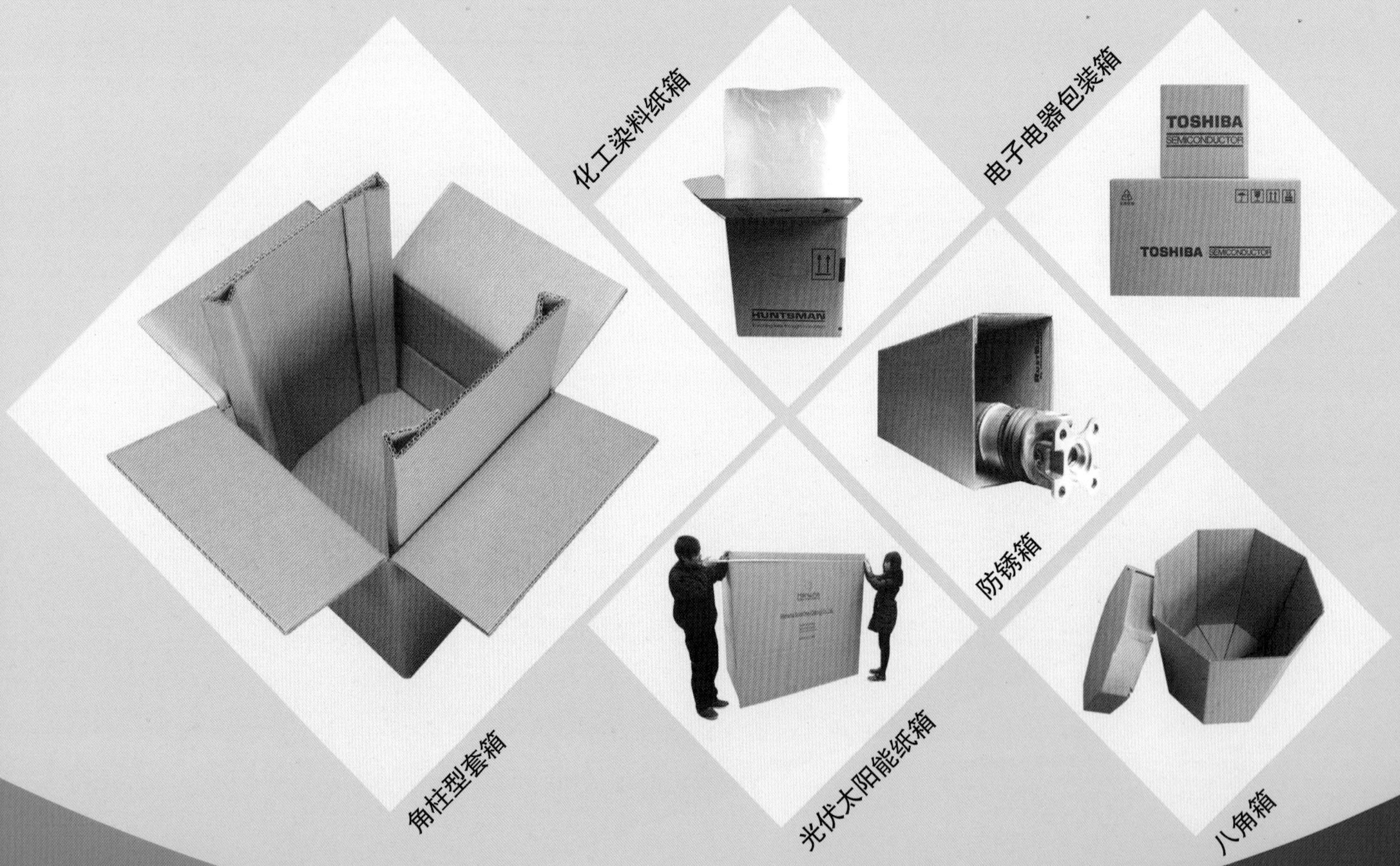

永發印務(東莞)有限公司
THE WING FAT PRINTING (DONG GUAN) CO. LTD.

百年传承 永续发展

Inheriting One Hundred Developing Sustainably

公司概况

永发印务（东莞）有限公司是永发印务有限公司（香港）旗下全资企业，成立于2001年，注册资本2.5亿港元，占地面积3.3万平方米，建筑面积2.6万平方米。公司主要生产药包、酒包、食品包装及高档日化品为主的精品包装。公司园区环境优美，生产车间宽敞明亮，办公环境严谨有序，员工生活设施舒适齐全，是当地经济发展的支柱企业之一，综合实力在国内同行业中居于前列。

公司拥有国内外一流的生产装备和检测设备，并以核心技术为引领，以专业人才为保障，以精细化管理为手段，推动全方位的科学化、规范化、信息化管理，形成了布局完善的生产工艺流程、规范的作业指导和严格的品质监控体系。公司通过了ISO9001质量管理体系、ISO14001环境管理体系、OHSAS18001职业健康安全管理体系、ISO22000食品安全管理体系、SA8000社会责任管理体系认证。

公司设备

博斯特凹印机

博斯特全清废模切机

罗兰UV胶印机

博斯特烫金机

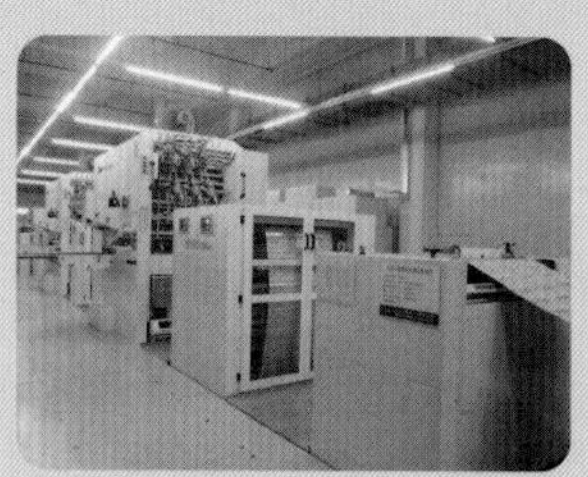
有恒MK卷对卷烫金机

安捷伦Agilent气质联用色谱仪

安捷伦Agilent高效液相色谱仪

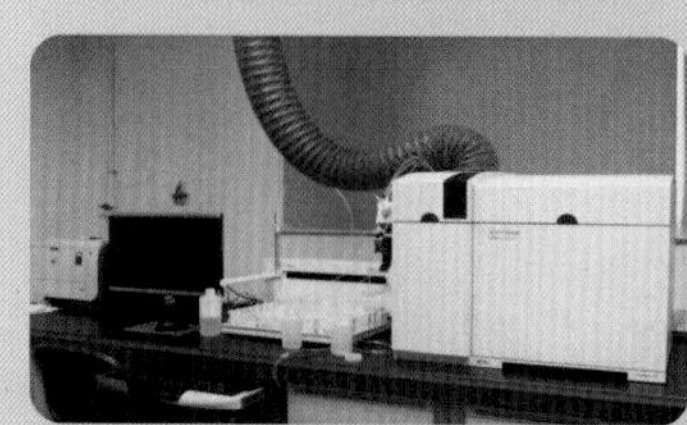
安捷伦Agilent电感耦合等离子体质谱仪

云南红塔彩印包装有限公司

HONGTA TOBACCO(GROUP)CO.,LTD.

云南红塔彩印包装有限公司是1993年6月由云南合和（集团）股份有限公司、云南通印股份有限公司、香港精工卫生纸业有限公司三方共同投资组建的港澳台合资企业，投资总额1572.36万美元，注册资本980万美元。公司下设七部一中心：生产设备部、质量管理部、市场供应部、核算计价部、财务部、综合管理部、安全环保部和技术中心，生产设备部下设两个车间：印刷车间、检验车间。

公司视质量为生命，2010年4月通过了ISO14001:2004环境管理体系认证、ISO 9001：2008质量管理体系认证、GB/T 28001—2001职业健康安全管理体系认证，在企业内部实行标准化、定量化、制度化、规范化管理，体系认证涵盖企业生产经营管理全过程。

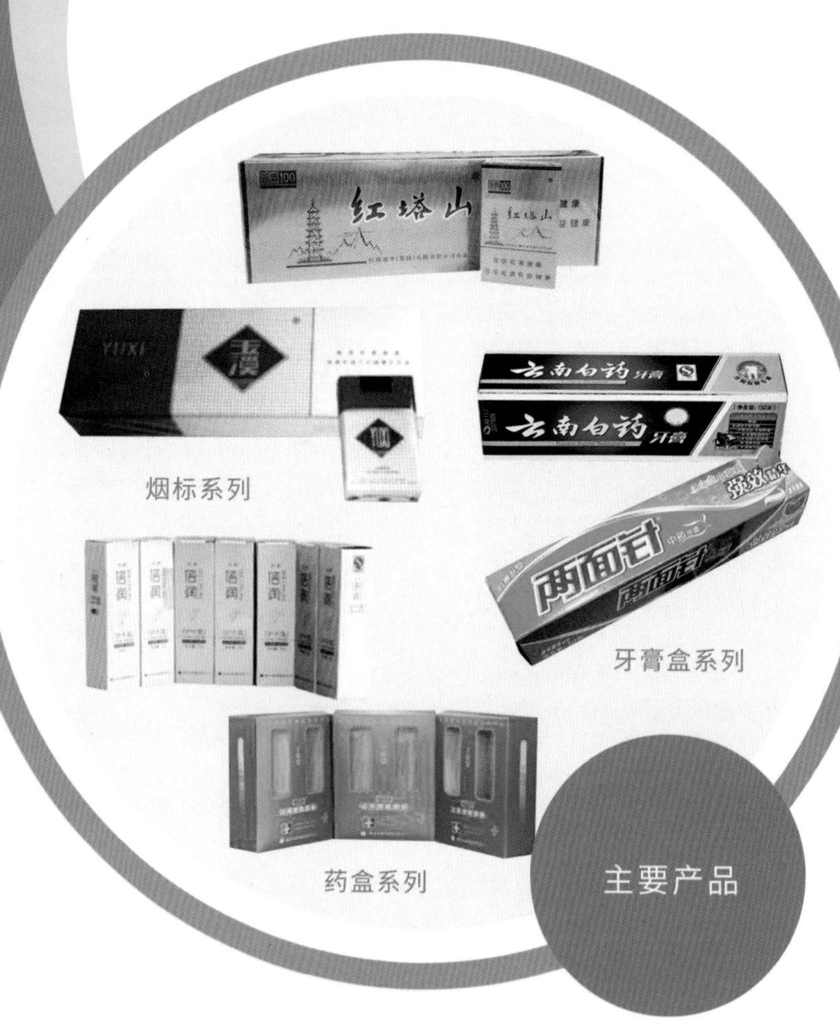

公司以科学技术为先导，引进美国、法国、瑞士、日本、德国、澳大利亚等国的先进印前、印刷、辅助加工设备。集产品设计、凹印、胶印、丝印、全息烫印、模切、覆膜、糊盒等各种生产工序为一体，以领先的工艺技术、雄厚的实力致力于卷烟商标、食品包装、酒盒、针药、牙膏盒等各种纸制品、包装产品的印刷、制作。公司目前主要为玉溪红塔（烟草）集团、红塔集团大理卷烟厂、红塔集团楚雄卷烟厂、红塔集团海南卷烟厂、红塔辽宁烟草公司、红塔集团长春卷烟厂、寮中红塔好运烟草有限公司、昆明制药集团、云南白药集团、昆明积大制药等著名企业配套生产各种品牌的名优卷烟商标、针药、牙膏包装盒。其主要产品是：玉溪、红塔山、红梅等各种卷烟条盒、翻盖、商标产品及牙膏、针药包装盒。所生产的产品多次被评为行业优秀产品，得到了广大客户的称赞和信赖。公司坚持“以人为本，关爱员工；提质创新，诚信顾客；保护环境，节能降耗；持续改进，提升绩效”的管理方针，始终奉行“不求最大，只求最优”的经营理念，严格按照国际质量管理体系要求生产各种产品，保持红塔彩印产品“品质优良”的信誉。在各界朋友的支持下，我们将继续致力于现代包装印刷服务，以“诚信、敬业、求实、创新”的企业精神为指导，与各界朋友携手合作，共创美好的明天。

地址：云南省玉溪市通海县礼乐西路133号

邮编：652799

电话：（0877）3801181 3803127

传真：（0877）3803124

E-mail：htcy1993@188.com

董事长：葛涛 总经理：李虹

中国包装标准汇编

纸包装卷

（第三版）

中国标准出版社　编

中国标准出版社

北　京

图书在版编目(CIP)数据

中国包装标准汇编. 纸包装卷/中国标准出版社编.
—3 版.—北京:中国标准出版社,2019.7
ISBN 978-7-5066-9425-4

Ⅰ.①中… Ⅱ.①中… Ⅲ.①包装标准-汇编-中国
Ⅳ.①TB488

中国版本图书馆 CIP 数据核字(2019)第 126908 号

中国标准出版社出版发行
北京市朝阳区和平里西街甲 2 号(100029)
北京市西城区三里河北街 16 号(100045)
网址 www.spc.net.cn
总编室:(010)68533533 发行中心:(010)51780238
读者服务部:(010)68523946
中国标准出版社秦皇岛印刷厂印刷
各地新华书店经销
*
开本 880×1230 1/16 印张 50.5 字数 1532 千字
2019 年 7 月第三版 2019 年 7 月第三次印刷
*
定价 255.00 元

出版说明

《中国包装标准汇编》是我国包装行业标准化方面的一套大型丛书，按行业分类分别立卷。

本汇编为丛书的一卷，本次修订收集了截至2019年6月底批准发布的纸包装国家标准和行业标准共计94项，其中，国家标准88项、行业标准6项。本汇编内容包括：术语、包装材料、包装材料试验方法，包装制品。

本汇编收集的标准的属性已在目录上标明，年代号用四位数字表示。鉴于部分国家标准和行业标准是在标准清理整顿前出版，现尚未修订，故正文部分仍保留原样，读者在使用这些标准时，其属性以目录上标明的为准（标准正文"引用标准"中的标准的属性请读者注意查对）。国家标准转化为行业标准尚未修订的，在目录中给出调整后的标准号，标准正文未作改动。

本汇编可供包装行业的生产、科研、销售单位的技术人员，各级监督、检验机构的人员、各管理部门的相关人员使用，也可供大专院校有关专业的师生参考。

编　者

2019年6月

目　录

一、术　语

二、包装材料

三、包装材料试验方法

四、包装制品

一、术　　语

ICS 85-010
Y 30

中华人民共和国国家标准

GB/T 4687—2007
代替 GB/T 4687—1984

纸、纸板、纸浆及相关术语

Paper, board, pulps and related terms—Vocabulary

(ISO 4046:2002, MOD)

2007-12-05 发布　　2008-09-01 实施

中华人民共和国国家质量监督检验检疫总局
中国国家标准化管理委员会　发布

前　言

本标准修改采用国际标准 ISO 4046:2002《纸、纸板、纸浆及相关术语》。

为了与 ISO 4046:2002 保持一致，每章均按照英文术语的字母顺序进行排序。

本标准与 ISO 4046:2002 的主要差异如下：

——ISO 4046:2002 为系列标准，共由 5 个部分组成，而 GB/T 4687—2007 为一个标准；

——本标准的第 2、3、4 章分别对应 ISO 4046:2002 的第 2、3、5 部分；

——归纳合并英文同义词，同时相应变动条文编号；

——考虑到 ISO 4046:2002 的第 4 部分《纸和纸板的品种及其加工产品》与我国现状存在较大的差异，因此 GB/T 4687—2007 未采纳该部分内容。

本标准代替 GB/T 4687—1984《纸、纸板、纸浆的术语　第一部分》。

本标准与 GB/T 4687—1984 相比主要变化如下：

——标准的名称发生了变化；

——术语的分类方式发生了变化：GB/T 4687—1984 将术语分成 7 章，而 GB/T 4687—2007 将术语分成 3 章。

本标准由中国轻工业联合会提出。

本标准由全国造纸工业标准化技术委员会(SAC/TC 141)归口。

本标准起草单位：中国制浆造纸研究院。

本标准主要起草人：陈曦、邱文伦、崔立国、邓知明。

本标准所代替标准的历次版本发布情况为：

——GB/T 4687—1984。

本标准由全国造纸工业标准化技术委员会(SAC/TC 141)负责解释。

纸、纸板、纸浆及相关术语

1 范围

本标准规定了纸、纸板、纸浆和有关的术语。

本标准适用于所有纸、纸板和纸浆。

2 制浆术语

2.1

风干量 air-dry mass

水分与周围环境平衡时纸浆的质量。

2.2

风干浆 air-dry pulp

水分与周围环境平衡时的纸浆。

参看商业规定干度(2.56),干浆(2.23),湿浆(2.59)。

注:贸易双方认可的风干浆的理论水分含量,称之为商业规定干度。

2.3

甘蔗渣浆 bagasse pulp

由脱除了大部分糖汁和髓细胞的甘蔗秆制成的纸浆。

2.4

竹浆 bamboo pulp

由竹杆制成的纸浆。

2.5

黑液 black liquor

从化学浆(通常指硫酸盐法或烧碱法)蒸煮后的产物中分离出来的废液。

2.6

漂白化学热磨机械浆 bleached chemi-thermomechanical pulp

漂白化学热磨机械浆 BCTMP

漂白至较高亮度(蓝光漫反射因数)的化学热磨机械浆,亮度通常不低于70 %ISO。

2.7

漂白浆 bleached pulp

经漂白过的纸浆。

参看未漂浆(2.58),半漂浆(2.45)和全漂浆(2.25)。

2.8

漂白 bleaching

为提高纸浆的亮度(蓝光漫反射因数),将纸浆的有色成分脱除或改性至一定程度的工艺过程。

2.9

褐色机械浆 brown mechanical pulp

通过汽蒸或煮过的木材而制得的机械浆。

2.10

碱性碳酸钠半化学浆　caustic carbonate semi-chemical pulp

以碳酸钠为主要蒸煮介质，并加入少量氢氧化钠以保持适宜碱性所制得的半化学浆。

注：这种纸浆通常用于制造瓦楞原纸。

2.11

化学浆　chemical pulp

用化学处理，例如蒸煮，从植物纤维原料中除去相当大一部分非纤维素成分而制得的纸浆，不需要为了达到纤维分离而进行随后的机械处理。

2.12

化学品回收　chemical recovery

对化学制浆中使用过的蒸煮化学品进行回收的工艺。

2.13

化学机械浆　chemi-mechanical pulp

化学机械浆　CMP

在制造过程中使用了化学品的机械浆。

2.14

化学热磨机械浆　chemi-thermomechanical pulp

化学热磨机械浆　CTMP

把加入化学品或用化学药品预处理过的木片预热至温度约 100℃，然后在通蒸汽的压力盘磨机中分离成纤维而制得的化学机械浆。

注：该种浆料得率较高，保留了机械浆的特征。

2.15

木片磨浆　chip refining

用盘磨机处理木片制得盘磨机械浆的方法。

2.16

冷碱法浆　cold-soda pulp

先将木片(或其他植物纤维原料)在室温下用氢氧化钠溶液浸泡，然后进行机械磨浆。用这种方法制得的化学机械浆即为冷碱浆。

2.17

杂质　contrary

任何嵌入到纸浆、纸和纸板内的不需要的小块物质，其尺寸超过规定的最小尺寸，且相对于纸页表面呈现出明显的不透明度。

2.18

蒸煮　cooking

通常在一定压力下，用化学药液对天然纤维原料进行加热处理。

2.19

脱墨　de-inking

除了碎浆及随后的洗涤外，任何从废纸浆中脱除油墨的工艺过程。

2.20

尘埃　dirt

任何非纤维性杂质。

2.21

浆样的解离　disintegration of a pulp sample

在水中对浆样进行机械处理，使游离在浆料中未散开的纤维彼此分离，但其结构属性并无显著变化。

2.22

溶解浆　dissolving pulp

主要用于加工纤维素衍生物的纸浆。

2.23

干浆　dry pulp

水分含量近似于风干浆的纸浆。

参看湿浆(2.59)。

2.24

爆破法制浆　explosion pulping

木片(或其他植物纤维原料)在高温高压下用化学药品或水处理,通过一个专用的喷放装置快速喷放的制浆方法。

2.25

全漂浆　fully bleached pulp

漂至高亮度(蓝光漫反射因数)的纸浆。

参看半漂浆(2.45),未漂浆(2.58)和漂白浆(2.7)。

2.26

总质量　gross mass

一包浆、一批浆或一批中一部分浆的总质量,包括内容物、打包用铁丝或捆包带。

2.27

磨木浆　groundwood pulp

磨木浆　GWP

木材在研磨表面(如磨木机的磨石)进行研磨所制得的机械浆。

2.28

阔叶木浆　hardwood pulp

由阔叶树木材制得的纸浆。

注:阔叶木纤维一般比针叶木纤维短。

2.29

货单质量　invoiced mass

在货单上标明的销售质量。

2.30

红麻浆　kenaf pulp

由红麻(*Hibiscus cannabinus*)制得的纸浆。

2.31

牛皮浆　kraft pulp

各种高机械强度的未漂针叶木硫酸盐浆,主要用于制造牛皮纸或纸板。

参看硫酸盐浆(2.54)。

注:有些国家将这两个名词在商业上加以区别,但许多国家仍将这两个词在商业上视为同义词。

2.32

皮革浆　leather pulp

以皮革碎屑为原料,经机械加工或用机械加工与化学处理相结合的方法制得的浆料。

2.33

机械浆　mechanical pulp

将木材或植物纤维原料用机械方法制成的纸浆。

注：属于此范畴的纸浆有：盘磨机械浆、褐色机械浆、磨木浆、压力磨木浆、热磨机械浆、化学热磨机械浆和漂白化学热磨机械浆。

2.34

中性亚硫酸盐浆　neutral sulfite pulp

用主要成分为中性亚硫酸盐的溶液蒸煮植物纤维原料所制得的化学浆。

2.35

中性亚硫酸盐半化学浆　neutral sulfite semi-chemical pulp

中性亚硫酸盐半化学浆　NSSC pulp

用主要成分为中性亚硫酸盐的溶液蒸煮植物纤维原料所制得的半化学浆。

注：根据纸浆的最终用途，其得率一般为65%～85%。高得率NSSC浆的特点是挺度高，通常是瓦楞原纸的主要组分。

2.36

造纸用浆　paper-making pulp

用于制造纸和纸板的纸浆。

参看浆料(3.103)。

2.37

压力磨木浆　pressurized groundwood pulp

压力磨木浆　PGW

在压力和高温下制得的磨木浆。

2.38

纸浆　pulp

由植物原料通过不同方法制得的纤维状物质。

注：许多工业都会使用“浆”这一术语。在本标准中，若不加限制则表示用于生产纸、纸板或纤维素衍生物的浆种。

2.39

纸浆净化　pulp cleaning

用物理方法除去纸浆中杂质的工艺过程。

例如，利用重力、离心力净化，或使纸浆通过规定尺寸和形状的孔隙来净化。

参看纸浆(2.38)，浆料(3.103)。

2.40

碎浆机　pulper

把浆板或纸碎解成纸浆的设备。

2.41

破布浆　rag pulp

以棉麻为原料的破布或用新织物边角料制得的纸浆。

2.42

盘磨机械浆　refiner mechanical pulp

盘磨机械浆　RMP

通过磨浆机加工木片或木屑所制得的机械浆。

2.43

销售质量　saleable mass

毛重乘以绝对干度，除以商业规定干度。

注：销售质量通常接近风干质量。

参看绝干物含量(4.45)。

2.44

筛选　screening

用一个或数个筛子将物料分离成不同等级尺寸的过程。

2.45

半漂浆　semi-bleached pulp

漂白至中等亮度(蓝光漫反射因数)的纸浆。

参看漂白浆(2.7),全漂浆(2.25),未漂浆(2.58)。

2.46

半化学浆　semi-chemical pulp

将化学蒸煮与机械处理相结合所制得的纸浆。

2.47

纤维束　shive

未蒸解的木片或植物碎片。

参看杂质(2.17)。

2.48

烧碱法浆　soda pulp

用氢氧化钠作为唯一有效成分的蒸煮液处理原料所制得的纸浆。

2.49

碱氯法浆　soda/chloride pulp

依次用氢氧化钠和氯处理原料制得的纸浆。

2.50

针叶木浆　softwood pulp

由针叶树木材制得的纸浆。

参看阔叶木浆(2.28)。

2.51

溶剂法制浆　solvent pulping

在高温和/或高压下,用含(或不含)助剂的有机溶剂处理植物纤维原料,使纤维素纤维解离出来的化学制浆方法。

2.52

胶粘物　stickies

在解离的废纸浆中含有的各种可能在室温下粘附在物体上,或当提高温度和压力或变化 pH 时具有粘附性的物质。

2.53

草浆　strawpulp

用禾草制得的造纸用浆。

2.54

硫酸盐浆　sulfate pulp

用主要含氢氧化钠、硫化钠,以及可能含有其他组分的溶液蒸煮植物纤维原料所制得的化学浆。

注:"硫酸盐浆"一词是由于在碱回收过程中使用硫酸钠作为硫化钠的来源而得名。

2.55

亚硫酸盐浆　sulfite pulp

用亚硫酸盐溶液蒸煮植物纤维原料所制得的化学浆。

2.56

商业规定干度　theoretical commercial dryness

商业上认可的用作纸浆绝干物含量的任一数值。

注：根据国家和/或商业合同，商业规定干度为88%或90%。

2.57

热磨机械浆　thermomechanical pulp

热磨机械浆　TMP

经过预汽蒸的木片（或其他植物纤维原料），在高温高压下磨浆，然后一般在常压下进行第二次精磨，用此方法制得的机械浆即为热磨机械浆。

2.58

未漂浆　unbleached pulp

未经漂白处理的纸浆。

参看半漂浆（2.58），漂白浆（2.7），全漂浆（2.25）。

2.59

湿浆　wet pulp

未经干燥的水分含量较高的纸浆。

参看干浆（2.23）。

2.60

木浆　woodpulp

由木材制得的纸浆。

3　造纸术语

3.1

良浆　accept

净化和/或筛选后未被舍弃的浆料。

参看浆料净化（3.104）。

3.2

酸性施胶　acid sizing

施胶时浆料pH值通常低于6的施胶方法。

参看施胶（3.94），碱性施胶（3.6），中性施胶（3.70）。

3.3

添加剂　additive

为改进工艺或成纸的特性而加入的物质。

3.4

气刀涂布　air-knife coating

喷气涂布　air-jet coating

一种涂布方法。通过沿纸机横向布置且靠近辊子支撑着的纸幅涂布面的喷嘴，一股均匀的压缩空气流以适宜的角度从中喷出，将已施涂在纸上的涂料抹平并去除掉多余的涂料。

3.5

空气干燥　air-drying

用来干燥纸的一种方法。纸页的空气干燥通常是通过接触自由流通的空气来进行的。纸幅的空气干燥通常是在干燥室中与热空气接触来进行的。

3.6

碱性施胶 alkaline sizing

施胶时浆料 pH 值通常高于 8 的施胶方法。

参看施胶(3.94),酸性施胶(3.2),中性施胶(3.70)。

3.7

(造纸用)明矾 alum

造纸用的硫酸铝。

注:明矾属于复盐,如硫酸铝钾,但是造纸工业中“明矾”一词是指硫酸铝。过去为了同样的目的也曾使用过一些复盐。

3.8

斜切 angle cutting

将一张或同时几张纸幅或纸板分切成纵向角度不为直角的纸张,特别是用于裁切信封用纸。

参看直角裁切(3.102)。

3.9

打浆机 beater

荷兰式打浆机 hollander

装有底刀和飞刀的设备,用于在水中处理纤维浆料,使之具有某些性质以生产出具有所需特性的纸张。

注:打浆机内的处理一般是间歇式操作。

3.10

打浆 beating

在打浆机内浆料受到的机械作用。

参看磨浆(3.85)。

注:打浆和磨浆通常是通用的。

3.11

刮刀涂布 blade coating

一种对连续的纸幅进行涂布的方法。用任何方便的上料方法涂上涂料后,立即用压在辊子支撑的纸幅涂布面上的刮刀来控制涂布量。

3.12

起泡 blister

在纸表面或涂层中由于纸页中所含水分的快速蒸发产生气泡而造成的局部可见的变形。

3.13

气泡 blow

残留在两层纸料层间的气囊。

3.14

纸板 board

纸板 paperboard

刚性相对较高的一些纸种的通称。

参看纸(3.76)。

注:从广义上讲,“纸”可以用于描述本标准所定义的纸和纸板。纸和纸板的主要差别在于它们的厚度或定量。但在有些情况下也根据其特征和/或最终用途来区别。例如,某些定量较低的材料,如折叠盒用纸板,一般归类于“纸板”,而另一些定量较高的材料,如吸墨纸、油毡原纸和制图纸,一般则归类于“纸”。

3.15

损纸打浆机　breaker

有(或无)底刀,但飞刀辊上装有钝齿的碎浆机。

参看碎浆机(2.40)。

注:用碎纸机把浆板、废纸、损纸、破布浆、破布或其他织物碎片碎解成悬浮物。

3.16

损纸　broke

在生产的任何阶段被废弃的纸和纸板,通常可再制成纸浆。

参看湿损纸(3.117),干损纸(3.36)。

3.17

毛刷涂布　brush coating

对连续纸或纸板进行涂布的方法,用毛刷将涂料均匀分布并抹平。有的毛刷是固定不动的,而有的是在纸幅横向上来回摆动的。

3.18

压光机　calender

使纸或纸板表面光滑或对其表面进行整饰的机器,主要由一定数目叠置的辊子组成。

3.19

压光　calendering

用压光机对含有一定水分的纸或纸板进行加工,其目的是为了改进纸的整饰,并在一定程度上对纸或纸板的厚度进行控制。

3.20

白土泥浆　clay slip

用白土作颜料调成的悬浮体。

参看涂料(3.22),泥浆(3.95)。

3.21

涂布　coating

在纸或纸板表面涂一层或多层涂料或其他液态物料的工艺。

3.22

涂料　coating slip

涂料　coating colour

其中的颜料通常为粒度很小的白色矿物质,并含有一种或多种粘合剂(胶粘剂)的悬浮体。

参看泥浆(3.95),白土泥浆(3.20)。

注:在涂料中也可能存在其他添加剂,如染色物质、分散剂或粘度调节剂。该悬浮体用于涂布纸或纸板的表面。

3.23

波纹整饰　cockle finish

一种波浪形的整饰,纸页在张力很小或无张力的情况下干燥收缩时产生的细纹。

3.24

组成　composition

纸或纸板中纤维和非纤维成分的种类和比例。

3.25

加工　converting

用通常的方法生产纸或纸板后,再对其进行处理或加工制造出产品的过程。

例如:涂蜡,涂胶,机外涂布,生产纸袋、纸箱和容器(纸盒)。

3.26

伏辊 couch

纸或纸板机的部件之一，湿纸幅在此离开成形网。

参看长网纸机(3.47)，圆网造纸机(3.114)。

3.27

起皱 creping

为增加纸的伸长率和柔软性而使纸产生皱纹的过程。

3.28

横向 cross-direction

横向 CD

与纸机运行方向相垂直。

3.29

压溃 crushing

(1) 由于压力过高使已成形的湿纸幅的匀度受到破坏而产生的纸病，可看到局部结块的现象。

(2) 压光时所产生的纸病，局部呈现面积不同的半透明点或孔洞、暗斑。

参看压光(3.19)，暗斑(4.16)。

3.30

帘式涂布 curtain coating

纸或纸板的涂布方法。使纸或纸板通过一借助重力和/或压力连续流动的帘状涂料。

3.31

裁切 cutting

在横向上把一张或同时数张卷筒纸或纸板切成纸页的操作。

3.32

定边板，定幅板 deckle board

在脱水前期，为了从长网的侧面挡住浆料，在长网纸机的两侧安装的固定装置。

注：此装置可从侧面调节，以便在长网成形器上获得所需的纸幅宽度。

3.33

真空吸水箱的定边装置 deckle of suction box

为限定真空抽吸区域在湿纸幅的宽度范围而在纸或纸板机的真空吸水箱内使用的固定装置。

注：此装置可侧面调节，使纸页宽度保持一致。

3.34

定边带，定幅带 deckle strap

通常是截面为矩形的无端皮带，随长网纸机网部一起运行，其用途与定边板(3.32)相同。

3.35

浸渍涂布 dip coating

对连续纸幅进行涂布的方法。将纸幅绕过一个辊筒，该辊筒浸渍在装有适宜物料(有时是涂料)的槽内。

注：单面涂布时辊筒可部分浸在槽内，两面涂布时辊筒要全部浸在槽内。

3.36

干损纸 dry broke

堆积在纸或纸板机干部和完成部任意部位的损纸，其中包括卷取、纵切、裁切操作时的切边，以及选纸时废弃的纸或纸板。

3.37

干起皱　dry creping

在纸机上使干纸幅产生皱纹的过程。

参看机内起皱(3.74)。

3.38

水针(切边器)　edge cutters

由两个喷水管组成的装置,可在纸机上横向调节,纸幅沿纸边纵向被切开,然后通常在伏辊处被剥离。

注:用此方法可控制网部纸幅的宽度,并获得比较整齐的纸边。

3.39

挤压涂布　extrusion coating

用树脂、塑料或类似化合物对卷筒纸或纸板进行涂布的方法。纸或纸板是通过一个紧靠在支撑辊和冷却辊之间的压区上的挤压模来进行涂布的。

3.40

纤维组成　fibre composition

纸或纸板的纤维组分和它们的比例。

3.41

帚化　fibrillation

经过物理化学的打浆作用,使纤维壁产生起毛、撕裂、分丝等现象。

3.42

填料　filler

填料　loading

通常是来源于矿物质的白色细小颜料,制造纸或纸板时加在浆料中。

参看纸板芯层(3.69)。

3.43

荧光增白　fluorescent whitening

将一种几乎无色的物质加到浆料中、表面施胶的胶料或涂料中,能够将入射紫外光激发为可见光,使纸和纸板的白度产生一个明显的改进。

3.44

瓦楞　flute

瓦楞纸中的一个波纹。

3.45

成形　formation

纤维分散、排列、交织、构成纸的方式。

参看迎光检查(4.70)。

3.46

长网成形器　fourdrinier former

长网网案　fourdrinier table

长网网部　fourdrinier wire part

纸或纸板机的部件,由金属或合成材料织成的无端网带,网的上部是一个用于形成平整纸幅的平面,大部分水通过网带排出。

3.47

长网纸机　fourdrinier machine

浆料在长网成形器上滤水成形,湿纸幅再经压榨和干燥生产纸或纸板的机器。

3.48

游离浆　free stock

借助重力滤水时,易于与悬浮液的水分离的浆料。

参看滤水性能(4.44),游离度值(4.58),粘状浆(3.120)。

注1:任何给定浆料的状况是可测定的,并以滤水能力或游离度值等数值表示。

注2:此词的反义词是粘状浆。

3.49

摩擦上光　friction glazing

用摩擦压光机处理,使表面达到高光泽的过程。

参看涂布(3.21)。

3.50

摩擦上光压光机　friction-glazing calender

由一根可压缩的非金属辊和一根较小金属辊组成的特种压光机。

注:这两根辊的传动方式使得小金属辊具有较高的圆周速率。

3.51

纸料　furnish

除水外,浆料中纤维和非纤维成分的种类和配比。

参看浆料(3.103)。

3.52

上光　glazing

用任何适宜的干燥或机械整饰赋予纸或纸板光泽的过程。

3.53

凹版涂布　gravure coating

一种辊式涂布方法。该法通过雕刻有紧密排列的格子或凹槽的金属辊给上料辊供应涂料(另一种方式是该金属辊本身为上料辊)。

3.54

闸刀切边　guillotine trimming

对整垛纸或纸板的切边操作,生产出边缘整齐、角度精确并具有规定尺寸的纸和纸板。

参看裁切(3.31)。

3.55

裁切　guillotining

用刚硬的刀将单张或多张纸或纸板切开。

参看闸刀切边(3.54)。

3.56

涂胶　gumming

将适宜的胶黏剂涂在纸或纸板的整个或部分表面的工艺。

3.57

热熔性涂布　hot-melt coating

将100%固体蜡、树脂或聚合物或它们的混合物加热至流体状,并通过例如辊式、凹版和挤压涂布及随后的冷却设备将其涂敷在基材上的一种涂布方法。

3.58

间歇式纸板机　intermittent board machine

湿抄机　wet lap machine

由长网成形器或一个或多个网笼或浆槽组成的纸板成形设备。

注:湿纸幅缠绕在辊筒上,形成几层连续的湿纸。当达到所要求的厚度时,将其切开并从辊筒上剥下。

3.59

纸轴或卷筒的长度　length of a reel or roll

形成纸轴或卷筒的纸或纸板的长度。

注：通常以“米”表示长度。

3.60

纸机湿纸幅宽　machine deckle

湿纸幅离开成形部时的总宽度。

参看最大湿纸幅宽(3.66)。

注：在英文中有时将其误称为纸机干燥部的纸幅宽度。

3.61

纵向　machine direction

纵向　MD

纸或纸板平行于纸幅在纸或纸板机上运行的方向。

参看纸幅(3.116)，横向(3.28)。

3.62

造纸机网宽　machine fill

纸或纸板机的实际宽度。

参看纸机抄宽(3.113)，最大湿纸幅宽(3.66)。

注1：理想情况下，此宽度应接近最大纸机抄宽。

注2：英文中，“deckle”(定边)一词有时会误用于“machine fill”(造纸机网宽)。

3.63

堆叠式压光机　machine stack

一种装在纸或纸板机末端的金属辊压光机。

3.64

雕印压榨　marking press

具有凹凸图案的包胶辊，与压榨辊一起用在纸机压榨部，以便在纸幅上产生胶辊上图案的印痕。

3.65

熟化　maturing

在适宜的条件下贮存时，纸或纸板的特性发生的有利演变过程。

3.66

最大湿纸幅宽　maximum deckle

湿纸幅离开成形区时可以达到的最大宽度。

参看纸机抄宽(3.113)，纸机湿纸幅宽(3.60)。

3.67

纸机的最大成品宽　maximum trimmed machine width

在一给定纸机上可能生产纸或纸板的最大宽度，即为消除生产中形成的毛边而切去最少量的纸边后所得宽度。

3.68

微起皱　micro-creping

让纸幅从辊筒和无端胶带间通过，在纸的纵向挤压纸幅，使其具有高伸长率的过程。

注1：橡胶带在与纸幅接触点前瞬间伸长，当纸幅通过辊筒和橡胶带间时又恢复到正常状态。

注2：不要与“起皱”相混淆。

3.69

纸板芯层　middle of board

介于两外纸料层之间或衬层之间，或衬层与外纸料层之间的纸料层。

注：在北美，也用“填充层”(filler)一词。

3.70

中性施胶　neutral sizing

施胶时浆料 pH 值接近 7 的施胶方法。

参看施胶(3.94)，酸性施胶(3.2)，碱性施胶(3.6)。

3.71

小裁纸　offcut

除回抄以外有用的小于规定尺寸的那部分纸或纸板页。

3.72

机外起皱　off-machine creping

作为一种单独操作完成的湿法起皱。

参看湿起皱(3.118)，干起皱(3.37)，机内起皱(3.74)。

3.73

色差　offshade

应用于其颜色的明暗程度不符合标样的纸或纸板在同批纸中颜色差别的术语。

3.74

机内起皱　on-machine creping

在纸机内完成湿起皱或干起皱的过程。

参看干起皱(3.37)，湿起皱(3.118)，机外起皱(3.72)。

3.75

生产过程纸样　outturn sheet

生产过程中取出的纸张或纸板，供工厂或买主参考。

3.76

纸　paper

从悬浮液中将适当处理(如打浆)过的植物纤维、矿物纤维、动物纤维、化学纤维或这些纤维的混合物沉积到适当的成形设备上，经干燥制成的一页均匀的薄片(不包括纸板)。

参看纸幅(3.116)。

注1：纸可以在制造过程中或制成后经涂布、浸渍或用其他方式加工而不丧失必要的特性。在常规的造纸工艺中，造纸的液体介质为水，但新开发的技术中有用空气和其他液体作为介质的。

注2：一般说来，正如本标准所定义的，纸可用于描述纸或纸板。纸或纸板的主要差别在于它们的厚度和定量，虽然在有些情况下也根据其特性和/或最终用途来区别。例如，某些定量较低的材料，如折叠盒用纸板，一般归类于“纸板”；而另一些定量较高的材料，如吸墨纸、油毡原纸和制图纸，一般则归类于“纸”。

3.77

平板纸或纸板　paper or board in the flat

未经折叠或卷绕的商品纸或纸板。

3.78

裱糊　pasting

采用适宜的胶粘剂，将一张或多张纸幅、纸页、纸板或其他材料粘附在另一张纸幅、纸页或纸板的整个表面的操作。

3.79

平板上光　plate glazing

用平板压光机压光，使纸或纸板表面平滑并具有光泽的操作。

3.80

刀 quire

ISO 标准一令的二十分之一,即 25 张纸页。我国视不同纸张,每刀纸的张数不一。

3.81

令 ream

按 ISO 标准,一包 500 张完全相同的纸。

注:在许多国家习惯用“令”表示其他数量,如 480 张,这样就影响到“刀”。因此,对不是 500 张的其他数量,应该用不同的名词,如“包”。

3.82

纸轴 reel

卷绕在纸机末端的一金属辊上的连续纸幅。

3.83

卷取 reeling

卷纸 winding

用(或不用)纸芯把纸幅卷取的操作。

参看卷筒(3.86),纸轴(3.82)。

3.84

磨浆机 refiner

装有盘磨或圆锥面和转子的设备,用于在水中处理纤维浆料使其具有特定性质,以制造具有必需特性的纸和纸浆。

注:磨浆机通常是连续操作。

3.85

磨浆 refining

使浆料受到磨浆机作用的机械处理。

参看打浆(3.10)。

3.86

卷筒 roll

纸轴复卷后卷绕在纸卷本身或纸芯上的纸或纸板的连续幅段。

参看纸轴(3.82)。

注:在有些国家,此名词与纸轴(reel)同义。

3.87

辊式涂布 roll coating

对连续的纸或纸板涂布的一种方法。通过表面带有涂料的涂布辊,直接将涂料转涂在纸或纸板上。

注:涂布辊可以与纸幅同向转动,也可以反向转动(反向辊)。

3.88

运行性能 runnability

在高车速下,纸或纸板在湿压榨、涂布、印刷加工、复印和类似操作时的适应性能。

3.89

沉砂槽 sand table

沉砂盘 riffler

供很稀的浆料悬浮液流过的水槽或水沟,通过重力作用排除悬浮液中的重杂质。为此目的,它们往往安装适当排列的浸没式挡板(沉砂盘)。

3.90

非订单规格的纸轴　side-run

除了生产主要的订单规格外，为保证纸机宽度尽可能接近纸机的最大成品宽而有意安排生产的窄纸卷，但其宽度不能满足于再制浆以外的用途。

参看纸轴(3.82)，卷筒(3.86)。

3.91

仿真水印　simulated watermark

用机械方法或涂以适当涂料，使整饰后的纸具有外观上类似于水印的图案。

参看水印(3.115)。

3.92

施胶压榨　size press

彼此接触运行的两个辊子。纸幅在辊子间通过，以涂上一层均匀的胶料、涂料或进行其他的表面处理。

参看施胶(3.94)，施胶压榨涂布(3.93)。

注：施胶压榨安装在纸机的两组烘缸之间。

3.93

施胶压榨涂布　size-press coating

一种连续的涂布方法。向垂直的、水平的或倾斜的两个辊子(施胶压榨)的压区引入涂料，当纸和纸板幅通过压区时进行轻量涂布的方法。

3.94

施胶　sizing

将施胶剂加在浆内(浆内施胶)或涂在纸和纸板的表面(表面施胶)，以增强其对水溶液(如书写墨水)的抗渗透性和防扩散性。

注：表面施胶还可以提高纸或纸板的表面强度。

3.95

泥浆　slip

含颜料的悬浮液。

参看涂料(3.22)，白土泥浆(3.20)。

注：在涂布时还应加入胶粘剂和其他添加剂。

3.96

纵切　slitting

把卷筒纸或纸板纵向分切成两幅或多幅较窄纸幅。

3.97

碎浆　slushing

通过解离把造纸用纸浆或纸变成纤维悬浮液的操作。

3.98

平滑压榨辊　smoothing press

一对未用毛毯的压辊，通常位于纸或纸板机压榨部和干燥部之间，用于在干燥前改进纸或纸板的表面，使其表面更均匀并消除毛毯印痕。

3.99

软压光　soft calendering

软压区压光　soft-nip calendering

每个压区由一硬质表面抛光的辊和一有弹性的补偿辊组成，用较少的压区压光的方法。

3.100

接头　splice

在纸或纸板横向用胶粘剂或胶条粘合的地方。

注：可利用此种接头获得所需尺寸的纸轴，也可以使一纸轴的末端和另一纸轴的开始处建立连续操作。

3.101

拼接　splicing

制作接头的操作。

3.102

直角裁切　squaring

把纸或纸板切成所需尺寸并具有光洁的纸边和四个90°边角的操作。

参看闸刀切边(3.54)。

3.103

浆料　stock

从纸浆解离到制成卷筒或平板纸或纸板所用的一种或多种造纸用纸浆和其他添加物形成的悬浮液。

参看造纸用浆(2.36)。

3.104

浆料净化　stock cleaning

采用物理方法除去浆料中不希望有的颗粒的操作。例如，靠重力、离心力净化，通过适当尺寸的孔隙来净化。

3.105

浆料制备　stock preparation

在浆料到达纸机前，对制备浆料所必须的一切处理过程的集合名词。

注：在英文中，此名词包括浆料净化。

3.106

超级压光机　supercalender

采用金属辊(其中一个或多个能加热)和可压缩的非金属辊组成的特种压光机。该种压光机通常不是纸或纸板的组成部分。

注：辊子的数量一般比纸或纸板机上的压光机多，所赋予纸或纸板的整饰程度比后者更高。

3.107

超级压光　supercalendering

用超级压光机进行的强化压光，可生产出高平滑度、紧度和光泽度的纸张。

3.108

表面处理　surface application

在纸或纸板表面施用一种适当的物质以改变其某种性质的操作。

3.109

正面　top side

毛毯面　felt side

纸或纸板与网面相对的一面。

注：此名词不适用于由双网纸机生产的纸。

3.110

纸边　trimmings

纸或纸板在加工时除小裁纸外其他被除去的部分。

参看小裁纸(3.71)。

3.111

双(夹)网纸机　twin-wire machine

纸幅在两张网间成形,而水通过两张网排出的纸机或纸板机。

3.112

衬层　underliner

纸板中位于外纸料层和芯层间的纸板纸料层。

参看纸板芯层(3.69)。

3.113

纸机抄宽　untrimmed machine width

在给定纸机上可能得到的纸或纸板的最大宽度。

参看最大湿纸幅宽(3.66),造纸机网宽(3.62),纸机的最大成品宽(3.67)。

3.114

圆网造纸机　vat machine

圆网造纸机　cylinder machine

一种纸板机或纸机,有一个或几个圆网笼串联组成,纸料通过圆网笼表面的网子排水并在网上形成纸幅,然后湿纸幅转移到压在圆网笼上转动的毛布下面,并被导入压榨部和干燥部。当生产纸板时,湿纸幅由多层复合而成。

3.115

水印　watermark

纸上有意产生的,当对着具有反衬背景可看到的图形或图案。

注:水印是采用网模上(如网笼或圆网笼)凸出或凹入的图案,或采用与长网成形网上的湿浆接触转动的敞口式圆筒(水印压辊)的表面上凸出或凹入的图案使纤维局部位移而形成的。

3.116

纸幅　web

纸或纸板在制造或加工过程中的连续长段。

3.117

湿损纸　wet broke

在纸或纸板机湿部聚积的损纸。

3.118

湿起皱　wet creping

湿纸幅或部分干燥的纸幅在机内或机外进行的起皱过程。

参看机内起皱(3.74),机外起皱(3.72)。

3.119

湿压榨　wet press

由两个或多个具有各种表面的辊子组成,用于挤压湿纸幅中的水分并将纸幅压紧。

注:湿压榨安装在紧靠纸或纸板机的干燥部之前。

3.120

粘状浆　wet stock

粘状浆　slow stock

在重力或真空下滤水时难以与悬浮液中的水分离的浆料。

参看浆料(3.103)、滤水性能(4.44)、游离度值(4.58)、游离浆(3.48)。

注1:任何给定浆料的状况是可以测定的,并可用滤水性能或游离度值等数值表示。

注2:此词的反义词是游离浆。

3.121

纸或纸板的纸轴或卷筒宽度　width of a reel or roll of paper or board

纸或纸板横向测定的尺寸。

3.122

网模　wire mould

一个在上面固定有细目网的框架，当手工造纸时纸料可通过这个网模排水。

3.123

网面　wire side

反面　under side

纸页与造纸机铜网或成形网相接触的一面。

注：此名词与双(夹)网成形的纸页无关。

4　纸浆、纸和纸板性质的相关术语

4.1

吸收性　absorbency

纸或纸板吸收和保留与其接触液体的能力。

注：吸收程度和吸收速度均可用标准方法测定。

4.2

酸不溶灰分　acid-insoluble ash

用盐酸处理纸浆的灰分后所得到的不溶性残渣。

参看灰分含量(4.98)。

4.3

老化　ageing

纸或纸板性质经过一定时间后发生的不可逆变化，质量一般会变坏。

4.4

透气度　air permence

在规定条件下，在单位时间和单位压差下，通过单位面积纸或纸板的平均空气流量，以微米/(帕·秒)[μm/(Pa·s)]表示。

4.5

碱储量　alkali reserve

纸和纸板中的化合物，如碳酸钙，能中和由自然老化或大气污染所产生的酸，可按标准方法的规定测定碱储量。

4.6

抗碱性　alkali resistance

不能溶解在规定浓度的氢氧化钠溶液中的浆的质量百分比。

注：可用“*R* 值”来表示纸浆的抗碱性。

4.7

碱溶解度　alkali solubility

可溶解在规定浓度的氢氧化钠溶液中的浆与绝干浆样的质量百分比。

注：可用“*S* 值”来表示碱溶解度。

4.8

表观层积紧度　apparent bulk density

由层积厚度计算得出的单位体积纸或纸板的质量。

4.9

表观单层紧度　apparent sheet density

由定量和单层厚度计算得出的单位体积纸或纸板的质量。

4.10

授权实验室　authorized laboratory

由 ISO/TC 6 指定的实验室。授权实验室用 ISO 二级参比标准(IR 2)进行标定,并向工作实验室发放 ISO 三级参比标准(IR 3)。

4.11

弯曲角　bending angle

试样夹持线与作用力所形成平面的初始位置与该平面受力后所在位置的夹角。

参看挺度(4.116),弯曲长度(4.12)。

4.12

弯曲长度　bending length

夹具和试样受力位置之间恒定的径向距离。

参看挺度(4.116),弯曲角(4.11)。

4.13

弯曲挺度　bending stiffness

单位宽度的纸或纸板在弹性形变范围内受力弯曲时产生的单位阻力矩。

参看挺度(4.116),抗弯强度(4.99)。

4.14

黑色　black

由于色刺激在最低敏感度之下产生的无光感。

4.15

黑体　black body

能吸收所有入射光而无反射的物体。

注:广义而言,黑体是指能无选择地吸收极高比例的发射光的物体,如:衬以近黑色材料并通过小孔接收入射光的暗盒。

4.16

暗斑　blackening

压光时纸页太湿而明显地发暗或发灰的局部区域。

参看压光机(3.18),压溃(3.29)。

4.17

蓝光反射因数　blue reflectance factor

定向蓝光反射因数和蓝光漫反射因数(ISO 亮度)这两个术语是指在光谱的紫色和蓝色区域测定光谱反射因数。

参看定向蓝光反射因数(4.41),蓝光漫反射因数(4.39)。

4.18

裂断长　breaking length

宽度一致的纸条本身质量将纸断裂时所需要的长度。它是由抗张强度和恒湿后的试样定量计算出来的。

参看抗张指数(4.123),抗张强度(4.124)。

注:可通过标准测试条件下测得的抗张强度和定量计算出裂断长。

4.19

透脂性　break-through of grease

把试验油脂施加到试样的一面并压上砝码开始，直到油脂渗透到试样另一面所需的时间。

参看透过(4.105)。

4.20

松厚度　bulk

纸或纸板层积紧度的倒数。

4.21

层积紧度　bulk density

单位体积纸或纸板的质量，由层积厚度计算得出，以克每立方厘米(g/cm^3)表示。

注：单层厚度常简称为厚度，单层紧度常简称为紧度。

4.22

层积厚度　bulk thickness

采用标准试验方法，对多层试样施加静态负荷，从而测量出多层纸页的厚度，再计算得出单层纸的厚度。

4.23

耐破指数　burst index

纸张耐破度除以其定量。

4.24

耐破度　bursting strength

由液压系统施加压力，当弹性胶膜顶破试样圆形面积时的最大压力。

4.25

毛细吸液高度　capillary rise

在标准测试方法所规定的条件下，将纸或纸板条垂直悬挂，其下端浸没在液体中时，液体在纸或纸板条中上升的距离。

4.26

纸浆的耗氯量　chlorine consumption of pulp

在标准测试方法所规定的条件下纸浆消耗的有效氯量。

注：经验表明，纸浆的耗氯量和木素总含量之间存在着一定关系。

4.27

起皱　cockle

由于不均匀的收缩造成纸页外观轻度起皱变形的现象。

4.28

主管技术小组　competent technical group

对要求使用ISO参比标准的国际标准负责的ISO/TC 6工作组或分委会。

4.29

压缩指数　compression index

压缩强度除以定量。

4.30

压缩强度　compressive strength

在标准测试方法所规定的条件下，单位宽度的纸或纸板在压缩试验中被压溃前所能承受的最大压缩力。

4.31

温湿处理　conditioning

使试样与规定温度、相对湿度的大气之间达到水分含量平衡的过程。当前后两次称量相隔 1 h 以上，且试样称量之差不大于试样质量的 0.25%时，就认为试样与大气条件之间达到平衡。

4.32

恒重　constant mass

纸或纸板试样在规定温度下干燥，连续两次称量之差不超过试样绝干质量的 0.1%时所达到的质量。

4.33

临界蜡棒强度级号(A) critical wax strength grade (A)

蜡棒的粘附力没有对纸面产生破坏的最大顺序级号。

4.34

卷曲　curl

和平整表面发生偏离的现象。

注 1：从三个方面测定卷曲：卷曲幅度、卷曲轴与纸面纵向间的夹角以及卷曲朝向面。

注 2：测定单张纸的卷曲和一叠纸的卷曲所用方法不同，分别对应不同的国际标准。

4.35

防燃程度　degree of non-combustibility

在规定的试验条件下，在空气中灼热纸或纸板，其不被烧毁的程度。

4.36

耐火程度　degree of non-flammability

在规定的试验条件下燃烧纸或纸板，其耐火的程度。

4.37

蓝光漫反射因数　diffuse blue reflectance factor

即亮度(白度)。在 GB/T 7973 所规定的反射光度计的模拟 D_{65} 光源条件下，试样对主波长(457±0.5)nm 蓝光的内反射因数。由于荧光增白剂的反射作用，将会使蓝光有所增加，故此值有可能大于 100%。

4.38

漫反射因数　diffuse reflectance factor

由一物体反射的辐通量与相同条件下完全反射漫射体反射的辐通量之比，以百分数表示。相同条件即是 GB/T 7973—2003 所描述的仪器漫射照明，并按 GB/T 7973—2003 规定的条款进行校准。

参看蓝光反射因数(4.17)，定向蓝光反射因数(4.41)。

4.39

尺寸变化　dimensional changes after immersion in water

预先在标准大气中温湿处理的纸样浸水后其纵、横向尺寸相对于浸水前尺寸的变化。

4.40

尺寸稳定性　dimensional stability

当周围大气变化引起水分变化，或在印刷、加工或使用时物理和机械应力发生变化时，纸或纸板保持其尺寸和形状的能力。

参看湿不稳定性(4.62)，湿稳定性(4.63)，湿膨胀性(4.61)。

注：迄今为止，此术语往往被错误地用于仅和湿稳定性相关。

4.41

定向蓝光反射因数　directional blue reflectance factor

以45°入射角照明并垂直观测所测得的在有效波长457 nm下相对于完全反射漫射体的反射因数。

参看蓝光反射因数(4.17),蓝光漫反射因数(4.37)。

4.42

褪色　discoloration

纸的颜色无意识的变化,例如,在光和空气作用下的变化。

4.43

双折叠　double fold

试样先向后折,然后在同一折印上再向前折,试样往复一个完整来回。

参看耐折度(4.57)。

4.44

滤水性能,滤水能力　drainability

浆料在重力下滤水时,悬浮液中的水相分离的容易程度。

参看游离度值(4.58)。

4.45

绝干物含量　dry matter content

绝干固含量　dry solids content

在规定条件下,试样在105℃±2℃下干燥至恒重时的质量与试样的初始质量之比。

注:绝干物含量一般以百分数表示。

4.46

耐用性　durability

纸张承受反复使用所产生的不良影响(磨损和撕裂)的能力。

4.47

边压强度(短距)　edgewise compression strength (short span)

15 mm宽的纸条夹在相距0.7 mm的二夹具间,纸面不破损时所能承受的最大压缩力。

4.48

边压强度　edgewise crush resistance

矩形瓦楞纸板边缘受压破裂时,在其瓦楞方向所能耐受的最大压缩力。

注1:试样的高度应合适,不致因弯曲而破裂。

注2:用于测定此性质的试验称之为边缘压溃试验(ECT)。

4.49

毛毯痕　felt mark

纸机毛毯在纸或纸板上留下的痕迹。

4.50

纤维粗度　fibre coarseness

特定纤维每单位长度的质量(绝干),纤维粗度以毫克/米表示(mg/m)。

4.51

帚化率　fibre fibrillation

纤维帚化的程度与所测纤维端头数之比称为纤维帚化率。

4.52

纤维浆料分析　fibre furnish analysis

对纸、纸板或纸浆样品中纤维组分、纤维种类和制浆方法的分析。

4.53

整饰　finish

用机械方法(如压光)赋予纸或纸板的表面特性。

4.54

平压强度　flat crush resistance

对瓦楞纸板表面垂直施加压力,在瓦楞芯层被压溃前瓦楞纸板所能承受的最大压力。

4.55

平整性　flatness

纸或纸板不存在卷曲、起皱或起波纹时的状态。

4.56

耐折次数　fold number

耐折度平均值的反对数。

参看耐折度(4.57)。

4.57

耐折度　folding endurance

在标准张力条件下进行试验,试样断裂时的双折叠次数的对数(以 10 为底)。

参看耐折次数(4.56)。

4.58

游离度值　freeness value

用标准测试方法测定和表示的纸浆悬浮液的滤水能力。

参看浆料(3.103),游离浆(3.48),粘状浆(3.120)。

4.59

光泽度　gloss

物体表面定向反射的性质,这一性质决定了呈现在物体表面所能见到的强反射光或物体镜像的程度。

4.60

定量　grammage

按规定的试验方法,测定纸和纸板单位面积的质量,以克每平方米(g/m^2)表示。

4.61

湿膨胀性　hygroexpansivity

当规定长度的纸或纸板从规定的平衡湿度上升到规定的较高的平衡湿度时,纸或纸板在长度上发生的变化。

参看尺寸稳定性(4.40),湿不稳定性(4.62),湿稳定性(4.63)。

注:以百分数来表示纸或纸板在 50%相对湿度下达到平衡时的长度变化。试样的收缩率被视为负湿膨胀性。

4.62

湿不稳定性　hygro-instability

纸或纸板因其水分含量的变化而产生的尺寸和平整度变化的趋势。

参看尺寸稳定性(4.40),湿膨胀性(4.61),湿稳定性(4.63)。

4.63

湿稳定性　hygro-stability

水分含量变化时,纸或纸板保持其尺寸和形状的能力。

参看尺寸稳定性(4.40),湿膨胀性(4.61),湿不稳定性(4.62)。

4.64

内反射因数　intrinsic reflectance factor

试样层数达到不透明时的反射因数。

4.65

纸浆卡伯值　Kappa number of pulp

在规定条件下，1 g 绝干浆消耗 0.02 mol/L 高锰酸钾溶液的毫升数。

注：卡伯值可用于衡量纸浆木素含量(硬度)或可漂性。在浆的卡伯值和木素含量间没有通用和明确的相关性，其相互关系因原料和脱木素的方法而异。若要用卡伯值来推导纸浆的木素含量，应对每种浆分别找出特定的关系。

4.66

动摩擦系数　kinetic coefficient of friction

摩擦试验中，动摩擦力与垂直施加在两面上的力之比。

参看静摩擦系数(4.115)。

4.67

长度-重量平均纤维长度　length-weighted mean length

指由长度计算的重量平均纤维长度，用 L_l 表示。

4.68

极限粘度值　limiting viscosity number

纸浆或其他纤维素材料的性质，是按标准测试方法的规定测定和表示该材料在适当溶剂中的稀溶液的粘度计算出来的。

4.69

掉毛　linting

掉粉　dusting

起毛　fluffing

印刷过程中从纸或纸板上掉下的绒毛或细粉，主要由单根纤维、填料、施胶剂或这些物质的极小聚集体组成。

注：这些颗粒可松散在纤维表面，也可松散地粘合在纤维内，但可能在印刷时脱落。

4.70

迎光检查　look-through

在漫透射光下观察到纸页的外观结构。

注：以此表示匀度。

4.71

批，批量　lot

具有相同性质的纸浆、纸或纸板的聚集体，数量满足一次取样的需要。

参看单位(4.130)。

注1：一批中含有一个或多个名称相同的单位。

注2：当要测试的材料已合并在制好的成品中(如包装箱)，批量就是这单一品种、具有特定性质的物品的聚集体。

4.72

发光反射因数　luminous reflectance factor

参照 CIE 光源 C 和 CIE 1931 颜色匹配函数定义的，并与反射面的视觉属性相一致的反射因数。

4.73

质量-重量平均纤维长度　mass-weighted mean length

指由质量计算的重量平均纤维长度，用 L_W 表示。

注：过去，数量平均纤维长度一般用 L_n 表示，长度-重量平均纤维长度一般用 L_W 表示，并简称为重量平均纤维长度；质量-重量平均纤维长度用 L_{WW} 表示，并称为二重重量平均纤维长度。现与国际标准统一。

4.74

数量平均纤维长度　mean length

纤维总长度除以总根数所得的结果，即为数量平均纤维长度，用 L 表示。

4.75

弹性模量　modulus of elasticity

单位横截面上的拉伸力对单位长度的伸长率之比。

注：在纸上不能准确地测出每点的真实厚度，也不能准确测定横截面，因此弹性模量是个近似值。由于纸是粘弹性的，最好用应力-应变曲线的最大斜率计算出弹性模量。

4.76

水分　moisture content

材料中水的含量。

注：实际上可视为按标准测试方法干燥时，试样损失的质量与试样初始质量之比。

4.77

透油度　oil permeance

在一定温度和压力条件下，标准变压器油在一定时间内从 1 m^2 面积的纸页中渗透过来的质量，以克/平方米(g/m^2)表示。

4.78

不透明度　opacity

纸背衬　paper backing

在标准测试方法所规定的条件下，由背衬黑筒的单张纸反射的光通量与相同的纸摞成一叠达到不透明时反射的光通量之比。

注：不透明是指继续增加更多层纸时不透明度的读数不再变化。

4.79

有机结合氯　organically bound chloride

纸浆、纸或纸板中含有的有机结合氯量。

参看总氯量(4.127)。

4.80

绝干质量　oven-dry mass

在 105℃±2℃下干燥，除去水分及其他挥发性物质并干燥至恒重的纸浆、纸或纸板的质量。

参看绝干物含量(4.45)。

4.81

纸的酸度　paper acidity

纸张中的水可溶性物质会改变纯水 H^+ 和 OH^- 的平衡，从而产生氢离子过剩。在某一特定条件下，用标准碱性溶液进行滴定，所测得的过剩的 H^+ 浓度，即为纸的酸度。

4.82

纸的碱度　paper alkalinity

纸张中的水可溶性物质会改变纯水 H^+ 和 OH^- 的平衡，从而产生氢氧根离子过剩。在某一特定条件下，用标准酸性溶液进行滴定，所测得的过剩的 OH^- 浓度，即为纸的碱度。

4.83

完全反射漫射体　perfect reflecting diffuser

完全反射的理想均匀漫射体。

4.84

纸的耐久性　permanence of paper

纸在图书馆、档案馆和其他存放环境中长期储存保持稳定的能力。

4.85

渗透性　permeance

渗透能力　permeability

流体从一张纸或纸板的一面透过到另一面的性质。

注 1：用“孔隙度”来表示“渗透性”是错误的。

注 2：透气性是指空气从一张纸或纸板的一面透到另一面的性质。

4.86

拉毛　picking

在生产或印刷过程中，施加在纸面的外部拉力大于纸或纸板的内聚力时所发生的面层破坏。

4.87

拉毛速度　picking velocity

印刷时印刷纸表面开始起毛时的印刷速度。

4.88

印刷适性　printability

纸或纸板的一种复杂性质，包括纸或纸板在无玷污和透印的情况下促使油墨转移、凝固和干燥的能力，以及提供反差好、逼真度高的能传递信息的图像的能力。

4.89

表面吸收速度　rate of surface absorbing

一定量的水或其他溶液滴到试样表面后，被试样吸收所需的时间。

4.90

废纸回收率　recycling collection rate

在给定地区内，从废纸中回收的纸和纸制品量对该地区纸的总消耗量的百分比。

4.91

废纸利用率　recycling utilization rate

在给定地区内，生产中所用的废纸量与该地区纸的总产量之比，用百分数表示。

4.92

一级参比标准　reference standard of level 1

在全光谱范围内，反射值等于 1 的理想完全反射漫射体，由标准化实验室用可测量绝对漫反射因数的仪器来实现。

4.93

二级参比标准　reference standard of level 2

标准化实验室用一级参比标准测量标定的传递标准。授权实验室用该标准标定其基准仪器。

4.94

三级参比标准　reference standard of level 3

授权实验室用经二级参比标准标定过的基准仪器测量标定的标准。工作实验室采用这些标准校准所用的仪器和工作标准。

4.95

反射因数　reflectance factor

由一物体反射的辐通量与相同条件下完全反射漫射体所反射的辐通量之比，以百分数表示。

4.96

相对湿度　relative humidity

在相同的温度和压力条件下，大气中实际水蒸气含量。

4.97

相对吸水性　relative water absorption

试样中吸收的水的质量与试样经温湿处理后的质量之比。

4.98

灼烧残余物　residue on ignition

灰分含量　ash content

在标准测试方法所规定的条件下，纸浆、纸或纸板在马弗炉中灼烧后留下的残余物含量。

参看酸不溶灰分(4.2)。

4.99

抗弯强度　resistance to bending

将矩形试样的一端夹住，在接近试样自由端处施加一个垂直于纸面使试样弯曲成15°所需之力。

参看挺度(4.116)，弯曲长度(4.12)，弯曲角(4.11)，弯曲挺度(4.13)。

4.100

抗透水性　resistance to water penetration

纸或纸板阻止水由一面渗透到另一面的性质。

4.101

环压强度　ring crush resistance

在标准测试方法规定的条件下，将一条窄的试样弯曲成圆环形，试样在不破损的情况下其边缘处所能承受的最大压缩力。

4.102

粗糙度　roughness

纸或纸板表面的凹凸程度。

参看平滑度(4.110)。

注：在用规定方法测试时，测试数值增加说明表面粗糙度增加。

4.103

平均样品　sample

集中所有样品即为平均样品。

4.104

随机取样　selected at random

所用的取样方法应使总体的每一部分具有相同的被选取的机会。

4.105

(油脂)透过　show-through (of grease)

在试样的一面涂油并施加一砝码，目测油脂透过到另一面出现第1个油脂痕迹所用的时间。

参看透脂性(4.19)。

注1：对许多种纸或纸板来说，透过时间和穿透时间几乎相等。

注2：虽然穿透性是抗油性的主要特征，但在特殊情况下(如研究塑料层压包装食品用纸板)，测试“透过”这一性质还是很有意义的。

4.106

单层紧度　single sheet density

单位体积纸或纸板的质量，由单层厚度计算得出，以克每立方厘米(g/cm^3)表示。

4.107

单层厚度　single sheet thickness

采用标准试验方法，对单层试样施加静态负荷，从而测量出的纸或纸板的厚度。

4.108

规格,尺寸　size

在纸的规格标准中,用以下顺序表示一张纸或纸板的尺寸:宽度、长度,其中较小的尺寸为宽度。

4.109

施胶度　sizing value

在 GB/T 460—2002 中专指用墨水划线宽度衡量纸和纸板的抗水性能,以标准墨水在纸和纸板表面划线时不扩散亦不渗透的最大线条宽度(毫米)来表示。在 GB/T 5405—2002 中专指标准溶液透过纸页所需的时间,用于评定纸张的抗水性能,以时间(秒)表示。

4.110

平滑度　smoothness

在特定的接触状态和一定的压差下,试样面和环形板面之间由大气泄入一定量空气所需的时间,以秒(s)表示。

参看粗糙度(4.102)。

注:在给定的测试方法中,测试数值越高表示纸面越平滑。

4.111

柔软度　softness

在规定条件下,当板状测头将试样压入狭缝中一定深度(约 8 mm)时,试样本身的抗弯曲力和试样与缝隙处摩擦力的最大矢量之和称为柔软度,以毫牛顿(mN)表示,柔软度值越小,说明试样越柔软。

4.112

样品　specimen

一张按规定大小切取的矩形纸或纸板,此矩形样取自整张纸样或产品,整张纸样又取自所选择的包装单位。

4.113

镜面光泽　specular gloss

试样表面在镜面反射的方向上,反射到规定孔径内的光通量与相同条件下标准镜面反射的光通量之比,以百分数表示。

4.114

标准化实验室　standardizing laboratory

由 ISO/TC 6 指定的实验室,负责妥善保管获得的 ISO 一级参比标准,并通过 ISO 一级参比标准制定 ISO 二级参比标准(IR 2),再将 IR 2 传递给授权实验室。

4.115

静摩擦系数　static coefficient of friction

摩擦试验中,静摩擦力与垂直施加在两面上的力之比。

参看动摩擦系数(4.66)。

4.116

挺度　stiffness

在规定条件下测定的纸或纸板抗弯曲的程度。

参看弯曲挺度(4.13),抗弯强度(4.99)。

4.117

伸长率　stretch at break

纸或纸板受到张力至断裂时的伸长,以对原试样长的百分率表示。

4.118

表面强度(蜡棒法)　surface strength (wax method)

通过蜡棒粘附力对纸面进行破坏(如:起毛、掉毛、掉粉、破裂等),来测定纸张的表面强度,以临界蜡棒强度级号(A)表示结果。

4.119

撕裂指数　tear index

纸张(或纸板)的撕裂度除以其定量,结果以毫牛顿·平方米/克(mN·m^2/g)表示。

4.120

撕裂度　tearing resistance

将预先切口的纸(或纸板),撕至一定长度所需力的平均值。

若起始切口是纵向的,则所测结果是纵向撕裂度。若起始切口是横向的,则所测结果是横向撕裂度。结果以毫牛顿(mN)表示。

4.121

抗张能量吸收　tensile energy absorption

单位面积(试样长×宽)的纸或纸板在拉伸至断裂的过程中所吸收的能量。

4.122

抗张能量吸收指数　tensile energy absorption index

抗张能量吸收除以定量。

4.123

抗张指数　tensile index

抗张强度除以定量,以牛顿米/克表示。

参看抗张强度(4.124),裂断长(4.18)。

4.124

抗张强度　tensile strength

纸或纸板所能承受的最大张力。

参看抗张指数(4.123),裂断长(4.18)。

4.125

试样　test piece

用作按规定的检验方法进行测定的一定量的纸或纸板,该试样取自样品,有时也可以是样品本身或几个样品。

参看样品(4.112),平均样品(4.103),批(4.71)。

4.126

厚度　thickness

厚度　caliper

纸或纸板在两测量面间承受一定压力,从而测量出的纸或纸板两表面间的距离,其结果以毫米(mm)或微米(μm)表示。

参看单层厚度(4.107),层积厚度(4.22)。

4.127

总氯量　total chlorine

纸浆、纸或纸板中含有的元素氯总量。

参看有机结合氯(4.79)。

4.128

成品规格　trimmed size

单张纸或纸板的最终尺寸。

4.129

两面性　two-sideness

纸或纸板两面间在表面结构、色调或其他性质上存在的差异，这可能是由于生产方法的内在因素导致的。

4.130

单位　unit

以一卷、一包、一捆、一小包、一箱或一车等形式出现的批量的组成。

参看批(4.71)。

4.131

未切边的规格　untrimmed size

一张足够大的纸或纸板的尺寸，可以从中获得所需要的成品纸或纸板。

4.132

导管掉粉　vessel picking

掉粉现象的一种，从纸面上掉下的颗粒是浆料中阔叶木的导管。

4.133

吸水性　water absorptiveness

吸水性　water apsorption

可勃值　cobb value

在一定条件下，在规定的时间内，单位面积纸和纸板表面所吸收的水的质量，以克/平方米(g/m^2)表示。

4.134

水蒸气透过速率　water vapour transmission rate

在规定的温度和湿度下，单位时间内通过单位面积的水蒸气的质量。

4.135

水溶性氯化物　water-soluble chlorides

在标准测试方法规定的条件下，从纸、纸板和纸浆中抽提出的氯离子量。

4.136

水溶性硫酸盐　water-soluble sulfates

在标准测试方法规定的条件下抽提出的硫酸根离子量。

4.137

波纹　wave

波纹　waviness

一般发生在纸边和横向上的纸的变形。

参看横向(3.28)。

4.138

重量因子　weight factor

特定纤维的纤维粗度与标准(指定)纤维的粗度之比。

4.139

湿强度保留率　wet strength retention

纸或纸板在湿态下的强度值与同样纸或纸板在标准大气条件中按标准测试方法测定的强度值之比。

4.140

湿抗张强度　wet tensile strength

纸或纸板在规定条件下浸水后，试样断裂前所能承受的最大张力。

4.141

云彩花　wild look-through

迎光检查纸张时观察到的不规则、不均匀的云朵状的结构。

4.142

网印　wiremark

纸幅成形网上的网眼在纸或纸板上留下的压印。

4.143

返黄　yellowing

纸张白度的退化，如在光或空气的作用下纸的白度下降。

4.144

Z向　z-direction

垂直于纸面的方向。

4.145

零距　zero-span

把两夹具间的距离调节到零，此时，用光源照射时没有光线从两夹具间透过。

参看零距抗张强度(4.147)，零距抗张指数(4.146)。

4.146

零距抗张指数　zero-span tensile index

零距抗张强度除以定量。

参看零距抗张强度(4.147)，零距(4.145)。

4.147

零距抗张强度　zero-span tensile strength

在标准测试方法规定的条件下，使用适当的仪器将夹具调节到零距测得的抗张强度。

参看零距抗张指数(4.146)。

中 文 索 引

D

E

F

G

H

J

K

L

M

N

P

Q

R

S

T

W

X

Y

Z

英 文 索 引

A

B

C

D

E

F

G

H

I

K

L

M

N

O

P

Q

R

S

T

Y

Z

ICS 55.080
A 82

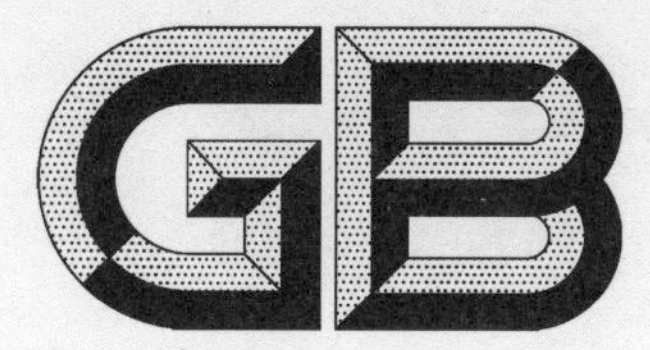

中华人民共和国国家标准

GB/T 17858.1—2008
代替 GB/T 17858.1—1999

包装袋　术语和类型　第1部分:纸袋

Packaging sacks—Vocabulary and types—Part 1: Paper sacks

(ISO 6590-1:1983, MOD)

2008-04-01 发布　　2008-10-01 实施

中华人民共和国国家质量监督检验检疫总局
中国国家标准化管理委员会　发布

前　言

GB/T 17858《包装袋　术语和类型》分为两个部分：

——第1部分：纸袋；

——第2部分：热塑性软质薄膜袋。

本部分为GB/T 17858的第1部分。

本部分修改采用ISO 6590-1:1983《包装　袋　术语和类型　第1部分：纸袋》。

本部分与ISO 6590-1:1983相比主要差异如下：

——格式按国家标准的要求修改；

——删除ISO标准中表1；

——修改了伸性纸袋纸的定义，增加埋纱纸袋纸和夹筋纸袋纸的定义。

本部分代替GB/T 17858.1—1999《包装术语　工业包装袋　纸袋》。

本部分与GB/T 17858.1—1999相比主要变化如下：

——标准名称改为《包装袋　术语和类型　第1部分：纸袋》；

——标准适用范围修改为"适用于由纸或与其他韧性材料复合加工制成的单层或多层包装袋"；

——删除原版标准中表1；

——修改了伸性纸袋纸的定义，增加埋纱纸袋纸和夹筋纸袋纸的定义。

本部分由全国包装标准化技术委员会提出。

本部分由全国包装标准化技术委员会袋分技术委员会(SAC/TC 49/SC 2)归口。

本部分起草单位：建筑材料工业技术监督研究中心、中国建筑材料科学研究总院。

本部分主要起草人：甘向晨、江丽珍、赵婷婷、陈斌、金福锦。

本部分所代替标准的历次版本发布情况为：

——GB/T 17858.1—1999。

包装袋 术语和类型 第1部分:纸袋

1 范围

GB/T 17858 的本部分规定了纸袋的术语和类型。

本部分适用于由纸或纸与其他韧性材料复合加工制成的单层或多层包装袋,本部分不适用于零售商品包装袋。

2 一般术语

2.1

纸袋 paper sack

由一层或多层扁平纸质袋筒制成的至少有一端封闭的包装容器,也可与其他韧性材料复合以达到填装及货物流通环节所要求的性能。

2.2

层 ply

构成袋壁的一层纸或其他韧性材料,或者是这些材料的复合材料。

2.3

褶边 gusset

袋筒或袋纵向边缘向内折叠夹入的部分。

2.4

袋筒 tube

裁成规定长度的扁平筒状的层,可以是一层或多层。

2.4.1

平边袋筒 flat tube

纵向边缘无折叠夹入部分,而仅由扁平筒构成的袋筒。

2.4.2

褶边袋筒 gusseted tube

纵向边缘有向内折叠夹入部分的袋筒。

2.4.3

平切口袋筒(平边袋筒或褶边袋筒) flush cut tube(flat or gusseted)

各层全部整齐裁成规定长度的袋筒,见图1。

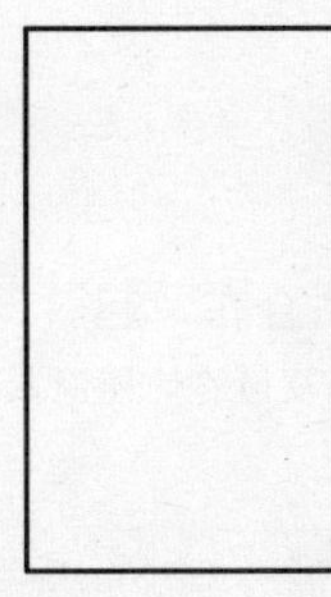

图1 平切口袋筒

2.4.4

阶梯形切口袋筒(平边袋筒或褶边袋筒)　stepped end tube(flat or gusseted)

裁成规定长度并使切口处各层依次呈阶梯排列的袋筒,见图2。

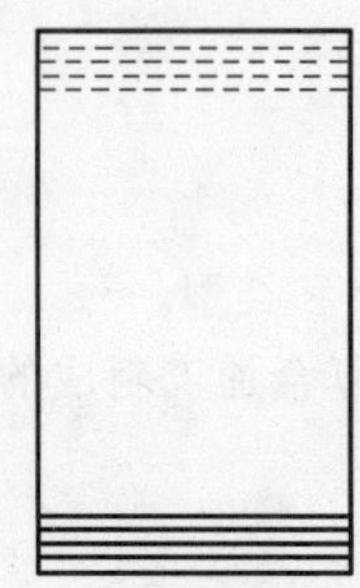

图2　阶梯形切口袋筒

2.4.5

半槽形切口袋筒(平边袋筒或褶边袋筒)　notched end tube(flat or gusseted)

各层全部整齐裁成规定长度并使一端为半槽形的袋筒,见图3。

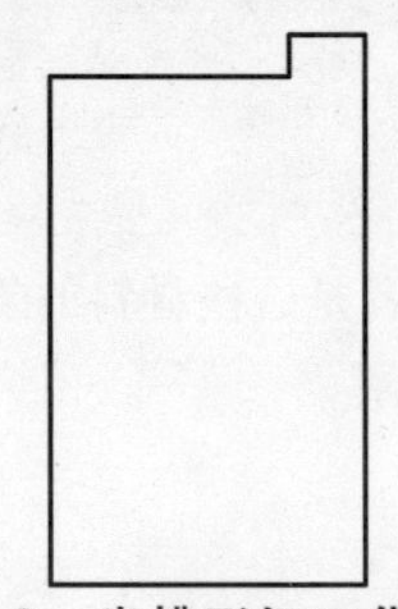

图3　半槽形切口袋筒

2.5

缝合　sewing;stitching

用线结合在一起。

注:包装袋加工中通常指的是底部缝合,即通过缝合后再使用封底带条(亦可不用)使袋筒的一端或两端封闭(见4.2.2)。

2.6

糊合　pasting

粘合　adhesive bonding

用粘合剂结合在一起。

2.6.1

纵向合缝　longitudinal seam

用粘合剂使每层的纵向搭接部分粘合在一起。

注:这种粘合可以是连续的,也可以是非连续的。

2.6.2

横向糊合　transverse pasting

袋筒的一端或两端使用粘合剂使层之间粘合在一起。

注:横向粘合有助于包装袋的正面和背面在加工及最终使用时易于打开,并能增加某些类型包装袋的强度。

2.6.3

底部糊合　bottom pasting

用粘合剂使袋筒的一端或两端糊合封闭。

注:在袋筒封闭之前,端部应折叠和(或)形成适当的形状。

2.7

热封合　heat sealing; welding

通过加热结合在一起。

2.8　**搭接　overlap**

2.8.1

纵向搭接　longitudinal overlap

每层的纵向边缘重叠的部分。

2.8.2

底部搭接　bottom overlap

底部成型后，袋筒横向边缘重叠的部分。

2.9

阀口　valve

用以填装内装物并在填装之后使内装物不易倒流的预留口，通常位于包装袋的一角。

3　袋型术语

3.1

平边袋　flat sack

以平边袋筒加工成的包装袋。

3.2

褶边袋　gusseted sack

以褶边袋筒加工成的包装袋。

3.3

缝合袋　sewn sack

缝底袋

用线连续横向缝合使一端或两端封闭的包装袋。

3.4

糊合袋　pasted sack

糊底袋

用粘合剂使一端或两端封闭的包装袋。

3.5

开口袋　open mouth sack

仅一端封闭的包装袋。

3.5.1

平边缝合开口袋　open mouth-sewn-flat sack

用线连续横向缝合，使一端封闭的平边袋，见图4。

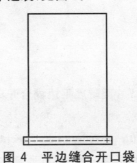

图4　平边缝合开口袋

3.5.2

褶边缝合开口袋　open mouth-sewn-gusseted sack

用线连续横向缝合，使一端封闭的褶边袋，见图5。

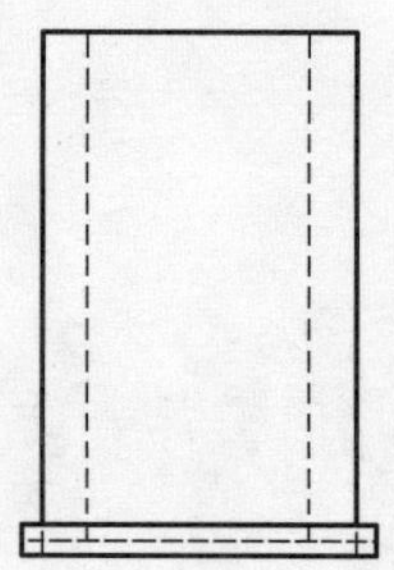

图5　褶边缝合开口袋

3.5.3

六角形底平边糊合开口袋　open mouth-pasted-flat hexagonal bottom sack

经折叠成型、糊合使一端封闭且呈六角形的平边袋，见图6。

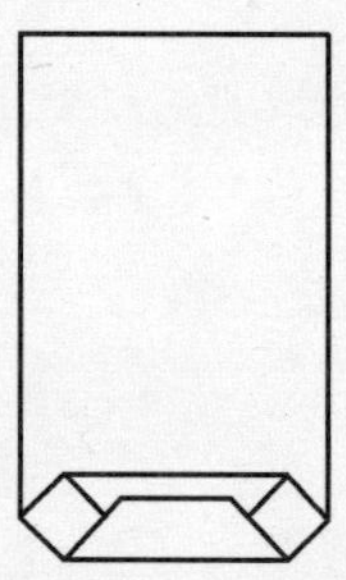

图6　六角形底平边糊合开口袋

3.5.4

翻转底平边糊合开口袋　open mouth-pasted-flat turn over bottom sack

经翻转折叠成型、糊合使一端封闭的平边袋(通常称做挤压型)，见图7。

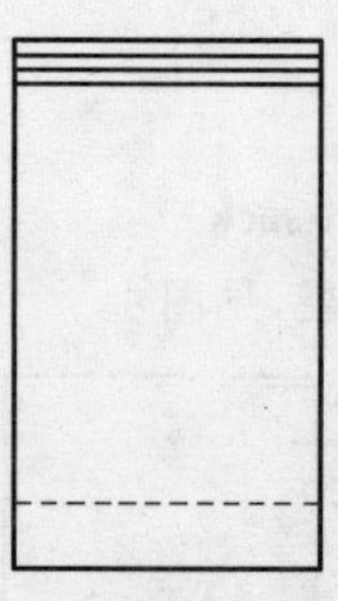

图7　翻转底平边糊合开口袋

3.5.5

矩形底褶边糊合开口袋　open mouth-pasted-gusseted rectangular bottom sack

经折叠成型、糊合使一端封闭并呈矩形底的褶边袋(通常称作自开启型)，见图8。

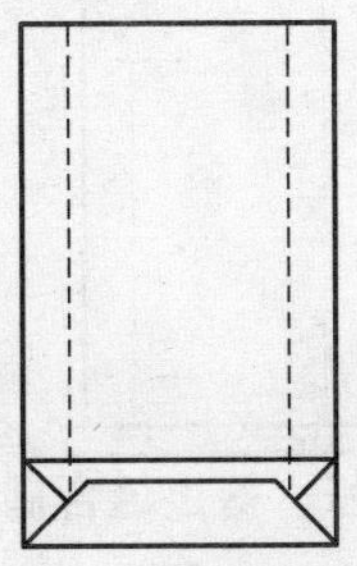

图 8 矩形底褶边糊合开口袋

3.5.6

翻转底褶边糊合开口袋 open mouth-pasted-gusseted turn over bottom sack

经翻转折叠成型、糊合使一端封闭的褶边袋(通常称做挤压型),见图 9。

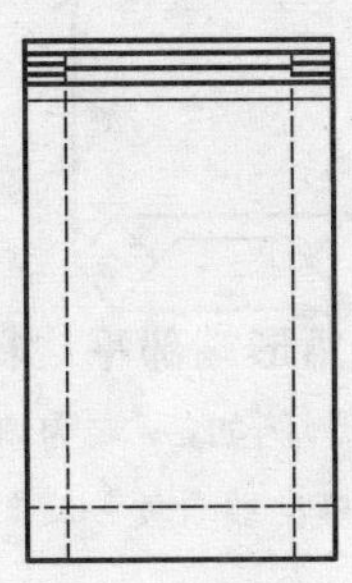

图 9 翻转底褶边糊合开口袋

3.6

阀口袋 valved sack

两端封闭且其中一端配备阀口的包装袋。

3.6.1

平边缝合阀口袋 valved-sewn flat sack

用线连续横向缝合使两端封闭且其中一端配备阀口的平边袋,见图 10。

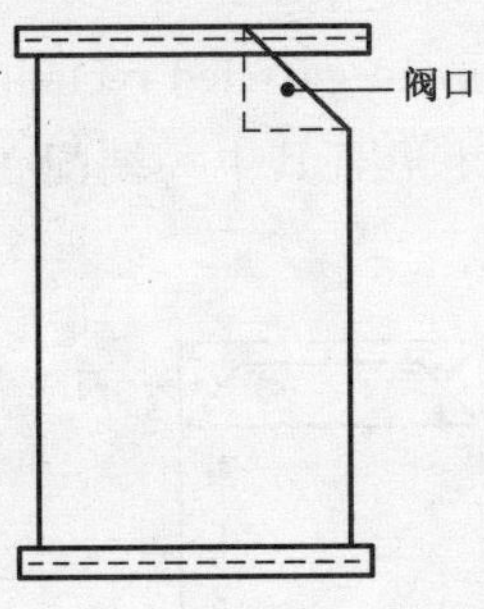

图 10 平边缝合阀口袋

3.6.2

褶边缝合阀口袋 valved-sewn-gusseted sack

用线连续横向缝合使两端封闭且其中一端配备阀口的褶边袋,见图 11。

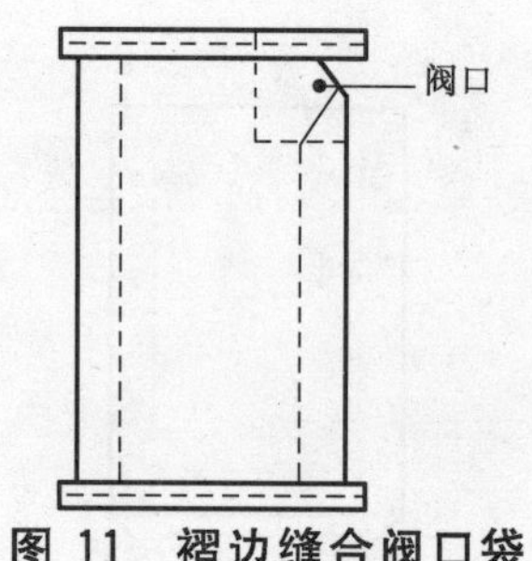

图 11 褶边缝合阀口袋

3.6.3

六角形端部平边糊合阀口袋 valved-pasted-flat hexagonal ends sack

经折叠成型、糊合，使两端封闭并呈六角形且其中一端配备阀口的平边袋，见图 12。

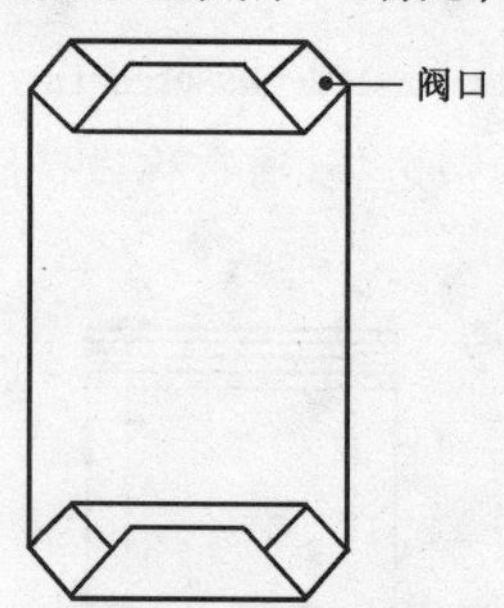

图 12 六角形端部平边糊合阀口袋

注：端部可以加工成由糊合与缝合组合的各种型式，例如，一端为六角形的平边糊合-缝合阀口袋（valved-pasted-sewn flat sack with one hexagonal end）：即用线连续横向缝合使一端封闭，而含有阀口的另一端经折叠成型、糊合呈六角形的平边袋，见图 13。

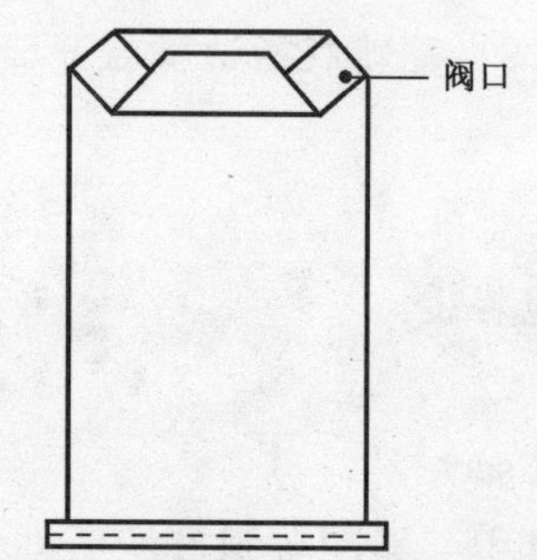

图 13 一端为六角形的平边糊合-缝合阀口袋

3.6.4

矩形端部褶边糊合阀口袋 valved-pasted-gusseted rectangular ends sack

经折叠成形、糊合，使两端封闭并呈矩形且其中一端配备阀口的褶边袋（通常称作自开启型），见图 14。

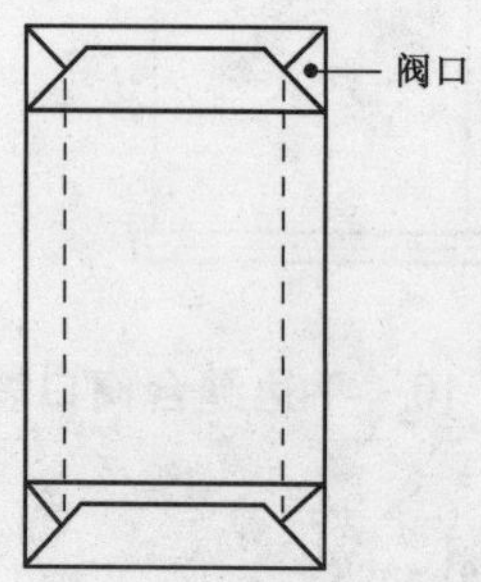

图 14 矩形端部褶边糊合阀口袋

4 结构说明术语

4.1 基本缝制型式

4.1.1

链缝合-单线缝合 chain stitch-single thread

用一根线缝合的方法。这种方法是使针穿过袋筒形成环圈，且每一个环圈被前一个环圈锁住，见图 15。

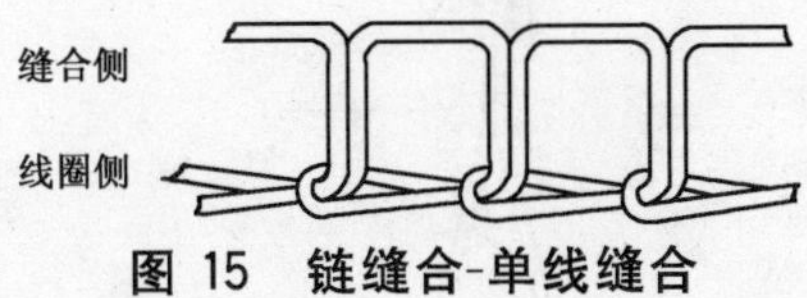

图 15 链缝合-单线缝合

4.1.2

双锁缝合-双线缝合 double locked stitch-double thread sewing

用两根线缝合的方法，这种方法是使针穿过袋筒形成环圈，每一个环圈被另一根线形成的横向环圈锁住，见图 16。

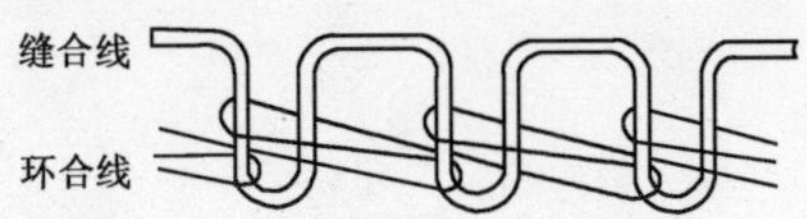

图 16 双锁缝合-双线缝合

4.2 缝合封闭及相应的辅助材料

4.2.1

衬(填充)绳 filter(filler)cord

诸如黄麻绳类的材料，结合缝合线使用以密封及保护针孔。

4.2.2

封底带条(用于缝合袋) capping tape(in sewn sacks)

用于保护袋筒横向边缘的由纸或其他韧性材料制成的带条，穿过其或在其之下进行缝合。

4.2.3

简单缝合封闭 simple sewn closure

袋筒仅以缝合线封闭，见图 17。

注：图 17～图 23 中，1 为缝合，2 为袋壁，3 为带条，4 为衬绳，5 为粘合剂，6 为热封合。

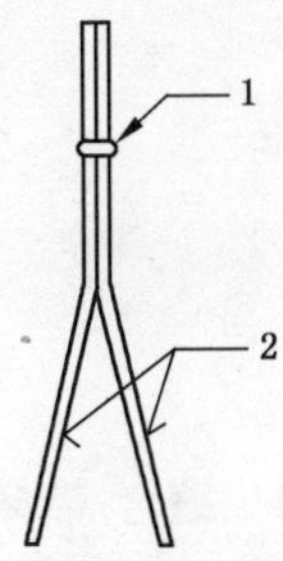

1——缝合；

2——袋壁。

图 17 简单缝合封闭

4.2.4

带条-缝合封闭(缝合线穿过带条)　taped and sewn closure(tape under sewing)

使用或不使用粘合剂将封底带条置于袋筒端部,再穿过该带条进行缝合,缝合可附带或不附带衬绳,见图 18。

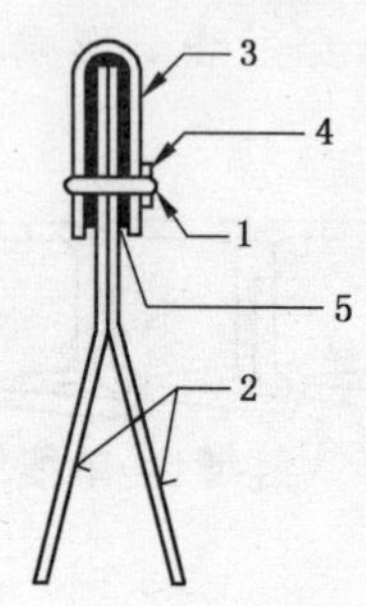

1——缝合;
2——袋壁;
3——带条;
4——衬绳;
5——粘合剂。

图 18　带条-缝合封闭

4.2.5

缝合-带条封闭(胶带位于缝合线之上)　sewn and taped closure(tape over sewing)

先将袋筒缝合,缝合可附带或不附带衬绳,然后以封底带条覆盖,并使用粘合剂或利用热封合使其固定,见图 19。

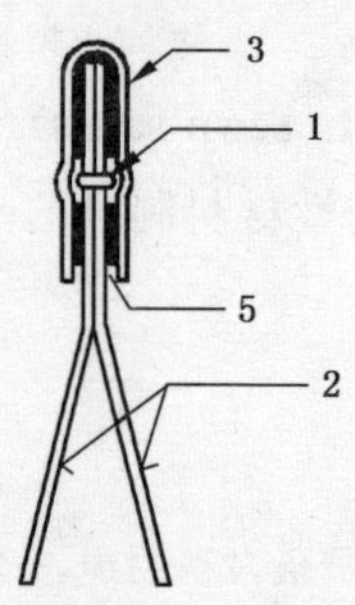

1——缝合;
2——袋壁;
3——带条;
5——粘合剂。

图 19　缝合-带条封闭

4.2.6

带条-缝合-带条封闭(增强型)　taped and sewll and taped closure(reinforced)

将封底带条置于袋筒端部,然后穿过带条进行缝合,缝合可以使用或不使用衬绳,再用另一张封底带条覆盖,并以粘合剂或利用热封合固定,见图 20。

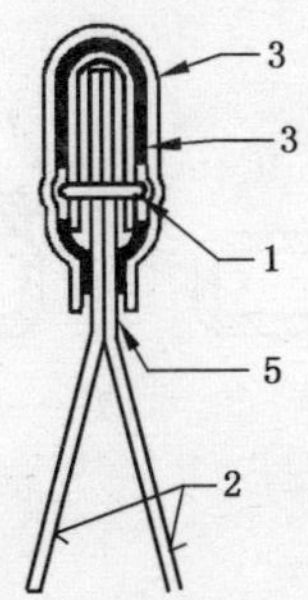

1——缝合；
2——袋壁；
3——带条；
5——粘合剂。

图 20　带条-缝合-带条封闭(增强型)

4.2.7

热封合-缝合-带条封闭　heat sealed and sewn and taped closure

利用热封合使袋筒内层的塑料薄膜封合在一起，然后在热封合处或热封合处外侧进行缝合，再用封底带条覆盖，并以粘合剂或利用热封合固定，见图 21。

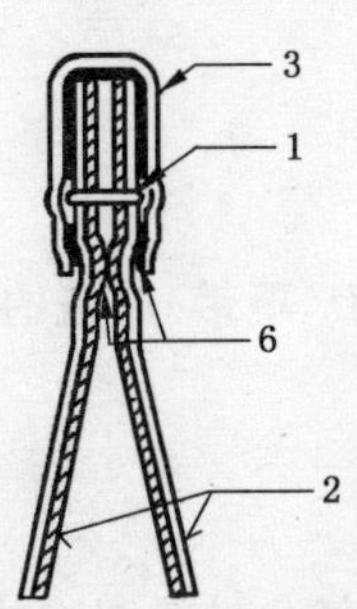

1——缝合；
2——袋壁；
3——带条；
6——热封合。

图 21　热封合-缝合-带条封闭

4.3　糊合封闭及相应的辅助材料

4.3.1

底盖　bottom cap

粘贴在袋底外侧的纸条。

4.3.2

底衬　bottom patch

粘贴在袋底内侧的纸条。

4.3.3

糊合封闭　pasted closure

袋筒仅用粘合剂封闭。

4.3.4

带(不带)底盖的平切口袋底　flush cut bottom with or without bottom cap

将平边切口袋筒的一端或两端搭接后糊合，然后用或不用底盖覆盖，见图 22。

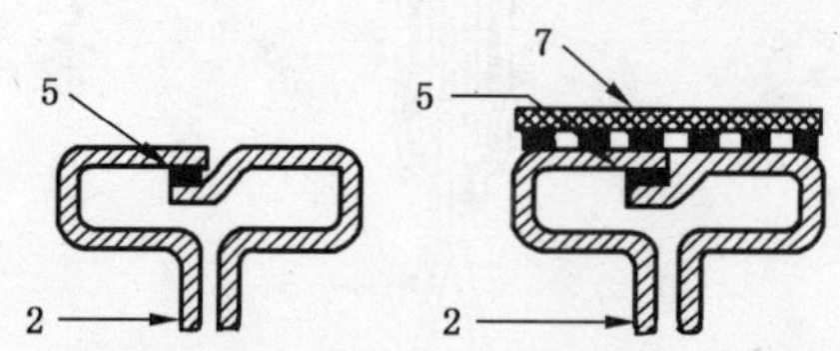

2——袋壁；
5——粘合剂；
7——底盖。

图 22 带(不带)底盖的平切底

4.3.5

带(不带)底盖的阶梯形切口袋底 stepped bottom with or without bottom cap

将阶梯形切口袋筒的一端或两端阶梯处各层搭接后糊合，然后用或不用底盖覆盖，见图 23。

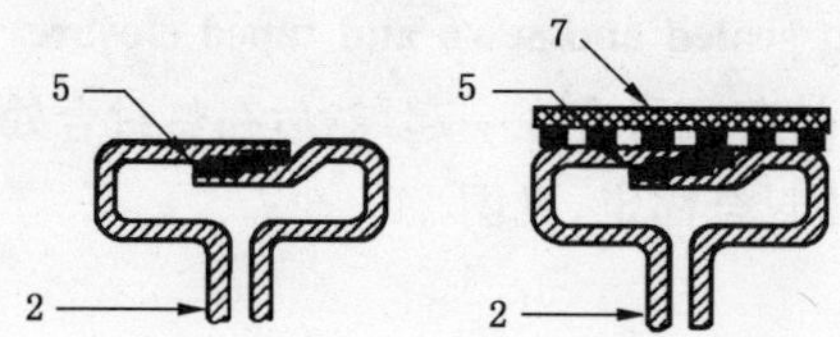

2——袋壁；
5——粘合剂；
7——底盖。

图 23 带(不带)底盖的阶梯形底

4.4 阀口类型

4.4.1

阀套 valve sleeve

由纸、其他韧性材料或者是这些材料的复合材料制成的衬套，加入阀口中可改善其性能。

4.4.2 缝合袋中的阀口

4.4.2.1

简单阀口 simple valve

将袋筒的一角折入袋中，使缝合后的包装袋形成一个阀口，见图 24。

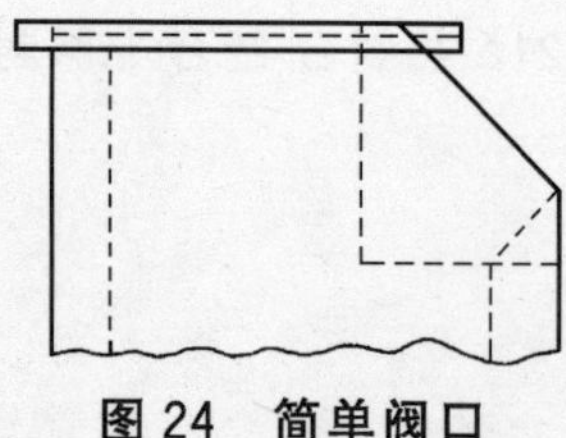

图 24 简单阀口

4.4.2.2

内套式阀口 internal sleeve valve

阀套加入包装袋里的阀口，见图 25。

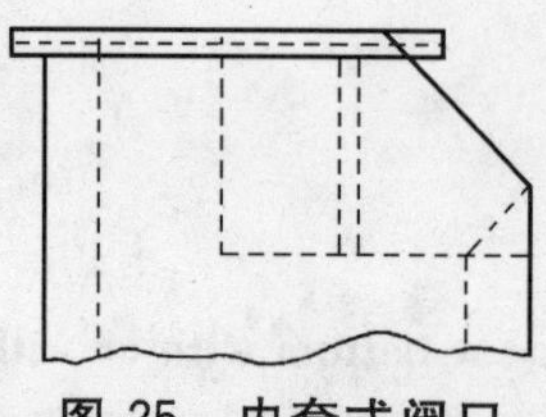

图 25 内套式阀口

4.4.2.3

外套式阀口　external sleeve valve

阀套向包装袋外凸出的阀口,见图 26。

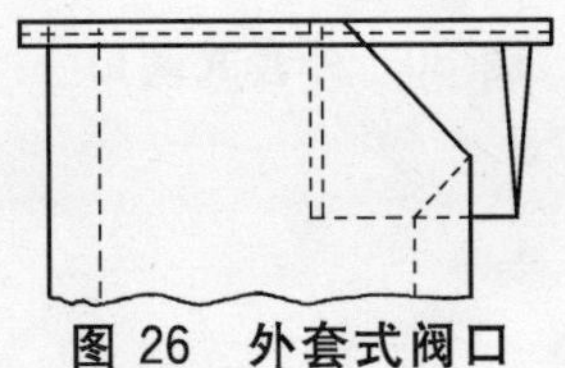

图 26　外套式阀口

4.4.3　糊合袋中的阀口

注:在某些情况下,阀套的宽度应小于袋底宽度。

4.4.3.1

简单阀口　simple valve

没有阀套或增强结构的阀口,见图 27。

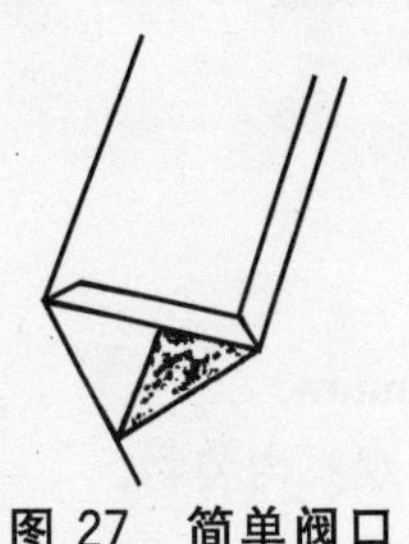

图 27　简单阀口

4.4.3.2

增强型阀口　reinforced valve

在阀口的内侧上部粘合一块适合材料的板以增强其强度而形成的阀口,见图 28。

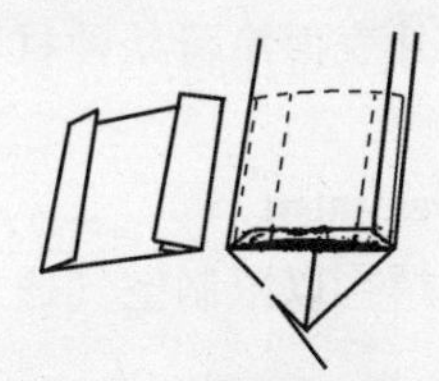

图 28　增强型阀口

4.4.3.3

内套式阀口　internal sleeve valve

阀套加入包装袋里的阀口,见图 29。

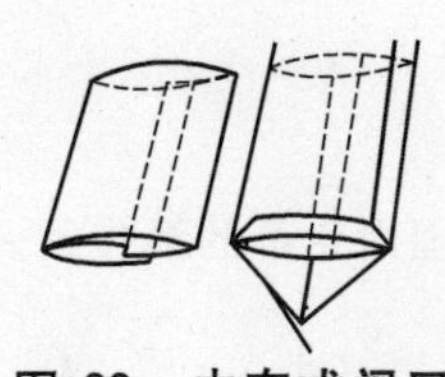

图 29　内套式阀口

4.4.3.4

外套式阀口　external sleeve valve

阀套向包装袋外凸出的阀口,通常配备一小袋,见图 30。

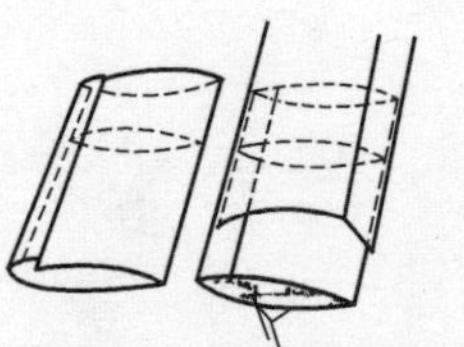

图 30 外套式阀口

4.5 其他结构说明

4.5.1

拇指口 thumb cut

在开口袋顶端一侧(或者在外部阀套内)穿透所有层的小口,有助于填装时打开包装袋。

4.5.2

关闭设置 closing device

包装袋上有助于填装后封闭的装置。

4.5.3

开启设置 opening device

包装袋上有助于填装及封闭后再开启的装置。

4.5.4

搬运设置 carrying device

包装袋上有助于搬运的装置。

4.5.5

观察设置(观察窗) viewing device(window)

在包装袋正面设置的透明区域,有助于观察内装物。

4.5.6

气孔 perforation

穿透袋壁或个别层的孔,有助于包装袋填装时空气由此逸出。

4.5.7

防滑处理 anti-slip treatment

为增加包装袋间的摩擦系数,在包装袋外表面涂覆某种材料的处理措施。

4.5.8

减少透气率处理 porosity reduction treatment

在包装袋外表面某指定部位涂覆某种材料,以限制空气透过的处理措施。

5 材料术语

5.1

纸袋纸 sack paper

在包装袋加工过程中作为基本原材料并具有较高机械强度的纸。

5.2 纸袋纸类型

5.2.1

普通纸袋纸 normal sack paper

未经任何有关改善伸缩性能的附加处理而生产的纸袋纸。

5.2.2

伸性纸袋纸 extensible sack paper

使用一些不同于制造皱纹纸的方法,通常在纸机干燥部应用伸性装置对纸袋纸进行微起皱处理,使纸张的纵向伸长率成倍增加,从而形成一种具有高吸收能量性质的可伸性纸。习惯上将纵向伸长率大于5.5%的称为伸性纸袋纸。

5.2.3

半伸性纸袋纸　half extensible sack paper

使用一些不同于制造皱纹纸的方法，通常在纸机干燥部应用伸性装置对纸袋纸进行微起皱处理，使纸张的纵向伸长率成倍增加，从而形成一种具有高吸收能量性质的可伸性纸。习惯上将纵向伸长率低于5.5%的称为半伸性纸袋纸。

5.2.4

皱纹纸袋纸　creped sack paper

将纸进行浸湿皱缩后的纸袋纸，该操作通常不在造纸机上进行。

5.2.5

埋纱纸袋纸　cotton strand added sack paper

抄纸连续作业中在纱线机上编网，同时将纱网埋入纸胎内部进行湿法复合以改善强度、透气性等制成的纸袋纸。

5.2.6

夹筋纸袋纸　yarn added sack paper

抄纸连续作业中，将预制的纱网夹入纸胎内部进行湿法复合以改善强度、透气性等制成的纸袋纸。

5.3

湿强度纸袋纸　wet strength sack paper

为减少纸张在浸湿时的强度损失而在其生产过程中通过加入一些化学助剂进行处理后所生产的纸袋纸。

5.4　**纸袋纸颜色**

纸袋纸的颜色随生产纸时所用的纸浆的色泽及加入的着色剂有如下变化：未漂白(unbleached)、半漂白(semi-bleached)、全漂白(fully bleached)、彩色(coloured)。

5.5　**其他韧性材料**

5.5.1

塑料薄膜　plastics films

薄片状或卷筒状的塑料。

5.5.2

其他材料　other materials

适于作为纸袋中某一层的纺织物、不织布、金属箔片或其他网状材料。

5.6

改性材料　converted materials

为获得所需要的特殊性能，经过诸如涂覆、层压等工艺使纸或其他韧性材料性能得以改善的材料。

5.6.1

阻隔性涂覆纸　barrier coated papers

一面或两面涂有阻隔材料(例如聚乙烯)的纸。

5.6.2

隔离涂覆纸　release coated papers

一面或两面涂有隔离材料(例如硅酮)的纸。

5.6.3

浸润纸　impregnated papers

以某种可被纸所吸收的材料(如石蜡)对其进行处理后所生产的纸。

5.6.4

层合材料 laminated materials

复合材料

两层或多层纸和(或)其他材料(如塑料)结合在一起,构成一连续层。

5.6.5

增强材料 reinforced materials

用于改善纸的机械强度的材料。

5.7 辅助材料

5.7.1

缝合线 sewing thread

缝合袋中用于封闭的线,这些线可由天然或合成纤维材料制成,亦可由两者的复合材料所制成。

5.7.2

粘合剂 adhesive

包装袋加工过程中使用的粘结材料。可由天然或合成材料制成,亦可以由两者混合制成。

示例:淀粉粘合剂、冷涂用的聚氨酯和热粘合用的以聚乙烯为基础的热熔材料。

6 包装袋各部位的名称术语

6.1

填装端 filling end

开口或带阀口的一端。

6.2

封闭端 closed end

封合在一起或无阀口的一端。

6.3

正面 face side

没有纵向合缝的一面。

6.4

背面 back side

有纵向合缝的一面。

6.5 袋的左侧和右侧

袋的左侧和右侧的规定是:背面朝下放置且填装端离观察者最远。

中 文 索 引

英 文 索 引

G

H

I

L

N

O

P

二、包装材料

ICS 85.060
Y 31

中华人民共和国国家标准

GB/T 6544—2008
代替 GB/T 6544—1999,GB/T 16718—1996,GB/T 5034—1985

瓦楞纸板

Corrugated fiberboard

2008-01-04 发布　　2008-09-01 实施

中华人民共和国国家质量监督检验检疫总局
中国国家标准化管理委员会　发布

前　言

本标准代替 GB/T 6544—1999《包装材料　瓦楞纸板》、GB/T 16718—1996《包装材料　重型瓦楞纸板》和 GB/T 5034—1985《出口产品包装用瓦楞纸板》。本标准是对 GB/T 6544—1999、GB/T 16718—1996和 GB/T 5034—1985 的修订，在修订过程中将上述三个标准整合在一起。

本标准与 GB/T 6544—1999、GB/T 16718—1996 及 GB/T 5034—1985 相比主要变化如下：

——规范性引用文件代替了引用标准，删除 GB/T 6548《瓦楞纸板粘合强度的测定法》，删除 GB/T 4857.2—1992《包装　运输包装件　温湿度调节处理》，删除 GB/T 16717—1996《包装容器　重型瓦楞纸箱》(1999 版的第 2 章，1996 版第 2 章，本版的第 2 章)；

——增加了瓦楞纸、三瓦楞纸板的定义及代号，增加了瓦楞纸板最小综合定量的定义，修改了单、双瓦楞纸板的英文表述，删除了重型瓦楞纸板、复合瓦楞纸板及四层、五层、六层、七层复合/重型瓦楞纸板的定义及代号(1999 版的第 3 章，1996 版第 3 章，1985 版第 1 章，本版的第 3 章)；

——增加了瓦楞纸板的结构和分类(1999 版的第 4 章，1985 版第 1 章，本版第 4 章和附录 A)；

——增加(修改)了瓦楞纸板的种类和修改了指标要求(1999 版的第 4 章表 1，1996 版第 5 章，1985 版第 2 章，本版第 4 章表 1)；

——增加了瓦楞纸板楞型结构及符号表示，既有楞数亦有楞宽指标(1999 版的第 4 章表 2，1996 版第 5 章，1985 版第 2 章，本版第 4 章图 1 和表 2)；

——修改了瓦楞纸板粘合强度的要求(1999 版的第 5 章，1985 版第 2 章，本版第 5 章)；

——修改了瓦楞纸板的外观要求(1999 版的第 5 章，1996 版第 5 章，1985 版第 2 章，本版第 5 章)；

——修改了粘合强度的试验方法(1999 版的第 6 章，1985 版第 2 章，本版第 6 章和附录 B)；

——增加了最大翘曲的测试方法(1999 版的第 6 章，1985 版第 2 章，本版第 6 章)；

——修改了交收检验方案和可接收性的规定(1999 版的第 7 章，1996 版第 7 章，1985 版第 3 章，本版第 7 章)。

本标准的附录 A 和附录 B 为规范性附录。

本标准由中国轻工业联合会提出。

本标准由全国造纸工业标准化技术委员会归口。

本标准负责起草单位：中华人民共和国广东出入境检验检疫局；参加起草单位：海尔丰彩包装、东经控股集团有限公司、宁波海山纸业有限公司。

本标准主要起草人：周颖红、郭仁宏、官民俊、蒋孟有、陈海林、崔立国、周军锋。

本标准所代替标准的历次版本发布情况为：

——GB/T 6544—1986、GB/T 6544—1999；

——GB/T 16718—1996；

——GB/T 5034—1985。

本标准由全国造纸工业标准化技术委员会负责解释。

瓦 楞 纸 板

1 范围

本标准规定了瓦楞纸板的术语、定义及代号、结构、分类及分等、技术要求、试验方法、检验规则及标志、包装、运输、贮存等。

本标准适用于外包装用瓦楞纸板。

2 规范性引用文件

下列文件中的条款通过本标准的引用而成为本标准的条款。凡是注日期的引用文件，其随后所有的修改单(不包括勘误的内容)或修订版均不适用于本标准，然而，鼓励根据本标准达成协议的各方研究是否可使用这些文件的最新版本。凡是不注日期的引用文件，其最新版本适用于本标准。

GB/T 450 纸和纸板试样的采取(GB/T 450—2002,eqv ISO 186:1994)

GB/T 462 纸和纸板 水分的测定(GB/T 462—2003,ISO 287:1985,MOD)

GB/T 2828.1 计数抽样检验程序 第1部分:按接收质量限(AQL)检索的逐批检验抽样计划(GB/T 2828.1—2003,ISO 2859-1:1999,IDT)

GB/T 6545 瓦楞纸板耐破强度的测定法(GB/T 6545—1998,eqv ISO 2759:1983)

GB/T 6546 瓦楞纸板边压强度的测定法(GB/T 6546—1998,idt ISO 3070:1987)

GB/T 6547 瓦楞纸板厚度的测定法(GB/T 6547—1998,eqv ISO 3034:1991,EQV)

GB/T 10342 纸张的包装和标志

GB/T 10739 纸、纸板和纸浆试样处理和试验的标准大气条件(GB/T 10739—2002,eqv ISO 187:1990)

GB/T 13023 瓦楞芯(原)纸

GB/T 13024 箱纸板

3 术语、定义及代号

3.1 术语和定义

下列术语和定义适用于本标准。

3.1.1

瓦楞纸(楞纸) fluted paper

瓦楞芯(原)纸经过起楞加工后形成有规律且永久性波纹的纸。

3.1.2

瓦楞纸板 corrugated fiberboard

由一层或多层瓦楞纸粘合在若干层纸或纸板之间，用于制造瓦楞纸箱的一种复合纸板。

3.1.3

单瓦楞纸板(三层瓦楞纸板) single - wall corrugated fiberboard

由两层纸或纸板和一层瓦楞纸粘合而成的瓦楞纸板。

3.1.4

双瓦楞纸板(五层瓦楞纸板) double - wall corrugated fiberboard

由三层纸或纸板和两层瓦楞纸粘合而成的瓦楞纸板。

3.1.5

三瓦楞纸板(七层瓦楞纸板)　triple-wall corrugated fiberboard

由四层纸或纸板和三层瓦楞纸粘合而成的瓦楞纸板。

3.1.6

瓦楞纸板最小综合定量　minimum combined weight of facings, including center facing(s) of double wall and triple wall board

除瓦楞纸以外的组成瓦楞纸板的各层纸或纸板定量之和。

3.2　代号

本标准有关代号规定如下:

S——单瓦楞纸板(三层瓦楞纸板);

S-1.1～S-1.5——分别为单瓦楞纸板优等品的第1类～第5类;

S-2.1～S-2.5——分别为单瓦楞纸板合格品的第1类～第5类;

D——双瓦楞纸板(五层瓦楞纸板);

D-1.1～D-1.5——分别为双瓦楞纸板优等品的第1类～第5类;

D-2.1～D-2.5——分别为双瓦楞纸板合格品的第1类～第5类;

T——三瓦楞纸板(七层瓦楞纸板);

T-1.1～T-1.4——分别为三瓦楞纸板优等品的第1类～第4类;

T-2.1～T-2.4——分别为三瓦楞纸板合格品的第1类～第4类。

4　结构、分类及分等

4.1　结构

瓦楞纸板结构的规定见附录A。

4.2　分类

单瓦楞纸板和双瓦楞纸板按照其最小综合定量不同各分为1类～5类,三瓦楞纸板按照其最小综合定量不同分为1类～4类。

4.3　分等

瓦楞纸板按质量分为优等品和合格品,见表1。

表1

代号	瓦楞纸板最小综合定量/(g/m^2)	优等品			合格品		
		类级代号	耐破强度(不低于)/kPa	边压强度(不低于)/(kN/m)	类级代号	耐破强度(不低于)/kPa	边压强度(不低于)/(kN/m)
S	250	S-1.1	650	3.00	S-2.1	450	2.00
	320	S-1.2	800	3.50	S-2.2	600	2.50
	360	S-1.3	1 000	4.50	S-2.3	750	3.00
	420	S-1.4	1 150	5.50	S-2.4	850	3.50
	500	S-1.5	1 500	6.50	S-2.5	1 000	4.50
D	375	D-1.1	800	4.50	D-2.1	600	2.80
	450	D-1.2	1 100	5.00	D-2.2	800	3.20
	560	D-1.3	1 380	7.00	D-2.3	1 100	4.50
	640	D-1.4	1 700	8.00	D-2.4	1 200	6.00
	700	D-1.5	1 900	9.00	D-2.5	1 300	6.50

表 1（续）

代号	瓦楞纸板最小综合定量/（g/m²）	优等品			合格品		
		类级代号	耐破强度（不低于）/kPa	边压强度（不低于）/（kN/m）	类级代号	耐破强度（不低于）/kPa	边压强度（不低于）/（kN/m）
T	640	T-1.1	1 800	8.00	T-2.1	1 300	5.00
	720	T-1.2	2 000	10.0	T-2.2	1 500	6.00
	820	T-1.3	2 200	13.0	T-2.3	1 600	8.00
	1 000	T-1.4	2 500	15.5	T-2.4	1 900	10.0
注：各类级的耐破强度和边压强度可根据流通环境或客户的要求任选一项。							

4.4 楞型结构及其尺寸

4.4.1 UV 型瓦楞纸板的楞型结构及尺寸要求应符合图 1 和表 2 的要求。

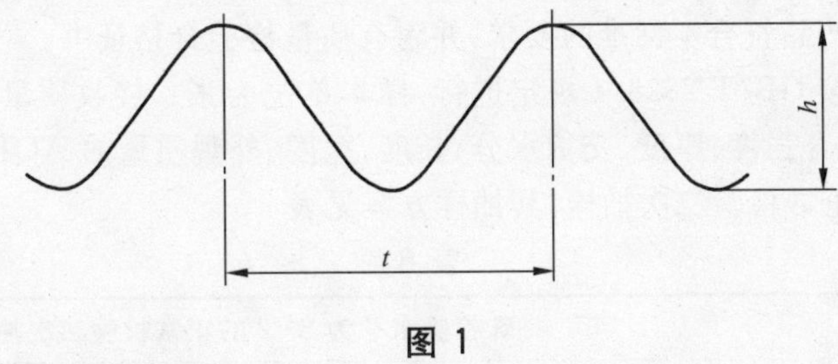

图 1

4.4.2 瓦楞纸板厚度：单瓦楞纸板厚度应高于表 2 所规定相应楞高的下限值。多层瓦楞纸板厚度应高于表 2 所规定相应楞高的下限值之和。

表 2

楞 型	楞高 h/mm	楞宽 t/mm	楞数/（个/300mm）
A	4.5～5.0	8.0～9.5	34±3
C	3.5～4.0	6.8～7.9	41±3
B	2.5～3.0	5.5～6.5	50±4
E	1.1～2.0	3.0～3.5	93±6
F	0.6～0.9	1.9～2.6	136±20

4.4.3 瓦楞纸板的宽度、长度由供需双方协商确定。

5 技术要求

5.1 材料

5.1.1 瓦楞纸板所用材料的定量及质量水平应根据瓦楞纸板耐破强度和边压强度的要求选择符合 GB/T 13024 和 GB/T 13023 中的相关质量水平等级的材料。

5.1.2 采用淀粉粘合剂或其他具有同等效果的粘合剂。

5.2 瓦楞纸板

5.2.1 瓦楞纸板的各项技术指标应符合表 1 的规定。

5.2.2 瓦楞纸板任一粘合层的粘合强度应不低于 400 N/m。

5.2.3 瓦楞纸板的交货水分应不大于 14%。

5.2.4 瓦楞纸板的外观质量：不应有缺材、薄边，切边应整齐，表面应清洁、平整，在每 1 m 的单张瓦楞纸板上，不应有大于 20 mm 的翘曲。

6 试验方法

6.1 厚度按 GB/T 6547 的规定进行。

6.2 长度、宽度用准确至 1 mm 的钢卷尺或直尺测定。

6.3 边压强度按 GB/T 6546 的规定进行。

6.4 耐破强度按 GB/T 6545 的规定进行。

6.5 粘合强度按附录 B 的规定进行。

6.6 瓦楞纸板的交货水分按 GB/T 462 的规定进行。

6.7 瓦楞纸板的外观质量按目测评定，最大翘曲的测试应在无外力作用下将瓦楞纸板水平放置后测量，以最高点至水平面的距离为测量值。

7 检验规则

7.1 以一次交货数量为一批，产品单位为张。

7.2 供方应保证出厂的产品符合本标准的要求，并附有质量检验合格证书。

7.3 交收检验抽样方案按 GB/T 2828.1 规定进行，样本单位为张。接收质量限(AQL)：耐破强度、边压强度的 AQL 为 4.0；粘合强度、厚度、交货水分、长度、宽度、外观质量的 AQL 为 6.5。采用检验水平为特殊检验水平 S-2 的正常检验二次抽样，其抽样方案见表 3。

表 3

批量/张	特殊检验水平为 S-2 的正常检验二次抽样方案				
	样本量	AQL=4.0		AQL=6.5	
		Ac	Re	Ac	Re
≤150	3	0	1	—	—
	2	—	—	0	1
151～1 200	3	0	1	—	—
	5	—	—	0	2
	5(10)	—	—	1	2
1 201～3 500	8	0	2	—	—
	8(16)	1	2	—	—
	5	—	—	0	2
	5(10)	—	—	1	2
＞3 500	8	0	2	0	3
	8(16)	1	2	3	4

7.4 可接收性的确定：第一次检验的样品数量应等于该方案给出的第一样本量。如果第一样本中发现的不合格品数小于或等于第一接收数，应认为该批是可接收的；如果第一样本中发现的不合格品数大于或等于第一拒收数，应认为该批是不可接收的。如果第一样本中发现的不合格品数介于第一接收数与第一拒收数之间，应检验由方案给出样本量的第二样本并累计在第一样本和第二样本中发现的不合格品数。如果不合格品累计数小于或等于第二接收数，则判定该批是可接收的；如果不合格品累计数大于或等于第二拒收数，则判定该批是不可接收的。

7.5 需方有权按本标准进行检验，如对批质量有异议时，应在到货后一个月内通知供方共同复验。复验结果若仍不符合本标准规定，则判为批不合格，由供方进行处理；复验结果符合本标准的规定，则判为批合格，由需方负责处理。

8 标志、包装、运输、贮存

8.1 产品的包装和标志按 GB/T 10342 的要求或由供需双方商定。

8.2 运输时应使用带篷、防雨、防潮、洁净的运输工具。

8.3 存放地点应保持通风干燥，远离火源，长期堆码应高于地面 100 mm，应避免雨淋、曝晒和污染，并严禁大型物品挤压。

8.4 产品出厂后贮存期一般应不超过半年。

附 录 A
（规范性附录）
瓦楞纸板结构示意图

A.1 单瓦楞纸板结构示意图，见图 A.1。

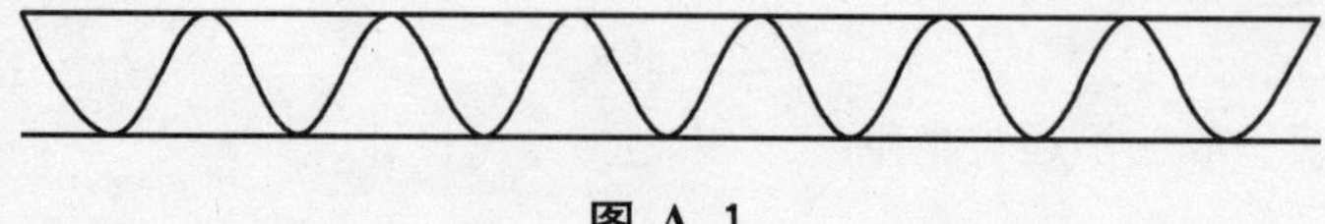

图 A.1

A.2 双瓦楞纸板结构示意图，见图 A.2。

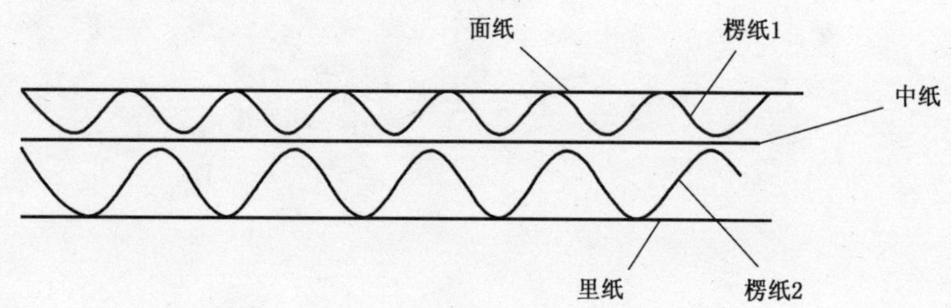

图 A.2

A.3 三瓦楞纸板结构示意图，见图 A.3。

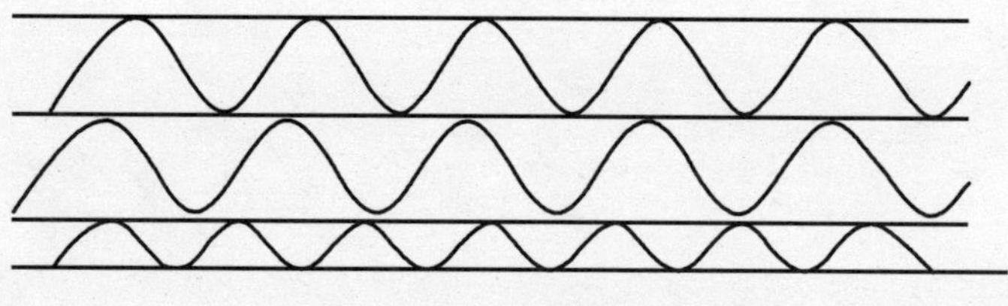

图 A.3

附 录 B
（规范性附录）
瓦楞纸板粘合强度的测定

B.1 范围

本附录规定了瓦楞纸板粘合强度的测定方法。

本附录适用于测定各种类型的瓦楞纸板的粘合强度。

B.2 术语和定义

下列术语和定义适用于本附录。

B.2.1

粘合强度 ply adhesive strength

在规定的试验条件下，分离瓦楞纸板单位楞长所需的力，以每米(楞)牛顿(N/m)表示。

B.3 原理

将针形附件插入试样的楞纸和面(里)纸之间(或楞纸和中纸之间)，然后对插有试样的针形附件施压，使其做相对运动，直至被分离部分分开。

B.4 仪器

B.4.1 压缩强度测定仪

应符合 GB/T 6546 规定的压缩强度测定仪的技术要求。

B.4.2 取样的装置

应符合 GB/T 6546 规定的切刀和要求。

B.4.3 附件

附件是由上部分附件和下部分附件组成，是对试样各粘着部分施加均匀压力的装置。每部分附件由等距插入瓦楞纸板空间中心的针式件和支撑件组成，见图 B.1。

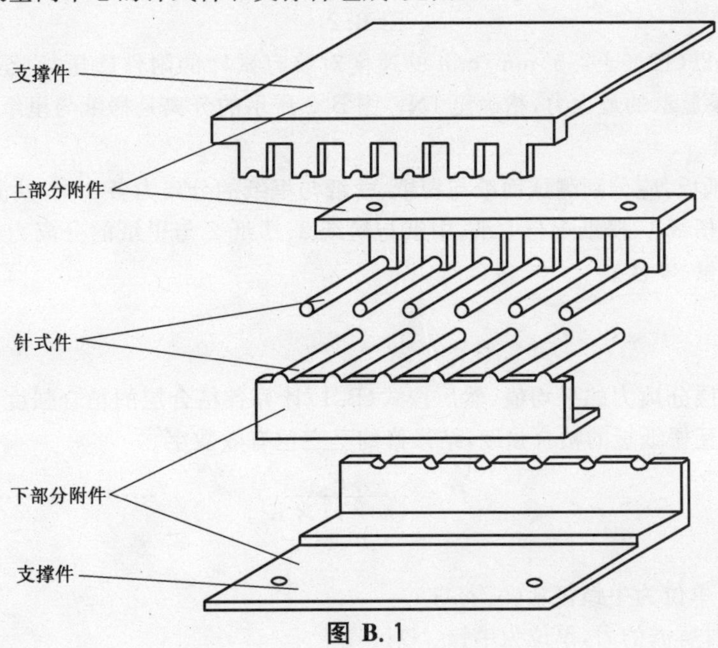

图 B.1

针式件和支撑件的平行度偏差应小于1%。

B.5 试样的采取、处理与制备

B.5.1 试样的采取按GB/T 450进行。

B.5.2 试样的处理及测试的环境条件件应按GB/T 10739要求进行。

B.5.3 试样的制备:从样品中切取10个单瓦楞纸板、或20个双瓦楞纸板或30个三瓦楞纸板(25±0.5)mm×(100±1)mm的试样,瓦楞方向应与短边方向一致。

B.6 试验步骤

B.6.1 先将被测试的试样装入附件,见图B.2,然后将其放在压缩仪下压板的中心位置。

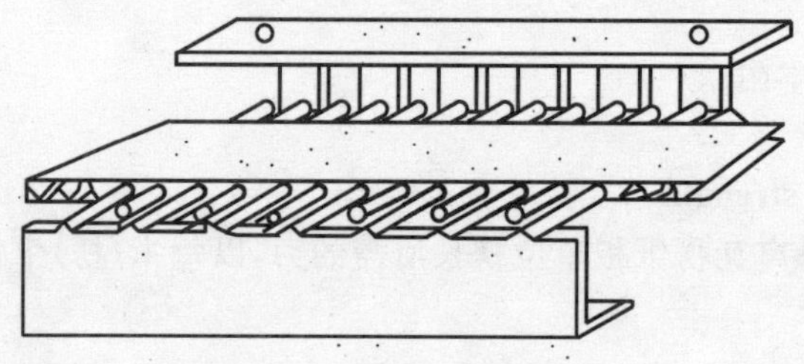

a) 压力针(上)与支持针(下)

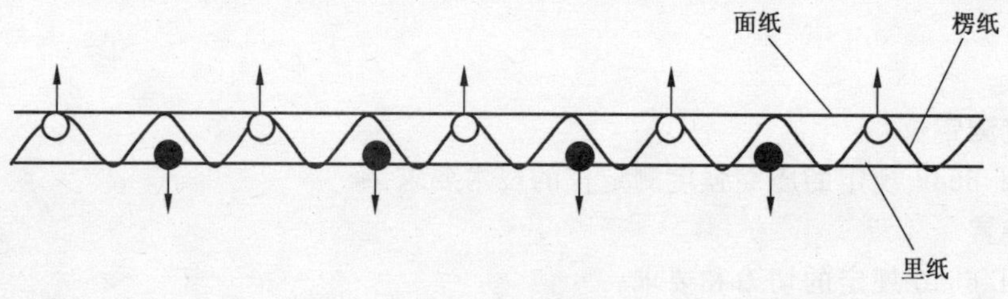

○——支持针;

●——压力针。

b) 压力针与支持针正面图

图 B.2

B.6.2 开动压缩仪,以(12.5±2.5)mm/min的速度对装有试样的附件施压,直至楞峰和面纸(或里/中纸)分离为止。记录显示的最大力,精确至1N。图B.2所示的分离是楞纸与里纸的分离,共插入9根针,有效分离了8根楞。

B.6.3 对于单瓦楞纸板,应分别测试面纸与楞纸、楞纸与里纸的分离力各5次,共测10次;双瓦楞纸板则应分别测试面纸与楞纸1、楞纸1与中纸、中纸与楞纸2、楞纸2与里纸的分离力各5次,共测20次;三瓦楞纸板则需共测试30次。

B.7 结果表示

分别计算各粘合层分离力的平均值,然后按式(B.1)计算各粘合层的粘合强度,最后以各粘合层粘合强度的最小值作为瓦楞纸板的粘合强度,结果修约至三位有效数字。

$$P=\frac{F}{(n-1)\times L} \qquad \cdots\cdots\cdots\cdots(B.1)$$

式中:

P——粘合强度,单位为牛顿每米(N/m);

F——试样分离时所需的力,单位为牛顿(N);

n——插入试样的针根数；

L——试样短边的长度，即 0.025 m。

B.8 试验报告

试验报告应包括以下内容：

a) 本标准编号(附录 B)；

b) 试样的种类、状态和标识说明；

c) 试验的大气条件；

d) 试验用仪器的名称、型号；

e) 报告试验结果，必要时，附加评定测量不确定度的声明；

f) 试验的日期和地点；

g) 与试验结果有关的其他说明。

ICS 85.060
Y 32

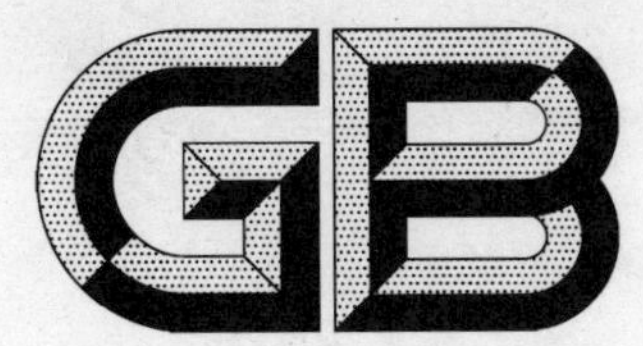

中华人民共和国国家标准

GB/T 7968—2015
代替 GB/T 7968—1996

纸袋纸

Bag paper

2015-12-31 发布　　2016-07-01 实施

中华人民共和国国家质量监督检验检疫总局
中国国家标准化管理委员会　发布

前　言

本标准按照 GB/T 1.1—2009 给出的规则起草。

本标准代替 GB/T 7968—1996《纸袋纸》，与 GB/T 7968—1996 相比，主要变化如下：

——修改了产品分级，将二等品改为合格品；

——增加了横幅定量差的规定；

——调整了抗张指数、伸长率、透气度等技术指标；

——修改了抽样方案表；

——删除了附录 A、附录 B 的内容。

请注意本文件的某些内容可能涉及专利。本文件的发布机构不承担识别这些专利的责任。

本标准由中国轻工业联合会提出。

本标准由全国造纸工业标准化技术委员会(SAC/TC 141)归口。

本标准起草单位：福建省青山纸业股份有限公司、中国制浆造纸研究院。

本标准主要起草人：徐宗明、黄宽桔、徐文娟。

本标准所代替标准的历次版本发布情况为：

——GB 7968—1987、GB/T 7968—1996。

纸 袋 纸

1 范围

本标准规定了纸袋纸的产品分类、要求、试验方法、检验规则和标志、包装、运输、贮存。

本标准适用于加工水泥、化工产品等固体物料包装袋用的纸袋纸。

2 规范性引用文件

下列文件对于本文件的应用是必不可少的。凡是注日期的引用文件,仅注日期的版本适用于本文件。凡是不注日期的引用文件,其最新版本(包括所有的修改单)适用于本文件。

GB/T 450 纸和纸板 试样的采取及试样纵横向、正反面的测定

GB/T 451.2 纸和纸板定量的测定

GB/T 455 纸和纸板撕裂度的测定

GB/T 458—2008 纸和纸板 透气度的测定

GB/T 462 纸、纸板和纸浆 分析试样水分的测定

GB/T 1540 纸和纸板吸水性的测定 可勃法

GB/T 2828.1 计数抽样检验程序 第1部分:按接收质量限(AQL)检索的逐批检验抽样计划

GB/T 10342 纸张的包装和标志

GB/T 12914 纸和纸板 抗张强度的测定

3 产品分类

纸袋纸按质量分为优等品、一等品、合格品三个等级。

4 要求

4.1 纸袋纸的技术指标应符合表1或合同规定。

表 1

指标名称			单位	规定		
				优等品	一等品	合格品
定量			g/m²	60.0 65.0 70.0 75.0 80.0 85.0 90.0 95.0 100 105 110		
定量偏差	≤		%	±4.0		
横幅定量差	≤		%	6.0		
撕裂指数	≥	纵向	mN · m²/g	13.0	11.0	10.0
透气度	≥		μm · Pa/s	5.0	3.5	

表 1（续）

指标名称		单位	规定		
			优等品	一等品	合格品
吸水性(正反面平均) ≤		g/m²	35.0		
抗张指数 ≥	纵向	N·m/g	60.0	55.0	50.0
	横向		40.0	30.0	25.0
伸长率 ≥	纵向	%	2.2	2.0	1.8
抗张能量吸收指数 ≥	纵向	J/g	1.2	1.0	0.8
	横向		1.5	1.2	1.0
交货水分		%	7.0～10.5		

4.2　纸页纤维组织应均匀，纸上不应有孔洞、裂口、褶子、浆块等影响制袋或使用的外观纸病。

4.3　纸袋纸为卷筒纸，卷筒宽度一般为 1 020 mm，宽度偏差应不超过±5 mm，也可根据合同生产其他尺寸的纸袋纸。卷筒纸卷筒应紧密，全幅松紧一致，端面应平整，纸芯不应有压扁或扭结现象。

4.4　每卷纸接头应不多于 1 个，接头应当用双面胶带黏牢，接头处应有明显的标志。

5　试验方法

5.1　试样采取按 GB/T 450 规定进行。

5.2　定量、定量偏差、横幅定量差按 GB/T 451.2 测定。

5.3　撕裂指数按 GB/T 455 测定。

5.4　透气度按 GB/T 458—2008 中肖伯尔法测定。

5.5　吸水性按 GB/T 1540 测定，吸水时间为 60 s。

5.6　抗张指数、伸长率和抗张能量吸收指数按 GB/T 12914 测定。

5.7　交货水分按 GB/T 462 测定。

5.8　外观质量采用目测检验。

6　检验规则

6.1　以一次交货数量为一批，每批应不多于 150 卷；每卷纸交货时应附一份产品质量合格证。

6.2　计数抽样检验程序按 GB/T 2828.1 的规定进行。纸袋纸的样本单位为卷。接收质量限(AQL)：抗张指数、撕裂指数 AQL=6.5。定量、定量偏差、横幅定量差、透气度、吸水性、伸长率、抗张能量吸收指数、交货水分、接头数、外观质量 AQL=10。抽样方案采用正常检验二次抽样方案，检查水平为特殊检查水平 S-3。具体见表 2。

表 2

<table>
<tr><td rowspan="3">批量/卷</td><td colspan="5">正常检验二次抽样方案　特殊检查水平 S-3</td></tr>
<tr><td rowspan="2">样本量</td><td colspan="2">AQL=6.5</td><td colspan="2">AQL=10.0</td></tr>
<tr><td>Ac</td><td>Re</td><td>Ac</td><td>Re</td></tr>
<tr><td rowspan="2">2～50</td><td>2</td><td>0</td><td>1</td><td>—</td><td>—</td></tr>
<tr><td>3
3(6)</td><td>—
—</td><td>—
—</td><td>0
1</td><td>2
2</td></tr>
<tr><td rowspan="2">51～150</td><td>5
5(10)</td><td>0
1</td><td>2
2</td><td>—
—</td><td>—
—</td></tr>
<tr><td>3
3(6)</td><td>—
—</td><td>—
—</td><td>0
1</td><td>2
2</td></tr>
</table>

6.3　在抽样检验时，应先检查样本外部包装情况，从无破损的样品中采取试样进行检验。

6.4　可接收性的确定：第一次检验的样品量应等于该方案给出的第一样本量。如果第一样本中发现的不合格品数小于或等于第一接收数，应认为该批是可接收的；如果第一样本中发现的不合格品数大于或等于第一拒收数，应认为该批是不可接收的。如果第一样本中发现的不合格品数介于第一接收数与第一拒收数之间，应检验由方案给出样本量的第二样本并累计在第一样本和第二样本中发现的不合格品数。如果不合格品累计数小于或等于第二接收数，则判定该批是可接收的；如果不合格品累计数大于或等于第二拒收数，则判定该批是不可接收的。

6.5　需方对产品质量有异议时，应在到货后一个月之内提出书面意见通知供方，由双方共同取样复检或委托第三方抽样检验，如不符合本标准或合同规定，则判为不可接收，由供方负责处理；若符合本标准或合同规定，则判为批可接收，由需方负责处理。

7　标志、包装、运输、贮存

7.1　纸袋纸的包装和标志按 GB/T 10342 或合同规定进行。

7.2　纸袋纸应置于有顶棚防护的干燥、整洁、无存放腐蚀性化学品的仓库中储存保管，防止受潮、腐蚀或其他污染。在运输时应使用清洁有篷的车辆或用篷布遮盖，防止途中受到雨、雪、水等侵害。

7.3　在装卸、搬运和堆垛时，不应从高处扔下，不应在有石块、铁渣等硬物的地面上推滚，以免损伤产品。

ICS 85.060
Y 32

中华人民共和国国家标准

GB/T 10335.1—2017
代替 GB/T 10335.1—2005

涂布纸和纸板 涂布美术印刷纸(铜版纸)

Coated paper and board—Coated art paper

2017-12-29 发布　　2018-07-01 实施

中华人民共和国国家质量监督检验检疫总局
中国国家标准化管理委员会　发布

前　言

GB/T 10335《涂布纸和纸板》分为5个部分：

——GB/T 10335.1　涂布纸和纸板　涂布美术印刷纸(铜版纸)；

——GB/T 10335.2　涂布纸和纸板　轻量涂布纸；

——GB/T 10335.3　涂布纸和纸板　涂布白卡纸；

——GB/T 10335.4　涂布纸和纸板　涂布白纸板；

——GB/T 10335.5　涂布纸和纸板　涂布箱纸板。

本部分为GB/T 10335的第1部分。

本部分按照GB/T 1.1—2009给出的规则起草。

本部分代替GB/T 10335.1—2005《涂布纸和纸板　涂布美术印刷纸(铜版纸)》，与GB/T 10335.1—2005相比，主要技术变化如下：

——定量偏差按照≤157 g/m^2、>157 g/m^2 分别进行规定，取消了横幅定量差指标；

——增加了厚度偏差、横幅厚度差、挺度等指标；

——取消了平滑度指标，修改了印刷表面粗糙度测试条件，由硬垫改为软垫，并对规定值做了相应调整；

——调整了D65亮度、不透明度和光泽度指标规定值；

——更换了印刷表面强度、印刷光泽度、油墨吸收性试验用标准油墨，并对标准值进行相应调整。

本部分由中国轻工业联合会提出。

本部分由全国造纸工业标准化技术委员会(SAC/TC 141)归口。

本部分起草单位：山东太阳纸业股份有限公司、中国制浆造纸研究院、芬欧汇川(中国)有限公司、山东晨鸣纸业集团股份有限公司、金东纸业(江苏)股份有限公司、山东华泰纸业股份有限公司、山东泉林纸业有限公司、国家纸张质量监督检验中心。

本部分主要起草人：张清文、牛丽、袁晓宇、李炳娟、吴国泉、张凤山、尹丽华。

本部分所代替标准的历次版本发布情况为：

——GB/T 10335—1995、GB/T 10335.1—2005。

涂布纸和纸板 涂布美术印刷纸(铜版纸)

1 范围

GB/T 10335 的本部分规定了涂布美术印刷纸(铜版纸)的分类、要求、试验方法、检验规则和标志、包装、运输、贮存。

本部分适用于单层抄造的原纸涂布后,经压光整饰制成,用于单色或彩色印刷的画册、画报、书刊封面、插页、美术图片及商品商标等的涂布美术印刷纸。

2 规范性引用文件

下列文件对于本文件的应用是必不可少的。凡是注日期的引用文件,仅注日期的版本适用于本文件。凡是不注日期的引用文件,其最新版本(包括所有的修改单)适用于本文件。

GB/T 450　纸和纸板　试样的采取及试样纵横向、正反面的测定

GB/T 451.1　纸和纸板尺寸及偏斜度的测定

GB/T 451.2　纸和纸板定量的测定

GB/T 451.3　纸和纸板厚度的测定

GB/T 462　纸、纸板和纸浆　分析试样水分的测定

GB/T 1541　纸和纸板　尘埃度的测定

GB/T 1543　纸和纸板　不透明度(纸背衬)的测定(漫反射法)

GB/T 2828.1　计数抽样检验程序　第1部分:按接收质量限(AQL)检索的逐批检验抽样计划

GB/T 7974　纸、纸板和纸浆　蓝光漫反射因数D65亮度的测定(漫射/垂直法,室外日光条件)

GB/T 7975　纸及纸板　颜色的测定(漫反射法)

GB/T 8941　纸和纸板　镜面光泽度的测定

GB/T 10342　纸张的包装和标志

GB/T 10739　纸、纸板和纸浆试样处理和试验的标准大气条件

GB/T 12032　纸和纸板　印刷光泽度印样的制备

GB/T 12911　纸和纸板油墨吸收性的测定法

GB/T 22363—2008　纸和纸板　粗糙度的测定(空气泄漏法)　本特生法和印刷表面法

GB/T 22364—2008　纸和纸板　弯曲挺度的测定

GB/T 22365—2008　纸和纸板　印刷表面强度的测定

QB/T 1020　纸和纸板印刷适性用标准油墨

QB/T 2896　纸和纸板　湿拉毛和湿排斥的测定

3 分类

3.1 涂布美术印刷纸按涂布量分为重量涂布(每面涂布量≥20 g/m^2)和中量涂布(每面涂布量>10 g/m^2且<20 g/m^2)。

3.2 涂布美术印刷纸按涂布面分为单面涂布和双面涂布。

3.3 涂布美术印刷纸按外观特性分为有光型和亚光型。

3.4 涂布美术印刷纸按质量分为优等品、一等品和合格品三个等级。

4 要求

4.1 涂布美术印刷纸的技术指标应符合表1的规定。

表 1

<table>
<tr><th colspan="2" rowspan="3">技术指标</th><th rowspan="3">单位</th><th colspan="6">规定</th></tr>
<tr><th colspan="2">优等品</th><th colspan="2">一等品</th><th colspan="2">合格品</th></tr>
<tr><th>有光型</th><th>亚光型</th><th>有光型</th><th>亚光型</th><th>有光型</th><th>亚光型</th></tr>
<tr><td colspan="2">定量</td><td>g/m^2</td><td colspan="6">70.0 80.0 90.0 100 105 115 128 157 200 250 300 350</td></tr>
<tr><td rowspan="2">定量偏差</td><td>≤157 g/m^2</td><td>%</td><td colspan="4">±4.0</td><td colspan="2">±5.0</td></tr>
<tr><td>>157 g/m^2</td><td>%</td><td colspan="4">±3.5</td><td colspan="2">±4.0</td></tr>
<tr><td colspan="2">厚度偏差</td><td>%</td><td colspan="2">±3.0</td><td colspan="2">±4.0</td><td colspan="2">±5.0</td></tr>
<tr><td colspan="2">横幅厚度差 ≤</td><td>%</td><td colspan="2">3.0</td><td colspan="2">4.0</td><td colspan="2">4.0</td></tr>
<tr><td colspan="2">D65 亮度(涂布面) ≤</td><td>%</td><td colspan="6">93.0</td></tr>
<tr><td rowspan="3">不透明度 ≥</td><td>≤90.0 g/m^2
(双面涂布)</td><td rowspan="3">%</td><td colspan="2">89.0</td><td colspan="2">88.0</td><td colspan="2">86.0</td></tr>
<tr><td>>90.0 g/m^2～128 g/m^2</td><td colspan="2">92.0</td><td colspan="2">92.0</td><td colspan="2">91.0</td></tr>
<tr><td>>128 g/m^2</td><td colspan="6">95.0</td></tr>
<tr><td rowspan="3">挺度(纵向/横向) ≥</td><td>128 g/m^2</td><td rowspan="3">mN</td><td>165/105</td><td>175/115</td><td>165/105</td><td>175/115</td><td>165/105</td><td>175/115</td></tr>
<tr><td>157 g/m^2</td><td>260/160</td><td>320/200</td><td>260/160</td><td>320/200</td><td>260/160</td><td>320/200</td></tr>
<tr><td>≥200 g/m^2</td><td>500/320</td><td>560/350</td><td>500/320</td><td>560/350</td><td>500/320</td><td>560/350</td></tr>
<tr><td rowspan="2">光泽度(涂布面)</td><td>中量涂布</td><td rowspan="2">光泽度单位</td><td>≥50</td><td rowspan="2">≤40</td><td>≥50</td><td rowspan="2">≤45</td><td>≥45</td><td rowspan="2">≤45</td></tr>
<tr><td>重量涂布</td><td>≥60</td><td>≥55</td><td>≥50</td></tr>
<tr><td rowspan="2">印刷光泽度(涂布面) ≥</td><td>中量涂布</td><td rowspan="2">光泽度单位</td><td>87</td><td>77</td><td>82</td><td>72</td><td>72</td><td>67</td></tr>
<tr><td>重量涂布</td><td>95</td><td>82</td><td>92</td><td>77</td><td>85</td><td>72</td></tr>
<tr><td rowspan="2">印刷表面粗糙度(涂布面) ≤</td><td><200 g/m^2</td><td rowspan="2">μm</td><td>1.20</td><td>2.20</td><td>1.60</td><td>2.90</td><td>2.60</td><td>3.20</td></tr>
<tr><td>≥200 g/m^2</td><td>1.80</td><td>2.60</td><td>2.20</td><td>3.20</td><td>2.60</td><td>3.80</td></tr>
<tr><td colspan="2">油墨吸收性(涂布面)</td><td>%</td><td colspan="6">3～14</td></tr>
<tr><td colspan="2">印刷表面强度[a](涂布面) ≥</td><td>m/s</td><td colspan="2">1.40</td><td colspan="2">1.40</td><td colspan="2">1.00</td></tr>
<tr><td rowspan="3">尘埃度(涂布面) ≤</td><td>0.2 mm^2～1.0 mm^2</td><td rowspan="3">个/m^2</td><td colspan="2">8(单面 4)</td><td colspan="2">16(单面 8)</td><td colspan="2">32(单面 16)</td></tr>
<tr><td>>1.0 mm^2～≤1.5 mm^2</td><td colspan="2">不应有</td><td colspan="2">不应有</td><td colspan="2">2(单面 1)</td></tr>
<tr><td>>1.5 mm^2</td><td colspan="2">不应有</td><td colspan="2">不应有</td><td colspan="2">不应有</td></tr>
<tr><td rowspan="3">交货水分[b]</td><td>70.0 g/m^2～157 g/m^2</td><td rowspan="3">%</td><td colspan="6">5.5±1.5</td></tr>
<tr><td>>157 g/m^2～230 g/m^2</td><td colspan="6">6.0±1.0</td></tr>
<tr><td>>230 g/m^2</td><td colspan="6">6.5±1.0</td></tr>
<tr><td colspan="9">[a] 用于凹版印刷的产品,可不考核印刷表面强度;用于轮转印刷的产品,印刷表面强度分别降低 0.2 m/s。
[b] 因地区差异较大,可根据具体情况对水分作适当调整。</td></tr>
</table>

4.2 涂布美术印刷纸为平板纸或卷筒纸,平板纸的尺寸为 880 mm×1 230 mm 或 787 mm×1 092 mm 或 889 mm×1 194 mm,也可按订货合同生产,尺寸偏差应不超过$^{+3}_{-1}$ mm,偏斜度应不超过 3 mm。卷筒纸的卷宽为 787 mm 或 889 mm,也可按合同生产,尺寸偏差应不超过$^{+3}_{-1}$ mm。

4.3 可生产其他定量的涂布美术印刷纸,其挺度指标按插入法计算;也可生产其他后加工方式的涂布美术印刷纸,如压纹纸等,有关指标可符合合同要求。

4.4 纸面应平整,涂布应均匀,不应有褶子、破损、斑痕、鼓泡、硬质块及明显条痕等外观缺陷。

4.5 同批纸的颜色不应有明显差异,即同批纸的色差 ΔE 应不大于 1.5。

4.6 涂布美术印刷纸的优等品和一等品不应有印刷光斑和湿排斥。

5 试验方法

5.1 试样的采取按 GB/T 450 进行。

5.2 试样的处理和试验的标准大气条件应按 GB/T 10739 进行。

5.3 尺寸、偏斜度和定量按 GB/T 451.1 和 GB/T 451.2 进行测定,定量偏差按式(1)计算。

$$\Delta G=\frac{G-G_0}{G_0}\times 100\% \qquad \cdots\cdots(1)$$

式中:

ΔG ——定量偏差;

G ——定量测定值,单位为克每平方米(g/m^2);

G_0 ——定量标称值,单位为克每平方米(g/m^2)。

5.4 厚度和横幅厚度差按 GB/T 451.3 进行测定,厚度偏差按式(2)计算。

$$\Delta T=\frac{T-T_0}{T_0}\times 100\% \qquad \cdots\cdots(2)$$

式中:

ΔT ——厚度偏差;

T ——厚度测定值,单位为微米(μm);

T_0 ——厚度标称值,单位为微米(μm)。

5.5 D65 亮度按 GB/T 7974 进行测定。

5.6 不透明度按 GB/T 1543 进行测定。

5.7 挺度按 GB/T 22364—2008 中静态弯曲(卧式)法,弯曲角度 15°,弯曲长度 10 mm。

5.8 光泽度按 GB/T 8941 进行测定,测量角度为 75°。

5.9 印刷光泽度使用 QB/T 1020 规定的标准亮光油墨,按 GB/T 12032 制备印样,按 GB/T 8941 进行测定,测量角度为 75°

5.10 印刷表面粗糙度按 GB/T 22363—2008 中印刷表面法的规定,以 1 MPa 的压力、软垫进行测定。

5.11 油墨吸收性使用 QB/T 1020 规定的标准吸收性油墨,按 GB/T 12911 进行测定。

5.12 印刷表面强度使用 QB/T 1020 规定的标准拉毛油,按 GB/T 22365—2008 中 IGT 印刷试验仪(电动式)法进行,用中粘油墨测定。

5.13 尘埃度按 GB/T 1541 进行测定,大于 1.0 mm^2 尘埃按 5 m^2 面积测定。

5.14 交货水分按 GB/T 462 进行测定。

5.15 同批纸色差按 GB/T 7975 进行测定。

5.16 印刷光斑按 GB/T 12032 制备印样，然后目测评价。

5.17 湿排斥按 QB/T 2896 进行测定。

5.18 外观质量采用目测法进行检验。

6 检验规则

6.1 以一次交货为一批，但应不多于 30 t。

6.2 生产厂应保证所生产的产品符合本部分规定，每件纸交货时应附一份产品质量合格证。

6.3 型式检验为首件检验，应检验表 1 中规定的全部项目，每个月应至少检验一次。当原料、配方或工艺改变时亦需进行型式检验。首件检验时，若全部项目均合格，则判为首件检验合格。

6.4 出厂检验项目为表 1 中所有项目及外观。

6.5 计数抽样检验程序按 GB/T 2828.1 规定进行，样本单位为件或卷。接收质量限（AQL）：印刷表面强度、油墨吸收性 AQL＝4.0，定量、定量偏差、厚度偏差、横幅厚度差、D65 亮度、不透明度、挺度、光泽度、印刷光泽度、印刷表面粗糙度、尘埃度、交货水分、尺寸及尺寸偏差、色差、印刷光斑、湿排斥及各项外观指标 AQL＝6.5。抽样方案采用正常检验二次抽样方案，检查水平为特殊检查水平 S-2，见表 2。

表 2

批量/件或卷	正常检验二次抽样方案　特殊检查水平 S-2				
	样本量	AQL＝4.0		AQL＝6.5	
		Ac	Re	Ac	Re
2～150	3	0	1	—	—
	2	—	—	0	1
151～280	3	0	1	—	—
	5	—	—	0	2
	5(10)	—	—	1	2

6.6 可接收性的确定：第一次检验的样品数量应等于该方案给出的第一样本量。如果第一样本中发现的不合格品数小于或等于第一接收数，应认为该批是可接收的；如果第一样本中发现的不合格品数大于或等于第一拒收数，应认为该批是不可接收的。如果第一样本中发现的不合格品数介于第一接收数与第一拒收数之间，应检验由方案给出样本量的第二样本并累计在第一样本和第二样本中发现的不合格品数。如果不合格品累计数小于或等于第二接收数，则判定该批是可接收的；如果不合格品累计数大于或等于第二拒收数，则判定该批是不可接收的。

7 标志、包装、运输、贮存

7.1 平板纸按照 GB/T 10342 中木夹板包装的规定进行包装和标志，卷筒纸按照 GB/T 10342 中卷筒纸的包装规定进行包装和标志，第二层包装材料应采用防潮纸或塑料膜等防潮材料。也可按订货合同的规定进行包装和标志。

7.2　运输时应使用有篷而洁净的运输工具。

7.3　装卸时不应钩吊，不应将纸件从高处扔下。

7.4　纸张应妥善贮存于通风仓库的垫板上，以防受雨雪或地面湿气的影响。

ICS 85.060
Y 32

中华人民共和国国家标准

GB/T 10335.2—2018
代替 GB/T 10335.2—2005

涂布纸和纸板 轻量涂布纸

Coated paper and board—Light weight coated paper

2018-12-28 发布 2019-07-01 实施

国家市场监督管理总局
中国国家标准化管理委员会 发布

前言

GB/T 10335《涂布纸和纸板》分为5个部分：

——第1部分：涂布美术印刷纸(铜版纸)；

——第2部分：轻量涂布纸；

——第3部分：涂布白卡纸；

——第4部分：涂布白纸板；

——第5部分：涂布箱纸板。

本部分为GB/T 10335的第2部分。

本部分按照GB/T 1.1—2009给出的规则起草。

本部分代替GB/T 10335.2—2005《涂布纸和纸板　轻量涂布纸》。与GB/T 10335.2—2005相比，主要变化如下：

——修改了规范性引用文件的部分引用文件(见第2章，2005年版的第2章)；

——扩大了定量范围，增加到90.0 g/m^2(见4.1表1，2005年版的4.1表1)；

——调整了D65亮度、油墨吸收性、印刷光泽度、印刷表面粗糙度、印刷表面强度的规定值(见4.1表1，2005年版的4.1表1)。

请注意本文件的某些内容可能涉及专利。本文件的发布机构不承担识别这些专利的责任。

本部分由中国轻工业联合会提出。

本部分由全国造纸工业标准化技术委员会(SAC/TC 141)归口。

本部分起草单位：山东太阳纸业股份有限公司、中国制浆造纸研究院有限公司、国家纸张质量监督检验中心。

本部分主要起草人：魏明华、王喜鸽。

本部分所代替标准的历次版本发布情况为：

——GB/T 10335.2—2005。

涂布纸和纸板　轻量涂布纸

1　范围

GB/T 10335 的本部分规定了轻量涂布纸的分类、要求、试验方法、检验规则和标志、包装、运输、贮存。

本部分适用于每面涂布量不大于 10 g/m²，主要用于单色或彩色印刷的书刊、宣传材料等的轻量涂布纸。

2　规范性引用文件

下列文件对于本文件的应用是必不可少的。凡是注日期的引用文件，仅注日期的版本适用于本文件。凡是不注日期的引用文件，其最新版本(包括所有的修改单)适用于本文件。

GB/T 450　纸和纸板　试样的采取及试样纵横向、正反面的测定

GB/T 451.1　纸和纸板尺寸及偏斜度的测定

GB/T 451.2　纸和纸板定量的测定

GB/T 456　纸和纸板平滑度的测定(别克法)

GB/T 462　纸、纸板和纸浆　分析试样水分的测定

GB/T 1541　纸和纸板　尘埃度的测定

GB/T 1543　纸和纸板　不透明度(纸背衬)的测定(漫反射法)

GB/T 2828.1　计数抽样检验程序　第1部分：按接收质量限(AQL)检索的逐批检验抽样计划

GB/T 7974　纸、纸板和纸浆　蓝光漫反因数 D65 亮度的测定(漫射/垂直法，室外日光条件)

GB/T 7975　纸和纸板　颜色的测定(漫反射法)

GB/T 8941　纸和纸板　镜面光泽度的测定

GB/T 10342　纸张的包装和标志

GB/T 10739　纸、纸板和纸浆试样处理和试验的标准大气条件

GB/T 12032　纸和纸板　印刷光泽度印样的制备

GB/T 12911　纸和纸板油墨吸收性的测定法

GB/T 22363—2008　纸和纸板　粗糙度测定法(空气泄露法)本特生法和印刷表面法

GB/T 22365—2008　纸和纸板　印刷表面强度的测定

3　分类

轻量涂布纸按质量分为优等品、一等品和合格品三个等级。

4　要求

4.1　轻量涂布纸的技术指标应符合表1的规定。

表 1

项目		单 位	优等品	一等品	合格品
定量		g/m^2	50.0 55.0 60.0 65.0 70.0 75.0 80.0 85.0 90.0		
定量偏差 ≤		%	±4.0	±5.0	±5.0
横幅定量差 ≤		%	3.0	4.0	5.0
D65 亮度(正反面均) ≤		%	93.0		
不透明度 ≥	50.0 g/m^2～60.0 g/m^2	%	83.0	81.0	80.0
	>60.0 g/m^2～70.0 g/m^2		88.0	83.0	82.0
	>70.0 g/m^2～90.0 g/m^2		90.0	85.0	84.0
光泽度(正反面均) ≥		光泽度单位	40	35	—
印刷光泽度(正反面均) ≥		光泽度单位	80	65	60
印刷表面粗糙度[a](正反面均) ≤		μm	1.90	2.40	3.20
平滑度[a](正反面均) ≥		s	700	200	150
油墨吸收性(正反面均)		%	3～14		
印刷表面强度[b](正反面均) ≥		m/s	0.80	0.80	0.60
尘埃度 ≤	0.2 mm^2～1.0 mm^2	个/m^2	8	16	32
	>1.0 mm^2～1.5 mm^2		不应有	不应有	2
	>1.5 mm^2		不应有	不应有	不应有
交货水分[c]		%	5.5±1.0		

[a] 选择印刷表面粗糙度和平滑度中的一项进行测定,有一项合格即为合格。

[b] 用于凹版印刷的产品,可不考虑印刷表面强度;用于轮转印刷的产品,印刷表面强度分别降低 0.2 m/s。

[c] 因地区差异较大,可根据具体情况对水分适当调整。

4.2 轻量涂布纸为平板纸或卷筒纸,平板纸的尺寸为 880 mm×1 230 mm 或 787 mm×1 092 mm 或 889 mm×1 194 mm,其尺寸偏差应不超过±3 mm,偏斜度应不超过 3 mm,也可按订货合同生产。卷筒纸的卷宽为 787 mm、809 mm 或 889 mm,尺寸偏差应不超过±3 mm,也可按合同生产。

4.3 可生产其他定量的轻量涂布纸。

4.4 轻量涂布纸的切边应整齐、洁净。

4.5 轻量涂布纸的纤维组织应均匀,纸面应平整,涂布应均匀,不应有褶子、皱纹、残缺、破损、斑痕、鼓泡、硬质块及明显条痕等外观缺陷。

4.6 每批轻量涂布纸应色泽一致,不应有明显差别,同批纸的色差 ΔE 应不大于 1.5。

4.7 轻量涂布纸的优等品和一等品不应有印刷光斑。

4.8 卷筒纸应复卷整齐,每卷接头应不超过 3 个,接头处应粘牢,且接头处应有明显标志。

5 试验方法

5.1 试样的采取按 GB/T 450 的规定进行。

5.2 试样的处理和试验的标准大气条件按 GB/T 10739 的规定进行。

5.3 尺寸、偏斜度、定量和横幅定量差按 GB/T 451.1 和 GB/T 451.2 进行测定,定量偏差按式(1)计算。

$$\Delta G=\frac{G-G_0}{G_0}\times 100 \qquad\cdots\cdots(1)$$

式中：

ΔG ——定量偏差%；

G ——定量测定值，单位为克每平方米（g/m^2）；

G_0 ——定量标称值，单位为克每平方米（g/m^2）。

5.4 D65亮度按GB/T 7974进行测定。

5.5 色差按GB/T 7975进行测定。

5.6 不透明度按GB/T 1543进行测定。

5.7 光泽度按GB/T 8941进行测定，测量角度为75°。

5.8 印刷光泽度按GB/T 12032制备印样，按GB/T 8941进行测定，测量角度为75°。

5.9 印刷表面粗糙度按GB/T 22363—2008中印刷表面法的规定，以1 MPa的压力、软垫进行测定。

5.10 平滑度按GB/T 456进行测定。

5.11 油墨吸收性按GB/T 12911进行测定。

5.12 印刷表面强度按GB/T 22365—2008中IGT印刷试验仪（电动式）法进行测定，采用中粘度拉毛油。

5.13 尘埃度按GB/T 1541进行测定。

5.14 交货水分按GB/T 462进行测定。

5.15 印刷光斑按GB/T 12032制备印样，然后目测评价。

5.16 外观质量采用目测检验。

6 检验规则

6.1 以一次交货数量为一批，但每批应不多于30 t。

6.2 生产厂应保证所生产的产品符合本标准的规定，每件纸交货时应附一份产品质量合格证，每批交货应附产品质量检验报告。

6.3 计数抽样检验程序按GB/T 2828.1规定进行，样本单位为件（卷）。接收质量限（AQL）：油墨吸收性AQL＝4.0，定量、定量偏差、横幅定量差、D65亮度、不透明度、印刷表面强度、光泽度、印刷光泽度、印刷表面粗糙度、平滑度、尘埃度、交货水分、尺寸及尺寸偏差、色差、印刷光斑及各项外观指标AQL＝6.5。抽样方案采用正常检验二次抽样方案，检查水平为特殊检查水平S-2，见表2。

表2

单位为件（卷）

批量	正常检验二次抽样方案 特殊检查水平S-2				
	样本量	AQL＝4.0		AQL＝6.5	
		Ac	Re	Ac	Re
2～150	3	0	1	—	—
	2	—	—	0	1
151～1 200	3	0	1	—	—
	5	0	1	1	2
	5(10)	—	—	1	2

6.4 可接收性的确定：第一次检验的样品数量应等于该方案给出的第一样本量。如果第一样本中发现的不合格数小于或等于第一接收数，应认为该批是可接收的；如果第一样本中发现的不合格品数大于或等于第一拒收数，应认为该批是不可接收的。如果第一样本中发现的不合格数介于第一接收数与第一拒收数之间，应检验由方案给出样本量的第二样本并累计在第一样本和第二样本中发现的不合格品数。如果不合格品累计数小于或等于第二接收数，则判定该批是可接收的，如果不合格品累计数大于或等于第二拒收数，则判定该批是不可接收的。

6.5 需方如对该批产品质量有异议，应在到货后一个月内通知供方，由供需双方共同抽样进行复验。如复验结果不符合本部分规定，则判为批不合格；如复验结果符合本部分规定，则判为批合格。

7 标志、包装、运输、贮存

7.1 轻量涂布纸的包装与标志应按 GB/T 10342 的规定进行，每件平板纸的纵横向应一致。

7.2 轻量涂布纸运输时应使用防雨、防潮、洁净的运输工具，不应与有污染、腐蚀及易燃物品等共同运输。

7.3 轻量涂布纸在搬运时，不应将纸件(卷)从高处扔下或就地翻滚移动。

7.4 轻量涂布纸应妥善保管，严防雨、雪和地面潮湿影响，并严禁大型物品挤压。

ICS 85.060
Y 32

中华人民共和国国家标准

GB/T 10335.3—2018
代替 GB/T 10335.3—2004

涂布纸和纸板　涂布白卡纸

Coated paper and board—Coated ivory board

2018-12-28 发布　　2019-07-01 实施

国家市场监督管理总局
中国国家标准化管理委员会　发布

前　言

GB/T 10335《涂布纸和纸板》分为5个部分：

——第1部分：涂布美术印刷纸(铜版纸)；

——第2部分：轻量涂布纸；

——第3部分：涂布白卡纸；

——第4部分：涂布白纸板；

——第5部分：涂布箱纸板。

本部分为GB/T 10335的第3部分。

本部分按照GB/T 1.1—2009给出的规则起草。

本部分代替GB/T 10335.3—2004《涂布纸和纸板　涂布白卡纸》，与GB/T 10335.3—2004相比，主要变化如下：

——更新了规范性引用文件中的部分引用文件(见第2章)；

——调整了紧度、D65亮度、印刷表面粗糙度、印刷表面强度、印刷光泽度、油墨吸收性、交货水分指标(见4.1，2004年版的4.1)；

——增加了横向耐折度、内结合强度技术指标及双面光产品的一等品和合格品要求(见4.1)；

——增加了用于食品包装的涂布白卡纸安全要求(见4.2)。

请注意本文件的某些内容可能涉及专利。本文件的发布机构不承担识别这些专利的责任。

本部分由中国轻工业联合会提出。

本部分由全国造纸工业标准化技术委员会(SAC/TC 141)归口。

本部分起草单位：珠海红塔仁恒包装股份有限公司、中国制浆造纸研究院有限公司、亚太森博(山东)浆纸有限公司、山东太阳纸业股份有限公司、云南中烟工业有限责任公司。

本部分主要起草人：邱文伦、马洪生、黎的非、李存代、牛丽、余振华、詹建波、徐海东。

本部分所代替标准的历次版本发布情况为：

——GB/T 10335.3—2004。

涂布纸和纸板　涂布白卡纸

1　范围

GB/T 10335 的本部分规定了涂布白卡纸的分类、要求、试验方法、检验规则和标志、包装、运输、贮存。

本部分适用于原纸的面层、底层以漂白木浆为主，中间层加有机械木浆或化学木浆，经单面或双面涂布后，又经压光整饰制成，主要用于印制美术印刷品或印刷后制作高档商品的包装纸盒的涂布白卡纸。

2　规范性引用文件

下列文件对于本文件的应用是必不可少的。凡是注日期的引用文件，仅注日期的版本适用于本文件。凡是不注日期的引用文件，其最新版本(包括所有的修改单)适用于本文件。

GB/T 450　纸和纸板　试样的采取及试样纵横向、正反面的测定

GB/T 451.1　纸和纸板尺寸及偏斜度的测定

GB/T 451.2　纸和纸板定量的测定

GB/T 451.3　纸和纸板厚度的测定

GB/T 457—2008　纸和纸板　耐折度的测定

GB/T 462　纸、纸板和纸浆　分析试样水分的测定

GB/T 1540　纸和纸板吸水性的测定　可勃法

GB/T 1541　纸和纸板　尘埃度的测定

GB/T 2828.1　计数抽样检验程序　第 1 部分：按接收质量限(AQL)检索的逐批检验抽样计划

GB 4806.8　食品安全国家标准　食品接触用纸和纸板材料及制品

GB/T 7974　纸、纸板和纸浆　蓝光漫反射因数 D65 亮度的测定(漫射/垂直法，室外日光条件)

GB/T 7975　纸和纸板　颜色的测定(漫反射法)

GB/T 8941　纸和纸板　镜面光泽度的测定

GB/T 10342　纸张的包装和标志

GB/T 10739　纸、纸板和纸浆试样处理和试验的标准大气条件

GB/T 12032　纸和纸板　印刷光泽度印样的制备

GB/T 12911　纸和纸板油墨吸收性的测定法

GB/T 22363—2008　纸和纸板　粗糙度的测定(空气泄漏法)　本特生法和印刷表面法

GB/T 22364—2008　纸和纸板　弯曲挺度的测定

GB/T 22365—2008　纸和纸板　印刷表面强度的测定

GB/T 26203　纸和纸板　内结合强度的测定(Scott 型)

3　分类

3.1　涂布白卡纸分为单面光和双面光两类，其中单面光又分为背面无涂料(Ⅰ型)和背面有涂料(Ⅱ型)

两种类型。

3.2 涂布白卡纸按质量分为优等品、一等品和合格品三个等级。

4 要求

4.1 涂布白卡纸的技术指标应符合表1的规定。

表 1

项目		单位	优等品			一等品			合格品		
			双面光	单面光		双面光	单面光		双面光	单面光	
				Ⅰ型	Ⅱ型		Ⅰ型	Ⅱ型		Ⅰ型	Ⅱ型
定量		g/m^2	170 180 190 200 210 220 230 250 270 280 300 330 350 400 450								
定量偏差 ≤		%	±3.0			±5.0					
横幅定量差 ≤		%	3.0			4.0			5.0		
厚度偏差 ≤		μm	±15			±20			±25		
紧度 ≤		g/cm^3	1.00	0.84		1.10	0.84		1.10	0.84	
D65亮度(正反面均) ≤		%	93.0								
光泽度 ≥		光泽度单位	60	50		48	45		40	—	
印刷光泽度 ≥		光泽度单位	92	90		89	87		84	82	
印刷表面粗糙度 ≤		μm	1.20			1.50			2.00		
油墨吸收性		%	3～14								
印刷表面强度 ≥		m/s	1.60			1.40			1.20		
横向耐折度 ≥		次	15								
内结合强度 ≥		J/m^2	100								
吸水性≤	正面	g/m^2	40			50			60		
	反面	g/m^2	40	100		50	100		60	100	
尘埃度≤	$0.2\ mm^2 \sim 1.0\ mm^2$	个/m^2	16	12		20			32		
	$>1.0\ mm^2 \sim 1.5\ mm^2$		不应有	不应有		不应有			2		
	$>1.5\ mm^2$		不应有	不应有		不应有			不应有		
交货水分	$170\ g/m^2 \sim 230\ g/m^2$	%	6.5±1.5								
	$>230\ g/m^2 \sim 330\ g/m^2$		7.0±1.5								
	$>330\ g/m^2$		8.0±1.5								

表 1（续）

项目		单位	优等品			一等品			合格品		
			双面光	单面光		双面光	单面光		双面光	单面光	
				Ⅰ型	Ⅱ型		Ⅰ型	Ⅱ型		Ⅰ型	Ⅱ型
横向挺度 ≥	170 g/m²	mN·m	0.70	1.30	1.20	0.60	1.10	1.00	0.50	0.90	0.80
	180 g/m²		0.80	1.50	1.40	0.70	1.30	1.20	0.60	1.00	0.90
	190 g/m²		1.00	2.00	1.80	0.80	1.70	1.50	0.70	1.40	1.20
	200 g/m²		1.20	2.30	2.00	1.00	1.90	1.70	0.80	1.50	1.30
	210 g/m²		1.40	2.80	2.40	1.20	2.40	2.10	1.00	1.90	1.70
	220 g/m²		1.60	3.20	2.80	1.30	2.70	2.40	1.10	2.20	1.90
	230 g/m²		2.10	3.70	3.30	1.40	3.10	2.80	1.20	2.50	2.20
	250 g/m²		2.50	4.60	4.20	1.80	3.90	3.50	1.60	3.10	2.80
	270 g/m²		2.70	5.60	5.20	2.10	4.80	4.20	1.80	3.80	3.40
	280 g/m²		3.20	6.40	6.00	2.60	5.40	5.00	2.30	4.30	4.00
	300 g/m²		3.60	7.50	7.10	3.00	6.40	6.00	2.80	5.10	4.80
	330 g/m²		4.00	9.50	9.00	3.20	8.00	7.50	3.00	6.40	6.00
	350 g/m²		7.00	11.0	10.0	5.00	9.40	8.50	4.60	7.50	6.80
	400 g/m²		9.00	16.0	14.5	7.00	13.5	12.0	5.50	11.0	10.0
	450 g/m²		10.0	22.0	20.0	8.00	19.0	17.0	6.50	16.0	14.4

注 1：用于凹版印刷的产品，可不考核印刷表面强度，挺度指标可降低 5%。

注 2：对于单面光纸，除 D65 亮度和吸水性考核两面外，光泽度、印刷光泽度、印刷表面粗糙度、油墨吸收性、印刷表面强度、尘埃度均仅考核光泽面。

4.2 用于食品包装的涂布白卡纸安全要求应符合 GB 4806.8 的规定。

4.3 涂布白卡纸为平板纸或卷筒纸，平板纸的尺寸为 787 mm×1 092 mm、889 mm×1 194 mm 或 889 mm×1 294 mm，也可按订货合同生产，尺寸偏差应不超过${}^{+3}_{-1}$mm，偏斜度应不超过 3 mm。卷筒纸的卷宽为 787 mm 或 889 mm，也可按订货合同生产，尺寸偏差应不超过${}^{+3}_{-1}$mm。

4.4 可生产其他定量的涂布白卡纸，其挺度指标应按插入法计算；用于特殊用途的涂布白卡纸，其 D65 亮度指标可符合订货合同的规定。

4.5 纸面应平整，厚薄应一致。不应有明显翘曲、条痕、褶子、破损、斑点及硬质块等外观缺陷。

4.6 纸面涂层应均匀，不应有掉粉、脱皮及在不受外力作用下的分层现象。

4.7 同批纸的颜色不应有明显差异，同批纸的色差 ΔE 应不大于 1.5。

4.8 涂布白卡纸的优等品和一等品不应有印刷光斑。

5 试验方法

5.1 试样的采取按 GB/T 450 规定进行。试样的处理和试验的标准大气条件按 GB/T 10739 的规定进行。

5.2 尺寸及偏斜度按 GB/T 451.1 测定。

5.3 定量、横幅定量差按 GB/T 451.2 进行测定，定量偏差按式(1)进行计算：

$$\Delta G = \frac{G - G_0}{G_0} \times 100 \qquad \cdots\cdots(1)$$

式中：

ΔG ——定量偏差，%；

G ——定量测定值，单位为克每平方米(g/m^2)；

G_0 ——定量标称值，单位为克每平方米(g/m^2)。

5.4 厚度、紧度按 GB/T 451.3 进行测定。厚度偏差按式(2)进行计算：

$$\Delta T = T - T_0 \qquad \cdots\cdots(2)$$

式中：

ΔT ——厚度偏差，单位为微米(μm)；

T ——厚度测定值，单位为微米(μm)；

T_0 ——厚度标称值，单位为微米(μm)。

5.5 D65 亮度按 GB/T 7974 进行测定。

5.6 光泽度按 GB/T 8941 进行测定，测量角度为 75°。

5.7 印刷光泽度按 GB/T 12032 制备印样，按 GB/T 8941 进行测定，测量角度为 75°。

5.8 印刷表面粗糙度按 GB/T 22363—2008 中印刷表面法规定，以 1 MPa 的压力、软垫进行测定。

5.9 油墨吸收性按 GB/T 12911 进行测定。

5.10 印刷表面强度按 22365—2008 中 IGT 印刷试验仪(电动式)法进行测定，使用中粘油墨。

5.11 横向挺度按 GB/T 22364—2008 中静态弯曲(泰伯)法进行测定。

5.12 吸水性按 GB/T 1540 进行测定，吸水时间为 60 s。

5.13 尘埃度按 GB/T 1541 进行测定，大于 1.0 mm^2 尘埃按 5 m^2 面积测定。

5.14 交货水分按 GB/T 462 进行测定。

5.15 同批纸色差按 GB/T 7975 进行测定。

5.16 印刷光斑按 GB/T 12032 制备印样，然后目测评价。

5.17 横向耐折度按 GB/T 457—2008 中 MIT 法进行测定，初始张力为 9.8 N。

5.18 内结合强度按 GB/T 26203 进行测定。

5.19 安全要求按 GB 4806.8 规定的方法进行测定。

5.20 外观质量采用目测检验。

6 检验规则

6.1 以一次交货为一批，但应不多于 30 t。

6.2 生产厂应保证所生产的产品符合本部分规定，每件纸交货时应附一份产品质量合格证。

6.3 型式检验为首件检验，应检验表 1 中规定的全部项目。每个月应至少检验一次，当原料、配方或工艺改变时，亦需进行型式检验。首件检验时，若全部项目均合格，则判为首件检验合格。

6.4 出厂检验的项目为表 1 中所有项目及外观。

6.5 用于食品包装的涂布白卡纸的安全要求不合格，则判定该批产品不可接收。

6.6 计数抽样检验程序按 GB/T 2828.1 规定进行，样本单位为件(卷)。接收质量限(AQL)：横向挺度、印刷光泽度 AQL＝4.0，定量、定量偏差、横幅定量差、厚度偏差、紧度、D65 亮度、光泽度、印刷表面粗糙度、油墨吸收性、印刷表面强度、横向耐折度、内结合强度、吸水性、尘埃度、交货水分、尺寸、色差、印刷光斑及各项外观指标 AQL＝6.5。抽样方案采用正常检验二次抽样方案，检验水平为特殊检验水平 S-2。

表 2

单位为件(卷)

<table>
<tr><td rowspan="3">批量</td><td colspan="5">正常检验二次抽样　检验水平 S-2</td></tr>
<tr><td rowspan="2">样本量</td><td colspan="2">AQL＝4.0</td><td colspan="2">AQL＝6.5</td></tr>
<tr><td>Ac</td><td>Re</td><td>Ac</td><td>Re</td></tr>
<tr><td rowspan="2">2～150</td><td>3</td><td>0</td><td>1</td><td>—</td><td>—</td></tr>
<tr><td>2</td><td>—</td><td>—</td><td>0</td><td>1</td></tr>
<tr><td rowspan="3">151～280</td><td>3</td><td>0</td><td>1</td><td>—</td><td>—</td></tr>
<tr><td>5</td><td>—</td><td>—</td><td>0</td><td>2</td></tr>
<tr><td>5(10)</td><td>—</td><td>—</td><td>1</td><td>2</td></tr>
</table>

6.7　接收性的确定:第一次检验的样品数量应等于该方案给出的第一样本量。如果第一样本中发现的不合格品数小于或等于第一接收数,应认为该批是可接收的;如果第一样本中发现的不合格品数大于或等于第一拒收数,应认为该批是不可接收的。如果第一样本中发现的不合格品数介于第一接收数与第一拒收数之间,应检验由方案给出样本量的第二样本并累计在第一样本和第二样本中发现的不合格品数。如果不合格品累计数小于或等于第二接收数,则判定该批是可接收的;如果不合格品累计数大于或等于第二拒收数,则判定该批是不可接收的。

6.8　需方如对该批产品质量有异议,应在到货后一个月内通知供方,由供需双方共同抽样进行复验。如复验结果不符合本部分规定,则判为批不合格;如复验结果符合本部分规定,则判为批合格。

7　标志、包装、运输、贮存

7.1　平板纸按照 GB/T 10342 中木夹板包装的规定进行包装和标志,卷筒纸按照 GB/T 10342 中卷筒纸的包装规定进行包装和标志,第二层包装材料应采用防潮纸或塑料膜等防潮材料。亦可按订货合同的规定进行包装和标志。

7.2　运输时应使用有篷而洁净的运输工具。

7.3　装卸时不应钩吊,不应将纸件从高处扔下。

7.4　纸张应妥善贮存于通风仓库的垫板上,以防受雨雪或地面湿气的影响。

ICS 85.060
Y 32

中华人民共和国国家标准

GB/T 10335.4—2017
代替 GB/T 10335.4—2004

涂布纸和纸板 涂布白纸板

Coated paper and board—Coated folding board

2017-11-01 发布 2018-05-01 实施

中华人民共和国国家质量监督检验检疫总局
中国国家标准化管理委员会 发布

前　言

GB/T 10335 分为以下 5 个部分：

——GB/T 10335.1　涂布纸和纸板　涂布美术印刷纸(铜版纸)；

——GB/T 10335.2　涂布纸和纸板　轻量涂布纸；

——GB/T 10335.3　涂布纸和纸板　涂布白卡纸；

——GB/T 10335.4　涂布纸和纸板　涂布白纸板；

——GB/T 10335.5　涂布纸和纸板　涂布箱纸板。

本部分为 10335 的第 4 部分。

本部分按照 GB/T 1.1—2009 给出的规则起草。

本部分代替 GB/T 10335.4—2004《涂布纸和纸板　涂布白纸板》，与 GB/T 10335.4—2004 相比主要变化如下：

——增加了光泽度、耐破指数、耐折度、内结合强度指标；

——调整了定量、紧度、印刷表面粗糙度、印刷表面强度、D65 亮度、吸水性等指标；

——删除了平滑度指标；

——修改了印刷表面强度、印刷油墨光泽度、油墨吸收性试验用标准油墨，并对标准值进行相应调整。

请注意本文件的某些内容可能涉及专利。本文件的发布机构不承担识别这些专利的责任。

本部分由中国轻工业联合会提出。

本部分由全国造纸工业标准化技术委员会(SAC/TC 141)归口。

本部分起草单位：中国制浆造纸研究院、山东晨鸣纸业集团股份有限公司、浙江永泰纸业集团股份有限公司、杭州通达纸业有限公司、国家纸张质量监督检验中心、中国造纸协会标准化专业委员会。

本部分主要起草人：史记、沃奇中、王建华、张青、张越、李炳娟、喻乃峰。

本部分所代替标准的历次版本发布情况为：

——GB/T 10335.4—2004。

涂布纸和纸板　涂布白纸板

1　范围

GB/T 10335的本部分规定了涂布白纸板的分类、要求、试验方法、检验规则和标志、包装、运输、贮存。

本部分适用于原纸面层为漂白纸浆，经涂布后，压光整饰制成的涂布白纸板。

2　规范性引用文件

下列文件对于本文件的应用是必不可少的。凡是注日期的引用文件，仅注日期的版本适用于本文件。凡是不注日期的引用文件，其最新版本(包括所有的修改单)适用于本文件。

GB/T 450　纸和纸板　试样的采取及试样纵横向、正反面的测定

GB/T 451.1　纸和纸板尺寸及偏斜度的测定

GB/T 451.2　纸和纸板定量的测定

GB/T 451.3　纸和纸板厚度的测定

GB/T 457—2008　纸和纸板　耐折度的测定

GB/T 462　纸、纸板和纸浆　分析试样水分的测定

GB/T 1539　纸板　耐破度的测定

GB/T 1540　纸和纸板吸水性的测定　可勃法

GB/T 1541　纸和纸板　尘埃度的测定

GB/T 2828.1　计数抽样检验程序　第1部分：按接收质量限(AQL)检索的逐批检验抽样计划

GB/T 7974　纸、纸板和纸浆　蓝光漫反射因素　D65亮度的测定(漫反射/垂直法，室外日光条件)

GB/T 8941　纸和纸板　镜面光泽度的测定

GB/T 10342　纸张的包装和标志

GB/T 10739　纸、纸板和纸浆试样处理和试验的标准大气条件

GB/T 12032　纸和纸板　印刷光泽度印样的制备

GB/T 12911　纸和纸板油墨吸收性的测定法

GB/T 22363—2008　纸和纸板　粗糙度的测定(空气泄漏法)　本特生法和印刷表面法

GB/T 22364—2008　纸和纸板　弯曲挺度的测定

GB/T 22365　纸和纸板　印刷表面强度的测定

GB/T 26203　纸和纸板　内结合强度的测定(Scott型)

3　分类

3.1　涂布白纸板分为灰底和白底两大类。

3.2　涂布白纸板按质量等级可分为优等品、一等品和合格品。

3.3　涂布白纸板分为平板纸和卷筒纸。

4　要求

4.1　涂布白纸板的技术指标应符合表1或合同规定。

表 1

项目		单位	规定					
			优等品		一等品		合格品	
			白底	灰底	白底	灰底	白底	灰底
定量		g/m^2	200　250　300　350　400　450　500					
定量偏差		%	+5.0,−3.0					
横幅定量差　≤		%	3.0		4.0		5.0	
紧度　≤	≤300 g/m^2	g/cm^3	0.88	0.85	0.90	0.87	0.95	0.92
	>300 g/m^2		0.85	0.82	0.87	0.84	0.92	0.90
D65 亮度	正面	%	75.0～93.0					
	反面		70.0～93.0	—	70.0～93.0	—	70.0～93.0	—
光泽度(正面)　≥		光泽度单位	40		35		30	
印刷表面粗糙度(正面)　≤		μm	2.20		2.80		3.50	
印刷光泽度(正面)　≥		光泽度单位	90		82		62	
油墨吸收性(正面)		%	3～14					
印刷表面强度[a](中粘)　≥	正面	m/s	1.40		1.20		0.80	
	反面		1.20	—	1.00	—	0.80	—
吸水性(cobb,60 s)　≤	正面	g/m^2	35.0		50.0		60.0	
	反面		120	—	120	—	120	—
挺度[a](横向)　≥	200 g/m^2	mN·m	1.80	2.00	1.60	1.80	1.50	
	250 g/m^2		2.90	3.00	2.30	2.50	2.00	
	300 g/m^2		4.80	5.20	4.10	4.50	3.40	
	350 g/m^2		7.00	7.60	6.20	6.70	5.00	
	400 g/m^2		9.60	10.6	8.70	9.40	7.00	
	450 g/m^2		12.5	14.5	10.0	12.0	9.00	
	500 g/m^2		17.0	19.0	14.0	16.0	12.0	
耐破指数　≥	≤300 g/m^2	$kPa·m^2/g$	1.60		1.40		1.20	
	>300 g/m^2		1.50		1.30		1.10	
耐折度(横向)　≥		次	12		8		5	
内结合强度(纵向)　≥		J/m^2	120		100		80	
尘埃度　≤	0.2 mm^2～1.0 mm^2	个/m^2	12		20		40	
	>1.0 mm^2,≤2.0 mm^2		不应有		2		4	
	>2.0 mm^2		不应有		不应有		不应有	
交货水分[b]	≤300 g/m^2	%	7.5±1.5					
	>300 g/m^2		8.5±1.5					

[a] 用于凹版印刷的产品,可不考核印刷表面强度,挺度指标可降低 5%。

[b] 因地区差异较大,可根据具体情况对水分作适当调整。

4.2 涂布白纸板为平板纸或卷筒纸，平板纸尺寸为 787 mm×1 092 mm、889 mm×1 194 mm 或 889 mm×1 294 mm，其尺寸偏差应不超过$^{+3}_{-1}$ mm，偏斜度应不超过 3 mm，也可按订货合同生产。卷筒纸的卷宽为 787 mm 或 869 mm，其尺寸偏差应不超过$^{+3}_{-1}$ mm，也可按订货合同生产。

4.3 按订货合同可生产其他定量的涂布白纸板，其挺度指标应按插入法计算。

4.4 纸面应平整，厚薄应一致。不应有明显翘曲、条痕、褶子、破损、斑点、硬质块等外观缺陷。

4.5 纸面涂层应均匀，不应有掉粉、脱皮及在不受外力作用下的分层现象。

4.6 同批纸的颜色不应有明显差异，即同批纸色差$\triangle E$ 应不大于 1.5。

4.7 涂布白纸板的优等品和一等品不应有印刷光斑。

5 试验方法

5.1 试样的采取和处理

试样的采取按 GB/T 450 进行，试样的处理和试验的标准大气条件按照 GB/T 10739 进行。

5.2 尺寸偏差

尺寸偏差按 GB/T 451.1 进行测定。

5.3 定量、定量偏差、横幅定量差

定量、定量偏差、横幅定量差按 GB/T 451.2 测定。

5.4 紧度

紧度按 GB/T 451.3 测定。

5.5 D65 亮度

D65 亮度按 GB/T 7974 测定。

5.6 光泽度

光泽度按 GB/T 8941 测定，测量角度为 75°。

5.7 印刷表面粗糙度

印刷表面粗糙度按 GB/T 22363—2008 中印刷表面法测定，以 1 MPa 的压力、软垫进行测定。

5.8 印刷光泽度

印刷光泽度按 GB/T 12032 和 GB/T 8941 测定，测量角度为 75°。

5.9 油墨吸收性

油墨吸收性按 GB/T 12911 测定。

5.10 印刷表面强度

印刷表面强度按 GB/T 22365 测定，采用中粘油墨进行测定，仲裁时采用 IGT 印刷试验仪(电动式)。

5.11 吸水性

吸水性按 GB/T 1540 测定，测试时间为 60 s。

5.12 挺度

挺度按 GB/T 22364—2008 中静态弯曲法测定。

5.13 耐破指数

耐破指数按 GB/T 1539 测定。

5.14 耐折度

耐折度按 GB/T 457—2008 中 MIT 法测定，初始张力为 9.81 N。

5.15 内结合强度

内结合强度按 GB/T 26203 测定。

5.16 尘埃度

尘埃度按 GB/T 1541 测定，大于 1.0 mm^2 尘埃按 5 m^2 面积测定。

5.17 交货水分

交货水分按 GB/T 462 测定。

5.18 色差

色差按 GB/T 7975 测定。

5.19 印刷光斑

印刷光斑按 GB/T 12032 制备印样，然后目测评价。

5.20 外观质量

外观质量采用目测检验。

6 检验规则

6.1 生产厂应保证所生产的产品符合本标准或合同规定，每件产品应附产品合格证明。

6.2 以一次交货数量为一批，但每批应不多于 50 t。

6.3 计数抽样检验程序按 GB/T 2828.1 规定进行。涂布白纸板样本单位为件或卷。接收质量限(AQL)：印刷表面粗糙度、印刷光泽度、油墨吸收性、印刷表面强度、挺度、耐破指数、耐折度，AQL＝4.0；定量、定量偏差、横幅定量差、紧度、D65 亮度、光泽度、吸水性、内结合强度、尘埃度、交货水分、尺寸偏差、色差、印刷光斑及外观质量，AQL＝6.5。抽样方案采用正常检验二次抽样方案，检查水平为特殊检验水平 S-2，见表 2。

表 2

批量/件或卷	样本量	AQL=4.0		AQL=6.5	
		Ac	Re	Ac	Re
2～150	3	0	1	—	—
	2	—	—	0	1
151～280	3	0	1	—	—
	5 5(10)	— —	— —	0 1	2 2

6.4 可接收性的确定:第一次检验的样品数量应等于该方案给出的第一样本量。如果第一样本中发现的不合格品数小于或等于第一接收数,应认为该批是可接收的;如果第一样本中发现的不合格品数大于或等于第一拒收数,应认为该批是不可接收的。如果第一样本中发现的不合格品数介于第一接收数与第一拒收数之间,应检验由方案给出样本量的第二样本并累计在第一样本和第二样本中发现的不合格品数。如果不合格品累计数小于或等于第二接收数,则判定批是可接收的;如果不合格品累计数大于或等于第二拒收数,则判定该批是不可接收的。

6.5 需方有权按本部分或合同对批产品进行验收,如对该批产品质量有异议,应在到货后一个月内(或按合同规定)通知供方,由供需双方共同抽样检验。如检验结果不符合本部分或合同规定,则判该批不可接收,由供方负责处理;如检验结果符合本部分或合同规定,则判该批合格,由需方负责处理。

7 标志、包装、运输、贮存

7.1 平板纸按照 GB/T 10342 中木夹板包装的规定进行包装和标志,卷筒纸按照 GB/T 10342 中卷筒纸的包装规定进行包装和标志,也可按订货合同的规定进行包装和标志。

7.2 运输时应使用有篷而洁净的运输工具。

7.3 装卸时不应钩吊,不应将纸件从高处扔下。

7.4 纸张应妥善贮存于通风仓库的垫板上,以防受雨雪或地面湿气的影响。

ICS 85.060
Y 31

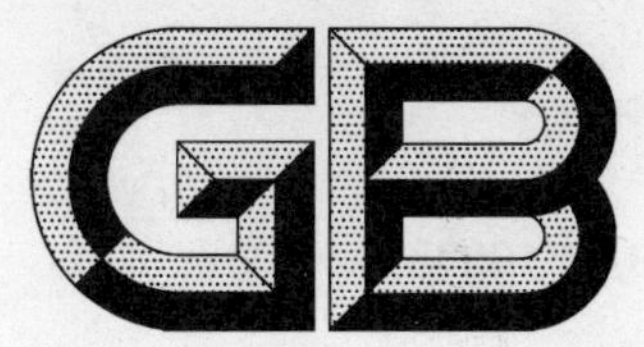

中华人民共和国国家标准

GB/T 10335.5—2008

涂布纸和纸板　涂布箱纸板

Coated paper and board—Coated linerboard

2008-08-19 发布　　　　2009-05-01 实施

中华人民共和国国家质量监督检验检疫总局
中国国家标准化管理委员会　发布

前　言

GB/T 10335,分为5个部分：

——GB/T 10335.1—2005《涂布纸和纸板　涂布美术印刷纸(铜版纸)》;

——GB/T 10335.2—2005《涂布纸和纸板　轻量涂布纸》;

——GB/T 10335.3—2004《涂布纸和纸板　涂布白卡纸》;

——GB/T 10335.4—2004《涂布纸和纸板　涂布白板纸》;

——GB/T 10335.5—2008《涂布纸和纸板　涂布箱纸板》。

本部分为GB/T 10335的第5部分。

本部分由中国轻工业联合会提出。

本部分由全国造纸工业标准化技术委员会(SAC/TC 141)归口。

本部分起草单位:中华人民共和国广东出入境检验检疫局、昌乐世纪阳光纸业有限公司、宁波海山纸业有限公司、中国制浆造纸研究院。

本部分主要起草人：郭仁宏、周颖红、王东兴、盛永忠、张增国、陈海林。

本部分由全国造纸工业标准化技术委员会负责解释。

涂布纸和纸板　涂布箱纸板

1　范围

GB/T 10335 的本部分规定了涂布箱纸板的分类、要求、试验方法、检验规则和标志、包装、运输、贮存。

本部分适用于面层以漂白木浆为主、底层以未漂白硫酸盐木浆为主，经单面涂布而制成的涂布箱纸板。该产品主要用于瓦楞纸板、硬质纤维板或“纸板盒”等产品的表层材料。

2　规范性引用文件

下列文件中的条款通过 GB/T 10335 的本部分的引用而成为本部分的条款。凡是注日期的引用文件，其随后所有的修改单(不包括勘误的内容)或修订版均不适用于本部分，然而，鼓励根据本部分达成协议的各方研究是否可使用这些文件的最新版本。凡是不注日期的引用文件，其最新版本适用于本部分。

GB/T 450　纸和纸板　试样的采取及试样纵横向、正反面的测定(GB/T 450—2008，ISO 186：2002，MOD)

GB/T 451.1　纸和纸板尺寸及偏斜度的测定

GB/T 451.2　纸和纸板定量的测定(GB/T 451.2—2002，eqv ISO 536：1995)

GB/T 451.3　纸和纸板厚度的测定(GB/T 451.3—2002，idt ISO 534：1988)

GB/T 456　纸和纸板平滑度的测定(别克法)(GB/T 456—2002，idt ISO 5627：1995)

GB/T 457　纸和纸板　耐折度的测定(GB/T 457—2008，ISO 5626：1993，MOD)

GB/T 462　纸、纸板和纸浆　分析试样水分的测定(GB/T 462—2008，ISO 287：1985，ISO 638：1978，MOD)

GB/T 1539　纸板　耐破度的测定(GB/T 1539—2007，ISO 2759：2001，IDT)

GB/T 1540　纸和纸板吸水性的测定　可勃法(GB/T 1540—2002，neq ISO 535：1991)

GB/T 1541　纸和纸板　尘埃度的测定

GB/T 2679.8　纸和纸板环压强度的测定(GB/T 2679.8—1995，eqv ISO 12192：2002)

GB/T 2828.1　计数抽样检验程序　第1部分：按接收质量限(AQL)检索的逐批检验抽样计划(GB/T 2828.1—2003，ISO 2859-1：1999，IDT)

GB/T 7974　纸、纸板和纸浆亮度(白度)的测定　漫射/垂直法(GB/T 7974—2002，neq ISO 2470：1999)

GB/T 7975　纸和纸板　颜色的测定(漫反射法)

GB/T 8941　纸和纸板　镜面光泽度的测定(20°　45°　75°)

GB/T 10342　纸张的包装和标志

GB/T 10739　纸、纸板和纸浆试样处理和试验的标准大气条件(GB/T 10739—2002，eqv ISO 187：1990)

GB/T 12032　纸和纸板　印刷光泽度印样的制备

GB/T 12911　纸和纸板油墨吸收性的测定法

GB/T 22363　纸和纸板　粗糙度的测定(空气泄漏法)　本特生法和印刷表面法(GB/T 22363—2008，ISO 8791-2：1990，ISO 8791-4：1992，MOD)

GB/T 22365　纸和纸板　印刷表面强度的测定(GB/T 22365—2008，ISO 3783：1980，MOD)

3 分类

3.1 涂布箱纸板按质量分为优等品、一等品、合格品三个等级。

3.2 涂布箱纸板分为卷筒纸和平板纸两种。

4 要求

4.1 技术指标

涂布箱纸板的技术指标应符合表1的规定或按订货合同的规定，其中序号7、8、9、10、11、12、14项均为对涂布面的规定。

表1

序号	指标名称		规定		
			优等品	一等品	合格品
1	定量[a]/(g/m^2)		125±6　150±7　175±8　200±10　220±10　250±11　280±11　300±12　320±12　340±13　360±14		
2	横幅定量差/% ≤	幅宽≤1 600 mm	6.0	7.5	9.0
		幅宽>1 600 mm	7.0	8.5	10.0
3	紧度/(g/cm^3) ≥		0.75		
4	耐破指数/($kPa \cdot m^2/g$) ≥	<150 g/m^2	3.00	2.40	2.00
		150 g/m^2～<200 g/m^2	2.85	2.30	1.90
		200 g/m^2～<250 g/m^2	2.75	2.20	1.80
		250 g/m^2～<300 g/m^2	2.65	2.10	1.75
		≥300 g/m^2	2.55	2.00	1.70
5	横向环压指数/($N \cdot m/g$) ≥	<150 g/m^2	8.5	7.5	6.0
		150 g/m^2～<200 g/m^2	9.0	8.0	6.5
		200 g/m^2～<250 g/m^2	9.5	8.5	7.0
		250 g/m^2～<300 g/m^2	10.6	9.0	7.5
		≥300 g/m^2	11.2	9.5	8.0
6	横向耐折度/次 ≥		80	60	40
7	亮度/% ≥		80.0	76.0	72.0
8	平滑度/s ≥		50	30	20
9	印刷表面粗糙度[b]/μm ≤		2.5	3.0	4.0
10	印刷光泽度/% ≥		70	50	30
11	印刷表面强度(中粘油墨)/(m/s) ≥		1.2	1.0	0.8
12	油墨吸收性/%		15～28		
13	吸水性(cobb,60 s)/(g/m^2) ≤	正面	50		
		反面	80	100	200
14	尘埃度/(个/m^2) ≤	0.2 mm^2～1.5 mm^2	40	60	100
		>1.5 mm^2	不应有	2	4
15	交货水分/%		8.0±2.0		

[a] 本表规定外的定量，其指标可就近按插入法考核。

[b] 仲裁时印刷表面粗糙度作为考核项目，平滑度可不考核。

4.2 尺寸

4.2.1 平板涂布箱纸板的尺寸为 787 mm×1 092 mm、889 mm×1 194 mm、889 mm×1 294 mm，也可按订货合同生产，其尺寸偏差应不超过±5 mm，偏斜度应不超过 5 mm。

4.2.2 卷筒涂布箱纸板的幅宽为 750 mm～2 500 mm，每 50 mm 为一档，其偏差应不超过$^{+8}_{0}$ mm。

4.2.3 卷筒涂布箱纸板的卷筒直径为 800 mm、1 000 mm、1 100 mm、1 200 mm，其直径偏差应不超过±50 mm。

4.2.4 可按订货合同规定生产其他尺寸的产品。

4.3 外观质量

4.3.1 涂布箱纸板的纸面应平整，厚薄应一致，不应有明显的翘曲、条痕、褶子、破损、斑点、硬质块等外观缺陷。

4.3.2 涂布箱纸板的纸面涂层应均匀，不应有掉粉、脱皮，在不经外力作用时，不应有分层现象。

4.3.3 同批纸的涂布面色泽应基本相近，同批纸的色差 ΔE^* 应不大于 1.5。

4.3.4 涂布箱纸板的优等品和一等品不应有印刷光斑。

4.3.5 卷筒涂布箱纸板纸芯不应有扭结或压扁现象。每卷纸的接头优等品应不超过 1 个，一等品应不超过 2 个，合格品应不超过 3 个。接头处应用胶带粘牢，并作出明显标记。

4.3.6 平板涂布箱纸板的切边应整齐光洁，不应有缺边、缺角、薄边等现象。卷筒涂布箱纸板的端面应平整，形成的锯齿或凹凸面应不超过 5 mm。

5 试验方法

5.1 试样的采取按 GB/T 450 进行。

5.2 试样的处理和测定按 GB/T 10739 进行。

5.3 尺寸、偏斜度测定按 GB/T 451.1 进行。

5.4 定量和横幅定量差测定按 GB/T 451.2 进行。横幅定量差的试样面积应为 0.01 m^2。裁样时应在一张纸的横向上，等距离切取五个试样进行测定。横幅定量差 ΔG 应按式(1)进行计算：

$$\Delta G = \frac{G_{max} - G_{min}}{G} \times 100\% \qquad \cdots\cdots(1)$$

式中：

G_{max}——横幅定量的最大值，单位为克(g)；

G_{min}——横幅定量的最小值，单位为克(g)；

G——横幅定量的平均值，单位为克(g)。

5.5 紧度按 GB/T 451.2 和 GB/T 451.3 进行测定。

5.6 耐破指数按 GB/T 1539 进行测定。

5.7 横向环压指数按 GB/T 2679.8 进行测定。

5.8 横向耐折度按 GB/T 457—2008 进行测定，采用 MIT 耐折度仪法，初始张力为 9.8 N。

5.9 亮度按 GB/T 7974 进行测定。

5.10 平滑度按 GB/T 456 进行测定。

5.11 印刷表面粗糙度按 GB/T 22363—2008 的规定，采用印刷表面法，以(980±30) kPa 的压力、硬垫进行测定。

5.12 印刷光泽度按 GB/T 12032 制备印样，按 GB/T 8941 进行测定。

5.13 印刷表面强度按 GB/T 22365—2008 进行测定，仲裁时采用方法 A。

5.14 油墨吸收性按 GB/T 12911 进行测定。

5.15 吸水性按 GB/T 1540 进行测定。

5.16 尘埃度按 GB/T 1541 进行测定。

5.17 交货水分按 GB/T 462 进行测定。

5.18 同批纸的涂布面色差按 GB/T 7975 进行测定。

5.19 印刷光斑按 GB/T 12032 制备印样，然后目测评价。

6 检验规则

6.1 以一次交货为一批，但应不多于 50 t。

6.2 生产厂应保证所生产的涂布箱纸板符合本部分的规定，每件纸交货时应附有一份产品质量合格证。

6.3 型式检验为首件检验，应检验表 1 中规定的全部项目，每个月至少检验一次。当原料、配方或工艺改变时也需进行型式检验。首件检验时，若全部项目均合格，则判为首件检验合格。

6.4 出厂检验项目为表 1 的第 1、2、3、4、5、6、7、8、11、12、13、14 项及外观质量。

6.5 计数抽样检验程序按 GB/T 2828.1 规定进行，样本单位为件(卷)。接收质量限(AQL)：耐破指数、横向环压指数、印刷光泽度、油墨吸收性 AQL＝4.0；定量、横幅定量差、紧度、横向耐折度、亮度、平滑度、印刷表面粗糙度、印刷表面强度、吸水性、尘埃度、交货水分、尺寸、外观质量 AQL＝6.5。抽样方案采用正常检验二次抽样方案，检查水平为特殊检查水平 S-2，见表 2。

表 2

批量/件或卷	正常检验二次抽样方案　检查水平 S-2				
	样品量	AQL＝4.0 Ac	AQL＝4.0 Re	AQL＝6.5 Ac	AQL＝6.5 Re
2～150	3	0	1	—	—
	2	—	—	0	1
151～1 200	3	0	1	—	—
	5	—	—	0	2
	5(10)	—	—	1	2

6.6 可接收性的确定：第一次检验的样品数量应等于该方案给出的第一样本量。如果第一样本中发现的不合格品数小于或等于第一接收数，应认为该批是可接收的；如果第一样本中发现的不合格品数大于或等于第一拒收数，应认为该批是不可接收的。如果第一样本中发现的不合格品数介于第一接收数与第一拒收数之间，应检验由方案给出样本量的第二样本并累计在第一样本和第二样本中发现的不合格品数。如果不合格品累计数小于或等于第二接收数，则判定该批是可接收的；如果不合格品累计数大于或等于第二拒收数，则判定该批是不可接收的。

6.7 需方有权按本部分的规定进行验收检验，检验时应先检查外部包装，然后从中取样进行检验。如果检验结果与标准不符，需方应在到货后一个月内(或按订货合同规定)通知供方共同取样进行复验，如仍不合格，则判为批不合格，由供方负责处理；如合格，则判为批合格，由需方负责处理。

7 标志、包装、运输、贮存

7.1 涂布箱纸板成品应用三层箱纸板作为外包装，亦可根据需方要求加裹防潮塑料薄膜。平板纸按 GB/T 10342 中条形木夹板包装的规定进行包装和标志，每件产品的纵横向应一致，并在包装上注明产品的纵向；卷筒纸按 GB/T 10342 中卷筒纸包装的规定进行包装和标志。也可按订货合同的规定进行包装和标志。

7.2 运输过程中,应使用有篷而洁净的运输工具。

7.3 装卸时不应钩吊,不应将纸卷(件)从高处扔下。

7.4 涂布箱纸板应妥善保管,严防产品受潮。

ICS 65.160
X 85

中华人民共和国国家标准

GB/T 12655—2017
代替 GB/T 12655—2007

卷烟纸基本性能要求

The basic performance requirements of cigarette paper

2017-11-01 发布　　　　2018-05-01 实施

中华人民共和国国家质量监督检验检疫总局
中国国家标准化管理委员会　发布

前　言

本标准按照 GB/T 1.1—2009 给出的规则起草。

本标准代替 GB/T 12655—2007《卷烟纸》，与 GB/T 12655—2007 相比，除编辑性修改外主要技术变化如下：

——标准名称由《卷烟纸》更改为《卷烟纸基本性能要求》；

——修改了适用范围(见第 1 章，2007 年版第 1 章)；

——删除了“抗张能量吸收”的术语(2007 版 3.1)；

——增加了“卷烟纸”的术语(见 3.1)；

——修改了“阴燃速率”的定义(见 3.2，2007 年版 3.2)；

——取消了产品分类(见 2007 年版第 4 章)；

——取消了技术要求(见 2007 年版第 5 章)；

——取消了检验规则(见 2007 年版第 7 章)；

——增加了基本要求(见第 4 章)；

——增加了性能要求(见第 5 章)；

——取消了“透气度变异系数”、“纵向抗张能量吸收”、“白度”、“荧光白度”、“不透明度”、“灰分”、“交货水分”、“宽度”、“尘埃度”、“外观”等指标(见 2007 年版第 5 章)；

——修改了“透气度”指标的技术要求(见表 1，2007 年版表 2)；

——修改了“透气度”指标的单位(见表 1，2007 年版表 2)，在 1 kPa 压差条件下，1 CU 等于 1 $cm^3/(min \cdot cm^2)$；

——修改了标志、包装、贮存和运输的部分内容(见第 8 章，2007 年版第 7 章)；

——增加了规范性附录 A《卷烟纸阴燃速率的测定》(见附录 A)。

请注意本文件的某些内容可能涉及专利。本文件的发布机构不承担识别这些专利的责任。

本标准由国家烟草专卖局提出。

本标准由全国烟草标准化技术委员会(SAC/TC 144)归口。

本标准起草单位：国家烟草质量监督检验中心、中国烟草标准化研究中心、牡丹江恒丰纸业股份有限公司、民丰特种纸股份有限公司、杭州华丰纸业有限公司、云南红塔蓝鹰纸业有限公司、中烟摩迪(江门)纸业有限公司、上海市烟草质量监督检测站、云南省烟草质量监督检测站、上海烟草集团有限责任公司、湖南中烟工业有限责任公司、广东中烟工业有限责任公司、云南中烟工业有限责任公司、重庆中烟工业有限责任公司、广西中烟工业有限责任公司、湖北中烟工业有限责任公司、江西中烟工业有限责任公司。

本标准主要起草人：周明珠、邢军、荆熠、陈宸、叶明樵、王锦平、李劲松、毛菊仙、林杰骅、王平军、王源、马静、黄菲、李利君、胡兴峰、师永卫、王小平、谭明杰、黄溢清、李小兰、贾伟萍。

本标准所代替标准的历次版本发布情况为：

——GB 12655—1990、GB/T 12655—1998、GB/T 12655—2007。

卷烟纸基本性能要求

1 范围

本标准规定了卷烟纸产品的术语和定义、基本要求、性能指标和测试方法。

本标准适用于机制卷烟纸。

2 规范性引用文件

下列文件对于本文件的应用是必不可少的。凡是注日期的引用文件，仅注日期的版本适用于本文件。凡是不注日期的引用文件，其最新版本(包括所有的修改单)适用于本文件。

GB/T 450 纸和纸板 试样的采取及试样纵横向、正反面的测定

GB/T 451.2 纸和纸板定量的测定

GB/T 4687 纸、纸板、纸浆及相关术语

GB/T 10739 纸、纸板和纸浆试样处理和试验的标准大气条件

GB/T 18771.3—2015 烟草术语 第3部分：烟用材料

GB/T 23227 卷烟纸、成形纸、接装纸及具有定向透气带的材料 透气度的测定

3 术语和定义

GB/T 4687 界定的以及下列术语和定义适用于本文件。

3.1

卷烟纸 cigarette paper

用于包裹烟丝成为卷烟烟支的专用纸。

[GB/T 18771.3—2015，定义 2.1.1]

3.2

阴燃速率 static combustibility rate

在规定条件下，点燃后的卷烟纸连续阴燃一定长度所需的时间。

注：单位以 s/150 mm 表示。

4 基本要求

4.1 卷烟纸不应有影响卷烟抽吸质量的异味。

4.2 卷烟纸应使用原生的植物纤维。

4.3 同一批卷烟纸图文或颜色不应有明显差异。

4.4 卷烟纸卷芯应牢固，不易变形。卷芯内径为(120.0±0.5)mm。

4.5 卷烟纸卷盘应紧密，盘面平整洁净，不应有机械损伤。

4.6 卷烟纸上机后应运行平稳，不应有影响上机使用的明显跳动、摆动现象。

4.7 卷烟纸产品品名应至少包含标称定量、标称透气度、纤维原料组成和罗纹形式等可用于产品识别的内容。相关内容应与合格证和内标签的表示一致。

5 性能指标

卷烟纸的性能指标应符合表1规定。

表1 卷烟纸的性能指标

指标名称	单位	要求
定量	g/m^2	标称值±1.0
透气度	$cm^3/(min \cdot cm^2)$	标称值±7
阴燃速率[a]	s/150 mm	设计值±15
[a] 仅适用于透气度均匀分布的卷烟纸。		

6 测试方法

6.1 定量的测定

定量按照GB/T 451.2的规定进行。其中,卷烟纸的宽度采用精度不小于0.02 mm的测量工具测定;沿盘纸全宽切取长300 mm的试样,10张为一组,共测试五组,结果以平均值表示。

6.2 透气度的测定

按照GB/T 23227的规定进行,测试时应尽量避开有水印或图案的区域,最终结果修约至整数。

6.3 阴燃速率的测定

按附录A的规定进行。

附 录 A
(规范性附录)
卷烟纸阴燃速率的测定

A.1 原理

常温常湿下,一定宽度透气度均匀分布的卷烟纸阴燃 150 mm 长度所需要的时间。

A.2 仪器

测定卷烟纸阴燃速率的仪器应满足以下要求:

——样品夹持装置:用于固定样品,能够使其保持水平、平整、不松动,不应影响样品阴燃;

——距离测试装置:用于测试样品的阴燃距离,量程 150 mm,精度为±1 mm;

——计时装置:用于记录样品的阴燃时间,精度为±0.5 s;

——点火装置:用于点燃样品,点燃样品时应保证样品按不同卷烟圆周使用的卷烟纸宽度进行阴燃,不应出现明火且保持阴燃线整齐;

——灰烬收集装置:用于储存阴燃灰烬,应有足够的安全性,以确保试验中不存在任何火灾隐患;

——阴燃室:有足够的空间保证样品在阴燃时的氧气供给,没有干扰气流,能使样品在阴燃时不受干扰,烟雾无紊流现象。

A.3 试样制备

A.3.1 实验室样品应按 GB/T 450 规定进行取样。

A.3.2 从实验室样品中沿卷烟纸纵向全宽截取长 250 mm 的试样 10 张(对于宽度>50 mm 的试样,取全宽的 1/2 进行测试),上下两层为保护层。剔除有明显缺陷的样品,如起皱、浆块、孔洞和潮湿等样品。

A.4 试验场所

试验场所应备有水源或灭火装置等安全设施,以确保发生事故时能够及时处理。

A.5 试验步骤及结果计算

A.5.1 试样应先按 GB/T 10739 的要求进行温湿度调节,试验在常温常湿下进行,应在 30 min 内完成 5 次有效测试。

A.5.2 试验前应先进行气流稳定性试验。将试样固定在样品夹持装置上,使其不松动,点燃试样,观察烟雾是否有紊流现象,若无紊流现象则进行阴燃试验;若有紊流现象,应检查阴燃室,排出干扰气流,直至烟雾无紊流现象,否则应停止试验,对试验装置进行维修。

A.5.3 去除上保护层试样,将被测试样的正面朝下水平固定在试样夹持装置上,使其平整不松动。

A.5.4 用点火装置点燃试样一端,当试样阴燃至距离测试装置的零位时,开始计时。试样阴燃过程中,阴燃端与水平方向夹角不应超过±15°,否则应将此数据剔除;试样阴燃至 150 mm 时,计时结束,阴燃线锯齿深度不应超过 10 mm,否则应将此数据剔除。

A.5.5 记录试样阴燃 150 mm±1 mm 所用的时间,精确至 1 s。

A.5.6 将试样阴燃残留物收集到灰烬收集装置,排放烟雾后进行下一个试验。

A.5.7 重复 A.5.3～A.5.6 的步骤,共测试 5 次。

A.5.8 开始计时后,若试样阴燃过程中出现熄火,重新取 10 张试样进行阴燃试验,重复 A.5.3～A.5.6 的步骤,共测试 5 次。在试验中累计出现两次以上熄火,记录该试样为熄火。

A.5.9 试验结束,应将阴燃灰烬妥善处理,不应留有任何火灾隐患。

A.6 结果表示

以 5 次有效测定的平均值表示试样的阴燃速率,精确至 1 s/150 mm。

A.7 试验报告

试验报告应包括以下内容:

a) 试验所采用的方法;

b) 鉴定试样的所有资料;

c) 试验时间;

d) 试验所用仪器和型号;

e) 试验人员和试验结果;

f) 任何偏离本方法的操作或能够影响试验结果的工作条件。

ICS 85.060
Y 32

中华人民共和国国家标准

GB/T 13023—2008
代替 GB/T 13023—1991

瓦楞芯(原)纸

Corrugating medium

2008-01-04 发布 2008-09-01 实施

中华人民共和国国家质量监督检验检疫总局
中国国家标准化管理委员会 发布

前 言

本标准代替 GB/T 13023—1991《瓦楞原纸》。

本标准与 GB/T 13023—1991 相比，主要变化如下：

——将原标准名称“瓦楞原纸”改为“瓦楞芯(原)纸”。

——标准中对不同的定量水平进行了调整，增加了 80 g/m^2、90 g/m^2、100 g/m^2 级别。

——产品的质量分为优等品、一等品、合格品三个等级。其中优等品(又称为高强度瓦楞芯纸)为国际先进水平，一等品为国际一般水平，合格品为国内合格水平。优等品又细分了三个等级并规定了代号。

——部分技术指标有一定的提高，尤其是对优等品的技术指标进行了分类处理。并增加了吸水性的技术要求。

本标准由中国轻工业联合会提出。

本标准由全国造纸工业标准化技术委员会归口。

本标准起草单位：广东省造纸研究所、宁波海山纸业有限公司。

本标准主要起草人：陈洋、马学逵、陈海林、梁健文、胡芬、李佩仪。

本标准所代替标准的历次版本发布情况为：

——GB/T 13023—1991。

本标准由全国造纸工业标准化技术委员会负责解释。

瓦 楞 芯（原）纸

1 范围

本标准规定了瓦楞芯(原)纸术语和定义、等级、技术要求、试验方法、检验规则及标志、包装、运输、贮存。

本标准适用于制造瓦楞纸板芯层用的瓦楞芯(原)纸。

2 规范性引用文件

下列文件中的条款通过本标准的引用而成为本标准的条款。凡是注日期的引用文件，其随后所有的修改单(不包括勘误的内容)或修订版均不适用于本标准，然而，鼓励根据本标准达成协议的各方研究是否可使用这些文件的最新版本。凡是不注日期的引用文件，其最新版本适用于本标准。

GB/T 451.1 纸和纸板尺寸及偏斜度的测定

GB/T 451.2 纸和纸板定量的测定(GB/T 451.2—2002,eqv ISO 536:1995)

GB/T 451.3 纸和纸板厚度的测定(GB/T 451.3—2002,idt ISO 534:1988)

GB/T 453 纸和纸板抗张强度的测定(恒速加荷法)(GB/T 453—2002,idt ISO 1924-1:1992)

GB/T 462 纸和纸板 水分的测定(GB/T 462—2003,ISO 287:1985,MOD)

GB/T 1540 纸和纸板吸水性的测定可勃法(GB/T 1540—2002,neq ISO 535:1991)

GB/T 2679.6 瓦楞原纸平压强度的测定(GB/T 2679.6—1996,eqv ISO 7263:1985)

GB/T 2679.8 纸和纸板环压强度的测定(GB/T 2679.8—1995,eqv ISO/DIS 12192)

GB/T 2828.1 计数抽样检验程序 第1部分:按接收质量限(AQL)检索的逐批检验抽样计划(GB/T 2828.1—2003,ISO 2859-1:1999,IDT)

GB/T 10342 纸张的包装和标志

GB/T 10739 纸、纸板与纸浆试样处理和试验的标准大气条件(GB/T 10739—2002,eqv ISO 187:1990)

GB/T 12914 纸和纸板抗张强度的测定法(恒速拉伸法)(GB/T 12914—1991,eqv ISO 1924-2:1985)

3 术语和定义

下列术语和定义适用于本标准。

3.1

瓦楞芯纸 corrugating medium

用于制造瓦楞纸板芯层的包装用纸。

4 等级

瓦楞芯纸按质量分为优等品、一等品、合格品三个等级，其中优等品又分为三个等级，分别是：

AAA——瓦楞芯纸优等品中的最高等级。

AA——瓦楞芯纸优等品中的第二等级。

A——瓦楞芯纸优等品中的第三等级。

5 技术要求

5.1 瓦楞芯纸的技术指标应符合表1的规定。

按照供需双方协定,可生产其他定量的瓦楞芯纸。

表 1

指标名称	单位	规定			
		等级	优等品	一等品	合格品
定量(80、90、100、110、120、140、160、180、200)	g/m²	AAA	(80、90、100、110、120、140、160、180、200)±4%	(80、90、100、110、120、140、160、180、200)±5%	
		AA			
		A			
紧度　不小于	g/cm³	AAA	0.55	0.50	0.45
		AA	0.53		
		A	0.50		
横向环压指数　不小于 ≤90 g/m² >90 g/m²～140 g/m² ≥140 g/m²～180 g/m² ≥180 g/m²	N·m/g	AAA	7.5 8.5 10.0 11.5	5.0 5.3 6.3 7.7	3.0 3.5 4.4 5.5
		AA	7.0 7.5 9.0 10.5		
		A	6.5 6.8 7.7 9.2		
平压指数[a]　不小于	N·m²/g	AAA	1.40	1.00	0.80
		AA	1.30		
		A	1.20		
纵向裂断长　不小于	km	AAA	5.00	3.75	2.50
		AA	4.50		
		A	4.30		
吸水性　不超过	g/m²	—	100	—	—
交货水分	%	AAA	8.0±2.0	8.0±2.0	8.0±3.0
		AA			
		A			

a　不作交收试验依据。

5.2　瓦楞芯纸的规格可按订货合同规定,卷筒尺寸偏差应不超过$^{+8}_{-0}$ mm。

5.3　瓦楞芯纸不经外力作用不应有分层现象。

5.4　瓦楞芯纸应平整,不应有影响使用的折子、孔眼、硬杂物等外观纸病。

5.5　瓦楞芯纸应切边整齐,不应有裂口、缺角、毛边等现象。

5.6　卷筒纸断头用胶带纸牢固地粘接好,每个卷筒接头数:优等品应不超过一个,一等品和合格品应不超过三个,并作明显标志。

5.7　卷筒直径为1 100 mm～1 300 mm,或按订货合同规定。

5.8 卷筒纸的筒芯应符合相关标准的要求，卷筒纸端面应平整，形成的锯齿形和凹凸面应不超过10 mm。

6 试验方法

6.1 定量、紧度分别按 GB/T 451.2 和 GB/T 451.3 规定进行。

6.2 尺寸偏差按 GB/T 451.1 进行测定。

6.3 横向环压指数：横向环压强度按 GB/T 2679.8 规定进行测定，横向环压指数按式(1)计算：

$$r = R/W \qquad \cdots\cdots(1)$$

式中：

r——横向环压指数，单位为牛顿·米每克(N·m/g)；

R——横向环压强度，单位为牛顿每米(N/m)；

W——定量，单位为克每平方米(g/m^2)。

6.4 平压指数：平压强度按 GB/T 2679.6 规定进行测定，起楞后在 GB/T 10739 规定的条件下处理30 min后再进行压缩试验。平压指数按式(2)计算：

$$f = CMT_{30}/W \qquad \cdots\cdots(2)$$

式中：

f——平压指数，单位为牛顿·平方米每克($N \cdot m^2/g$)；

CMT_{30}——平压强度，单位为牛顿(N)；

W——定量，单位为克每平方米(g/m^2)。

6.5 纵向裂断长：按 GB/T 12914 或 GB/T 453 规定进行测定，如有争议，按 GB/T 12914 进行仲裁。

6.6 交货水分：按 GB/T 462 规定进行测定。

6.7 吸水性：按 GB/T 1540 规定进行测定，吸水时间为 1 min。

7 检验规则

7.1 以一次交货数量为一批。

7.2 生产厂应保证所生产的瓦楞芯纸符合本标准的要求，每件纸交货时应附有一份合格证。

7.3 需方在验收检查时应先检查外包装情况，然后从中采取试样进行检验，计数抽样检验按GB/T 2828.1 规定进行，样本单位为卷。接收质量限(AQL)：横向环压指数、纵向裂断长的 AQL 值为4.0，定量、紧度、吸水性、交货水分、接头的 AQL 值为 6.5。采用正常检验二次抽样方案，检查水平为一般检查水平Ⅰ，其抽样方案见表 2。

表 2

批量/卷	一般检查水平Ⅰ的正常检查二次抽样方案				
	样本量	AQL=4.0		AQL=6.5	
		Ac	Re	Ac	Re
≤25	3	0	1	0	1
26～90	3	0	1	—	—
	5 5(10)	— —	— —	0 1	1 2
91～280	8 8(16)	0 1	2 2	0 3	3 4

7.4 可接收性的确定：第一次检验的样品数量应等于该方案给出的第一样本量。如果第一样本中发现

的不合格品数小于或等于第一接收数，应认为该批是可接收的；如果第一样本中发现的不合格品数大于或等于第一拒收数，应认为是不可接收的。如果第一样本中发现的不合格品数介于第一接收数与第一拒收数之间，应检验由方案给出样本量的第二样本并累计在第一样本和第二样本中发现的不合格品数。如果不合格品累计数小于或等于第二接收数，则判定批是可接收的；如果不合格品累计数大于或等于第二拒收数，则判定该批是不可接收的。

7.5　需方若对产品质量有异议，应在到货后 15 d 内向直接供方提出书面意见，由供需双方共同复验或委托共同商定的检验部门进行复验。复验结果如不符合本标准规定，则判为批不可接收，由供方负责处理；若符合本标准的规定，则判为批可接收，由需方负责处理。

8　标志、包装、运输、贮存

8.1　包装按照 GB/T 10342 规定进行，并作如下补充：

卷筒纸外五层瓦楞芯纸为外包装，两头用聚丙烯塑料带或铁皮扎紧，并在外包装皮上划上箭头，以标示退纸方向。

8.2　瓦楞芯纸应妥善保管，严防受潮。

8.3　瓦楞芯纸在运输中应使用有篷而洁净的运输工具。

8.4　不应将成件纸从高处扔下。

ICS 85.060
Y 31

中华人民共和国国家标准

GB/T 13024—2016
代替 GB/T 13024—2003

箱纸板

Liner board

2016-12-13 发布　　　　2017-07-01 实施

中华人民共和国国家质量监督检验检疫总局
中国国家标准化管理委员会　发布

前 言

本标准按照 GB/T 1.1—2009 给出的规则起草。

本标准代替 GB/T 13024—2003《箱纸板》，与 GB/T 13024—2003 相比，主要变化如下：

——删除了"术语和定义"一章；

——调整了产品分类；

——牛皮箱纸板技术指标不再单独进行规定；

——增加了平滑度指标；

——根据产品实际情况，对部分技术指标进行了调整；

——修改了计数抽样检验程序。

请注意本文件的某些内容可能涉及专利。本文件的发布机构不承担识别这些专利的责任。

本标准由中国轻工业联合会提出。

本标准由全国造纸工业标准化技术委员会(SAC/TC 141)归口。

本标准起草单位：中国制浆造纸研究院、广东省造纸研究所、东莞玖龙纸业有限公司。

本标准主要起草人：陈洋、邱文伦、肖思聪、黎的非、陈阳明、李婵、何伟明、施斯倩、卓文玉。

本标准所代替标准的历次版本发布情况为：

——GB/T 13024—1991、GB/T 13024—2003。

箱　纸　板

1　范围

本标准规定了箱纸板的产品分类、技术要求、试验方法、检验规则和标志、包装、运输、贮存。

本标准适用于制造瓦楞纸板用的非涂布箱纸板,不适用于漂白浆挂面箱纸板。

2　规范性引用文件

下列文件对于本文件的应用是必不可少的。凡是注日期的引用文件,仅注日期的版本适用于本文件。凡是不注日期的引用文件,其最新版本(包括所有的修改单)适用于本文件。

GB/T 450　纸和纸板　试样的采取及试样纵横向、正反面的测定

GB/T 451.1　纸和纸板尺寸及偏斜度的测定

GB/T 451.2　纸和纸板定量的测定

GB/T 451.3　纸和纸板厚度的测定

GB/T 454　纸耐破度的测定

GB/T 456　纸和纸板平滑度的测定(别克法)

GB/T 457—2008　纸和纸板　耐折度的测定

GB/T 462　纸、纸板和纸浆　分析试样水分的测定

GB/T 1539　纸板　耐破度的测定

GB/T 1540　纸和纸板吸水性的测定　可勃法

GB/T 2679.8　纸和纸板环压强度的测定

GB/T 2679.10　纸和纸板短距压缩强度的测定法

GB/T 2828.1　计数抽样检验程序　第1部分:按接收质量限(AQL)检索的逐批检验抽样计划

GB/T 10342　纸张的包装和标志

3　产品分类

3.1　箱纸板按质量分为优等品、一等品、合格品三个等级。

3.2　箱纸板分卷筒和平板两种。

4　要求

4.1　技术指标

箱纸板的技术指标应符合表1或合同规定。

表 1

指标名称		单位	规定		
			优等品	一等品	合格品
定　量[a]		g/m²	90.0±4.0　100±5　110±6　125±7　160±8　180±9　200±10　220±10　250±11　280±11　300±12　320±12　340±13　360±14		
横幅定量差 ≤	幅宽≤1 600 mm	%	6.0	7.5	9.0
	幅宽>1 600 mm		7.0	8.5	10.0
紧度 ≥	≤220 g/m²	g/cm³	0.70	0.68	0.60
	>220 g/m²		0.72	0.70	0.60
耐破指数 ≥	<125 g/m²	kPa·m²/g	3.50	3.10	1.85
	≥125 g/m²,<160 g/m²		3.40	3.00	1.80
	≥160 g/m²,<200 g/m²		3.30	2.85	1.70
	≥200 g/m²,<250 g/m²		3.20	2.75	1.60
	≥250 g/m²,<300 g/m²		3.10	2.65	1.55
	≥ 300 g/m²		3.00	2.55	1.50
环压指数(横向) ≥	<125 g/m²	N·m/g	8.50	6.50	5.00
	≥125 g/m²,<160 g/m²		9.00	7.00	5.30
	≥160 g/m²,<200 g/m²		9.50	7.50	5.70
	≥200 g/m²,<250 g/m²		10.0	8.00	6.00
	≥250 g/m²,<300 g/m²		11.0	8.50	6.50
	≥300 g/m²		11.5	9.00	7.00
平滑度(正面) ≥		s	8	5	—
耐折度(横向) ≥		次	60	35	6
吸水性(正/反) ≤		g/m²	35.0/50.0	40.0/100.0	60.0/—
交货水分		%	8.0±2.0	9.0±2.0	
横向短距压缩指数[b] ≥	<250 g/m²	N·m/g	21.4	19.6	18.2
	≥250 g/m²		17.4	16.4	14.2

[a] 也可生产其他定量的箱纸板。

[b] 横向短距压缩指数不作为考核指标。

4.2 尺寸

4.2.1　平板箱纸板的尺寸为 787 mm×1 092 mm、960 mm×1 060 mm、960 mm×880 mm,其尺寸偏差应不超过±5 mm,偏斜度应不超过 5 mm。

4.2.2　卷筒箱纸板的幅宽为 750 mm～2 500 mm,每 50 mm 为一档,其偏差应不超过${}^{+8}_{0}$mm。

4.2.3　卷筒箱纸板的卷筒直径为 800 mm、1 000 mm、1 100 mm、1 200 mm,其直径偏差应不超过±50 mm。

4.2.4　也可按订货合同生产其他尺寸的箱纸板。

4.3 外观

4.3.1 箱纸板不经外力作用时，不应有分层现象。

4.3.2 箱纸板每批产品的色泽应基本相近。

4.3.3 箱纸板表面应平整，不应有明显的毯印。

4.3.4 箱纸板不应有褶子、洞眼或露底等外观缺陷。

4.3.5 箱纸板在每 10 m^2 内，直径大于 20 mm 的浆疤不应有，直径 5 mm～20 mm 的浆疤优等品和一等品应不超过一个，合格品应不超过两个。

4.3.6 卷筒箱纸板纸芯不应有扭结或压扁现象。每卷纸的接头数优等品应不超过一个，一等品应不超过两个，合格品应不超过三个。接头处应用胶带纸黏牢，并作出明显标记。

4.3.7 平板箱纸板的切边应整齐光洁，不应有缺边、缺角、薄边等现象。卷筒箱纸板的端面应平整，形成的锯齿或凹凸面应不超过 5 mm。

5 试验方法

5.1 试样的采取按 GB/T 450 规定进行。

5.2 尺寸和偏斜度按 GB/T 451.1 测定。

5.3 定量和横幅定量差按 GB/T 451.2 测定。

5.4 紧度按 GB/T 451.3 测定，判定时以标称定量为准。

5.5 耐破指数按 GB/T 454 或 GB/T 1539 测定。定量小于 160 g/m^2 的产品按 GB/T 454 测定，定量大于或等于 160 g/m^2 的产品按 GB/T 1539 测定，判定时以标称定量为准。

5.6 环压指数按 GB/T 2679.8 测定，判定时以标称定量为准。

5.7 平滑度按 GB/T 456 测定。

5.8 耐折度按 GB/T 457—2008 中 MIT 法测定，初始张力为 9.8 N。

5.9 吸水性按 GB/T 1540 测定，浸水时间为 2 min。

5.10 交货水分按 GB/T 462 进行测定。

5.11 箱纸板色泽等外观项目的检验由目测进行判断。

5.12 横向短距压缩指数按 GB/T 2679.10 进行测定，应测得横向短距压缩强度后换算成横向短距压缩指数。

6 检验规则

6.1 铁路运输时，以一个车皮为一个抽样批；采取其他运输形式时，以一次交货为一批，但应不多于 50 t。

6.2 生产厂应保证所生产的箱纸板符合本标准的规定，每件产品交货时应附有一份合格标识。

6.3 产品交收检验时，计数抽样检验程序按 GB/T 2828.1 规定进行，样本的单位为卷筒或令(件)。接收质量限(AQL)：耐破指数、环压指数 AQL 为 6.5，定量、横幅定量差、紧度、耐折度、吸水性、平滑度、交货水分、尺寸及尺寸偏差、偏斜度、接头数、外观 AQL 为 10。抽样方案采用正常二次抽样方案，检验水平为一般检验水平Ⅰ，见表 2。

表 2

批量/卷筒、令(件)	正常检验二次抽样方案　检验水平Ⅰ				
	样本量	AQL=6.5		AQL=10	
		Ac	Re	Ac	Re
2～25	2	0	1	—	—
	3 3(6)	— —	— —	0 1	2 2
26～90	5 5(10)	0 1	2 2	— —	— —
	3 3(6)	— —	— —	0 1	2 2
91～150	5 5(10)	0 1	2 2	0 3	3 4
151～280	8 8(16)	0 3	3 4	1 4	3 5

6.4　可接收性的确定:第一次检验的样品数量应等于该方案给出的第一样本量。如果第一样本中发现的不合格品数小于或等于第一接收数,应认为该批是可接收的;如果第一样本中发现的不合格品数大于或等于第一拒收数,应认为是不可接收的。如果第一样本中发现的不合格品数介于第一接收数与第一拒收数之间,应检验由方案给出样本量的第二样本并累计在第一样本和第二样本中发现的不合格品数。如果不合格品累计数小于或等于第二接收数,则判定批是可接收的;如果不合格品累计数大于或等于第二拒收数,则判定该批是不可接收的。

6.5　供方应保证所提供的产品符合本标准的规定。需方有权按本标准进行验收,如对该批产品质量提出异议,应在收到货物后一个月内通知供方,由双方共同取样进行复验或委托第三方检查。如符合本标准或订货合同的规定,则判为批合格,由需方负责处理。如不符合本标准或订货合同的规定,则判为批不合格,由供方负责处理。

7　标志、包装、运输、贮存

7.1　按 GB/T 10342 的规定包装,并作如下补充:

a)　卷筒箱纸板产品两头用打包带扎紧,可根据需方要求加裹防潮塑料薄膜;

b)　平板箱纸板产品用夹板夹住,再用打包带捆扎成件。每件产品的纵横向应一致,并在包装上注明产品的纵向。

7.2　产品或其包装上的标识应标明产品名称、定量、规格、等级、质量、生产日期、生产厂厂名和厂址、产品执行标准编号。

7.3 箱纸板应妥善保管，严防受潮。

7.4 纸卷(件)在运输过程中，应使用有篷而洁净的运输工具。

7.5 不应将纸卷(件)从高处扔下。

ICS 55.040
A 82

中华人民共和国国家标准

GB/T 18192—2008
代替 GB 18192—2000

液体食品无菌包装用纸基复合材料

Paper based laminated material using for aseptic packaging of liquid food

2008-06-25 发布　　2008-10-01 实施

中华人民共和国国家质量监督检验检疫总局
中国国家标准化管理委员会　发布

前 言

本标准代替 GB 18192—2000《液体食品无菌包装用纸基复合材料》。

本标准与 GB 18192—2000 相比主要变化如下：

——增加了“中封贴条”的定义；

——修改了内层塑料膜定量；

——增加了对材料的要求；

——将“拉伸强度”改为“拉断力”。修改了“拉断力”、“内层塑料膜剥离强度”和“挺度”等物理机械性能指标；

——将“透氧率”分为“铝箔”和“其他阻隔材料”两类；

——取消了“复合层塑料膜与纸的粘结度”的要求；

——取消了“材料整体的卫生指标”要求；

——增加了“溶剂残留量的卫生指标”要求；

——修改了“封合强度试验方法”；

——明确规定了“拉断力试验”的试验条件；

——增加了“溶剂残留量的卫生检验”要求；

——修改了检验规则；

——删除了原标准的附录 B、附录 C。

本标准附录 A 为规范性附录。

本标准由中国包装联合会提出。

本标准由全国包装标准化技术委员会归口。

本标准主要起草单位：利乐中国有限公司、康美包(苏州)有限公司、光夏嘉美包装(厦门)有限公司、青岛人民印刷有限公司、中国包装联合会。

本标准参加起草单位：山东泉林包装有限公司、上海天龙无菌包装材料有限公司、四川威之国际新材料有限公司、山东新巨丰科技包装有限责任公司。

本标准主要起草人：李书良、王利、李肖萍、王煜、王渊博、刘华、吴建国、王威之、隗功海。

本标准所代替标准的历次版本发布情况为：

——GB 18192—2000。

液体食品无菌包装用纸基复合材料

1 范围

本标准规定了液体食品无菌包装用纸基复合材料的分类、要求、试验方法、检验规则、标志、包装、运输和贮存。

本标准适用于以原纸为基体，与塑料、铝箔或其他阻透材料等经复合而成，以卷筒形式或以单个产品形式供应的供无菌灌装液体食品用的材料。

2 规范性引用文件

下列文件中的条款通过在本标准中引用而构成为本标准的条款。凡是注日期的引用文件，其随后所有的修改单(不包括勘误的内容)或修订版均不适用于本标准，然而，鼓励根据本标准达成协议的各方研究是否可使用这些文件的最新版本，凡是不注日期的引用文件，其最新版本适用于本标准。

GB/T 191 包装储运图示标志(GB/T 191—2008,ISO 780:1997,MOD)

GB/T 1038 塑料薄膜和薄片气体透气性试验方法 压差法(GB/T 1038—2000,neq ISO 2556:1997)

GB/T 1040.3 塑料 拉伸性能的测定 第3部分：薄膜和薄片的试验条件(GB/T 1040.3—2006,ISO 527-3:1995,IDT)

GB/T 2679.3 纸和纸板挺度的测定(GB/T 2679.3—1996,eqv ISO 2493:1992)

GB/T 2828.1—2003 计数抽样检验程序 第1部分：按接收质量限(AQL)检索的逐批检验抽样计划(GB/T 2828.1—2003,ISO 2859-1:1999,IDT)

GB/T 3198 铝及铝合金箔

GB/T 5009.60 食品包装用聚乙烯、聚苯乙烯、聚丙烯成型品卫生标准的分析方法

GB/T 6673 塑料薄膜和薄片长度和宽度的测定(GB/T 6673—2001,idt ISO 4592:1992)

GB/T 8808 软质复合塑料材料剥离试验方法

GB 9685 食品容器、包装材料用助剂使用卫生标准

GB 9687 食品包装用聚乙烯成型品卫生标准

GB/T 10004—1998 耐蒸煮复合膜、袋(eqv JISZ 1707:1995)

GB 11680 食品包装用原纸卫生标准

QB/T 2358 塑料薄膜包装袋热合强度试验方法

3 术语和定义

下列术语和定义适用于本标准。

3.1

液体食品 liquid food

可以在管道中流动的液态食品。包括液体中带颗粒的和酱状的食品。

3.2

无菌包装 aseptic packaging

将经过灭菌的食品(饮料、奶制品等)在无菌环境下，封装在经过灭菌的容器中，使其在常温下，不加防腐剂也能得到较长的货架寿命的包装。

3.3

搭接 longitudinal sealing

材料外表面与材料内表面互相接触的封合方式。

3.4

对接 transversal sealing

材料的内表面互相接触的封合方式。

3.5

中封贴条 sealing strip

搭接部位内表面上覆盖原纸断面的条形塑料材料。

4 分类

4.1 按供应状态分为卷筒形式和单个产品形式两类。

4.2 按阻隔材料分为铝箔和其他阻隔材料两类。

5 材料

5.1 复合材料原纸板卫生指标应符合 GB 11680 规定。

5.2 铝箔卫生指标应符合 GB/T 3198 规定。

5.3 其他材料及中封贴条的卫生指标应符合相关国家标准规定。

6 要求

6.1 外观质量

6.1.1 无污染,无异物。

6.1.2 印刷图案完整清晰,无明显变形和色差,无残缺和错印。

6.1.3 内外表面平整,无皱摺,无孔洞,无裂纹,无气泡。

6.1.4 压痕线平直,无破裂。

6.2 卷筒质量

以卷筒形式供应的材料其收卷应管芯圆整,表面平滑,端面整齐。接头牢固,每 1 000 m 接头数量不多于 3 个。接头部位应有明显标记,并对准、对正图案,每段长度不小于 25 m。

6.3 尺寸偏差

6.3.1 材料的尺寸偏差应符合表 1 规定。

表 1 材料的尺寸偏差

产品类别	项 目	允许偏差/mm
卷筒形式	宽度	±1
	卷筒内径	$^{+3}_{0}$
单个产品形式	长宽	±1
	宽度	±0.5

6.3.2 印刷位置的尺寸偏差应符合表 2 规定。

表 2 印刷位置的尺寸偏差

产品类别	项 目	允许偏差/mm
两类形式	压痕线与印刷图案相对位置	±0.8
卷筒形式	分切位置	±1
	光标间距	±1

6.3.3 套印精度

印刷图案的套印精度为±0.8 mm。

6.4 内层塑料膜定量

内层塑料膜定量应不小于 19 g/m²。

6.5 物理机械性能

物理机械性能应符合表 3 规定。

表 3 物理机械性能

项 目	要 求	
拉断力/(N/ 15 mm)	容器容量≤250 mL	纵向≥200 横向≥100
	250 mL＜容器容量≤500 mL	纵向≥220 横向≥120
	容器容量＞500 mL	纵向≥240 横向≥140
封合强度/(N/15 mm)	搭接≥ 60 对接≥15	
内层塑料膜剥离强度/(N/15 mm)	≥2.0	
透氧率/[cm^3/(m^2·24 h·0.1 MPa)]	铝箔≤1.0	
	其他阻隔材料≤15.0	
挺度/mN·m	容器容量≤250 mL	纵向≥7.0
	250 mL＜容器容量≤500 mL	纵向≥10.0 横向≥6.0
	容器容量＞500 mL	纵向≥18.0 横向≥8.0
注：封合强度试验中，若沿非封合面被拉断，视为合格。		

6.6 卫生指标

6.6.1 内层聚乙烯材料的卫生指标应符合 GB 9687 规定。

6.6.2 材料用添加剂卫生指标应符合 GB 9685 规定。

6.6.3 溶剂残留量应符合表 4 规定。

表 4 溶剂残留量 单位为毫克每平方米

项 目	要 求
溶剂残留量	≤10
苯类残留量	≤2

7 试验方法

7.1 外观质量

外观质量在自然光下目测。

7.2 卷筒质量

外观及接头数量在自然光下目测，长度用卷尺测量。

7.3 尺寸偏差

7.3.1 卷筒宽度偏差按 GB/T 6673 规定进行测量。

7.3.2 卷筒内径偏差及单个产品的尺寸偏差用精度不低于 0.1 mm 的游标卡尺进行测量。

7.3.3 压痕线与印刷图案套印精度和分切位置偏差用 10 倍带刻度的放大镜测量并计算偏差。

7.3.4 光标间距用刻度值不大于 0.1 mm 的游标卡尺进行测量。

7.4 内层塑料膜定量

内层塑料膜定量按附录 A 规定进行检验。

7.5 物理机械性能

7.5.1 拉断力

拉断力按 GB/T 1040.3 规定，取Ⅱ型试样，试样宽度为 15 mm，试验速度为 100 mm/min±10 mm/min，夹距为 100 mm 进行试验。当压痕间距小于 100 mm 时，取平板材料进行试验。

7.5.2 封合强度

封合强度按 QB/T 2358 规定进行试验。材料的热封条件由生产厂家根据材料特性提供。作搭接强度试验时允许将符合使用条件的中封贴条同时封上。试验速度为 100 mm/min。

7.5.3 内层塑料膜剥离强度

内层塑料膜剥离强度按 GB/T 8808 规定进行试验。

7.5.4 透氧率

透氧率按 GB/T 1038 规定进行试验。

7.5.5 挺度

挺度按 GB/T 2679.3 规定进行试验。

7.6 卫生指标

7.6.1 内层塑料膜的卫生指标

内层塑料膜的卫生指标按 GB/T 5009.60 规定，可将材料折叠成无顶的正方体容器，仅对与食品接触的内表面进行检验。

7.6.2 溶剂残留量

溶剂残留量按 GB/T 10004—1998 中 5.7 规定进行检验。

8 检验规则

8.1 组批

同一品种，同一规格，连续生产的，不超过 800 万个包装的产品为一批。

8.2 检验分类

产品检验分为出厂检验和型式检验。

8.2.1 出厂检验

出厂检验项目为 6.1、6.2 和 6.3。

8.2.2 型式检验

型式检验项目为第 6 章的全部项目。有下列情况之一时，应进行型式检验：

a) 当原材料品种、产品结构、生产工艺改变时；

b) 停产 6 个月以上，重新恢复生产时；

c) 连续生产满 1 年时；

d) 首次生产时。

8.3 抽样

8.3.1 外观质量和尺寸偏差按 GB/T 2828.1 规定进行，采用正常检查二次抽样方案，特殊检查水平 S-4，接收质量限(AQL)为 2.5，见表 5。

表 5 外观质量和尺寸偏差抽样方案

批量	样本	样本量	累计样本量	接收质量限(AQL)	
				接收数 Ac	拒收数 Re
≤35 000	第一	32	32	1	4
	第二	32	64	3	5
35 001～500 000	第一	50	50	2	5
	第二	50	100	6	7
≥500 001	第一	80	80	3	6
	第二	80	160	9	10

8.3.2 卷筒质量

内层塑料膜定量、物理机械性能及卫生指标抽样，以批为单位，以卷筒形式供货的产品从每批样品中任取一卷进行检验，以单个产品形式供货的产品从每批样品中，按试验项目要求，抽取足够试验用的样品进行检验。

8.4 判定

8.4.1 样本单位的判定

以卷筒形式供货的产品折合成盒的个数抽取试样，一个盒为一个样本单位；以单个产品形式供货的产品以一只为一个样本单位，全部项目均合格，则样本单位为合格。

8.4.2 合格项的判定

8.4.2.1 外观质量、卷筒质量和尺寸偏差根据表 5 判定。

8.4.2.2 内层塑料膜定量、物理机械性能检验若有不合格项，应从原批产品中抽取双倍样品对不合格项进行复验，复验结果全部合格，则该批产品内层塑料膜定量和物理机械性能为合格；若复验仍不合格，则该批产品不合格。

8.4.2.3 卫生指标检验若有一项不合格，则该批产品不合格。

8.4.3 合格批的判定

产品按 8.4.2.1、8.4.2.2 和 8.4.2.3 判定均合格，则该批产品为合格。

9 标志、包装、运输和贮存

9.1 标志

标志应符合 GB/T 191 的规定。产品应有合格标识，注明产品名称、规格、数量、批号、生产厂家、生产日期等内容。

9.2 包装

以卷筒形式供应的产品用收缩膜进行包装后，用纸箱或托盘进行包装。以单个产品形式供应的产品用纸箱进行包装后，置于托盘上或其他纸箱内，然后用收缩膜进行整体包装。也可由供需双方商定。

9.3 运输

运输时应小心轻放，防止机械碰撞或接触锐利物体，防止日晒雨淋并不受污染。

9.4 贮存

产品应贮存在清洁、干燥、通风的库房内，远离热源和污染源，严禁与有毒、有害物品混放。产品贮存期限从生产之日起不超过 1 年。

附　录　A
（规范性附录）
内层塑料膜定量的检验方法

A.1　检验仪器

精度 0.001 g 的天平，1∶1（体积比）甲苯与乙醇的混合液，恒温水浴槽。

A.2　检验条件

用恒温水浴槽将甲苯与乙醇的混合液加温到 60 ℃±5 ℃。

A.3　检验步骤

A.3.1　以卷筒形式供应的材料、用圆刀在试样上割取面积为 50 cm^2 或 100 cm^2 的试样 3 个；以单个产品形式供应的材料、根据尺寸大小割取面积为 50 cm^2 或 100 cm^2 的试样 3 个。

A.3.2　将试样放入甲苯和乙醇的混合液中浸泡 10 min，轻轻将内层塑料膜分离掉，然后放置 120 min。

A.3.3　将三个试样分别在天平上称量，换算为克每平方米（为内层塑料膜的定量），以 3 个试样的平均值表示结果，精确到小数点后 1 位。

ICS 55.040
A 82

中华人民共和国国家标准

GB/T 18706—2008
代替 GB 18706—2002

液体食品保鲜包装用纸基复合材料

Paper based laminated material for fresh-keeping packaging of liquid food

2008-06-25 发布　　　　2008-12-01 实施

中华人民共和国国家质量监督检验检疫总局
中国国家标准化管理委员会　发布

前　言

本标准代替 GB 18706—2002《液体食品保鲜包装用纸基复合材料(屋顶包)》。

本标准与 GB 18706—2002 相比,主要变化如下:

——修改了内层塑料膜定量,取消了外层塑料膜定量;

——增加了对材料的要求;

——将“拉伸强度”改为“拉断力”。修改了“拉断力”、“封合强度”和“挺度”等物理机械性能指标;

——将“透氧率”分为“铝箔”和“其他阻隔材料”两类;

——取消了“复合层塑料膜与纸的粘结度”的要求;

——取消了“材料的卫生指标”要求;

——增加了“内层聚乙烯材料的卫生指标”和“溶剂残留量”要求;

——修改了“封合强度试验方法”;

——明确规定了“拉断力试验”的试验条件;

——增加了“内层塑料膜的卫生检验”和“溶剂残留量的卫生检验”要求;

——修改了检验规则;

——增加了附录 A。

本标准附录 A 为规范性附录。

本标准由中国包装联合会提出。

本标准由全国包装标准化技术委员会归口。

本标准主要起草单位:唯绿包装(上海)有限公司、青岛人民印刷有限公司、中国包装联合会。

本标准参加起草单位:古林纸工(上海)有限公司、上海天龙无菌包装材料有限公司、利乐中国有限公司、山东新巨丰科技包装有限责任公司、四川威之国际新材料有限公司。

本标准主要起草人:李书良、王利、苏志杰、曹星、王渊博、吴建国、李肖萍、隗功海、王威之、许春敏、李建珍。

本标准所代替标准的历次版本发布情况为:

——GB 18706—2002。

液体食品保鲜包装用纸基复合材料

1 范围

本标准规定了液体食品保鲜包装用纸基复合材料的分类、要求、试验方法、检验规则、标志、包装、运输和贮存。

本标准适用于以原纸为基体，与塑料经复合而成，供液体食品保鲜包装用的复合材料。

本标准也适用于以原纸为基体，与塑料、铝箔或其他阻隔材料等经复合而成，供液体食品热灌装用的复合材料。

2 规范性引用文件

下列文件中的条款通过在本标准中引用而构成为本标准的条款。凡是注日期的引用文件，其随后所有的修改单(不包括勘误的内容)或修订版均不适用于本标准，然而，鼓励根据本标准达成协议的各方研究是否可使用这些文件的最新版本，凡是不注日期的引用文件，其最新版本适用于本标准。

GB/T 191 包装储运图示标志(GB/T 191—2008,ISO 780:1997,MOD)

GB/T 1038 塑料薄膜透气性试验方法(GB/T 1038—2000,neq ISO 2556:1997)

GB/T 1040.3 塑料 拉伸性能的测定 第3部分:薄膜和薄片的试验条件(GB/T 1040.3—2006,ISO 527-3:1995,IDT)

GB/T 2679.3 纸和纸板挺度的测定(GB/T 2679.3—1996,eqv ISO 2493:1992)

GB/T 2828.1—2003 计量抽样检验程序 第一部分:按接收质量限(AQL)检索的逐批检验计划(GB/T 2828.1—2003,ISO 2859-1:1999,IDT)

GB/T 4789.2—2003 食品卫生微生物学检验 菌落总数测定

GB/T 4789.3—2003 食品卫生微生物学检验 大肠菌群测定

GB/T 4789.15—2003 食品卫生微生物学检验 霉菌和酵母计数

GB/T 5009.60 食品包装用聚乙烯、聚苯乙烯、聚丙烯成型品卫生标准的分析方法

GB/T 8808 软质复合塑料材料剥离试验方法

GB 9685 食品容器、包装材料用助剂使用卫生标准

GB 9687 食品包装用聚乙稀成型品卫生标准

GB/T 10004—1998 耐蒸煮复合膜、袋(eqv JIS Z 1707:1995)

GB 11680 复合包装用原纸卫生标准

QB/T 2358 塑料薄膜包装袋热合强度试验方法

3 术语和定义

下列术语和定义适用于本标准。

3.1

液体食品 liquid food

可以在管道中流动的液态食品。包括液体中带颗粒的和酱状的食品。

3.2

保鲜包装 fresh keeping packaging

将经过杀菌的液体食品包装、封闭在经过或未经过杀菌的容器中，用低温冷藏方法保持液体食品的新鲜和卫生的包装。

3.3

搭接 longitudinal sealing

材料外表面与材料内表面互相接触的封合方式。

3.4

中封贴条 sealing strip

搭接部位内表面上覆盖原纸断面的条形塑料材料。

4 分类

按材料结构分为有阻隔层和没有阻隔层两类。其中,有阻隔层的又可分为铝箔和其他阻隔材料两类。

5 材料

5.1 复合材料原纸板卫生指标应符合 GB 11680 规定。

5.2 其他材料的卫生指标应符合相关国家标准规定。

6 要求

6.1 外观质量

6.1.1 无污染、无异物。

6.1.2 印刷图案完整清晰、无明显变形和色差、无残缺和错印。

6.1.3 内外表面平整,无皱摺,无孔洞,无裂纹,无气泡。

6.1.4 压痕线平直,无破裂。

6.2 尺寸偏差

6.2.1 材料的尺寸偏差应符合表1规定。

表1 材料的尺寸偏差

项　　目	允许偏差/mm
宽度	±0.5
长度	±1

6.2.2 印刷位置的尺寸偏差应符合表2规定。

表2 印刷位置的尺寸偏差

项　　目	允许偏差/mm
压痕线与印刷图案相对位置	±0.8
各切割边缘与印刷图案相对位置	±1

6.2.3 套印精度

印刷图案的套印精度为±0.8 mm。

6.3 内层塑料膜定量

内层塑料膜定量应不小于 18 g/m^2。

6.4 物理机械性能

物理机械性能应符合表3规定。

表 3 物理机械性能

项目	要求	
拉断力/(N/15 mm)	容器容量≤250 mL	纵向≥180 横向≥90
	250 mL＜容器容量≤500 mL	纵向≥200 横向≥100
	容器容量＞500 mL	纵向≥220 横向≥120
封合强度/(N/15 mm)	搭接≥30	
内层塑料膜剥离强度/(N/15 mm)	≥1.0	
透氧率[a]/[cm³/(m²·24 h·0.1 MPa)]	铝箔≤1.0	
	其他阻隔材料≤15.0	
挺度/mN·m	容器容量≤250 mL	纵向≥8.0
	250 mL＜容器容量≤500 mL	纵向≥12.0 横向≥6.0
	容器容量＞500 mL	纵向≥18.0 横向≥8.0
[a] 适用于有阻隔层的材料。		

6.5 卫生指标

6.5.1 内层聚乙烯材料的卫生指标应符合 GB 9687 规定。

6.5.2 材料用添加剂卫生指标应符合 GB 9685 规定。

6.5.3 溶剂残留量卫生指标应符合表 4 规定。

表 4 溶剂残留量卫生指标

单位为毫克每平方米

项目	要求
溶剂残留总量	≤10
苯类残留量	≤2

6.5.4 材料与食品接触表面的微生物指标应符合表 5 规定。

表 5 材料与食品接触表面的微生物指标

项目	指标
菌落总数/(个/cm²)	≤1
大肠菌群	不得检出
致病菌(系指肠道致病菌、致病性球菌)	不得检出
霉菌	不得检出

7 试验方法

7.1 外观质量

材料在自然光下用目测方法进行检验。

7.2 尺寸偏差

7.2.1 尺寸偏差用精度不低于 0.1 mm 的游标卡尺进行测量。

7.2.2 压痕线与印刷图案套印精度和分切位置偏差用 10 倍带刻度的放大镜测量并计算偏差。

7.3 内层塑料膜定量

内层塑料膜定量按附录A规定进行检验。

7.4 物理机械性能

7.4.1 拉断力

拉断力按 GB/T 1040.3 规定，取Ⅱ型试样，试验宽度为 15 mm，试验速度为 100 mm/min±10 mm/min，夹距为 100 mm 进行试验。当压痕间距小于 100 mm 时，取平板材料进行试验。

7.4.2 封合强度

封合强度按 QB/T 2358 规定进行试验。材料的热封条件由生产厂家根据材料特性提供。作搭接强度试验时允许将符合使用条件的中封贴条同时封上。试验速度为 100 mm/min。

7.4.3 内层塑料膜剥离强度

内层塑料膜剥离强度按 GB/T 8808 规定进行检验。

7.4.4 透氧率

透氧率按 GB/T 1038 规定进行检验。

7.4.5 挺度

挺度按 GB /T 2679.3 规定进行检验。

7.5 卫生指标

7.5.1 内层塑料膜的卫生指标

内层塑料膜的卫生指标按 GB/T 5009.60 规定，可将材料折叠成无顶的正方体容器，仅对与食品直接接触的内表面进行检验。

7.5.2 溶剂残留量

溶剂残留量按 GB/T 10004—1998 中 5.7 规定进行检验。

7.5.3 材料与食品接触表面的微生物检查

7.5.3.1 在无菌室中将试样沿纵缝剪开，裁成最大的长方型，量出面积，精确到 0.1 cm^2。取 100 mL 无菌水，用无菌水浸湿的无菌棉反复擦拭待检表面，将此棉球放回无菌水中，摇匀。然后按照 GB/T 4789.2、GB/T 4789.3 和 GB/T 4789.15 规定对菌落总数、大肠菌群、致病菌及霉菌进行检验。

7.5.3.2 根据试样面积换算出每平方厘米的菌落总数。

7.5.3.3 做 3 份平行试样，计算菌落总数的平均值，准确到小数点后 1 位。

8 检验规则

8.1 组批

同一品种，同一规格，连续生产的不超过 200 万个包装的产品为一批。

8.2 检验分类

产品检验分为出厂检验和型式检验。

8.2.1 出厂检验

出厂检验项目为 6.1 和 6.2。

8.2.2 型式检验

型式检验项目为第 6 章的全部项目。有下列情况之一时，应进行型式检验：

a） 当原材料品种、产品结构、生产工艺改变时；

b） 停产 6 个月以上，重新恢复生产时；

c） 连续生产满 1 年时；

d） 首次生产时。

8.3 抽样

8.3.1 外观质量和尺寸偏差按 GB/T 2828.1 规定进行，采用正常检查二次抽样方案，特殊检查水平

S-4,接收质量限(AQL)为 2.5,见表 6。

表 6 外观质量和尺寸偏差抽样方案

批量	样本	样本量	累计样本量	接收质量限(AQL)	
				接收数 Ac	拒收数 Re
≤35 000	第一	32	32	1	4
	第二	32	64	3	5
35 001～500 000	第一	50	50	2	5
	第二	50	100	6	7
≥500 001	第一	80	80	3	6
	第二	80	160	9	10

8.3.2 内层塑料膜定量、物理机械性能及卫生指标,以批为单位,按试验项目要求,抽取足够试验用的样品进行检验。

8.4 判定

8.4.1 样本单位的判定

一个盒为一个样本单位;以一只为一个样本单位,全部项目均合格,则样本单位为合格。

8.4.2 合格项的判定

8.4.2.1 外观质量和尺寸偏差根据表 6 判定。

8.4.2.2 内层塑料膜定量、物理机械性能检验若有不合格项,应从原批产品中抽取双倍样品对不合格项进行复验,复验结果全部合格,则该批产品内层塑料膜定量和物理机械性能为合格;若复验仍不合格,则该批产品不合格。

8.4.2.3 卫生指标若有一项不合格,则该批产品不合格。

8.4.3 合格批的判定

产品按 8.4.2.1、8.4.2.2 和 8.4.2.3 判定均合格,则该批产品为合格。

9 标志、包装、运输和贮存

9.1 标志

标志应符合 GB/T 191 的规定。产品的外包装上应有合格标识,注明产品名称、规格、数量、批号、生产厂家、生产日期等内容。

9.2 包装

产品用纸箱进行包装,包装应完整、密封、无破损,其他包装方式可由供需双方商定。

9.3 运输

运输时应小心轻放,防止机械碰撞或接触锐利物体,防止日晒雨淋并不受污染。

9.4 贮存

产品应贮存在清洁、干燥、通风的库房内,远离热源和污染源,严禁与有毒、有害物品混放。产品贮存期限从生产之日起不超过 1 年。

附 录 A
（规范性附录）
内层塑料膜定量的检验方法

A.1 检验仪器

精度 0.001 g 的天平，1∶1(体积比)甲苯与乙醇的混合液，恒温水浴槽。

A.2 检验条件

用恒温水浴槽将甲苯与乙醇的混合液加温到 60 ℃±5 ℃。

A.3 检验步骤

A.3.1 用圆刀在试样上割取面积为 50 cm^2 或 100 cm^2 的试样 3 个。

A.3.2 将试样放入甲苯和乙醇的混合液中浸泡 10 min，轻轻将内层塑料膜分离掉，然后放置 120 min。

A.3.3 将三个试样分别在天平上称量，换算为克每平方米(为内层塑料膜的定量)，以 3 个试样的平均值表示结果，精确到小数点后 1 位。

ICS 13.310
A 90

中华人民共和国国家标准

GB/T 18733—2002

防 伪 全 息 纸

Anti-counterfeiting holographic paper

2002-05-21 发布 2003-01-01 实施

中华人民共和国
国家质量监督检验检疫总局 发布

前　　言

本标准的相关技术条件均符合 GB/T 17000—1997《防伪全息产品通用技术条件》中相应的技术要求。

本标准由国家质量监督检验检疫总局提出。

本标准由全国防伪标准化技术委员会归口。

本标准起草单位:国营五八零八厂、北京三友激光图像公司。

本标准主要起草人:杜吉智、朱文智、魏威、王清、王玉香、李义虹、王伟丽。

防伪全息纸

1 范围

本标准规定了防伪全息纸所采用的防伪技术的分类、防伪力度和产品的技术要求、试验方法、检验规则、标志、包装、运输、贮存。

本标准适用于以纸为基材，经涂布、模压等工序或转移等工艺方法而制成的防伪全息纸。

2 规范性引用文件

下列文件中的条款通过本标准的引用而成为本标准的条款。凡是注日期的引用文件，其随后所有的修改单(不包括勘误的内容)或修订版均不适用于本标准，然而，鼓励根据本标准达成协议的各方研究是否可使用这些文件的最新版本。凡是不注日期的引用文件，其最新版本适用于本标准。

GB/T 450—1989 纸和纸板试样的采取

GB/T 451.2—1989 纸和纸板定量的测定法

GB/T 453—1989 纸和纸板抗张强度的测定法(恒速加荷法)

GB/T 459—1989 纸伸缩性的测定法

GB/T 462—1989 纸和纸板水分的测定法

GB/T 2679.15—1997 纸和纸板印刷表面强度的测定(电动加速法)

GB/T 2828—1987 逐批检查计数抽样程序及抽样表(适用于连续批的检查)

GB/T 7706—1987 凸版装潢印刷品

GB/T 17004 防伪技术术语

3 术语和定义

GB/T 17004 中确立的以及下列术语和定义适用于本标准。

3.1

全息纸 holographic paper

以纸为基材，经涂布、模压等工序或转移等工艺方法而制成的全息产品。

3.2

版缝 plate gap

由模压工作版拼接或模压过程造成的产品有效版面内的缝隙。

3.3

黄斑 yellow spot

镀铝层上轻微发黄的斑痕。

3.4

黑斑 black spot

由于模压辊上的或模压工作版上的缺陷等原因所造成的全息图上出现的暗点。

3.5

划痕 scratch

产品有效版面内有影响的划伤痕迹。

3.6

套色错位　color pattern positioning error

有共同的边界不同色彩图像的套准偏差。

3.7

信噪比　signal to noise ratio

衍射光中再现图像的信号光强与噪声光强之比。

3.8

衍射效率　diffraction efficiency

衍射光中再现图像的信号光强与入射光强之比。

4　防伪技术的分类

4.1　全息制版技术

A类：一般特征全息制版技术（二维、二维/三维、三维彩虹全息）。

B类：显形密码和隐形密码技术（特殊函数变换，莫尔技术，全息存储，计算机识别，流动光标等）。

C类：色彩控制和多通道技术（三维多色，二维、二维/三维、三维真彩色全息，消色差，薛氏变换，周视彩虹，合成彩虹等）。

D类：点阵全息技术。

E类：三维真彩色动态全息技术(LCD)。

F类：大视场全息技术(LVA)。

G类：脉冲全息技术。

4.2　配方技术

H类：配方技术。

4.3　全息效果增强层技术

I类：透明技术。

J类：半透半反技术。

K类：反射技术。

4.4　印刷技术

L类：印刷技术。

4.5　油墨技术

M类：油墨技术。

4.6　核技术

N类：核水印技术。

O类：核径迹技术。

4.7　其他技术

P类：其他技术。

5　防伪力度

5.1　按防伪安全期的年限分级

A级：不低于五年；

B级：不低于三年；

C级：不低于一年；

D级：不低于半年。

5.2 按所采用防伪技术的类别数分级(类别确定按第4章)

A级:含A、H、I(或J、K)类技术及另外三类以上;

B级:含A、H、I(或J、K)类技术及另外两类;

C级:含A、H、I(或J、K)类技术及另外一类;

D级:只含A、H、I(或J、K)类技术。

5.3 按三级检测的设置程度分级

A级:肉眼识别、专业仪器识别、智能化识别齐全;

B级:肉眼识别和智能化识别;

C级:肉眼识别和专业仪器识别;

D级:仅肉眼识别。

6 技术要求

6.1 外观质量

外观质量应符合表1的规定。

表1 外观质量

指标名称	质量要求	
	一级品	二级品
涂层	均匀	
图像质量	图像清晰、色彩分明、亮度均匀	
版缝	不大于0.2 mm	不大于0.6 mm
平整度	表面平整,不应有凹凸、皱折	
黄斑	不允许有黄斑	
黑斑	允许直径不大于0.3 mm的黑斑每平方米内不超过10个	允许直径不大于1.0 mm的黑斑每平方米内不超过20个
划痕	长度不大于30 mm、宽度不大于0.1 mm的明显划痕每平方米内累计长度不超过0.3 m	长度不大于30 mm、宽度不大于0.3 mm的明显划痕每平方米内累计长度不超过1.0 m
套色错位	不大于0.10 mm	不大于0.15 mm

6.2 产品规格

产品规格应符合表2的规定。

表2 产品规格

分类 项目	卷筒	平张	允许偏差	
			一级品	二级品
克重/(g/m^2)	30~360		±2.0%	±5.0%
长度/m	2 000,2 500,3 000	0.500~1.100	±0.25%	±0.5%
宽度/mm	787,800,1 000		±0.25%	±0.5%
纸筒芯/mm	ϕ76,ϕ152,ϕ304			

6.3 特性指标

特性指标应符合表3的规定。

表3 特性指标

指标名称		单位	特性指标	
			一级品	二级品
信噪比 SNR			≥20∶1	≥10∶1
衍射效率 η			≥8%	≥5%
印刷表面强度(纵向正面值)		m/s	≥1.50	≥0.70
水分			4.0%～7.0%	
光泽度 G_S(60°)			≥12%	≥8%
抗张强度(湿纵)		kN/m	≥12	≥8
伸缩性	纵向		≤0.1%	≤0.6%
	横向		≤1.8%	≤2.8%
表层附着力			应牢固,不允许有掉粉、掉片等现象	应牢固,不允许有超过5%的掉粉、掉片等现象

7 试验方法

7.1 试验要求

7.1.1 试验环境

温度:20℃±5℃;

相对湿度:45%～65%。

7.1.2 试样采取

按GB/T 450规定进行。

7.1.3 试样预处理

在7.1.1试验环境条件下,放置不少于8 h。

7.2 外观质量

将试样平放在平板玻璃上,距离试样1 m处设置20 W钨灯光源,并以再现角进行照明,观察者眼睛距离试样300 mm处进行观察或用读数显微镜进行检测。

7.3 产品规格

克重按GB/T 451.2的规定进行测量;长度和宽度用分度值为1 mm的钢卷尺或钢直尺进行测量,成张的长度和宽度测量是在试样平放、无卷曲且呈自然状态下一次测得,成卷的宽度测量是在尺与产品纵向成直角的情况下一次测得,成卷的长度测量是在产品无张力的情况下沿边线测得或在产品加工的后道工序由校准的机器计数器测得。

7.4 特性指标

7.4.1 信噪比

7.4.1.1 测试仪器

a) 输出功率稳定度为±5%的He-Ne激光器(测试点上光束直径不大于0.5 mm)。

b) 光电接收系统(接收面直径不小于6 mm)。

c) 相当于凹球面反射镜的反射系统(相对孔径不小于1∶1,有效孔径不小于300 mm)。

d) 低倍望远镜。

7.4.1.2 测试环境

暗室，无振动，无噪音。

7.4.1.3 **测试方法**

a）在试样有效版面内任意切取面积为 60 mm×60 mm 的二块或三块作为抽测小试样，将小试样固定在万向架试样面（XY 平面）内，小试样正向沿 X 轴方向，法线 N 沿 Z 轴方向（见图 1）。

b）打开激光器，让激光束照射在小试样中的光栅处，改变入射角 θ，直至目测在小试样法线 N 方向上获得一个沿 Y 轴方向的最亮实像 S 为止。

激光束斜入射在小试样平面内，形成椭圆光斑，光斑短轴等于激光束直径为 0.5 mm，长轴为 0.5 mm/cosθ。要求被测光栅微元面积要大于这个椭圆光斑，即全息图案线条在 X 方向上大于 0.5 mm，在 Y 方向上（应是线条的长度方向）大于 1.2 mm 为宜。如果光栅微元面积小于椭圆光斑面积，则要求激光束通过倒置的低倍望远镜，使光束直径相应缩小到：光束斜入射形成的椭圆光斑面积小于小试样光栅微元面积。

c）在实像处放置反射系统，要求实像充满反射系统有效通光孔径（如实像长度大于反射系统的有效孔径，允许反射系统移近小试样直至满足要求）；反射系统的光轴 M 与小试样法线 N 在水平面内有一个小夹角 Ψ（10°左右）。

d）在反射系统反射光方向上可形成小试样部分图案的实像，用光电接收器接收并测量其信号光强 I_S（见图 1）。

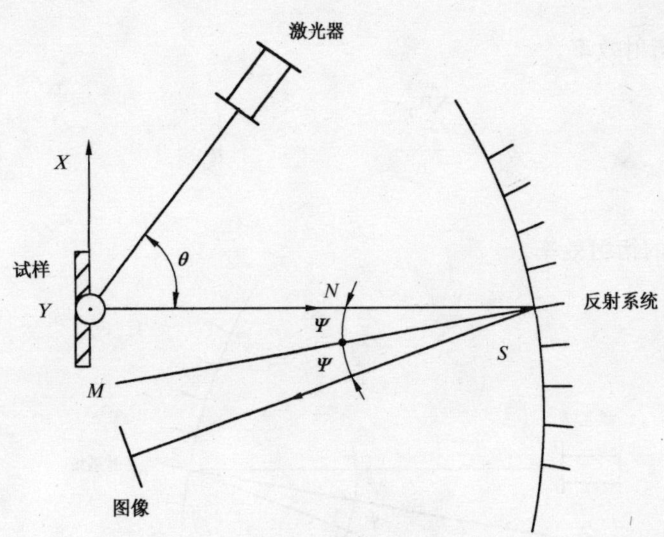

图 1 信噪比测试示意图

e）在 XY 平面内平移小试样，让激光束照在小试样中没有光栅处，光电接收器位置同上，测出噪声光强 I_N。

f）信噪比计算公式：

$$SNR = \frac{I_S}{I_N}$$

g）最终结果取所有测量值的平均值：

$$SNR = \frac{\sum_{i=1}^{n} SNR_i}{n} \qquad n \geqslant 3$$

7.4.2 **衍射效率**

7.4.2.1 **测试仪器**

同 7.4.1.1。

7.4.2.2 **测试环境**

同 7.4.1.2。

7.4.2.3 **测试方法**

a）同 7.4.1.3 中 a）、b）、c）、d）。

b）让激光束直接照射在反射系统上，反射系统光轴 M 与入射光方向在水平面内有一个小夹角 Ψ（10°左右），见图 2。

c）测量反射系统的反射光强 I_O，它表示去掉因反射系统吸收、散射及反射率小于 1 等所造成光强损失后的入射光强。

d）衍射效率计算公式：

$$\eta = \frac{I_S}{I_O}$$

e）如果小试样中有两个或两个以上不同空间深度的图案，则至少应测量其像面图案和一种非像面图案的衍射效率。

f）最终结果取所有测量值的平均值：

$$\eta = \frac{\sum_{i=1}^{n} \eta_i}{n} \qquad n \geqslant 3$$

式中：

η——像面图案的衍射效率。

$$\eta' = \frac{\sum_{i=1}^{n} \eta'_i}{n} \qquad n \geqslant 3$$

式中：

η'——非像面图案的衍射效率。

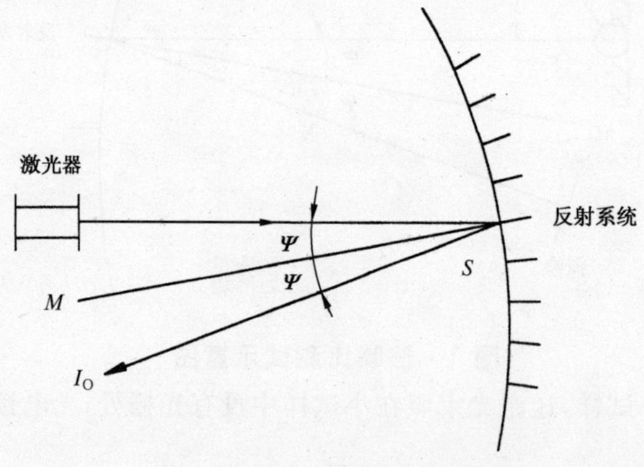

图 2 衍射效率测试示意图

7.4.3 **印刷表面强度**

按 GB/T 2679.15 的规定进行测量。

7.4.4 **水分**

按 GB/T 462 的规定进行测量。

7.4.5 **光泽度**

按 GB/T 7706—1987 中 3.7 的规定进行测量。

7.4.6 **抗张强度**

按 GB/T 453 的规定进行测量。

7.4.7 **伸缩性**

按 GB/T 459 的规定进行测量。

7.4.8 表层附着力

7.4.8.1 测试装置

辊压装置(压辊是用橡胶覆盖的直径为 84 mm±1 mm,宽度为 45 mm 的钢轮子;橡胶硬度[1]为 60°±5°,厚度为 6 mm;压辊质量为 2 000 g±5 g)。

7.4.8.2 测试胶带

BOPP 胶粘带(长度为 200 mm±10 mm,宽度为 20 mm±1 mm,180°剥离强度为 50 N/mm)。

7.4.8.3 测试方法

a) 在试样有效版面内任意切取面积为 100 mm×100 mm 的二块或三块作为抽测试样。

b) 用透明胶带将抽测试样固定在玻璃板上,用记号笔划出长 100 mm、宽 20 mm 的一部分作为测试部位。

c) 将 BOPP 胶粘带贴于测试部位,用压辊来回辊压一次,以 5 mm/s～30 mm/s 的速度用手对胶粘带进行 180°剥离。

d) 观测测试部位的变化情况。

8 检验规则

8.1 组批

同一品种、同一规格产品的交货批或试制批作为一批。

8.2 试样采取和预处理

按 7.1.2 和 7.1.3 的规定进行。

8.3 检验分类

检验分出厂检验和型式检验。

8.4 出厂检验

8.4.1 生产厂应保证出厂的产品符合本标准的规定,并附有合格证。

8.4.2 出厂检验项目包括产品外观质量、产品规格和烫印清晰度。

8.4.3 按 GB/T 2828 中正常检查一次抽样方案进行,检查水平Ⅱ,AQL=6.5。

8.4.4 根据抽样方案规定的合格判定数和不合格判定数分别判定各项指标是否合格,若符合合格判定数,判该批产品合格;否则,判该批产品不合格。

8.5 型式检验

8.5.1 下列情况下必须进行型式检验:

a) 新产品投产、改变工艺、变更主要原材料;

b) 产品如停产超过一年,再次重新投产。

8.5.2 型式检验项目包括产品外观质量、产品规格和特性指标。

8.5.3 按 GB/T 2829 中正常检查一次抽样方案进行,判别水平Ⅰ,RQL=30。

8.5.4 根据抽样方案规定的合格判定数和不合格判定数分别判定各项指标是否合格,若符合合格判定数,判该批产品合格;否则,判该批产品不合格。

9 标志、包装、运输、贮存

9.1 标志

外包装箱上应注明产品名称、规格、等级、数量、生产厂家、生产日期及注意事项的标记等。

---

1) 指邵氏 A 型。

9.2 **包装**

9.2.1 成张包装时，上下各垫一张牛皮纸，先用包装纸包装，再用一层塑料薄膜或塑料包装袋包好。

9.2.2 成卷包装时，先用包装纸包装，再用一层塑料薄膜或塑料包装袋包好。

9.2.3 外包装箱可根据纸卷、纸张的规格，选用木箱、刨花板箱、纸箱、木夹板包装等，箱内四周要用防潮纸或塑料薄膜衬好，内包装不能损坏。

9.2.4 每箱内附产品合格证，填写产品名称、商标、批号、规格、等级、检验员代号、生产日期和执行标准等。

9.2.5 每个箱子，要用包装带打紧，能承受长途运输和上下搬运。

9.3 **运输**

运输时，应防晒、防潮、防雨淋，不可重压，不得与化学品和污染品混合装运。

9.4 **贮存**

贮存环境要通风良好，温度为10℃～35℃。

ICS 85.060
Y 32

中华人民共和国国家标准

GB/T 19341—2015
代替 GB 19341—2003

育果袋纸

Fruit cultivating bag paper

2015-12-31 发布　　2016-07-01 实施

中华人民共和国国家质量监督检验检疫总局
中国国家标准化管理委员会　发布

前　言

本标准按照 GB/T 1.1—2009 给出的规则起草。

本标准代替 GB 19341—2003《育果袋纸》,与 GB 19341—2003 相比,主要变化如下:

——由强制性标准改为推荐性标准;

——将原标准中湿抗张强度改为湿抗张指数,褪色试验改为脱色试验,有害物质改为重金属;

——增加了产品分类,调整了抗张指数、撕裂指数、透气度、交货水分等指标。

本标准由中国轻工业联合会提出。

本标准由全国造纸工业标准化技术委员会(SAC/TC 141)归口。

本标准起草单位:浙江鑫丰特种纸业股份有限公司、中国制浆造纸研究院。

本标准主要起草人:程益民、李国华、李银仙、陈彩虹。

本标准所代替标准的历次版本发布情况为:

——GB 19341—2003。

育 果 袋 纸

1 范围

本标准规定了育果袋纸的产品分类、要求、试验方法、检验规则及包装、标志、运输和贮存。

本标准适用于加工各种水果生长套袋用的育果袋纸。

2 规范性引用文件

下列文件对于本文件的应用是必不可少的。凡是注日期的引用文件,仅注日期的版本适用于本文件。凡是不注日期的引用文件,其最新版本(包括所有的修改单)适用于本文件。

GB/T 450 纸和纸板 试样的采取及试样纵横向、正反面的测定

GB/T 451.1 纸和纸板尺寸及偏斜度的测定

GB/T 451.2 纸和纸板定量的测定

GB/T 455 纸和纸板撕裂度的测定

GB/T 458—2008 纸和纸板 透气度的测定

GB/T 462 纸、纸板和纸浆 分析试样水分的测定

GB/T 465.2 纸和纸板 浸水后抗张强度的测定

GB/T 1540 纸和纸板吸水性的测定 可勃法

GB/T 2828.1 计数抽样检验程序 第1部分:按接收质量限(AQL)检索的逐批检验抽样计划

GB/T 5009.11 食品中总砷及无机砷的测定

GB 5009.12 食品安全国家标准 食品中铅的测定

GB/T 5009.78 食品包装用原纸卫生标准的分析方法

GB/T 10342 纸张的包装和标志

GB/T 12914 纸和纸板 抗张强度的测定

3 产品分类

3.1 育果袋纸按其质量分为优等品、一等品、合格品三个等级。

3.2 育果袋纸按用途不同分为外袋纸和内袋纸。

4 要求

4.1 育果袋纸的技术指标应符合表1或合同的规定。

表 1

指标名称		单位	规定					
			优等品		一等品		合格品	
			内袋纸	外袋纸	内袋纸	外袋纸	内袋纸	外袋纸
定量		g/m^2	内袋纸：26.0　28.0　30.0　32.0 外袋纸：36.0　40.0　45.0　50.0　56.0					
定量偏差　≤		%	4.0		5.0		5.0	
横幅定量差　≤		g/m^2	1.0		1.5		1.5	
抗张指数(纵向)　≥		N·m/g	65.0	60.0	60.0	55.0	50.0	50.0
湿抗张指数(纵向)　≥		N·m/g	20.0	24.0	15.0	22.0	10.0	18.0
撕裂指数　≥	(纵向)	$mN \cdot m^2/g$	3.60	4.60	3.20	4.00	2.80	3.50
	(横向)	$mN \cdot m^2/g$	5.20	6.20	4.60	5.50	4.00	5.00
透气度　≥		μm/(Pa·s)	3.0		2.0		1.0	
吸水性(正面)　≤		g/m^2	20.0	10.0	23.0	13.0	25.0	15.0
脱色试验[a](水)		—	阴性	—	阴性	—	阴性	—
重金属[a]　≤	铅(Pb)	mg/kg	5.0	—	5.0	—	5.0	—
	砷(As)	mg/kg	1.0	—	1.0	—	1.0	—
交货水分		%	7.0±2.0					

[a] 单层使用的育果袋纸其脱色试验、重金属指标应符合内袋纸的规定，其余技术指标应符合外袋纸的规定。

4.2 育果袋纸的纸面应平整，不应有孔洞、褶子、砂子、破损、硬质块等外观缺陷，每批纸的色泽应基本一致。

4.3 育果袋纸为卷筒纸，纸卷应紧密，全幅松紧应一致，切边应整齐洁净。卷筒纸的宽度可按合同规定生产，其尺寸偏差应不超过±2 mm。

5 试验方法

5.1 试样的采取按 GB/T 450 的规定进行。

5.2 定量、定量偏差和横幅定量差按 GB/T 451.2 测定。

5.3 抗张指数按 GB/T 12914 测定，仲裁时按恒速拉伸法测定。

5.4 湿抗张指数按 GB/T 465.2 测定，浸泡时间为 15 min。

5.5 撕裂指数按 GB/T 455 测定。

5.6 透气度按 GB/T 458—2008 中肖伯尔法测定。

5.7 吸水性按 GB/T 1540 测定，吸水时间为 60 s。

5.8 脱色试验按 GB/T 5009.78 测定，水温为(30±2)℃、浸泡时间为 30 min。

5.9 重金属中铅按 GB 5009.12 测定，砷按 GB/T 5009.11 测定。

5.10 交货水分按 GB/T 462 测定。

5.11 尺寸偏差按 GB/T 451.1 测定。

5.12 外观质量采用目测检验。

6 检验规则

6.1 以一次交货数量为一批，每批应不多于 40 t。

6.2 计数抽样检验程序按 GB/T 2828.1 的规定进行。育果袋纸的样本单位为卷或件。接收质量限(AQL)：抗张指数、湿抗张指数、吸水性、脱色试验、重金属 AQL＝4.0；定量、定量偏差、横幅定量差、撕裂指数、透气度、交货水分、尺寸偏差、外观质量 AQL＝6.5。抽样方案采用正常检验二次抽样方案，检查水平为特殊检查水平 S-3。见表 2。

表 2

批量/卷(件)	正常检验二次抽样方案　特殊检查水平 S-3				
	样本量	AQL＝4.0		AQL＝6.5	
		Ac	Re	Ac	Re
2～50	3	0	1	—	—
	2	—	—	0	1
51～150	3	0	1	—	—
	5	—	—	0	2
	5(10)	—	—	1	2
151～500	8	0	2	—	—
	8(16)	1	2	—	—
	5	—	—	0	2
	5(10)	—	—	1	2

6.3 可接收性的确定：第一次检验的样品数量应等于该方案给出的第一样本量。如果第一样本中发现的不合格品数小于或等于第一接收数，应认为该批是可接收的；如果第一样本中发现的不合格品数大于或等于第一拒收数，应认为该批是不可接收的。如果第一样本中发现的不合格数介于第一接收数与第一拒收数之间，应检验由方案给出样本量的第二样本并累计在第一样本和第二样本中发现的不合格品数。如果不合格品累计数小于或等于第二接收数，则判定该批是可接收的；如果不合格累计数大于或等于第二拒收数，则判定该批是不可接收的。

6.4 需方有权按本标准或合同的规定检验产品，如需方对产品质量有异议，应在到货后三个月内通知供方共同复验。如符合本标准或合同要求，则判为批合格，由需方负责处理。如不符合本标准或合同要求，则判为批不合格，由供方负责处理。

7 包装、标志、运输和贮存

7.1 育果袋纸应按 GB/T 10342 或合同的规定进行包装和标志。

7.2 每件或卷产品内应放置一张合格证，并注明商标、产品名称、等级、规格、数量、生产批号、生产日期、生产企业名称和地址、电话、执行标准编号等。

7.3 产品外包装应标明“禁止受潮”“小心轻放”字样和图案。

7.4 直接与育果袋纸接触的包装材料应无毒、无害、清洁。产品包装完好，包装材料应具有足够的牢固性以保证产品不受有毒、有害物质或重金属粉尘污染。

7.5 育果袋纸运输时应采用洁净的运输工具，防止产品污染，装卸时不应使纸件受冲撞。

7.6 育果袋纸应妥善保管，防止雨、雪及潮气的影响。

ICS 85.080
Y 33

中华人民共和国国家标准

GB/T 21244—2007

纸　　芯

Paper cores

2007-12-05 发布　　2008-09-01 实施

中华人民共和国国家质量监督检验检疫总局
中国国家标准化管理委员会　发布

前　言

本标准由中国轻工业联合会提出。

本标准由全国造纸工业标准化技术委员会归口。

本标准起草单位:上海实宏纸业有限公司、中国制浆造纸研究院。

本标准主要起草人:方之广、盛泉夫、潘晋舫、王华佳。

本标准为首次发布。

纸　芯

1　范围

本标准规定了纸芯的尺寸规格、要求、试验方法、抽样、标志、包装、运输和贮存等。

本标准适用于卷筒纸和纸板的内芯纸管。

2　规范性引用文件

下列文件中的条款通过本标准的引用而成为本标准的条款。凡是注日期的引用文件，其随后所有的修改单(不包括勘误的内容)或修订版均不适用于本标准，然而，鼓励根据本标准达成协议的各方研究是否可使用这些文件的最新版本。凡是不注日期的引用文件，其最新版本适用于本标准。

GB/T 462　纸和纸板　水分的测定(GB/T 462—2003,ISO 287:1985,MOD)

GB/T 2828.1　计数抽样检验程序　第1部分:按接收质量限(AQL)检索的逐批检验抽样计划(GB/T 2828.1—2003,ISO 2859-1:1999,IDT)

GB/T 4857.4　包装　运输包装件压力试验方法(GB/T 4857.4—1992,eqv ISO 2872:1985)

3　尺寸规格

3.1　用纸芯的内径(d)、外径(D)、长度(L)表示纸芯的尺寸规格，单位为毫米(mm)。

3.2　纸芯的尺寸规格可根据用户要求，用合同形式规定。

4　要求

4.1　纸芯的尺寸偏差应符合表1的规定。

表1

单位为毫米

名　称	规格范围	允许偏差
内径(d)	10～<100	±0.30
	100～<150	±0.40
	150～<200	±0.50
外径(D)	10～<100	±0.50
	100～<150	±0.70
	150～<200	±1.00
长度(L)	<100	±0.40
	100～<250	±0.50
	250～<1 000	±0.80
	1 000～<2 000	±1.0
	2 000～<10 000	±1.5

4.2　纸芯的交货水分应不大于12%。

4.3　薄型纸(80 g/m² 以下)用纸芯的平压强度(径向压溃力)应不小于2 200 N/100 mm，其他纸芯的平压强度应不小于1 200 N/100 mm。当纸芯壁厚小于5 mm时，可不做平压强度试验。纸芯的平压强度也可由客户根据内径与外径的不同规格提出要求。

4.4 纸芯的直线度允差可由客户根据长度与内外径的不同规格提出要求，薄型纸(80 g/m^2 以下)用纸芯的直线度允差为不大于 0.1%，其余纸芯的直线度允差为不大于 0.2%。当纸芯长度超过 2 000 mm 时，直线度允差可由供需双方协商。

4.5 纸芯的卷绕纸带接缝应平整，接缝间隙：薄型纸(80 g/m^2 以下)用纸芯应不大于 1 mm，其余纸芯应不大于 2 mm。

4.6 纸芯的切口端面应平滑、无变形失圆现象。

5 试验方法

5.1 纸芯的交货水分按 GB/T 462 测定。

5.2 纸芯的平压强度按 GB/T 4857.4 的规定进行测定。试样长度为 100 mm，压板移动速度为 50 mm/min～65 mm/min，力值第一次达到最高值时的数值即为平压强度，单位为 N/100 mm。

5.3 测定纸芯的直线度时，应在纸芯两端内弯一侧用细绳绷成弦，用直尺测弦到纸芯的最大距离，再换算成百分比。

5.4 内径(d)、外径(D)及其偏差用游标卡尺测量，长度(L)及其偏差用钢卷尺测量。每根试样的每个项目取三次测量的平均值。

5.5 纸芯的外观要求用目测，接缝间隙用钢直尺进行测定。

6 抽样

6.1 生产厂应保证所生产的纸芯符合本标准的要求或订货合同的规定。

6.2 以一次交货的同一规格产品作为一批，应不大于 10 000 根。

6.3 外观、尺寸规格及直线度按 GB/T 2828.1 规定进行，样本的单位为根。采用特殊检验水平 S-3，正常检验二次抽样方案，接收质量限(AQL)按不合格品率计，计数抽样方案按表 2 规定。

表 2

批量/根	第一样本 第二样本	AQL = 6.5 Ac	 Re
＜500	5 5 (10)	0 1	2 2
501～3 200	8 8 (16)	0 3	3 4
＞3 200	13 13 (26)	1 4	3 5

6.4 可接收性的确定：第一次检验的样品数量应等于该方案给出的第一样本量。如果第一样本中发现的不合格品数小于或等于第一接收数，应认为该批是可接收的；如果第一样本中发现的不合格品数大于或等于第一拒收数，应认为该批是不可接收的。如果第一样本中发现的不合格品数介于第一接收数与第一拒收数之间，应检验由方案给出样本量的第二样本并累计在第一样本和第二样本中发现的不合格品数。如果不合格品累计数小于或等于第二接收数，则判定该批是可接收的；如果不合格品累计数大于或等于第二拒收数，则判定该批是不可接收的。

外观、尺寸规格及直线度判定规则:若出现的不合格品数值小于或等于 Ac 值,则判为批合格;若大于或等于 Re 值,则判为批不合格;若小于 Re 且大于 Ac,则进行第二样本的测试和判定,判定方法同前。

6.5 水分、平压强度的抽样按每批随机抽 3 根进行,若有 1 根不合格即判为批不合格。

6.6 产品有特殊要求的,抽样判定方案可由供需双方另行商定。

7 标志、包装、运输和贮存

7.1 纸芯的标志、包装方式和要求应由供需双方共同商定。

7.2 纸芯在运输过程中应避免雨淋、曝晒和污染,装卸时应严禁抛摔。

7.3 纸芯贮存时应堆放平整,防止弯曲和变形,避免阳光直射,并距热源 5 m 以外。应置于通风干燥场所,不应受潮。

ICS 65.160
X 85
备案号：48467—2015

中华人民共和国烟草行业标准

YC 264—2014
代替 YC 264—2008

烟用内衬纸

Inner liner for cigarette

2014-12-24 发布　　2015-04-15 实施

国家烟草专卖局　发布

前　言

本标准的4.1、4.2为强制性条款,其余为推荐性条款。

本标准按照GB/T 1.1—2009给出的规则起草。

本标准代替YC 264—2008《烟用内衬纸》。本标准与YC 264—2008相比,主要技术变化如下:

——删除了部分"术语和定义";

——在技术要求中,将"挥发性有机化合物"修改为"溶剂残留",并调整了相关技术要求;将"荧光亮度(白度)"修改为"D65荧光亮度",并调整了相关技术要求;将"异味"调整为卫生指标;增加了"大肠菌群、致病菌"技术要求;

——在技术要求中,增加了直接镀铝和转移镀铝内衬纸的"层间附着力"技术要求,删除了色差、厚度变异系数、卷盘卷芯内径、卷盘外径、定量、厚度、交货水分、局部复合或真空镀铝(转移)内衬纸铝面宽度和长度技术指标;

——调整了检验规则;

——增加了直接镀铝和转移镀铝内衬纸的层间附着力的测试方法。

本标准由国家烟草专卖局提出。

本标准由全国烟草标准化技术委员会烟用材料分技术委员会(SAC/TC 144/SC 8)归口。

本标准起草单位:国家烟草质量监督检验中心、郑州烟草研究院、中国烟草标准化研究中心、红云红河烟草(集团)有限责任公司、湖南中烟工业有限责任公司、广东中烟工业有限责任公司、江苏中烟工业有限责任公司、云南中烟物资(集团)有限责任公司、红塔烟草(集团)有限责任公司。

本标准主要起草人:陈再根、李中皓、刘惠民、范子彦、李雪、赵乐、王洪波、牛佳佳、叶长文、段良勇、杜文、周明珠、邢军、李晓辉、陈连芳、唐纲岭、顾永圣、廖惠云、范多青、王锦平、董浩、边照阳、庞永强、樊美娟、王庆华、刘丹、戴云辉、谢定海、者为、李响丽、郭军伟、周艳、王晓辉、王涛。

本标准所代替标准的历次版本发布情况为:

——YC 264—2008。

烟用内衬纸

1 范围

本标准规定了烟用内衬纸的术语和定义、技术要求、抽样与试样制备、测定方法、检验规则、包装、标志、运输和贮存。

本标准适用于烟用内衬纸。

2 规范性引用文件

下列文件对于本文件的应用是必不可少的。凡是注日期的引用文件，仅注日期的版本适用于本文件。凡是不注日期的引用文件，其最新版本(包括所有的修改单)适用于本文件。

GB/T 451.1 纸和纸板尺寸及偏斜度的测定

GB/T 5009.78—2003 食品包装用原纸卫生标准的分析方法

GB/T 7974 纸、纸板和纸浆 蓝光漫反射因数D65亮度的测定(漫射/垂直法，室外日光条件)

GB/T 10006—1988 塑料薄膜和薄片摩擦系数测定方法

GB/T 10342—2002 纸张的包装和标志

GB/T 10739 纸、纸板和纸浆试样处理和试验的标准大气条件

GB/T 12914—2008 纸和纸板 抗张强度的测定

YC/T 207 烟用纸张中溶剂残留的测定 顶空-气相色谱/质谱联用法

3 术语和定义

下列术语和定义适用于本文件。

3.1

抗张能量吸收 tensile energy absorption

将单位面积的纸或纸板拉伸至断裂时所做总功，以 J/m^2 表示。

[GB/T 12914—2008，定义3.5]

3.2

抗张能量吸收指数 tensile energy absorption index

抗张能量吸收除以定量，以mJ/g表示。

[GB/T 12914—2008，定义3.6]

3.3

动摩擦力 sliding friction

两接触表面以一定速度相对移动时的阻力。

[GB/T 10006—1988，符号3.2]

3.4

法向力 normal force

垂直施加于两个接触表面的力。

[GB/T 10006—1988，符号3.3]

3.5

动摩擦系数 sliding friction coefficient

动摩擦力与法向力之比。

[GB/T 10006—1988,术语和符号 3.5]

3.6

层间附着力 interlayer adhesion

涂层、铝层及底纸间的附着强度。

注:即在一定的压力条件下,用特定黏度的胶带和内衬纸正面粘合,以一定的速度将胶带剥离后,涂层、铝层未脱落总面积与有效粘合面积之比,以%表示。

4 技术要求

4.1 一般要求

4.1.1 烟用内衬纸不应使用再生纸。

4.1.2 烟用内衬纸生产中应使用的溶剂包括乙醇、正丙醇、异丙醇、乙酸乙酯、乙酸正丙酯、乙酸异丙酯、丙二醇甲醚、丙二醇乙醚、丁二酸二甲酯、戊二酸二甲酯、己二酸二甲酯和2-丁酮。

4.2 卫生指标

烟用内衬纸卫生指标应符合表1规定。

表1 烟用内衬纸卫生指标

项目			单位	指标	指标分类
溶剂残留	溶剂残留总量(除乙醇)		mg/m^2	≤10.0	A
	溶剂杂质	苯系物	mg/m^2	≤0.5	A
		苯	mg/m^2	≤0.02	A
D65荧光亮度[a]			%	≤1.0	A
异味			—	无异味	A
微生物	大肠菌群		个/100 g	≤30	A
	致病菌(系指肠道致病菌、致病性球菌)		—	不得检出	A
[a] 该指标包括烟用内衬纸正、反面D65荧光亮度;覆铝面不检测D65荧光亮度。					

4.3 物理指标

烟用内衬纸物理指标应符合表2的规定。

表2 烟用内衬纸物理指标

项目	单位	指标	指标分类
纵向抗张能量吸收指数	mJ/g	≥200	B
动摩擦系数	—	标称值±0.10	B
层间附着力[a]	%	≥98	B

表 2（续）

<table>
<tr><th colspan="2">项目</th><th>单位</th><th>指标</th><th>指标分类</th></tr>
<tr><td colspan="2">宽度</td><td>mm</td><td>标称值±0.5</td><td>C</td></tr>
<tr><td rowspan="3">外观</td><td>纸张</td><td>—</td><td>表面应洁净、平整，光泽均匀，图案、文字、线条清晰完整，不应有污点、重叠、皱折、机械扭伤、裂纹、划痕、脱墨、爆裂、粘连、掉色、脱胶、起泡、掉粉、表面氧化等缺陷，盘纸内不应夹带杂物；外观色差应无明显差异</td><td>C</td></tr>
<tr><td>卷盘</td><td>—</td><td>卷盘张力应松紧一致，卷芯无松动，端面平齐，边缘不应有毛刺、缺口和卷边</td><td>C</td></tr>
<tr><td>接头</td><td>—</td><td>接头应牢固、平整，不应有粘连，接头处应有明显标识，每盘内接头不应超过一个</td><td>C</td></tr>
<tr><td colspan="5">[a] 该指标适用于直接镀铝和转移镀铝烟用内衬纸。</td></tr>
</table>

4.4 其他指标

其他指标要求由供需双方协商。

5 抽样与试样制备

5.1 抽样

5.1.1 以同一交收批、同一类型、同一规格的烟用内衬纸为一个检查批。

5.1.2 从检查批中随机抽取三个包装单元（箱或托盘）。

5.2 试样制备

5.2.1 微生物试样

从已抽取的三个包装单元（5.1.2）中，各随机抽取一盘，共取三盘。用无菌剪刀分别从每盘纸中剪取 200 g 纸样，共取三份，分别装入无菌采样容器（袋）内密封，作为微生物试样。应尽快送到实验室（若不能及时运送，应在接近原贮存温度条件下贮存）。应避免试样污染。

注：三份试样，其中一份测定用，另外两份作为备用试样。

5.2.2 溶剂残留试样

从已抽取的三个包装单元（5.1.2）中，分别再各随机抽取一盘，共取三盘。去掉每盘纸表面约 10 层纸后，裁切长度不少于 400 mm，厚度不少于 30 mm 的纸叠，共取三份，分别装入洁净的铝箔袋密封，作为溶剂残留试样。应避免试样污染。

注：三份试样，其中一份测定用，另外两份作为备用试样。

5.2.3 外观检验试样

从已抽取的三个包装单元（5.1.2）中，分别再各随机抽取一盘，共取三盘，作为外观检验试样。

5.2.4 其他检验项目试样

外观检验后，从三盘剩余样品中各裁切长度不少于 400 mm，厚度不少于 30 mm 的纸叠，共取三份，分别固定包装后作为其他指标试样。应避免试样污染及损伤。

注：三份试样，其中一份测定用，另外两份作为备用试样。

5.2.5 试样包装上应至少标明以下信息：

——样品名称；
——相关技术指标和产品指标标称值；
——生产厂家；
——生产日期；
——抽样日期；
——抽样地点；
——抽样人。

6 测定方法

6.1 溶剂残留的测定

参照 YC/T 207 的规定进行。

6.2 D65 荧光亮度的测定

从其他检验项目试样(5.2.4)中制样，裁切长度为 150 mm、不少于 30 张的纸样作为试料，按照 GB/T 7974 的规定进行测定。在试料宽度中心位置上正、反面各测定 5 次，分别计算 5 次测定算术平均值作为正、反面测定结果。

6.3 异味的测定

抽样时，打开烟用内衬纸箱(托盘)包装通过感官进行测定。

6.4 微生物的测定

按照 GB/T 5009.78—2003 的规定进行。

6.5 纵向抗张能量吸收指数的测定

按照 GB/T 10739 规定的标准环境大气条件对试样进行调节后，按照 GB/T 12914—2008 的规定进行测定。

6.6 动摩擦系数的测定

按照 GB/T 10739 规定的标准环境大气条件对试样进行调节后，按照附录 A 的规定进行测定。

6.7 层间附着力的测定

按照 GB/T 10739 规定的标准环境大气条件对试样进行调节后，按照附录 B 的规定进行测定。

6.8 宽度的测定

按照 GB/T 451.1 的规定进行或用精度为 0.1 mm 的测量工具测量。

6.9 外观的检验

外观检验在抽样时进行。三盘外观检验试样(5.2.3)用于检验卷盘和接头外观。再从每盘中各随机裁切一份长 1 m 的纸条，共计三份，目测并记录纸张外观检验结果。

7 检验规则

7.1 交收检验抽样方案、检验项目及判定复检规则由供需双方协商确定。

7.2 监督检验项目由国家或行业质量监督机构确定。

7.3 型式检验项目为4.2和4.3的内容。

7.4 有下列情况之一，应进行型式检验：

a) 新产品或老产品转产生产的试制定型鉴定；
b) 正式生产后，如原材料、工艺有较大改变，可能影响产品性能时；
c) 正常生产时，定期或积累一定产量后，周期性进行一次检验；
d) 产品长期停产后，恢复生产时；
e) 出厂检验结果与上次型式检验有较大差异时；
f) 国家或行业质量监督机构提出进行型式检验要求时；
g) 合同规定时。

7.5 判定、复检规则

7.5.1 单项判定

若某项测定结果符合第4章规定，则判该项指标合格。

7.5.2 复检规则

微生物检验项目不进行复检。若其他项目测定结果不符合第4章规定，应从备用试样中制样，对不合格项目进行复检。若复检结果仍不合格，则判该项目不合格。若复检结果合格，应从另外一份备用试样中重新制样，对不合格项目进行二次复检，最终以二次复检结果为准。

7.5.3 批质量判定

a) 若测定结果中出现一项或一项以上A类指标不合格，则判该批产品不合格。
b) 若测定结果中出现二项或二项以上B类指标不合格，则判该批产品不合格。
c) 若测定结果中出现一项B类和二项C类指标不合格，则判该批产品不合格。
d) 若测定结果中出现三项或三项以上C类指标不合格，则判该批产品不合格。
e) 若测试结果未出现上述情况，则判该批产品合格。

8 包装、标志、运输和贮存

8.1 包装、标志

烟用内衬纸的包装和标志按GB/T 10342—2002中第4章规定进行，并补充如下：

a) 每个包装单元上应标明产品名称、执行标准编号、生产企业名称、地址、注册商标、烟用内衬纸规格、检验员代码，并有防尘、防潮、防挤压标记。
b) 烟用内衬纸生产企业应保证产品质量，不应混装、错装、少装，并在包装单元上附上质量检验合格证。
c) 每盘纸盘芯上应标明产品规格(定量×宽度×长度)、生产企业名称、生产日期及其他可追溯产品质量的标识。

8.2 运输

8.2.1 产品运输工具应保持干燥、清洁、无异味。

8.2.2 运输过程中应防雨、防潮、防晒、防挤压，不应与有毒、有异味、易燃等物品同车运输。

8.2.3 装卸时应小心轻放。

8.3 贮存

8.3.1 烟用内衬纸应贮存在清洁、干燥、通风、防火的仓库内。

8.3.2 烟用内衬纸不应与有毒、有异味、易燃等物品同贮一处。

附 录 A
（规范性附录）
动摩擦系数测定方法

A.1 测定原理

两张烟用内衬纸试样的正面平放在一起，在一定的接触压力下，使两正面相对移动所需的力（不包括静摩擦力）与接触压力之比即为烟用内衬纸的动摩擦系数。

A.2 试验装置

A.2.1 试验装置由水平试验台、滑块、测力系统和使水平试验台上两试样表面相对移动的驱动机构等组成。

A.2.2 滑块

滑块质量为 200 g，包括试样在内的滑块总质量应为(200±2)g，以保证法向力为(1.96±0.02)N，滑块尺寸为 63 mm×63 mm。

A.2.3 驱动机构

驱动机构应无震动，使两正面以(100±10)mm/min 的速度相对移动。

A.3 试样

A.3.1 试样尺寸由专用裁样器沿烟用内衬纸长度方向（纵向）进行裁取。

A.3.2 试样的测试面为烟用内衬纸的正面，测试方向为烟用内衬纸的长度方向（纵向）。

A.3.3 试样的试验表面应平整，无皱纹、灰尘、指纹和任何可能改变摩擦性质的外来物质。

A.3.4 每个样品准备三组试样待测量。

A.4 测试步骤

A.4.1 按照仪器操作规程调整和校准仪器。

A.4.2 将一张烟用内衬纸试样的正面向上，平整地固定在水平试验台上，试样纵向与试验台的长度方向应平行。

A.4.3 另一张烟用内衬纸试样的正面向下，包住滑块，使试样纵向与滑块纵向保持一致。

A.4.4 将固定有试样的滑块无冲击地放在第一个试样中央，并将滑块连接到负荷传感器的臂上（当连上滑块时，决不能对负荷传感器施加预负压），并使两试样的试验方向与滑动方向平行。

A.4.5 两试样接触后保持 15 s，驱动机构启动使试样进行相对移动。

A.4.6 两试样以(100±10)mm/min 的速度相对移动 6 cm 内的力的平均值（不包括静摩擦力）为动摩擦力。

A.4.7 重复 A.4.1～A.4.6 步骤进行另两组试样的测试。

A.5 测量结果表示

动摩擦系数按式(A.1)进行计算，结果以三组试样的算术平均值表示，取两位有效数字：

$$U_d = \frac{F_d}{m \times 9.8} \quad \cdots\cdots (A.1)$$

式中：

U_d ——动摩擦系数；

F_d ——动摩擦力，单位为牛顿(N)；

m ——滑块质量，单位为千克(kg)。

A.6 试验报告

试验报告应说明：

——识别被测试试料需要的所有信息；

——参照本标准所使用的试验方法；

——试验结果；

——检验环境、仪器的型号；

——与本标准规定分析步骤的差异；

——在试验中观察到的异常现象；

——试验日期；

——试验人员。

附　录　B
（规范性附录）
层间附着力测试方法

B.1　测定原理

在一定的压力条件下，用特定黏度的胶带和内衬纸正面粘合后匀速反向剥离。以涂层、铝层脱落总面积与胶带有效粘合面积之比表示层间附着力。

B.2　试验装置

B.2.1　测试胶带

宽度 19 mm，粘合力(10±1)N/25 mm。

B.2.2　胶带压辊机

压辊为橡胶覆盖的直径(84±1)mm，宽度 45 mm 的金属轮，荷重(20±0.5)N；橡胶硬度(邵氏 A 型)60°±5°，厚度 6 mm。

B.2.3　拉力机

荷载范围 0 N～100 N，速度范围 0 mm/min～500 mm/min 可调，拉力机速度设定后，其运行速度波动范围应在±5 mm/min 以内。夹头宽度应不低于 25 mm，两个夹头固定后的夹缝应平行。

B.2.4　半透明毫米格纸。

B.3　试样及其制备

B.3.1　将待测样品裁取宽度为(25.0±0.5)mm，长度为(250±5)mm 的纸条。纸条应两边平行并裁切整齐，表面平整，无明显皱褶、杂质。

B.3.2　纸条两端固定在洁净的平面上拉直，镀铝面朝上。将测试胶带粘贴在铝层表面(胶带与铝层间无气泡)，胶带应粘贴在纸条中间并保持平行，同时适当留出露头的胶带。

B.3.3　将粘好胶带的样品在胶带压辊机上以 300 mm/min 滚压速度往返滚压 1 次，放置 5 min～10 min，作为待检试样。

B.3.4　每个样品准备五组试样待测量。

B.4　测试步骤

B.4.1　将拉力机两夹头尽可能移近，分别将试样和与试样同一端的露头胶带固定在两个夹头上。确保夹头与样品或胶带形成的交线与样品或(胶带)长度方向垂直。

B.4.2　开机后以(200±5)mm/min 的速度匀速 180°反向揭开胶带，拉开约 150 mm 时停止，用剪刀从拉开终止点处剪断样品，松开固定夹头，取下样品。

B.4.3　从剥离端 50 mm 后开始测量，将半透明毫米格纸覆盖在胶带被揭的纸面部分，使用 4 倍以上放大镜对被揭去的铝层或涂层所占的格数进行计数，不满一格的按一格计。

B.5　结果表述

层间附着力按式(B.1)计算，结果以五组试样的算术平均值表示，精确至 0.1%：

$$F=\left(1-\frac{F_1}{F_2}\right)\times 100\% \qquad (B.1)$$

式中：

F ——层间附着力，以%表示；

F_1——被揭去铝层或涂层的格数；

F_2——有效粘合部分的格数，>900格。

B.6 试验报告

试验报告应说明：

——识别被测试试料需要的所有信息；

——参照本标准所使用的试验方法；

——试验结果；

——检验环境、仪器的型号；

——与本标准规定分析步骤的差异；

——在试验中观察到的异常现象；

——试验日期；

——试验人员。

三、包装材料试验方法

ICS 85-010
Y 30

中华人民共和国国家标准

GB/T 450—2008
代替 GB/T 450—2002,GB/T 452.1—2002,GB/T 452.2—2002

纸和纸板　试样的采取及试样纵横向、正反面的测定

Paper and board—Sampling for testing and identification of machine and cross direction, wire side and felt side

(ISO 186:2002,Paper and board—Sampling to determine average quality,MOD)

2008-08-19 发布　　2009-05-01 实施

中华人民共和国国家质量监督检验检疫总局
中国国家标准化管理委员会　发布

前　言

本标准纸和纸板试样的采取部分修改采用ISO 186:2002《纸和纸板　测定平均质量试样的采取》。

本标准与ISO 186:2002的差异参见附录B。

本标准是对GB/T 450—2002《纸和纸板试样的采取》、GB/T 452.1—2002《纸和纸板纵横向的测定》及GB/T 452.2—2002《纸和纸板正反面的测定》的整合修订。

本标准代替GB/T 450—2002、GB/T 452.1—2002和GB/T 452.2—2002。

本标准与GB/T 450—2002、GB/T 452.1—2002和GB/T 452.2—2002相比，主要变化如下：

——增加了取样原理；

——增加了包装单位的术语和定义，以及包装单位的取样方法；

——规定了由单个产品组成批的取样方法，增加了不能或不应打散的包装单位纸页的抽取方法；

——将原标准中盘纸的取样方法合并到卷筒纸或纸板的取样方法中。

本标准的附录A、附录B均为资料性附录。

本标准由中国轻工业联合会提出。

本标准由全国造纸工业标准化技术委员会归口。

本标准起草单位：中国制浆造纸研究院。

本标准主要起草人：高凤娟。

本标准所代替标准的历次版本发布情况为：

——GB/T 450—1989、GB/T 450—2002；

——GB/T 452.1—1989、GB/T 452.1—2002；

——GB/T 452.2—1989、GB/T 452.2—2002。

本标准委托全国造纸工业标准化技术委员会负责解释。

纸和纸板 试样的采取及试样纵横向、正反面的测定

1 范围

本标准规定了纸和纸板试样的采取及试样纵横向、正反面的测定。

本标准适用于各种纸和纸板。

2 术语和定义

下列术语和定义适用于本标准。

2.1

批 lot

品种相同、特性相同,并能进行一次取样的纸或纸板的集合体。

2.2

包装单位 unit

组成一批的组分,其形式可以是一卷、一盘、一捆、一包、一个包装箱等。

2.3

样品 specimen

从纸页(或产品单位)上按规定尺寸切取的纸或纸板。

2.4

平均样品 sample

取自批中所有样品的集合体即为平均样品,用于反映批的平均质量,并有可能作为整批样品的评价基础。

2.5

试样 test piece

按规定的检验方法进行测试的一定量的纸或纸板,通常该试样取自样品,有时试样也可以是样品本身或几个样品。

2.6

随机取样 selected at random

该取样方法应保证总体的每一部分具有相同的被选取的机会。

2.7

纵、横向 machine direction, cross direction

与纸机运行方向相一致的方向为纵向,与纸机运行方向相垂直的方向为横向。

2.8

正、反面 felt side, wire side

纸页成型时不与造纸机成型网相接触的面为正面,也称毯面;反之,纸页成型时与造纸机成型网相接触的面为反面,也称网面。本定义不适用于由双(夹)网生产的纸或纸板。

3 取样原理

从一批纸或纸板中随机取出若干包装单位,再从包装单位中随机抽取若干纸页,然后将所选

的纸页分装、裁切成样品，将样品混合后组成平均样品，再从平均样品中抽取符合检验规定的试样。如图 1 所示：

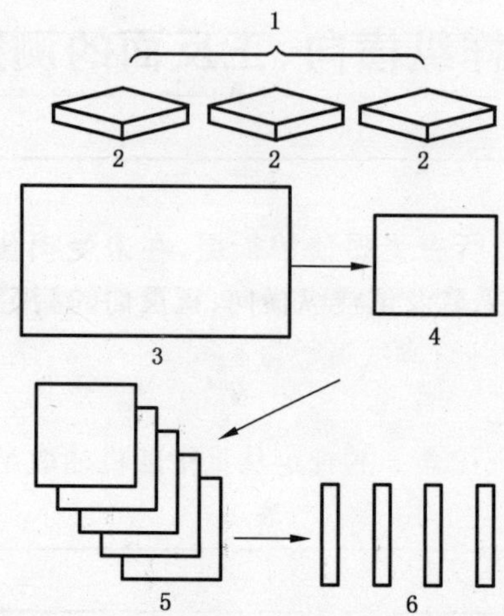

1——批；

2——包装单位；

3——纸页；

4——样品；

5——平均试样；

6——试样。

图 1

4 试验方法

4.1 取样步骤

4.1.1 包装单位的抽取

按表 1 的规定进行抽取，包装单位应无破损，并具有完整包装。或按产品标准中的有关规定进行抽取。

表 1

整批中包装单位数 n	抽取的包装单位数	取样方法
1～5	全选	—
6～399	$\sqrt{(n+20)}$ [a]	随机
≥400	20	随机

[a] 抽取的包装单位数应修约至整数。

4.1.2 整张纸页的抽取

从所抽取的包装单位中抽取整张纸页，其方法如下。如已知纵横向、正反面，应在抽取的纸页上标注。

4.1.2.1 平板纸纸页的抽取

从所选取的包装单位中随机抽取相同数量的纸页，保证从该批中抽取的纸页数量满足试验要求。其取样数量如表 2 所示。

表 2

整批中纸页张数	最少抽取张数
≤1 000	10
1 001～5 000	15
＞5 000	20

4.1.2.2　卷筒纸纸页的抽取

从每个被选的卷筒纸外部去掉所有受损伤的纸层，在未受损伤的部分再去掉三层（定量不大于225 g/m^2）或一层（定量大于225 g/m^2）。沿卷筒的全幅裁切，其深度应能满足取样所需的张数，使切取的纸页与纸卷分离。保证每卷中所切取纸页数量相同。

4.1.2.3　单个产品的抽取

如果批是由单个产品组成的，则按表3的规定从批中随机抽取足够的样品。

表 3

批中产品数	最少抽取产品数
≤1 000	10
1 001～5 000	15
＞5 000	20

4.1.2.4　不能或不应打散的包装单位纸页的抽取

如果包装单位是一个不能或不应完全打散的包装件，例如卷、件或令，以及由商场销售或顾客提供的包装件，应按以下方法进行取样：

从每个包装单位上切取至少450 mm×450 mm的切孔，去掉所有受损伤的纸层，在未受损伤的部分再去掉三层（定量不大于225 g/m^2）或一层（定量大于225 g/m^2），从每个切孔切取足够的深度以满足取样的要求。从每个切孔随机抽取相同数量的纸页，保证从该批中抽取的纸页数量满足试验的要求，在整批少于5个包装单位的情况下，建议在每个包装单位中切取1个以上的切孔，如果整批只有1个包装单位，则至少切取3个～5个切孔。此方法选取的纸页也可直接成为样品。

4.1.3　样品的制备

4.1.3.1　平板纸或纸板

从所选的每张纸页上切取一个或多个样品，保证每张纸页上所切取的样品数量相同，每个样品为正方形，如果可能，应保证尺寸为450 mm×450 mm。如已知样品的纵横向、正反面，则应作出标注；如果未知样品的纵横向、正反面，则应用4.2和4.3的方法进行判定，然后作出标注。

4.1.3.2　卷筒纸或纸板

从每整张纸页上切取一个样品，样品长应为卷筒的全幅，宽不小于450 mm。对于宽度很窄的盘纸，应先去掉盘纸外部带有破损的纸幅，然后切取符合检验要求的足够长度的纸条。

注：对于要求横幅测定的性能，如定量横幅差、平滑度等，不必将整张纸页切成样品，可由整张纸页直接切取试样。

4.1.3.3　单个产品

从每个所选产品的不同部位切取一个或多个样品，保证每个产品上所切取的样品数量相同，如果可能，整个产品即可组成一个样品。

4.2　纵、横向的判定方法

以下四种方法均可选用，为了准确鉴定，应至少使用两种试验方法。

4.2.1　纸条弯曲法

平行于原样品边，取两条相互垂直的长约200 mm，宽约15 mm的试样。将试样平行重叠，用手指捏住一端，使其另一端自由地弯向手指的左方或右方。如果两个试样重合，则上面的试样为横向；如果两个试样分开，则下面的试样为横向。

4.2.2 纸页卷曲法

平行于原样品边，切取 50 mm×50 mm 或直径为 50 mm 的试样，并标注出相当于原试样边的方向。然后将试样漂浮在水面上，试样卷曲时，与卷曲轴平行的方向为试样的纵向。

4.2.3 强度鉴别法

按照试样的强度分辨方向。平行于原样品边切取两条相互垂直的长 250 mm、宽 15 mm 的试样，测定其抗张强度，一般情况下抗张强度大的方向为纵向。如果通过测定试样的耐破度来分辨方向，则与破裂主线成直角的方向为纵向。

4.2.4 纤维定向鉴别法

由于试样表面的纤维沿纵向排列，特别是网面上的大多数纤维是沿纵向排列的，观察时应先将试样平放，使入射光与纸面约成 45°角，视线与试样也约成 45°角，观察试样表面纤维的排列方向。在显微镜下观察试样表面，有助于识别纤维的排列方向。

4.3 正、反面的判定方法

可以选用以下方法中的一种进行鉴别。

4.3.1 直观法

折叠一张试样，观察一面的相对平滑性，从造纸网的菱形压痕可以辨别出网面。将试样放平，使入射光与试样约成 45°角，视线与试样也约成 45°角，观察试样表面，如果发现网痕，即为反面。也可在显微镜下观察试样，有助于识别网面。

4.3.2 湿润法

用热水或稀氢氧化钠溶液浸渍试样，然后用吸水纸将多余溶液吸掉，放置几分钟，观察两面，如有清晰的网印，即为反面。

4.3.3 撕裂法

用一只手拿试样，使其纵向与视线平行，并将试样表面接近于水平放置。用另一只手将试样向上拉，使试样首先在纵向上撕开。然后将试样撕裂的方向逐渐转向横向，并向试样边缘撕去。反转试样，使其相反的一面向上，并按上述步骤重复类似的撕裂。比较两条撕裂线上的纸毛，一条线上比另一条线上应起毛显著，特别是纵向转向横向的曲线处，起毛明显的为网面向上。

5 附加要求

5.1 样品应保持平整，不皱不折，应避免日光直射，防止湿度波动以及其他有害影响。手应小心触摸样品，应尽量避免样品的化学、物理、光学、表面及其他特性受到影响。

5.2 每张样品应清楚地作出标记，并准确标明样品的纵、横向和正、反面。

5.3 在取样或试验时，如果出现意外，应重新取样，新样品需按上述方法重新采取。除非另有说明，样品可在同一包装单位中采取。

5.4 水分样品应立即密封包装。

6 取样报告

取样报告应包括以下项目：

a) 取样人姓名、取样日期、取样地点；

b) 所取样品的品名、编号、规格和生产日期等相关产品资料；

c) 生产单位的名称、地址；

d) 批的状况、批中包装单位数、选取包装单位数及编号；

e) 从每个包装单位中采样的数量；

f) 样品上标记的描述；

g) 来自取样方面的任何偏差；

h) 取样人签名。

附 录 A
（资料性附录）
本标准与对应的 ISO 186:2002 章节编号对照表

表 A.1 给出了本标准与对应的 ISO 186:2002 章条编号对照一览表。

表 A.1

本标准章的编号	对应 ISO 186:2002 章的编号
1	1
—	2
2	3
3	4
4	5
5	6
6	7

附 录 B
（资料性附录）
本标准与 ISO 186:2002 技术性差异及其原因

表 B.1 给出了本标准与 ISO 186:2002 技术性差异及其原因的一览表。

表 B.1

本标准章条编号	技术性差异	原 因
2	去掉了 ISO 186:2002 第 3 章中“纸页”的术语及定义，增加了“纵、横向”和“正、反面”的术语及定义	符合国内测试者的认知习惯，便于取样时鉴别纵、横向和正、反面
4.1.1	将 ISO 186:2002 中“可被打散的包装单位及不能或不应打散的包装单位”的纸页的抽取方法概括为平板纸、卷筒纸、单个产品及不能或不应打散的包装单位纸页的抽取	符合国内行业生产及认知习惯，便于理解并应用本标准
4.2 4.3	ISO 186:2002 中在纸页的抽取及样品的准备中要求要标明纸页及样品的纵横向及正反面，但未作判别方法的说明，本标准增加了几种判别方法	便于抽样及检测人员应用本标准

前　　言

本标准是对GB/T 451.1—1989《纸和纸板尺寸、偏斜度的测定法》的修订。

本标准自实施之日起，同时代替GB/T 451.1—1989。

本标准由中国轻工业联合会提出。

本标准由全国造纸工业标准化技术委员会归口。

本标准起草单位：中国制浆造纸研究院。

本标准主要起草人：陈曦、李兰芬、王华佳、宋川。

本标准委托全国造纸工业标准化技术委员会负责解释。

中华人民共和国国家标准

GB/T 451.1—2002

纸和纸板尺寸及偏斜度的测定

代替 GB/T 451.1—1989

Paper and board—Determination of size and deviation

1 范围

本标准规定了纸和纸板尺寸、偏斜度的测定。

本标准适用于各种平板、卷筒及卷盘的纸和纸板，不适用于有皱纹的纸张。

2 试验步骤

2.1 尺寸的测定

2.1.1 平板纸的尺寸是用分度值 1 mm，长度 2 000 mm 的钢卷尺来测量的。

从任一包装单位中取出三张纸样测定其长度和宽度，测定结果以平均值表示，准确至 1 mm。

2.1.2 卷筒纸只测量卷筒宽度，其结果以测量三次的平均值来表示，准确至 1 mm。

2.1.3 盘纸的尺寸是测量卷盘的宽度，其结果以测量三次的平均值来表示，准确至 0.1 mm。应用精度 0.02 mm 的游标卡尺进行测量。

2.2 偏斜度的测定

2.2.1 平板纸和纸板的偏斜度是指平板纸的长边(或短边)与其相对应的矩形长边(或短边)的偏差最大值，其结果以偏差的毫米数或偏差的百分数来表示。

2.2.2 从任一包装单位中抽取三张纸样(纸板取六张纸样)进行测定。

2.2.3 将平板纸按长边(或短边)对折，使顶点 A 与 D(或 A 与 B)重合，然后测量偏差值，即 BC(或 CD)两点间的距离(见图 1)，测量应准确至 1 mm。

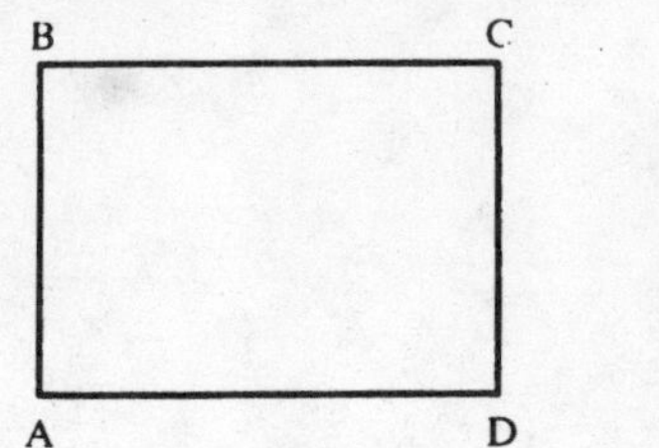

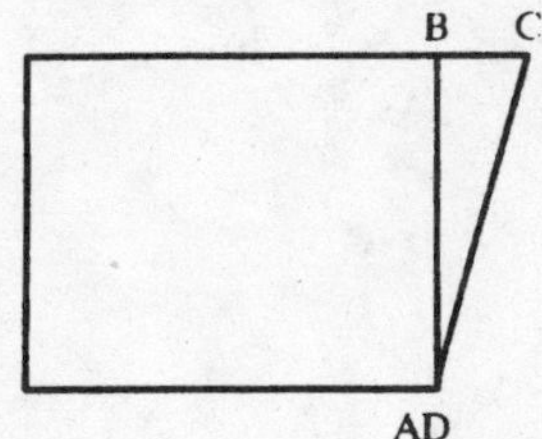

图 1

2.2.4 如平板纸板较厚不易折叠，可将两张纸板正反面相对重叠，使正面的点 A 与 D 分别与反面的 D′与 A′重合，然后测量偏差值，即 BC′(或 CB′)两点间的距离(见图 2)，测量应准确至 1 mm。

2.2.5 结果表示

2.2.5.1 以平均值表示测定结果。

2.2.5.2 如果用偏差的毫米数表示偏斜度，卷盘纸修约至 0.1 mm，其他修约至整数。

2.2.5.3 如果用偏差的百分数表示偏斜度，其结果保留两位有效数字，并按式(1)进行计算。

中华人民共和国国家质量监督检验检疫总局 2002-06-13 批准　　　　2002-12-01 实施

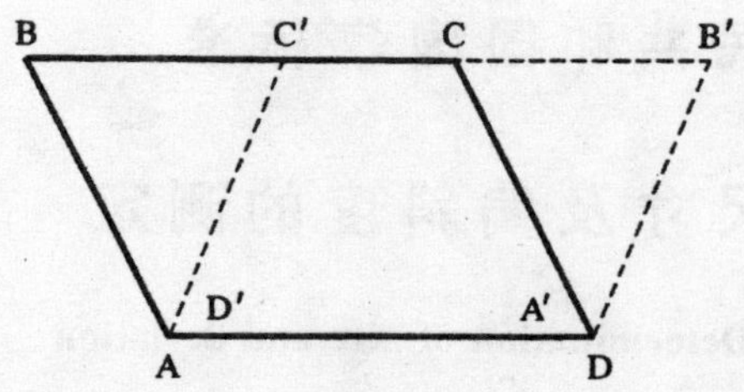

图 2

$$r(\%) = \frac{d'}{d} \times 100 \qquad \cdots\cdots(1)$$

式中：

r——偏斜度；

d'——偏差值，mm；

d——边长，mm。

3 试验报告

试验报告应包括下列项目：

a) 本标准号；

b) 试样的说明；

c) 试验结果；

d) 偏离本标准的任何试验条件。

前　言

本标准是对 GB/T 451.2—1989《纸和纸板定量的测定法》的修订。

本标准等效采用 ISO 536:1995《纸和纸板——定量的测定》。

本标准自实施之日起,同时代替 GB/T 451.2—1989。

本标准由中国轻工业联合会提出。

本标准由全国造纸工业标准化技术委员会归口。

本标准起草单位:中国制浆造纸研究院。

本标准主要起草人:刘连祥、马忻。

本标准委托全国造纸工业标准化技术委员会负责解释。

ISO 前言

ISO(国际标准化组织)是国际标准化团体(ISO 成员)的全球性联合体。国际标准的制定工作通常由 ISO 技术委员会完成,其中每一成员国对技术委员会曾经发布的标准感兴趣的,都有权向委员会表达其意见。与 ISO 有关的政府的或非政府的国际组织也可参与这项工作。ISO 与国际电工委员会(IEC)在电工标准方面有密切联系。

国际标准的草案要经过技术委员会各个成员的投票表决才能正式通过。作为国际标准的正式发布要求达到不低于 75%的投票率。

国际标准 ISO 536 是由 ISO/TC6 纸、纸板和纸浆技术委员会 SC2 纸和纸板的试验方法和质量规范分技术委员会起草的。

第二版取消和代替了第一版(ISO 536:1976),它是技术性的修订。

附录 A 是该标准的整体中的一部分。附录 B 是提示性的附录。

中华人民共和国国家标准

GB/T 451.2—2002
eqv ISO 536:1995
代替 GB/T 451.2—1989

纸和纸板定量的测定

Paper and board—Determination of grammage

1 范围

本标准规定了纸和纸板定量的测定方法。

本标准适用于各种纸和纸板。

2 引用标准

下列标准所包含的条文，通过在本标准中引用而构成为本标准的条文。本标准出版时，所示版本均为有效。所有标准都会被修订，使用本标准的各方应探讨使用下列标准最新版本的可能性。

GB/T 450—2002　纸和纸板试样的采取(eqv ISO 186:1994)

GB/T 10739—2002　纸、纸板和纸浆试样处理和试验的标准大气条件(eqv ISO 187:1990)

3 术语

本标准采用下列定义。

定量　grammage

按规定的试验方法，测定纸和纸板单位面积的质量，以克每平方米表示。

4 原理

测定试样面积和它们的质量，并计算定量。

5 仪器

5.1 切样设备

用切纸刀或专用裁样器裁切试样，试样面积与规定面积相比，每100次中应有95次的偏差范围在±1.0%以内。用5.3.1的方法经常校准切样设备，如达到精度，用在校准试验中得到的平均面积计算定量。

如发现试样裁切未达到规定，应分别测试每一试样面积计算定量。

5.2 天平

试样质量为5 g以下的，用分度值0.001 g天平。

试样质量为5 g以上的，用分度值0.01 g天平。

试样质量为50 g以下的，用分度值0.1 g天平。

所用天平应按5.3.2的规定进行校准。

称量时，应防止气流影响天平。

5.3 仪器校准

5.3.1 切样设备的校准

裁切面积应经常校准。裁切20个试样，并计算它们的面积(见第8章)，其精度值应达到5.1的规

中华人民共和国国家质量监督检验检疫总局2002-06-13批准　　2002-12-01实施

定。当各个面积的标准偏差小于平均面积的 0.5%时，该平均面积可用于定量的计算。如果面积的标准偏差超过这个范围，每个试样的面积应单个测定。

5.3.2 天平的校准

天平应经常用标准砝码进行校准，并列出校正表。经计量部门检定合格的，可以在有效检定周期内使用。

6 取样

试样的采取按 GB/T 450 进行，平均样品的张数应不少于五张，其总面积应至少够 10 个试样。

7 试样处理

按 GB/T 10739 进行温湿处理。

8 试验步骤

8.1 定量的测定

8.1.1 将五张样品沿纸幅纵向叠成五层，然后沿横向均匀切取 0.01 m^2 的试样两叠，共 10 片试样，用相应分度值的天平称量。

如切样设备不能满足精度要求，则应测定每一试样的尺寸，并计算测量面积。

8.1.2 宽度在 100 mm 以下的盘纸，应按卷盘全宽切取五条长 300 mm 的纸条，一并称量。

8.1.3 测量所称量纸条的长边及短边，分别准确至 0.5 mm 和 0.1 mm，然后计算面积。应采用精度为 0.02 mm 的游标卡尺进行测量。

8.2 横幅定量差的测定

随机抽取一整张纸页，沿纸幅横向均匀切取 0.01 m^2 的试样至少五片，用相应分度值的天平分别称量。

9 结果的表示

9.1 按式(1)计算试样的定量 G，以克/平方米表示。

$$G = M \times 10 \quad (1)$$

式中：M——10 片 0.01 m^2 试样的总质量，g。

9.2 横幅定量差 S 按式(2)或式(3)计算，以%或克/平方米表示。

$$S_1(\%) = (G_{max} - G_{min})/G \times 100 \quad (2)$$

或

$$S_2 = (G_{max} - G_{min}) \quad (3)$$

式中：S_1——横幅定量差；

S_2——绝对横幅定量差，g/m^2；

G_{max}——试样定量的最大值，g/m^2；

G_{min}——试样定量的最小值，g/m^2；

G——试样定量的平均值，g/m^2。

10 试验报告

试验报告应包括下列项目：

a) 本标准号；

b) 纸或纸板定量的平均值，修约至三位有效数字，根据需要报告横幅定量差；

c) 与本标准方法不同的情况。

前　　言

本标准是对 GB/T 451.3—1989《纸和纸板厚度的测定法》的修订。

本标准等同采用 ISO 534:1988《纸和纸板——厚度和层积紧度或单层紧度的测定方法》。

本标准的附录 A 是标准的附录。

本标准自实施之日起，同时代替 GB/T 451.3—1989。

本标准由中国轻工业联合会提出。

本标准由全国造纸工业标准化技术委员会归口。

本标准起草单位：中国制浆造纸研究院。

本标准主要起草人：陈曦、李兰芬、王华佳、宋川。

本标准委托全国造纸工业标准化技术委员会负责解释。

ISO 前言

ISO(国际标准化组织)是国家标准团体(ISO 成员)的一个世界性联合会。通常国际标准的制定工作由 ISO 技术委员会进行。对某个技术委员会确定的项目感兴趣的每一成员都有权派代表参加该技术委员会,无论是官方的和非官方的国际组织,只要与 ISO 有联系,同样可以参加该项工作。ISO 与 IEC(国际电工委员会)在电工标准方面密切合作。

技术委员会采纳的国际标准草案在 ISO 委员会承认为国际标准之前要经过各成员的投票,要求至少有 75%的成员投赞成票。

ISO 534 由 ISO/TC6 负责,第二版将代替 ISO 438:1980 和 ISO 534:1980,并引入了紧度和层积紧度的概念。

附录 A 是标准的一部分。

中华人民共和国国家标准

GB/T 451.3—2002
idt ISO 534:1988
代替 GB/T 451.3—1989

纸和纸板厚度的测定

Paper and board—Determination of thickness

1 范围

本标准规定了纸和纸板厚度的测定方法。

本标准适用于各种单层或多层的纸和纸板，但不适用于瓦楞纸板。

2 引用标准

下列标准所包含的条文，通过在本标准中引用而构成为本标准的条文。本标准出版时，所示版本均为有效。所有标准都会被修订，使用本标准的各方应探讨使用下列标准最新版本的可能性。

GB/T 450—2002 纸和纸板试样的采取(eqv ISO 186:1994)

GB/T 451.2—2002 纸和纸板定量的测定(eqv ISO 536:1995)

GB/T 10739—2002 纸、纸板和纸浆试样处理和试验的标准大气条件(eqv ISO 187:1990)

3 术语

本标准采用下列定义。

3.1 厚度 thickness

纸或纸板在两测量面间承受一定压力，从而测量出的纸或纸板两表面间的距离，其结果以毫米或微米表示。

3.2 单层厚度 single sheet thickness

采用标准试验方法，对单层试样施加静态负荷，从而测量出的纸或纸板的厚度。

3.3 层积厚度 bulk thickness

采用标准试验方法，对多层试样施加静态负荷，从而测量出多层纸页的厚度，再计算得出单层纸的厚度。

3.4 单层紧度 single sheet density

单位体积纸或纸板的质量，由单层厚度计算得出，以克每立方厘米表示。

3.5 层积紧度 bulk density

单位体积纸或纸板的质量，由层积厚度计算得出，以克每立方厘米表示。

注：单层厚度常简称为厚度，单层紧度常简称为紧度。

4 原理

4.1 在规定的静态负荷下，用符合精度要求的厚度计，根据试验要求测量出单张纸页或一叠纸页的厚度，分别以单层厚度或层积厚度来表示结果。

4.2 根据纸或纸板的定量和单层厚度或层积厚度，分别计算出单层紧度或层积紧度。

中华人民共和国国家质量监督检验检疫总局 2002-06-13 批准　　　2002-12-01 实施

5 仪器测定要求

厚度仪装有两个互相平行的圆形测量面，将纸或纸板放入两测量面间进行测量。测量过程中测量面间的压力应为(100±10)kPa，采用恒定荷重的方法，以确保两测量面间的压力均匀，偏差应在规定范围内。

特殊纸或纸板按产品标准的规定，可采用不同压力进行测定。

两个测量面组成厚度计的主体，即一个测量面被固定，另一个测量面能沿其垂直方向移动。

其中一个测量面的直径为(16.0±0.5)mm，另一个测量面的直径不应小于此值，这样在测量厚度时受压测量面积通常为 200 mm^2。

当厚度计的读数为零时，较小的测量面的整个平面应与较大测量面完全接触。

厚度计的性能要求，应按附录 A 指定的方法进行校准，厚度计应符合表 1 的规定。

表 1 厚度计的性能规定

厚度计性能	最大允许值
示值误差	±2.5 μm 或±0.5%
两测量面间平行度误差	5 μm 或 1%
示值重复性误差	2.5 μm 或 0.5%
注 1 厚度计性能的最大允许值是在表里两数值中的较大者。 2 以百分数表示误差，是指试样厚度的百分数。 3 对于非常薄的纸，需要使用性能更好的仪器进行测定。	

6 试样的采取

试样的采取应按 GB/T 450 的规定进行，平均样品的张数应不少于 5 张。

7 试样处理

按 GB/T 10739 进行温湿处理。

8 厚度计的校验

常用的厚度计需定期校准其示值重复性误差、示值误差及两测量面间的压力和平行度。当测量薄型纸时，应在测试温度下校对厚度计。

9 试验步骤

9.1 单层厚度的测定

将五张样品沿纵向对折，形成 10 层。然后沿横向切取两叠 1/100 m^2 的试样，共计 20 片试样。用厚度计分别测定每片试样的厚度值，每片试样应测定一个点。如果测定单层紧度，应用天平称取 20 片试样的质量，并按 GB/T 451.2 计算出定量。

9.2 层积厚度的测定

从所抽取的五张样品上切取 40 片试样，每 10 片一叠均正面朝上层叠起来，制备成四叠试样。用厚度计分别测定四叠试样的厚度值，每一叠测定三个点。如果测定层积紧度，应用天平称取 40 片试样的质量，并按 GB/T 451.2 计算出定量。

9.3 横幅厚度差的测定

随机抽取一整张纸页，沿横向纸幅均匀切取不少于六片试样，用厚度计分别测定每片试样的厚度值。每片试样测定三个点，取其平均值作为该片试样的测定结果。

9.4 测定过程

首先调好仪器零点，将试样放入张开的测量面间。测试时慢慢地以低于 3 mm/s 的速度将另一测量面轻轻地移到试样上，注意应避免产生任何冲击作用。待指示值稳定后，但应在纸被“压陷”下去前读数，通常在(2～5)s 内完成读数，应避免人为地对厚度计施加任何压力。

10 结果的表示

10.1 厚度

计算每片试样的厚度平均值，得到单层厚度。计算多层厚度的平均值，再除以层数，得到层积厚度。厚度均以毫米或微米表示，修约至三位有效数字(对于过薄的纸，可按产品标准取有效数字)。

10.2 横幅厚度差

绝对横幅厚度差与相对横幅厚度差分别按式(1)和式(2)进行计算。

$$S_1 = T_{max} - T_{min} \quad \cdots\cdots(1)$$

$$S_2(\%) = (T_{max} - T_{min})/T \times 100 \quad \cdots\cdots(2)$$

式中：S_1——绝对横幅厚度差，mm；

S_2——相对横幅厚度差；

T_{max}——厚度最大值，mm；

T_{min}——厚度最小值，mm；

T——厚度平均值，mm。

10.3 紧度

按式(3)计算紧度 D，单位为克每立方厘米。

$$D = \frac{G}{\delta} \quad \cdots\cdots(3)$$

式中：G——试样定量，g/m^2；

δ——试样厚度，μm。

报告结果准确至二位小数。

如果式(3)中 G 为层积厚度试样的定量，δ 为层积厚度，则计算结果为层积紧度。

11 试验报告

试验报告应包括下列项目：

a) 本标准号；

b) 测量面间的压力；

c) 纸或纸板的单层厚度值或层积厚度，根据要求报告横幅厚度差；

d) 纸或纸板的单层紧度或层积紧度；

e) 测定层积厚度试样的层数；

f) 与本标准方法不同的情况。

附 录 A
（标准的附录）
厚度计的校准

A1 受压测量面的平整性

仔细擦净受压测量面表面，并使他们稍微离开一些，对着明亮的光线能看到缝隙。当从两个相互垂直的方向观察测量面时，该缝隙应是很均匀的。

A2 施加于测量面的压力

任何适宜于校准施加压力精确度和均匀性的方法都可以使用。

A3 厚度块规

厚度值相当于厚度计全量程的10%、30%、50%、70%和90%的专用或标准块规，每个块规的厚度误差不应超过±1 μm。

A4 测量示值的重复性误差和示值误差

A4.1 当两个受压测量面相互接触时，厚度计的读数应为零，在随后的测量过程中不应重调零点。

A4.2 张开两个受压测量面的缝隙，然后重新让其相互接触上（见9.4），记录厚度计的读数，重复这一步骤至少五次。

A4.3 取一块符合A3规定的厚度块规，置于两测量面之间，然后将测量面紧靠在块规上，记录厚度计的读数，重复这一步骤至少五次。

A4.4 将其余块规逐一置于两测量面间，重复A4.3的操作步骤。

注：块规应单个使用，不能组合使用。

A4.5 重复A4.2的操作步骤。

A4.6 在厚度计上读取每一块规的测定数值并计算。

a）测量示值的重复性误差即五个或更多个读数的标准偏差；

b）示值误差即五个或更多个读数的平均值与厚度块规之间的差值。

A5 受压测量面的平行度

A5.1 将A3规定的厚度块规放入两个测量面间，并尽量使之接近一侧的边缘。然后将测量面紧靠块规，记录厚度计的读数。

A5.2 将同一块规置于两测量面间，尽量使之接近与A5.1正好相对的边缘。然后将测量面紧靠块规，再次记录厚度计的读数。

A5.3 在垂直通过A5.1和A5.2测量点的直径边缘上，重复A5.1和A5.2的操作步骤。

A5.4 将其余厚度块规逐一重复A5.1、A5.2和A5.3的操作步骤。

注：厚度块规应单个使用，不能组合使用。

A5.5　按式(A1)计算使用每一块规时的平行度误差。

$$A = 0.5\sqrt{d_1^2 + d_2^2} \qquad \cdots\cdots (A1)$$

式中：d_1——受压测量面直径两端测量值间的差值，mm；

d_2——与获得 d_1 值时的受压测量面直径相垂直的直径两端测量值间的差值，mm。

前　言

本标准是对 GB/T 454—1989《纸耐破度的测定法》的修订。

本标准等同采用 ISO 2758:2001《纸——耐破度的测定》。

本标准的附录 A、附录 B、附录 C、附录 D 都是标准的附录。

本标准自实施之日起，同时代替 GB/T 454—1989。

本标准由中国轻工业联合会提出。

本标准由全国造纸工业标准化技术委员会归口。

本标准起草单位：中国制浆造纸研究院。

本标准主要起草人：陈曦、李兰芬、王华佳、宋川、赵晶丽。

本标准首次发布于 1960 年，第一次修订于 1964 年，第二次修订于 1979 年。

本标准委托全国造纸工业标准化技术委员会负责解释。

ISO 前言

ISO(国际标准化组织)是国家标准团体(ISO 成员)的一个世界性联合会。通常国际标准的制定工作由 ISO 技术委员会进行。对某个技术委员会确定的项目感兴趣的每一成员都有权派代表参加该技术委员会。无论是官方的和非官方的国际组织,只要与 ISO 有联系,同样可以参加该项工作。ISO 与 IEC(国际电工委员会)在电工标准方面密切合作。

国际标准是根据 ISO/IEC 导则　第 3 部分编写的。

技术委员会采纳的国际标准草案在 ISO 委员会承认为国际标准之前要经过各成员的投票,要求至少有 75%的成员投赞成票。

必须注意到本国际标准的某些部分可能涉及到专利权的问题,ISO 对任何或所有确定的这些专利权不负任何责任。

国际标准 ISO 2758 是由 ISO/TC6 纸、纸板和纸浆技术委员会 SC2 分技术委员会(纸和纸板的试验方法和质量规范)制定的。

附录 A、附录 B、附录 C 和附录 D 是该国际标准的正式组成部分。

中华人民共和国国家标准

GB/T 454—2002
idt ISO 2758:2001
代替 GB/T 454—1989

纸耐破度的测定

Paper—Determination of bursting strength

1 范围

本标准规定了采用液压递增原理测定纸张耐破度的方法。

本标准适用于测定耐破度为 70 kPa～1 400 kPa 的单层纸或多层纸。

本标准不适用于测定复合材料(如瓦楞纸板或衬垫纸板)。

2 引用标准

下列标准所包含的条文,通过在本标准中引用而构成为本标准的条文。本标准出版时,所示版本均为有效。所有标准都会被修订,使用本标准的各方应探讨使用下列标准最新版本的可能性。

GB/T 450—2002　纸和纸板试样的采取(eqv ISO 186:1994)

GB/T 10739—2002　纸、纸板和纸浆试样处理和试验的标准大气条件(eqv ISO 187:1990)

3 定义

本标准采用下列定义。

3.1　耐破度　bursting strength

由液压系统施加压力,当弹性胶膜顶破试样圆形面积时的最大压力。

3.2　耐破指数　bursting index

纸张耐破度除以其定量,以千帕表示。

4 原理

将试样放置于弹性胶膜上,紧紧夹住试样周边,使之与胶膜一起自由凸起。当液压流体以稳定速率泵入,使胶膜凸起直至试样破裂时,所施加的最大压力即为试样耐破度。

5 仪器

5.1　夹持系统

为了牢固而均匀地夹住试样,上、下两夹盘是两个彼此平行的环形平面。其环面应平滑并带有沟纹(见附录 A),附录 A 给出了夹盘系统的尺寸。

一个夹盘同一个铰链或一个相似装置进行连接,以保证夹盘压力分布均匀。

在施加测试负荷时,上下夹盘的环形孔应是同心的,其最大误差应不大于 0.25 mm。夹盘表面应平整且彼此平行,检查夹盘的方法见附录 B。

夹盘系统应能提供 1 200 kPa 的夹持压力,仪器结构应能保证夹持压力具有可重复性。

计算夹持压力时,因沟纹减少的面积可以忽略不计。

应安装夹盘压力指示装置,该装置能显示实际夹持压力,而不是夹盘系统本身的压力。夹持压力可通过夹持力和夹盘面积进行计算。

中华人民共和国国家质量监督检验检疫总局 2002-07-22 批准　　2003-02-01 实施

5.2 胶膜

胶膜是圆形的，由天然橡胶或合成橡胶制成，不应添加任何填料或添加剂。其厚度为(0.86±0.06) mm，上表面被紧紧夹住。静态时其上表面应比下夹盘的顶面约低3.5 mm。

胶膜材料和结构应保证当胶膜凸出下夹盘顶面(9±0.2) mm时，其压力为(30±5) kPa。胶膜在使用时应经常进行检查，如果胶膜阻力不符合要求，应及时更换。

5.3 液压系统

由马达驱动活塞挤压适宜的液体(如化学纯甘油、含缓蚀剂的乙烯醇或低粘度硅油)，在胶膜下面产生持续增加的液压压力，直至试样破裂。液体应与胶膜材料相适应，不应破坏胶膜的内表面。液压系统和使用的液体中应没有空气泡，泵送量应为(95±5) mL/min。

5.4 压力测量系统

可采用任何原理进行测量，但其显示精度应相当于或高于±10 kPa或测量值的±3%。对于增加的液压压力其响应速度应为：所显示的最大压力误差应在峰值真值的±3%范围内，校准方法见附录D。

6 校准

6.1 仪器应便于进行流体泵唧速率的检查，以及最大压力、显示系统和夹盘压力显示装置的校准。

6.2 应在使用前及使用过程中进行校准，以保证仪器达到规定的准确度。如有可能，压力传感装置应在相当于耐破度仪的同一位置上进行校准，最好在仪器自身上进行校准。如果所使用的压力传感器偶尔超过其额定范围，则应在重新校准后方可使用。

不同厚度的铝箔可作为定值试样使用，该物质是用于检查仪器整体功能的有效手段。但由于铝箔在应力下其特性不同于纸张，因此铝箔不能作为校准标准。

7 试样的采取和制备

试样的采取按GB/T 450进行，每个试样应切成70 mm×70 mm。

试样按GB/T 10739进行温湿处理。

8 试验步骤

如果压力量程可以选择，应选用最合适的测量范围，若需要可用最大量程进行预测。

调整夹持系统，使压力能够防止试样滑动，但不应超过1 200 kPa。

升起上夹盘，将试样覆盖于整个夹盘面积，然后给试样施加足够的夹持压力。

如果需要，应按照仪器手册调节液压显示装置的零点。然后施加液压压力，直至试样破裂。退回活塞，使胶膜低于胶膜夹盘的平面。读取耐破压力指示值，精确至1 kPa。然后松开夹盘，准确下一次试验。当试样有明显滑动时(试样滑出夹盘或在夹持面积内起了皱褶)，应将该读数舍去。如有疑问，应用一个较大试样迅速确定试样是否产生滑动。如果破裂形式(如在测量面积周边处断裂)表明因夹持力过高或在夹持时夹盘转动致使试样损伤，则应舍弃此试验数据。

若未要求分别报告试样正反面的试验结果，应测试20个有效数据；如果要求分别报告试样正反面的测试结果，则应每面至少测得10个有效数据。

注1：与胶膜相接触的表面为测试面。

注2：主要误差来源如下：

——压力测量系统校准不正确；

——升压速率不准确(增加速率导致耐破度增加)；

——胶膜不符合要求，或胶膜相对于夹盘平面安装得过高或过低；

——胶膜变硬或失去弹性，会明显增加耐破度；

——未完全夹紧或不平整(通常导致耐破度明显增加)；

——系统中存有空气(通常导致耐破度明显降低);

——胶膜弹性过大(通常导致耐破度明显降低)。

9 结果的表示

平均耐破度 p,以千帕表示。

耐破指数以千帕平方米/克表示,由式(1)计算得出。

$$x = p/g \qquad \cdots\cdots(1)$$

式中:p——耐破度平均值,kPa;

g——试样定量,g/m^2。

耐破指数应精确至三位有效数字。

10 精密度

很多实验室在正常条件下对同一种试样进行了测试,用再现性来表示这些实验室之间的变化,其结果见表1。

表1 再现性

产品特性	耐破度平均值/kPa	变化程度/%	实验室数量
纸袋纸	348	5.1	44
牛皮纸	163	6.4	45
白卡纸	559	8.4	15

11 试验报告

试验报告应包括如下项目:

a) 本标准号;

b) 日期和试验地点;

c) 正确识别样品的所有信息;

d) 所使用的仪器类别和型号;

e) 采用的标准温、湿度条件;

f) 耐破度平均值,如要求应按正反面分别报告结果,精确至1 kPa;

g) 若有要求,耐破指数取三位有效数字;

h) 每个耐破度平均值的标准偏差;

i) 任何与本标准的偏离。

附 录 A
（标准的附录）
夹盘系统的尺寸

夹盘的尺寸见图 A1。

单位：mm

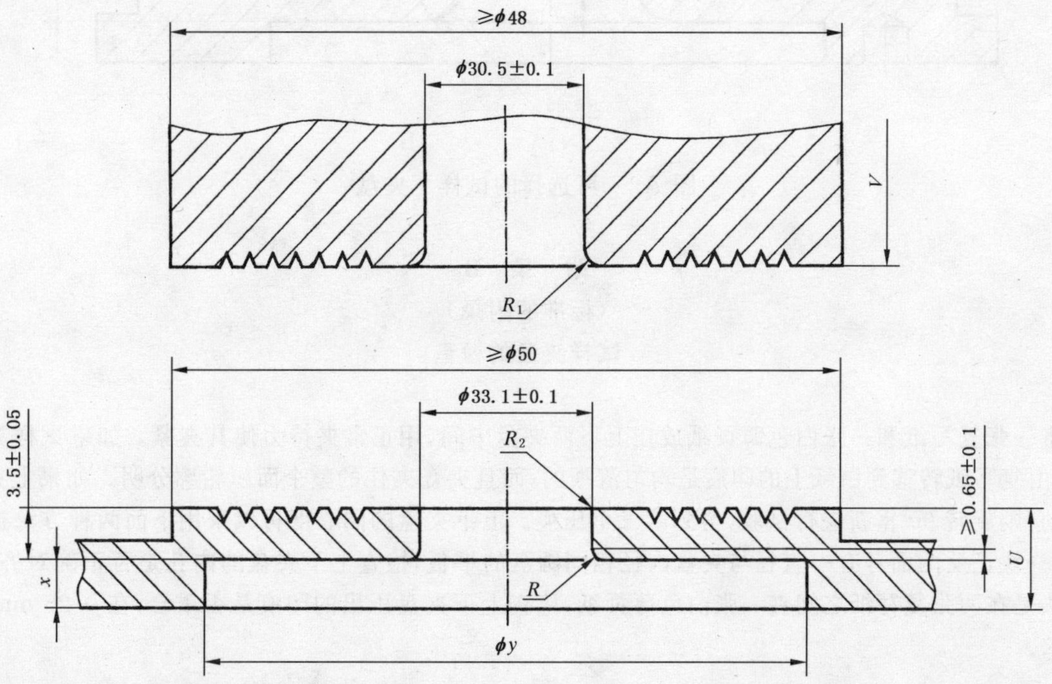

R,R_1,R_2,U 和 y 已在本附录中规定。

图 A1 夹盘

U 和 V（见图 A1）的尺寸虽不太重要，但也应有足够大的尺寸，以保证在使用时夹盘不变形。上夹盘的厚度应不小于 6.35 mm，使用时较为理想。

x 和 y 的尺寸取决于耐破度仪的结构和胶膜的设计，应使胶膜被牢固地夹住。

半径 R 是由尺寸（3.5±0.05）mm 和（0.65±0.1）mm 来确定的。R 的圆弧应与内孔的垂直面以及下夹盘的底面相切，半径应为 3 mm～0.65 mm。

为了减少试验时胶膜的损伤，R_1 应稍加圆整，但应不影响上夹盘的内径（建议 R_1 的曲率半径为 0.6 mm，R_2 的曲率半径为 0.4 mm）。

为了减少测试时试样的滑动，应在与试样相接触的上下夹表面刻有螺纹或同心槽。

下列结构较好：

a）螺距为（0.9±0.1）mm，深度不小于 0.25 mm 的 60°V 形连续螺纹。螺纹在距内孔边缘为（3.2±0.1）mm 处开始；

b）一系列间距为（0.9±0.1）mm，深度不小于 0.25 mm 的 60°V 形同心槽，最里面的槽距内孔边缘为（3.2±0.1）mm。

上夹盘的圆孔上面应有足够大的空间，以使试样能够自由凸出。如果将其设计成封闭形，应有一个足够大的小孔与大气相通，以使聚集在试样上部的空气逸出，小孔直径约为 4 mm。

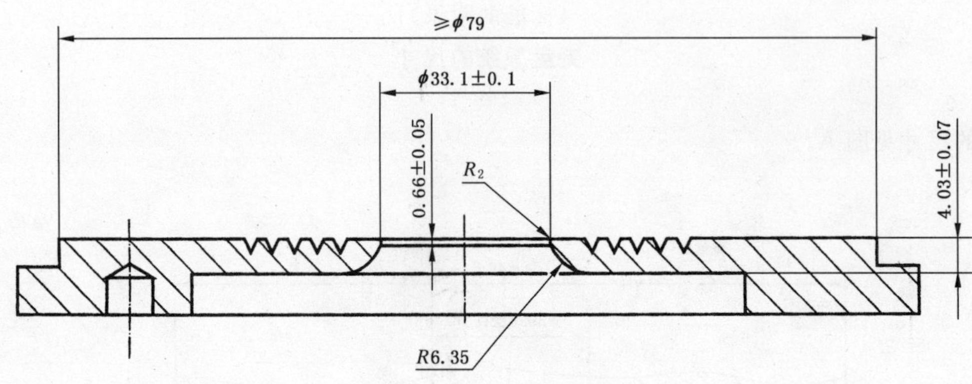

图 A2　可选择的试样下夹盘

附　录　B
（标准的附录）
试样夹盘的检查

将一张复写纸和一张白色薄页纸放在上下两夹盘中间，用正常夹持力使其夹紧。如果试样夹盘正常，则由复写纸转移到白纸上的印痕是均匀清晰的，而且夹盘夹住的整个面积轮廓分明。如果上夹盘可以转动，则旋转 90°重新进行试验，得到第二个压痕。上下夹盘的同心度可以采用下面两种方法进行检查：放一块正反两面各有一直径与夹盘内径相同圆盘的平板，检查上下夹盘的内孔是否正确对齐；另一种方法是在两张复写纸之间夹一张白色薄页纸，检查上下夹盘压出的印痕是否重合，在 0.25 mm 内符合要求。

附　录　C
（标准的附录）
夹 持 压 力

有些耐破度仪有液压或气动夹持装置，接一个压力表就能调节到所要求的任一夹持力。在这种情况下，应强调的是液压或气动系统中的压力未必与两夹盘之间的压力一样，活塞和夹盘表面的面积应考虑进去。

如果仪器采用机械夹持装置，如螺旋或杠杆，实际的夹持压力在经过各种调整后，应使用重砣或其他合适的装置进行测量。

附　录　D
（标准的附录）
压力测量系统的校准

D1　静态校准

压力测量系统可用活塞压力计或水银柱进行静态校准。如果压力传感装置对方位敏感，传感器的校准应在仪器的正常安装位置上进行。耐破压力指示系统的最大值应进行动态校准。

D2 动态校准

仪器整体的动态校准可以通过连接一并行的相对独立的最大压力测量系统来实现。在进行耐破度试验测量最大压力时，系统的频率响应及精度应足够并高于±1.5%。

如果任何一点的误差超过5.4的规定，应调查误差的来源。

前　言

本标准是对 GB/T 455.1—1989《纸撕裂度的测定法》和 GB/T 455.2—1989《纸板撕裂度的测定法》的修订。

本标准等效采用 ISO 1974:1990《纸张——撕裂度的测定(爱利门道夫法)》。

本标准的附录 A 是标准的附录;

本标准的附录 B、附录 C 是提示的附录。

本标准自实施之日起,同时代替 GB/T 455.1—1989 和 GB/T 455.2—1989。

本标准由中国轻工业联合会提出。

本标准由全国造纸工业标准化技术委员会归口。

本标准起草单位:中国制浆造纸研究院。

本标准主要起草人:马忻、许泽红。

本标准委托全国造纸工业标准化技术委员会负责解释。

ISO 前言

ISO(国际标准化组织)是国家标准团体(ISO 成员国)的世界性联合会。制定国际标准的工作通常是通过 ISO 技术委员会进行的。对已设立技术委员会的项目,每个感兴趣的成员国,均有权参加该技术委员会。与 ISO 有关的政府、非政府性质的国际组织也可参加此项工作。ISO 在所有与电气有关的标准中,与国际电工技术委员会(IEC)密切合作,共同研究电工技术标准化的所有文件。

国际标准的草案经技术委员会认可后,在被 ISO 委员会采纳为国际标准之前,送交各成员国征求意见。国际标准正式出版需有 75%的成员国投票通过。

国际标准 ISO 1974 由 ISO/TC 6 纸浆、纸和纸板技术委员会,纸和纸板的试验方法和质量规范分技术委员会 SC2 制定。

中华人民共和国国家标准

GB/T 455—2002
eqv ISO 1974:1990

代替 GB/T 455.1—1989
GB/T 455.2—1989

纸和纸板撕裂度的测定

Paper and board determination of tearing resistance

1 范围

本标准规定了纸和纸板撕裂度的测定方法。

本标准适用于撕裂度在仪器范围内的低定量纸板。

本标准不适用于瓦楞纸板，但可适用于瓦楞原纸；不适用于测定高度定向的纸张的横向撕裂度。

2 引用标准

下列标准所包含的条文，通过在本标准中引用而构成为本标准的条文。本标准出版时，所示版本均为有效。所有标准都会被修订，使用本标准的各方应探讨使用下列标准最新版本的可能性。

GB/T 450—2002 纸和纸板试样的采取(eqv ISO 186:1994)

GB/T 10739—2002 纸、纸板和纸浆试样处理和试验的标准大气条件(eqv ISO 187:1990)

3 定义

本标准采用下列定义。

3.1 撕裂度 tearing resistance

将预先切口的纸(或纸板)，撕至一定长度所需力的平均值。

若起始切口是纵向的，则所测结果是纵向撕裂度。若起始切口是横向的，则所测结果是横向撕裂度。结果以毫牛(mN)表示。

3.2 撕裂指数 tearing index

纸张(或纸板)的撕裂度除以其定量。结果以毫牛顿·平方米/克($mN \cdot m^2/g$)表示。

4 原理

具有规定预切口的一叠试样(通常4层)，用一垂直于试样面的移动平面摆施加撕力，使纸撕开一个固定距离。用摆的势能损失来测量在撕裂试样的过程中所做的功。

平均撕裂力由摆上的刻度来指示或由数字来显示，纸张撕裂度由平均撕裂力和试样层数来确定。

5 仪器

5.1 爱利门道夫(Elmendorf)撕裂度仪，应符合附录A的规定。

5.2 仪器的调整和维护，见附录B。

5.3 仪器标尺的校准，见附录C。

6 试样处理

按GB/T 10739进行温湿处理。

中华人民共和国国家质量监督检验检疫总局 2002-07-22 批准　　　　2003-02-01 实施

7 试样的采取和制备

试样的采取按GB/T 450进行，确保所取试样没有折痕、皱纹或其他明显缺陷。如有水印，应在测试报告中注明。

试样的大小应为(63±0.5)mm×(50±2)mm，应按样品的纵横向分别切取试样。如果纸张纵向与样品的短边平行，则进行横向试验，反之进行纵向试验。每个方向应至少做5次有效试验。

8 试验步骤

8.1 在与处理试样相同的大气条件下进行测试。

8.2 按附录B所述安装检查仪器。如有必要，按附录C校准仪器。

根据试样选择合适的摆或重锤，应使测定读数在满刻度值的20%～80%范围内。将摆升至初始位置并用摆的释放机构固定，将试样一半正面对着刀，另一半反面对着刀。试样的侧面边缘应整齐，底边应完全与夹子底部相接触，并对正夹紧。用切刀将试样切一整齐的刀口，将刀返回静止位置。使指针与指针停止器相接触，迅速压下摆的释放装置，当摆向回摆时，用手轻轻地抓住它且不妨碍指针位置。使指针与操作者的眼睛水平，读取指针读数或数字显示值。松开夹子去掉已撕的试样，使摆和指针回至初始位置，准备下一次测定。

当试验中有1～2个试样的撕裂线末端与刀口延长线的左右偏斜超过10 mm，应舍弃不记。重复试验，直至得到5个满意的结果为止。如果有两个以上的试样偏斜超过10 mm，其结果可以保留，但应在报告中注明偏斜情况。若在撕裂过程中，试样产生剥离现象，而不是在正常方位上撕裂，应按上述撕裂偏斜情况处理。

8.3 测定层数应为4层，如果得不到满意的结果，可适当增加或减少层数，但应在报告中加以说明。

9 结果计算

撕裂度应按式(1)计算。

$$F = (S \cdot P)/n \quad \cdots\cdots(1)$$

式中：F——撕裂度，mN；

S——试验方向上的平均刻度读数，mN；

P——换算因子，即刻度的设计层数，一般为16；

n——同时撕裂的试样层数。

撕裂指数应按式(2)计算。

$$X = F/G \quad \cdots\cdots(2)$$

式中：X——撕裂指数，$mN \cdot m^2/g$；

F——撕裂度，mN；

G——定量，g/m^2。

10 试验报告

试验报告应包括下列项目：

a) 本标准号；

b) 试验日期和地点，使用的仪器型号；

c) 试验试样的方向和试验次数；

d) 撕裂度和撕裂指数，应取三位有效数字；

e) 试验结果的变异系数；

f) 试样撕裂的层数及撕裂试样是否偏斜或剥离；

g) 与本标准规定的方法有何偏离。

附 录 A

（标准的附录）

爱利门道夫撕裂度仪

A1 爱利门道夫撕裂度仪

仪器（如图 A1）由基架和摆锤组成，摆锤在摩擦力很小的轴承上支撑着，使其能围绕水平轴自由摆动。试样夹持在两夹子之间，其中一个夹子固定在基架上，另一个在摆上，试样被夹表面应至少为25 mm 宽，15 mm 深。

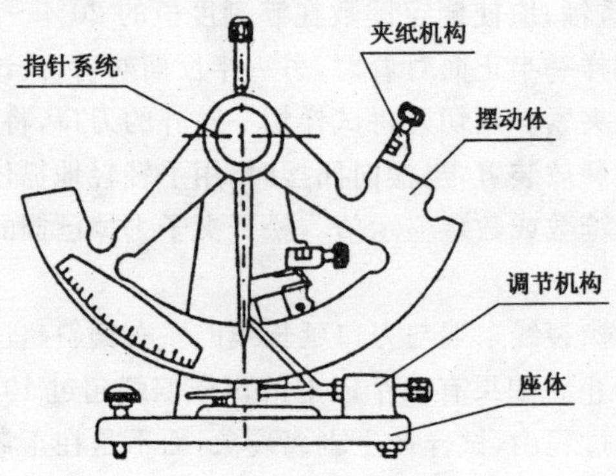

图 A1 爱利门道夫撕裂度仪

试验前将摆锤置于两夹子成水平的初始位置上，用手动停止器进行固定。此时，两夹间的距离为(2.8±0.3)mm，两个夹口在一条直线上。夹子上边缘的水平线与摆轴中心的距离应为(104±1)mm，该水平线和摆轴所在的平面与垂直方向成 27.5°±0.5°。

本方法根据摆撕裂试样时所付出的能量进行测量。将带有指针的套筒与摆安装在同一轴上，使指针与摆的相对位置可从摆的扇形刻度盘上读取，该套筒的摩擦阻力应保持在规定的范围内（指针摩擦阻力的调整，可参见附录 B）。

指针被底座上的可调停止器挡住，该停止器用于调节指针位置，使其能够读取撕裂试样时所做的功。并且，在不撕裂试样时，刻度读数为零。

用枢轴上的刀预切试样，切口长度为 20 mm，试样被撕开的距离是(43±0.5)mm。

为扩大撕裂范围，可换摆或附加重锤，但应根据所使用摆或重锤的因数进行换算。

仪器分为刻度指示和数字显示两种，其读数均对应于纸张设计层数的撕裂度。

附 录 B

（提示的附录）

仪器的调整和维护

B1 检查

a）检查摆轴是否弯曲；

b）摆在初始位置时，两夹子应成一直线，夹子间距是否为(2.8±0.3)mm；

c）检查刀子是否固定紧，刀刃是否锋利无伤。刀片应在两夹子中间，与夹子顶部成一直角；

d）确保指针无损伤，并紧固在轴套上。

B2 水平调整

将仪器放在坚固无振动的台子上，闭合试样夹。用仪器底座上的水平泡调节仪器前后的水平，然后压下摆的停止器，使摆轻轻地自由摆动。待摆静止后，观察摆上的标记是否与底板上的标记重合，若不重合用底座左边的支足螺丝进行调节，直至标志重合为止。

在操作过程中，指针应垂直地向上转动。

对于数字显示的仪器，仪器水平应根据说明书进行调节。

B3 零点调节

水平调节后，不夹试样空摆几次，观察指针是否指零。若指针的指示不为零，应调节指针限制器，直至调节至零点。

注：不应改变仪器水平的调节零点。

B4 摆的摩擦

在摆的停止器距摆边缘右侧 25 mm 处作一标记。将摆置于初始位置，将指针拨开使其在摆摆动时，不碰到指针停止器。当按下摆的停止器使摆自由摆动时，最轻摆不应少于 20 次；轻摆不应少于 25 次；标准摆不应少于 35 次。每次在摆摆向左边时，摆的边缘应摆过所作标记的左侧，否则应清洗、加油或检查轴承是否与仪器类型相一致。

B5 指针摩擦

调节仪器水平和指针零点，闭合空夹，并使指针指零。然后，将摆放在起始位置释放摆，当摆返回到左边以前停止它。指针偏离零位的距离应为：最轻摆 10 个标尺单位；轻摆 6 个标尺单位；标准摆 3 个标尺单位。若不在此范围内，应清洁或调整轴承表面及指针套顶针的位置。调整指针摩擦后，应重新校准零点。

B6 撕裂长度

检查撕裂长度，即试样被切后的长度应为(43.0±0.5)mm。若不是此长度值，应调整刀的位置。

附 录 C
(提示的附录)
仪器标尺的校准

C1 专用检查器具的校准

专用标准砝码：用测量摆升高不同的砝码所做的功来核对。比较指示标尺读数与所做的功。很多撕裂度仪有一螺丝孔可固定校正砝码。连接砝码重心的位置是已知的。

安装好仪器并按附录 B 校准。闭合摆上的空试样夹并装上砝码，操作仪器，测定标尺读数及与读数相对应的附加砝码重心对基准水平面的高度。

由式(C1)计算校正的标尺读数 Y。

$$Y = [9.807 \times m(h - H) \times 1\,000]/(0.086 \times p) \quad \cdots\cdots (C1)$$

式中：Y——校正的标尺读数(标尺单位)；

m——校正的质量，kg；

h——高度，m；

H——摆在起始位置时，附加砝码的重心线离基准平面的高度，m；

p——换算系数，即刻度的设计层数。

重复其他砝码的校准，比较不同标尺读数的($h-H$)。

常规校准时可仅测定给定的附加砝码的刻度读数，读出相应的($h-H$)值，计算使用该值所产生的误差。

校准值和指示标尺的读数的差别应在±1%之内，假若不是这样，应进行调整。另一方法是准备一张准确的校准表，按此表调整结果。

数字显示仪器因有电子传感系统，如按上述方法校准不便，可用制造厂所提供的校准方法。

C2 其他程序

一套可校准到特定值、带有可夹到摆上试样夹中舌板的砝码，按下列步骤用这些砝码检查仪器的校准。

按附录B安装仪器。将摆升到起始位置，在试样夹上装上砝码。操作仪器，测定标尺上的读数。重复装上其他砝码，标尺读数应与砝码标称值的偏差在±1%以内。若不是这样，应进行调整。另一方法是准备一张准确的校准表，并按此表调整结果。

前 言

本标准是对 GB/T 456—1989《纸和纸板平滑度的测定法(别克法)》的修订。本标准在修订时保留了 GB/T 456—1989 中的测定方法及计算,增加了平滑度两面差的计算方法。

本标准等同采用 ISO 5627:1995《纸和纸板——平滑度的测定(别克法)》。

本标准自实施之日起,同时代替 GB/T 456—1989。

本标准的附录 A 是标准的附录。

本标准由中国轻工业联合会提出。

本标准由全国造纸工业标准化委员会归口。

本标准起草单位:中国制浆造纸研究院。

本标准主要起草人:马忻、杜秀英、刘连祥、许泽红、高春江。

本标准首次发布于 1960 年,第一次修订于 1964 年,第二次修订于 1979 年,第三次修订于 1989 年。

本标准委托全国造纸工业标准化技术委员会负责解释。

ISO 前言

ISO(国际标准化组织)是国家标准团体(ISO 成员国)的世界性联合会。制定国际标准的工作通常是通过 ISO 技术委员会进行的。对已设立技术委员会的项目,每个感兴趣的成员国,均有权参加该技术委员会。与 ISO 有关的政府、非政府性质的国际组织也可参加此项工作。ISO 在所有与电气有关的标准中,与国际电工技术委员会(IEC)密切合作,共同研究电工技术标准化的所有文件。

国际标准的草案经技术委员会认可后,在被 ISO 委员会采纳为国际标准之前,送交各成员国征求意见。国际标准正式出版需有 75%的成员国投票通过。

国际标准 ISO 5627 由 ISO/TC 6 纸、纸板和纸浆技术委员会 SC2 分技术委员会(纸和纸板的试验方法和质量规范)制定的。

中华人民共和国国家标准

纸和纸板平滑度的测定（别克法）

GB/T 456—2002
idt ISO 5627:1995
代替 GB/T 456—1989

Paper and board—Determination of smoothness (Bekk method)

1 范围

本标准规定了用别克平滑度仪测定纸和纸板平滑度的试验方法。

本标准适用于纸和纸板平滑度的测定，其测定范围很广，尤其适用于较为平滑的纸和纸板。但对于非常平滑的样品，其测定时间很长，会带来不准确的结果。

本标准不适用于测定厚度大于 0.5 mm 或透气度很大的纸和纸板，因为大量的空气通过测试表面会影响测试结果。

本标准不适用于粗糙的纸和纸板平滑度的测定。

2 引用标准

下列标准所包含的条文，通过在本标准中引用而构成为本标准的条文。本标准出版时，所示版本均为有效。所有标准都会被修订，使用本标准的各方应探讨使用下列标准最新版本的可能性。

GB/T 450—2002　纸和纸板试样的采取(eqv ISO 186:1994)

GB/T 10739—2002　纸、纸板和纸浆试样处理和试验的标准大气条件(eqv ISO 187:1990)

3 定义

本标准采用下列定义。

平滑度　smoothness

在特定的接触状态和一定的压差下，试样面和环形板面之间由大气泄入一定量空气所需的时间，以秒(s)表示。

4 原理

将纸和纸板放在玻璃板上，施加特定压力产生半真空，从而吸入空气并使空气通过接触表面，测量真空度在规定范围内变化所需的时间。

5 仪器和设备

本标准采用别克平滑度仪。

5.1　玻璃板，如图 1 所示。呈环形，环形有效面积为$(10\pm0.5)cm^2$。玻璃板的中心孔，既能与真空容器连接，也能断开。试验面经精密磨光，不应有划痕和裂纹，应保持清洁。环中心的孔中应放入一个支撑柱，其上表面应与玻璃板上表面齐平，以防止试样吸入孔中。支撑柱上有 4 个径向槽，以使空气顺畅通过。

5.2　试样夹紧装置，重砣加于试样上的压力应为(100 ± 2)kPa。

中华人民共和国国家质量监督检验检疫总局 2002-07-22 批准　　　2003-02-01 实施

5.3 压板,直径为 45 mm 的表面平整的圆板,该板以固定的压力与试样相接触。

5.4 胶垫,直径不小于 45 mm 的圆形或边长不小于 50 mm 的方形;厚度为(4±0.2)mm,最大厚度变化为±0.05 mm;硬度为(40±5)IRHD(国际橡胶硬度);复元弹性至少应为 60%。

5.5 真空容器,包括大真空容器与小真空容器,可抽真空至 53.35 kPa,并保持密封。

5.5.1 大真空容器,包括到玻璃板表面的连接管,体积为(380±1)mL。

5.5.2 小真空容器,包括到玻璃板表面的连接管,体积为(38±1)mL。

单位:mm

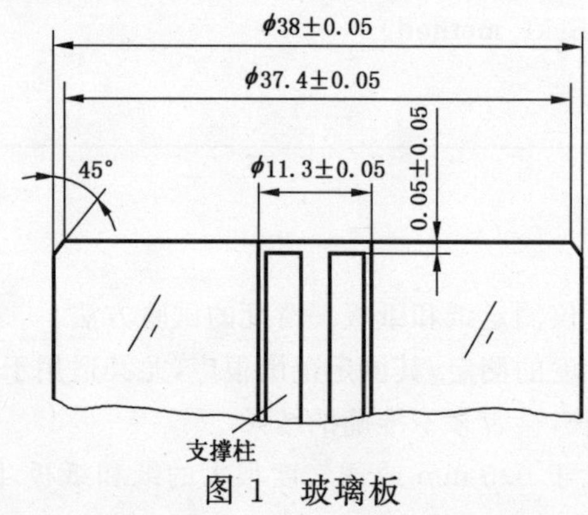

图1 玻璃板

5.6 压力表,测定时其工作范围应为 50.66 kPa、48.00 kPa 和 29.33 kPa,精度为±0.07 kPa。当真空度从 50.66 kPa 降到 48.00 kPa 时,相当于大真空容器进气量为(10±0.2)mL 或小真空容器进气量为(1±0.05)mL;真空度从 50.66 kPa 降到 29.33 kPa 时,即大真空容器进气量为(80±1)mL 或小真空容器进气量为 8 mL(均为常压下的体积)。

5.7 计时器,可读准至 1 s。

6 试样的采取、制备和处理

6.1 试样的采取应按 GB/T 450 进行。在抽取的大张纸页上,沿横幅距边缘 15 mm 处均匀切取足够正反面各测试 10 次的试样,试样面积至少为 60 mm×60 mm,并保证试样上无褶子、皱纹、可见裂痕或其他纸病。如有水印,测试时应尽量避开。

6.2 试样应按 GB/T 10739 进行温湿处理,并在相同的大气条件下进行测试。

7 试验步骤

7.1 在测试平滑度之前,如有必要,应按附录 A 校准仪器。

7.2 测试时,将试样的测量面贴向玻璃板放置,然后将胶垫与上压板放在试样上,施加(100±2)kPa 的压力,并在大真空容器中产生 50.66 kPa 的真空。测量并记录真空度从 50.66 kPa 降到 48.00 kPa 时的所需时间,以秒表示。如时间超过 300 s,则改用小容积,用另外的试样重新测试。如时间小于 15 s,则用另外的试样测试真空度从 50.66 kPa 降到 29.33 kPa 时的所需时间。试样从加载荷起到计时开始的时间应为约 60 s。

7.3 如需测试另一面的平滑度,应用另外 10 张试样按照 7.2 进行测试。

7.4 对于有汞平滑度仪,也应符合 7.2 中“试样从加载荷起到计时开始的时间应为约 60 s”的规定。

8 试验结果的计算与表示

8.1 试样每面的平滑度应为 10 个测定结果的算术平均值,用秒表示。

如果用大真空容器,则平滑度为测定值的平均值;如果用小真空容器,则平滑度为测定值的平均值乘以 10;如果真空度从 50.66 kPa 降到 29.33 kPa,则平滑度为测定值的平均值除以 10。

8.2 平滑度两面差应按式(1)计算。

$$\Delta P(\%) = \frac{|P_{大} - P_{小}|}{P_{大}} \times 100 \qquad \cdots\cdots(1)$$

式中：ΔP——平滑度两面差,%；

$P_{大}$——平滑度较大测定值,s；

$P_{小}$——平滑度较小测定值,s。

8.3 分别计算试样各个测试面测定结果的变异系数。

8.4 精密度

试验精密度的规定如表1。

表 1

平滑度范围/s	重复性/%		再现性/%	
	范围	平均值	范围	平均值
4～1 400	5～21	11	21～56	37

注：试验的精密度仅作为参考。在此引用的数据是国外实验室取得的,我国仪器和试样与国外有一定差别,测定结果较为离散,待积累总结出我国自己的数据后再取而代之。

本试验的再现性大多取决于试样的变化。

9 试验报告

试验报告应包括以下项目：

a）本标准号；

b）试验所用的标准大气条件；

c）以每一个试验面的平均值表示结果,精确到秒;如果需要时报告平滑度两面差,应精确到1%;如果使用与本标准不同的真空度变化范围时,应注明；

d）所测样品如带水印,应注明；

e）测试结果的变异系数；

f）试验过程中所发生的任何异常情况。

附 录 A
（标准的附录）
仪器的校准与保养

A1 接触压力校准

根据仪器加压机构的不同，采用适宜的方法校准其接触压力是否为（100±2）N。

A2 真空度校准

采用如图 A1 所示的装置。在仪器玻璃板上放一中间带孔的高平滑的纸，在纸上放一中间开孔的胶垫，在胶垫上放一专用校对块，外接一水银压力计。将仪器的真空容积抽到 53.35 kPa，水银压力计指示 400 mmHg，待压力降到 50.66 kPa 时，仪器真空压力指示值应与外接真空压力计指示相同，否则应校准仪器。

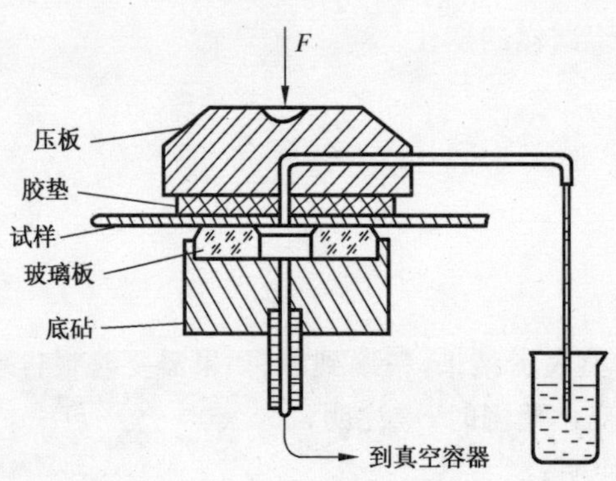

图 A1 测量原理

A3 仪器的密封性

用 100 kPa 的压力将胶垫压在玻璃板上，将真空抽到 50.66 kPa，当真空容器与玻璃板小孔连通时，大容器真空度在 60 min 或小容器真空度在 6 min 内的减少量应小于 0.13 kPa，否则两个容器均应进行校准。

如不能满足要求，则检查阀门和全部连接点，必要时应进行清洗和修理。

A4 空气泄漏量（即进气量）

很难直接测量真空容器的体积，推荐一种测量泄入空气容积的方法。对于新仪器和清洗更换仪器部件如压力计管子的仪器，均应进行此项检查，空气容积应为：

——对于大真空容器，真空度从 50.66 kPa 降到 48.00 kPa，泄入空气量为（10±0.2）mL。

——对于大真空容器，真空度从 50.66 kPa 降到 29.33 kPa，泄入空气量为（80±1）mL。

——对于小真空容器，真空度从 50.66 kPa 降到 29.33 kPa，泄入空气量为（8±0.1）mL。

测量原理如图 A2 所示。将一个带有直径约 0.5 mm 小孔的胶垫放在校准头上，并用加压装置将它压在玻璃板上。用一根真空管将校对头与三通旋塞相连，三通旋塞由一根真空管与大小合适、刻度相应的吸液管相连。

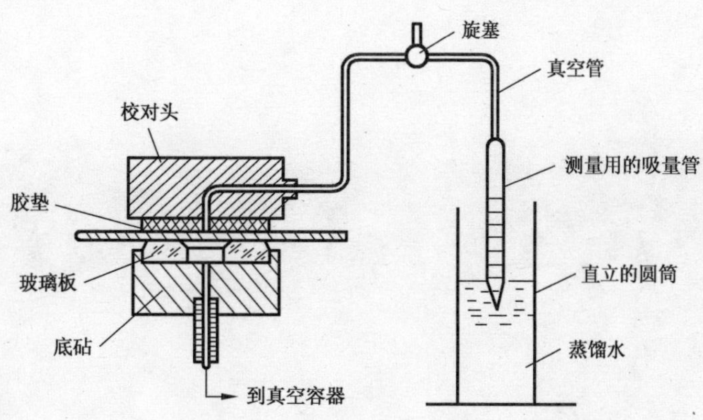

图 A2　进气量校对装置

在测量装置的密封性校准之后，应测定随着真空度下降，压入吸液管蒸馏水的体积以及真空容器的体积。在读数之前，将吸液管浸入直立的圆筒中，直至圆筒中的水平与吸液管中的水平大致相等。测定后，用三通旋塞排空吸液管。

A5　连接管的空气阻力

当真空容器被连接到没有覆盖的玻璃板的孔上时，在 2 s 之内，真空压力应从 50.66 kPa 降到 29.33 kPa。如有小容器，则应同时进行校准。

如不能满足这个要求，则应清洗管子和三通旋塞。

A6　胶垫

胶垫应定期更换，一般有效期为三个月至一年。

ICS 85-010
Y 30

中华人民共和国国家标准

GB/T 457—2008
代替 GB/T 457—2002,GB/T 1538—1979,GB/T 2679.5—1995

纸和纸板 耐折度的测定

Paper and board—Determination of folding endurance

(ISO 5626:1993,Paper—
Determination of folding endurance, MOD)

2008-08-19 发布 2009-05-01 实施

中华人民共和国国家质量监督检验检疫总局
中国国家标准化管理委员会 发布

前言

本标准修改采用了ISO 5626:1993《纸耐折度的测定》,其中纸板肖伯尔仪耐折度法没有相关国际标准。

本标准与ISO 5626:1993主要差异如下:

——取消了ISO 5626:1993中勒莫林(Köhler Mmolin)和洛玛吉(Lhomargy)两种仪器的测定方法;

——增加了纸板肖伯尔仪耐折度方法。

本标准是对GB/T 457—2002《纸耐折度的测定(肖伯尔法)》、GB/T 1538—1979《纸板耐折度的测定法(肖伯尔式测定仪)》及GB/T 2679.5—1995《纸和纸板耐折度的测定(MIT耐折度仪法)》三个标准的整合修订。

本标准代替GB/T 457—2002、GB/T 1538—1979和GB/T 2679.5—1995。

本标准与GB/T 457—2002、GB/T 1538—1979和GB/T 2679.5—1995相比,主要差异如下:

——增加了前言;

——增加了规范性引用文件(本版的第2章);

——试验方法中增加了通用要求(本版的9.1);

——试验方法中增加了MIT仪(本版的9.3);

——修改了试样制备,在试验要求的方向上至少切取10个试样;试样宽度为15.0 mm±0.1 mm,长度为使用仪器的有效长度;

——增加了仪器的描述(见附录A);

——增加了仪器的维护和校准(见附录B);

——增加了本标准与对应的ISO 5626:1993章节编号对照表(参见附录C);

——增加了本标准与ISO 5626:1993技术性差异及原因(参见附录D)。

本标准的附录A、附录B是规范性附录,附录C、附录D是资料性附录。

本标准由中国轻工业联合会提出。

本标准由全国造纸工业标准化技术委员会归口。

本标准起草单位:中国制浆造纸研究院。

本标准主要起草人:王振。

本标准所代替标准的历次版本发布情况为:

——GB/T 457—1964、GB/T 457—1979、GB/T 457—1989、GB/T 457—2002;

——GB/T 1538—1979;

——GB/T 2679.5—1981、GB/T 2679.5—1995。

本标准委托全国造纸工业标准化技术委员会负责解释。

纸和纸板　耐折度的测定

1　范围

本标准规定了测定纸和纸板耐折度的肖伯尔法和 MIT 法，提出了使用仪器时应遵守的条件，以及使用每种仪器时应注意的事项。

肖伯尔法适用于厚度小于 0.25 mm，抗张强度大于 1.33 kN/m 的纸，以及厚度为 0.25 mm～1.4 mm 的纸板。MIT 法具有可调节间距的夹头，适用于厚度不大于 1.25 mm 的纸和纸板。

2　规范性引用文件

下列文件中的条款通过本标准的引用而成为本标准的条款。凡是注日期的引用文件，其随后所有的修改单(不包括勘误的内容)或修订版均不适用于本标准，然而，鼓励根据本标准达成协议的各方研究是否可使用这些文件的最新版本。凡是不注日期的引用文件，其最新版本适用于本标准。

GB/T 450　纸和纸板　试样的采取及试样纵横向、正反面的测定(GB/T 450—2002，ISO 186：2002，MOD)

GB/T 10739　纸、纸板和纸浆试样处理和试验的标准大气条件(GB/T 10739—2002，eqv ISO 187：1990)

3　术语和定义

下列术语和定义适用于本标准。

3.1

双折叠　double fold

试样先向后折，然后在同一折印上再向前折，试样往复一个完整来回。

3.2

耐折度　folding endurance

在标准张力条件下进行试验，试样断裂时的双折叠次数的对数(以 10 为底)。

3.3

耐折次数　fold number

耐折度平均值的反对数。

4　原理

在标准条件下，试样受到纵向张力的作用，向后及向前折叠，直至试样断裂。

5　仪器

5.1　耐折度试验仪(见附录 A)

耐折度试验仪的维护和校准详见附录 B。

5.2　折叠头附近温度的测量装置

注：由于夹头将试样折叠或仪器电机产生的热量传送到试样，引起试样试验区域的升温，会导致试样局部脆裂，耐折度下降。通过将仪器电机与其余部分绝热，并对折叠头周围的区域进行有效通风，能够使这些影响减至最小。

5.3　如果需要，可采用如下装置对折叠头周围的空间进行通风，如在折叠头附近安装风扇，可使空气流经试样。

5.4 取样装置。

6 取样

按 GB/T 450 规定取样。

7 温湿处理

试样应在 GB/T 10739 规定的条件下进行温湿处理。

8 试样的制备

试样的制备应在与试样温湿处理相同的标准大气条件下进行。在试验规定的方向上，应至少各切取 10 张试样。试样宽度应为 15.0 mm±0.1 mm，长度应为使用仪器所规定的有效长度（肖伯尔法纸长度为 100 mm，纸板长度为 140 mm；MIT 法纸和纸板长度大于 140 mm），试样两边应光滑且平行。所取试样不应有折子、皱纹或污点等纸病，试样折叠的部分不应有水印。不应用手接触暴露在两夹头间的试样的任何部分。

9 试验方法

9.1 通用要求

测定应在与试样温湿处理相同的标准大气条件下进行。

在整个试验过程中，应监控折叠头周围的气流温度。仪器连续运行 4 h 后，温度的增加应不超过 1 ℃。如果温度增加超过 1 ℃，应停止试验，待温度降至正常后方可重新开始。在仪器停止瞬间，仪器的运行可以忽略。

如果双折叠次数小于 10 次或大于 10 000 次，可以减少或增加张力，但应在报告中注明所采用的非标准张力的大小。

在纸的每个试验方向上，应至少需要 10 个试验结果。纵向试验是指试样的长边方向为纸的纵向，应力作用于纵向，断裂在横向。

如果试样在夹头间滑动，或不在折叠线处断裂，其结果应舍去。

计算每次读数的对数（以 10 为底），分别计算纵、横向结果的平均值。

如果需要，可分别计算纵、横向耐折度平均值的反对数。

计算结果（每个读数的对数形式）的标准偏差，如果需要，应计算标准偏差的反对数。

关于每种仪器的操作详见 9.2 和 9.3。

9.2 肖伯尔法

调整仪器至水平。启动仪器，使折叠刀片的缝口停于中间位置。在夹头中间放置试样，确保试样与夹头成一条直线。拧紧夹头螺丝，确保试样夹紧且没有任何滑动的可能。拉开弹簧筒，直至销钉锁住弹簧筒，给试样施加张力。启动仪器，使试样开始折叠，直至试样断裂。记录试样断裂时的双折叠次数。取下断裂的试样，使仪器复位准备下一次试验，将计数器回零。

9.3 MIT 法

调整仪器至水平。转动摆动的折叠头，使缝口垂直。调节所需的弹簧张力并固定张力杆锁，弹簧张力一般为 9.81 N，根据要求也可以采用 4.91 N 或 14.72 N。轻拍张力杆的侧面以消除摩擦，检查并调整好张力指示器。然后锁紧张力杆，夹紧试样于夹口内，夹试样时不应触摸试样的被折叠部分，应使试样的整个表面处于同一平面内，且试样边不应从摆动夹头的固定面漏出。

松开张力杆锁，给试样施加规定的张力。如果移去重砣，可能会观察到指示器产生移动。如果产生移动，应用重砣重新调整张力。然后开始折叠试样，直至试样断裂，仪器将自动停止计数，记录试样断裂时的双折叠次数。

将计数器回零。

10 精确度

10.1 重复性

耐折度值约为1.5(耐折次数30次)时,其重复性约为8%;耐折度值约为3.5(耐折次数3 000次)时,则其重复性降低到2%。

一个操作者在短时内使用相同仪器,相同试验材料,所得到的两个独立试验结果间的差值,在20次正确操作中应不多于1次超过重复性的平均值。

10.2 再现性

耐折度值约为1.5(耐折次数30次)时,其再现性约为10%;耐折度值约为3.5(耐折次数3 000次)时,则其再现性降低到4%。

两个操作者在不同实验室,用相同试验材料,所得到的两个独立试验结果间的差值,在20次正确操作中应不多于1次超过再现性的平均值。

11 试验报告

试验报告应包括以下内容:

a) 本标准的编号;
b) 试验日期和地点;
c) 样品的准确识别;
d) 使用的仪器型号;
e) 试验的温湿条件;
f) 对每个试验方向,报告平均耐折度(见3.2),保留小数点后两位;如有要求报告耐折次数,以最接近的双折叠次数(见3.3)表示,结果保留至整数位;
g) 每个试验方向的耐折度最大值、最小值、平均值,如有要求,应报告双折叠次数的最大值、最小值和平均值;
h) 每个试验方向的耐折度标准偏差,如有要求,报告标准偏差的反对数和试验次数;
i) 作用于试样的张力;
j) 其他任何可能影响试验结果的因素。

附 录 A
（规范性附录）
耐折度试验仪的描述

两种仪器均由电动机带动。制造者或使用者应采取适当措施，以使电动机产生的振动和热对试验结果的影响最小。这些措施包括将电动机放在离折叠区域尽可能远的地方；使用皮带传动而不用直接传动；采用纤维与金属的传动装置以及用风扇散热。

A.1 肖伯尔仪

该仪器一般由三个独立部分组成。

A.1.1 折叠装置

包括夹持试样用的一对水平对置的夹头、4个折叠边滚轴和一片窄缝的折叠刀片。两夹头的夹口相距约90 mm，由弹簧座固定，在垂直面上以一定张力夹持试样。夹头运动时，除了滚轴在下面支撑外，夹头自由地悬挂在两张力的弹簧之间。轴线垂直的4个滚轴，其安装位置沿夹头中间的某一点对称。折叠刀片位于两夹头的中间位置，并在与试样垂直的面上往复运动。

在折叠周期中，弹簧张力不断变化。对于厚度小于0.25 mm的纸，当试样平直时，弹簧施加的张力为7.60 N±0.10 N；当折叠刀片运行到极限位置，试样弯曲到最大程度时，弹簧施加的张力为9.80 N±0.20 N。对于厚度0.25 mm～1.4 mm的纸板，当试样平直时，弹簧施加的张力为9.80 N±0.20 N；当折叠刀片运行到极限位置，试样弯曲到最大程度时，弹簧施加的张力为12.75 N±0.20 N。

4个折叠滚轴，每个直径为6 mm（纸板为10 mm）。折叠刀片与每侧折叠滚轴的距离应为0.3 mm（纸板为2.0 mm），折叠滚轴的间距约为0.5 mm（纸板为2.0 mm）。

折叠刀片厚0.5 mm±0.012 5 mm（纸板为1.0 mm±0.012 5 mm），缝口的边缘是圆弧形，半径为0.25 m（纸板为0.5 mm），缝口宽度为0.5 mm±0.012 5 mm（纸板为2.0 mm±0.012 5 mm）。

A.1.2 驱动装置

折叠刀片的前后运动方式是简单的谐调运动，双折叠次数每分钟115次±10次，行程20 mm。

A.1.3 计数器

用于记录折叠次数，在试样断裂时应自动停止。

A.2 MIT仪

该仪器一般由四个独立部分组成。

A.2.1 弹簧负荷夹头，只被动地做上下运动，而不在其尖端下方60 mm处折叠夹头的摆动轴上做水平运动。夹头的夹紧面与该轴在同一平面上，夹紧面上的连接轴允许夹头在这一平面上做上下运动。负荷是由与夹头连接的弹簧提供的，作用于试样上的张力在4.91 N～14.72 N之间调节。1 kg的砝码可使弹簧产生至少17 mm/9.81 N的应力形变。

A.2.2 摆动折叠头，有一个可放入试样的折缝，折叠头表面平行且对称于旋转轴。应强调对称是最重要的，形成折叠缝平面端部的圆弧半径为0.38 mm±0.02 mm，宽度应不小于19 mm。

缝的开口应足够大，以使试样在夹头内自由下落，但应有一个不大于0.25 mm的间隙。因此要求折叠头有以下缝宽：0 mm～0.25 mm，0.25 mm～0.50 mm，0.50 mm～0.75 mm，0.75 mm～1.00 mm，1.00 mm～1.25 mm。

折叠缝下面是一个夹头，其最近边在旋转轴下面9.5 mm，试样的下端被夹在其中。

A.2.3 使折叠头每分钟完全摆动175次±10次且与垂直线成135°±2°摆动角的装置。

A.2.4 计数器，用于记录双折叠次数，当试样断裂时应自动停止。

附 录 B
（规范性附录）
耐折度试验仪的维护和校准

耐折度的试验结果受张力、缝口弧形、缝口半径影响较大，因此定期校准和检查是非常重要的。

B.1 肖伯尔仪

除夹头张力弹簧外，所有运动部件都应保持润滑，建议润滑时使用轻机油。加油时应小心，并在加油后检查断裂试样，确保其未沾上油。所有滚轴应能自由旋转，整个机构应保持无尘土，尤其是无纸毛。

夹头应能牢固地夹紧试样的整个宽度。检查时，放入试样，由弹簧施加张力并放松，反复几次，最后放松试样时，试样应保持平直。如果试样弯曲或呈波浪形，表明夹头有问题而使试样滑动，则应对每个夹头分别进行校正。校正时，插入正确宽度的短试样，然后用一只手固定夹头，另一只手在试样的平面内上下转动试样，以检查试样在其宽度上是否被均匀夹紧。

耐折度试验仪的弹簧应定期进行校准。首先需要在夹头端部划两条线，分别对应于起始时的张力最小值及最大行程时的张力最大值。校准弹簧张力的适宜方法如下：将折叠头连同弹簧筒和支座取下，放在垂直位置，以便进行校准。弹簧悬挂的总质量应包括夹头和连杆，给弹簧施加 7.60N 的负荷，弹簧伸长时所指示的刻度位置，应刚好能看见第一条刻度线。如果有必要进行调节，可以用弹簧筒末端的张力调节钮进行调节。

注：最小张力比最大张力更重要，应调整准确。

增加负荷，直至第二道刻线与弹簧筒末端对齐。如果负荷在 9.6 N～10.0 N之间，表明弹簧张力在校准范围内。如果高于或低于此值，应更换与之相匹配的弹簧，两道刻线的准确距离是 8 mm。

另一种校准方法可以在原地对弹簧进行校准，例如用平衡直角杠杆，此时可不考虑夹头质量。

检查折叠滚轴以确保其相互平行，并与试样的运动方向相垂直，且能自由转动。折叠缝的两边应彼此平行，且与折叠滚轴相平行，其两边应平滑，且表面无缺陷。

用秒表校对仪器的双折叠次数是否为每分钟 115 次±10 次。

注：上述过程未考虑折叠缝弧形半径的变化，它会影响到试验结果。当计数器停止时，所有新仪器应使用常用试样运行，直至读数稳定。

B.2 MIT 仪器

所有活动部件都应保持润滑，建议润滑时使用轻机油。加油时应小心，并在加油后检查断裂试样，确保其未沾上油。确保折叠边缘无锈蚀、尘土及油污，计数器运行正常。

检查弹簧杆摩擦。在弹簧杆上加 9.81 N 的负荷，测定能使弹簧杆产生微小移动的附加载荷，摩擦阻力应不超过 0.245 N。

按下列方法测定因折叠边旋转的偏心而引起的张力误差。

在仪器上夹一张纵向试样，进行耐折度试验。当双折叠次数达到 100 次时，试样接近于断裂，使试样弯曲且挺度影响最小。慢慢转动折叠头进行一个完整的折叠周期，测量弹簧杆的最大位移量，精确至 0.1 mm。该位移应是折叠头的夹口处于垂直时，以该点为中心的位移，这个位移应不大于附加 35 g 砝码（相当于施加 0.34 N 的负荷）时所产生的位移量。

注：在取出断裂试样时，不应用针或刀刃，以免损伤折叠边。

附　录　C
（资料性附录）
本标准与对应的 ISO 5626:1993 章节编号对照表

表 C.1 给出了本标准与对应的 ISO 5626:1993 章节编号对照表。

表 C.1　本标准与对应的 ISO 5626:1993 章条编号对照表

本标准章条编号	对应的 ISO 5626:1993 标准章条编号
1	1
2	2
3	3
3.1	3.1
3.2	3.2
3.3	3.3
4	4
5	5
5.1	5.1
5.2	5.2
5.3	5.3
5.4	5.4
6	6
7	7
8	8
9	9
9.1	9.1
9.2	9.2
9.3	9.5
10	10
10.1	10.1
10.2	10.2
11	11
附录 A	附录 A
附录 B	附录 B
附录 C	—
附录 D	—

附　录　D
（资料性附录）
本标准与 ISO 5626：1993 技术性差异及原因

表 D.1 给出了本标准与 ISO 5626：1993 技术性差异及原因一览表。

表 D.1　本标准与 ISO 5626：1993 技术性差异及原因

本标准的章条编号	技术性差异	原　因
1	范围中增加了 0.25 mm～1.4 mm 厚度的纸板；MIT 法适用于厚度不超过 1.25 mm 的纸和纸板	我国国情需要
5	增加了纸板耐折度肖伯尔法	我国常用到此方法

ICS 85-010
Y 30

中华人民共和国国家标准

GB/T 458—2008
代替 GB/T 5402—2003,GB/T 2679.13—1996,GB/T 458—2002

纸和纸板 透气度的测定

Paper and board—Determination of air permeance

[ISO 5636-2:1984,Paper and board—Determination of air permeance (medium range)—Part 2:Schopper method,ISO 5636-3:1992,Paper and board—Determination of air permeance(medium range)—Part 3:Bendtsen method,ISO 5636-5:2003,Paper and board—Determination of air permeance and air resistance(medium range)—Part 5:Gurley method,MOD]

2008-08-19 发布 2009-05-01 实施

中华人民共和国国家质量监督检验检疫总局
中国国家标准化管理委员会 发布

前　言

本标准修改采用ISO 5636-2:1984《纸和纸板　透气度的测定(中等范围)　第2部分:肖伯尔法》、ISO 5636-5:2003《纸和纸板　透气度的测定(中等范围)　第5部分:葛尔莱法》和ISO 5636-3:1992《纸和纸板　透气度的测定(中等范围)　第3部分:本特生法》。

本标准与ISO 5636-2:1984、ISO 5636-3:1992和ISO 5636-5:2003相比,主要差异如下:

——删除了国际标准的引言;

——将国际标准范围进行了合并;

——将本标准中仪器的描述作为了附录。

本标准是对GB/T 458—2002《纸和纸板透气度的测定(肖伯尔法)》、GB/T 2679.13—1996《纸和纸板透气度的测定(中等范围)本特生法》和GB/T 5402—2003《纸和纸板透气度的测定(中等范围)葛尔莱法》三项标准的整合修订,并代替以上三项标准。

本标准与GB/T 458—2002、GB/T 2679.13—1996和GB/T 5402—2003相比,有如下变化:

——将仪器结构及工作原理以附录的形式加以介绍,以利于本标准主体的条理性;

——在葛尔莱方法中,因仪器过时,故将夹板上置型仪器删除,相关标准内容也予以相应删减,请使用本标准的各方注意相关变化。

本标准的附录A、附录B、附录C为规范性附录。

本标准由中国轻工业联合会提出。

本标准由全国造纸工业标准化技术委员会归口。

本标准起草单位:中华人民共和国青岛出入境检验检疫局、中华人民共和国山东出入境检验检疫局、中华人民共和国荣成出入境检验检疫局、中国制浆造纸研究院。

本标准主要起草人:王涛、玄龙德、赵晓明、于洁。

本标准所代替标准的历次版本发布情况为:

——GB 458—1964,GB 458—1979,GB 458—1989,GB/T 458—2002;

——GB/T 2679.13—1996;

——GB/T 5402—1985,GB/T 5402—2003。

本标准由全国造纸工业标准化技术委员会负责解释。

纸和纸板　透气度的测定

1　范围

本标准规定了纸和纸板透气度的三种测定方法：葛尔莱法、肖伯尔法、本特生法。

本标准适用于透气度在 1×10^{-2} μm/(Pa·s)～1×10^{2} μm/(Pa·s)之间的纸和纸板。

本标准不适用于表面粗糙度较大，且不能被牢固夹紧的纸和纸板，如皱纹纸或瓦楞纸板。

2　规范性引用文件

下列文件中的条款通过本标准的引用而成为本标准的条款。凡是注日期的引用文件，其随后所有的修改单(不包括勘误的内容)或修订版均不适用于本标准，然而，鼓励根据本标准达成协议的各方研究是否可使用这些文件的最新版本。凡是不注日期的引用文件，其最新版本适用于本标准。

GB/T 450　纸和纸板　试样的采取及试样纵横向、正反面的测定(GB/T 450—2008，ISO 186：2002，MOD)

GB/T 10739　纸、纸板和纸浆试样处理和试验的标准大气(GB/T 10739—2002，eqv ISO 187：1990)

3　术语和定义

下列术语和定义适用于本标准。

3.1

透气度　air permeance

按规定条件，在单位时间和单位压差下，通过单位面积纸或纸板的平均空气流量，以微米每帕斯卡秒表示[1 μm/(Pa·s)=1 mL/(m^2·Pa·s)]。

4　葛尔莱法测定步骤

4.1　试样的制备

4.1.1　试样的采取按 GB/T 450 的规定进行。

4.1.2　试样温湿处理应按 GB/T 10739 的规定进行。

4.1.3　从 10 张样品中分别切取一个试样，试样尺寸为 50 mm×50 mm。

注：试验面上不能有皱折、裂纹和洞眼等外观纸病。

4.2　测定

4.2.1　测试应在与温湿处理时相同的大气条件下进行。

4.2.2　将仪器调准至水平，使两圆筒成垂直状态，然后将平滑、坚硬致密、无渗透性的金属或塑料薄片夹在两孔板之间，检查仪器的密封性。按 4.2.3 进行检查，经 5 h 的测定，泄露空气应不大于 50 mL。

4.2.3　将内圆筒升高，使其边缘在外圆筒的支撑装置上。将试样夹好，然后移开支撑装置，使内圆筒下降至能被浮起为止。

当内圆筒平稳下移时，从零刻度开始计时，测定初始两个 50 mL 间隔(即从 0 mL 至 100 mL 的间隔)通过外圆筒边缘时所需时间。测定准确度如下：

≤60 s	准确至 0.2 s。
>60 s 至≤180 s	准确至 1 s
>180 s	准确至 5 s

对于疏松或多孔性的试样，可测定较大体积空气通过所需的时间。如果在到达零点之前，内圆筒未能平稳、均匀移动，则应从 50 mL 刻度处开始计时。

注：应避免仪器的震动，因为震动将增加空气的通过速度。

4.2.4 测定时应 5 张试样正面，5 张试样反面进行测定。如果通过试样正反两面的透气度有较大差别，又需要报告这个差别，则应在每个面各测定 10 张试样，并且分别报告这两个结果。

4.3 结果计算

4.3.1 葛尔莱透气度(P)按式(1)计算，以 10 次测定的算术平均值表示结果，准确至两位有效数字。

$$P = 1.27\, V/t \qquad (1)$$

式中：

P——试样的透气度，单位为微米每帕斯卡秒[μm/(Pa·s)]；

V——透过空气的体积，单位为毫升(mL)；

t——通过 V mL 空气的时间，单位为秒(s)。

注：式(1)是以平均压力差 1.23 kPa 和试验面积 6.42 cm^2 作为计算基础的。

4.3.2 如果需要报告透气阻力，则应用葛尔莱透气阻力来表示，单位为 s，即测定通过 100 mL 气体所用的时间。若结果≤10 s，应准确至第一位小数，其他的则为两位数字。

4.4 精密度

从同一样品中获得的两份试样，由同一操作者在同一实验室进行测定，两个测定结果的平均值的偏差应在 10%内。

5 肖伯尔法测定步骤

5.1 试样的制备

5.1.1 试样的采取按 GB/T 450 的规定进行。

5.1.2 试样温湿处理应按 GB/T 10739 的规定进行。

5.1.3 从 10 张样品中分别切取一个试样，试样尺寸为 60 mm×100 mm，或沿整张纸页横幅切取宽 60 mm 的全幅试样，并标明正反面。

注：被测面上不能有皱折、裂纹和洞眼等外观纸病。

5.2 测定

5.2.1 测定应在与温湿处理时相同的大气条件下进行。

5.2.2 按照第 B.2 章规定进行仪器校准，并检查其密封性。

5.2.3 将处理好的试样夹在夹持器上，调节压差至(1.00±0.01)kPa。按表 1 选择合适的测试持续时间，测定透过试样的气流量。

表 1 恒定压差为(1.00±0.01)kPa 时的测试持续时间

气流量/(mL/s)	测试持续时间/s	测试容积/mL
0.13～0.33	300	40～100
0.33～0.83	120	40～100
0.83～1.67	60	50～100
1.67～5.0	120	200～600
5.0～10.0	60	300～600
10.0～20.0	30	300～600
20.0～40.0	15	300～600

5.2.4 测定高紧度的试样时，若透过试样的空气流量小于表1中的最小数值，则恒定压差应增加到(2.50±0.01)kPa，可采用表2中的测试持续时间。

表2 恒定压差为(2.50±0.01)kPa时的测试持续时间

气流量/(μL/s)	测试持续时间/s	测试容积/mL
17～33	3 000	50～100
33～67	1 500	50～100
67～167	600	40～100
167以上	240	40以上

5.2.5 由于透气度与恒定压差和测试时间有良好的正比关系，因此必要时可以选择其他测试压差和测试时间，但应在报告中注明。

5.2.6 如果样品厚度在0.3 mm以上，应将被测试样夹持区以外的边缘密封起来，以防侧面进气影响测试结果。

注：密封时应格外小心，不应影响测试区。

5.2.7 测定时，应5张试样正面，5张试样反面进行测定。如果通过试样正反两面的透气度有较大差别，又需要报告这个差别，则应在每个面各测定10张试样，并且分别报告这两个结果。

5.3 结果计算

肖伯尔透气度(P_S)按式(2)计算：

$$P_S = V/\Delta p \cdot t \quad \cdots\cdots(2)$$

式中：

P_S——透气度，单位为微米每帕斯卡秒[μm/(Pa·s)]；

V——测定时间内通过试样的空气体积，单位为毫升(mL)；

Δp——试样两边压差，单位为千帕(kPa)；

t——测定时间，单位为秒(s)。

5.4 精密度

从同一样品中获得的两份试样，由同一操作者在同一实验室进行测定，两个测定结果的平均值的偏差应在10%内。

6 本特生法测定步骤

6.1 试样的制备

6.1.1 试样的采取按GB/T 450的规定进行。

6.1.2 试样温湿处理应按GB/T 10739的规定进行。

6.1.3 从10张样品中分别切取一个试样，试样尺寸为50 mm×50 mm。

注：试验面上不应有皱折、裂纹和洞眼等外观纸病。

6.2 测定

6.2.1 测定应在与温湿处理时相同的大气条件下进行。

6.2.2 将仪器置于稳固的工作台上，并调至水平。

6.2.3 根据试验样品选择合适的流量计和工作压力(本标准规定压力为1.47 kPa)。

6.2.4 完成渗漏检查和流量校准后，连接好流量计、测量头。

6.2.5 将试样夹于环形板和密封垫之间，夹紧5 s后记录流量计读数。

6.2.6 测定时，应5张试样正面，5张试样反面进行测定。如果通过试样正反两面的透气度有较大差别，又需要报告这个差别，则应在每个面各测定10张试样，并且分别报告这两个结果。

6.3 结果计算

6.3.1 本特生透气度(P)按式(3)计算:

$$P = 0.0113\,q \tag{3}$$

式中:

P——1.47 kPa 标准压差下的透气度,单位为微米每帕斯卡秒[μm/(Pa·s)];

q——每分钟通过试样测试面的空气量,单位为毫升每分(mL/min)。

6.3.2 计算透气度的算术平均值,以 μm/(Pa·s)表示,精确至两位有效数字。如果试样正反面的气流量有明显差异时,则分别计算每面的透气度的算术平均值。

6.4 精密度

从同一样品中获得的两份试样,由同一操作者在同一实验室进行测定,两个测定结果的平均值的偏差应在10%内。

7 试验报告

试验报告应包括如下内容:

a) 本标准编号和所使用的测定方法;

b) 测定结果的算术平均值应精确至两位有效数字;

c) 如需要,应报告正反面各自测定结果的算术平均值;

d) 需要的标准偏差或变异系数应保留两位有效数字;

e) 试验过程中的异常或与本标准不同之操作。

附 录 A
（规范性附录）
葛尔莱透气度仪

A.1 仪器

仪器是由一个外圆筒和一个内圆筒组成的。外圆筒内装有一定量的密封液体，内圆筒可在外圆筒内自由滑动。外圆筒高 254 mm，内径 82.6 mm，在其圆筒内壁等距竖立排列三根或四根金属条，金属条的长度在 190 mm～245.5 mm 之间，金属条的截面为 2.4 mm 边长的正方形或 2.4 mm 直径的圆形，金属条作为内圆筒上下移动的导轨。内圆筒高 254 mm，外径 76.2 mm，内径 74.1 mm，质量为(567±0.5)g。由内圆筒自身重力形成的空气压力，施加于夹在孔径为(28.6±0.1)mm夹板间的试样上。

夹板位于底座，在夹板有空气压力的一侧贴着一个橡胶衬垫，以防试样面和夹板间漏气。衬垫是由薄的、有弹性、耐油、抗氧化的材料制成，并且有光滑平整的表面。衬垫厚度为 0.70 mm～1.00 mm、硬度为 50 IRHD～60 IRHD（国际橡胶硬度标度），内径为(28.6±0.1)mm（面积为6.42 cm^2），外径为(34.9±0.1)mm，衬垫的孔应准确对准夹板孔。在使用过程中，为了使衬垫和夹板的两个孔对准并保护衬垫，应将衬垫粘贴在夹板的定位槽内。该圆槽与其相对的夹板孔应同心，其内径为(28.41±0.04)mm，槽深为(0.45±0.05)mm，槽的外径为(35.2±0.1)mm。衬垫与定位槽应准确匹配。

注：有些仪器的板槽内径为 28.65 mm，应使衬垫稍稍张紧配合。

密封液在 38 ℃时密度为 860 kg/m^3，运动粘度为 10 mm^2/s～13 mm^2/s（相当于 60 s Saybolt～70 s Saybolt），而闪点应不低于 135 ℃。

A.2 原理

用浮动在液体上的垂直竖立圆筒的自身重力来压缩筒内空气，使压缩空气与试样相接触。随着空气通过试样，圆筒便会平稳下落。测定一定体积的空气，通过试样的所需时间，并按此计算透气度。

A.3 容积的校对

A.3.1 将平滑、坚硬致密、无渗透性的金属或塑料薄片夹在两孔板之间，检查仪器的密封性。按 4.2.3 进行检查，经 5 h 的测定，泄露空气量应不大于 50 mL。如果 5 h 泄出的空气超过 50 mL，应用软橡胶代替硬面材料重复上述检查。若在夹板处没发现漏气，则应查找其他漏气处，并用氯丁橡胶或其他粘合剂封堵漏气部位。

A.3.2 图 A.1 表示内圆筒容积的检定装置。用一种专用连接平板（见图 A.2）通过两个三通开关 A、B，将葛尔莱仪与 100 mL 滴定管连接起来（滴定管的刻度为 0.2 mL/格）。在真空管与开关 A1 之间加一个三通开关 D。所有连接均应使用耐压橡胶管。

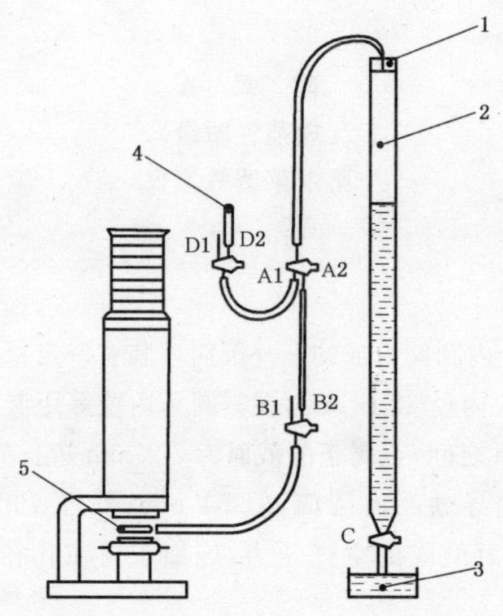

1——橡皮塞；
2——100 mL 滴定管；
3——水槽；
4——连接真空；
5——连接盘；
A～D——旋塞。

图 A.1 校准用装置

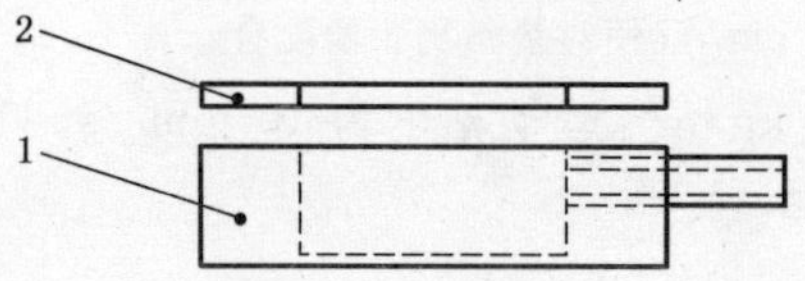

1——黄铜；
2——橡胶。

图 A.2 连接板

A.3.3 当真空管抽气时，应接通 A1、D2 和 C，使水进入滴定管，并使水面达到 35 mL 刻度线，然后放开 D1 恢复滴定管的大气压力。打开 B1，提升内圆筒至密封液的液面以上，再关闭 B1。接通 A2 和 B2，使水从滴定管中流出，并使内圆筒的零刻度恰好在外圆筒的参考点上。将仪器静置 15 min，以检查空气泄露情况。如果内圆筒有移动，则检查所有的接口是否有漏气现象。

A.3.4 调整零刻度线，使其与参考点对正，同时记录滴定管示值（准确至 0.1 mL）。使水从滴定管中流出，直至内圆筒的第一个 50 mL 刻度线与外圆筒的参考点重合，并再次记录滴定管示值，两次示值之差即是仪器的第一个 50mL 间隔的容积。

A.3.5 从 0 mL 到 350 mL，应进行每个 50 mL 间隔的三次测定，并计算每三次测定的平均值。如果每个测定值与平均值的偏差不是在 1.0 mL 内，则应进行重复测定。应从每一个平均值中减去 5.4%，以补偿圆筒壁所置换的流体容积。如果误差大于 3%，则应编制一张内圆筒的刻度校正表。

附 录 B
（规范性附录）
肖伯尔透气度仪

B.1 仪器

该仪器的夹持装置应确保试样测试区的面积为(10.0±0.2)cm^2。

夹持装置的一侧处于实验室的标准大气中，另一侧则与仪器的稳压部分相联，该部分将在测试区内保证小而稳定的压差，并可准确地测定排出气体的体积或流量。夹环应采用低弹性的特殊橡胶密封垫，以防止试样上的测试区产生明显变形。

仪器测试区的压差可调，并能确保下列两个压差 Δp 保持规定的精确度。

$$\Delta p_1 = 1.00\ \text{kPa} \pm 0.01\ \text{kPa}$$

$$\Delta p_2 = 2.50\ \text{kPa} \pm 0.01\ \text{kPa}$$

透过测试区空气流量的测定精确度应符合以下规定：100 mL 或不足 100 mL 的，其体积误差应为±1 mL；大于 100 mL 的，其体积误差应为±5 mL。仪器可测的最大气流量应为 1 000 mL。

B.2 密封性校准

B.2.1 将仪器调节至水平。

B.2.2 取一片光滑、坚硬而不透气的塑料薄片或金属薄片夹于夹持器上，将测试区恒定压力差调节至1.0 kPa，然后关闭排水阀。

B.2.3 开动计时器开始计时，漏气量每小时应不超过 1.0 mL。

附 录 C
（规范性附录）
本特生透气度仪

C.1 仪器

该仪器由压缩机（或压力气体导入装置）、压力缓冲容器、带稳压装置的流量计和测量头组成。

C.1.1 压缩机

压缩机用以产生压力约 127 kPa 的气流，如果需要，可安装过滤器以保证空气清洁、无油。

C.1.2 压力缓冲容器

容积约 10 L，安装于压缩机与流量计之间。

C.1.3 稳压阀

流量计入口处用稳压阀控制空气压力。一般本特生透气度仪有三个稳压阀，其压力控制为 0.74 kPa±0.01 kPa、1.47 kPa±0.02 kPa 和 2.20 kPa±0.03 kPa，本标准规定压力为 1.47 kPa。

C.1.4 流量计

一般有三个不同范围的流量计，分别为 10 mL/min～150 mL/min，50 mL/min～500 mL/min 及 300 mL/min～3 000 mL/min，要求读数分别精确至 2 mL/min、5 mL/min 和 20 mL/min。

C.1.5 测量头

测量头与气源相通，且有一刚性环形板，用于将试样夹于环形板与密封胶垫（或玻璃板）之间，圆环和密封垫（或玻璃板）的尺寸均应保证被夹试样的测试面积为（10±0.2）cm^2。

密封垫有磨损或变形应及时更换。测量头和流量计之间用内径为 5 mm～6 mm，长度不大于 600 mm 的橡皮管或塑料管连接。

C.2 渗漏检查

选用 10 mL/min～150 mL/min 流量计，在测量头处贴着密封垫夹入一片平滑而硬的非金属板（标准板），检验空气渗漏情况。

如果读数不为零，应检查非金属板（标准板）是否损坏或有缺陷。应确保密封胶垫与非金属板接触紧密，并检查气流管线是否紧固，以防泄漏。

C.3 校准流量计

C.3.1 用毛细管校验流量计

流量计的转子对磨损很敏感，如果刻度读数与所连接的毛细管指定值相差大于 5%，应采用下列步骤：

C.3.1.1 用毛细管校准两相邻流量计。

C.3.1.2 如两者读数均偏高，则检查流量计和转子清洁程度，必要时进行清洗。

C.3.1.3 如两者读数均偏低，则检查系统的堵塞情况（如管子打折）。

C.3.1.4 如两者读数不一致，或 C.3.1.2 和 C.3.1.3 不能判断故障，以 1.47 kPa 压力用皂泡计或其他装置校准流量计。

C.3.1.5 若从 C.3.1.4 的结果判断流量计或毛细管已坏，应更换。

C.3.2 用皂泡计校准转子流量计

C.3.2.1 皂泡计（图 C.1）和相关检测器具

——容积为 1 L 的玻璃瓶；

——容积计，具有 100 mL、250 mL 和 1 500 mL 刻度，不同刻度范围可靠更换容积计而得；

——针形阀(控制阀)；

——秒表；

——皂液：3%～5%液体洗涤剂水溶液。

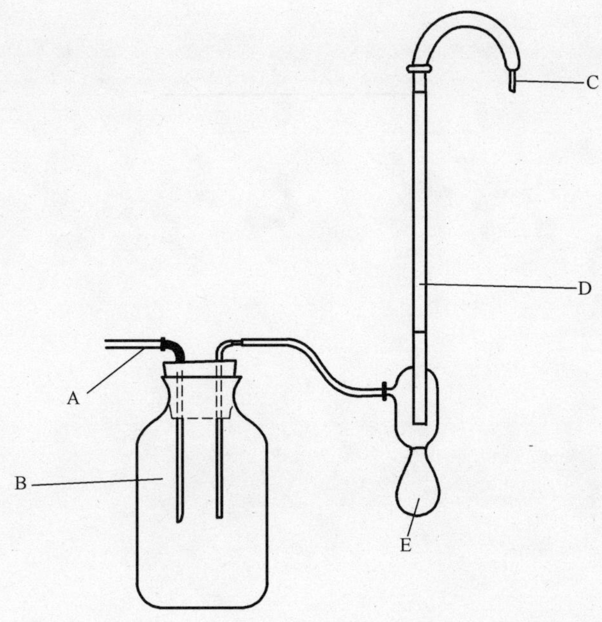

A——连接点；

B——1 L 玻璃瓶；

C——针形阀；

D——容积计；

E——橡皮球。

注：系统在高气流压降下，能产生校准误差。为了消除这种误差，管子的长度和直径应与测试的相同。

图 C.1 皂泡计

C.3.2.2 校准步骤

在流量计出口胶管处取下测量头，将胶管接到皂泡计 A 上。打开通气阀，气流从流量计导向皂泡计进行校准。细心调节管夹和针形阀，使流量计的流量恒定。迅速挤压容积计下部的橡胶球，使皂泡进入容积计内。测定皂泡在标定容积两刻度间通过的时间，以秒表示。所选用的容积计的量程应使测定时间超过 30 s，重复测定 6 点不同的气流，并记录当时的大气压。

C.3.2.3 计算

从每个测定时间和测定体积，计算每分钟精确的空气流量的毫升数。检查流量计的读数是否在这个流量的 5%以内。如果不是，检查流量计的操作。若有必要，可以绘制校正图。由每个测定时间和测定体积，按式(C.1)修正空气流量。

$$q = p \times V \times 60/102.8 \times t = 0.584p \times V/t \qquad \cdots\cdots(C.1)$$

式中：

q——空气流量，单位为毫升每分(mL/min)；

p——实际大气压与(水柱)压力计之和，单位为千帕(kPa)，校准到 102.8 kPa[常规大气压(101.3 kPa)与 23 ℃下的操作压力(1.47 kPa)之和]；

V——容积计体积，单位为毫升(mL)；

t——皂泡通过容积计两刻度之间的时间，单位为秒(s)。

C.3.3 毛细管校准

在流量计出口和皂泡计A点之间，连接毛细管，除去控制阀和容积计顶部的管子。

按C.3.2.2测定皂泡通过的时间，按C.3.2.3计算空气流量(新型仪器都带有标准孔板，用于流量校对)。

前　言

本标准是对GB/T 459—1989《纸伸缩性的测定法》的修订。

本标准等效采用国际标准ISO 5635:1989《纸——浸水后尺寸变化的测定》,而且增加了画线法和纸张浸水风干后尺寸伸缩性的有关内容。

本标准自实施之日起,同时代替GB/T 459—1989。

本标准由中国轻工业联合会提出。

本标准由全国造纸工业标准化技术委员会归口。

本标准起草单位:天津出入境检验检疫局、中国制浆造纸研究院。

本标准主要起草人:栗建永、赵黎华、张景彦、陈曦。

本标准首次发布于1964年,第一次修订于1979年,第二次修订于1989年。

本标准委托全国造纸工业标准化技术委员会负责解释。

ISO 前言

ISO(国际标准化组织)是国家标准团体(ISO 成员)的一个世界性联合会。通常国际标准的制定工作由 ISO 技术委员会进行。对某个技术委员会确定的项目感兴趣的每一成员都有权派代表参加该技术委员会,无论是官方的和非官方的国际组织,只要与 ISO 有联系,同样可以参加该项工作。ISO 与 IEC(国际电工委员会)在电工标准方面密切合作。

技术委员会采纳的国际标准草案在 ISO 委员会承认为国际标准之前要经过各成员的投票。

ISO 5635 是由 ISO/TC6 制定的,并于 1976 年 12 月由各成员审查。下列国家投票赞成该标准:

奥地利	匈牙利	南非
比利时	印度	西班牙
巴西	爱尔兰	瑞典
加拿大	意大利	瑞士
中国	肯尼亚	坦桑尼亚
埃及	朝鲜	土耳其
芬兰	挪威	英国
德国	波兰	罗马尼亚

以下成员国表示不赞同该标准:

美国

中华人民共和国国家标准

GB/T 459—2002
eqv ISO 5635:1978

代替 GB/T 459—1989

纸和纸板伸缩性的测定

Paper and board—Determination of demensional instability

1 范围

本标准规定了纸和纸板浸水后或浸水风干后尺寸相对变化的测定方法。

本标准适用于大多数纸或纸板,但不适用于浸水后极易破裂或过分卷曲的纸张。

2 引用标准

下列标准所包含的条文,通过在本标准中引用而构成为本标准的条文。本标准出版时,所示版本均为有效。所有标准都会被修订,使用本标准的各方应探讨使用下列标准最新版本的可能性。

GB/T 450—2002　纸和纸板试样的采取(eqv ISO 186:1994)

GB/T 10739—2002　纸、纸板和纸浆试样处理和试验的标准大气条件(eqv ISO 187:1990)

3 术语

尺寸变化　demensional changes

预先在标准大气条件下平衡的纸和纸板,浸水后其纵、横向尺寸相对于平衡状态下尺寸的变化,或浸水再风干后纵、横向尺寸相对于平衡状态下尺寸的变化,以百分数表示。

4 原理

将试样浸于水中,直至长度不再变化时,测量其变化的长度。再使试样风干至长度不再变化时,测量其变化的长度。注意纸张在湿润时,不应承受任何负荷。多数纸张浸湿后强度很差,即使一极小的负荷,足以使之伸长。

5 仪器

5.1　试样画线器:由一个钢硬的长棒所组成,其材质在试验条件下应保持稳定。长棒的规格约为250 mm×40 mm×5 mm,具有两个金属支撑脚。支撑脚的尖端磨锉成凿子形状,嵌装在长棒的一个窄边内,间距为(200±2)mm(见图1)。

单位:mm

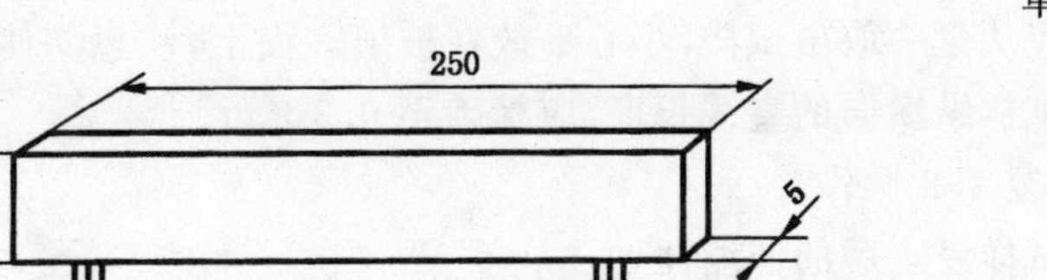

图1　试样画线器

中华人民共和国国家质量监督检验检疫总局 2002-09-05 批准　　2003-01-01 实施

5.2 测量用精密量尺:量尺刻度应精确到 0.2 mm,尺寸以毫米表示。也可采用精度为 0.02 mm 的游标卡尺。

6 试样的采取处理及制备

6.1 按 GB/T 450 采取整张纸页。

6.2 按 GB/T 10379 进行温湿处理。

6.3 沿所采取的整张纸页的横向,均匀切取不少于 3 张的 220 mm×220 mm 试样。

7 试验步骤

方法 A

7.1 将试样平放在玻璃表面上,用画线器分别沿纵向和横向画标记。标记应分别与试样边缘相距约 10 mm,同一方向的两标记间距离为画线器两凿子间距离。将画好标记的试样浸没于与标准大气温度相同的蒸馏水盘中,直至试样尺寸不变。一般浸水 15 min 已足够,对于高施胶度或高定量的试样可适当延长浸水时间,但应在试验报告中注明。

达到终点时,应从盘中取出试样,小心平放在玻璃表面上,注意勿使试样受力伸长。用画线器上的一个凿形脚与试样上的一个标记重合,将另一凿形脚伸向试样对应另一标记,在同一方向上画出一个新的标记。用符合 5.2 规定的精密量尺,测量新画的标记与同一方向原标记间的距离,即为试样在该方向上的伸缩量,应精确至 0.2 mm。重复这一操作,分别得出同一试样在纵、横方向上的伸缩量。

将其余试样重复上述操作。

按式(1)计算试样浸水后的伸缩性 S_1。

$$S_1(\%) = 0.5 \times \Delta L_1 \qquad \cdots\cdots(1)$$

式中:ΔL_1——试样浸水后的长度变化,mm;伸长时该值为正值,收缩时该值为负值。

7.2 将湿后试样小心地由玻璃表面移至滤纸上,使其在标准大气条件下风干至尺寸不再变化。用画线器按 7.1 所述方法,测量其纵横向的尺寸变化。

按式(2)计算试样浸水风干后的伸缩性 S_2。

$$S_2(\%) = 0.5 \times \Delta L_2 \qquad \cdots\cdots(2)$$

式中:ΔL_2——试样浸水后的长度变化,mm;伸长时该值为正值,收缩时该值为负值。

方法 B

7.3 将试样平放在玻璃表面上,用铅笔分别沿纵横向画两条垂直相交的直线。直线两端距试样边缘约 10 mm,直线长度为(200±2)mm。用符合 5.2 规定的精密量尺测量直线长度,应精确至 0.2 mm。

将画线后的试样浸没于与标准大气温度相同的蒸馏水盘中,直至试样尺寸不变。一般浸水 15 min 已足够,对于高施胶度或高定量的试样可适当延长浸水时间,但应在试验报告中注明。

达到终点时,应从盘中取出试样,小心平放在玻璃表面上,注意勿使试样受力伸长。用符合 5.2 规定的精密量尺,量取试样纵横向的直线长度,应精确至 0.2 mm。

将其余试样重复 7.3 操作。

按式(3)计算试样浸水后的伸缩性 S_1。

$$S_1(\%) = \frac{L_1 - L_2}{L_1} \times 100 \qquad \cdots\cdots(3)$$

式中:L_1——试样浸水前的直线长度,mm;

L_2——试样浸水后的直线长度,mm。

7.4 将湿后试样小心地由玻璃表面移至滤纸上,使其在标准大气条件下风干至尺寸不再变化。再次用精密量尺测量每张试样纵横两条直线的长度，精确至0.2 mm，并按式(4)计算浸水干燥后试样的伸缩性S_2。

$$S_2(\%)=\frac{L_1-L_3}{L_1}\times 100 \quad\cdots\cdots(4)$$

式中：L_1——试样浸水前的直线长度，mm；

L_3——试样浸水干燥后的直线长度，mm。

8 试验报告

试验报告应包括以下项目：

a）本标准号；

b）分别报告试样浸水和浸水干燥后纵横向的伸缩性，精确至0.1%；

c）浸水时间、干燥时间和温湿度条件；

d）任何偏离本标准的情况。

ICS 85-010
Y 30

中华人民共和国国家标准

GB/T 460—2008
代替 GB/T 460—2002,GB/T 5405—2002

纸　施胶度的测定

Paper—Determination of the sizing value

2008-08-19 发布　　2009-05-01 实施

中华人民共和国国家质量监督检验检疫总局
中国国家标准化管理委员会　发布

前　言

本标准是对 GB/T 460—2002《纸施胶度的测定(墨水划线法)》和 GB/T 5405—2002《纸施胶度的测定(液体渗透法)》的整合修订。

本标准代替 GB/T 460—2002 和 GB/T 5405—2002。

本标准与 GB/T 460—2002 和 GB/T 5405—2002 相比,主要变化如下:

——修改了标准的范围;

——“仪器和试剂”改为“器具、试剂和易耗品”;

——增加液体渗透法的计算方法。

本标准由中国轻工业联合会提出。

本标准由全国造纸工业标准化技术委员会(SAC/TC 141)归口。

本标准起草单位:中华人民共和国青岛出入境检验检疫局、中华人民共和国山东出入境检验检疫局、中国制浆造纸研究院。

本标准主要起草人:王涛、玄龙德、郝国龙、李少鹏、苏杰。

本标准所代替标准的历次版本发布情况为:

——GB/T 460—1979、GB/T 460—2002;

——GB/T 5405—1985、GB/T 5405—2002。

本标准委托全国造纸工业标准化技术委员会负责解释。

纸 施胶度的测定

1 范围

本标准规定了两种测定纸施胶度的主要方法——墨水划线法和液体渗透法。

本标准中的墨水划线法适用于文化用纸和书写用纸，液体渗透法适用于定量较低的白纸。

2 规范性引用文件

下列文件中的条款通过本标准的引用而成为本标准的条款。凡是注日期的引用文件，其随后所有的修改单(不包括勘误的内容)或修订版均不适用于本标准，然而，鼓励根据本标准达成协议的各方研究是否可使用这些文件的最新版本。凡是不注日期的引用文件，其最新版本适用于本标准。

GB/T 450 纸和纸板 试样的采取及试样纵横向、正反面的测定(GB/T 450—2008，ISO 186：2002，MOD)

GB/T 10739 纸、纸板和纸浆试样处理和试验的标准大气条件(GB/T 10739—2002，eqv ISO 187：1990)

3 术语和定义

下列术语和定义适用于本标准。

3.1

施胶度 sizing value

表示纸的抗水性能，包括墨水划线法和液体渗透法。

4 方法 A：墨水划线法

4.1 原理

用标准墨水在纸上划线时，以不扩散亦不渗透的最大线条宽度(毫米)来评价纸的抗水性能。纸的抗水性能越强，施胶度越大。

4.2 器具、试剂和易耗品

4.2.1 划线器。

4.2.2 直线笔(鸭嘴笔)：大号尖头直线笔和阔头直线笔。

4.2.3 施胶度标准图片：印有标准宽度线条的专用胶片。

4.2.4 施胶度墨水渗透扩散比较板。

4.2.5 放大镜：带有刻度，放大倍数为 10 倍，测量距离的刻度分度为 0.05 mm。

4.2.6 标准墨水：施胶度标准测定墨水。

4.2.7 定性滤纸。

4.3 试样的采取、处理和制备

4.3.1 按 GB/T 450 的规定进行取样。

4.3.2 样品按 GB/T 10739 的规定进行温湿处理。

4.3.3 将处理好的样品沿横幅切成 150 mm×150 mm 的试样，标明正反面。如果是双面纸，应至少取 6 张试样，正反面各至少测定 3 张；如果是单面纸，应至少取 3 张试样进行测定。

4.4 试验步骤

4.4.1 试验应在 GB/T 10739 规定的标准大气条件下进行。

4.4.2 检查划线器(4.2.1)或直线笔(4.2.2)的笔端是否光滑、平行。

4.4.3 调整划线器(4.2.1)或直线笔(4.2.2)的宽度。

4.4.3.1 根据产品标准中规定的宽度,调整划线器或直线笔的宽度,使之与前者相等。若无相关的产品标准,施胶度较低的纸可选 0.5 mm,施胶度较高的纸可选 2 mm。

4.4.3.2 将标准墨水(4.2.6)注入划线器或直线笔,使其墨水含量达到最大限度。

4.4.3.3 在高施胶度的纸上用划线器或直线笔划一条直线,并立即用定性滤纸(4.2.7)吸干,然后用放大镜和施胶度标准图片(4.2.3)测定直线宽度。

4.4.3.4 重复 4.4.3.1～4.4.3.3 的操作,直至线条宽度与产品标准中规定的宽度或选择的宽度一致为止。

4.4.4 测试

4.4.4.1 将在标准大气条件下处理后的试样平铺于一块玻璃板上,将调整好宽度的划线器或直线笔注满墨水。

4.4.4.2 将划线器置于试样上,沿与纸幅纵向呈 45°角的方向以 10 cm/s 速度划一条 10 cm 长的直线。采用直线笔划线与采用划线器划线类似,但应注意直线笔与玻璃板也应保持 45°角,并对试样施加轻微压力,以可划出直线为准,如果施胶度大于 1.5 mm,则应使用阔头直线笔。每划一条直线应重新补加一次墨水,划线时直线笔应在线条开始点和结束点各停留 1 s。

4.4.4.3 将已划线的试样平放在试验台上,在标准大气条件下风干后,即按施胶度墨水渗透扩散比较板(4.2.4)判定试样上的墨水是否渗透或扩散,应注意直线两端各 1.5 cm 内不作为评定依据。若全部试样上的墨水不扩散或不渗透,则加大线条宽度后再进行测定,直至某一试样或全部试样发生扩散或渗透;若某一试样或全部试样上的墨水扩散或渗透,则减小直线宽度后再进行测定,直至全部试样不发生扩散或渗透。

4.5 试验结果

所有试样不扩散亦不渗透的最大线条宽度值即为该样品的施胶度,结果表示为“×× mm”。

5 方法 B:液体渗透法

5.1 原理

以标准溶液透过纸页所需的时间(秒)来评价纸的抗水性能。纸的抗水性能越强,施胶度越大。

5.2 器具、试剂和易耗品

5.2.1 1%三氯化铁溶液:溶解 1.0 g 分析纯三氯化铁于水中,稀释至 100 mL。

5.2.2 2%硫氰酸铵溶液:溶解 2.0 g 分析纯硫氰酸铵于水中,稀释至 100 mL。

5.2.3 滴瓶:滴管倾斜 45°时,每滴液量为 0.06 mL。

5.2.4 培养皿。

5.2.5 秒表。

5.3 试样的采取、处理和制备

5.3.1 按 GB/T 450 的规定进行取样。

5.3.2 样品按 GB/T 10739 的规定进行温湿处理。

5.3.3 将处理好的样品沿横幅切成 30 mm×30 mm 的试样 10 张,将试样的四边折起,做成底约为 20 mm×20 mm 的小盒,五个正面向上,另外五个反面向上。

5.4 试验步骤

5.4.1 试验应在 GB/T 10739 规定的标准大气条件下进行。

5.4.2 在培养皿内倒入适量的硫氰酸铵溶液(5.2.2),然后将小盒浮置于硫氰酸铵溶液(5.2.2)的液面上,立即用滴管在距盒底约 1 cm 高处滴入 1 滴三氯化铁溶液(5.2.1),同时开始计时。操作时,滴管应倾斜约 45°角,以使每滴液量为 0.06 mL。

5.4.3 当三氯化铁溶液(5.2.1)滴入点处的纸面上刚刚出现红点时停止计时,记录时间应准确至1 s。

5.4.4 重复5.4.1～5.4.3的操作,直至测定正反面共10个试样。

5.5 试验结果

取10个试样的平均值,准确至1 s,即为该样品的施胶度(秒)。

6 试验报告

试验报告应包括如下内容:

a) 本标准编号;

b) 样品的编号;

c) 测定的大气条件;

d) 测定结果;

e) 测定日期和地点;

f) 任何不符合本标准规定的操作。

前　　言

本标准是对 GB/T 461.1—1989《纸和纸板毛细吸液高度的测定法(克列姆法)》的修订。

本标准等效采用 ISO 8787:1986(1991 年 11 月确认)《纸和纸板——毛细吸收高度的测定——克列姆法》。

本标准自实施之日起,同时代替 GB/T 461.1—1989。

本标准由中国轻工业联合会提出。

本标准由全国造纸工业标准化技术委员会归口。

本标准起草单位:中国制浆造纸研究院。

本标准主要起草人:陈曦、李兰芬、王华佳、宋川。

本标准首次发布于 1989 年。

本标准委托全国造纸工业标准化技术委员会负责解释。

ISO 前言

ISO(国际标准化组织)是国家标准团体(ISO 成员)的一个世界性联合会。通常国际标准的制定工作由 ISO 技术委员会进行。对某个技术委员会确定的项目感兴趣的每一成员都有权派代表参加该技术委员会,无论是官方的和非官方的国际组织,只要与 ISO 有联系,同样可以参加该项工作。ISO 与 IEC(国际电工委员会)在电工标准方面密切合作。

技术委员会采纳的国际标准草案在 ISO 委员会承认为国际标准之前要经过各成员的投票,要求至少有 75%的成员投赞成票。

第二版本代替第一版本(ISO 8787:1986),它是一个专业化的章程修订版。

本国际标准 ISO 8787 是由 ISO/TC 6 纸、纸板和纸浆技术委员会制定的。

使用者应注意,所有经历了一次次修订的国际标准版本以及任何在此引用到其他国际标准中的标准是指最新的版本,除非另有说明。

中华人民共和国国家标准

纸和纸板毛细吸液高度的测定（克列姆法）

GB/T 461.1—2002
eqv ISO 8787:1989

代替 GB/T 461.1—1989

Paper and board—Determination of capillary rise (Klemm method)

1 范围

本标准规定了采用克列姆法测定纸和纸板毛细吸液高度的方法。

本标准适用于未施胶的纸和纸板，不适用于 10 min 内毛细吸液高度小于 5 mm 的纸和纸板。

2 引用标准

下列标准所包含的条文，通过在本标准中引用而构成为本标准的条文。本标准出版时，所示版本均为有效。所有标准都会被修订，使用本标准的各方应探讨使用下列标准最新版本的可能性。

GB/T 450—2002　纸和纸板试样的采取(eqv ISO 186:1994)

GB/T 10739—2002　纸、纸板和纸浆试样处理和试验的标准大气条件(eqv ISO 187:1990)

3 原理

一条垂直悬挂的试样，其下端浸入水中，测定一定时间后的毛细吸液高度，吸液时间根据产品的特点来选择，如 10 min±10 s 等。

4 试验仪器与试剂

4.1 本标准采用克列姆试验仪，其标尺长度为 200 mm，标尺分度值为 1 mm。

4.2 秒表：可读准至 1 s。

4.3 试验用的试剂：蒸馏水或去离子水，亦可采用产品标准要求的其他溶液。

5 试样的采取、制备和处理

试样的采取按 GB/T 450 进行。沿纸的纵向或(和)横向各切 5 条试样，每条试样宽(15±1)mm、长至少 250 mm。

将上述切好的试样按 GB/T 10739 的规定进行处理，并在其规定的条件下进行试验。

6 试验步骤

6.1 夹好试样后轻轻放下夹纸器的横梁，使试样垂直插入(23±1)℃的试剂(4.3)中 5 mm，开动秒表计时，10 min±10 s 后读取毛细吸液高度。

6.2 毛细吸液高度应读准至 1 mm。

6.3 如有特殊要求，应按产品标准规定的吸液时间。

6.4 如果液体上升时润湿线倾斜或弯曲，应按平均高度读取结果。如果多层纸板里外层吸收速度不同

中华人民共和国国家质量监督检验检疫总局 2002-09-06 批准　　2003-01-01 实施

时，应按平均值表示结果。

6.5 插入液体中的纸条长度，可按产品标准或其他要求适当延长，但要在试验报告中注明。

6.6 如果试样卷曲，可在试样下端挂一小夹子，所选用的夹子质量应能保证试样垂直插入液体而又不至于在试样湿润时将它拉长或拉断。

7 结果表示

计算出纵、横向各5条试样的试验平均值，精确至1 mm。

8 精密度

本标准方法的重复性为10%，再现性为20%。

9 试验报告

试验报告应包括以下项目：

a）本标准号；

b）试验用液体名称及要求；

c）纵横各向试验结果的平均值，以 mm/10 min、mm/100 s 或 s/mm 表示，精确至1 mm；

d）试验结果的变异系数；

e）与本标准的不符之处。

ICS 85.060
Y 30

中华人民共和国国家标准

GB/T 461.3—2005
代替 GB/T 461.3—1989

纸和纸板　吸水性的测定(浸水法)

Paper and board—Determination of water absorption(immersion in water)

(ISO 5637:1989,Paper and board—Determination of water absorption after immersion in water,MOD)

2005-09-26 发布　　2006-04-01 实施

中华人民共和国国家质量监督检验检疫总局
中国国家标准化管理委员会　发布

前　言

GB/T 461分为三个部分：

——GB/T 461.1—2002　纸和纸板毛细吸液高度的测定(克列姆法)；

——GB/T 461.2—2002　纸和纸板表面吸收速度的测定；

——GB/T 461.3—2005　纸和纸板　吸水性的测定(浸水法)。

本部分为GB/T 461.3。

本部分修改采用国际标准ISO 5637:1989《纸和纸板——浸水后吸水性的测定》。

本部分代替GB/T 461.3—1989《纸和纸板吸收性的测定法(浸水法)》。

本部分与ISO的结构对比在附录A中列出。

本部分与ISO的技术性差异在附录B中列出。

本部分与GB/T 461.3—1989相比主要变化如下：

——修改了标准名称；

——修改了范围(见第1章)；

——将引用标准修改为规范性引用文件(见第2章)；

——增加了原理(见第4章)；

——增加了有关容器的要求(见6.3)；

——增加了试样的饱和性和注的内容(见8.2)；

——修改了计算公式(见第9章)；

——增加了资料性附录A"本部分与ISO 5637:1989章条编号对照"(见附录A)；

——增加了资料性附录B"本部分与ISO 5637:1989的技术性差异及其原因"(见附录B)。

本部分的附录A、附录B为资料性附录。

本部分由中国轻工业联合会提出。

本部分由全国造纸工业标准化技术委员会(SAC/TC141)归口。

本部分由河南省轻工业科学研究所负责起草。

本部分主要起草人;李红。

本部分所代替标准的历次版本发布情况为：

——GB/T 461—1979,GB/T 461.3—1989。

本部分由全国造纸工业标准化技术委员会负责解释。

纸和纸板　吸水性的测定(浸水法)

1　范围

GB/T 461的本部分规定了纸和纸板按规定时间完全浸水后吸水性的测定方法。

本部分适用于一般的纸和纸板,尤其适用于经一定程度防水处理的纸和纸板。本部分不适用于吸水强的纸。

2　规范性引用文件

下列文件中的条款通过GB/T 461的本部分的引用而成为本部分的条款。凡是注日期的引用文件,其随后所有的修改单(不包括勘误的内容)或修订版均不适用于本部分,然而,鼓励根据本部分达成协议的各方研究是否可使用这些文件的最新版本。凡是不注日期的引用文件,其最新版本适用于本部分。

GB/T 450　纸和纸板试样的采取(GB/T 450—2002,eqv ISO 186:1994)

GB/T 10739　纸、纸板和纸浆试样处理和试验的标准大气条件(GB/T 10739—2002,eqv ISO 187:1990)

3　术语和定义

下列术语和定义适用于GB/T 461的本部分。

3.1

吸水性　water absorption

在规定的试验条件下,每单位面积的纸或纸板吸收水的质量,以克每平方米(g/m^2)表示。

3.2

相对吸水性　relative water absorption

所吸收水的质量与温湿处理后试样的质量之比,以百分数(%)表示。

4　原理

分别称量试样浸水前和浸水后的质量,然后计算其吸水性或相对吸水性。

5　试验用水

蒸馏水或去离子水或相当纯度的水。

6　仪器

一般实验室用仪器及

a)　天平:感量0.01 g;

b)　试剂槽:用于盛试验用水(第5章),大小应足以盛10张100 mm×100 mm的垂直试样;

c)　容器:大小合适,并已称重,如预称重的洁净塑料袋。

7 试样制备

7.1 取样

按 GB/T 450 进行。

7.2 试样处理

按 GB/T 10739 进行温湿处理,并在此大气条件下进行试验。

将取好的样品切成 100 mm×100 mm 的方形试样十张,也可根据实际情况切成其他尺寸规格的试样,但应在试验报告中说明。

8 试验步骤

8.1 将处理后的试样放在一个预先称重的洁净容器 6c)中,在天平 6a)上进行称量。将试样从容器中取出,竖直插入装有蒸馏水(第 5 章)的试剂槽 6b)内。试样的上边缘应在水面下 25 mm±3 mm 处,并应避免试样与槽底及试样间相接触(可用小夹子夹住,但夹口应在距试样边缘 5 mm 以内)。

8.2 浸水时间可按产品标准的规定或以下条件进行确定:

——低抗水性:5 min±15 s;

——中抗水性:30 min±60 s;

——高抗水性:24 h±15 min。

如果不能确定浸水时间能否使试样完全饱和,应用另外一个试样(7.2)先确定浸水时间,然后按试验步骤进行试验,而且再次放入蒸馏水(第 5 章)中的浸水时间应至少为最初时间的一半。如果已选择的浸水时间能使试样完全饱和,应使用下一个较短的时间(除非另有其他规定)。

注:如果继续浸水,试样质量不再增加,试样即达到了饱和。

8.3 当试样在蒸馏水(第 5 章)中浸泡到规定时间后,用镊子垂直夹持试样的一个角,将试样从蒸馏水(第 5 章)中取出。夹持试样 2 min,使蒸馏水(第 5 章)滴下。

8.4 将试样放回原来的容器 6c)中,并在天平 6a)上称量,准确至 0.01 g。

9 结果计算

9.1 吸水性按式(1)计算,其结果应以 10 次测定值的平均值表示,准确至 0.1 g/m²。

$$A=(m_2-m_1)\times D \qquad \cdots\cdots(1)$$

式中:

A——吸水性,单位为克每平方米(g/m²);

m_1——吸水前的试样质量,单位为克(g);

m_2——吸水后的试样质量,单位为克(g);

D——换算系数,每平方米的样品数。

9.2 相对吸水性按式(2)计算,其结果应以 10 次测定值的平均值表示,准确至 0.1%。

$$R=\frac{m_2-m_1}{m_1}\times 100\% \qquad \cdots\cdots(2)$$

式中:

R——相对吸水性,%;

m_1——吸水前的试样质量,单位为(g);

m_2——吸水后的试样质量,单位为(g)。

10 试验报告

试验报告应包括以下项目：

a) GB/T 461 的本部分编号；

b) 试样数目；

c) 试验温度；

d) 浸水时间；

e) 试验结果；

f) 偏离本部分的任何操作。

附 录 A
（资料性附录）
本部分章条编号与 ISO 5637:1989 章条编号对照

表 A.1 给出了本部分章条编号与 ISO 5637:1989 章条编号对照的一览表。

表 A.1 本部分章条编号与 ISO 5637:1989 章条编号对照

本部分章条编号	对应的国际标准章条编号
1	1
2	2
3	3
4	4
5	5
6	6
6a)	6.1
6b)	6.2
6c)	6.4
7	7
7.1	7.1
7.2	7.2,7.3
8	8
8.1	8.1,8.3
8.2	8.2
8.3	8.4
8.4	8.5
9	9
9.1	8.6,9.1
9.2	9.2
10	10

附 录 B
（资料性附录）
本部分与 ISO 5637:1989 的技术性差异及其原因

表 B.1 给出了本部分与 ISO 5637:1989 的技术性差异及其原因一览表。

表 B.1 本部分与 ISO 5637:1989 技术性差异及其原因

本部分的章条编号	技术性差异	原　因
2	引用了采用国际标准的我国标准，而非国际标准	以适合我国国情
6	删除了支撑装置	没有标准设备
7	删除了试样制备下面的注。 将试样的尺寸修改为 100 mm×100 mm	提高标准的可操作性
9.1	将计算公式修改为 $A=(m_2-m_1)\times D$	没有标准设备

ICS 85-010
Y 30

中华人民共和国国家标准

GB/T 462—2008
代替 GB/T 462—2003,GB/T 741—2003

纸、纸板和纸浆分析试样水分的测定

Paper, board and pulp—Determination of moisture content of analytical sample

(ISO 287:1985, Paper and board—Determination of moisture content—Oven-drying method,
ISO 638:1978, pulps—Determination of dry matter content, MOD)

2008-08-19 发布　　　　2009-05-01 实施

中华人民共和国国家质量监督检验检疫总局
中国国家标准化管理委员会　发布

前　言

本标准修改采用了 ISO 287:1985《纸和纸板　水分的测定　烘干法》和 ISO 638:1978《纸浆　绝干物含量的测定》。本标准与 ISO 287:1985、ISO 638:1978 的差异见附录 B。

本标准是对 GB/T 462—2003《纸和纸板水分的测定》、GB/T 741—2003《纸浆分析试样水分的测定》的整合修订。本标准同时代替 GB/T 462—2003、GB/T 741—2003。

本标准与 GB/T 462—2003、GB/T 741—2003 相比，主要变化如下：

——修改了范围，标准使用范围为分析试样水分的测定；

——增加了第 3 章"术语和定义"内容，加入了恒重的术语和定义；

——修改了取样。

本标准的附录 A、附录 B 为资料性附录。

本标准由中国轻工业联合会提出。

本标准由全国造纸工业标准化技术委员会归口。

本标准起草单位：中国制浆造纸研究院。

本标准主要起草人：高君。

本标准所代替标准的历次版本发布情况为：

——GB/T 462—2003；

——GB/T 741—2003。

本标准由全国造纸工业标准化技术委员会负责解释。

纸、纸板和纸浆
分析试样水分的测定

1 范围

本标准规定了取样后测定纸、纸板和纸浆水分含量的方法。

本标准适用于各种纸、纸板和纸浆，但这些纸、纸板和纸浆不应含有除水分以外，在规定的试验温度下能挥发的任何物质。

本方法不适用于液体浆水分的测定，或成批浆包销售质量的测定。

2 规范性引用文件

下列文件中的条款通过本标准的引用而成为本标准的条款。凡是注日期的引用文件，其随后所有的修改单(不包括勘误的内容)或修订版均不适用本标准，然而，鼓励根据本标准达成协议的各方研究是否可使用这些文件的最新版本，凡是不注日期的引用文件，其最新版本适用于本标准。

GB/T 450 纸和纸板 试样的采取及试样纵横向、正反面的测定(GB/T 450—2008，ISO 186：2002，MOD)

GB/T 740 纸浆 试样的采取(GB/T 740—2003，ISO 7213：1981，IDT)

3 术语和定义

下列术语和定义适用于本标准。

3.1

水分 moisture content

纸、纸板和纸浆中的含水量。实际上，即试样按规定方法烘干后所减少的质量与取样时质量之比，一般以百分数表示。

3.2

恒重 constant weight

纸、纸板和纸浆试样在特定温度下烘干，直至在连续两次称量中，试样质量之差不超过烘干前试样质量的 0.1%时，即达到恒重。

4 原理

称取试样烘干前质量，然后将试样烘干至恒重，再次称取质量。试样烘干前后的质量之差与烘干前的质量之比，即为试样的水分。

5 仪器

5.1 天平：感量 0.000 1 g。

5.2 试样容器：用于试样的转移和称量。该容器应由能防水蒸气，且在试验条件下不易发生变化的轻质材料制成。

5.3 烘箱：能使温度保持在 105 ℃±2 ℃。

5.4 干燥器。

6 容器的准备

取样前应将数量足够、洁净干燥的容器编上号，并在大气中平衡，然后将每个容器称量并盖好盖，直至装入试样。

7 取样

应按照 GB/T 740、GB/T 450 规定取样。

注：如果取样的地方温暖而潮湿，应避免样品受到污染或造成水分损失，操作时最好带上橡皮手套。为了避免因样品暴露在大气中，会使其水分发生变化，取样后应立刻将样品全部装入容器中。

8 试验步骤

8.1 将装有试样的容器，放入能使温度保持在 105 ℃±2 ℃的烘箱(5.3)中烘干。烘干时，可将容器(5.2)的盖子打开，也可将试样取出来摊开，但试样和容器应在同一烘箱中同时烘干。

注：当烘干试样时，应保证烘箱中不放入其他试样。

8.2 当试样已完全烘干时，应迅速将试样放入容器中并盖好盖子，然后将容器放入干燥器中冷却，冷却时间可根据不同的容器估计出来。将容器的盖子打开并马上盖上，以使容器内外的空气压力相等，然后称量装有试样的容器，并计算出干燥试样的质量。重复上述操作，其烘干时间应至少为第一次烘干时间的一半。当连续两次在规定的时间间隔下，称量的差值不大于烘干前试样质量的 0.1%时，即可认为试样已达恒重。对于纸张试样，第一次烘干时间应不少于 2 h；对于纸浆试样，应不少于 3 h。

9 结果的表示

9.1 计算方法

水分 X(%)应按式(1)进行计算。

$$X = \frac{m_1 - m_2}{m_1} \times 100 \qquad \cdots\cdots(1)$$

式中：

m_1——烘干前的试样质量，单位为克(g)；

m_2——烘干后的试样质量，单位为克(g)。

同时进行两次测定，取其算术平均值作为测定结果。测定结果应修约至小数点后第一位，且两次测定值间的绝对误差应不超过 0.4。

9.2 精确度

本方法的精确度受以下因素影响：

——用于求平均值的试验值个数；

——处理方法及在大气中的暴露情况。

目前还不能给出此方法精确度的数值。

10 试验报告

a) 本标准编号；

b) 完整鉴定样品所必需的全部资料；

c) 如果多于两次测定，应说明测定次数；

d) 如果标准方法有所更改，应报告标准步骤的任何变更情况；

e) 测定结果；

f) 试验过程中观察到的任何异常情况；

g) 本标准或规范性引用文件中未规定的，并可能影响结果的任何操作。

附　录　A
（资料性附录）
本标准章条编号与国际标准章条编号对照表

表 A.1 给出了本标准章条编号与国际标准章条编号的对照表。

表 A.1

<table>
<tr><th>本标准章条编号</th><th>ISO 287:1985 章条编号</th><th>ISO 638:1978 章条编号</th></tr>
<tr><td>1</td><td>1</td><td>1</td></tr>
<tr><td>2</td><td>2</td><td>—</td></tr>
<tr><td>3</td><td>3</td><td rowspan="3">2</td></tr>
<tr><td>3.1</td><td>3.1</td></tr>
<tr><td>3.2</td><td>3.2</td></tr>
<tr><td>4</td><td>4</td><td>—</td></tr>
<tr><td>5</td><td>5</td><td>3</td></tr>
<tr><td>5.1</td><td>5.1</td><td>3.3</td></tr>
<tr><td>5.2</td><td>5.2</td><td>3.1</td></tr>
<tr><td>5.3</td><td>5.3</td><td>3.2</td></tr>
<tr><td>5.4</td><td>—</td><td>3.4</td></tr>
<tr><td>6</td><td>6</td><td>—</td></tr>
<tr><td>7</td><td>7 和 8</td><td>4</td></tr>
<tr><td>8</td><td>9</td><td rowspan="3">5</td></tr>
<tr><td>8.1</td><td>9.1</td></tr>
<tr><td>8.2</td><td>9.2</td></tr>
<tr><td>9</td><td>10</td><td rowspan="3">6</td></tr>
<tr><td>9.1</td><td>10.1</td></tr>
<tr><td>9.2</td><td>10.2</td></tr>
<tr><td>10</td><td>11</td><td>7</td></tr>
</table>

附 录 B
（资料性附录）
本标准与国际标准的技术性差异及其原因

表 B.1 给出了本标准与 ISO 287:1985 和 ISO 638:1978 的技术性差异及其原因的一览表。

表 B.1

本标准章的编号	技术性差异	修改原因
1	合并了 ISO 287:1985 和 ISO 638:1978 的范围。 将范围修改为分析试样水分的测定	根据标准修改要求。 明确标准的使用范围
7	修改了 ISO 287:1985 和 ISO 638:1978 的取样	根据合并标准的要求，将纸张和纸板的取样修改为按 GB/T 450 取样

ICS 85.060
Y 32

中华人民共和国国家标准

GB/T 464—2008
代替 GB/T 464.1—1989,GB/T 464.2—1993

纸和纸板的干热加速老化

Accelerated aging(dry heat treatment) of paper and board

(ISO 5630-4:1986,Paper and board—Accelerated ageing—
Part 4:Dry heat treatment at 120℃ or 150 ℃,MOD)

2008-03-24 发布　　2008-10-01 实施

中华人民共和国国家质量监督检验检疫总局
中国国家标准化管理委员会　发布

前　言

本标准修改采用 ISO 5630-4:1986《纸和纸板　加速老化　第 4 部分:120℃或 150℃干热处理》。

本标准与 ISO 5630-4:1986 相比较,技术内容的变化主要包括:

——在相应条款中增加了 ISO 5630-1:1991 中规定的 105℃干热处理方法,并在适用范围中规定了适用该条件的纸张;

——在名称中删除温度条件"120℃或 150℃";

——删除了 ISO 5630-4:1986 中的前言和引言;

——删除了 ISO 5630-4:1986 第 1 章中的注;

——将 ISO 5630-4:1986 中规范性引用文件引用的 ISO 标准改为国家标准;

——删除了 ISO 5630-4:1986 中 8.2 的温湿处理时间;

——增加了本标准中的第 10 章的结果表示。

本标准代替 GB/T 464.1—1989《纸和纸板的干热加速老化方法(105±2℃,72 h)》和 GB/T 464.2—1993《纸和纸板　干热加速老化的方法(120±2℃或 150±2℃)》。

本标准与 GB/T 464.1—1989 和 GB/T 464.2—1993 相比,技术内容的变化主要包括:

——删除了 GB/T 464.1—1989 中的附录 A;

——比 GB/T 464.2—1993 增加了 105℃处理条件,并在适用范围中规定了适用该条件的纸张。

本标准的附录 A、附录 B 均为资料性附录。

本标准由中国轻工业联合会提出。

本标准由全国造纸工业标准化技术委员会(SAC/TC 141)归口。

本标准起草单位:中国制浆造纸研究院。

本标准主要起草人:卢宝荣、高君、邱文伦、崔立国。

本标准所代替标准的历次版本发布情况为:

——GB/T 464.1—1989,GB/T 464.2—1993。

本标准由全国造纸工业标准化技术委员会负责解释。

纸和纸板的干热加速老化

1 范围

本标准规定了纸和纸板在105℃、120℃、150℃下的干热加速老化方法和热处理物料的一般试验方法。

本标准中规定的105℃的加速老化条件适用于一般文化用纸及类似的纸张，120℃或150℃的加速老化条件适用于某些高纯度的纸，如电气用绝缘纸。

2 规范性引用文件

下列文件中的条款通过本标准的引用而成为本标准的条款。凡是注日期的引用文件，其随后所有的修改单(不包括勘误的内容)或修订版均不适用于本标准，然而，鼓励根据本标准达成协议的各方研究是否可使用这些文件的最新版本。凡是不注日期的引用文件，其最新版本适用于本标准。

GB/T 450　纸和纸板试样的采取(GB/T 450—2002,eqv ISO 186:1994)

GB/T 10739　纸、纸板和纸浆试样处理和试验的标准大气条件(GB/T 10739—2002,eqv ISO 187:1990)

3 原理

在密闭恒温箱中，纸和纸板的试样经120℃处理168 h(方法A)，或经150℃处理24 h(方法B)，或经105℃处理72 h(方法C)，然后对比试样处理前后有关性能的变化，进而推导出纸张耐久性能的有关结论。

注：三种方法不能等同，在特定纸张的规范中应注明所采用的方法。

4 仪器

4.1　恒温箱：每小时换气次数应不低于10次，并能使空气温度保持在120℃±2℃(方法A)，或150℃±2℃(方法B)，或105℃±2℃(方法C)。在试验过程中，试样既不能被光照，也不能受到发热元件的直接辐射，而且试样能均匀地暴露在恒温箱内。试样的放置应离恒温箱壁至少100 mm，使其每一点都能与恒温箱内的循环空气相接触，在操作之后，应在15 min之内使恒温箱恢复到工作条件。

4.2　试验设备，应符合相应标准或试验方法。

4.3　干燥器或其他的预处理装置，能保持10%～35%的相对湿度。

5 取样

试样按GB/T 450的规定采取。

6 试样的准备

对于每项要评价的性能，均应按相应的标准和方法准备两份试样。

防止强光照射试样。

避免用裸手拿取试样，也应避免试样过分暴露在化学实验室的大气中。

注：先切出较大样品，待老化后，再按规定的尺寸裁切试样。

7 热处理方法

热处理应在暗处完成。

从备好的两份试样中抽出一份悬挂在恒温箱(4.1)内，并使没受过污染的温度为120℃±2℃(方法A)或150℃±2℃(方法B)或105℃±2℃(方法C)的空气围绕每一试样循环，试样在恒温箱内分别处理168 h±1 h(方法A)或24 h±10 min(方法B)或72 h±1 h(方法C)。

注1：只要供需双方同意，其他的老化时间也可采用，但应在试验报告中注明。

注2：恒温箱内，任何时候都只能有一种纸进行试验，以防止纸里蒸发或升华的产物引起污染。

第一份试样进行处理时，第二份试样应保存在暗处。

8 温湿处理

8.1 至少在完成热处理前2 h，将未处理的第二份试样放入干燥器(4.3)内。

8.2 当热处理结束时，将未处理的和已处理的两份试样同时拿到符合GB/T 10739规定的标准大气条件下分别对两份试样进行温湿处理。

9 测试

按相应标准测定每份试样。

10 结果表示

记录老化前与老化后的试样测试数据的平均值和标准偏差，以下是一些表示试验数据的方法：

a) 计算保留率，表示为性能的百分数，并以未处理试样的测试数据作为100%。

注：当耐折试验用于测定耐老化性能时，建议用老化前、老化后的双折叠次数计算保留率，而不是用耐折度(用折叠次数以10为底的对数表示)。

保留率也可以绘图。

b) 因加速老化而引起性能的显著变化，应做统计试验。

11 试验报告

应包括下列项目：

a) 本标准编号；

b) 测试过程中所参考的国际标准或其他标准方法；

c) 全面鉴定试样所必需的各项标识；

d) 试验的时间和地点；

e) 热处理的时间和温度；

f) 未处理试样相应性能测定结果的平均值和标准偏差；

g) 处理后试样相应性能测定结果的平均值和标准偏差；

h) 与有关国家标准和其他所用标准的偏离或可能影响试验结果的情况和因素。

附 录 A
（资料性附录）
本标准与 ISO 5630-4:1986 技术性差异及原因

表 A.1 给出了本标准与 ISO 5630-4:1986 技术性差异及原因。

表 A.1 本标准与 ISO 5630-4:1986 技术性差异及原因

本标准章条编号	对应的国际标准章条编号	技术性差异	原 因
1	1	增加了“105℃”和“本标准中规定的105℃的加速老化条件适用于一般文化用纸及类似的纸张”	GB/T 464.1—1989 和 GB/T 464.2—1993 合并
		删除了“注”的内容	与本标准无关
2	2	删除了有关 IEC 标准资料	本标准中未引用
4	4	增加了“或 105℃±2℃(方法 C)”	GB/T 464.1—1989 和 GB/T 464.2—1993 合并
7	7	增加了“或 105℃±2℃(方法 C)”和“或 72 h±1 h(方法 C)”	GB/T 464.1—1989 和 GB/T 464.2—1993 合并
8.2	8.2	删除了 24 h	按 GB/T 10739 规定

附 录 B
（资料性附录）
本标准与 ISO 5630-4:1986 的章条编号对照

表 B.1 给出了本标准与 ISO 5630-4:1986 的章条编号对照。

表 B.1 本标准与 ISO 5630-4:1986 的章条编号对照

本标准章条编号	对应的国际标准章条编号
—	0
1	1
2	2
3	3
4	4
4.1	4.1
4.2	4.2
4.3	4.3
5	5
6	6
7	7
8	8
8.1	8.1
8.2	8.2
9	9
10	10
11	11
附录 A	—
附录 B	—

ICS 85-010
Y 30

中华人民共和国国家标准

GB/T 465.1—2008/ISO 3689:1983
代替 GB/T 465.1—1989

纸和纸板　浸水后耐破度的测定

Paper and board—Determination of bursting strength after immersion in water

(ISO 3689:1983,IDT)

2008-08-19 发布　　2009-05-01 实施

中华人民共和国国家质量监督检验检疫总局
中国国家标准化管理委员会　发布

前　言

GB/T 465 的本部分等同采用 ISO 3689:1989《纸和纸板　浸水后耐破度的测定》。

本部分代替 GB/T 465.1—1989《纸和纸板按规定时间浸水后耐破度的测定法》。

本部分与 GB/T 465.1—1989 相比，主要变化如下：

——修改了试验用水槽的技术要求(1989 版的第 4 章；本版的第 5 章)；

——修改了浸水时间(1989 版的第 6 章；本版的第 8 章)。

本部分由中国轻工业联合会提出。

本部分由全国造纸工业标准化技术委员会归口。

本部分起草单位：中国制浆造纸研究院。

本部分主要起草人：张清文。

本部分所代替标准的历次版本发布情况为：

——GB/T 465.1—1964、GB/T 465.1—1979、GB/T 465.1—1989。

本部分委托全国造纸工业标准化技术委员会负责解释。

纸和纸板 浸水后耐破度的测定

1 范围

GB/T 465 的本部分规定了纸和纸板在水中浸泡规定时间后的耐破度的测定方法。

本部分适用于大部分纸和纸板。

2 规范性引用文件

下列文件中的条款通过 GB/T 465 的本部分的引用而成为本部分的条款。凡是注日期的引用文件,其随后所有的修改单(不包括勘误的内容)或修订版均不适用于本部分,然而,鼓励根据本部分达成协议的各方研究是否可使用这些文件的最新版本。凡是不注日期的引用文件,其最新版本适用于本部分。

GB/T 450 纸和纸板 试样的采取及试样纵横向、正反面的测定(GB/T 450—2008,ISO 186:2002,MOD)

GB/T 454 纸耐破度的测定(GB/T 454—2002,idt ISO 2758:2001)

GB/T 1539 纸板 耐破度的测定(GB/T 1539—2007,ISO 2759:2001,IDT)

GB/T 10739 纸、纸板和纸浆试样处理和试验的标准大气条件(GB/T 10739—2002,eqv ISO 187:1990)

3 术语和定义

下列术语和定义适用于 GB/T 465 的本部分。

3.1

浸水 *X* 小时后耐破度 bursting strength after immersion for *X* hours

在规定的试验条件下,试样浸水 *X* 小时后,垂直于试样表面施加均匀压力,直至试样破裂时,单层纸或纸板所施加的最大阻力。

3.2

浸水 *X* 小时后耐破度保留率 bursting strength retention after immersion for *X* hours

在规定的试验条件下,单层纸或纸板浸水 *X* 小时后,其耐破度与该试样干态时耐破度的百分比。

4 原理

纸或纸板试样在水中浸泡适当时间后,测定其耐破度。

5 仪器和材料

5.1 耐破度测定仪

符合 GB/T 454 或 GB/T 1539 的要求。

5.2 可控恒温水槽

水槽应足够大,以便垂直放置试样。

5.3 浸泡用水

使用蒸馏水或去离子水。

6 试样的采样

按照 GB/T 450 采取试样。

7 试样

7.1 制备

按 GB/T 454 或 GB/T 1539 规定制备试样。测定湿耐破度时，一般需要 10 个试样；若做多层的耐破度试验（见 8.3），则需较多的试样。如要做干耐破度试验，则应准备双份试样。

7.2 温湿处理

湿耐破度测定一般不需要温湿处理。如需测定干耐破度，则需按 GB/T 10739 的规定，对试样进行温湿处理。

8 试验步骤

8.1 浸水

浸泡试样时，试样彼此之间应完全分开，不应接触水槽的底和边。试样的长边垂直地浸于水中，并使试样的上边缘在水面下 25 mm±2 mm 处。水（5.3）温按 GB/T 10739 的规定选定一种温度[1]。瓦楞纸板浸水时应使瓦楞垂直，以避免存气，而影响试样对水的吸收。按规定时间浸泡后，从水中取出试样，轻轻地吸掉多余的水，并立即测定。

8.2 浸水时间

所用浸水时间取决于试验材料及目的，并且相关方应达成一致。典型浸水时间纸为 1 h±1 min，纸板为 2 h±2 min 和 24 h±15 min。

8.3 测定

试样浸泡后，根据 GB/T 454 或 GB/T 1539 进行试验，除非湿耐破度低于 35 kPa。如果纸的强度较低，可使用多层试样测定耐破度，以便读数在 35 kPa 以上。

8.4 测定次数

纸或纸板正面朝上和网面朝上各做 5 次重复试验，如果需要干耐破度，则重复同样次数的测定。

9 结果的表示

可用下列任一形式来表示结果：

a) 浸水 X 小时后的平均耐破度 p，以千帕表示，可用式(1)计算：

$$p = \frac{B}{N} \qquad (1)$$

式中：

B——为平均耐破度，单位为千帕(kPa)；

N——试样的测定层数(见 8.3)。

b) 浸水 X 小时后的平均耐破指数（耐破指数见 GB/T 454 和 GB/T 1539 中定义）。

c) 浸水 X 小时后的平均耐破度保留率[a)或 b)中的结果与温湿处理条件下相应结果的百分比]。

10 精确度

目前尚无足够的资料作详细说明。

11 试验报告

试验报告应包括以下内容：

a) GB/T 465 本部分的编号；

---

1) 推荐温度为 23 ℃±1 ℃。

b) 所用耐破度测定仪的型号；

c) 平均结果(按第 9 章规定执行)；

d) 最大值和最小值；

e) 浸水时间，以小时表示；

f) 在做多层试验情况下，报告测定层数；

g) 标准偏差；

h) 浸泡试样所用水的温度；

i) 描述任何作为选择项、或本部分未规定的、或在本部分中作为参考的内容，或者任何可能影响结果的因素。

ICS 85-010
Y 30

中华人民共和国国家标准

GB/T 465.2—2008
代替 GB/T 465.2—1989

纸和纸板　浸水后抗张强度的测定

Paper and board—Determination of tensile strength after immersion in water

(ISO 3781:1983,MOD)

2008-08-19 发布　　2009-05-01 实施

中华人民共和国国家质量监督检验检疫总局
中国国家标准化管理委员会　发布

前　言

GB/T 465 的本部分修改采用 ISO 3781:1983《纸和纸板按规定时间浸水后抗张强度的测定法》。

本部分与 ISO 3781:1983 相比，主要差异如下：

——去掉了 ISO 3781:1983 中 8.2.3 的“芬奇(Finch)法”；

——修改了湿抗张强度的计算公式；

——增加了浸水后抗张强度保留率的计算公式。

本部分代替 GB/T 465.2—1989《纸和纸板按规定时间浸水后抗张强度的测定法》。

本部分与 GB/T 465.2—1989 相比，主要变化如下：

——增加了前言；

——增加了原理一章(本版的第 4 章)；

——增加了附录 A 和附录 B。

本部分的附录 A、附录 B 均为资料性附录。

本部分由中国轻工业联合会提出。

本部分由全国造纸工业标准化技术委员会归口。

本部分起草单位：中国制浆造纸研究院。

本部分主要起草人：刘俊杰、王振。

本部分所代替标准的历次版本发布情况为：

——GB/T 465.2—1964、GB/T 465.2—1979、GB/T 465.2—1989。

本部分由全国造纸工业标准化技术委员会负责解释。

纸和纸板　浸水后抗张强度的测定

1　范围

GB/T 465的本部分规定了纸和纸板在浸水规定时间后,测定抗张强度的方法,并以此来衡量纸和纸板的湿强度。

本部分适用于各种有湿强度要求的纸和纸板。

2　规范性引用文件

下列文件中的条款通过GB/T 465的本部分的引用而成为本部分的条款。凡是注日期的引用文件,其随后所有的修改单(不包括勘误的内容)或修订版均不适用于本部分,然而,鼓励根据本部分达成协议的各方研究是否可使用这些文件的最新版本。凡是不注日期的引用文件,其最新版本适用于本部分。

GB/T 450　纸和纸板　试样的采取及试样纵横向、正反面的测定(GB/T 450—2008,ISO 186:2002,MOD)

GB/T 10739　纸、纸板和纸浆试样处理和试验的标准大气条件(GB/T 10739—2002,ISO 187:1990)

GB/T 12914　纸和纸板　抗张强度的测定(GB/T 12914—2008,ISO 1924-1:1992,ISO 1924-2:1992,MOD)

3　术语和定义

下列术语和定义适用于GB/T 465的本部分。

3.1

浸水 *X* 小时后抗张强度(湿抗张强度)　wet tensile strength after immersion for *X* hours

在规定的试验条件下,经水浸渍一定时间后,纸或纸板裂断前所能承受的最大张力。

3.2

浸水 *X* 小时后抗张强度保留率　wet strength retention after immersion for *X* hours

在规定的试验条件下,经水浸渍一定时间后,相同纸或纸板浸水后与浸水前抗张强度的百分比。

4　原理

纸或纸板在水中浸渍适当时间后,测定其抗张强度。

5　仪器

5.1　抗张强度试验仪:符合GB/T 12914规定的仪器。

5.2　浸水装置:确保试样完全浸入水中的容器。

5.3　浸渍用水:蒸馏水或去离子水,水温23 ℃±1 ℃。

5.4　滤纸或吸墨纸。

6　试样的采取、制备和处理

6.1　试样应按GB/T 450规定采取。

6.2　试样应按GB/T 12914中的有关规定制备。

6.3 如果浸水时间在1 h以上,浸水前的样品可不进行温湿处理。如果浸水时间少于1 h以及测定干抗张强度的样品,应按GB/T 10739的规定进行处理,并在规定条件下试验。

7 试验步骤

7.1 根据产品标准的规定确定浸水时间,一般为1 h或2 h。然后将试样浸渍于符合GB/T 10739规定的水中,待浸渍到达规定时间后,将试样从盘中取出,用滤纸或吸墨纸轻轻吸去试样表面的水。

如果是吸水性很强的试样,建议只将试样的中心部分浸湿,保持两端干燥。一般将试样弯成环状,将试样的中心部分浸入水中,待水均匀地接触试样全宽并没过其上表面时,已湿长度包括试样的中心部分应至少为25 mm,但应不大于50 mm。浸水到规定时间后,取出试样,并轻轻吸去试样表面的水。

7.2 将浸水并吸去表面水的试样,迅速置于抗张强度试验仪上,测定抗张强度。一般湿抗张强度的纵横向应各10张试样。

如果测定抗张强度保留率,则干抗张强度的测定也应纵横向试样各10张。对于湿抗张强度很低的纸,则应采用多层试样进行测定,且纵横向均应各测定10个结果。

8 结果表示

8.1 测定的浸水后抗张强度平均值以kN/m表示,精确到三位有效数字。如果是多层测定,则按式(1)进行计算:

$$P = \frac{S}{n} \qquad \cdots\cdots(1)$$

式中

P——每层浸水后抗张强度,单位为千牛每米(kN/m);

S——多层浸水后抗张强度,单位为千牛每米(kN/m);

n——测定层数。

8.2 浸水后抗张强度保留率以%表示,精确到小数点后一位,按式(2)进行计算:

$$r = \frac{P_w}{P_d} \times 100 \qquad \cdots\cdots(2)$$

式中

r——浸水后抗张强度保留率;

P_w——浸水后抗张强度,单位为千牛每米(kN/m);

P_d——干抗张强度,单位为千牛每米(kN/m)。

9 试验报告

试验报告应包括以下内容:

a) 本部分的编号;

b) 试验日期和地点;

c) 浸水时间;

d) 试样长度和宽度,多层测定时的试验层数;

e) 本部分或规范性引用文件中未规定的并可能影响试验结果的任何操作。

附　录　A
（资料性附录）
本部分与 ISO 3781:1983 章节编号对照表

表 A.1 给出了本部分与 ISO 3781:1983 章条编号对照的一览表。

表 A.1　本部分与 ISO 3781:1983 章条编号对照

本部分章条编号	对应的国际标准章条编号
1	1
2	2
3	3
4	4
5	5
6	6、7
7.1	8.1、8.2.1、8.2.2
7.2	8.3
8.1	9
8.2	9
—	10
9	11

附　录　B
（资料性附录）
本部分与 ISO 3781:1983 技术性差异及其原因

表 B.1 给出了本部分与 ISO 3781:1983 技术性差异及其原因的一览表。

表 B.1　本部分与 ISO 3781:1983 技术性差异及其原因

本部分章条编号	技术性差异	原　　因
7	去掉了 ISO 3781:1983 中 8.2.3 的“芬奇(Finch)法”	不适用于实际检测
8.1	修改了湿抗张强度的计算公式	更加符合实际检测情况
8.2	增加了浸水后抗张强度保留率的计算公式	明确了计算公式

ICS 85.010
Y 30

中华人民共和国国家标准

GB/T 742—2018
代替 GB/T 742—2008

造纸原料、纸浆、纸和纸板 灼烧残余物(灰分)的测定(575 ℃和900 ℃)

Fibrous raw material, pulp, paper and board—Determination of residue(ash) on ignition at 575 ℃ and 900 ℃

[ISO 2144:2015,Paper,board and pulps—Determination of residue (ash) on ignition at 900 ℃,MOD]

2018-12-28 发布 2019-07-01 实施

国家市场监督管理总局
中国国家标准化管理委员会 发布

前言

本标准按照 GB/T 1.1—2009 给出的规则起草。

本标准代替 GB/T 742—2008《造纸原料、纸浆、纸和纸板　灰分的测定》，本标准与 GB/T 742—2008 相比，主要变化如下：

——本标准名称由《造纸原料、纸浆、纸和纸板　灰分的测定》修改为《造纸原料、纸浆、纸和纸板 灼烧残余物(灰分)的测定(575 ℃和 900 ℃)》；

——增加了术语和定义(见第 3 章)；

——修改了原理(见第 4 章，2008 年版的第 3 章)；

——修改了试验步骤，增加了对试样的要求(见第 8 章，2008 年版的第 7 章)；

——结果的计算单独设章，修改了两次试验测定结果的要求(见第 9 章，2008 年版的第 7 章)；

——修改了附录 A 和附录 B 内容。

本标准使用重新起草法修改采用 ISO 2144:2015《纸、纸板和纸浆　灼烧残余物(灰分)的测定(900 ℃)》。

本标准与 ISO 2144:2015 相比在结构上有较多调整，附录 A 列出了本标准与 ISO 2144:2015 的章条编号对照一览表。

本标准与 ISO 2144:2015 相比存在较大技术性差异，附录 B 给出了本标准与 ISO 2144:2015 的技术性差异及其原因的一览表。

本标准做了下列编辑性修改：

——修改了标准名称；

——删除了 ISO 2144:2015 的资料性附录 A“精密度”。

请注意本文件的某些内容可能涉及专利。本文件的发布机构不承担识别这些专利的责任。

本标准由中国轻工业联合会提出。

本标准由全国造纸工业标准化技术委员会(SAC/TC 141)归口。

本标准起草单位：四川省造纸产品质量监督检验中心、遂昌原创标准化事务所有限公司、浙江凯恩特种纸业有限公司、中国制浆造纸研究院有限公司、国家纸张质量监督检验中心。

本标准主要起草人：王华军、赵举、于健、吴敏敏、陈万平、袁蓉、蔡明芳、李大方。

本标准所代替标准的历次版本发布情况为：

——GB 742—1966、GB 742—1979、GB/T 742—1989、GB/T 742—2008；

——GB/T 2677.3—1981、GB/T 2677.3—1993。

造纸原料、纸浆、纸和纸板　灼烧残余物(灰分)的测定(575 ℃和900 ℃)

1　范围

本标准规定了造纸原料、纸浆、纸和纸板在575 ℃、900 ℃下的灼烧残余物(灰分)的测定方法。

本标准适用于各种造纸原料、纸浆、纸和纸板灼烧残余物(灰分)的测定。

2　规范性引用文件

下列文件对于本文件的应用是必不可少的。凡是注日期的引用文件,仅注日期的版本适用于本文件。凡是不注日期的引用文件,其最新版本(包括所有的修改单)适用于本文件。

GB/T 450　纸和纸板　试样的采取及试样纵横向、正反面的测定(GB/T 450—2008,ISO 186:2002,MOD)

GB/T 462　纸、纸板和纸浆　分析试样水分的测定(GB/T 462—2008,ISO 287:1985,ISO 638:1978,MOD)

GB/T 740　纸浆　试样的采取(GB/T 740—2003,ISO 7213:1981,IDT)

GB/T 2677.1　造纸原料分析用试样的采取

GB/T 2677.2　造纸原料水分的测定

3　术语和定义

下列术语和定义适用于本文件。

3.1

灼烧残余物　residue on ignition

造纸原料、纸浆、纸和纸板试样经炭化后在(575±25)℃或(900±25)℃的高温炉里灼烧后,残余物的质量与原绝干试样的质量之比,用百分数表示。

注:灼烧残余物在本标准的早期版本中被称为"灰分"。

4　原理

将一定量的试样放入坩埚,经电炉炭化,在温度为(575±25)℃或(900±25)℃的高温炉里灼烧,灼烧后残余物和坩埚的总质量减去坩埚质量后的差值即为残余物的质量。

5　试剂

5.1　95%乙醇试剂,分析纯。

5.2　乙酸镁($C_4H_6O_4Mg\cdot 4H_2O$),分析纯。

5.3　乙酸镁乙醇溶液:溶解4.05 g乙酸镁(5.2)于50 mL蒸馏水中,以95%乙醇(5.1)稀释至100 mL。

6 仪器

6.1 分析天平：感量 0.1 mg。

6.2 坩埚：由铂、陶瓷或二氧化硅制成，能容纳 10 g 试样（通常容量 50 mL～100 mL），在加热情况下质量不变，且不与试样或灼烧残余物发生化学反应。

6.3 电炉：带有温度调节器。

6.4 高温炉：具有保持温度在(575±25)℃和(900±25)℃的性能。

6.5 干燥器：内装变色硅胶应保持蓝色。

7 取样及处理

根据试样品种的不同，分别按照 GB/T 2677.1、GB/T 740、GB/T 450 的规定取样并按GB/T 2677.2或GB/T 462 测定其水分。

8 试验步骤

8.1 常规试样试验步骤

8.1.1 称取一定量的试样（纸或纸板试样通常由一定量的小片组成，每个小片面积应不大于 1 cm^2），试样总质量应不低于 1 g 或应能满足灼烧后残余物质量不低于 10 mg 的要求，试样应从不同位置取样，以具有代表性，称量精确至 0.1 mg。

8.1.2 坩埚预处理：将坩埚(6.2)置于(575±25)℃或(900±25)℃的高温炉(6.4)中灼烧 30 min～60 min，在空气中自然降温 10 min，再移入干燥器(6.5)中冷却至室温并称量，精确至 0.1 mg。

8.1.3 将 8.1.1 称量的试样置于预处理并已称量的坩埚(8.1.2)中，先在电炉(6.3)上炭化，炭化过程中，应确保试样不起火燃烧，试样炭化后将盛有试样的坩埚移入高温炉(6.4)中灼烧，灼烧时应防止试样飞溅而损失。造纸原料和纸浆灼烧温度为(575±25)℃或(900±25)℃，灼烧时间为 4 h；纸和纸板灼烧温度为(900±25)℃，灼烧时间为 1 h。灼烧完成后，从高温炉中取出装有残余物的坩埚，在空气中自然降温 10 min，再移入干燥器(6.5)中冷却至室温。称取盛有残余物的坩埚总质量，精确至 0.1 mg。

注 1：若试样的灼烧残余物非常低（例如无灰纸），则可从试样的不同部位采取足够多的量，放入同一个坩埚连续灼烧，以获得不低于 10 mg 的灼烧残余物。

注 2：除非有特殊需要，否则不需要延长灼烧时间，且不要试图达到恒重，因试样中的一些成分会随着加热时间延长而损失。

8.2 特殊试样试验步骤

8.2.1 有些造纸原料含有较多的二氧化硅，这类物质在灼烧时残余物易熔融结成块状物，致使黑色炭素不易烧尽，此时可延长灼烧时间，直至残余物颜色变浅为止。若按照 8.1 步骤仍不能使黑色炭素烧尽，则可以按照 8.2.2～8.2.3 步骤处理。

8.2.2 称取 2 g～3 g 试样（精确至 0.1 mg），置于预处理〔灼烧温度(575±25)℃〕并已称量的坩埚(8.1.2)中，用移液管吸取 5 mL 乙酸镁乙醇溶液(5.3)，注入盛有试样的坩埚中。用铂丝仔细搅拌至试样全部被润湿，以极少量水洗下沾在铂丝上的试样，微火蒸干并在电炉(6.3)炭化后，移入高温炉(6.4)，在(575±25)℃下灼烧至残余物中无黑色炭素，灼烧完成后，从高温炉中取出装有残余物的坩埚，在空气中自然降温 10 min，再移入干燥器(6.5)中冷却至室温，称取盛有试样残余物的坩埚质量，计算并记录试样残余物的质量，精确至 0.1 m。

8.2.3 同时做一空白试验，吸取 5 mL 乙酸镁乙醇溶液(5.3)于另一只预处理[灼烧温度(575±25)℃]并已称量的坩埚(8.1.2)中，微火蒸干，移入高温炉(6.4)中，在(575±25)℃下灼烧，灼烧时间与 8.2.2 试样相同，灼烧完成后，从高温炉中取出装有空白试验残余物的坩埚，在空气中自然降温 10 min，再移入干燥器(6.5)中冷却至室温，称取盛有空白试验残余物的坩埚质量，计算并记录空白试验残余物的质量，精确至 0.1 mg。

9 结果的计算

9.1 按照 8.1 试验步骤测得试样的灼烧残余物按式(1)计算：

$$X=\frac{m_2-m_1}{m}\times 100 \qquad \cdots\cdots(1)$$

式中：

X ——试样的灼烧残余物，%；

m_1 ——灼烧后的空坩埚质量，单位为克(g)；

m_2 ——灼烧后盛有残余物的坩埚质量，单位为克(g)；

m ——绝干试样的质量，单位为克(g)。

9.2 按照 8.2 试验步骤测得试样的灼烧残余物按式(2)计算：

$$X=\frac{m_4-m_3}{m}\times 100 \qquad \cdots\cdots(2)$$

式中：

X ——试样的灼烧残余物，%；

m_3 ——灼烧后空白试验的残余物质量，单位为克(g)；

m_4 ——灼烧后试样的残余物质量，单位为克(g)；

m ——绝干试样的质量，单位为克(g)。

9.3 以两次测定的算术平均值报告结果，每次测定值与两次测定算术平均值的差值应不大于算术平均值的 5%。灼烧残余物大于或等于 1%时，测定结果精确至 0.1%。灼烧残余物小于 1%时，测定结果精确至 0.01%。

10 试验报告

试验报告应包括以下内容：

a) 本标准编号；

b) 鉴定试样的所有资料；

c) 试验时间、温度和地点；

d) 试验结果；

e) 任何偏离本标准的操作或能够影响试验结果的工作条件。

附 录 A
（资料性附录）
本标准与ISO 2144:2015章条编号对照

表A.1给出了本标准与ISO 2144:2015章条编号对照一览表。

表A.1 本标准与ISO 2144:2015章条编号对照

本标准章条编号	对应ISO 2144:2015章条编号
1	1
2	2
3.1	3.1
4	4
5	—
6.1	5.3
6.2	5.1
6.3	—
6.4	5.2
6.5	—
7	6
8.1	7
8.2	—
9.1、9.3	8
9.2	—
10	9
附录A	—
—	附录A
附录B	—

附 录 B
(资料性附录)
本标准与 ISO 2144:2015 技术性差异及其原因

表 B.1 给出了本标准与 ISO 2144:2015 的技术性差异及其原因的一览表。

表 B.1 本标准与 ISO 2144:2015 技术性差异及其原因

本标准章条编号	技术性差异	原因
1	本标准范围与 ISO 2144:2015 比较,增加了造纸原料在 575 ℃、900 ℃下的灼烧残余物(灰分)的测定方法	本标准范围不仅包括纸浆、纸和纸板,还包含了造纸原料
	本标准范围内容删除了 ISO 2144:2015 中检出限及相关的注	适应我国技术条件
2	关于规范性引用文件,用采用国际标准的我国国家标准 GB/T 450、GB/T 462、GB/T 740代替对应国际标准,并增加引用 GB/T 2677.1、GB/T 2677.2	适应我国的技术条件,本标准涉及我国造纸原料灼烧残余物的测定,因此增加引用了造纸原料试样的采取和水分的测定标准
5	本标准增加了有关试剂的要求	本标准涉及我国造纸原料灼烧残余物的测定,试验过程中需要使用试剂,ISO 2144:2015 不涉及造纸原料灼烧残余物(灰分)的测定
6.3	增加了电炉	本标准在试验步骤中使用了电炉
6.5	增加了干燥器	本标准和 ISO 2144:2015 在试验步骤中均使用了干燥器,但国际标准没有将干燥器在设备和仪器中列出
8.1.3	本标准中规定"将 8.1.1 称量的试样置于预处理并已称量的坩埚(8.1.2)中,先在电炉(6.3)上炭化,炭化过程中,应确保试样不起火燃烧,试样炭化后将盛有试样的坩埚移入高温炉(6.4)中灼烧,灼烧时应防止试样飞溅而损失。" ISO 2144:2015 规定"将装有试样的坩埚移入高温炉中,缓慢加热,试样升温时不起火燃烧,确保试样不飞溅而损失。当燃烧完全或接近完全时,只有少部分炭素存在,再在(900±25)℃下,灼烧 1 h",未提到试样炭化过程	由于我国常用的高温炉结构与国外不同,直接在高温炉中炭化不能控制好炭化效果,故仍然采用我国已经实施多年操作步骤:先将试样在电炉炭化再移入高温炉灼烧。ISO 2144:2015 采用的高温炉可以直接炭化和灼烧
	本标准中规定"灼烧完成后,从高温炉中取出装有残余物的坩埚,在空气中自然降温 10 min,再移入干燥器(6.5)中冷却至室温" ISO 2144:2015 规定当坩埚在规定温度灼烧后,从高温炉中"取出坩埚,在干燥器中冷却至室温,称量坩埚。"未提及先在空气中冷却步骤	在实际操作中将高温灼烧后的坩埚直接放入密闭干燥器中冷却至室温是不符合常规操作,为了增加试验的可操作性,故增加坩埚在空气中自然降温冷却这一中间步骤。ISO 2144:2015 未提及高温灼烧后的坩埚先在空气中冷却步骤

表 B.1（续）

本标准章条编号	技术性差异	原 因
8.2	本标准增加了特殊试样试验步骤 ISO 2144:2015 没有此内容	本标准涉及造纸原料灼烧残余物的测定，增加了特殊试样试验步骤，ISO 2144:2015 没有特殊的造纸原料灼烧残余物（灰分）的测定，不涉及此内容
9.2	本标准增加了特殊试样试验后的结果的计算，ISO 2144:2015 没有此内容	因为本标准涉及造纸原料灼烧残余物的测定，增加了特殊试样试验后的结果的计算，ISO 2144:2015 没有造纸原料灼烧残余物（灰分）的测定，不涉及此内容

ICS 85-10
Y 30

中华人民共和国国家标准

GB/T 1539—2007/ISO 2759:2001
代替 GB/T 1539—1989

纸板　耐破度的测定

Paperboard—Determination of bursting strength

(ISO 2759:2001,IDT)

2007-12-05 发布　　　　2008-09-01 实施

中华人民共和国国家质量监督检验检疫总局
中国国家标准化管理委员会　发布

前　言

本标准等同采用 ISO 2759:2001《纸板　耐破度的测定》。本标准仅作编辑性修改，在技术内容上完全相同。

本标准是对 GB/T 1539—1989《纸板耐破度的测定法》的修订。

本标准代替 GB/T 1539—1989。

本标准与 GB/T 1539—1989 相比主要变化如下：

——增加前言；

——对术语和定义进行解释；

——根据仪器的使用性能，将 5.1 夹持系统中夹持力不低于 690 kPa 修改为 700 kPa～1 200 kPa 的范围；

——5.2 中胶膜相对固定胶膜的夹盘外表面约低 4.7 mm 修改为约低 5.5 mm；

——5.4 中用压力测量系统代替原来的压力表，使用中不仅仅局限于布尔登管式压力计；

——附录 D 中将动态校准作了说明。

本标准的附录 A、附录 B、附录 C、附录 D 均为规范性附录。

本标准由中国轻工业联合会提出。

本标准由全国造纸工业标准化技术委员会归口。

本标准起草单位：中国纸浆造纸研究院。

本标准主要起草人：张清文、刘俊杰。

本标准所代替标准的历次版本发布情况为：

——GB/T 1539—1961、GB/T 1539—1979、GB/T 1539—1989。

本标准委托全国造纸工业标准化技术委员会负责解释。

纸板　耐破度的测定

1　范围

本标准规定了以增加液压来测定纸板耐破度的方法。

本标准适用于耐破度在 350 kPa～5 500 kPa 的所有纸板(包括瓦楞纸板和硬纸板)。

本标准也适用于纸和纸板被用于制造高耐破度的材料,如瓦楞纸板,其耐破度低至 250 kPa。在这种情况下,测定结果未必能达到本方法所述的准确度和精确度,并应在试验报告中注明,测定结果低于本方法所要求测定范围的最低值。

对于耐破度在 350 kPa～1 400 kPa 的材料,在商业协议中未规定测定方法时,所有耐破度低于 600 kPa的材料(不包括硬纸板和瓦楞纸板)应采用 GB/T 454 测定,其余采用本标准。

2　规范性引用文件

下列文件中的条款通过本标准的引用而成为本标准的条款。凡是注日期的引用文件,其随后所有的修改单(不包括勘误的内容)或修订版均不适用于本标准,然而,鼓励根据本标准达成协议的各方研究是否可使用这些文件的最新版本。凡是不注日期的引用文件,其最新版本适用于本标准。

GB/T 450　纸和纸板试样的采取(GB/T 450—2002,eqv ISO 186:1994)

GB/T 451.2　纸和纸板定量的测定(GB/T 451.2—2002,eqv ISO 536:1995)

GB/T 10739　纸、纸板和纸浆试样处理和试验的标准大气条件(GB/T 10739—2002,eqv ISO 187:1990)

3　术语和定义

下列术语和定义适用于本标准。

3.1

耐破度　bursting strength

由液压系统施加压力,当弹性胶膜顶破纸样圆形面积时的最大压力。

注:破损压力的显示值包括在测试时胶膜延伸所需要的压力。

3.2

耐破指数　bursting index

纸板耐破度除以其定量。

4　原理

将试样放置在圆形胶膜的上方,被夹盘紧密地夹住,并避免胶膜凸起。以恒速泵入液体,凸起胶膜,直至试样破裂,施加的最大压力值即为试样的耐破度。

5　仪器

仪器至少应具备 5.1～5.4 所述的特性。

5.1　夹持系统

为了牢固而均匀地夹住试样,上、下夹盘平面是两个彼此平行的环形平面,环面应平整(但不应抛光),并带有附录 A 中描述的沟纹。在附录 A 中也给出了夹盘系统的尺寸。

一个夹盘与绞链或相似的连接装置固定,以保证夹盘压力分布均匀。

在施加测定负荷时，上下两个夹盘的圆孔应是同心的，其同心度的偏差应不大于0.25 mm，两夹盘表面应平整且彼此平行。夹盘的检查方法见附录B。

夹持系统应能提供700 kPa～1 200 kPa的夹持压力，仪器结构应能保证夹持压力具有可重复性(见附录C)。

在计算夹持压力时，由于沟纹引起的减少部分可忽略不计。

应安装夹持压力指示器，该装置应能很准确地指示实际的夹持压力，而不是夹持系统本身的压力。夹持压力由夹持力和夹盘面积计算。

5.2 胶膜

胶膜是圆形的，由天然橡胶或合成橡胶制成，不应加填料或添加剂。胶膜外表面被牢固地夹持着，在非工作状态下，胶膜相对固定胶膜的夹盘外表面约低5.5 mm。

当胶膜凸出夹盘的高度所需的压力时，胶膜的材料和结构应满足如下要求：

凸出高度：10 mm±0.2 mm，压力范围：170 kPa～220 kPa；

凸出高度：18 mm±0.2 mm，压力范围：250 kPa～350 kPa；

胶膜在使用时应定期检查，当凸出高度不能满足要求时应及时更换。

5.3 液压系统

向胶膜内表面提供持续的液压，直至试样破裂。

由电机驱动活塞，推动与胶膜材质相适宜的液体(如：纯甘油、含缓蚀剂的乙二醇及低粘度硅油)，向胶膜内表面施加压力。液压系统及所用液体应没有气泡，泵送液量应为170 mL/min±15 mL/min。

5.4 压力测量系统

可采用任何原理进行测定，但其显示的准确度应能达到±10 kPa或测量值的3%，取较大值。液压增加的响应速度应为：显示的最大压力值误差应在峰值真值的±3%以内，系统校准方法见附录D。

6 校准

6.1 校准装置应安装在仪器适宜的位置，以便于进行液体泵送速度的检查，及最大压力、显示系统和夹盘压力显示装置的校准。

6.2 应在仪器开始使用前及有效的周期内对仪器进行校准，以保证仪器达到规定的准确度。

如有可能，校准压力传感器时，应将其安装在与耐破度测定仪相同的位置上，最好放在仪器自身上进行校准。如果压力传感器受到的压力偶而超出量程，应在下次使用前重新进行校准。

各种厚度的铝箔可作为定值试样使用。该方法是一种对仪器整体功能有效的检查措施，但由于在受压条件下，铝箔的性质与纸不同，所以它不能作为校准标准使用。

7 试样的采取和制备

试样的采取按GB/T 450进行，所需试样应保证得到20个有效数据。

试样应按GB/T 10739进行温湿处理。

8 试验步骤

应在GB/T 10739规定的标准大气条件下进行测定。

如果需要，应按GB/T 451.2测定试样的定量。

应按照使用说明书或本标准的规定准备仪器，电气仪器需要进行预热。

如果可以选择压力量程，应选取最适宜的测量范围。如果需要进行预试验，应选择最大的压力范围。

调整压持系统，使最低的夹持压力在700 kPa～1 200 kPa范围内，并防止试样滑动。表1中给出了不同耐破度材料所需的适宜夹盘压力的参考值。

表 1

单位为千帕

耐 破 度	初始夹持压力	耐 破 度	初始夹持压力
<1 500	400	2 000～2 500	800
1 500～2 000	600	>2 500	1 000

升起夹盘，放入试样，将试样覆盖于整个夹盘面上，然后给试样施加足够的夹持压力。

如果需要，根据使用说明将液压指示器调零，施加液压直至试样破裂。退回活塞，直至胶膜低于夹盘平面。读取显示的耐破压力，精确至千帕。松开夹盘，准备下一次测定。当试样有明显滑动时(试样滑出夹盘或在被夹持面积内起了皱褶)，应将该数据舍弃。当有疑问时，用一较大的试样往往能确定是否产生滑动。如果破裂形式(如在测试区域周边断裂)表明由于持压力过高或在夹持时发生盘转动而使试样损伤，则此耐破度数据也应舍弃。

如果不要求报告纸板正反两面的测定结果时，则应测 20 个有效数据；如果需要报告纸板正反两面的测定结果时，则每面应至少测 10 个有效数据。

注 1：与胶膜接触的面为测试面。

注 2：主要误差来源如下：

——液压测量系统校准不准确；

——不正确的升压速度(速度过快导致耐破度增加)；

——胶膜缺陷，胶膜相对于夹盘平面安装过高或过低；

——胶膜硬或没有弹性，引起耐破度明显增加；

——试样夹持力不适当或不均匀(一般引起耐破度明显增加)；

——系统中有空气(一般引起耐破度明显降低)。

9 结果表示

计算平均耐破度(p)以千帕表示，精确到千帕。

计算结果的标准偏差。

耐破指数(X)以千帕平方米每克($kPa \cdot m^2/g$)表示，可按式(1)计算：

$$X = p/g \quad (1)$$

式中：

p——平均耐破度，单位为千帕(kPa)；

g——纸板的定量，单位为克每平方米(g/m^2)。

耐破指数应保留三位有效数字。

10 精密度

在正常的实验室条件下，很多实验室对同种纸板进行了测定。以实验室之间的变异系数来表示再现性，其结果见表 2。

表 2

品 种	耐破度平均值/kPa	变异系数/%	实验室数量/个
牛皮纸板	1 380	6.7	30
白色挂面纸板	763	5.3	31
A-瓦楞 SIS 110	854	3.9	9
B-瓦楞 SIS 140	1 132	4.0	9
C-瓦楞 SIS 170	1 547	4.6	9

11 试验报告

试验报告应包括以下各项：

a) 本标准编号；

b) 试验日期和地点；

c) 正确识别试样的所有信息；

d) 使用仪器的生产商和型号；

e) 采用的标准大气条件；

f) 耐破度的平均值，或分别要求正反两面的平均值，精确至 1 kPa；

g) 如需要耐度指数，则保留三位有效数字；

h) 每个耐破度平均值的标准偏差；

i) 偏离本标准的任何情况。

附　录　A
（规范性附录）
夹盘系统尺寸

夹盘尺寸如图 A.1 所示。

单位为毫米

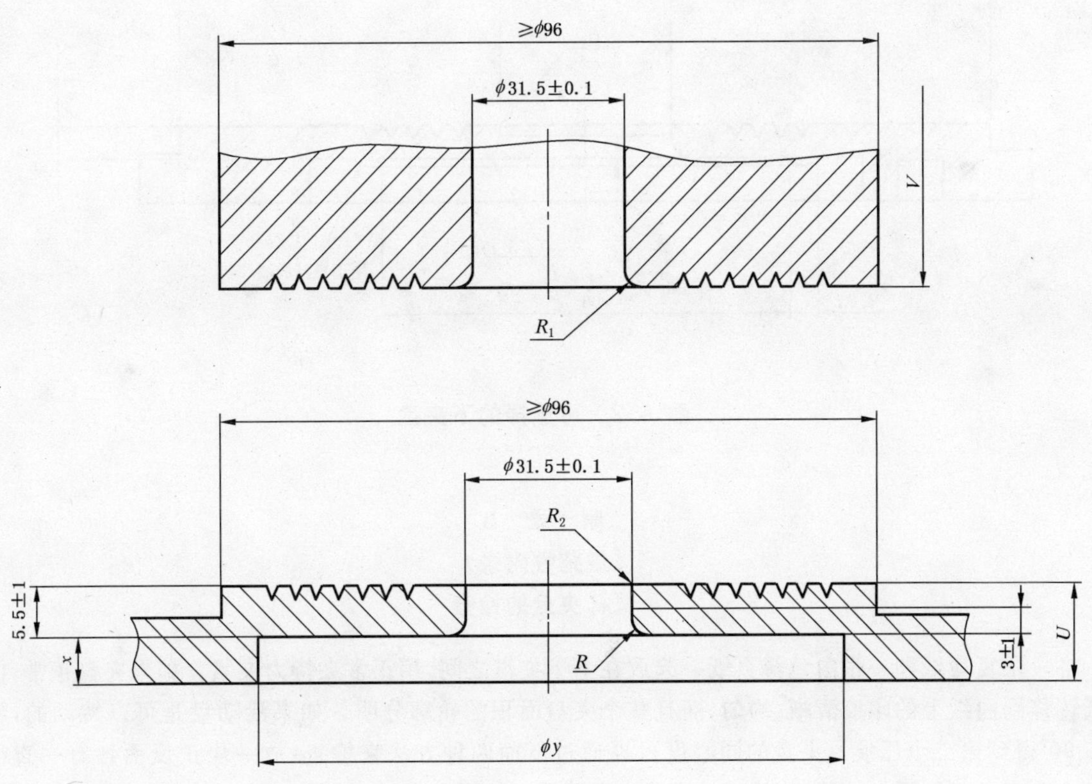

注：R、R_1、R_2、U、V、x 和 y 已在本附录文本中规定。

图 A.1　夹盘

U 和 V 的尺寸（如图 A.1）不很重要，但应保证足够大，以确保夹盘在使用中不变形。对于活动夹盘，厚度应不低于 9.5 mm，以保证使用时比较满意。

x 和 y 的尺寸取决于耐破度仪的结构及胶膜的设计，但应使胶膜被牢固地夹住。

半径 R 的尺寸由 5.5 mm±1 mm 和 3 mm±1 mm 来确定，R 的圆弧应与内孔的垂直面以及膜盘水平内表面相切，半径约为 3 mm。

为减少试样和胶膜的损伤，R_1 和 R_2 应稍加圆整，但不能影响夹盘的内径（推荐的曲率半径 R_1 约为 0.6 mm，R_2 约为 0.4 mm）。

为了减小试样滑动，与试样接触的夹盘表面应刻有螺纹或同心槽。

适宜的尺寸如下：

a）螺距为 0.9 mm±0.1 mm，深度不小于 0.25 mm 的 60°V 形连续螺纹，螺纹在距内孔边缘 3.2 mm±0.1 mm处开始；

b）一系列间距为 0.9 mm±0.1 mm，深度不小于 0.25 mm 的 60°V 形同心槽，最里面槽的中心距内孔边缘为 3.2 mm±0.1 mm。

活动夹盘内孔的上方应有足够大的空间，以使试样自由地凸出，如果将其设计成封闭形式，应有一个尺寸合适的圆孔与大气相通，以使试样上方的聚集空气逸出，该圆孔的合适直径约为 4 mm。

图 A.2 所示为另一种可选择的下夹盘的尺寸。这种夹盘有时可以从北美制造的仪器上发现。

单位为毫米

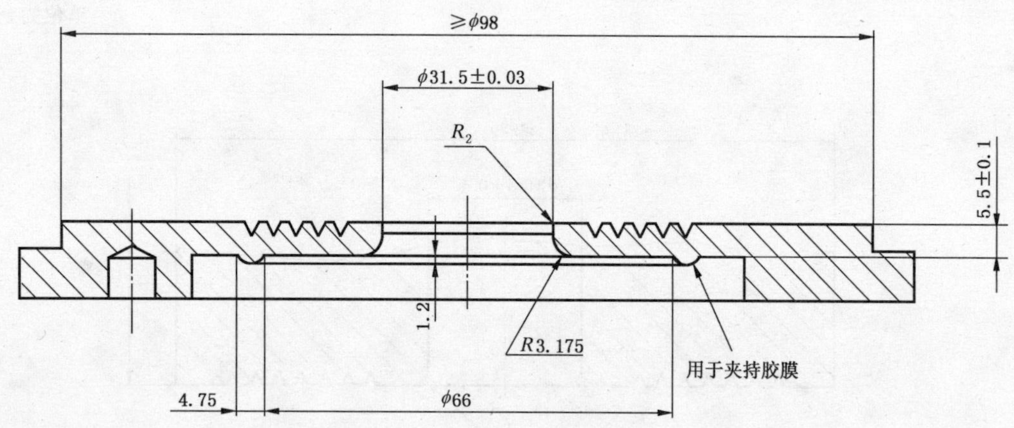

图 A.2 可选择的下夹盘

附 录 B
（规范性附录）
试样夹盘的检查

将一张复写纸和一张白色薄页纸一起放在上下夹盘之间，用正常夹持力夹紧。如果夹盘正常，由复印纸转移到白纸上的印痕清晰、均匀，而且整个夹盘面积的轮廓分明。如果活动盘是可以转动的，将它旋转 90°得到第二个压痕。夹盘的同心度可以通过下面两种方法来检查：放一块正反面各有一直径与夹盘内孔直径相同圆盘的平板，检查上下夹盘的内孔是否分别与两个圆盘对齐；另一种方法是在两张复写纸中间夹一张白色薄页纸，检查上下夹盘压出的印痕是否重合，其差应不超过 0.25 mm。

附 录 C
（规范性附录）
夹 持 压 力

有些耐破度仪装有液动或气动夹紧装置，接一个压力表就能调节到所要求的任一夹持力。在这种情况下，应强调的是气动或液动系统中的压力与夹盘之间的压力未必相同。应将活塞和夹盘表面的面积考虑进去。

如果耐破度仪采用机械夹持装置，如螺杆或杠杆，每种装置的实际夹持力是由其使用的重砣或与其适宜的装置来决定的。

附　录　D
（规范性附录）
压力测量系统的校准

D.1　静态校准

压力测量系统可采用活塞型静重压力计或汞柱压力计进行静态校准。如果压力传感器对方向敏感，则传感器的校准应在耐破度仪中的正常安装位置上进行。最大耐破压力指示系统应进行动态校准。

也可以采用其他静态校准方法。

D.2　动态校准

仪器整体的动态校准可以通过并行联接一套独立的最大压力测试系统来进行，该系统的频率响应和准确度应高于1.5%，以充分满足耐破度测定时最大压力的测量。

在仪器的工作量程内测定试样，各种水平的耐破压力的最大压力示值误差可以测定。

如果任何一点的误差大于5.4中的规定，应检查产生误差的原因。

前 言

本标准是对 GB/T 1540—1989《纸和纸板吸水性的测定法(可勃法)》的修订。

本标准非等效采用国际标准 ISO 535:1991《纸和纸板——吸水性的测定(可勃法)》。

本标准自实施之日起,同时代替 GB/T 1540—1989。

本标准除增加了平压式测试方法外,为了便于掌握具体试验操作,对翻转式和平压式两种不同仪器的操作过程也做了详尽的描述。

本标准由中国轻工业联合会提出。

本标准由全国造纸工业标准化技术委员会归口。

本标准起草单位:中国制浆造纸研究院、青岛出入境检验检疫局。

本标准主要起草人:玄龙德、郝国龙、李兰芬、王涛。

本标准首次发布于 1964 年,第一次修订于 1979 年,第二次修订于 1989 年。

本标准委托全国造纸工业标准化技术委员会负责解释。

ISO 前言

ISO(国际标准化组织)是国际标准化团体(ISO 成员)的全球性联合体。国际标准的制定工作通常由 ISO 技术委员会完成,其中每一成员国对技术委员会曾经发布的标准感兴趣的,都有权向委员会表达其意见。与 ISO 有关的政府的或非政府的国际组织也可参与这项工作。ISO 与国际电工委员会(IEC)在电工标准方面有密切联系。

国际标准的草案要经过技术委员会各个成员的投票表决才能正式通过。作为国际标准的正式发布要求达到不低于 75%的投票率。

国际标准 ISO 535 是由 ISO/TC 6 纸、纸板和纸浆技术委员会起草的。

第二版取消和代替了第一版(ISO 535:1976),它是技术性的修订。

中华人民共和国国家标准

GB/T 1540—2002
neq ISO 535:1991
代替 GB/T 1540—1989

纸和纸板吸水性的测定 可勃法

Paper and board—Determination of water absorption—Cobb method

1 范围

本标准规定了用可勃(cobb)吸水性测定仪测定纸和纸板表面吸水能力(可勃值)的方法。

本标准适用于测定施胶纸和纸板表面的吸水性。

本标准不适用于定量低于50 g/m²,施胶度较低或有较多针孔的原纸和压花纸;不适用于未施胶的纸和纸板;不适用于准确评价纸和纸板的书写性能。

2 引用标准

下列标准所包含的条文,通过在本标准中引用而构成为本标准的条文。本标准出版时,所示版本均为有效。所有标准都会被修订,使用本标准的各方应探讨使用下列标准最新版本的可能性。

GB/T 450—2002 纸和纸板试样的采取(eqv ISO 186:1994)

GB/T 461.1—2002 纸和纸板毛细吸液高度的测定(克列姆法)(idt ISO 8787:1989)

GB/T 10739—2002 纸、纸板和纸浆试样处理和试验的标准大气条件(eqv ISO 187:1990)

3 定义

本标准采用下列定义。

3.1 可勃值 cobb value

在一定条件下,在规定的时间内,单位面积纸和纸板表面所吸收的水的质量,以克/平方米表示。

3.2 吸水时间 absorption time

从水与试样刚开始接触到吸水结束时的时间。该时间可根据纸和纸板的不同吸水能力来选择,并应符合7.2.1.3中表1的规定,必要时可适当缩短或延长该时间。

4 原理

试验前称量试样,当试样的一面与水接触达到规定时间后,吸干试样上的多余水分,并立即称量。以单位面积试样增加的质量来表示结果,单位为克每平方米。

5 仪器和试剂

5.1 可勃吸收性试验仪

主要有两种,一种是翻转式,另一种是平压式,可使用这两种中的任何一种仪器。这两种仪器均应符合下列要求。

a) 金属圆筒为圆柱体,其内截面积一般为(100±0.2) cm²,相应内径为(112.8±0.2) mm。若用小面积的圆筒,建议面积应不小于50 cm²,此时应相应减少水的体积,以保证10 mm的水液高度。圆筒高度为50 mm,圆筒环面与试样接触的部分应平滑,并有足够的圆度,以防圆筒边缘损坏试样;

中华人民共和国国家质量监督检验检疫总局2002-10-15批准 2003-04-01实施

b）为防止水的渗漏，翻转式的圆筒盖子上和平压式的底座上应加一层有弹性但不吸水的胶垫或垫圈；

c）金属压辊的辊宽应为（200±0.5）mm，质量应为（10±0.5）kg，表面应平滑。

5.2 水

试验应使用蒸馏水或去离子水，试验过程中水的温度应与环境温度相一致，即（23±1）℃。

5.3 吸水纸

吸水纸的定量应为 200 g/m²～250 g/m²，其毛细吸收高度按 GB/T 461.1 测定应不小于 75 mm/10 min。当吸水纸的单层定量小于 200 g/m² 时，可多层叠加，以满足上述要求。吸水纸只要能保证其吸水性，可重复使用。

5.4 天平

准确度应为 0.001 g，量程应适用于称量试样。

5.5 秒表

可读准至 1 s。

5.6 量筒

规格为 100 mL。

6 试样的采取、处理和制备

6.1 试样的采取

按 GB/T 450 采取样品。

6.2 试样的处理

按 GB/T 10739 进行温湿处理。

6.3 试样的制备

将处理后的样品切成（125±5）mm 见方或 ϕ（125±5）mm 圆形的试样 10 张（正反面各 5 张）。对于测试面积小的仪器，试样尺寸应略大于圆筒外径，以避免试样过小造成漏水，也应避免试样过大而影响操作。

7 试验方法

7.1 试验环境

试验应在 GB/T 10739 规定的大气条件下进行。

7.2 试验步骤

7.2.1 翻转式

7.2.1.1 在放置试样前，应保证与试样接触的圆筒环面、胶垫是干燥的，同时手不应接触到测试区。

7.2.1.2 用量筒量取 100 mL 水倒入圆筒中，然后将已称好质量的试样放置于圆筒的环形面上。且测试面向下。将压盖盖在试样上并夹紧，使之与圆筒固定在一起。

7.2.1.3 当测试时间确定后，移去剩余水的时间和完成吸水的时间应符合表 1 的规定。

表 1

测试时间 s	记　号	移去剩余水的时间 s	完成吸水的时间 s
30	Cobb30	20±1	30±1
60	Cobb60	45±2	60±2
120	Cobb120	105±2	120±2
300	Cobb300	285±2	300±2

7.2.1.4 将圆筒翻转180°，同时打开秒表计时。在吸水结束前10 s～15 s，将圆筒翻正，松开压盖夹紧装置，取下试样。注意每测试5次后，应更换测试用水，以免影响测试结果。

7.2.1.5 在到达规定吸水时间的瞬间，把已从圆筒上取下的试样，吸水面朝下地放在预先铺好的吸水纸上。再在试样上面放上一张吸水纸，然后立即用金属压辊不加其他压力地在4 s内往返辊压一次，将试样表面剩余的水吸干。

7.2.1.6 将试样快速取出，吸水面向里对折，然后再对折一次后称量，准确至0.001 g。对于厚纸板，试样可能不易折叠，在此情况下应尽快进行第二次称量。

7.2.2 平压式

7.2.2.1 在放置试样前，应保证与试样接触的圆筒环面、胶垫是干燥的，同时手不应接触到测试区。

7.2.2.2 将已称好质量的试样放置于圆筒与底座胶垫之间并夹好，测试面应向上。

7.2.2.3 试样的吸水时间同7.2.1.3。

7.2.2.4 用量筒量取100 mL水倒入圆筒中，同时打开秒表计时。在吸水结束前10 s～15 s，应将水倒掉，并取出试样，使其吸水面朝上平稳地放在预先铺好的吸水纸上。

7.2.2.5 在到达规定吸水时间的瞬间，将一张吸水纸直接放在试样上。然后立即用金属压辊不加其他压力地在4 s内往返辊压一次，将试样表面剩余的水吸干。

7.2.2.6 将试样快速取出，吸水面向里对折，然后再对折一次后称量，准确至0.001 g。对于厚纸板，试样可能不易折叠，在此情况下应尽快进行第二次称量。

7.3 试片的舍弃

7.3.1 对于用吸水纸吸水后，表面仍有过量水的试样应舍弃。同时应检查该现象是否是由吸水纸不符合要求引起的。

7.3.2 当被夹区域的周围出现渗漏或非测试区域接触到水时，应舍弃该试样。

8 结果和计算

8.1 每个试样的可勃值应根据式(1)计算，以克/平方米表示，精确至一位小数。

$$C=(m_2-m_1)\times 100 \quad \cdots\cdots(1)$$

式中：C——可勃值，g/m^2；

m_2——吸水后称出的试样质量，g；

m_1——吸水前称出的试样质量，g。

8.2 分别计算正反面各5个试样可勃值的平均值，作为该样品正反面的测试结果；若不分正反面，则应算出两面可勃值的平均值，作为该样品的测试结果。

9 测试报告

测试报告应包括以下项目。

a) 本标准号；

b) 样品编号；

c) 测试的大气条件；

d) 测试所用的吸水时间和水温；

e) 测试所得结果的平均值、最大值、最小值、标准偏差和变异系数；

f) 舍弃试样数及舍弃理由；

g) 测试日期和地点；

h) 任何不符合本标准规定的操作。

ICS 85.010
Y 30

中华人民共和国国家标准

GB/T 1541—2013
代替 GB/T 1541—2007

纸和纸板　尘埃度的测定

Paper and board—Determination of dirt

2013-10-10 发布　　2014-05-01 实施

中华人民共和国国家质量监督检验检疫总局
中国国家标准化管理委员会　发布

前　言

本标准按照 GB/T 1.1—2009 给出的规则起草。

本标准代替 GB/T 1541—2007《纸和纸板　尘埃度的测定》。

本标准与 GB/T 1541—2007 相比，主要变化如下：

——将术语“杂质”修改为“尘埃”，相应的定义也进行了修改。

——修改了文本中对尘埃度图片的描述。

——删除了结果表述中的分组，增加了以每平方米的尘埃面积表示的计算公式。

——修改了附录 A 中尘埃图片及其描述。

请注意本文件的某些内容可能涉及专利。本文件的发布机构不承担识别这些专利的责任。

本标准由中国轻工业联合会提出。

本标准由全国造纸工业标准化技术委员会(SAC/TC 141)归口。

本标准主要起草单位：杭州仕佰特科技有限公司、杭州出入境检验检疫局、中国制浆造纸研究院、国家纸张质量监督检验中心、中国造纸协会标准化专业委员会。

本标准起草人：李萍、高凤娟、张利龙、崔科丛、张青、俞立萍、王东、卢小芬、尹巧、李鑫、李大方。

本标准所代替标准的历次版本发布情况为：

——GB/T 1541—1964、GB/T 1541—1979、GB/T 1541—1989、GB/T 1541—2007。

纸和纸板　尘埃度的测定

1　范围

本标准规定了纸和纸板尘埃度的测定方法。

本标准适用于各种纸和纸板尘埃度的测定。

2　规范性引用文件

下列文件对于本文件的应用是必不可少的。凡是注日期的引用文件，仅注日期的版本适用于本文件。凡是不注日期的引用文件，其最新版本(包括所有的修改单)适用于本文件。

GB/T 450　纸和纸板　试样的采取及试样纵横向、正反面的测定

3　术语和定义

下列术语和定义适用于本文件。

3.1

尘埃　dirt

纸面上在任何照射角度下，能见到的与纸面颜色有显著区别的纤维束及其他杂质。

3.2

尘埃度　dirt

每平方米纸和纸板上，具有一定面积的尘埃的个数，或每平方米面积的纸和纸板上尘埃的等值面积(mm^2)。

4　仪器

4.1　照明装置：20 W 日光灯，照射角应为60°。

4.2　可转动的试样板：乳白玻璃板或半透明塑料板，试样板面积为 270 mm×270 mm。

4.3　标准尘埃图：在一透明膜上印有不同面积和形状的尘埃系列，左半区为同一横行排列着面积相同，但形状不同的尘埃；右半区为同一纵列排列着面积相同，但形状不同的尘埃，具体见附录A。

注：标准尘埃图由标准化机构统一提供，不建议使用复制品，因复制品可能会改变斑点的尺寸。

5　取样

按照 GB/T 450 的规定取样，并切取 250 mm×250 mm 的试样至少四张。

6　试验步骤

6.1　将一张切取好的试样放在可转动的试样板上，用板上四角别钳压紧，在日光灯下检查纸面上肉眼可见的尘埃，眼睛观察时的明视距离为 250 mm～300 mm，用不同标记圈出不同面积的尘埃，用标准尘

埃对比图鉴定纸上尘埃的面积大小，也可采用按不同面积的大小，分别记录同一面积的尘埃个数。

6.2 将试样板旋转90°，每旋转一次后将新发现的尘埃加以标记，直到返回最初的位置为止，若为双面使用的纸和纸板，再按照上面方法检查试样的另一面。

6.3 按上述步骤测定其余三张试样。

7 结果表述

7.1 结果可按产品标准或合同规定的分组进行计算。先计算出每一张试样正反面每组尘埃的个数，单面使用的纸和纸板仅测使用面的尘埃，双面使用的纸和纸板测试两面的尘埃，将四张试样合并计算，然后换算成每平方米的尘埃个数，结果取整数。

尘埃度按式(1)计算，以个/m² 表示。

$$N_{\mathrm{D}}=\frac{M}{n}\times 16 \qquad \cdots\cdots(1)$$

式中：

N_{D} ——尘埃度，单位为个每平方米(个/m²)；

M ——全部试样尘埃总数；

n ——进行尘埃测定的试样张数。

注1：如果同一个尘埃穿透纸页，两面均能看见时，按两个尘埃计算。

注2：如果尘埃大于5.0 mm²，或超过产品标准规定的最大值，或是黑色尘埃，则取5 m² 试样进行测定。

7.2 若结果以每平方米的尘埃面积表示时按式(2)进行计算，结果精确到一位小数。

$$S_{\mathrm{D}}=\frac{\sum a_{\mathrm{x}}\cdot b_{\mathrm{x}}}{n}\times 16 \qquad \cdots\cdots(2)$$

式中：

S_{D} ——每平方米的尘埃面积，单位为平方毫米每平方米(mm²/m²)；

a_{x} ——每组面积的尘埃的个数；

b_{x} ——每组尘埃的面积，单位为平方毫米(mm²)；

n ——进行尘埃测定的试样张数。

8 试验报告

试样报告应包括以下项目：

a) 本标准编号；

b) 测定结果；

c) 任何偏离本标准的情况。

附 录 A
(规范性附录)
标准尘埃图

标准尘埃图为一张透明胶片(如图 A.1),应由标准化机构提供。该胶片不应使用复制品,因其复制品会改变斑点尺寸。左半区为同一横行排列着面积相同,但形状不同的尘埃;右半区为同一纵列排列着面积相同,但形状不同的尘埃。

单位为平方毫米

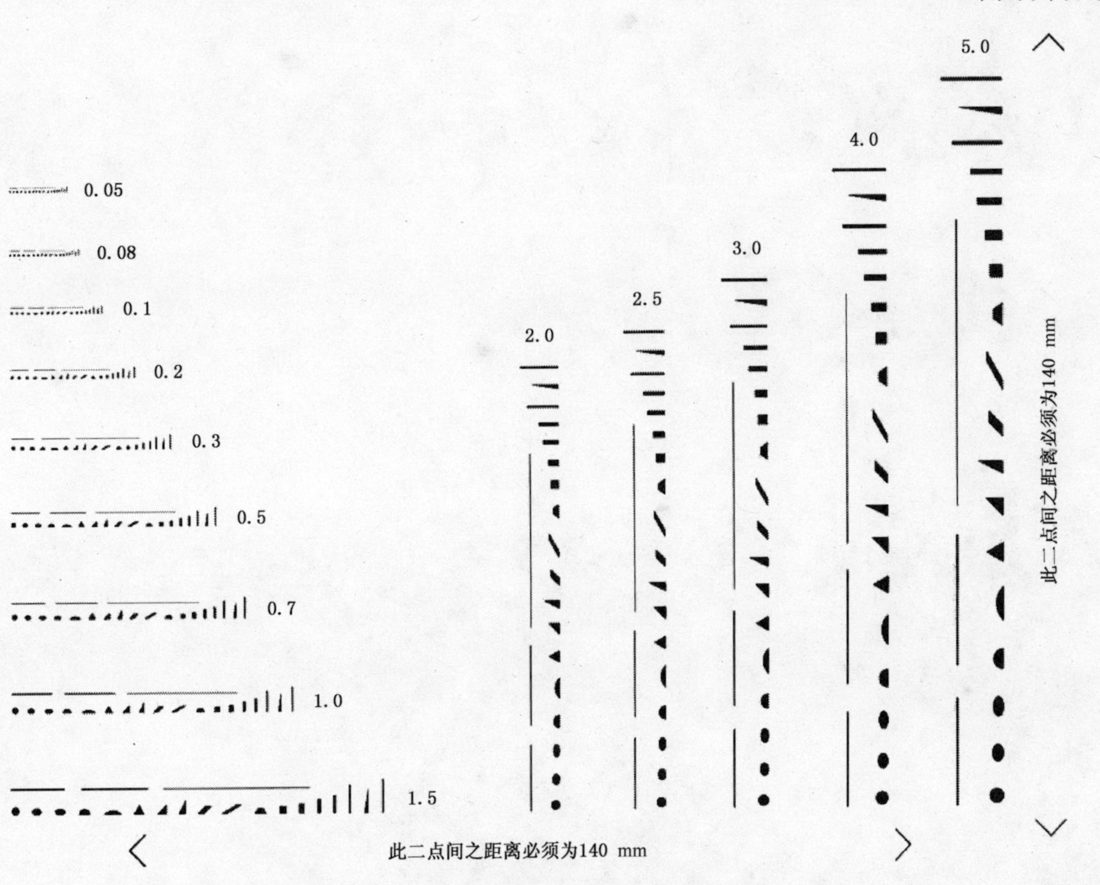

图 A.1 标准尘埃图

ICS 85.060
Y 30

中华人民共和国国家标准

GB/T 1543—2005
代替 GB/T 1543—1988

纸和纸板　不透明度（纸背衬）的测定（漫反射法）

Paper and board—Determination of opacity (paper backing)—Diffuse reflectance method

（ISO 2471:1998,MOD）

2005-09-26 发布　　　　2006-04-01 实施

中华人民共和国国家质量监督检验检疫总局
中国国家标准化管理委员会　发布

前　言

本标准修改采用ISO 2471:1998《纸和纸板——不透明度(纸背衬)的测定——漫反射法》。

本标准是对GB/T 1543—1988《纸不透明度测定法(纸背衬)》的修订。

本标准与GB/T 1543—1988相比主要变化如下:

——5.2增加了对简易型光谱反射光度计仪器的规定(见5.2);

——GB/T 1543—1988中不透明度结果准确至0.5%,本标准中不透明度的结果保留三位有效数字。

本标准与ISO的结构对比在附录B中列出。

本标准与ISO的技术性差异在附录C中列出。

本标准的附录A为规范性附录,附录B、附录C为资料性附录。

本标准由中国轻工业联合会提出。

本标准由全国造纸工业标准化技术委员会(SAC/TC 141)归口。

本标准起草单位:中国制浆造纸研究院。

本标准主要起草人:张清文。

本标准所代替标准的历次版本发布情况为:

——GB/T 1543—1962,GB/T 1543—1979,GB/T 1543—1988。

本标准由全国造纸工业标准化技术委员会负责解释。

纸和纸板　不透明度(纸背衬)的测定(漫反射法)

1　范围

本标准规定了采用漫反射测定纸和纸板不透明度(纸背衬)的方法。

本标准适用于白色和接近白色的纸及纸板。经过荧光染料处理或呈现大量荧光的纸及纸板均可测试,但不同仪器结果的一致性可能不令人满意,而且其结果可能难以评价。

2　规范性引用文件

下列文件中的条款通过本标准的引用而成为本标准的条款。凡是注日期的引用文件,其随后所有的修改单(不包括勘误的内容)或修订版均不适用于本标准,然而,鼓励根据本标准达成协议的各方研究是否可使用这些文件的最新版本。凡是不注日期的引用文件,其最新版本适用于本标准。

GB/T 450　纸和纸板试样的采取(GB/T 450—2002,eqv ISO 186:1994)

GB/T 7973　纸、纸板和纸浆　漫反射因数测定法(漫射/垂直法)(GB/T 7973—2003,ISO 2469:1994,NEQ)

3　术语和定义

下列术语和定义适用于本标准。

3.1

反射因数 R　reflectance factor R

由一物体反射的辐通量与相同条件下完全反射漫射体所反射的辐通量之比,以百分数表示。

3.2

光反射因数 R_y　luminous reflectance factor R_y

采用符合 GB/T 7973 规定的反射光度计,在 CIE 1964 补充标准色度系统的光谱特性条件下测定的反射因数。

3.3

单层反射因数 R_0　Singe-sheet luminous reflectance factor R_0

单层纸样背衬黑筒的光反射因数。

3.4

内反射因数 R_∞　intrinsic luminous reflectance factor R_∞

试样层数达到不透光,即测定结果不再随试样层数加倍而发生变化时的光反射因数。

3.5

不透明度(纸背衬)　opacity (paper backing)

同一试样的单层反射因数 R_0 与其内反射因数 R_∞ 之比,以百分数表示。

4　原理

按 GB/T 7973 测定试样背衬黑筒的单层反射因数及试样的内反射因数,并由这两者的比值得到不透明度。

5 仪器

5.1 反射光度计

仪器的几何特性、光学特性及光谱特性应符合 GB/T 7973 的规定,同时该仪器用于测定光反射因数及校准的装置也应符合 GB/T 7973 的规定。

5.2 滤光片-功能

对于滤光片式反射光度计,滤光片与仪器本身的光学特性组合给出的总体响应等效于被测试样在 CIE 照明体 D_{65} 下的 CIE 1964 标准色度系统的 CIE 三刺激值 Y_{10}。

对于简易型光谱反射光度计,其中一个功能允许按附录 A 的相对光谱功率分布计算被测试样在 CIE 照明体 D_{65} 下的 CIE 1964 标准色度系统的 CIE 三刺激值 Y_{10}。

5.3 工作标准

两块乳白玻璃或陶瓷平板,按 GB/T 7973 进行清洗和校准。

注:一些仪器的主要工作标准,可能被已建立的内在标准所替代。

5.4 参比标准

由授权实验室提供,应符合 GB/T 7973 中有关仪器和工作标准的校准规定。

5.5 黑筒

在所有的波长范围内,其反射因数与名义值的差值应不超过 0.2%。黑筒应开口朝下放置在无尘的环境中或盖上防护盖。

注:黑筒的状况应参照仪器制造商的要求进行检查。

6 试样采取

如果评价一批样品,应按 GB/T 450 进行试样采取。如果评价不同类型的样品,应保证所取样品具有代表性。

7 试样制备

避开水印、尘埃及明显缺陷,切取约 75 mm×150 mm 的长方形试样。将不少于 10 张试样叠在一起,形成试样叠,且正面朝上。试样叠的层数应能保证当试样数量加倍后,反射因数不会因试样层数的增加而改变。然后在试样叠的上、下两面,各另衬一张试样,以防止试样被污染或受到不必要的光照及热辐射。

在最上面试样的一角上作出记号,以区分试样及其正面。

注:如果能够区分试样的正面和网面,应将试样的正面朝上;如果不能区分,如夹网纸机生产的纸张,则应保证试样的同一面朝上。

8 步骤

8.1 取下试样叠的保护层,不要用手触摸试样的测试区。按仪器的操作方法和工作标准操作仪器,测定试样叠的最上层试样的内反射因数 R_∞,读取并记录测定值,应准确至 0.1%。

8.2 将最上层试样从试样叠上取下,并在被测试样的下面衬上黑筒。然后在相同测试区内,测定试样叠最上层试样的单层反射因数 R_0,读取并记录测定值,应准确至 0.1%。

8.3 将已测定的试样放在试样叠的下面。重复测定试样的 R_0 和 R_∞,并将测完的试样放在试样叠的下面,直至测完 5 对测定结果。

8.4 翻过试样叠,重复 8.1 至 8.3 的操作,测试试样的另一面。

9 结果计算

9.1 根据试样正、反面相应的 R_0 和 R_∞ 值,按式(1)分别计算试样正、反面每次测定的不透明度 $R(\%)$,

结果保留三位有效数字。

$$R = \frac{R_0}{R_\infty} \times 100\% \qquad \cdots\cdots(1)$$

式中：

R_0——试样正面或反面的单层反射因数，%；

R_∞——试样正面或反面的内反射因数，%。

9.2 计算试样正、反面不透明度的平均值及标准偏差。如果两面平均值的差值超过0.5%，并且这个差值在统计学上是有效的，应区分试样的正、反面，并分别报告结果。如果差值不大于0.5%，则报告总平均值。

注1：对于大部分纸张，不透明度的两面差异较小。但对于两面差异极大的纸张，不透明度的两面差可能会大于0.5%。

注2：因分别计算每张试样不透明度和以所有试样 R_∞ 和 R_0 平均值计算不透明度两者计算结果相差甚微，差值可略去不计。为简便，可采用以 R_∞ 和 R_0 平均值按9.1中公式(1)计算不透明度。

10 精确度

29个试验室分别测定不透明度为94.2%的同一种纸样，其测定结果表明该试验的变异系数为0.3%。

11 结果报告

试验报告应包括以下项目：

a) 本标准编号；

b) 试验日期和地点；

c) 样品的识别；

d) 不透明度，包括平均值、标准偏差，如果需要，分别报告试样两面的结果；

e) 使用的仪器型号；

f) 任何与本标准的偏离或影响结果的因素。

附 录 A
（规范性附录）
用于测定不透明度的反射光度计的相对光谱功率分布

反射光度计的光源、透镜、滤光片及接受器组合给出的相对光谱的功率分布 $\bar{y}_p$，见表 A.1。

表 A.1 反射光度计的光源、透镜、滤光片及接受器组合给出的相对光谱的功率分布 $\bar{y}_p$

波长/nm	$\bar{y}_p$
420	1.9
440	6.3
460	14.6
480	28.5
500	48.8
520	77.4
540	97.3
550	100
560	96.6
580	80.6
600	57.4
620	33.8
640	18.5
660	6.3
680	1.2
700	0.3
720	0.05

附　录　B
（资料性附录）
本标准章条编号与 ISO 2471:1998(E)章条编号对照

表 B.1 给出了本标准与 ISO 2471:1998(E)章条对照的一览表。

表 B.1　本标准与 ISO 2471:1998(E)章条对照

本标准章条编号	对应的国际标准章条编号
1	1
2	2
3	3
4	4
5	5
5.1	5.1
5.2	5.2
5.3	5.3
5.4	5.4
5.5	5.5
6	6
7	7
8	8
9	9
10	10
11	11
附录 A	—
附录 B	—
附录 C	—
—	附录 A
—	附录 B

附 录 C
（资料性附录）
本标准与 ISO 2471：1998(E)的技术性差异及其原因

表 C.1 给出了本标准与 ISO 2471：1998(E)的技术性差异及其原因的一览表。

表 C.1 本标准与 ISO 2471：1998(E)的技术性差异及其原因

本标准章条编号	技术性差异	原因
3.2、5.2	用“标准照明体 D_{65} 和 CIE 1964 补充标准色度系统”代替 ISO 制定的“ISO 2471：1998(E)中 CIE 标准照明体 C 和 CIE 1931 标准色度系统”。	由于我国造纸行业测量纸张颜色的仪器及相关标准均采用“标准照明体 D_{65} 和 CIE 1964 补充标准色度系统”，为适合国情及保证相关标准一致性，本国家标准采用“标准照明体 D_{65} 和 CIE 1964 补充标准色度系统”。

ICS 85-010
Y 30

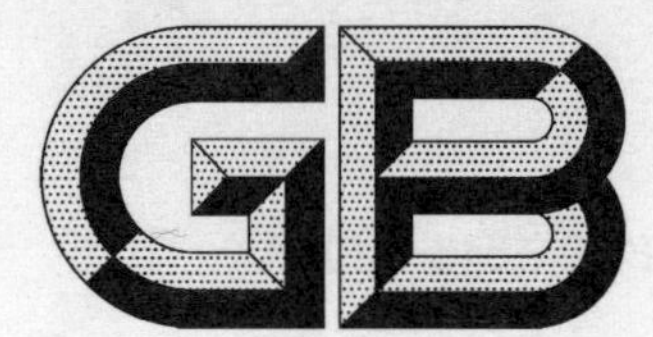

中华人民共和国国家标准

GB/T 1545—2008
代替 GB/T 1545.1—2003,GB/T 1545.2—2003

纸、纸板和纸浆 水抽提液酸度或碱度的测定

**Paper, board and pulp—
Determination of acidity or alkalinity**

(ISO 6588:1981, Paper, board and pulps—
Determination of pH of aqueous extracts, MOD)

2008-08-19 发布 2009-05-01 实施

中华人民共和国国家质量监督检验检疫总局
中国国家标准化管理委员会 发布

前　言

本标准修改采用国际标准 ISO 6588:1986《纸、纸板和纸浆　水抽提液 pH 的测定》。

本标准与 ISO 6588:1986 相比，主要差异如下：

——修改了标准名称；

——增加了规范性引用文件(本版的第 2 章)；

——删除了意义；

——修改了范围(本版的第 1 章)；

——增加了术语和定义(本版的第 3 章)；

——修改了原理(本版的第 4 章)；

——将试验用水修改为蒸馏水或相当纯度的净化水(本版的 5.1)；

——将 ISO 6588 附录缓冲溶液的制备转移到本标准的第 5 章试剂中(本版的 5.5)；

——在试剂中增加了 0.04%酚红指示剂(本版的 5.4)；

——取样按照 GB/T 450、GB/T 740 进行，水分的测定按照 GB/T 462 进行；

——试验步骤的 8.3，抽提完毕后，采用加酚红指示剂以 H_2SO_4 或 NaOH 进行滴定；

——修改了试验步骤，增加了方法 A:滴定法(本版的 8.1)；

——删除了附录。

本标准代替 GB/T 1545.1—2003《纸、纸板和纸浆水抽提液酸度或碱度的测定》、GB/T 1545.2—2003《纸、纸板和纸浆水抽提液 pH 的测定》。

本标准与 GB/T 1545.1—2003、GB/T 1545.2—2003 相比，主要变化如下：

——将引用标准修改为规范性引用文件(1989 年版的第 2 章;本版的第 2 章)，增加引用的标准，并对其他相关措辞进行相应变动；

——增加了定义要素(本版的第 3 章)；

——增加了试剂的引导语及试样处理及水分的测定部分(本版的第 5 章和第 7 章)；

——修改了试剂的内容，增加了注(本版的第 5 章)；

——修改了试验步骤，增加了方法 A、方法 B(本版的第 8 章)；

——增加了资料性附录"本标准与对应的 ISO 6588:1986 章条编号对照"(参见附录 A)；

——增加了资料性附录"本标准与 ISO 6588:1986 的技术性差异及其原因"(参见附录 B)。

本标准的附录 A、附录 B 为资料性附录。

本标准由中国轻工业联合会提出。

本标准由全国造纸工业标准化技术委员会归口。

本标准起草单位:河南省产品质量监督检验院、中国制浆造纸研究院。

本标准主要起草人:李红、阮健。

本标准所代替标准的历次版本发布情况为：

——GB 1545.1—1979，GB/T 1545.1—1989，GB/T 1545.1—2003；

——GB 1545.2—1979，GB/T 1545.2—1989，GB/T 1545.2—2003。

本标准由全国造纸工业标准化技术委员会负责解释。

纸、纸板和纸浆
水抽提液酸度或碱度的测定

1 范围

本标准规定了纸、纸板和纸浆水抽提液酸度或碱度的两个方法：滴定法和 pH 计法。

本标准的滴定法适用于一般纸、纸板和纸浆的酸度或碱度的测定，不适用于含有碱性填料或涂层的纸和纸板。pH 计法适用于水抽提液电导率超过 0.2 mS/m 的各种纸、纸板和纸浆。

2 规范性引用文件

下列文件中的条款通过本标准的引用而成为本标准的条款。凡是注日期的引用文件，其随后所有的修改单(不包括勘误的内容)或修订版均不适用于本标准，然而，鼓励根据本标准达成协议的各方研究是否可使用这些文件的最新版本。凡是不注日期的引用文件，其最新版本适用于本标准。

GB/T 450 纸和纸板 试样的采取及试样纵横向、正反面的测定（GB/T 450—2008，ISO 186：2002，MOD)

GB/T 462 纸、纸板和纸浆 分析试样水分的测定(GB/T 462—2008，ISO 287：1985，ISO 638：1978，MOD)

GB/T 601 化学试剂标准滴定溶液的制备

GB/T 740 纸浆 试样的采取(GB/T 740—2003，ISO 7213：1981，IDT)

3 术语和定义

下列术语和定义适用于本标准。

3.1

纸的酸度 paper acidity

纸张中的水可溶性物质会改变纯水[H]$^+$和[OH]$^-$的平衡，从而产生氢离子过剩。在某一特定条件下，用标准碱性溶液进行滴定，所测得的过剩的[H]$^+$浓度，即为纸的酸度。

3.2

纸的碱度 paper alkalinity

纸张中的水可溶性物质会改变纯水[H]$^+$和[OH]$^-$的平衡，从而产生氢氧根离子过剩。在某一特定条件下，用标准酸性溶液进行滴定，所测得的过剩的[OH]$^-$浓度，即为纸的碱度。

4 原理

用蒸馏水抽提试样 1 h，然后用滴定法或 pH 计法表述水抽提液的酸碱度或 pH 值。

5 试剂

除非另有说明，分析时只使用确认为分析纯的试剂和蒸馏水或去离子水或相当纯度的净化水。

5.1 蒸馏水或相当纯度的净化水，pH 值为 6.0～7.3。使用 pH 计法所用的蒸馏水或相当纯度的净化水，在按热抽提(8.2.1.2)规定加热至近沸并冷却后，水的电导率应不超过 0.1 mS/m。

注：当不可能得到规定纯度的水时，可使用电导率较高的水，但应在试验报告中说明所用水的电导率。

5.2 0.01 mol/L 的氢氧化钠标准溶液。

5.3　0.005 mol/L 的硫酸标准溶液。

5.4　0.04%酚红指示剂：称取 0.1 g 酚红溶解于 5.7 mL 的 0.05 mol/L 的氢氧化钠溶液中，加水稀释至 250 mL。此溶液在酸性中呈黄色，在碱性中呈红色，变色范围 pH 值为 6.8～8.4。

5.5　标准缓冲溶液

5.5.1　0.05 mol/L 的苯二甲酸氢钾($KHC_8H_4O_4$)溶液，pH 为 4.0。

5.5.2　磷酸二氢钾(KH_2PO_4)和磷酸氢二钠(Na_2HPO_4)溶液，pH 为 6.9。

5.5.3　0.01 mol/L 的四硼酸钠($Na_2B_4O_7$)溶液。

6　仪器

一般实验室用仪器及

6.1　耐化学药剂的玻璃器皿：带有磨口接头的具塞锥形瓶和 500 mL 锥形瓶，烧杯和水冷的回流冷凝器。所有玻璃器皿应小心地用蒸馏水(5.1)冲洗，并在使用前进行干燥处理。

6.2　恒温水浴或电热板。

6.3　布氏漏斗：ϕ100 mm(或 1G1 砂芯漏斗)。

6.4　pH 计，读数准确至 0.01。

6.5　温度计。

7　试样处理

7.1　取样

纸和纸板按照 GB/T 450 取样，纸浆按照 GB/T 740 取样

7.2　试样处理

从每一样品的测试单元中，取两个未用手接触过的具有代表性的部分。将其剪切成大约 5 mm^2～10 mm^2 的试样，各部分应保持分离。剪切时应戴洁净的防护手套，以保护试样。将剪切好的试样混合均匀，分别放在洁净带盖的容器中。

7.3　水分的测定

纸、纸板和纸浆应按照 GB/T 462 测定水分。

8　试验步骤

8.1　方法 A：滴定法

8.1.1　分别称取 5 g 试样(称准至 0.01 g)于 500 mL 锥形瓶(6.1)中，再分别加入 250 mL 新煮沸的蒸馏水，置于恒温水浴(6.2)中，装上回流冷凝器(6.1)煮沸 1 h。

8.1.2　另取一个 500 mL 的锥形瓶，加入 250 mL 新煮沸的蒸馏水作为空白样，该空白样也应进行步骤中的剩余各步。

8.1.3　抽提完毕后，迅速用布氏漏斗(6.3)进行过滤。滤液应收集于一干燥洁净的锥形瓶中，并迅速冷却，用移液管吸取 100 mL 滤液于 250 mL 锥形瓶中，然后加酚红指示剂(5.4)4 滴～5 滴。如果溶液显红色，则以 0.005 mol/L 的 H_2SO_4(5.3)滴定至该溶液呈黄色。如果溶液呈黄色，则以 0.01 mol/L 的 NaOH(5.2)滴定至该溶液呈红色。

8.1.4　结果表示及计算：如果水抽出液呈酸性反应，则测得的酸度以所含 H_2SO_4 的百分数表示；如果水抽出液呈碱性反应，则测得的碱度以所含 NaOH 的百分数表示。其计算如式(1)或式(2)。

$$\text{酸度(\%，以 } H_2SO_4 \text{ 计)} = \frac{(V_1 - V_0)C_1 \times 0.049 \times 250}{m} \quad \cdots\cdots(1)$$

$$\text{碱度(\%，以 NaOH 计)} = \frac{(2 \times V_2C_2 + V_0C_1) \times 0.04 \times 250}{m} \quad \cdots\cdots(2)$$

式中：

V_1——滴定所耗用的 0.01 mol/L 的 NaOH 标准溶液的体积，单位为毫升(mL)；

V_2——滴定所耗用的 0.005 mol/L 的 H_2SO_4 标准溶液的体积，单位为毫升(mL)；

V_0——空白试验时所耗用的 0.01 mol/L 的 NaOH 标准溶液的体积，单位为毫升(mL)；

C_1——NaOH 标准溶液的浓度，单位为摩尔每升(mol/L)；

C_2——H_2SO_4 标准溶液的浓度，单位为摩尔每升(mol/L)；

m——试样绝干质量，单位为克(g)。

同时进行两次测定，取其算术平均值作为测定结果。该结果应准确至小数点后第二位，且两次测定值间的误差应不超过 0.10%。

8.2 方法 B：pH 计法

8.2.1 水抽提液的制备

8.2.1.1 称量

准确称取 2 g（以绝干计）试样，称准至 0.1 g。将试样放在适当大小的锥形瓶（6.1）中，然后按热抽提(8.2.1.2)或冷抽提(8.2.1.3)的规定进行抽提。

8.2.1.2 热抽提

用移液管量取 100 mL 蒸馏水(5.1)，放在一个与装有试样(8.2.1.1)同样大小的另一锥形瓶(6.1)中，装上回流冷凝器(6.1)，将水加热至近沸腾。移去冷凝器，将此近沸腾的水倒入装有试样的锥形瓶中，再将此锥形瓶接上冷凝器，温和煮沸 1 h。在不移去冷凝器的情况下，迅速将试样冷却至 20 ℃～25 ℃，使纤维沉下，然后将上部清液倒入小烧杯(6.1)中。制备两份抽提液。

8.2.1.3 冷抽提

用移液管量取 100 mL 蒸馏水(5.1)，放在锥形瓶(6.1)中，并加入试样(8.2.1.1)，用一磨口玻璃塞塞好锥形瓶，在 20 ℃～25 ℃ 环境中放置 1 h，在此期间至少摇动锥形瓶一次。然后将抽提液倒入小烧杯(6.1)中。制备两份抽提液。

8.2.2 pH 的测定

用两种标准缓冲溶液(5.5)校准 pH 计(6.4)，抽提液的 pH 值应在校准用的两种缓冲溶液的 pH 值之间。校准后，用水(5.1)冲洗电极数次，再用少量抽提液(8.2.1.2 或 8.2.1.3)冲洗一次，校准抽提液的温度应为 20 ℃～25 ℃。然后将电极浸入抽提液中，并测定 pH 值。用两份抽提液进行重复测定。

8.2.3 结果的表示

用两次测定的算术平均值表示结果，并精确至 0.1，而且两结果之差应不大于 0.2。如果两结果之差大于 0.2，应另做两份抽提液进行重复测定，并报告平均值及所有测定结果。

9 试验报告

试验报告应包括以下内容：

a) 本标准的编号；

b) 完成样品鉴定所必要的全部说明；

c) 试验中观察到的任何异常现象；

d) 试验中所采用的抽提方法；

e) 试验结果；

f) 偏离本标准的任何试验条件；

g) 本标准或规范性引用文件中未规定的，并可能影响结果的任何操作。

附 录 A
（资料性附录）
本标准与对应的 ISO 6588:1986 章条编号对照

表 A.1 给出了本标准与对应的 ISO 6588:1986 章条编号对照一览表。

表 A.1 本标准与对应的 ISO 6588:1986 章条编号对照

本标准章条编号	对应的国际标准章条编号
1	2
2	3
4	4
5	5
5.1	5.1
5.5	附录
6	6
6.1	6.1
6.2	6.2
6.4	6.3
6.5	6.4
7	7
7.1	7.1
7.2	7.2
7.3	7.3
8	8
8.2	8
8.2.1	8.1
8.2.2	8.2
8.2.3	9
9	10

附 录 B
（资料性附录）
本标准与 ISO 6588:1986 的技术性差异及其原因

表 B.1 给出了本标准与 ISO 6588:1986 技术性差异及其原因一览表。

表 B.1 本标准与 ISO 6588:1986 技术性差异及其原因

本标准章条编号	技术性差异	原 因
1	增加了滴定法的适用范围	将酸度和碱度的测定方法并入本国家标准
2	将国际标准转化为与之相对应的国家标准	以适合我国国情
3	增加了术语和定义	标准的编写要求
4	将滴定法的原理并入其中	标准合并的需要
5	将附录转移到本章节 5.5，并增加了氢氧化钠标准溶液、硫酸标准溶液及酚红指示剂	附录中标准缓冲溶液的配置较简单，放在正文中使用更方便，并将滴定法所使用的试剂并入本标准
6.3	增加了布氏漏斗	滴定法所使用的玻璃仪器
8.1	增加了方法 A：滴定法	将酸度和碱度的测定方法滴定法并入本国家标准

中华人民共和国国家标准

纸浆筛分测定方法

GB/T 2678.1—93

Pulps—Determination of screened components

1 主题内容与适用范围

本标准规定了使用鲍尔(Bauer Mc Nett)纤维筛分仪评价纸浆纤维特性的方法 。

本标准适用于各种造纸用纸浆。

2 引用标准

GB 740 纸浆试样的采取

GB 741 纸浆分析试样水分的测定法

GB/T 1462 纸浆实验室的湿解离

GB 10336 造纸纤维长度测定方法

3 原理

将纸浆悬浮液注入筛分器中，各筛分容器中装有筛网，容器成阶梯式，当纸浆悬浮液从一个容器流到另一个容器时，在不同筛网上留住不同纤维长度的纸浆，存留纸浆的纤维长度与筛板的网孔大小一致。在一定的水流速度下，筛分一定时间后，收集起各筛板上的纤维，烘干，恒重后，按各网目上存留纤维量对投入试样的质量百分率报告结果。

4 仪器设备

4.1 筛分仪

不同厂家不同型式的筛分仪，测定结果可比性较差。本方法规定使用造纸用鲍尔纤维筛分仪[1)]。

注：1) 成都航空仪表公司生产的造纸用鲍尔纤维筛分仪可供选用。

该仪器由五个阶梯式的椭圆形容器组成，与容器相联的还有下述主要部件，如图 1 所示。

恒压水箱：在仪器的入水口处，用以保持一定的工作水位，多余部分从溢流管排出。

搅拌器：装在筛分容器内部，分别由五台电机传动，转数 580±40r/min，用来使纤维充分地在水中分散并作定向运动，使大多数纤维能平行于筛网运动，以便于按长度对纤维进行筛分。

隔板：装在筛板与栅板的前面，用于防止水和纤维垂直地冲向筛网。

筛板：用于对纤维进行分级，筛板网目可根据浆料不同性质选用。筛网材质为不锈钢。

国家技术监督局 1993-08-07 批准　　　　1994-03-01 实施

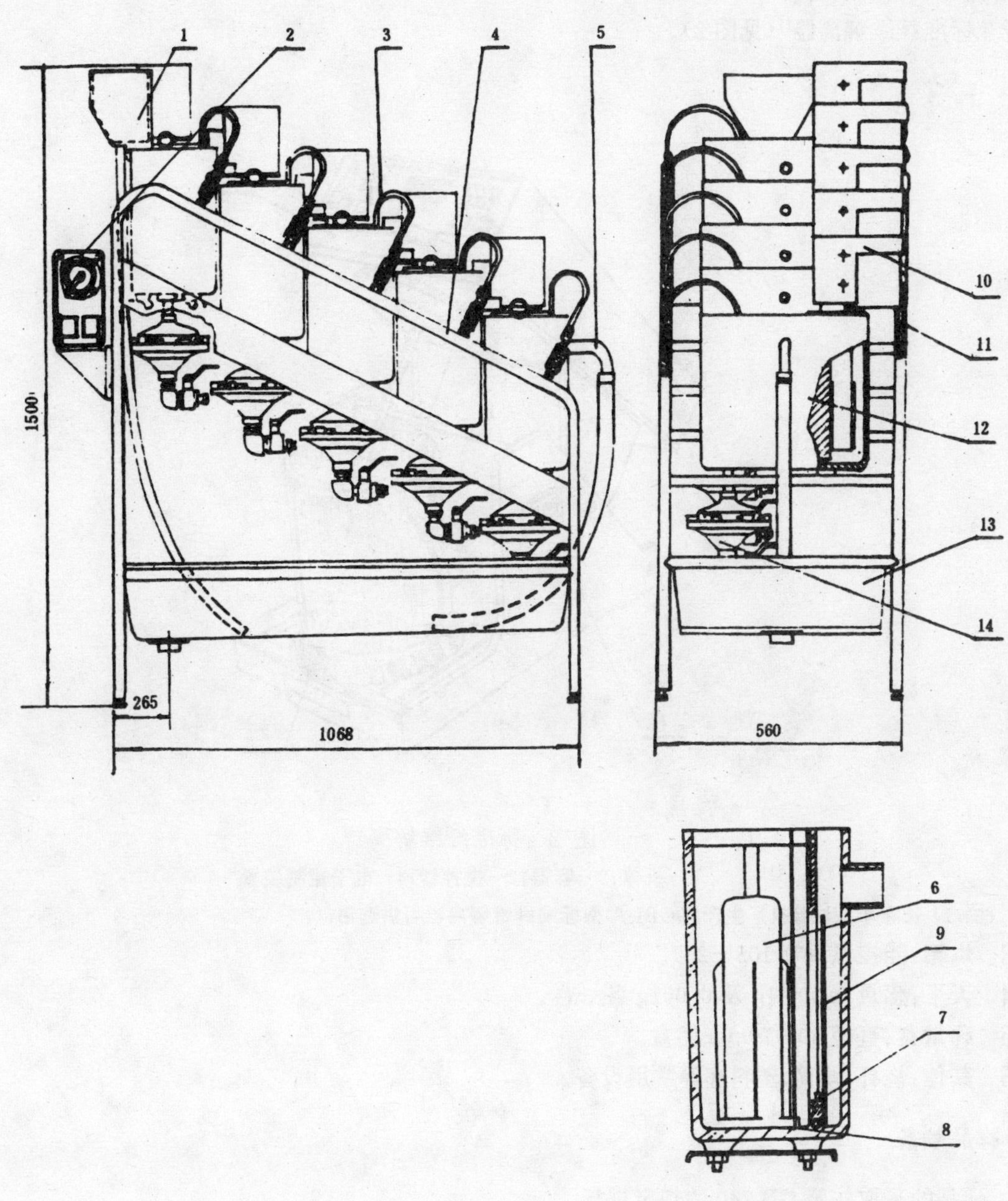

图 1　纸浆筛分仪

1—溢流水箱；2—电器定时器；3—密封管接头组件；4—机架；5—弯头水嘴；6—搅拌器；7—筛板；8—隔板；9—栅板；10—电动机；11—电缆接管；12—水箱；13—水槽体；14—真空吸盘组件

栅板：紧靠筛网装在筛板上，纸浆悬浮液通过栅板流向排水口，正反面不要颠倒。

密封管：用于筛板和容器联结处的密封，以防止纤维从联接处漏掉。密封管为厂家专门配置的橡皮管，使用时注入适当压力的压缩空气使管体发胀，从而达到较好的密封效果。

过滤排水装置：用于滤取各筛分容器中的纤维，可随意采用真空吸盘或布袋过滤的排水方式。真空吸盘与真空泵相接，可以提高排水效率，真空吸盘上所用的滤纸直径为 16cm 的定量分析滤纸。布袋可选用优质漂白或未漂细布。为便于收集纤维，布袋作成三角形，并带有弧形底部为宜。选用的布料不能含有任何填料或胶料。

4.2 标准纤维解离器[1]（见图 2）。

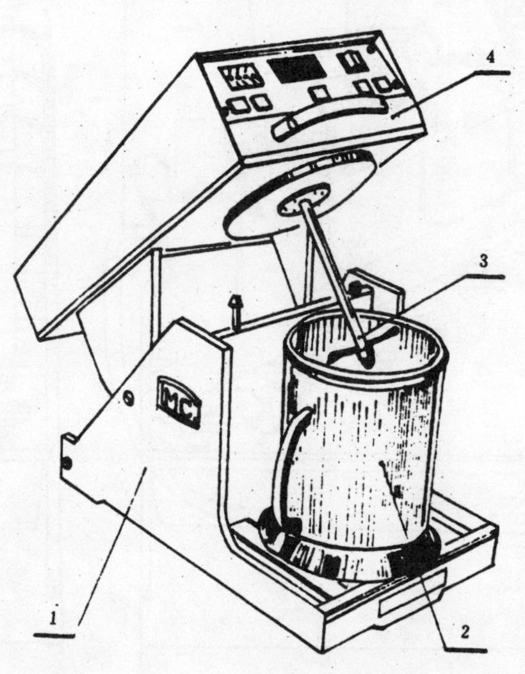

图 2 标准纤维解离器

1—机体；2—容器；3—搅拌器；4—电子控制装置

注：1）长春小型试验机厂生产的 GBJ-A 型标准纤维解离器可供选用。

4.3 烘箱：能控温调节 105±2℃。

4.4 天平：感量 0.000 1g 及 0.001g 各一台。

4.5 称量盒：直径 50～70mm 铝盒。

4.6 其他：烧杯、量筒、塑料杯等常用设备。

5 样品制备

样品的采取按照 GB 740 的规定进行。

5.1 试样水分测定：按 GB 741 纸浆分析试样水分的测定法进行。

5.2 试样解离：称取 10±0.05g（已知水分的）绝干浆样，称准至 0.001g。如试样为干浆（水分小于 30%）在水中浸泡，木浆 4h，草浆 6h。浸泡过程中不时用手挤柔浆样，促进水的浸透，然后在纤维标准解离器中解离，木浆 75 000 转（或 25min），草浆 45 000 转（或 15min）。如果浆料是湿浆或糊状浆，解离 15 000转（或 5min）。如试样为机械浆，筛分前需根据具体情况进行必要的消潜处理。一般可在 85℃水中浸泡约 20min 后，再进行解离。解离时浆料和水的总体积为 2 000mL。

分散浆料时，不适宜使用高速电动搅拌器，因为它对纤维有明显的切断作用。

为了节省时间，对固体状浆样可凭经验估计其水分含量，取大约 10g 的绝干浆样，并同时另取一份样品用于测定水分，其结果用来校定加入到筛分器中试样的准确量，如果质量在需要量 10%的误差以内，对各组分的质量百分率将无大的影响。

6 筛分试验

6.1 网目选择：为满足不同浆种的试验要求，选用的筛板网目各有不同。对于用筛分评价纤维质量时本标准规定使用下列网目：

中等纤维 14、28、48、100。

长纤维 10、14、28、48、100。

短纤维 14、28、48、100、200。

使用以上系列的筛网便于通过存留在各筛分容器中的纤维质量来统一评价纤维长度及浆料过滤性能。通常长纤维浆料是指平均纤维长度为 4～5mm 左右的纸浆，如优质针叶木浆及经过切断处理的某些棉麻及人造纤维浆。平均长度大于 5mm 者则需另行调整网目。短纤维浆料是指平均长度低于 1mm 及 1mm 左右的纸浆。如一般磨石磨木浆及一部分草浆。这些纸浆中含有大量的细小纤维及杂细胞。有的能存留在 200 目以内，有的通过 200 目。这两部分纤维对纸浆质量影响不同，因此对这类纸浆增用 200 目筛板很有必要。如纤维太短 14 目筛板可酌情略去。

对于有特殊要求的筛分试验，可根据具体要求选用不同网号的筛板。

6.2 开机

6.2.1 彻底清洗筛分仪各容器及筛板，以确保器壁及筛网上没有任何纤维或附着物。

6.2.2 装筛网：将最粗的筛板装到最上边的筛分容器中，随后递减。装筛板时将密封管放在筛板的密封槽内随同筛板一同安装，注意不要让密封条受到过大张力，以免拉细的部位漏浆。

6.2.3 开水：打开水管，调节流量，使恒位水箱刚有溢流产生，溢流水直径量约 6～8mm 即可。使供给筛分水箱的水流量为 11±0.5L/min。水流稳定后开动电机准备筛浆。

6.2.4 将解离好的 10g 纤维试样均匀分散在 2L 水中，于 15～18s 内注入第一个筛分水箱，同时启动计时器，准确筛分 20min±10s，筛毕立即停机停水。

6.2.5 收集各筛分容器中的筛浆，可以用真空吸盘组件，也可以用布袋。在筛分过程中，可以将恒重过的滤纸装在真空吸盘上，或将布袋装在接收盘上。筛分完毕以后，移去筛槽的塞子，让浆料流到接收器中，开动真空泵以加快过滤速度。如有必要，通过 200 目的筛浆也可以用布袋收集起来。

6.2.6 用细水管仔细冲洗筛槽及筛板各部位，洗液同样流到接收器中。

6.2.7 取下滤垫，用手指将附着在器壁上的浆取净，将滤垫折成半圆，在手中挤压滤片，尽可能多地除出水分，作上记号以便于识别，然后烘干恒重。也可以将滤纸和纤维垫分开，用称量瓶对纤维进行烘干恒重。

如使用布袋收集，将收集到的纤维在布袋中挤干，然后转到已知重量的称量盒中。纤维要转移干净，不要有损失。

6.2.8 在 105±2℃的烘箱中将筛浆烘干至恒重，称准至 0.001g。

7 计算

7.1 试验结果一般直接用存留在不同网目上纤维对投入试样的重量百分数表示，其计算式如下。

$$X_i = \frac{100 \cdot W_i}{W} \quad \cdots\cdots (1)$$

$$X_5 = 100.0 - (X_1 + X_2 + X_3 + X_4)$$

式中：i——组分序数；

W_i——于各筛网上各组分的纤维绝干重，g；

W——试样重（绝干），g；

X_i——i 筛分组分百分率；

X_5——流过最后一个筛网的细小纤维百分率。

7.2 重量平均纤维长度计算：一种方法是通过测量纤维的长度，然后再根据测定结果进行计算，另一种方法是通过筛分试验测定出各筛分组分纤维重及各组分的纤维平均长度，然后计算而得，其计算式如下。

$$L_W = \frac{W_1 l_1 + W_2 l_2 + W_3 l_3 + \cdots + W_n l_n}{W} \quad \cdots\cdots(2)$$

式中：L_W——试样的重量平均纤维长度，mm；

$\overline{W}$——试样重（绝干），g；

W_i——各筛分组分的纤维重（绝干），g；

l_i——各筛分组分纤维的平均长度，mm。

对于同一类型的纸浆，试样变化时各筛分组分的纤维平均长度变化不大，即 $l_1, l_2 \cdots$ 可视为已知，可使用已经测定过的数据。如果筛分组分的纤维长度为未知，则按 GB 10336 方法从滤取的试样中取出少许未干试样进行测定。

7.3 L、S 因子：L 因子定义为保留在鲍尔筛分仪 48 目网内纤维的重量百分数。如筛分时，48 目筛板前面还使用了别的筛板，则此重量百分数为留存在 48 目前各筛网上纤维重量之和（绝干，g）对投入试样重量的百分率。对机械浆来说这一数值与试样的重量平均纤维长度成直线关系，称为 L 因子。

S 因子又称形态因子，定义为通过 48 目并存留在 100 目网上纤维的比表面积，也可以用加拿大游离度来表示。这一数值与试样的纤维细度直接相关。L、S 因子常用来评价机械浆质量。

8 报告结果

编制一个表，标出所用筛网的网目号，以各筛网上纤维的存留量对试样投入量的百分数报告结果，示例如下表。

网目号		−14	−28	−48	
	+14	+28	+48	+100	−100
结果	%	%	%	%	%

用两次测定的平均值，取准至小数一位报告结果。如两次试验的相对误差大于 5%，需取样再测定。

如有必要，对试样的重量平均纤维长度及 L、S 因子进行补充报告。重量平均纤维长度准确至 0.05mm。

附加说明：

本标准由中华人民共和国轻工业部提出。

本标准由全国造纸工业标准化技术委员会归口。

本标准由轻工业部造纸工业科学研究所负责起草。

本标准主要起草人王菊华、邹文秀、薛崇昀、蒙文友、王锐。

本标准参照采用美国 TAPPI T233cm—82《用分组法测定纸浆的纤维长度》。

ICS 85.040
Y 31

中华人民共和国国家标准

GB/T 2678.2—2008
代替 GB/T 2678.2—1994、GB/T 2678.5—1996

纸、纸板和纸浆　水溶性氯化物的测定

Paper, board and pulp—Determination of water soluble chlorides

2008-03-24 发布　　2008-10-01 实施

中华人民共和国国家质量监督检验检疫总局
中国国家标准化管理委员会　发布

前　言

本标准是对 GB/T 2678.2—1994《纸浆、纸和纸板水溶性氯化物的测定(硝酸汞法)》和 GB/T 2678.5—1996《纸、纸板和纸浆水溶性氯化物的测定(硝酸银电位滴定法)》的修订，并将两项国家标准进行整合。

本标准代替 GB/T 2678.2—1994 和 GB/T 2678.5—1996。

本标准与 GB/T 2678.2—1994、GB/T 2678.5—1996 相比主要变化如下：

——增加了精密酸度计及分析天平两种仪器；

——增加了对所用的玻璃器皿和其他接触到试样或抽提液的仪器、工具均应按规定进行浸泡、煮沸和清洗的内容。

本标准的附录 A 为资料性附录。

本标准由中国轻工业联合会提出。

本标准由全国造纸工业标准化技术委员会归口。

本标准由浙江凯恩特种材料股份有限公司、浙江省特种纸与纸制品质量检验中心负责起草。

本标准主要起草人：李大方、陈万平、潘瑞芳、汪东伟。

本标准所代替标准的历次版本发布情况为：

——GB/T 2678.2—1981，GB/T 2678.2—1994；

——GB/T 5403—1985，GB/T2678.5—1996。

本标准由全国造纸工业标准化技术委员会负责解释。

纸、纸板和纸浆　水溶性氯化物的测定

1　范围

本标准规定了纸、纸板和纸浆水溶性氯化物的硝酸汞测定法和硝酸银电位滴定测定法。

硝酸汞法适用于各种纸、纸板和纸浆。

硝酸银电位滴定法适用于电气用纸和一般用纸。

2　规范性引用文件

下列文件中的条款通过本标准的引用而成为本标准的条款。凡是注日期的引用文件，其随后所有的修改单(不包括勘误的内容)或修订版均不适用于本标准，然而，鼓励根据本标准达成协议的各方研究是否可使用这些文件的最新版本。凡是不注日期的引用文件，其最新版本适用于本标准。

GB/T 450　纸和纸板试样的采取(GB/T 450—2002,eqv ISO 186:1994)

GB/T 462　纸和纸板　水分的测定(GB/T 462—2003,ISO 287:1985,MOD)

GB/T 740　纸浆　试样的采取(GB/T 740—2003,ISO 7213:1981,IDT)

GB/T 741　纸浆　分析试样水分的测定(GB/T 741—2003，ISO 638:1978,MOD)

3　硝酸汞法

3.1　原理

试样用沸水抽提 1 h,在含有氯离子的溶液中，滴入易溶解的硝酸汞标准滴定溶液，此时汞离子立即与氯离子作用生成难溶的二氯化汞。在滴定液中加入过量乙醇以降低其溶解度，当溶液中氯离子全部变成氯化汞后，微过量的汞离子立即与加入溶液中的二苯卡巴腙形成紫色的汞化物。

3.2　试剂

3.2.1　试验时，应使用分析纯试剂(A.R.)和蒸馏水或去离子水，电导率应小于 0.2 mS/m。

3.2.2　过氧化氢(H_2O_2)溶液:30%(质量分数)。

3.2.3　乙醇(CH_3CH_2OH)溶液:95%(体积分数)。

3.2.4　硝酸(HNO_3)溶液:1 mol/L。

3.2.5　氢氧化钠(NaOH)溶液:0.50 mol/L。

3.2.6　氯化钠标准溶液[c(NaCl)＝0.01 mol/L]:准确称取经 500℃～600℃灼烧 2 h 的基准氯化钠 0.584 6 g 溶于水中，移入 1 000 mL 容量瓶中，用蒸馏水稀释至刻度。

3.2.7　硝酸汞标准溶液:配制及标定参见附录 A。

3.2.8　二苯卡巴腙($C_{13}H_{12}ON_4$):10 g/L,称取 0.25 g 二苯卡巴腙溶于 95%的乙醇 25 mL 中，贮于棕色瓶中，此溶液每周配制一次。

3.3　仪器

3.3.1　仔细清洗所用的玻璃器皿和其他接触到试样或抽提液的仪器，所有的玻璃器皿均应在 30℃的硝酸(3.2.4)中浸泡 5 min～10 min,并用煮沸的蒸馏水彻底淋洗，用于制备样品的镊子和剪刀应以同样的方法用煮沸的蒸馏水洗净。

3.3.2　分析天平，精确至 0.001 g。

3.3.3　精密酸度计。

3.3.4　恒温水浴。

3.3.5　1 mL 微量滴定管，最小分度为 0.01 mL。

3.3.6 150 mL、250 mL 锥形瓶。

3.3.7 500 mL 的标准抽提器。

3.4 试样的采取和制备

纸和纸板试样的采取按照 GB/T 450 的规定进行；浆样的采取按照 GB/T 740 的规定进行。应戴干净的手套拿取样品，将样品撕成或剪成 5 mm×5 mm 的纸样，贮于具有磨口玻璃塞的广口瓶中。操作时应小心拿取，防止污染试样，保持试样远离酸雾，并防止落灰尘。

3.5 试验步骤

3.5.1 每个试样抽提两份，并完全按照测试试样的方法做试剂的空白试验。

注：在拿取、存放和操作过程中，应保证待测样品不被大气，特别是化学实验室的大气所污染，也不被裸手操作所污染。

3.5.2 精确称取风干试样(5.0±0.2)g(精确至 0.001 g，同时另称试样测定水分)，装入 500 mL 抽提瓶中，加 250 mL 刚煮沸的蒸馏水，装上回流冷凝管置沸水浴中加热抽提 1 h，取出冷却，用布氏漏斗及预先处理过的滤纸(用热蒸馏水充分洗涤并烘干后备用)过滤于洁净、干燥的锥形瓶中。

3.5.3 用移液管吸取 100 mL 滤液移入 250 mL 锥形瓶中，加入 1 滴 0.5 mol/L 氢氧化钠溶液，再加入 30%过氧化氢溶液 1 mL～2 mL，置电热板或电炉上加热浓缩至约 10 mL，冷却，加入 95%乙醇溶液(3.2.3)20 mL、3 滴 1 mol/L 硝酸溶液(3.2.4)(此时 pH 为 3.0～3.5)、10 滴二苯卡巴腙指示剂(3.2.8)，用 0.01 mol/L 硝酸汞标准溶液(3.2.7)滴定至恰现紫色，即为终点。

3.6 结果计算

试样的水溶性氯化物含量 X 应按式(1)进行计算：

$$X=\frac{(V-V_0)\times c\times 35.46}{m\times\frac{100}{200}}\times 1\,000 \qquad \cdots\cdots(1)$$

式中：

X——试样的水溶性氯化物含量，单位为毫克每千克(mg/kg)；

V——试样耗用硝酸汞标准溶液的体积，单位为毫升(mL)；

V_0——空白耗用硝酸汞标准溶液的体积，单位为毫升(mL)；

c——硝酸汞标准溶液的浓度，单位为摩尔每升(mol/L)；

m——试样的绝干质量，单位为克(g)；

35.46——与 1.00 mL 硝酸汞标准溶液 $c\left[\frac{1}{2}Hg(NO_3)_2\right]=1.00$ mol/L 相当的以毫克表示的氯化物的质量。

两份测定计算值之差不应超过 2 mg/kg。

3.7 试验报告

试验报告应包括以下内容：

a) 本标准编号及试验方法；

b) 试验的日期和地点；

c) 所测物料的标志；

d) 取两份试样测定的结果作为氯化物含量，结果修约至整数位；

e) 任何规定操作步骤的变更或可能影响其测定结果的其他细节的变化。

4 硝酸银电位滴定法

4.1 原理

一定量的片状样品，用沸水抽提 1 h，过滤抽提物并用过氧化氢氧化以减少可能因碳水化合物引起的干扰，加硝酸溶解并酸化试液，然后采用电位滴定法，在丙酮的存在下，以硝酸银滴定来测定氯离子的含量。

4.2 试剂

4.2.1 试验时，应使用分析纯试剂（A. R.）和蒸馏水或去离子水，电导率应小于0.2 mS/m。

4.2.2 硝酸-水（1+1）。

将500 mL的硝酸（ρ=1.4 g/mL）用蒸馏水稀释至1 L。

4.2.3 硝酸：$c(HNO_3)$=1.5 mol/L。

量取100 mL的硝酸（ρ=1.4 g/mL），用蒸馏水稀释到1 L。

4.2.4 丙酮（CH_3COCH_3）：不含氯化物。

4.2.5 硝酸银标准溶液：$c(AgNO_3)$=20 m mol/L。

准确称取经干燥过的硝酸银3.397 g，用蒸馏水使其完全溶解后移入1 000 mL的容量瓶中，并用蒸馏水稀释至刻度。此溶液应避光保存。

4.2.6 氢氧化钠溶液：$c(NaOH)$=0.1 mol/L。

称取4 g氢氧化钠，用蒸馏水溶解后移入1 000 mL容量瓶中，然后用蒸馏水稀释至刻度。

4.2.7 过氧化氢溶液：$c(H_2O_2)$=30%（质量分数）。

4.3 仪器

4.3.1 仔细清洗所用的玻璃器皿和其他接触到试样或抽提液的仪器，所有的玻璃器皿均应在30℃的硝酸（4.2.3）中浸泡5 min～10 min，并用煮沸的蒸馏水彻底淋洗，用于制备样品的镊子和剪刀应以同样的方法用煮沸的蒸馏水洗净。

4.3.2 电位计或其他的测量仪表：测量的直流电压为0～300 mV，并具有不少于2 mV的准确度。以一支银电极（银离子选择性电极）作指示电极，以一支玻璃电极作参比电极。

注：如果适用，可以使用一台具有马达驱动微量滴定管并绘图记录的电动电位滴定计。

4.3.3 玻璃微量注射器：0.100 mL，可以读到0.001 mL。

4.3.4 500 cm^3的锥形高等级抗蚀的玻璃或石英瓶。

4.3.5 热水浴及其他加热装置。

4.3.6 分析天平，精确至0.001 g。

4.3.7 磁力搅拌器。

4.4 试样的采取和制备

纸和纸板试样的采取按照GB/T 450的规定进行；浆样的采取按照GB/T 740的规定进行。应戴干净的手套拿取样品，将样品撕成或剪成5 mm×5 mm的纸样，贮于具有磨口玻璃塞的广口瓶中。操作时应小心拿取，防止污染试样，保持试样远离酸雾，并防止落灰尘。

4.5 试验步骤

4.5.1 每个试样抽提两份，并完全按照测试试样的方法做试剂的空白试验。

注：在拿取、存放和操作过程中，应保证待测样品不被大气，特别是化学实验室的大气所污染，也不被裸手操作所污染。

4.5.2 称取风干试样，对于高纯度的电气用纸称取20 g，而对于一般用纸称取4 g，精确至0.001 g，同时另称取试样测定水分。纸和纸板样品水分的测定按GB/T 462进行，纸浆样品水分的测定按GB/T 741进行。将试样装入500 mL的锥形瓶中，对高纯度纸加入300 mL刚煮沸的蒸馏水，对于一般用纸加入100 mL的蒸馏水。装上空气冷凝器，在沸水中抽提60 min±5 min。

当抽提到达时间后取出，让抽提液冷却至室温，倾出或用玻璃滤器过滤，对于高纯度纸，移取150 mL滤液于一个250 mL的烧杯中；对于一般用纸，称取50 mL滤液。然后加入10滴氢氧化钠溶液（4.2.6）及10滴过氧化氢溶液（4.2.7），放在电热板上加热氧化脱色，待溶液蒸发至约5 mL为止。置试液冷却至室温后，加入硝酸溶液（4.2.2）1 mL。

转移此溶液于一个滴定用的50 mL的烧杯中，分别用10 mL丙酮（4.2.4）洗涤烧杯三次。

4.5.3 将电位滴定仪(4.3.2)的电极浸入试液中,用电磁搅拌器以一个恒定的速度连续搅拌。

在电位计上读出电位值,利用微量注射器(4.3.3)每次加入 0.01 mL 的硝酸银标准溶液(4.2.5)进行电位滴定。

每加入一次硝酸银标准溶液后,读取一次电位值。电位开始变化缓慢,随着硝酸银标准溶液加入量的增加,电位变化增大,一直滴定到电位值再次出现缓慢变化为止。

注:如果使用自动滴定仪,其加入滴定液的速率应为 0.1 mL/min～0.2 mL/min。

4.6 结果计算

试样的水溶性氯化物含量 X 应按式(2)进行计算:

$$X = \frac{35.46 \times c \times V_2 \times (V_1 - V_0)}{V_3 \times m} \quad \cdots\cdots (2)$$

式中:

X——试样的水溶性氯化物含量,单位为毫克每千克(mg/kg);

c——硝酸银标准溶液的浓度,单位为毫摩尔每升(mmol/L);

V_0——空白滴定时,所消耗硝酸银标准溶液的体积,单位为毫升(mL);

V_1——滴定试样时,所消耗硝酸银标准溶液的体积,单位为毫升(mL);

V_2——抽提时加入水的体积,单位为毫升(mL);

V_3——滴定所取滤液的体积,单位为毫升(mL);

m——试样的绝干质量,单位为克(g)。

取两份测定值的平均值作为测定结果。含量在 5 mg/kg 以下时,结果修约至 0.1 mg/kg ,其余结果修约至整数。

4.7 试验报告

试验报告应包括以下内容:

a) 本标准编号及试验方法;

b) 试验的日期和地点;

c) 所测物料的标志;

d) 试样水溶性氯化物的测定结果;

e) 任何规定操作步骤的变更或可能影响其测定结果的其他细节的变化。

附 录 A
（资料性附录）
硝酸汞标准溶液配制及标定

A.1 硝酸汞标准溶液的配制

称取1.713 0 g硝酸汞溶于4 mL(体积分数为1∶1)的硝酸和少量的水，移入1 000 mL容量瓶中，用蒸馏水稀释至刻度。

A.2 标定及计算

精确量取10 mL氯化钠标准溶液(3.2.6)于150 mL锥形瓶中，加入95%的乙醇20 mL、1 mol/L硝酸3滴及指标剂(3.2.8)10滴，摇匀，用0.01 mol/L硝酸汞标准溶液滴定至溶液恰现紫色为止。

硝酸汞标准溶液浓度c按式(A.1)计算：

$$c = \frac{c_1 V_1}{V_2} \qquad \cdots\cdots(A.1)$$

式中：

c——硝酸汞标准溶液的浓度，单位为摩尔每升(mol/L)；

c_1——氯化钠标准溶液的浓度，单位为摩尔每升(mol/L)；

V_1——氯化钠标准溶液的体积，单位为毫升(mL)；

V_2——硝酸汞标准溶液的体积，单位为毫升(mL)。

前　　言

本标准等效采用国际标准 ISO 3260—1982《纸浆氯耗量(脱木素程度)的测定》。

本标准在技术内容上与 ISO 3260 基本相同，仅对 ISO 3260 作了一些编辑性修改。

本标准对前版的技术内容作了如下变动：

——本标准第五项试剂中各溶液浓度均按 GB 1.4—88 规定的表示方法表示；

——将氯耗量和氯价两名词统一为氯价；

——对氯耗量 X 的算式中的常数项进行合并；

——将氯耗量算式中浓度符号 N 改为 c，修正因数符号 C 改为 K。

本标准自生效之日起同时代替 GB 2678.3—81。

本标准由中国轻工总会提出。

本标准由全国造纸工业标准化技术委员会归口。

本标准起草单位：中国制浆造纸工业研究所。

本标准主要起草人：陈启钊、朱蘅。

ISO 前言

ISO(国际标准化组织)是各国标准研究机构(ISO 成员)的世界范围联合会。经由 ISO 技术委员会提出国际标准,对已建立技术委员会的专题感兴趣的每一成员国,都有参加该委员会的权利。政府或非政府的国际性组织通过与 ISO 协作参加其工作。

由技术委员会通过的国际标准草案,在 ISO 理事会接受其为国际标准之前,需在同意的成员国试用。

国际标准 ISO 3260 是由 ISO/TC6 纸、纸板和纸浆技术委员会提出的。

第二版是根据 ISO 技术工作导则 6.11.2 第一部分直接向 ISO 理事会提出,它取代第一版(即 ISO 3260—1975),其已由下列成员国批准:

奥地利、德国、波兰、比利时、匈牙利、罗马尼亚、保加利亚、印度、南非、加拿大、伊朗、西班牙、捷克斯洛伐克、以色列、瑞典、埃及、荷兰、瑞士、芬兰、新西兰、土耳其、法国、挪威、苏联。

没有成员国表示反对。

中华人民共和国国家标准

GB/T 2678.3—1995
eqv ISO 3260:1982

纸浆氯耗量(脱木素程度)的测定

Pulp—Determination of chlorine consumption (Degree of delignification)

代替 GB 2678.3—81

1 范围

本标准规定了纸浆氯耗量(脱木素程度)的测定方法。

本方法适用于各种纸浆。

2 引用标准

下列标准所包含的条文,通过在本标准中引用而构成为本标准的条文。在本标准出版时,所示版本均为有效。所有标准都会被修订,使用本标准的各方应探讨使用下列标准最新版本的可能性。

GB/T 2677.2—93 造纸原料水分的测定

3 原理

测定纸浆氯耗量是在强酸介质中,使纸浆与定量的次氯酸盐溶液作用一定时间,然后以间接碘量法测定其剩余氯。本标准要求剩余氯的量不低于加入氯量的50%。

纸浆氯耗量和纸浆中残留木素呈直线关系,只要测得纸浆氯耗量,即可算出其残留木素。

4 仪器

4.1 干浆粉碎机。

4.2 电动搅拌器。

4.3 氯耗量测定仪,如下组成,见图1。

4.3.1 厚壁锥形瓶:1 000 mL。

4.3.2 筒形分液漏斗:50 mL,与锥形瓶(4.3.1)磨口相接。

4.4 真空泵(或水抽子)。

4.5 恒温水浴(保持25±1℃)。

4.6 电磁搅拌器。

4.7 秒表。

国家技术监督局1995-07-06批准 1996-04-01实施

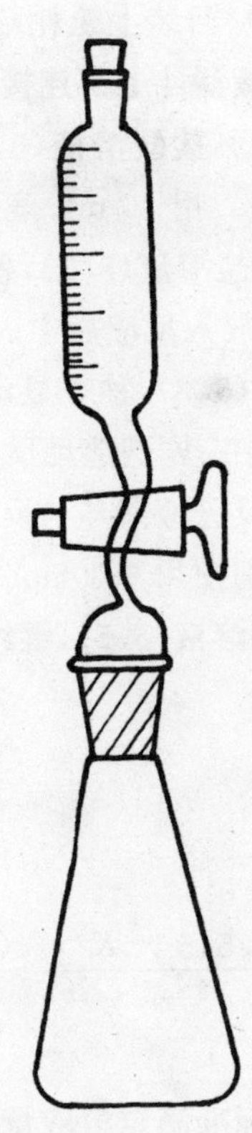

图 1　纸浆氯耗量测定仪

5　试剂

5.1　次氯酸盐溶液：含氯量 0.564 mol/L 或 0.282 mol/L。

5.2　盐酸(GB 622—89)：12%(*m*/*m*)水溶液。

5.3　碘化钾(GB 1272—88)溶液[c(KI)=1 mol/L]。

5.4　硫代硫酸钠(GB 637—88)标准滴定溶液[$c(Na_2S_2O_3)$=0.1 mol/L]或[$c(Na_2S_2O_3)$=0.2 mol/L]。

5.5　淀粉：0.5%(*m*/*V*)水溶液。

6　取样及处理

6.1　干浆板

取适量干浆板置于干浆粉碎机中粉碎(如无干浆粉碎机，亦可用刀片把浆板刮成绒毛状)，贮存在可密封的样品瓶中，平衡水分备分析使用。

6.2　湿浆

取适量湿浆样，经筛选分离出未蒸解分及浆块后，拧干并撕成小碎片，适当风干后贮存在可密封的样品瓶中，平衡水分备分析使用。

7　试验步骤

精确称取 0.5 g 备好的试样，称准至 0.000 1 g，若为草浆可适当多称取样品，同时另称取试样按 GB/T 2677.2 测定水分，将试样放在电动搅拌器(4.2)中并加入 250 mL25～26℃的蒸馏水，待试样完全润湿后，开动电动搅拌器使试样分散成单根纤维，然后将分散的试样全部转移至氯耗量测定仪反应瓶(4.3.1)中，用135 mL 蒸馏水分数次冲洗搅拌器，冲洗液一并倒入反应瓶中，将反应瓶放在25±1℃的恒温水浴(4.5)中，并以电磁搅拌器(4.6)搅拌，装上氯耗量测定仪的分液漏斗(4.3.2)并使分液漏斗下部的活塞呈开启状态，将真空泵(4.4)与分液漏斗上部连接好，并缓慢地将反应瓶抽成真空，关上分液漏斗下部活塞，向分液漏斗中加入10 mL 12%盐酸溶液(5.2)，并将酸液放入反应瓶中，同时开启秒表(4.7)计时(注意不要将空气放入反应瓶中)。用10 mL 蒸馏水冲洗分液漏斗，并将冲洗水放入反应瓶。用移液管向分液漏斗中加入15 mL 次氯酸盐溶液(5.1)，秒表计时2 min时将其放入反应瓶中(此时不停秒表)，用5 mL 蒸馏水冲洗分液漏斗，并放入反应瓶中。

向分液漏斗中加入20 mL 碘化钾溶液(5.3)，秒表显示17 min时，将碘化钾溶液放入反应瓶中，用50 mL 蒸馏水冲洗分液漏斗并放入反应瓶中。剧烈摇动反应瓶约4 min，以使瓶中的氯气全部溶入溶液中，取下分液漏斗，用蒸馏水冲洗反应瓶壁及分液漏斗与反应瓶接口处。随即用硫代硫酸钠标准滴定溶液(5.4)，(注意：滴定漂白浆与未漂浆应分别使用0.1 mol/L 和0.2 mol/L 硫代硫酸钠标准滴定溶液。)滴至溶液呈浅黄色时，加入5 mL0.5%淀粉溶液(5.5)，继续滴定至蓝色消失为止。

另取400 mL 蒸馏水作空白试验。

8 结果计算

氯耗量 X_1 按式(1)计算：

$$X_1 = \frac{3.546 \times K \times c(V_0 - V)}{m} \quad \cdots\cdots(1)$$

式中：X_1——氯耗量，%；

V_0——空白试验耗用的硫代硫酸钠标准滴定溶液量，mL；

V——测定样品时耗用的硫代硫酸钠标准滴定溶液量，mL；

c——硫代硫酸钠标准滴定溶液浓度，mol/L；

m——绝干样品质量，g；

K——修正因数，根据式(2)计算剩余氯量后查表(1)而得。

$$剩余氯量(\%) = \frac{V_0}{V} \times 100 \quad \cdots\cdots(2)$$

表1 剩余氯量与修正因数 K 值关系 %

剩余氯量	0	1	2	3	4	5	6	7	8	9
50	1.193	1.187	1.181	1.175	1.170	1.164	1.159	1.154	1.148	1.143
60	1.139	1.134	1.129	1.124	1.120	1.115	1.111	1.107	1.103	1.098
70	1.094	1.091	1.087	1.083	1.079	1.075	1.072	1.068	1.065	1.061
80	1.058	1.055	1.051	1.048	1.045	1.042	1.039	1.036	1.033	1.030
90	1.027	1.024	1.021	1.018	1.016	1.013	1.010	1.008	1.005	1.003

木素含量 X_2 按式(3)换算：

$$X_2 = 0.9X_1 \quad \cdots\cdots(3)$$

式中：X_2——木素含量，%；

0.9——换算系数；

X_1——氯耗量。

同时进行两次测定，取其算术平均值作为测定结果，数字修约至小数点后第二位。两次测定值之间误差不应超过0.2%。

9 试验报告

试验报告包括如下内容：

a) 本国家标准编号；

b) 对试样的有关说明；

c) 试验结果及必要的说明；

d) 试验中观察到的任何异常现象；

e) 本国家标准或引用中未规定的并可能影响结果的任何操作。

中华人民共和国国家标准

纸浆和纸零距抗张强度测定法

GB/T 2678.4—94

Pulp and paper—Determination of zero-span tensile properties

1 主题内容与适用范围

本标准规定了用符合标准要求的零距抗张强度试验仪测定零距抗张强度的方法。

本标准适用于所有纸浆和纸。

2 引用标准

GB 450 纸和纸板试样的采取

GB 465.2 纸和纸板按规定时间浸水后抗张强度的测定法

GB 7981 纸浆实验室纸页的制备 常规纸页成型器法

GB 10739 纸浆、纸和纸板试样处理和试验的标准大气

3 原理

零距抗张强度试验是在两夹具间距离为0～0.6 mm时，把15 mm宽的试样拉断，试样上被夹的全部纤维所能承受的最大力值。因此，反映纤维本身的强度。

4 术语

零距抗张强度是指在标准试验方法规定的条件下，一定宽度的试样在两夹具间距为零时，试样所能承受的最大抗张力。

5 仪器

零距抗张强度试验仪能够满足在规定的零距条件下，作用于试样，测定零距抗张强度。零距抗张强度试验仪由以下部分组成。

5.1 可调间距的水平夹具：一夹具宽15 mm，分左右两块，每一块上的两头有一凸出部分，凸起高度约1 mm，宽1 mm，两块共长75 mm，与此夹具对应的另一夹具宽为21.5 mm，在它的前面有一长100 mm，宽25 mm的试样台，二夹具的间距可以调节为：0 mm，0.1 mm，0.2 mm，0.4 mm，0.6 mm五档，根据不同需要选择使用其中一档。

5.2 夹头压力调节器：夹头压力范围为400～600 kPa。

5.3 结果及程序显示器：测试结果显示于显示器上。

5.4 夹紧力气源及指示器：压缩空气压力范围为1 000～2 000 kPa。

国家技术监督局1994-09-24批准 1995-03-01实施

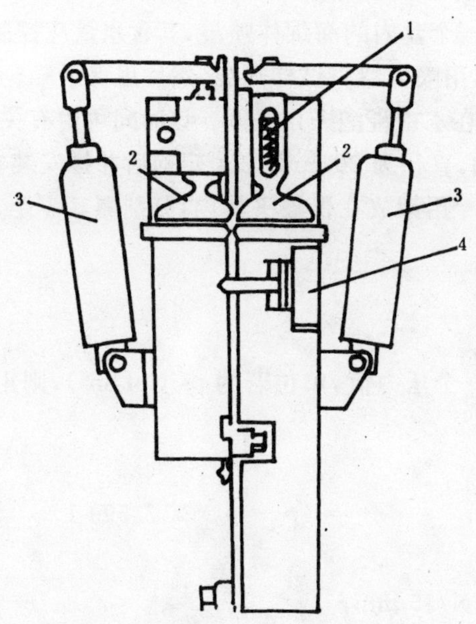

夹具示意图

1—加压装置;2—夹头;3—汽动活塞;4—夹具调整装置

6 试样的采取和制备

6.1 纸样的采取按 GB 450 的规定进行。

6.2 浆样的制备按 GB 7981 的规定进行。在样品上切取试样若干条,以确保有 10 个有效数据。试样不允许有任何纸病。试样的两个边应是平直的,切口应整齐无任何损伤。

6.3 试样尺寸:试样的宽度应为 15 mm±0.1 mm,试样长度为 100 mm 左右,其平行度在 0.1 mm 之内。

7 试样处理

试样按 GB 10739 的规定进行温湿处理。

8 试验步骤

8.1 用仪器附带的气管,将仪器与空气源连接起来,接通电源,使仪器预热 15 min。

8.2 仪器的校准:将压力减小到小于标准压力(夹紧压力),将试样条插入仪器夹具之内。把试验开关打到"ON"位置,经 10 s 后按下校正钮,从显示器上和夹紧力显示器上读取力值并进行比较,其差值应小于 2%。

8.3 选择夹头标准压力:用压力调节器调节夹头压力到 414 kPa(60 psi)(1 lbf/in^2=6.9 kPa),测定试样零距抗张力值,然后调节夹头压力到 483、552、621、690 kPa(70、80、90、100 psi),重复测试,选择出现最大零距抗张力时的夹头压力为标准夹头压力。

8.4 测量

8.4.1 在试样温湿处理的标准大气下进行试验。

将准备好的试样平整地放入仪器夹具之内,把仪器试验开关打到"ON"位置,夹具自动夹紧,同时开始对试样施加牵引力。待试样断裂后,从显示器上读取断裂时的负荷 p,然后把试验开关打到"OFF"位置,取下被测试过的试样。如需试验其他夹距的力值,则可用仪器夹距调节手轮调节到相应的距离,其值标在手轮上。然后按上述步骤依次进行试验。如试样是成品纸张,建议分纵横向进行测试。

8.4.2 湿态试验

用仪器专用喷雾器将装在一个盒内的海绵体喷湿，其含水量应控制在专用辊滚压时不应有水溢出。将准备好的试样放在海绵体上，用喷雾器将试样喷湿，然后用辊子轻轻辊压，直至试样含水饱和。如试样施胶度高时，应参照GB 465.2在水中浸泡一定时间。该时间可由有关产品标准规定。辊压时要从中间向两边压，辊子是由橡胶制成的，直径为20 mm，二个辊前后并排安装在一个架子上。

将喷湿后的试样条用一个专用架放在仪器夹具内，分别测其零距、短距抗张强度，即为试样湿态零距、短距抗张强度。

9 测试结果计算及表示

9.1 仪器显示器所显示的是一个压力值，单位若为psi(lbf/in^2)，则用下式进行换算（此公式为仪器所提供的）。

$$Zt = (p - p_0) \times 3.599\ 1$$

式中：Zt——零距抗张强度值，N/15 mm；

p——仪器读数值，lbf/in^2；

p_0——仪器设定值，lbf/in^2，根据试验时的夹距查下表可得。

不同夹距时的 p_0 值

夹间距离 d,mm	0	0.1	0.2	0.4	0.6
设定值 p_0,kPa(lbf/in^2)	13.1 (1.9)	14.5 (2.1)	16.6 (2.4)	20.0 (2.9)	23.5 (3.4)

9.2 分别计算每个试样的零距抗张强度，然后算出10个结果的算术平均值。计算结果取三位有效数字。

9.3 计算结果的标准偏差和变异系数。

10 试验报告

试验报告应包括下列内容：

a. 本标准编号；
b. 所用的温湿处理条件；
c. 所测定试样的方向；
d. 测定试样时的夹距及夹头压力；
e. 如要求应报告零距抗张强度的结果标准偏差和变异系数；
f. 与本标准偏离的任何试验条件。

附加说明：

本标准由中国轻工总会提出。

本标准由全国造纸工业标准化技术委员会归口。

本标准由轻工业部造纸工业科学研究所负责起草。

本标准主要起草人马忻、夏丽峰、姬厚礼。

前　　言

本标准根据中国轻工总会轻总质(1994)8号文关于“造纸行业1994年制定、修订国家标准、行业标准计划项目”中的编号G 94006,对国家标准GB 5404—85《纸、纸板和纸浆水溶性硫酸盐的测定》进行修订。

本标准等效采用ISO 9198:1989“Paper,board and pulp—Determination of water-soluble sulphates—Titrimetric method”。并按GB 1.4—88《标准化工作导则　化学分析方法标准编写规定》和GB/T 1.1—1993《标准化工作导则　第1单元:标准的起草与表述规则　第1部分:标准编写的基本规定》两个标准中的有关规定进行修订。

在此次修订中,除了对文字部分作了修改外,对电导仪的灵敏度提出了更高的要求,还增加了采用计算器进行线性回归,计算滴定消耗硫酸锂的方法,这就给分析工作者带来了计算方便。

本标准自生效之日起,同时代替GB 5404—85。

本标准由中国轻工总会提出。

本标准由全国造纸工业标准化技术委员会归口。

本标准负责起草单位:中国制浆造纸工业研究所。

本标准主要起草人:魏鹏月、杨研飞。

ISO 前言

ISO(国际标准化组织)是各国标准研究机构(ISO 成员)的一个世界性联合会。国际标准的准备工作是由 ISO 技术委员会来进行的,对某个技术委员会确立的专题感兴趣的每一个成员国,有权参加该委员会的工作。政府或非政府的国际性组织与 ISO 联系也可以参加其工作。关于电气技术标准化方面的所有事情,ISO 与国际电工委员会(IEC)保持密切合作。

技术委员会采纳的国际标准草案,在 ISO 理事会接受其为国际标准之前,需送交各成员国审定,根据 ISO 的手续要求,审查标准需经至少 75%的成员国表决批准。

国际标准 ISO 9198 是由 ISO/TC 6 纸、纸板和纸浆技术委员会提出的。

中华人民共和国国家标准

纸、纸板和纸浆水溶性硫酸盐的测定(电导滴定法)

GB/T 2678.6—1996
eqv ISO 9198:1989

代替 GB 5404—85

Paper, board and pulp—Determination of water soluble sulphates (Conductimetric titration method)

1 范围

本标准规定了采用电导滴定法测定纸浆、纸和纸板中的水溶性硫酸盐。

本方法所分析的物料硫酸根离子的最低极限是 20 mg/kg。

2 引用标准

下列标准所包含的条文,通过在本标准中引用而构成为本标准的条文。本标准出版时,所示版本均为有效。所有标准都会被修订,使用本标准的各方应探讨使用下列标准最新版本的可能性。

GB 450—89 纸和纸板试样的采取

GB 462—89 纸和纸板水分的测定

GB 740—89 纸浆试样的采取

GB 741—89 纸浆分析试样水分的测定法

3 原理

至少 4 g 的片状试样用 100 mL 的热水抽提 1 h,过滤抽提液,并用过量的钡离子沉淀其中的硫酸根离子,而过量的钡离子用硫酸锂按电导滴定法来测定。

4 试剂

在分析中,均使用分析纯(A.R.)的试剂和按 4.1 规定的水。

4.1 蒸馏水或去离子水:电导率小于 1.0 mS/m。

4.2 乙醇(C_2H_5OH):95%(V/V)。

4.3 氯化钡溶液:$c(BaCl_2 \cdot 2H_2O) \approx 5$ m mol/L。

用水(4.1)溶解 1.25 g 两个结晶水的氯化钡并稀释至 1 L。

4.4 盐酸:$c(HCl) \approx 1$ m mol/L 的溶液。

4.5 硫酸锂标准液:$c(Li_2SO_4 \cdot H_2O) = 5$ m mol/L。

用水(4.1)准确地溶解 0.640 g 干燥的单结晶水硫酸锂,并移入到 1 L 的容量瓶中,用水稀释到刻度。

5 仪器

5.1 电导仪,灵敏度 0.001 mS/m。

5.2 微量滴定管,5 mL,刻度为 0.02 mL。如果有条件,也可以使用自动滴定装置。

国家技术监督局 1996-06-25 批准　　1997-01-01 实施

5.3 恒温水浴，能控制和调节温度25℃±0.5℃或可以选择接近室温的其他温度，并在滴定的过程中始终保持温度恒定。在整个滴定过程中，试液的温度保持恒定，对于实验结果的精确是必不可少的。

5.4 搅拌器和自动滴定装置，能控制和调节温度。

6 试样的采取和制备

浆样的采取按GB 740的规定进行，纸与纸板平均试样的采取按照GB 450的规定进行。在取样的过程中，应戴干净的手套拿取试样和准备纸片，操作时要小心拿取，防止污染试样。应保持试样远离酸雾，并防止落灰尘。

7 试验步骤

每个样品进行两份试验。试剂的空白试验也应当完全按试样的操作步骤进行。

7.1 纸样的抽提

称取风干试样不少于4 g(精确到0.01 g)，同时称取试样测定水分。纸和纸板样品水分的测定按GB 462进行，纸浆样品水分的测定按GB 741进行。将试样剪成或撕成约5 mm×5 mm大小的片状，装入一个具有标准接口的250 mL的锥形瓶中，厚纸板在抽提前应解离分层。

然后用一支移液管移入100 mL水(4.1)，接上空气冷凝器，放入水浴中，固定住锥形瓶，加热抽提1 h，并不时摇动。

当抽提到达时间后，取下并冷却到室温，然后用玻璃滤器或布氏漏斗及预先处理过的无灰滤纸进行过滤，将滤液收集到一个带塞的干净的锥形瓶中。

7.2 硫酸盐的测定

用一支移液管吸取50.0 mL抽提的滤液，放入一个250 mL的烧杯中，加入100 mL95%的乙醇(4.2)，10 mL的盐酸(4.4)，并准确地加入2.0 mL氯化钡溶液(4.3)。

将烧杯放入恒温水浴中(水浴温度为25℃±0.5℃)或在比较稳定的室温下，将电导仪的电极插入试液中，用一支玻璃棒或搅拌装置以均匀速度搅拌试液，待温度稳定后，利用微量滴定管(5.2)每次加入0.2 mL硫酸锂标准溶液(4.5)。在每次加入硫酸锂后，待电导率指示数到达恒定值时进行记录，重复地加入标准液并读取相应的电导率数，直至加入硫酸锂的总体积达到3.5 mL～4.0 mL为止。

如果使用一台自动滴定仪，所加的硫酸锂滴定液的速率应控制在约0.2 mL/min。

注意：为了保证硫酸根离子的完全沉淀，在滴定开始时要有足够过量的钡离子，此点甚为重要，如硫酸锂的相应消耗量少于1 mL，则需取少量的抽提液(少于50 mL，如取20 mL或10 mL等)，再加蒸馏水补充到总体积为50 mL，重新进行测定。

7.3 计算滴定消耗硫酸锂的毫升数

7.3.1 方法1：绘制滴定曲线，以加入硫酸锂的毫升数为横坐标，溶液的电导率读数为纵坐标，对测试结果进行作图。通过各点画直线，并形成一个"V"型，在两条直线的交叉点读出等当点消耗硫酸锂标准液的体积。

7.3.2 方法2：采用计算器，弃掉两条直线交界处的2～3点，然后分别求出两直线回归方程的斜率和截距：

$$Y_1 = b_1X_1 + a_1 \quad \cdots\cdots(1)$$

式中：b_1——斜率；

a_1——截距。

$$Y_2 = b_2X_2 + a_2 \quad \cdots\cdots(2)$$

式中：b_2——斜率；

a_2——截距。

两条直线相交于坐标(X,Y)时$Y=Y_1=Y_2$,$X=X_1=X_2$。

解联立方程得：

$$X=\frac{(a_1-a_2)}{(b_2-b_1)} \qquad \cdots\cdots(3)$$

8 结果计算

由式(4)计算试样的水溶性硫酸盐含量：

$$X=\frac{96.1c\cdot V_3\cdot(V_0-V_1)}{V_2\cdot m} \qquad \cdots\cdots(4)$$

式中：X——水抽出物硫酸盐含量,mg/kg；

c——硫酸锂溶液的真实浓度(标准为 5 m mol/L),m mol/L；

96.1——硫酸根(SO_4^{2-})分子量；

V_0——在空白滴定时所消耗硫酸锂溶液的体积,mL；

V_1——在试验溶液滴定时所消耗硫酸锂溶液的体积,mL；

V_2——取来滴定的抽提液体积(标准为 50 mL),mL；

V_3——试验时所加水的总体积(标准为 100 mL),mL；

m——绝干试样的质量,g。

将c、V_2、V_3代入标准值时,其公式简化成：

$$X=\frac{961(V_0-V_1)}{m} \qquad \cdots\cdots(5)$$

取两次测定结果的平均值作为水溶性硫酸盐含量,以每千克绝干样品的毫克数表示,并将结果修约至整数位。

9 试验报告

试验报告应包括如下内容：

a）国家标准编号；

b）试验的日期和地点；

c）所测物料的标志；

d）试验结果；

e）任何规定操作步骤的变更或可能影响其测定结果的其他细节的变化。

ICS 85-010
Y 30

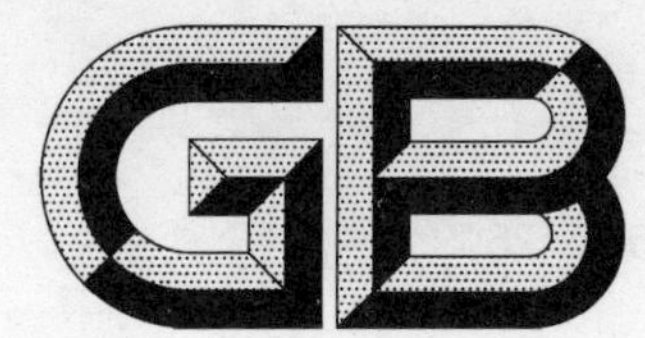

中华人民共和国国家标准

GB/T 2679.1—2013
代替 GB/T 2679.1—1993

纸 透明度的测定 漫反射法

Paper—Determination of transmittance—Diffuse reflectance measurement

(ISO 22891:2007 Paper—Determination of transmittance by diffuse reflectance measurement, MOD)

2013-12-17 发布 2014-12-01 实施

中华人民共和国国家质量监督检验检疫总局
中国国家标准化管理委员会 发布

前　言

本标准按照 GB/T 1.1—2009 给出的规则起草。

本标准代替 GB/T 2679.1—1993《纸透明度的测定法》。本标准与 GB/T 2679.1—1993 相比，主要技术内容变化如下：

——修改了规范性引用文件；

——修改了术语和定义；

——对原理进行了修改，原理修改为“按规定的方法，利用反射光度计分别测定单层试样背衬黑筒和背衬白色底衬的光亮度因数，再根据测得的光亮度因数计算透明度。”；

——增加了对简易分光反射光度计的规定(见 5.2)；

——增加了对白色底衬的测试步骤(见 8.2)；

——修改了计算公式(见 9)；

——增加了附录 A“用于测定漫反射因数的反射光度计的光谱特性”。

本标准采用重新起草法修改采用 ISO 22891:2007《纸透明度的测定　漫反射法》。

本标准与 ISO 22891:2007 相比，主要技术差异及其原因如下：

——关于规范性引用文件，本标准做了具有技术性差异的调整，以适应我国的技术条件。调整的情况集中反映在第 2 章“规范性引用文件”中，具体调整如下：

- 用修改采用国际标准的 GB/T 450 代替 ISO 186:2002；
- 用非等效采用国际标准的 GB/T 7973 代替 ISO 2469:1994。

——用“标准照明体 D65 和 CIE 1964 补充标准色度系统”代替“ISO 22891:2007 中 CIE 标准照明体 C 和 CIE 1931 标准色度系统”。由于我国造纸行业测量纸张颜色的仪器及相关标准均采用标准照明体 D65 和 CIE 1964 补充标准色度系统，为适合国情及保证相关标准一致性，本国家标准采用标准照明体 D65 和 CIE 1964 补充标准色度系统。

——增加了 5.6 中“白色底衬的 R_y 值为$(84.0\pm1.0)\%$”的规定，以消除白色底衬造成的结果偏差；

——删除了 ISO 22891:2007 中 10 精度和附录 B，该部分内容不适应我国国情。

请注意本文件的某些内容可能涉及专利。本文件的发布机构不承担识别这些专利的责任。

本标准由中国轻工业联合会提出。

本标准由全国造纸工业标准化技术委员会(SAC/TC 141)归口。

本标准起草单位：浙江凯恩特种材料股份有限公司、杭州纸邦自动化技术有限公司、中国制浆造纸研究院、国家纸张质量监督检验中心。

本标准主要起草人：高君、黎的非、张青、尹巧、陈万平、李大方、邵卫勇、严永平、张文海、李红、吕俊来。

本标准所代替标准的历次版本发布情况为：

——GB/T 2679.1—1993。

纸　透明度的测定　漫反射法

1　范围

本标准规定了采用漫反射法测定透明度的方法。

本标准适用于白色和接近白色的半透明纸。若要测定含有荧光增白剂的纸时,使用紫外截止滤光片消除荧光的激发。

注:虽然 GB/T 7973 允许使用滤光片式反射光度计和简易分光反射光度计,但如果滤光片反射光度计不能消除荧光激发,则不适合用于测试含有荧光增白剂的纸的透明度。

2　规范性引用文件

下列文件对于本文件的应用是必不可少的。凡是注日期的引用文件,仅注日期的版本适用于本文件。凡是不注日期的引用文件,其最新版本(包括所有的修改单)适用于本文件。

GB/T 450　纸和纸板　试样的采取及试样纵横向、正反面的测定(GB/T 450—2008,ISO 186:2002,MOD)

GB/T 7973　纸、纸板和纸浆　漫反射因数测定(漫射/垂直法)(GB/T 7973—2003,ISO 2469:1994,NEQ)

3　术语和定义

下列术语和定义适用于本文件。

3.1

反射因数　reflectance factor

R

由一物体反射的辐通量,与相同条件下完全反射漫射体所反射的辐通量之比,以百分数表示。

3.2

光亮度因数(D65)　luminance factor(D65)

$\boldsymbol{R}_y$

参照 CIE 照明体 D65 和 CIE 1964 标准观察者条件下的颜色匹配函数 $y(\lambda)$定义的反射因数。

3.3

单层光亮度因数(D65)　single-sheet luminance factor(D65)

$\boldsymbol{R}_0$

底衬黑筒时测试的单层试样的光亮度因数(D65)。

3.4

透明度　transmittance

τ

在规定的条件下,透射的辐通量或光通量与入射通量之比。

3.5

反射因数法透明度　transmittance from reflectance factor measurements

T

按照标准规定，通过测定光亮度因数后，按本标准定义的方法计算所得的透明度。

4 原理

按规定的方法，利用反射光度计分别测定单层试样背衬黑筒和背衬白色底衬的光亮度因数，再根据测得的光亮度因数计算透明度。

5 仪器

5.1 反射光度计

几何特性、光谱特性和光度特性均符合 GB/T 7973 的规定，具备光亮度因数测定的功能，并按 GB/T 7973 规定进行校准。

5.2 滤光片-功能

对于采用滤光镜匹配的反射光度计，其光谱特性决定于仪器的滤光镜、接收器、积分球内壁、照明光源及其他光学部件的光谱特性，通过选择匹配滤光镜使仪器总的光谱特性与 CIE 标准照明体 D65 下的 CIE 1964 标准色度系统三刺激值 Y_{10} 值。

对于简易分光反射光度计，仪器应配有 420 nm 紫外截止滤光片，并可依照附录 A 中加权系数计算被测试样在 CIE 标准照明体 D65 下的 CIE 1964 标准色度系统三刺激值 Y_{10} 值。

5.3 参比标准

由授权实验室提供，应符合 GB/T 7973 中有关仪器和工作标准的校准规定。如需测定特殊产品，为保证最高的准确性，在最大范围内有不同定值的参比标准，供测试特殊产品时选用。

若仪器的线性误差较大，或测定结果与颜色匹配和观察者函数的真值偏差超过允许值，应考虑采用特制的参比标准。

有效并经常地使用最新校准的参比标准，以保证仪器与参比仪器一致。

5.4 工作标准

用由授权实验室发放的三级参比标准校准仪器。应经常校准工作标准，以保证标定值的准确。

5.5 黑筒

在全波长范围内，其反射因数与规定值间的误差应不大于 0.2%。黑筒应放在无尘环境中，且应开口向下放置，或配有保护盖。

5.6 白色底衬

不透明、不含有荧光且表面平整、亚光的白色材料（纸叠或者是陶瓷板），底衬的 R_y 值为(84.0±1.0)%。

6 试样的采取

如果评价一批样品，应按 GB/T 450 进行试样采取。如果评价其他类型的样品，应保证所取试样具有代表性。

7 试样的制备

避开水印、尘埃和明显缺陷，切取至少5张尺寸约75 mm×150 mm的矩形试样。上下各衬一张试样加以保护。

在试样的一角作上标记，以区分试样及其正面。

如果试样的正面和反面可以区分，则使其正面全部朝上；如果不能区分，如用夹网纸机生产的试样，则应保证试样的同一面朝上。

8 试验步骤

8.1 如果测试含有或者可能含有荧光增白剂的样品，应按照GB/T 7973的规定在光束中插入420 nm紫外截止滤光片(5.2)，确保消除荧光激发。

8.2 按照仪器说明书，测定白色底衬(5.6)的光亮度因数(D65)R_w，读取并记录测定值，准确至0.1%。

8.3 不要用手触摸试样的测试区，将第一张试样放在白色底衬上，测定试样的光亮度因数R_y，读取并记录测定值，准确至0.1%。

8.4 将第一张试样放在黑筒上，在相同测试区内，测定试样的单层光亮度因数R_0，读取并记录测定值，准确至0.1%。

8.5 重复8.3和8.4步骤，直至测完5组数据。

9 计算

按式(1)计算每组试样的透明度(T)：

$$T=[(R_y-R_0)\cdot(1/R_w-R_0)]^{1/2} \qquad (1)$$

计算过程中，光亮度因数值用小数表示，式中：

R_y——试样衬白色底衬的光亮度因数(8.3)；

R_w——白色底衬的光亮度因数(8.2)；

R_0——试样衬黑筒的光亮度因数(8.4)。

计算5组平均值和标准偏差，结果用百分数表示，修约至小数点后一位。

10 试验报告

试验报告应包括以下项目：

a) 试验日期、地点；

b) 完整识别试样所需的所有信息；

c) 本标准的编号；

d) 结果的算术平均值和标准偏差；

e) 所用仪器类型；

f) 是否使用了420 nm的紫外截止滤光片消除荧光激发；

g) 任何与本标准的偏离。

附 录 A
（规范性附录）
用于测定漫反射因数的反射光度计的光谱特性

A.1 滤光镜匹配的反射光度计

对于采用滤光镜匹配的反射光度计，其光谱特性决定于仪器的滤光镜、接收器、积分球内壁、照明光源及其他光学部件的光谱特性，通过选择匹配滤光镜使仪器总的光谱特性与相应光学性能测定法中规定的三刺激值 Y_{10} 值相一致。

A.2 简易分光反射光度计

简易分光反射光度计在 CIE 标准照明体 D65 下的 CIE 1964 标准色度系统三刺激值 Y_{10} 值的不同波长间隔的三刺激加权系数（$W_{10,y}$）见表 A.1。

表 A.1 不同波长间隔的三刺激加权系数（$W_{10,y}$）

波长 nm	$W_{10,y}$ 10 nm	$W_{10,y}$ 20 nm
360	0.000	0.000
370	0.000	
380	0.000	−0.001
390	0.000	
400	0.010	0.013
410	0.064	
420	0.171	0.280
430	0.283	
440	0.549	1.042
450	0.888	
460	1.277	2.534
470	1.817	
480	2.545	4.872
490	3.164	
500	4.309	8.438
510	5.631	
520	6.896	14.030
530	8.136	
540	8.684	17.715

表 A.1（续）

波长 nm	$W_{10,y}$ 10 nm	$W_{10,y}$ 20 nm
550	8.903	
560	8.614	17.407
570	7.950	
580	7.164	14.210
590	5.945	
600	5.110	10.121
610	4.067	
620	2.990	5.971
630	2.020	
640	1.275	2.399
650	0.724	
660	0.407	0.741
670	0.218	
680	0.102	0.184
690	0.044	
700	0.022	0.034
710	0.011	
720	0.004	0.009
730	0.002	
740	0.001	0.002
750	0.000	
760	0.000	0.000
770	0.000	
780	0.000	0.000
合计	99.997	100.001
白点	100.000	100.000

ICS 85.010
Y 30

中华人民共和国国家标准

GB/T 2679.2—2015
代替 GB/T 2679.2—1995

薄页材料　透湿度的测定 重量(透湿杯)法

Sheet materials—Determination of water vapour trasmission rate—Gravimetric (Dish) method

(ISO 2528:1995,MOD)

2015-09-11 发布　　2016-04-01 实施

中华人民共和国国家质量监督检验检疫总局
中国国家标准化管理委员会　发布

前　言

本标准按照 GB/T 1.1—2009 给出的规则起草。

本标准代替 GB/T 2679.2—1995《纸和纸板透湿度与折痕透湿度的测定(盘式法)》,与 GB/T 2679.2—1995 相比主要技术变化如下:

——修改了标准名称;

——扩大了标准适用范围;

——透湿杯内径增加了精度要求;

——增加了恒温恒湿设备及试验的温湿条件;

——温度由(38±0.5)℃修改为(38±1)℃;

——增加了空白试样的使用;

——修改了封样用蜡的要求;

——修改了测试次数;

——增加了绘图法计算透湿度的方法。

本标准修改采用 ISO 2528:1995《薄页材料　透湿度的测定　重量(透湿杯)法》。

本标准与 ISO 2528:1995 相比,主要技术差异如下:

——关于规范性引用文件,本标准做了具有技术性差异的调整,以适应我国的技术条件,调整的情况集中反映在第 2 章“规范性引用文件”中,具体调整如下:
- 用修改采用国际标准的 GB/T 450 代替 ISO 186;
- 用等效采用国际标准的 GB/T 10739 代替 ISO 187;

——透湿杯的尺寸不同;

——折痕透湿度的折痕样品制备方法不同;

——修改了折痕透湿度的计算公式;

——删除了 ISO 2528:1995 中的资料性附录 C。

本标准与 ISO 2528:1995 相比在结构上有较多调整,附录 A 给出了本标准与 ISO 2528:1995 的章条编号对照一览表。

请注意本文件的某些内容可能涉及专利。本文件的发布机构不承担识别这些专利的责任。

本标准由中国轻工业联合会提出。

本标准由全国造纸工业标准化技术委员会(SAC/TC 141)归口。

本标准起草单位:浙江凯恩特种纸材料股份有限公司、中国制浆造纸研究院、国家纸张质量监督检验中心。

本标准主要起草人:张清文、陈万平、尹巧、李大方、李璐。

本标准所代替标准的历次版本发布情况为:

——GB/T 2679.2—1981;GB/T 2679.2—1995。

薄页材料　透湿度的测定
重量(透湿杯)法

1　范围

本标准规定了重量(透湿杯)法测定薄页材料透湿度和折痕透湿度的方法。

本标准适用于平整的、能阻碍水蒸气透过的薄页包装材料,如纸、纸板、塑料薄膜、纸与薄膜或金属箔的复合材料、橡胶或塑料涂覆织物等。本方法不适用于在试验条件下由于接触热蜡而损坏或产生明显收缩的薄膜。对透湿度小于 1 g/(m^2・24 h)或厚度大于 3 mm 的材料,不建议使用此法。

2　规范性引用文件

下列文件对于本文件的应用是必不可少的。凡是注日期的引用文件,仅注日期的版本适用于本文件。凡是不注日期的引用文件,其最新版本(包括所有的修改单)适用于本文件。

GB/T 450　纸和纸板　试样的采取及试样纵横向、正反面的测定(GB/T 450—2008,ISO 186:2002,MOD)

GB/T 10739　纸、纸板和纸浆试样处理和试验的标准大气条件(GB/T 10739—2002,eqv ISO 187:1990)

3　术语和定义

下列术语和定义适用于本文件。

3.1

透湿度　water vapour transmission rate

在规定的温湿条件下,单位时间内穿过单位面积试样的水蒸气质量。以克每平方米 24 小时表示[g/(m^2・24 h)]。

注:透湿度取决于材料的厚度、组成及渗透性能,以及测试时的温度和相对湿度。

3.2

折痕透湿度　water vapour transmission rate of creased materials

与透湿度相同的试验条件下,折痕试样的透湿度与未折痕试样透湿度之差,以 24 h 透过 100 m 长试样折痕的水蒸气的质量表示[g/(24 h・100 m)]。

4　原理

内装干燥剂、由待测材料封口的透湿杯放置在温湿条件受控的大气中,在适当的时间间隔时称量透湿杯的质量。当增加的质量与时间间隔成比例时,就可以计算出透湿度。

5　试验装置和材料

5.1　透湿杯

5.1.1　由铝或不锈钢制成,其直径尺寸应适于在天平上称量。质量要求轻而坚硬,在实验条件下具有防腐蚀性能。由 Al 99.5 级铝经化学或阳极氧化保护制成的透湿杯适用于本标准。

5.1.2 透湿杯上有一个凹槽用于蜡封试样，凹槽的结构可以使封样用蜡封住杯口，并且可防止水蒸气从试样的边缘泄漏。透湿杯在样品平面以下部分的深度应不低于 15 mm（深杯）或 8 mm（浅杯），在试样与干燥剂之间不应有干扰水蒸气流动的障碍。放有干燥剂的杯底的面积应与试样暴露的面积相当。每个杯子应标有不同的编号。

5.1.3 图 1 给出了透湿杯的尺寸，仅对杯的内径有严格要求，为（60.0±0.4）mm，杯的有效测试面积为 0.002 83 m^2。其他尺寸的透湿杯也可以使用，但直径不应小于 56.1 mm，且精确度应高于 1%。

单位为毫米

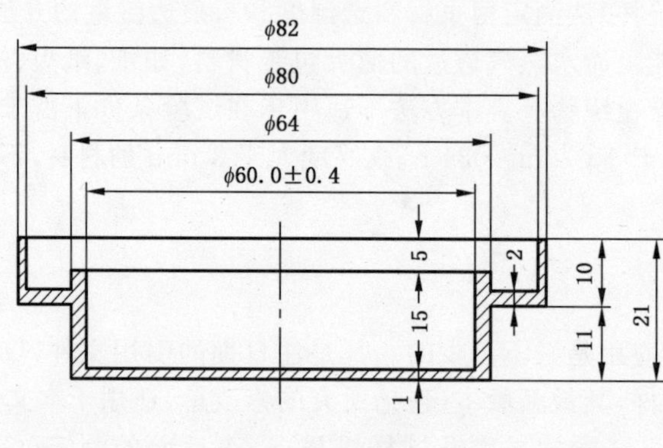

图 1 透湿杯

5.2 杯环

与透湿杯组合使用密封试样，并确保透湿面积准确。其材质和内径与透湿杯相同，如图 2 所示。

单位为毫米

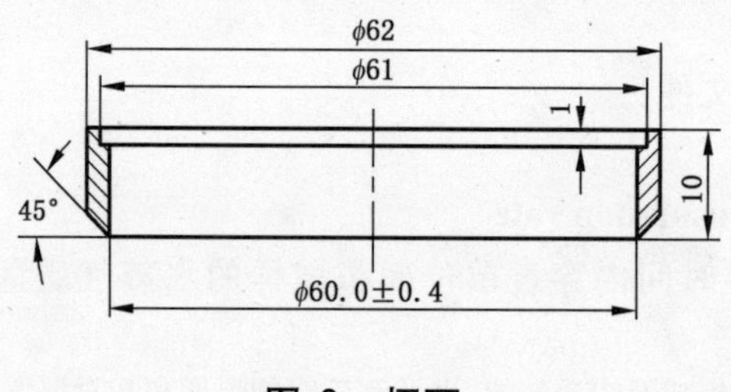

图 2 杯环

5.3 封蜡定位器

用于注蜡时固定试样和杯环，如图 3～图 5 所示，由导正环、杯台和压盖 3 件组成。

单位为毫米

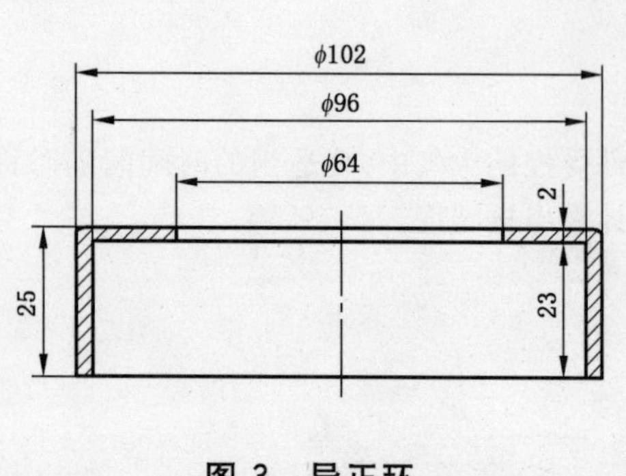

图 3 导正环

单位为毫米

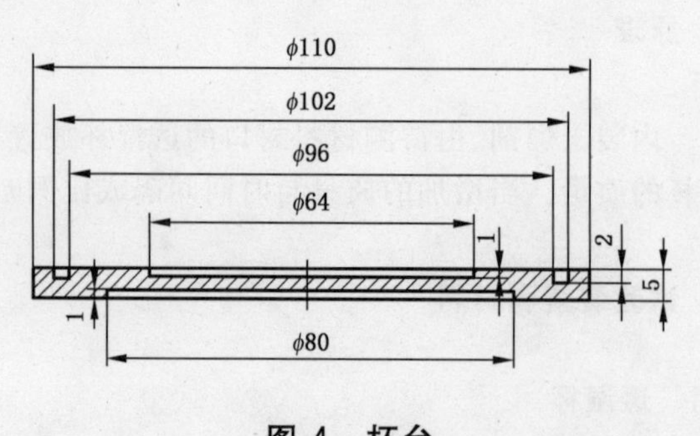

图 4 杯台

单位为毫米

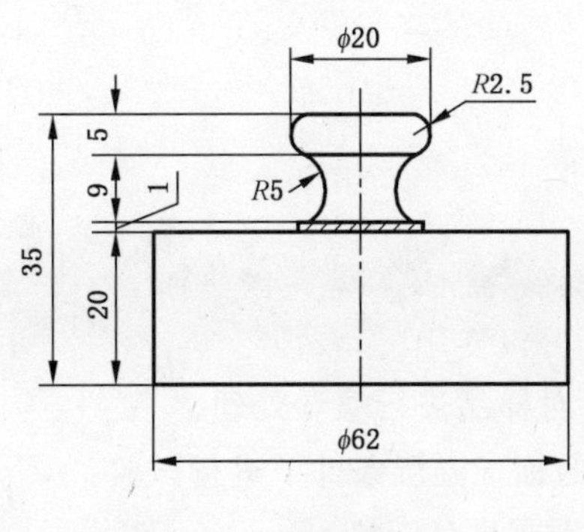

图5　压盖

5.4　金属压辊

宽 65 mm，质量 6.5 kg，制作折痕试样时用。

5.5　盖子

每个盖子的编号应与透湿杯相对应，盖子的材质与透湿杯相同，其边缘与透湿杯的外壁相匹配，盖在透湿杯的上面，保证透湿杯从试验环境中移出称量时，不会有水蒸气损失。

5.6　水浴

用于融蜡。

5.7　裁样板或试样切刀

用于裁切圆形试样，直径与透湿杯的凹槽直径相匹配。与图 1 所示的透湿杯相匹配的直径为 64 mm。

5.8　分析天平

精度 0.1 mg。

5.9　封样用蜡

用于密封试样，熔点为 50 ℃～70 ℃，在 50 cm^2 暴露面积的情况下 24 h 质量变化不大于 1 mg 的工业石蜡或其他蜡。如果蜡中含有微量的水，可将蜡加热到 105 ℃～110 ℃除去水分。

5.10　干燥剂

粒度为可通过 2.4 mm 的筛孔，但不通过 0.6 mm 筛孔的无水氯化钙或在 120 ℃下烘干 3 h 以上，粒径不大于 5 mm 的硅胶。

5.11　恒温恒湿设备

温度可精确控制在±1.0 ℃范围内，相对湿度可精确控制在±2%，风速为 0.5 m/s～2.5 m/s，关闭设备后应在 15 min 内可再达到规定的温湿度。可使用恒温恒湿箱或盐的饱和溶液达到所需的温湿度。当采用饱和溶液时，设备内的空气应不停地循环流动。

6 样品的采取

按 GB/T 450 采取试样。

7 温湿处理及试验条件

7.1 备样前建议按照 GB/T 10739 对样品进行温湿处理。

7.2 根据试验的目的,可选择以下的标准温湿条件下进行试验:

条件 A:温度(25±1)℃　　相对湿度(90±2)%

条件 B:温度(38±1)℃　　相对湿度(90±2)%

条件 C:温度(25±1)℃　　相对湿度(75±2)%

条件 D:温度(23±1)℃　　相对湿度(85±2)%

条件 E:温度(20±1)℃　　相对湿度(85±2)%

7.3 以上的试验条件中条件 A 和条件 B 可以通过使用硝酸钾饱和溶液来达到,条件 C 可以通过使用氯化钠饱和溶液来达到,条件 D 和条件 E 可以通过采用氯化钾饱和溶液来达到。

注:当采用饱和溶液时,用于测量相对湿度的传感器会受到盐雾的影响,因此需有相应的保护措施。

8 试样的制备

8.1 试样的制备

避开皱折、破损等部位,用裁样板或试样切刀(5.7)沿纸幅横向均匀切取直径 64 mm 的试样 3 片。若测折痕透湿度,在已取试样纵向相邻部位再切取 3 片试样。对所取试样在非试验区域标出正、反面。如果材料有吸湿性或需要更高的试验准确度(见 9.10),应至少准备两个空白试样。

8.2 折痕试样的制备

将所取的 3 片做折痕透湿度的试样分别对折后用塑料直尺轻轻压出折痕,放在平整的玻璃板上,用质量为 6.5 kg 的金属压辊(5.4)来回滚压各一次(滚压时折线与压辊的轴向平行),压后展开试样用压辊压平折痕。用同样的方法在与第一条折痕垂直的方向折第二条折痕(注意两次对折时应朝向试样的不同侧),即制成带有折痕的样品。

9 试验步骤

警告:注蜡时要小心,如果蜡流出或溅出,会发生严重烫伤,因此要采取适当的保护设施,如戴眼镜、手套等。

9.1 在透湿杯内加入干燥剂(5.10),轻轻拍打使干燥剂表面平坦,且与试样下表面保持 3 mm 左右的距离。将透湿杯(5.1)放在杯台(5.3)的圆槽中,然后将试样在使用时朝向干燥的面朝下放在杯口上。将杯环(5.2)对着杯口放在试样之上,再放置导正环(5.3 中图 3),加上压盖(5.3 中图 5),使试样定位。安装好的试样如图 6 所示。制作空白试样时,杯中不需加入干燥剂。

9.2 小心取下导正环(5.3),避免杯环和试样移动。用水浴(5.6)加热封样用蜡(5.9)到 90 ℃～100 ℃,使之熔融。然后将石蜡缓缓倒入透湿杯的蜡槽里,合格的封蜡冷却后表面呈弯月状,如有气泡或轻微裂纹可用热刮刀修整。若熔蜡的温度过高,可能造成较多的气泡或裂纹,该试样应放弃。

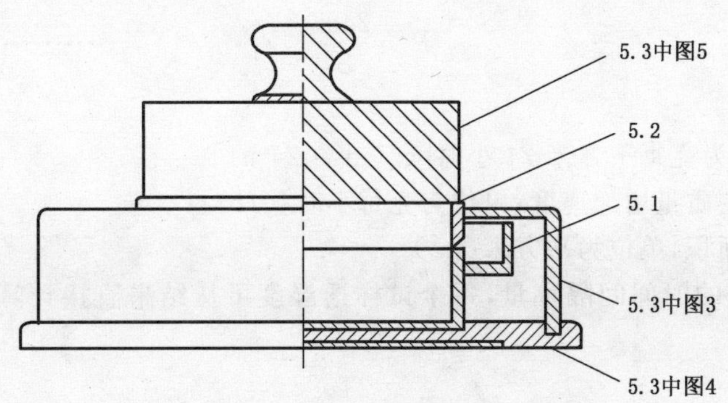

图 6　封样定位组装图

9.3　把封好试样的透湿杯并用相同编号的盖子(5.5)盖好后在天平(5.8)上称量,精确至 0.1 mg。

9.4　取下盖子,将透湿杯放入所选择的温湿条件中进行预处理 2 h。

9.5　将透湿杯从恒温恒湿设备(5.11)中取出,盖上对应的盖子,在天平附近放置 15 min 后开始称量,精确到 0.1 mg。全部称量完毕后取下盖子,立即放回恒湿恒温设备内,达到试验规定的温湿度条件时开始计时。也可以在不盖盖子的情况下称量,此时要使用空白试样(见 9.10),而且透湿杯必须是在有干燥剂的封闭容器中移送和冷却。注意操作要迅速,每次从恒温恒湿设备中取出的数量应相同,这样总称量时间大致相同(不超过 30 min)。

9.6　每经过一定的时间间隔称量一次透湿杯(重复 9.5 的操作),直到相邻两次称量透湿杯质量增加量的变化 5%以内时终止试验。以这两个试验周期的质量变化计算透湿度。每次称量应在相同的大气条件下进行,且对各透湿杯的称量顺序先后一致。两次称量时间间隔一般为 24 h,也可以是 48 h、96 h,对透湿度过大的试样,还可选用 4 h、8 h、12 h,但相邻两次称量透湿杯质量增加不应小于 5 mg。称量间隔时间的选择取决于被测试薄页材料的透湿度,在连续两次称量当中其增量最小应为 5 mg。称量间隔时间在试验开始时就应确定。如果第一次称量的增加量太大或太小,则其后的称量间隔时间应作调整。

9.7　当试样的透湿度高于 50 g/(m^2 · 24 h)时,可以采用以第一个试验周期的质量变化计算透湿度。

9.8　透湿度极小的试样,最初几天质量可能无变化,此时应延长试验周期至质量增加时开始计时,若 7 天内透湿杯质量没有增加,可终止试验并报告该试样不透湿。

9.9　全部试验结束前吸湿剂质量的增加应控制在氯化钙不大于 10%,硅胶不大于 4%。

9.10　如果试样透湿度很小且厚度很高,如:橡胶、塑料或聚乙烯涂覆板,或者有很大的吸湿性,可在制备 3 个正常试验透湿杯的同时,不加干燥剂以相同方法制备两个或两个以上的空白透湿试样,同时进行试验。所有各间隔时间内测得的正常透湿试验质量增量要用经过同样处理条件的空白透湿试样的平均质量增量来修正。

10　结果的计算与表示

10.1　试验结果的计算

10.1.1　透湿度的计算

10.1.1.1　将每个透湿杯的质量总增量表示为处理总时间的函数,当试验的 3 或 4 个点呈一直线时,即试验完成(见 9.6),表示水蒸气透过的速度恒定。根据该直线,得出透湿杯质量增加速度,用式(1)计算出每个透湿杯中试样的透湿度。

$$P = \frac{24m}{S} \quad \cdots\cdots (1)$$

式中：

P ——透湿度，单位为克每平方米 24 小时[$g/(m^2 \cdot 24\ h)$]；

m ——从图中得出的质量增加速度，单位为克每小时(g/h)；

S ——试样的测试面积，单位为平方米(m^2)。

10.1.1.2 如果是在相同的时间间隔称量，每个试样透湿度可从结果直接计算，不需要作图，按式(2)计算。

$$P = \frac{24w}{S \times t} \quad \cdots\cdots (2)$$

式中：

P ——透湿度，单位为克每平方米 24 小时[$g/(m^2 \cdot 24\ h)$]；

w ——在时间 t 内透湿杯质量增量，单位为克(g)；

S ——试样的测试面积，单位为平方米(m^2)；

t ——最后两个试验周期总时间，单位为小时(h)。

10.1.2 折痕透湿度的计算

折痕透湿度按式(3)计算。

$$CP = \frac{2\ 400 \times (w_2 - w_1)}{2D \times t} \quad \cdots\cdots (3)$$

式中：

CP ——折痕透湿度，单位为克每 24 小时 100 米[$g/(24\ h \cdot 100\ m)$]；

w_1 ——未折痕试样透湿杯质量增量，单位为克(g)；

w_2 ——折痕试样透湿杯质量增量，单位为克(g)；

D ——透湿杯的有效直径，单位为米(m)；

t ——最后两个试验周期总时间，单位为小时(h)。

10.2 结果的表示

对试样进行单面测试，报告其算术平均值。如果测试两面，分别报告两面的平均值。透湿度以 $g/(m^2 \cdot 24\ h)$表示，折痕透湿度以 $g/(24\ h \cdot 100\ m)$表示，结果修约至两位有效数字。

11 精密度

本试验的重复性为 8.1%，再现性为 23%。

12 试验报告

试验报告应包含以下信息：

a) 标准名称；

b) 识别样品的详细信息，特别是定量、厚度(如果需要)和测试面；

c) 试验温湿条件；

d) 所用干燥剂的种类；

e) 透湿度、折痕透湿度的平均值，如果两面测试，分别报告两面的平均值；

f) 任何与本标准的偏离。

附 录 A
（资料性附录）
本标准与 ISO 2528:1995 相比的结构变化情况

本标准与 ISO 2528:1995 相比在结构上有较多调整，具体章条编号对照情况见表 A.1。

表 A.1 本标准与 ISO 2528:1995 的章条编号对照情况

本标准章条编号	对应 ISO 2528 章条编号
—	引言
1	1
2	2
3.1	3
3.2	A.2
4	4
5.1	5.1
5.2、5.3	5.3
5.4	—
5.5	5.2
5.6	5.5
5.7	5.7
5.8	5.9
5.9	5.4
5.10	5.8
5.11	5.11
—	5.6
—	5.10
6	6
7.1	7
7.2、7.3	附录 B
8.1	8
8.2	A.5
9.1	9.1
9.2	9.2
9.3～9.10	10
10	11
11	12
12	13
—	附录 A
—	附录 C

前言

本标准根据国际标准 ISO 7263:1985《瓦楞芯纸——实验室起楞后平压强度的测定》对 GB 2679.6—81 进行修订,技术内容与该国际标准等效。

本标准对 GB 2679.6—81 技术内容改变如下:

——标准名称由《瓦楞芯平压强度的测定法》改为《瓦楞原纸平压强度的测定》;

——槽纹仪的加热温度由(177±8)℃改为(175±8)℃;

——增加了 23℃、50%相对湿度大气条件下的试验方法;

——20℃、65%相对湿度大气条件下,起楞后试样温湿处理时间由 30 min 改为 60 min。

本标准自生效之日起,同时代替 GB 2679.6—81。

本标准由中国轻工总会提出。

本标准由全国造纸工业标准化技术委员会归口。

本标准由中国制浆造纸工业研究所负责起草。

本标准主要起草人:张清文、姬厚礼。

本标准于 1981 年 8 月 1 日首次发布。

ISO 前言

ISO(国际标准化组织)是国家标准团体(ISO 成员)的一个世界性联合会。通常国际标准的制定工作由 ISO 技术委员会进行。每一个成员对某个技术委员会确定的项目感兴趣都有权派代表参加该技术委员会。官方的和非官方的国际组织,只要与 ISO 有联系,同样可以参加该项工作。

技术委员会采纳的国际标准草案在 ISO 委员会承认为国际标准之前要经过各成员的批准。根据 ISO 导则,要求至少有 75%的成员投赞成票。

国际标准 ISO 7263 由 ISO/TC6 纸、纸板和纸浆技术委员会制定的。

中华人民共和国国家标准

瓦楞原纸平压强度的测定

Corrugating medium—Determination of the flat crush resistance after laboratory fluting

GB/T 2679.6—1996
eqv ISO 7263:1985
代替 GB 2679.6—81

1 范围

本标准规定了瓦楞原纸实验室起楞后平压强度的测定方法。

本标准适用于瓦楞原纸。

2 引用标准

下列标准所包含的条文，通过在本标准中引用而构成为本标准的条文。本标准出版时，所示版本均为有效。所有标准都会被修订，使用本标准的各方应探讨使用下列标准最新版本的可能性。

GB/T 450—89 纸和纸板试样的采取

GB/T 2679.8—89 纸板环压强度的测定法

GB/T 10739—89 纸浆、纸和纸板试样处理和试验的标准大气

QB/T 1061—91 槽纹仪

3 术语

瓦楞原纸平压强度

在本试验采用的条件下，在瓦楞压塌之前，试样所能承受的最大压缩力。

4 原理

一定规格的试样在槽纹仪上起楞后，用胶带粘成单面瓦楞，在压缩仪上进行压缩，直至瓦楞压溃，测定其平压强度。

5 仪器

5.1 槽纹仪

有二个A型槽纹的轮，16 mm±1 mm宽，外径228.5 mm±0.5 mm，有一轮由电机带动，轮的转速为4.5 r/min±1.0 r/min。每个轮有84个齿，齿高为4.75 mm±0.05 mm，齿峰半径为1.5 mm±0.1 mm，齿谷半径为2.0 mm±0.1 mm。见图1。

加热温度为(175±8)℃，弹簧张力为(100±10) N。

5.2 有一相当于齿轮形状的齿条，宽度至少为19 mm，有9个齿，10个谷，齿间距为8.5 mm±0.05 mm，齿高为4.75 mm±0.05 mm。见图3。

另有一个梳板至少19 mm宽，有10个梳齿，齿高2.4 mm±0.1 mm。见图2。

一块铜板或钢板150 mm×25 mm×0.8 mm。

国家技术监督局1996-05-21批准　　　　1996-12-01实施

单位:mm

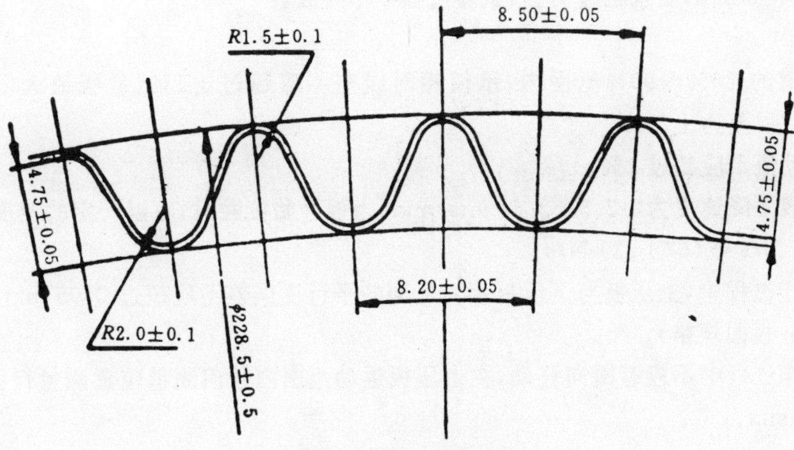

图 1 槽纹辊的截面

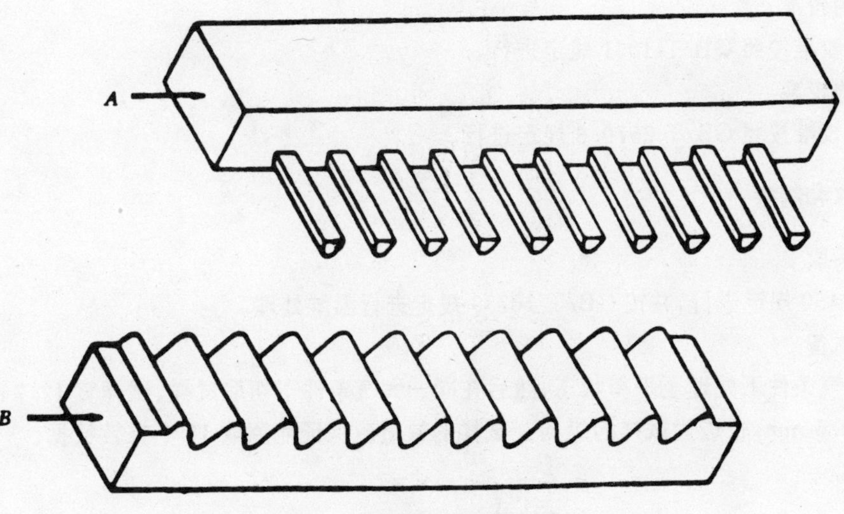

图 2 梳板和齿条的形状

单位:mm

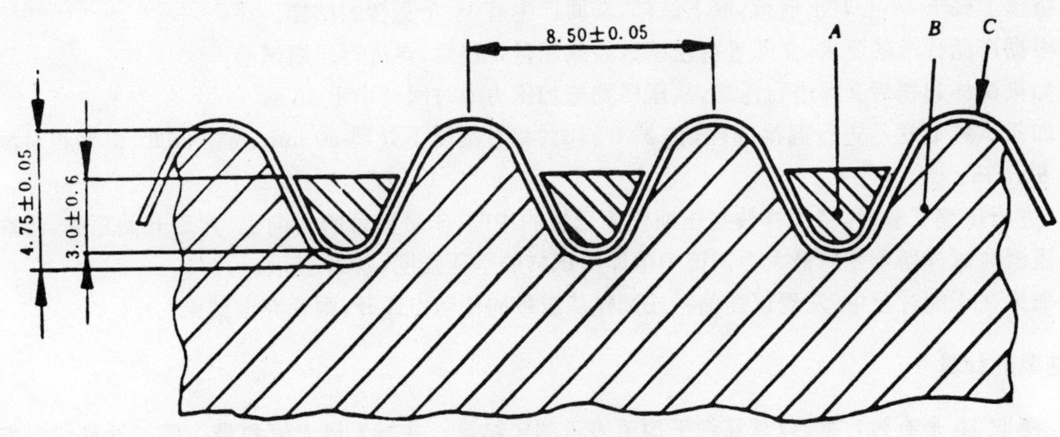

A—梳板;*B*—齿条;*C*—纸

图 3 梳板和齿条的尺寸

5.3 胶带

胶带宽度至少 16 mm，要求粘着力强，试验过程中不脱胶。

5.4 压缩仪

在量程最大值的 20%～90%范围内，示值相对误差不应超过±1%（量程最大值的 20%以下和 90%以上示值相对误差为±2%）。

示值相对变动值不应超过 1%。

压缩仪上压板下降速度为(12.5±2.5) mm/min。当板开始接触时，应以一定的速度施加压力，加荷速度为(110±23) N/s 或(67±23) N/s。

压缩仪在工作过程中，上压板与下压板相对平面的平行度误差不应超过 0.05 mm 或 0.06 mm（对 120 mm×120 mm 板面规格）。

压缩仪在工作过程中不应有横向移动，在上压板运动范围内任何测量位置测量行程 2.5 mm，移动量不应超过 0.05 mm。

6 仪器的校准

6.1 槽纹仪的校准

槽纹仪的校准按照 QB/T 1061 规定进行。

6.2 压缩仪的校准

压缩仪的校准按照 GB/T 2679.8 规定进行。

7 试样的采取和制备

7.1 试样的采取

按 GB/T 450 规定进行，并按 GB/T 10739 规定进行温湿处理。

7.2 试样的制备

在标准大气条件下处理至平衡状态，然后在同一大气条件下切取试样。试样宽 12.7 mm±0.1 mm，长 152 mm±0.5 mm，长边为试样的纵向。试样的数量应保证能测取 10 个有效数据。

8 试验步骤

8.1 开动压楞设备，预先加热到(175±8)℃。然后将试样垂直插入到两个辊子间的间隙，使试样起楞。将起楞后的试样，放在齿条上，再把梳齿压在试样上，用一条约 120 mm 长的胶带沿着瓦楞的顶部放好，用钢板压上贴牢，小心取出梳齿，取下试样，从而产生有 10 个瓦楞的试样。

根据产品标准的要求，立即进行压缩试验或温湿处理后，再进行压缩试验。

如果试样起楞后立即进行压缩，从压楞到施加压力的时间要小于 15 s。

如果试样起楞后进行温湿处理，在 23℃、50%相对湿度下处理 30 min 或在 20℃、65%相对湿度下处理 60 min。

8.2 进行压缩试验时，将试样放在压缩仪下压板的中间，未带胶带的面向上，然后开始压缩，读取试样完全压溃时试样所承受的最大力。该力值即为试样的平压强度，以 N 表示。

如果在压缩过程中，发现试样偏斜或试样从胶带的任何点脱开，则舍弃该结果。

9 结果的计算

9.1 测取 10 个有效数据，以其算术平均值表示测定结果。并报告最大值和最小值。计算结果准确至 1 N。

测试结果可用下列形式表示：

$CMT_0=350$ N

CMT_{30}＝250 N

这里 CMT 表示瓦楞原纸试验，而脚注表示从压楞到压缩之间的时间，以分钟表示。

9.2 计算结果的标准偏差和变异系数。

10 试验报告

试验报告包括下列内容：

a） 本标准编号；

b） 温湿处理条件；

c） 重复试验次数；

d） 起楞到进行压缩之间的时间，精确到分钟；

e） 测试结果；

f） 如要求，应报告测试结果的标准偏差和变异系数；

g） 与本标准有任何偏差或可能影响结果的因素。

ICS 85.060
Y 30

中华人民共和国国家标准

GB/T 2679.7—2005
代替 GB/T 2679.7—1981

纸板　戳穿强度的测定

Board—Determination of puncture resistance

(ISO 3036:1975,Reapproved 1987,MOD)

2005-09-26 发布　　　　2006-04-01 实施

中华人民共和国国家质量监督检验检疫总局
中国国家标准化管理委员会　发布

前　言

GB/T 2679 的本部分修改采用国际标准 ISO 3036:1975(1987 年 6 月确认)《纸板——戳穿强度的测定》。

本部分与 ISO 3036:1975(1987-06 确认)的结构对比在附录 A 中列出。

本部分与 ISO 3036:1975(1987-06 确认)的技术性差异在附录 B 中列出。

本部分是对 GB/T 2679.7—1981《纸板戳穿强度的测定法》的修订。

本部分与 GB/T 2679.7—1981 相比主要变化如下:

——修改了原标准的适用范围,明确地将瓦楞纸板列入适用范围(见第 1 章);

——单位由原来过渡时期的 kg·cm(J),改为完全符合国际标准的 J(见 3.1);

——修改了原标准第 2 章“仪器”中的内容,增加了仪器类型(见第 1 章);

——修改了原标准 3.2“零点的调节”中的内容(见 5.2.2);

——修改了原标准 3.5“防摩擦环阻力的校准”中的内容(见 5.2.5);

——省略了原标准 3.6“摆体总力矩的校准”的内容;

——增加了对试样要求的内容(见 6.3);

——修改了原标准 4.1 中试验步骤的内容(见第 7 章);

——修改了原标准 4.1 中补偿试验结果的内容(见 8.1)。

本部分的附录 A、附录 B 均为资料性附录。

本部分自实施之日起代替 GB/T 2679.7—1981。

本部分由中国轻工业联合会提出。

本部分由全国造纸工业标准化技术委员会(SAC/TC 141)归口。

本部分由青岛出入境检验检疫局起草。

本部分主要起草人:玄龙德、邢力、王涛。

本部分所代替标准的历次版本发布情况为:

——GB/T 2679.7—1981。

本部分由全国造纸工业标准化技术委员会负责解释。

纸板　戳穿强度的测定

1　范围

GB/T 2679 的本部分规定了用指针式戳穿强度仪测定纸板戳穿强度的方法。而对于电子读数戳穿强度仪,除有关指针读数、调节和校准等方面的内容,其他也应符合本部分的规定。

本部分适用于各种纸板,包括瓦楞纸板。

2　规范性引用文件

下列文件中的条款通过 GB/T 2679 的本部分的引用而成为本部分的条款。凡是注日期的引用文件,其随后所有的修改单(不包括勘误的内容)或修订版均不适用于本部分,然而,鼓励根据本部分达成协议的各方研究是否可使用这些文件的最新版本。凡是不注日期的引用文件,其最新版本适用于本部分。

GB/T 450　纸和纸板试样的采取(GB/T 450—2002,eqv ISO 186:1994)

GB/T 10739　纸、纸板和纸浆试样处理和试验的标准大气条件(GB/T 10739—2002,eqv ISO 187:1990)

3　术语和定义

下列术语和定义适用于 GB/T 2679 的本部分。

3.1

戳穿强度　puncture resistance

在规定的试验条件下,用符合标准规定的戳穿头穿透纸板所消耗的能量,以焦耳(J)表示。

4　原理

在规定的试验条件下,将试样夹在戳穿强度仪上。用连在摆臂上的戳穿头戳穿试样,测定戳穿试样时所消耗的能量。

5　仪器

5.1　仪器结构

5.1.1　总体结构

指针式戳穿强度仪的总体结构如图 1 所示,戳穿头结构如图 2 所示。

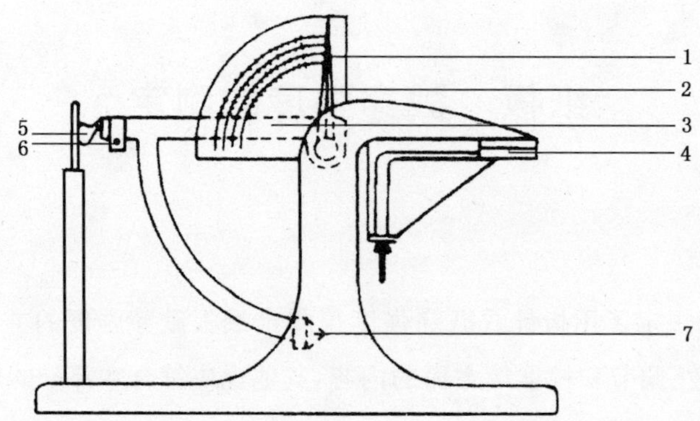

1——指针；

2——刻度盘；

3——摆臂；

4——上下夹板；

5——松释装置；

6——配重孔；

7——戳穿头。

图 1　指针式戳穿强度仪示意图

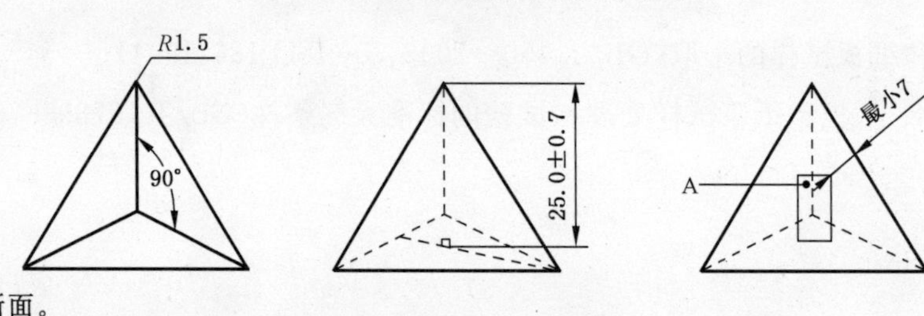

A——摆臂横断面。

图 2　戳穿头示意图

仪器的底板应牢固地连接到坚固的基础上，在试验过程中不应产生震动和移动，以免损耗能量，且应保持水平。

5.1.2　摆锤和戳穿头

摆锤上装有90°圆弧的摆臂，摆臂应很坚固，足以使试验结果不受震动的影响。戳穿头接于摆臂的前端，是按照标准几何参数设计的正三角棱形角锥，其高度为25 mm±0.7 mm，各面棱边圆角的半径为1.0 mm～1.6 mm。戳穿头角锥的一个底边平行于摆轴，该底边的对角应指向摆轴。当角锥戳穿头通过摆轴水平面的一半时，通过戳穿头有效点的对称轴应垂直于水平面。

5.1.3　防摩擦套环

安装于戳穿头后部，在戳穿头穿过纸板时脱离戳穿头，留在试样上保持试样开孔，以避免弧形摆臂在穿过试样后受到摩擦而影响测试结果。当防摩擦套环脱离戳穿头时，由于摩擦作用而损耗的能量是可测的，且可以通过调整环的松紧来改变。

5.1.4　配重砝码

根据试样戳穿强度的大小，在摆臂上调整配重砝码，以改变摆锤的冲击力，便于选择合适的测量范围，使试验结果在相应刻度最大值的20%～80%之间。

5.1.5　夹板

5.1.5.1　用于固定试样，配有2块水平夹板，分为上夹板和下夹板。上夹板是固定的，其下平面应处于摆轴的水平面上，或位于摆轴水平面上方不超过7 mm处；下夹板是活动的，用于夹紧试样，夹板的有效面积应不小于175 mm×175 mm。

5.1.5.2　上、下夹板间各有一个等边三角形的孔，两个孔应相互重合。该三角形孔的边长为100 mm±

2 mm，其中一边与摆轴平行，该底边的对角应指向摆轴。

5.1.5.3 上、下夹板应有足够的刚度，当试样受冲击时夹板不产生变形。上、下夹板的夹紧力应在 250 N～1 000 N之间，并可调节。如果仪器没有测定夹紧力的装置，那么应保证在测定过程中试样不松动。

5.1.6 刻度盘及读数指针

刻度盘上刻有4组以焦耳(J)为单位的读数范围，分别为0 J～6 J、0 J～12 J、0 J～24 J、0 J～48 J四档。不同的读数范围采用不同的配重砝码，以读取负荷指针的所指数据作为测定结果。指针轴的摩擦力应刚好能使指针平缓地移动，且没有甩动。

注：有些仪器没有刻度盘，而是采用电子读数显示。

5.1.7 松释装置

松释装置包括固定装置、释放装置和保险装置。固定装置是将摆锤水平地吊挂在起始位置；释放装置应能平稳自由地释放摆锤，不应给摆锤施加任何初速度；保险装置应锁紧释放装置，使之不能随意操作，以防摆锤意外脱落。

5.2 仪器调节和校准

5.2.1 摆锤平衡

当摆锤的重心处于最低点时，戳穿头的尖端应在摆轴的水平面±5 mm内，否则用平衡砣调节。

5.2.2 指针零点

除去摆锤上的配重砝码，移开试样夹板后，将摆锤置于起始位置，并将指针拨至满刻度。释放摆锤，摆即摆动。这时指针应指向零点，否则应调节摆上的零点调节螺丝。如此反复数次，直至指针正好指向零点。更换不同的配重砝码时，无需重新校对零点。

5.2.3 指针摩擦阻力

零点调节后，保持指针零点不动，再次释放摆锤，摆锤带动指针转动。这时指针不得超出零点外 3 mm，否则在指针的轴承上注润滑油或调节指针的弹簧压力。

5.2.4 摆轴摩擦阻力

5.2.4.1 在不加任何配重砝码时释放摆锤，使之自由摆动直至停止，其摆动次数应不少于100次，否则在摆轴的轴承上加润滑油。

5.2.4.2 在摆锤上加合适的配重砝码，将指针拨至满刻度，释放摆锤，摆即摆动。此时指针所指的数值就是该配重砝码对应的摆轴摩擦阻力。反复测定5次，取其算术平均值，该值应不超过该配重砝码所对应最大刻度的1%。

5.2.5 防摩擦套环摩擦阻力

在调节和校准完摆轴摩擦阻力后，卸下摆锤上的配重砝码，将上、下夹板恢复到正常工作状态。将一块中间带有边长61 mm等边三角形孔的铝板夹在上、下夹板之间，使铝板的三角形孔与压板的三角形孔对正。然后将防摩擦套环套在戳穿头的后部，并将指针拨至最大刻度，使摆锤置于起始位置。释放摆锤，摆即摆动，戳穿头穿过铝板的三角形孔，而防摩擦套环则留在铝板上。此时刻度盘上的指针读数就是防摩擦套环摩擦阻力。反复测定5次，取其算术平均值。该值应不大于0.25 J，否则应调节戳穿头上的三个顶球螺钉，以适当减小弹簧压力；若该值太小，防摩擦套环在戳穿头的后部套得太松，会影响测定结果，则应调节戳穿头上的三个顶球螺钉，以适当增加弹簧压力。

6 试样采取、处理和制备

6.1 试样采取

按 GB/T 450 进行。

6.2 试样处理

按 GB/T 10739 进行。

6.3 试样制备

从处理后的每张样品中，切取不小于 175 mm×175 mm 的试样 8 张。试样应平整，无机械加工痕迹和外力损伤。在任何情况下，戳穿试样应距样品边缘、折痕、划线或印刷部位不少于 60 mm。如果由于某种原因，用已印刷的纸板做试验，则应在试验报告中说明。

7 试验步骤

7.1 试验应在 GB/T 10739 规定的大气条件下进行。

7.2 定期进行摆锤平衡、指针零点、指针摩擦阻力、摆轴摩擦阻力、防摩擦套环阻力的调节及校准，并做好记录。

7.3 检查仪器是否水平，摆锤固定装置是否牢固，释放装置、保险装置是否正常，有无其他安全隐患。

7.4 选择合适的配重砝码，使测定结果在相应刻度最大值的 20%～80%之间。将配重砝码安装在摆臂上，并将摆锤吊挂在起始位置，然后关上释放保险装置。

7.5 将防摩擦套环套在戳穿头的后部，并将指针拨到最大刻度，然后将待测试样夹在上、下夹板之间。

7.6 打开释放保险，释放摆锤，摆即摆动，戳穿头穿过试样。当摆锤摆回来时，顺势用手接住摆臂或摆锤背部的把手，慢慢提起摆锤，使其吊挂在起始位置。

7.7 在刻度盘上配重砝码对应的刻度范围内，读取测定结果，应准确至最小分度值的一半。

7.8 重复 7.5～7.7 的各项步骤，直至全部试样测定完毕。

8 结果和计算

8.1 将一张试样的纵向正面、纵向反面、横向正面、横向反面各 2 个测定值进行算术平均，作为该试样的戳穿强度。若防摩擦套环阻力和摆轴摩擦阻力之和大于或等于测试值的 1%，则用测定值减去该阻力之和，作为该试样的戳穿强度。

8.2 若要测定一张试样的纵向戳穿强度，则应将其纵向正面、纵向反面的测定值进行算术平均；同样，若要测定一张试样的横向戳穿强度，则应将其横向正面、横向反面的测定值进行算术平均。

8.3 报告结果时，如果最终结果小于 12 J，则准确至 0.1 J；如果最终结果大于 12 J，则准确至 0.2 J。必要时，应报告最大值、最小值、标准偏差和变异系数。

9 试验报告

试验报告应包括以下项目：

a) GB/T 2679 的本部分编号；
b) 试样编号；
c) 试验的大气条件；
d) 试验所用的仪器型号；
e) 测定结果的平均值、最大值、最小值、标准偏差和变异系数；
f) 必要时，应报告纵、横向试验结果的算术平均值；
g) 试验日期和地点；
h) 任何不符合本部分规定的操作。

附　录　A
（资料性附录）
本部分与 ISO 3036：1975（1987-06 确认）章条编号对照

表 A.1 给出了本部分与 ISO 3036：1975（1987-06 确认）章条编号对照的一览表。

表 A.1　本部分与 ISO 3036：1975（1987-06 确认）章条编号对照

本部分章条编号	对应的国际标准章条编号
—	0
—	1
1	2
2	3
3	—
4	4
5	5
5.1	5.1
5.1.1	5.1
5.1.2	5.1.1
5.1.3	5.1.4
5.1.4	5.1.2
5.1.5	5.1.5
5.1.6	5.1.6
5.1.7	5.1.3
5.2	5.2、5.3
5.2.1	5.3
5.2.2	5.1.6
5.2.3	5.3
5.2.4	5.3
5.2.5	5.3
—	5.4
6	6、7
6.1	6
6.2	8
6.3	7
7	9
8	10
9	11
附录 A	—
附录 B	—
—	附录

附 录 B
（资料性附录）
本部分与 ISO 3036：1975（1987-06 确认）的技术性差异及其原因

表 B.1 给出了本部分与 ISO 3036：1975（1987-06 确认）的技术性差异及其原因。

表 B.1 本部分与 ISO 3036：1975（1987-06 确认）的技术性差异及其原因

本部分章条编号	技术性差异	原 因
1	检测仪器中增加了电子读数戳穿强度仪	ISO 3036：1975（1987-06 确认）中检测仪器是指指针式戳穿强度仪。目前国际上已经生产出电子读数戳穿强度仪，并在国内外实验室使用。所以在检测仪器中除了指针式戳穿强度仪以外，还增加了电子读数戳穿强度仪。
2	规范性引用文件由原来的国际标准改为国家标准	相关的测定人员对国家标准比较熟悉，便于掌握。事实上，本部分所引用的国家标准也都是修改采用对应的国际标准，与国际标准差别很小。
5.2.3	修改检查指针摩擦阻力的方法	1. ISO 3036：1975（1987-06 确认）的 5.3 中只是指出指针摩擦阻力的计算方法，但没有给出指针摩擦阻力的上限，缺乏可操作性。 2. 先进行零点调节，再检查指针摩擦阻力很显然更科学、更合理。
5.2.4.1	增加检查摆轴摩擦阻力的方法	ISO 3036：1975（1987-06 确认）中没有这方面的规定。在检查摆轴摩擦阻力方面，本部分要比国际标准更全面、更严格。但由于原国家标准也有这样的规定，国内仪器生产厂家和测定人员早已适应，故本次修订仍保留该规定。
6.3	修改试样数量	ISO 3036：1975（1987-06 确认）第 9 章中规定的试样数量较多，工作量较大。原国家标准中试样数量是 8 张，本次修订对此未进行更改。
8.1	修改以摩擦作用补偿试验结果的内容	本部分所表达的意思与 ISO 3036：1975（1987-06 确认）基本一致。但本部分所表达的意思更明确，指出摩擦阻力为防摩擦套环阻力和摆轴摩擦阻力之和，明确了戳穿强度的计算方法，便于具体掌握使用。

ICS 85.060
Y 30

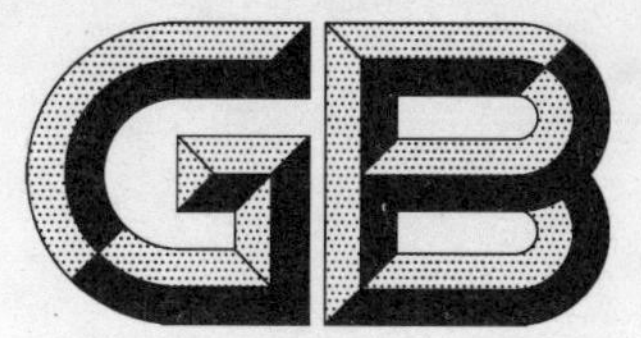

中华人民共和国国家标准

GB/T 2679.8—2016
代替 GB/T 2679.8—1995

纸和纸板 环压强度的测定

Paper and board—Determination of compressive strength(Ring crush method)

(ISO 12192:2011,MOD)

2016-12-13 发布 2017-07-01 实施

中华人民共和国国家质量监督检验检疫总局
中国国家标准化管理委员会 发布

前　言

GB/T 2679 包括以下部分：

——GB/T 2679.1　纸　透明度的测定　漫反射法；

——GB/T 2679.2　薄页材料　透湿度的测定　重量(透湿杯)法；

——GB/T 2679.6　瓦楞原纸平压强度的测定；

——GB/T 2679.7　纸板　戳穿强度的测定；

——GB/T 2679.8　纸和纸板　环压强度的测定；

——GB/T 2679.10　纸和纸板短距压缩强度的测定法；

——GB/T 2679.11　纸和纸板　无机填料和无机涂料的定性分析　电子显微镜/X 射线能谱法；

——GB/T 2679.12　纸和纸板　无机填料和无机涂料的定性分析　化学法；

——GB/T 2679.14　过滤纸和纸板最大孔径的测定；

——GB/T 2679.17　瓦楞纸板边压强度的测定(边缘补强法)。

本部分为 GB/T 2679 的第 8 部分。

本部分按照 GB/T 1.1—2009 给出的规则起草。

本部分代替 GB/T 2679.8—1995《纸和纸板环压强度的测定》。本部分与 GB/T 2679.8—1995 相比，主要变化如下：

——修改了标准的范围，将原来适用厚度范围 0.15 mm～1.00 mm 修改为 0.10 mm～0.58 mm；

——修改了对压缩试验仪的要求(见 5.3)，上下压板的平行度由 1∶2 000 改为 1∶4 000，取消了弯梁式压缩仪；

——修改了试样厚度范围与内盘直径的对应关系，并增加了 48.90 mm 直径的内盘；

——修改了取样方法(见第 8 章)及试样尺寸，试样长度由(152.0±0.2)mm 改为 $152.4_{-2.5}^{0}$ mm；

——修改了计算公式，原公式中 152 改为试样长度 l。

本部分采用重新起草法修改采用 ISO 12192:2011《纸和纸板　环压强度的测定》。

本部分与 ISO 12192 的技术差异及其原因如下：

——关于规范性引用文件，本部分做了具有技术性差异的调整，以适应我国技术条件，调整的情况集中反映在第 2 章“规范性引用文件”中，具体调整如下：

- 用修改采用国际标准的 GB/T 450 代替 ISO 186；
- 用等同采用国际标准的 GB/T 451.3 代替 ISO 534；
- 用等效采用国际标准的 GB/T 10739 代替 ISO 187；
- 用修改采用国际标准的 GB/T 22876 代替 ISO 13820；
- 增加了 GB/T 451.2《纸和纸板定量的测定》。

——修改了环压强度和环压强度指数结果的保留位数；

——修改了环压强度指数计算公式，见式(2)；

——环压强度指数单位由 kN·m/g 改为 N·m/g；

——将 ISO 12192:2011 中的第 6 章、第 7 章合并为一章。

请注意本文件的某些内容可能涉及专利。本文件的发布机构不承担识别这些专利的责任。

本部分由中国轻工业联合会提出。

本部分由全国造纸工业标准化技术委员会(SAC/TC 141)归口。

本部分起草单位：杭州轻通博科自动化技术有限公司、中国制浆造纸研究院。

本部分主要起草人:王兴祥、崔立国、汪指航、尹巧。

本部分所代替标准的历次版本发布情况为:

——GB/T 2679.8—1981、GB/T 2679.8—1995。

纸和纸板　环压强度的测定

1　范围

GB/T 2679 的本部分规定了使用压缩试验仪测定纸和纸板环压强度的方法。

本部分适用于厚度范围在 0.10 mm～0.58 mm 的纸和纸板环压强度的测试。对于厚度低于 0.28 mm 的试样，测试结果为失稳破坏和纯压缩的合力。

注：本部分也可用于厚度大于 0.58 mm 的纸和纸板环压强度的测试，在这种情况下，试样弯曲成圆环时可能会导致内部应力增加，从而导致测试结果不准确，此时应在试验报告中注明试样厚度超出本部分的适用范围。

2　规范性引用文件

下列文件对于本文件的应用是必不可少的。凡是注日期的引用文件，仅注日期的版本适用于本文件。凡是不注日期的引用文件，其最新版本(包括所有的修改单)适用于本文件。

GB/T 450　纸和纸板　试样的采取及试样纵横向、正反面的测定(GB/T 450—2008，ISO 186：2002，MOD)

GB/T 451.2　纸和纸板定量的测定(GB/T 451.2—2002，eqv ISO 536：1995)

GB/T 451.3　纸和纸板厚度的测定 (GB/T 451.3—2002，ISO 534：1988，IDT)

GB/T 10739　纸、纸板和纸浆试样处理和试验的标准大气条件(GB/T 10739—2002，eqv ISO 187：1990)

GB/T 22876　纸、纸板和瓦楞纸板　压缩试验仪的描述和校准(GB/T 22876—2008，ISO 13820：1996，MOD)

3　术语和定义

下列术语和定义适用于本文件。

3.1

压缩强度　compressive strength

测试试样受压直到压溃时单位长度所能承受的最大压缩力，以千牛每米(kN/m)表示。

3.2

环压强度　ring-crush-resistance

在规定的条件下，环形试样边缘受压直至压溃时单位长度所能承受的最大压缩力，以千牛每米(kN/m)表示。

3.3

环压强度指数　ring-crush-resistance index

环压强度除以定量，以牛米每克(N・m/g)表示。

4　原理

纸或纸板的条状环形试样受到逐渐增加的边缘压缩力直到压溃。环压强度由试样长度和最大压缩力计算而得。

5 仪器

5.1 取样装置

主要部件为冲刀，能够精确地将试样切成规定的尺寸，且试样边缘平直光滑、无毛刺。其他取样装置，例如双刃切刀，如果证明可以给出相近的测试结果，也可以使用。

5.2 试样座

5.2.1 由底座(图 1 中 1)与可装卸内盘(图 1 中 3)组成，底座最好为圆柱形，具有圆柱形凹槽。内盘与底座匹配可形成环形槽(图 1 中 5)。

5.2.2 底座凹槽内径 49.30 mm±0.05 mm，深 6.35 mm±0.25 mm，凹槽底部与底座的底面平行度在 0.01 mm 以内。内盘(图 1 中 3)厚 6.35 mm±0.25 mm，应配备多种直径的内盘以便适应不同厚度的试样。试样环形槽(图 1 中 5)的宽度应至少为测试试样厚度的 150%，但不得超过 175%。表 1 给出了内盘直径与适用试样厚度的对应关系。

5.2.3 中心销子(图 1 中 4)位于圆柱形凹槽的正中心，每个内盘应具有中心孔，中心孔的直径应稍大于中心销子直径且位于内盘的中心，以便形成均匀的环形槽。

5.2.4 底座底面与内壁呈直角，该处的任何弧形都会阻碍试样直立，从而导致错误的结果。

5.2.5 切线槽(图 1 中 6)的宽度应不大于 1.27 mm，与底座内壁相切，以便试样插入。切线槽的方向既可以为顺时针，也可以为逆时针方向。

单位为毫米

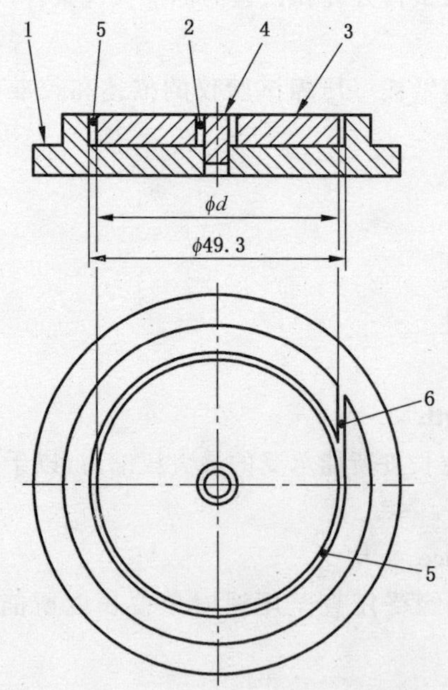

说明：

1——底座；
2——使内盘自由装卸的间隙；
3——内盘；
4——中心销子；
5——试样环形槽；
6——切线槽。

图 1 试样座

5.3 固定压板式压缩试验仪

除要求两板间平行度应不大于 1∶4 000(应在 0.025 mm/100 mm 以内)外,固定压板式压缩试验仪应符合 GB/T 22876 规定,并按照 GB/T 22876 进行校准。

5.4 棉/塑料手套

手动插入试样时使用。

6 试样的采取和处理

6.1 如果试验用于评价一批样品,应按 GB/T 450 采取试样。如果试验用于进行其他类型的评价试验,应确保所取样品具有代表性。

6.2 按照 GB/T 10739 对样品进行温湿处理,试样的制备和测试应在同样的条件下进行。

7 试样的制备

7.1 由于手上的污染物,尤其是水分,会影响测试结果,因此试样从制备到测试整个过程需要戴手套(5.4)。

7.2 使用取样装置(5.1)裁取试样,应避开皱纹、折痕或者其他可能影响测试结果的可见纸病,一次裁取一片,试样的宽为 12.7 mm±0.1 mm,长为 $152.4_{-2.5}^{0}$ mm。确保试样边缘平直光滑,无撕裂或磨损,长边方向平行度在 0.015 mm 以内。

7.3 除非另作说明,每个测试方向一般需裁取至少 10 条试样。试样长边垂直于纵向的试样用于测定纵向环压强度,试样长边平行于纵向的试样用于测定横向环压强度。

7.4 裁取两面纤维组成不同的试样时,应预判纸和纸板在制成容器时的朝外面,该面应朝向冲刀,或背向双刃刀的刀刃。

注:取样装置在裁取试样时易产生小的突起或裁取边产生轻微卷曲,若这些突起或卷曲朝向环心,测试时会有托起内盘的趋势,从而导致结果错误。

7.5 若无法区分试样的正反面或者朝外面无法确认,应至少裁取 10 片试样,保证相同的面朝向冲刀,或者双刃刀的刀刃。

8 测试步骤

8.1 按 GB/T 451.3 测定试样的厚度。

8.2 根据试样厚度选择适当直径的内盘装入试样座(5.2)。内盘与底座内壁间的间隙应能使试样自由进入且无阻力,但间隙宽度不应超过试样平均厚度的 175%。表 1 列出了试样厚度与适应内盘直径的对应关系。

8.3 小心地将试样插入切线槽,并继续轻轻地将试样插入试样座至自由端离开切线槽。应保证有相同数量的试样内面与外面朝向环心插入试样座。试样在插入试样座过程中应保证内盘无抬起,否则试样下沿可能被内盘下部压住。

表 1 试样厚度与内盘直径匹配表

试样厚度 μm	建议内盘直径 ($d\pm0.05$)mm
100～140	48.90
141～170	48.80
171～200	48.70
201～230	48.60
231～280	48.50
281～320	48.40
321～370	48.20
371～420	48.00
421～500	47.80
501～580	47.60
注：这只是建议的范围，上述的175%是控制的要点。若在某些情况下内盘内径处于公差的下限，可能会超过175%，这种情况下应选择下一级更小的槽宽。	

8.4 将试样座置于压缩仪(5.3)下压板的中心，必要时使用标记或者挡块确保试样座总是置于相同的位置。

8.5 定位试样座，使试样接头位置总是朝向同一方向(左面或右面)，然后进行测试。启动压缩仪进行压缩直至试样被压溃，记录下压溃前持续的最大力值，精确至1 N。

8.6 重复上述步骤测试剩余的试样。

注：纸和纸板水分的含量对环压测试影响很大。因此试样的水分含量信息有时可以解释不同实验室之间测试结果的差异。

8.7 试样插入试样座时受到损坏是一个常见的误差来源。若需要较高精确度时，建议使用机械装样装置。在使用机械装样时可以不使用手套。

8.8 若需计算环压强度指数，按GB/T 451.2测定试样的定量。

9 结果计算

9.1 环压强度

分别计算每个方向(纵向、横向)环压强度的平均值 R，环压强度按式(1)计算，以千牛每米(kN/m)表示。

$$R=\frac{\overline{F}}{l} \qquad \cdots\cdots(1)$$

式中：

$\overline{F}$ ——最大压缩力的平均值，单位为牛顿(N)；

l ——试样的长度，单位为毫米(mm)。

报告每个测试方向环压强度，以千牛每米(kN/m)表示，结果精确至0.01 kN/m，同时报告试验的标准偏差。

9.2 环压强度指数

环压强度指数 X,以牛米每克(N·m/g)表示,见式(2)。

$$X = \frac{R}{g} \times 1\,000 \qquad \cdots\cdots(2)$$

式中:

R ——环压强度平均值,单位为千牛每米(kN/m);

g ——试样的定量,单位为克每平方米(g/m^2)。

环压强度指数的结果精确至 0.1 N·m/g。

10 试验报告

试验报告应包含以下内容:

a) GB/T 2679 的本部分的编号;
b) 测试时间与地点;
c) 测试试样的识别和描述;
d) 采用的温湿处理环境;
e) 取样装置与压缩仪的类型;
f) 试样厚度及内盘直径;
g) 试样的方向和数量,每个测试方向的试验次数及弯曲方向;
h) 是否使用机械装样装置;
i) 每个测试方向环压强度的平均值,以千牛每米(kN/m)表示;
j) 每个测试方向测试结果的标准偏差,以千牛每米(kN/m)表示;
k) 如果需要,报告环压强度指数,以牛米每克(N·m/g)表示;
l) 任何与 GB/T 2679 的本部分偏离的试验步骤,或者任何影响测试结果的因素。

附 录 A
（资料性附录）
精 密 度

A.1 概述

A.1.1 精密度数据来自于全球的几个不同实验室，试验均采用了固定压板式压缩试验仪。

A.1.2 重复性和再现性限是在95%置信区间下对两个相似的材料在相似的实验环境下进行实验所得数据最大差值的估计。当试样材料不同或试验环境不同时，该数值可能不适用。本数据依据ISO/TR 24498和TAPPI方法标准T 1200 sp-07得出。

A.1.3 表A.1和表A.3中的重复性标准偏差是“合并的”重复性标准偏差，其标准偏差由各实验室标准偏差的均方根计算而得，有别于ISO 5725-1中关于重复性的定义。

A.1.4 重复性和再现性限是将重复性和再现性的标准偏差乘以2.77所得。

注：$2.77=1.96\times\sqrt{2}$，假定试验结果呈正态分布，标准偏差 s 是基于大量试验数据所得。

A.2 TAPPI-CTS 提供的精确性数据

表A.1和表A.2中对重复性和再现性的估计是基于2006年CTS纸和纸板实验室间测试项目中的试验使用的数据来自包括175 g/m^2 和335 g/m^2 箱纸板试验数据（试验周期12周），以及126 g/m^2 瓦楞芯纸和205 g/m^2 箱纸板的试验数据（试验周期24周）。

精密度估计所采用的试验数据，是以10次重复检测作为一次检测结果，每一试验周期每一实验室进行一次样品检验结果的测试所得。每周期测试，均有约60个实验室参与测试挂面纸板的精密度；约20个实验室参与测试瓦楞芯纸精密度的测定。实验数据的计算限定为使用了平板式压缩仪以及在TAPPI标准大气条件下的试验数据。

表 A.1 TAPPI-CTS 重复性评估

样品	实验室数目	平均值/(kN/m)	标准偏差 s_r/(kN/m)	变异系数 $C_{V,r}$/%	重复性限 r/(kN/m)
126 g/m^2 瓦楞芯纸	约20	1.18	0.06	5.30	0.17
175 g/m^2 箱纸板	约60	2.20	0.10	4.64	0.28
205 g/m^2 箱纸板	约60	3.12	0.10	3.19	0.28
335 g/m^2 箱纸板	约60	4.71	0.14	2.95	0.39

表 A.2 TAPPI-CTS 再现性评估

样品	实验室数目	平均值/(kN/m)	标准偏差 s_R/(kN/m)	变异系数 $C_{V,R}$/%	再现性限 R/(kN/m)
126 g/m^2 瓦楞芯纸	约20	1.18	0.27	22.5	0.74
175 g/m^2 箱纸板	约60	2.20	0.37	16.7	1.02
205 g/m^2 箱纸板	约60	3.12	0.47	15.1	1.31
335 g/m^2 箱纸板	约60	4.71	0.64	13.6	1.77

A.3 基于 CEPI-CTS 的精密度数据

CEPI-CTS 项目的重复性与再现性估计(见表 A.3 和表 A.4),是以 2008 年进行的一系列循环试验实验数据为基础,有 15 个实验室参与,测试 3 种不同样品,每种样品有大概 13 或 14 个实验室参与精密度计算。与 TAPPI-CTS 的数据相比,重复性限和再现性限似乎取决于测试结果的绝对值,且高强度的纸张(较高的测试数值)的变化较小。

CEPI-CTS 中重复性限和再现性限需重新计算。

重复性限 $r=1.96\times\sqrt{2}\times S_{实验室内}$

再现性限 $R=1.96\times\sqrt{2}\times\sqrt{S_{实验室间}^2+S_{实验室内}^2}$

表 A.3 CEPI-CTS 重复性评估

样品	实验室数目	平均值(kN/m)	标准偏差 s_r/(kN/m)	变异系数 $C_{V,r}$/%	重复性限 r(kN/m)
等级 1	14	0.81	0.05	5.61	0.13
等级 2	13	2.01	0.09	4.51	0.25
等级 3	13	3.34	0.15	4.37	0.41

表 A.4 CEPI-CTS 再现性评估

样品	实验室数目	平均值/(kN/m)	标准偏差 s_R/(kN/m)	变异系数 $C_{V,R}$/%	再现性限 R/(kN/m)
等级 1	14	0.81	0.12	14.7	0.33
等级 2	13	2.01	0.25	12.7	0.70
等级 3	13	3.34	0.41	12.4	1.15

参 考 文 献

[1] ISO 536, Paper and board—Determination of grammage

[2] ISO 5725-1, Accuracy (trueness and precision) of measurement methods and results—Part 1: Genera principles and definitions

[3] ISO/TR 24498, Paper, board and pulps—Estimation of uncertainty for test methods

[4] TAPPI Test method T 1200 sp-07, Interlaboratory evaluation of test methods to determine TAPP repeatability and reproducibility

[5] Dahl, C. B. Jr., Limited Range of Ring Crush Test, TAPPI J., Vol. 68, No. 10, 1985, pp. 108-109.

[6] Effect of specimen dimensions on edgewise compression tests of linerboard and corrugating medium Parts 1 and 2, Testing Compression Reports 82 and 83, Institute of Paper Chemistry, Project 1108-4 March 23rd, 1966.

[7] Fellers, C. and Donner, B. C., Edgewise compression strength of paper, in Handbook of Physica Testing of Paper, Vol.1, Chapter 9, Marcel Dekker Inc., 2nd edition.

[8] Frank, B., Ring Crush and Short Span Compression for Predicting Edgewise Compressive Strength TAPPI J., Vol.2, No.11, 2003, p.12.

[9] Koning, J.W., A short column crush test of corrugated paperboard, TAPPI J., Vol.47, No.3, 1964, p.13.

[10] Smith, J.H., Adiscussion of the ring crush test, Southern Pulp & Paper Manufacturer, August 11, 195.

[11] StoraTeknik, SE-661 00 SÄFFLE, Sweden—PM 223/189 TKS 1989-02-06, Study—A compariso between different compression testers and cutting devices used in BILLERUD comparative testing.

[12] Travers, R., Improving the reliability of the ring crush test, Appita, Vol.30, No.3, 1976, pp. 235-240.

中华人民共和国国家标准

GB/T 2679.10—93

纸和纸板短距压缩强度的测定法

Paper and board—Compressive strength—Short span test

本标准等效采用国际标准 ISO 9895：1989《纸和纸板　压缩强度　短距试验》。

1 主题内容与适用范围

本标准规定了使用短距压缩试验仪测定纸和纸板纵横向压缩强度的方法。

本标准适用于制造纸箱和纸盒的纸和纸板，也适用于纸浆试验时由实验室制备的纸页。

本标准方法规定不能用于应变测定(见附录 A 中 A1)。

2 引用标准

GB 450　纸和纸板试样的采取

GB 451.2　纸和纸板定量的测定法

GB 10739　纸浆、纸和纸板试样处理与试验的标准大气

3 术语

3.1 压缩强度

在压缩试验中，纸和纸板试样开始破坏时，在单位宽度上所承受的最大压缩力，以 kN/m 表示。

3.2 压缩指数

指压缩强度除以定量，以(N·m)/g 表示。

4 原理

一条 15 mm 宽的试样夹在两个相距 0.7 mm 的夹具间压缩，直至破坏，测出最大压缩力，并计算出压缩强度。

5 仪器

5.1 压缩试验仪

试验仪(见图 1)有两个夹持 15 mm 宽试样片的夹具(见图 2)，每一个夹具有一个固定的夹片和一个活动的夹片。夹具长 30 mm，具有一个高摩擦性的表面，夹具能以 2 300 N±500 N(表压 0.2～0.3 MPa)的夹持力将试样固定住，所设计的夹具在整个宽度上能牢固地夹住试样(见附录 A 中 A1)。

试样的两个侧面分别由两个固定夹片和两个活动夹片夹持住，两个固定夹片的夹样面在试样的同一侧面的同一平面上，而动夹片的夹样面在试样的另一侧面的同一平面上，且应平行于固定夹片的夹样面，有关平行度的要求应符合附录 A 中 A2 的规定。

试验开始时，夹具间的自由间距是 0.7±0.05 mm，试验开始之后，沿着试验纸条的长向，在自由间距两端，由一组试样夹向另一组试样夹以 3±1 mm/min 的速度相对移动，直至把试样挤压破坏即停止，然后返回到起始的位置。

国家技术监督局1993-08-07批准　　1994-03-01实施

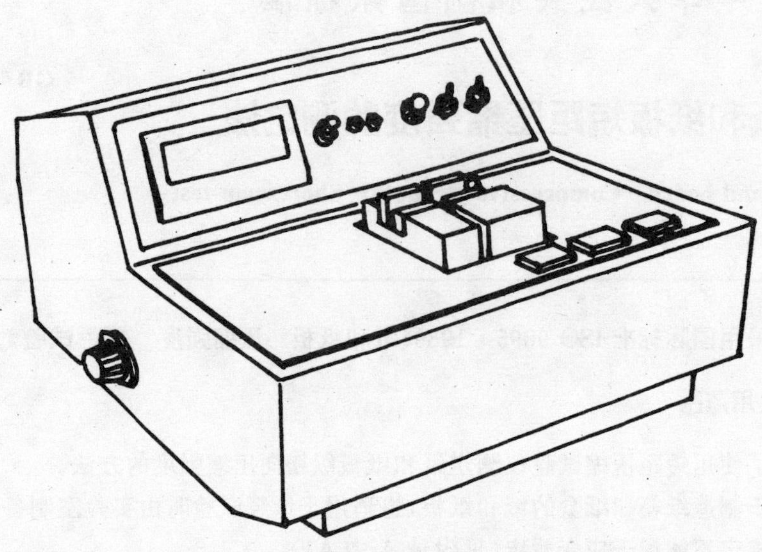

图 1　短距压缩试验仪

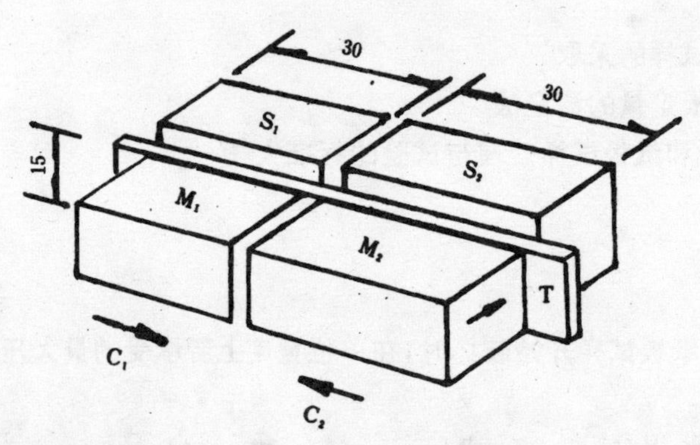

图 2　短距压缩试验仪夹具

C—夹具移动的相对方向；S—固定夹片；M—移动夹片；T—试样

试验仪器附有一个测量和显示装置，以便当读数在10%～100%全量程的有效范围内，测量最大压缩力的读数误差小于±1%。

试验仪器带有校准装置，用一个已知重量的砝码对测力传感器进行校对。

试验仪有一个显示夹持压力的装置。表压与夹持力对应关系如下表：

夹持压力表表压 MPa	试 样 夹 持 力 N
0.10	900
0.15	1 350
0.20	1 800
0.25	2 250
0.30	2 700

5.2　切纸装置

用专用切纸刀具如图 3，切出的试样边应整齐且边缘光滑平行，应使切出的试样宽度为 15±0.1 mm，长度为 75 mm，亦可使用能达到要求的其他切纸刀。

6 仪器的校准

定期对试验仪进行检查校准，在整个测量范围内，按均等间距去选择校对砝码进行检验，在全量程范围内的10%～100%以内任一点偏差不能超过读数的±1%。

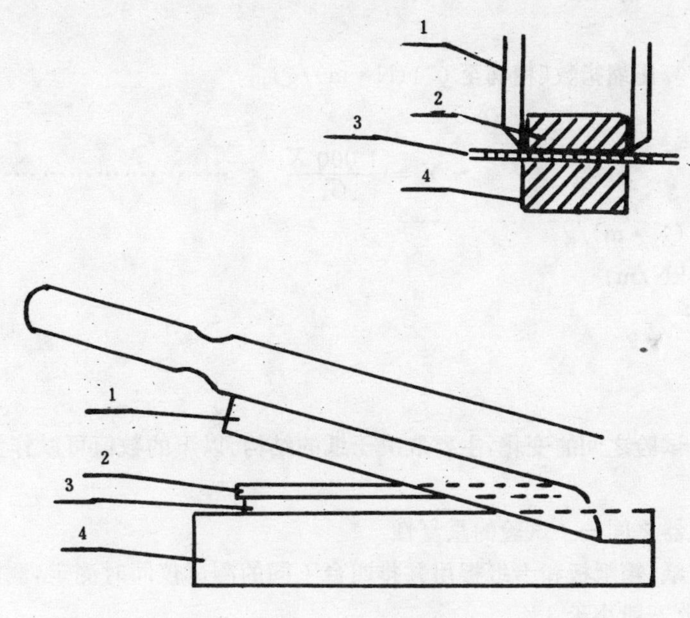

图3 切纸装置

1—刀；2—限制板；3—试样；4—限制板底座

如果仪器不符合校准要求，要按照制造厂的说明书对仪器进行必要的调整。

7 试样的采取和制备

7.1 试样的采取按GB 450规定进行，并按GB 10739进行温湿度处理。

7.2 试样片的制备应在与温湿度处理相同的标准大气条件下进行，从无损伤的纸样上切取75 mm长，15±0.1 mm宽的纸条，纸条的长边与纸的纵向平行时，测出的为纵向压缩强度，纸条的长边与纸的横向平行时则为横向压缩强度。

切取足够的试样片，应使每个方向测10条。但对匀度不好的纸和纸板，当测10条的变异系数大于10%时，则应测定20条。

8 试验步骤

按规定要求选定夹持力，一般选用0.25 MPa的表压。将试样夹在试样夹的适当位置上，按下试样夹移动按钮，至试样挤压破坏后，读出指示的最大压缩力。

重复上述步骤，直至测完应测的试样。

9 测试结果的计算

9.1 结果表示

分别计算纵横向所得的结果，实验室手抄片没有方向区别。

9.2 压缩强度

按式(1)计算压缩强度：

$$X = \frac{F}{15} \qquad \cdots\cdots (1)$$

式中：X——压缩强度，kN/m；

F——最大压缩力，N；

15——试样宽度，mm。

报告平均压缩强度，X 精确至 0.01 kN/m。

9.3 压缩指数

如需要，按式(2)计算压缩指数〔精确至 0.1(N·m)/g〕：

$$Y = \frac{1\,000\,X}{G_a} \qquad \cdots\cdots (2)$$

式中：Y——压缩指数，(N·m)/g；

X——压缩强度，kN/m；

G_a——定量，g/m²。

10 精密度

同一个试样的两个试验之间的变化，主要取决于纸的结构，以下的数值可以作为本方法精密度的参考。

10.1 同一实验室的仪器之间——试验的重复性

一定数量的瓦楞原纸、箱纸板和卡纸板用并排四台不同的测试仪同时测定，测定结果(10 次测定的四个平均值)的变异系数一般小于 3%。

10.2 不同实验室仪器之间——试验的再现性

10 个试验室间分别对定量为 112～180 g/m² 的同种瓦楞原纸和定量为 125～400 g/m² 的同种牛皮箱纸板进行测试，其变异系数在 3%～7%之间。

11 试验报告

试验报告包括下列内容：

a. 本国家标准编号；

b. 所用温湿处理条件；

c. 测试试样的标志和说明；

d. 所测纸条的方向；

e. 重复试验次数；

f. 平均结果和变异系数；

g. 压缩指数；

h. 与本标准规定程序的任何偏离或可能的影响试验结果的有关因素。

附 录 A
压缩试验仪
（补充件）

A1 压坏应变

在不损坏试样的情况下，压缩试验仪的夹具要牢固夹住试样，因此夹持力分布在一个夹持面上。然而在测试中，试样仍会发生微小的滑动。

在测试中试样的不同部位的应变如图 A1 所示，两个夹具之间的自由区域应变最大，其他被夹住部分逐渐减小。

压缩试验中压坏时的应变约为 1%，就是说，在 0.7 mm 的自由间距中，压坏和变形仅有 7 μm。

由于试样在夹具中滑动，自由间距的微小变化和夹具在试样平面上的微小移动不影响实验结果。但是从夹具的移动并不能计算压坏应变，所以本标准所阐述的方法不能用于应变的测定。

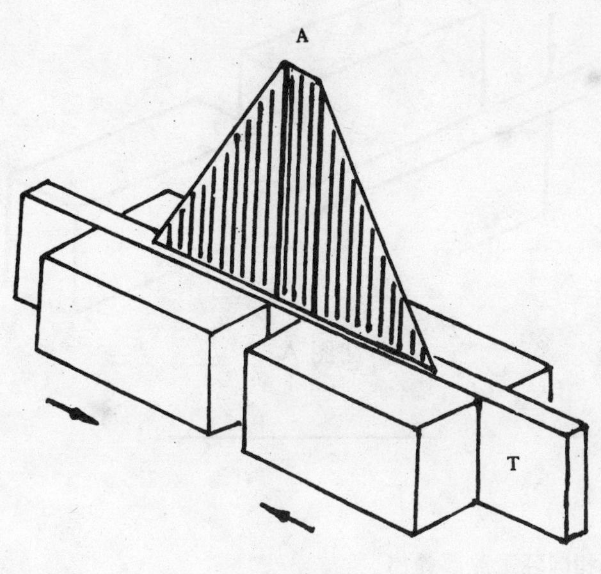

图 A1

A—应变分布；T—试样

A2 夹具的详细说明

在 0.7 mm 间距处与试样接触的四夹片的边应是方正的。

在夹片顶部和底部测量得自由间距之差小于 0.03 mm。

固定夹片夹持纸条的两个平行侧面，在靠近自由间距处彼此偏离，即平行度不大于 0.01 mm，而对离此 30 mm 的另一端，两者偏离不大于 0.2 mm，如图 A2 所示。

两夹片的底面彼此平行，其上各点偏离不大于 0.1 mm，如图 A3 所示。

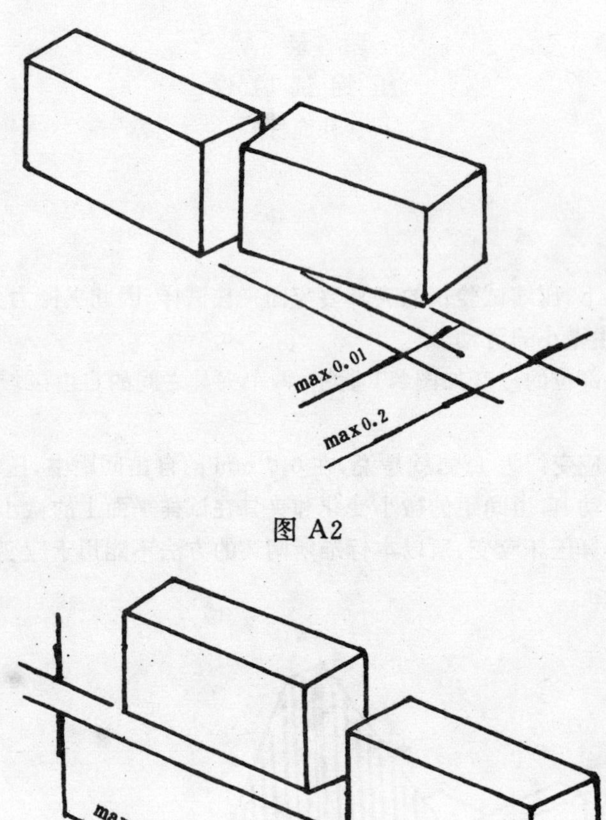

图 A2

图 A3

附加说明：

本标准由中华人民共和国轻工业部提出。

本标准由全国造纸工业标准化技术委员会归口。

本标准由轻工业部造纸工业科学研究所负责起草。

本标准主要起草人张少玲、陈述、李兰芬、韩秀臻、王华佳。

ICS 85-010
Y 30

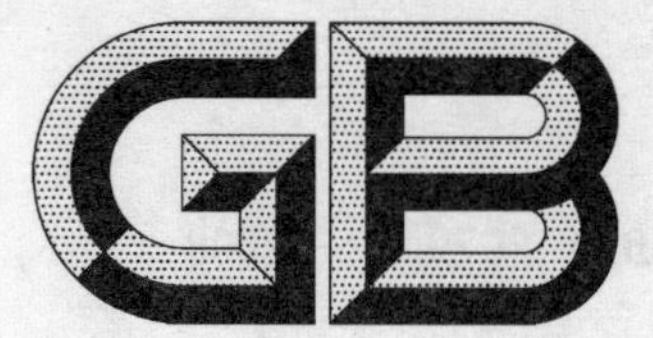

中华人民共和国国家标准

GB/T 2679.11—2008
代替 GB/T 2679.11—1993

纸和纸板 无机填料和无机涂料的定性分析 电子显微镜/X射线能谱法

Paper and board—Qualitative analysis of mineral filler and mineral coating—SEM/EDAX Method

2008-08-19 发布 2009-05-01 实施

中华人民共和国国家质量监督检验检疫总局
中国国家标准化管理委员会 发布

前　言

GB/T 2679 的本部分是对 GB/T 2679.11—1993《纸和纸板中无机填料和无机涂料的定性分析 电子显微镜/X 射线能谱法》的修订。

本部分代替 GB/T 2679.11—1993。

本部分与 GB/T 2679.11—1993 相比，主要变化是删除了 GB/T 2679.11—1993 中的附录 A。

本部分由中国轻工业联合会提出。

本部分由全国造纸工业标准化技术委员会归口。

本部分起草单位：中国制浆造纸研究院。

本部分主要起草人：薛崇昀、贺文明、聂怡。

本部分所代替标准的历次版本发布情况为：

——GB/T 2679.11—1993。

本部分委托全国造纸工业标准化技术委员会负责解释。

纸和纸板　无机填料和无机涂料的定性分析　电子显微镜/X射线能谱法

1　范围

GB/T 2679 的本部分规定了用电子显微镜/X 射线能谱仪定性分析纸和纸板中无机填料和无机涂料的方法。

本部分适用于纸和纸板中无机填料、涂料的品种鉴定和成分分析，也适用于造纸用无机填料、涂料的原材料分析。

2　规范性引用文件

下列文件中的条款通过 GB/T 2679 的本部分的引用而成为本部分的条款。凡是注日期的引用文件，其随后所有的修改单(不包括勘误的内容)或修订版均不适用于本部分，然而，鼓励根据本部分达成协议的各方研究是否可使用这些文件的最新版本。凡是不注日期的引用文件，其最新版本适用于本部分。

GB/T 450　纸和纸板　试样的采取及试样纵横向、正反面的测定(GB/T 450—2008,ISO 186：2002,MOD)

GB/T 742　造纸原料、纸浆、纸和纸板　灰分的测定(GB/T 742—2008,ISO 2144：1997,MOD)

3　原理

3.1　造纸用的无机填料和涂料通常有滑石粉、碳酸钙、高岭土、二氧化钛和硫酸钡等。利用电子显微镜观察其颗粒形态和晶体形态，便可对该填料和涂料进行鉴定。

3.2　当电子束照射到试样上时，会激发释放出一种特征 X 射线，其能量随元素而不同。使用一种锂漂移硅的探测器，便能将这种信号收集起来，通过计算机整理，达到分析元素的目的。

4　试剂及材料

4.1　蒸馏水或去离子水。

4.2　六偏磷酸钠[$(NaPO_3)_6$]：0.1%溶液。

4.3　5040 或 5070 有机分散剂：0.1%溶液。

4.4　丙酮(CH_3COCH_3)：化学纯(清洗电镜与铜网)。

4.5　浓盐酸(HCl)：化学纯(清洗电镜专用铜网)。

4.6　D76 显影液。

4.7　D72 显影液。

4.8　酸性定影液。

4.9　高纯金丝：纯度 99.99%，ϕ1 mm。

4.10　高纯碳棒：纯度 99.99%，ϕ5 mm×100 mm。

4.11　二氯乙烯(ClCH-CHCl)：化学纯。

4.12　聚乙烯醇缩甲醛(polyvinyl formvar)的二氯乙烯溶液：0.2%～0.5%(质量分数)。

4.13　ϕ3 mm 的电镜专用铜网。

4.14　120 或 135 照相底片。

4.15 2 号或 3 号照相放大纸。

5 仪器设备

5.1 一般实验室用仪器。

5.2 高温炉:控温范围,室温至 1 000 ℃可调。

5.3 烘箱:能控温调节,105 ℃±2 ℃。

5.4 瓷坩埚:30 mL~50 mL。

5.5 铂坩埚:30 mL~50 mL。

5.6 玛瑙研钵:ϕ50 mm~ϕ70 mm。

5.7 透射电子显微镜及其必要的附件。

5.8 扫描电子显微镜及其必要的附件。

5.9 与透射电子显微镜(5.7)或扫描电子显微镜(5.8)联用的能谱仪。

5.10 解剖针和镊子。

5.11 载玻片 25 mm×75 mm×1.5 mm。

5.12 盖玻片 20 mm×20 mm。

5.13 光学显微镜 50 倍~1 500 倍。

5.14 真空镀膜机,真空度应大于 1.33×10^{-2} Pa(1×10^{-4} mmHg)。

6 取样

取样按 GB/T 450 的规定进行。由于电镜分析的试样数量很少,取样时应特别注意样品的代表性。

7 透射电子显微镜(5.7)试验步骤

7.1 支持膜载网制备

支持膜载网是用来支承样品的工具,即在 ϕ3 mm 的电镜专用铜网上覆盖一层在电镜下不显任何结构的塑料薄膜。对于纸张填料、涂料分析来说,聚乙烯醇缩甲醛薄膜使用较为方便。制备时将一块洁净的显微镜载玻片插入 0.2%~0.5% 的聚乙烯醇缩甲醛的二氯乙烯溶液(4.12)中,插入深度为载玻片(5.11)长的 1/2~1/3,浸泡 4 s~8 s 立即提起,滴去多余的溶液后将载玻片持平,风干。载玻片上便附有一层很薄的塑料薄膜。用解剖针在距载玻片边缘约 2 mm 处割断薄膜,使其在水中容易剥离下来。然后在一个直径约为 15 cm 的玻璃器皿中盛满蒸馏水,以约 45°角的方向轻轻地将载玻片放入水中。由于水的表面张力,在划割过的地方聚乙烯醇缩甲醛薄膜便会脱落并漂浮在水面上。当该薄膜漂到水面上时,将电镜专用铜网放在膜上,一张完整的膜上大约可以放 20 个~30 个铜网。在铜网上放一张吸水性适中的滤纸,滤纸面积与薄膜面积相近似。待滤纸湿透后立即用镊子将滤纸、铜网和薄膜同时捞起,这样铜网便附上薄薄的一层支持膜,在室温至 50 ℃温度下风干待用。

7.2 试样制备

7.2.1 直接分散法

取有代表性的试样约 2 g,用蒸馏水煮 4 min~5 min,取出,用手指揉搓使纤维分散,也可用某种解离器略加解离,以帮助纤维分散。这时部分填料或涂料便与纤维分离,并悬浮在水中。取悬浮液少许,滴在具有支持膜的载网上,在室温至 50 ℃的温度下干燥待用。每个样品需做此试样 3 个~5 个,然后用光学显微镜(5.13)检查,选稀密适度、分散良好的试样供电子显微镜观察。

7.2.2 烧灰法

对于含有大量胶粘剂的纸和纸板,按上述 7.2.1 方法纤维不易分散,需采用烧灰法制样。取有代表性的试样约 10 g,按 GB/T 742 规定,于带盖的瓷坩埚(5.4)中炭化,然后于高温炉中烧灰,使有机物烧掉。灰渣用玛瑙研钵(5.6)研细,取少许置于载玻片上,滴上两滴 0.1%六偏磷酸钠(4.2)分散剂,盖上盖玻片(5.12),用手指移动盖玻片,利用两玻片间的水的表面张力,使灰渣颗粒进一步分散。将分散了的灰渣用蒸馏水洗入烧杯中,混匀后用吸管取此悬浮液少许,滴在有支持膜的载网上,风干后供观察用。

如果估计试样中的填料或涂料是 $CaCO_3$,则用 5070 或 5040 分散剂(4.3)效果较好。

7.3 透射电子显微镜(5.7)观察及鉴别

将制好的试样置于透射电子显微镜(5.7)下观察。由于不同的填料具有不同的晶体形态,所以根据试样在透射电子显微镜下的晶体形态及颗粒大小,便可定性鉴别试样中加入的无机填料及涂料。观察时选用的放大倍数随对象不同而不同,如滑石粉 1 000 倍~2 000 倍可见;瓷土、硫酸钡、碳酸钙 5 000 倍~20 000 倍可见;而二氧化钛则需 1 万~2 万倍以上。

8 扫描电子显微镜(5.8)试验步骤

8.1 试样制备

扫描电子显微镜(5.8)的试样制备和透射电子显微镜基本相同,但由于扫描电子显微镜的试样室较大,试样可以置于载网上,也可以置于扫描电子显微镜的试样台上观察。另外用于扫描电子显微镜观察的试样,其表面应有一层导电层,一般是用真空镀膜机或离子溅喷仪在试样表面喷上一层高纯黄金。试样及支持膜载网的制备方法与 7.1、7.2 相同,试样浓度可比透射电子显微镜略高。

对于填料含量较高,以及纸面未经过任何涂塑处理的样品,包括涂布纸,可以直接对试样进行真空喷镀处理。喷镀导电层后,可直接将试样置于试样台上进行观察,真空喷镀的导电层厚度一般为 100 Å~200 Å。对于胶料含量较高的样品,需将胶料除去,以便观察,为此可采用烧灰法,即 7.2.2 的方法制样。

8.2 扫描电子显微镜(5.8)观察及鉴别

扫描电子显微镜与透射电子显微镜的成像原理不同,透射电子显微镜观察到的是物体的投影像,而扫描电子显微镜观察到的是物体的表面反射像,也就是外形轮廓像。扫描电子显微镜的图像景深大,透射电子显微镜的图像清晰度高。但作为无机填料和涂料的定性观察,两者均可,获得的晶体图像基本一致。与 7.3 同样,根据试样的晶体形态,对纸和纸板中无机填料和涂料的种类作出定性鉴别。

9 扫描电子显微镜和能谱仪的定性和元素半定量分析

透射电子显微镜和扫描电子显微镜的定性分析都是根据试样的晶体形态进行的。这个方法可能会受到纸中某些成分的干扰,如乳胶、淀粉及纤维原料中的无机物等。同时各种无机填料和涂料之间,颗粒的晶体形态也会有交叉现象,不易作出判断。因此在分析过程中,如能将形貌分析和成分分析同时进行,则可大大提高分析的准确性。扫描电子显微镜和能谱仪相结合的试验方法可满足这一试验要求,可分析出试样中钠以上的各种元素的相对含量。

9.1 试样制备

9.1.1 直接制样法

取具有代表性的试样,用双面胶将试样贴在扫描电子显微镜的试样台上,观察面应朝上。然后用真空镀膜机在试样表面喷上一层碳膜导电层,厚度约为 100 Å~200 Å。喷碳后的试样即可直接用于扫描电子显微镜和能谱仪的分析。这种制样方法一般适用于厚度较高,定量不低于 60 g/m^2 的试样,而且其填料含量应较高,胶料含量应较低,表面未经过任何涂塑处理。对于定量低于 60 g/m^2 的纸,可将纸页用蒸馏水润湿后,将几层纸页压合在一起进行制样测定。

9.1.2 烧灰制样法

对于不宜直接制样测定的样品,按 GB/T 742 称取试样 2 g~3 g,在坩埚中灼烧,使之炭化。然后移入高温炉内,灼烧至无黑色碳素,冷却后将灰渣置于玛瑙研钵(5.6)中研磨分散。再将分散的试样置于预先涂有碳素导电胶的扫描电子显微镜的试样台上,并用载玻片将试样压紧,试样厚度应不低于 500 μm,然后用真空镀膜机按 9.1.1 的方法在试样上喷一层碳膜,此试样即可作定性分析。

9.2 扫描电子显微镜和能谱仪分析

当试样在扫描电子显微镜中受到入射电子的轰击时，可以产生若干信号。其中之一是二次电子信号，形成扫描电子显微镜的物体外形轮廓像，另一个信号是由于电子激发试样中的原子而放出不同能量的特征X射线，其能量随元素的不同而不同。从而可以进行元素定性、定量分析。X射线能谱仪就是用于测量特征X射线能量的仪器，它将试样上被激发出来的特征X射线收集起来，按能量大小将其分类，还可以计算出这些X射线之间的强度关系。某特征X射线的强度与该元素在试样中的浓度成正比，从而对各种元素进行定量分析。

通常根据试样中的所含元素，按下列几种方式报出能谱仪的测定结果。

a) 试样中所含元素种类；

b) 各种元素的原子百分比；

c) 各种元素的质量百分比；

d) 各种元素的氧化物百分比；

e) 元素浓度分析的计数值。

对于成分不稳定的化合物不能通过元素分析作出准确的定量计算，只能以元素含量或各种元素的氧化物含量来表示。

试样的能谱分析图谱及计算数值表，可由能谱仪直接得出。

9.3 试验误差

扫描电子显微镜和能谱仪在作定量分析时，两次平行试验的相对误差应不大于10%，且以两次试验的平均值报告结果。如果相对误差大于10%，则应重复试验。

10 试验报告

试验报告应包括下列内容：

a) GB/T 2679本部分的编号；

b) 试样说明；

c) 含无机填料和涂料的种类、名称和晶体形态；

d) 对于扫描电子显微镜和能谱定量分析，还应包括元素成分、原子数百分比、质量百分含量或氧化物质量百分比、谱线图等；

e) 如需要，可对填料和涂料的直接用量作出评估；

f) 未按本部分规定的任何操作和可能影响测定结果的其他因素。

ICS 85-010
Y 30

中华人民共和国国家标准

GB/T 2679.12—2013
代替 GB/T 2679.12—1993

纸和纸板　无机填料和无机涂料的定性分析　化学法

Paper and board—Qualitative analysis of mineral filler and mineral coating—Chemical method

2013-12-17 发布　　2014-12-01 实施

中华人民共和国国家质量监督检验检疫总局
中国国家标准化管理委员会　发布

前　言

本标准按照 GB/T 1.1—2009 给出的规则起草。

请注意本文件的某些内容可能涉及专利，本文件的发布机构不承担识别这些专利的责任。

本标准代替 GB/T 2679.12—1993《纸和纸板中无机填料和无机涂料的定性分析　化学法》，本标准与 GB/T 2679.12—1993 相比，主要技术差异如下：

——修改了规范性引用文件；

——修改了试样采取的规定；

——修改了化学法定性分析部分，修改后的化学分析部分分成了亚硫酸盐、硫化物和碳酸盐的鉴别，氢氧化铝、硅铝酸钠、铝、钙或镁的硅酸盐、硅藻土、钙或钡的硫酸盐、二氧化钛的鉴别，硫酸盐、锌、镁、铝、钡和钙的鉴定，镁、铝的硅酸盐（滑石粉、高岭土）、氢氧化铝、硫酸盐的鉴别，二氧化硅、硫酸钡和二氧化钛五个部分，并且将五部分的文字描述和图解结合到了一起；

——删除了原标准中的原子吸收分光光度法。

本标准由中国轻工业联合会提出。

本标准由全国造纸工业标准化技术委员会（SAC/TC 141）归口。

本标准起草单位：中国制浆造纸研究院，国家纸张质量监督检验中心、中国造纸协会标准化专业委员会。

本标准主要起草人：高君、李萍。

本标准所代替标准的历次版本发布情况：

——GB/T 2679.12—1993

纸和纸板　无机填料和无机涂料的定性分析　化学法

1　范围

本标准规定了纸和纸板中无机填料及无机涂料的化学定性分析方法。

本标准适用于纸和纸板中无机填料及涂布加工纸中无机涂料的定性分析。

2　规范性引用文件

下列文件对于本文件的应用是必不可少的。凡是注日期的引用文件，仅注日期的版本适用于本文件。凡是不注日期的引用文件，其最新版本(包括所有的修改单)适用于本文件。

GB/T 450　纸和纸板　试样的采取及试样纵横向、正反面的测定

GB/T 742　造纸原料、纸浆、纸和纸板 灰分的测定

3　原理

试样经灼烧(575 ℃±25 ℃)后，根据残余物(灰分)的含量和形态初步鉴别是否含无机物填料和无机物涂料。如果含有无机填料，再用试样、试样上分离的涂层或灼烧后的残余物进行化学分析，根据化学反应的现象或红外光图谱定性分析填料或涂料成分。

4　试剂

除非另有说明，在试验过程中仅使用确认为分析纯的试剂和蒸馏水或去离子水或相当纯度的水。

4.1　浓盐酸：HCl($\rho_{20\,℃}=1.19$ g/mL)。

4.2　盐酸：1∶1(体积分数)。

4.3　盐酸：c(HCl)≈2 mol/L，将15 mL浓盐酸溶于75 mL的水中，并用水稀释至100 mL。

4.4　乙酸铅试纸，将滤纸浸渍于饱和的乙酸铅[$Pb(C_2H_3O_2)\cdot 3H_2O$]溶液中，取出风干后备用。

4.5　重铬酸钾($K_2Cr_2O_7$)溶液：4%(质量分数)。

4.6　氢氧化钙溶液：溶解约0.2 g氢氧化钙[$Ca(OH)_2$]于100 mL的水中并过滤。

4.7　碘溶液：$c(1/2I_2)\approx 0.1$ mol/L。

4.8　硫酸铵：$(NH_4)_2SO_4$。

4.9　浓硫酸：H_2SO_4($\rho_{20\,℃}\approx 1.84$ g/mL)。

4.10　稀硫酸：5%(质量分数)，3 mL浓硫酸加到约75 mL的水中，然后稀释至100 mL。

4.11　过氧化氢溶液(H_2O_2)：30%(质量分数)。

4.12　氯化钡溶液：10%(质量分数)。

4.13　亚铁氰化钾溶液：取15 g亚铁氰化钾[$K_4Fe(CN)_6\cdot 3H_2O$]溶解于1 000 mL的水中。

4.14　二苯基硫卡巴腙(又称双硫腙 dithizone)溶液，溶解10 g二苯基硫卡巴腙于100 mL的四氯化碳(CCl_4)中。

4.15　试镁灵：溶解0.5 g对硝基苯偶氮间苯二酚[4-(nitrophenylazo)resorci-nol]于100 mL 1%的氢氧

化钠溶液中。

4.16 氢氧化钾溶液：c(KOH)≈2 mol/L，溶解 11.2 g 的氢氧化钾于 75 mL 的水中，冷却并稀释至 100 mL。

4.17 氢氧化钠溶液：c(NaOH)≈2 mol/L，溶解 8 g 氢氧化钠于 75 mL 水中，冷却并稀释至 100 mL。

4.18 乙酸：$c(CH_3COOH)$≈2 mol/L。

4.19 桑色素(3,5,7,2′,4′-五羟基黄烷酮(morin))：桑色素溶于甲醇的饱和溶液。

4.20 无水碳酸钠。

4.21 氢氧化铵($NH_3 \cdot H_2O$)溶液：15%(质量分数)。

4.22 碳酸铵溶液：$c[(NH_4)_2CO_3]$≈2 mol/L。

4.23 草酸铵$[(NH_4)_2C_2O_4]$溶液：5%(质量分数)。

4.24 磷酸氢二钠$[Na_2HPO_4 \cdot 12H_2O]$溶液：20%(质量分数)。

4.25 甲基红指示液：1 g/L，称取 0.1 g 甲基红，溶解于 95%的乙醇中，并用乙醇稀释至 100 mL。

4.26 甲基橙指示液：1 g/L，称取 0.1 g 甲基橙，溶于 100 mL 的蒸馏水中。

5 仪器

5.1 一般实验室仪器。

5.2 高温炉：控温范围为室温至 1 000 ℃。

5.3 烘箱：能控温调节 105 ℃±2 ℃。

5.4 铂坩埚：30 mL～50 mL。

5.5 瓷坩埚：30 mL～50 mL。

5.6 白色的点滴盘一块。

5.7 黑色的点滴盘一块。

5.8 带环的铂丝一根。

5.9 红外分光光度计及其必要的附件。

6 试样的采取

试样的采取应按照 GB/T 450 的规定进行。每项分析需取足量的试样，以保证灼烧后所得残余物不少于 0.2 g。同时，灰化后的分析结果如需要与未经灰化的原纸样进行核对，则需要增加取样量。

注：对于涂料中的无机物分析，可以用手工的方法将涂层剥离或用刀片从纸样表面刮取足量的涂料。

7 化学法定性分析

7.1 残余物(灰分)的制备和鉴别

7.1.1 称取足够量的试样，按 GB/T 742 测定试样的残余物(灰分)，灼烧温度使用 575 ℃±25 ℃。

7.1.2 观察残余物外观：如果残余物含量小于 1%，且形态蓬松，则试样中可能不含无机填料或无机颜料；如果残余物含量大于 1%，且形态紧密，则试样中可能含无机填料或无机颜料。

7.2 第一部分：亚硫酸盐、硫化物和碳酸盐的鉴别

7.2.1 将部分试样或试样上分离的涂层放入试管中，滴加 2 mol/L 的盐酸(4.3)。若无气体产生，则表明试样不含亚硫酸盐、硫化物和碳酸盐。若有气体产生，则继续将试管加热，用湿的乙酸铅试纸(4.4)测试产生的气体，试纸变黑色表明有硫化物存在。若没有硫化物，则继续向烧杯中滴加 4%的重铬酸钾溶

液(4.5),若产生绿色则表明有亚硫酸盐存在。

7.2.2 如果试样中亚硫酸盐和硫化物都不存在,则拿一支蘸有一滴氢氧化钙溶液(4.6)的玻璃棒于试管口。若液滴出现混浊,则表明含有碳酸盐。若试样中有亚硫酸盐或者硫化物存在,则向试管中缓慢滴加碘溶液(4.7)直到试液全部变成黄色,然后拿一支蘸有一滴氢氧化钙溶液(4.6)的玻璃棒于试管口,若液滴出现混浊,则表明含有碳酸盐。

7.2.3 准确称取试样残余物(7.1.1)0.1 g,代替试样或试样上分离的涂层按 7.2.1 和 7.2.2 进行,结果与 7.2.1 和 7.2.2 结果进行对比。

7.2.4 鉴别流程见图 1。

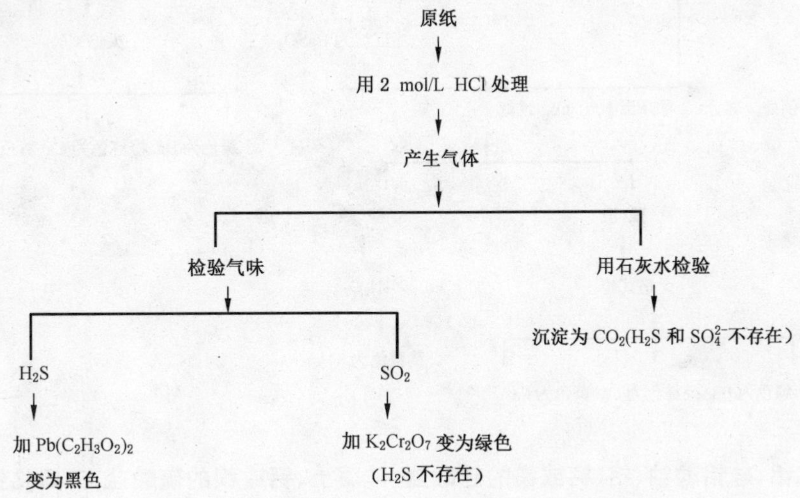

图 1 亚硫酸盐、硫化物和碳酸盐的鉴别流程

7.3 第二部分:氢氧化铝、硅铝酸钠、铝、钙或镁的硅酸盐、硅藻土、钙或钡的硫酸盐、二氧化钛的鉴别

7.3.1 准确称取 0.05 g 残余物(7.1.1)于 100 mL 试管中,分别加入 10 g 硫酸铵(4.8)和 20 mL 的浓硫酸(4.9),煮沸至少 3 min。观察试管中溶液,若溶液中存在不溶物,则样品中含有氢氧化铝、钙、铝或镁的硅酸盐或者硅藻土中的一种或者几种;如果溶液澄清,表明试样中上述无机物不存在。

7.3.2 倾出上层清液于小烧杯中,冷却后小心用蒸馏水稀释到 100 mL。若生成白色沉淀,表明试样中含有硫酸钡;无沉淀产生表明试样中不含有硫酸钡。

7.3.3 用滤纸过滤溶液,保留不溶物用于 7.3.4 条的检验,向滤液中加入 1 mL 30% 的过氧化氢溶液(4.11)。溶液若出现黄色或橙色,表明含有二氧化钛。其颜色的深浅与钛离子含量成正比。

7.3.4 取一根铂丝环蘸取不溶物(7.3.3),在酒精喷灯的火焰上灼烧,观察火焰的颜色。绿色表明含有硫酸钡,红色表明含有钙的化合物,黄色表明含氢氧化铝、铝或镁的硅酸盐。

7.3.5 用铂金丝(5.8)蘸取滤液(7.3.3),在酒精喷灯的火焰上灼烧,观察火焰的颜色。红色表明含有钙的化合物,强黄色火焰表明含有钠的化合物。

7.3.6 鉴别流程见图 2。

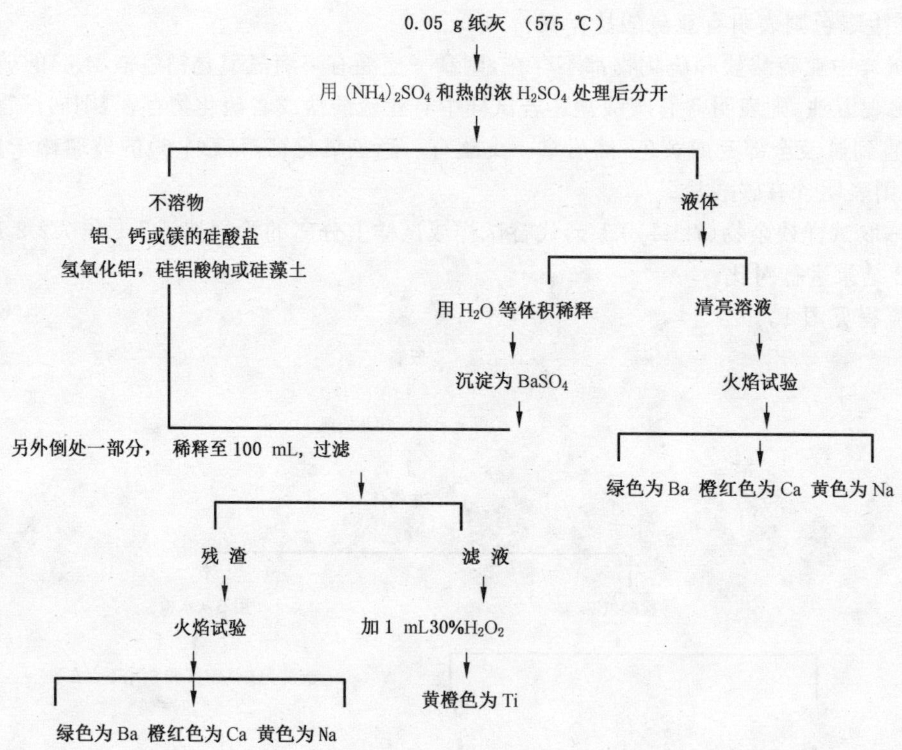

图 2 氢氧化铝、硅铝酸钠、铝、钙或镁的硅酸盐、硅藻土、钙或钡的硫酸盐、二氧化钛的鉴别流程

7.4 第三部分：硫酸盐、锌、镁、铝、钡和钙的鉴定

7.4.1 试验溶液和残渣的制备

称取约 0.1 g 残余物(7.1.1)于小烧杯中，用少量的水润湿，加入 1∶1 的盐酸(4.2)10 mL。若不完全溶解，则将煮沸 5 min，然后加入 35 mL 的蒸馏水，再次加热至沸。若仍有不溶物，则用定量滤纸过滤，并用 80 mL 蒸馏水清洗，收集滤液供 7.4.2 鉴定使用，然后反复洗涤不溶残渣至用甲基橙指示液(4.26)检验无酸性反应，保留残渣供 7.5 鉴定使用。

7.4.2 硫酸盐、锌、镁、铝、钡和钙的鉴定

7.4.2.1 取 20 mL 滤液(7.4.1)，加入 1 mL 氯化钡溶液(4.12)，加热 10 min 后若出现沉淀，表明有硫酸盐存在。另取 20 mL 滤液(7.4.1)，加入 5 mL 的亚铁氰化钾溶液(4.13)，若出现白色沉淀，表明溶液中可能存在锌元素。同时，取一滴 20 mL 滤液(7.4.1)于一个玻璃表面皿上，加 1 滴 2 mol/L 的氢氧化钠溶液(4.17)和几滴双硫腙溶液(4.14)，用玻璃棒搅拌，若出现紫红色，证明有锌元素。

7.4.2.2 取 50 mL 滤液(7.4.1)，加入 1～2 滴试镁灵(4.15)，并用氢氧化钠溶液(4.17)碱化，生成天蓝色的沉淀表明有镁的存在，小心不要加入过量的试剂。

7.4.2.3 取 1.0 mL 滤液(7.4.1)，加入 2 mol/L 的氢氧化钾溶液(4.16)中和，并使之过量。然后取一滴溶液到黑色的点滴盘上，加入 2 mol/L 的乙酸(4.18)使液滴呈酸性，加 1 滴桑色素溶液(4.19)。将点滴盘放置在紫外灯下观察，若有绿色的荧光出现，表明有铝元素存在。

7.4.2.4 向剩余滤液(7.4.1)中滴加氢氧化铵溶液(4.21)，中和至出现氨味。若产生白色絮状沉淀，表明滤液中有以酸溶形式的铝存在。过滤溶液，在滤液中加入碳酸铵溶液(4.22)，若出现白色沉淀，表明有钙和钡存在。用乙酸(4.18)溶解沉淀后，加入重铬酸钾溶液(4.5)，若产生黄色沉淀，表明含有酸溶解形式的钡。过滤溶液，在滤液中加过量的碳酸铵溶液(4.22)，若出现白色沉淀，表明存在钙。

7.4.2.5　鉴别流程见图3。

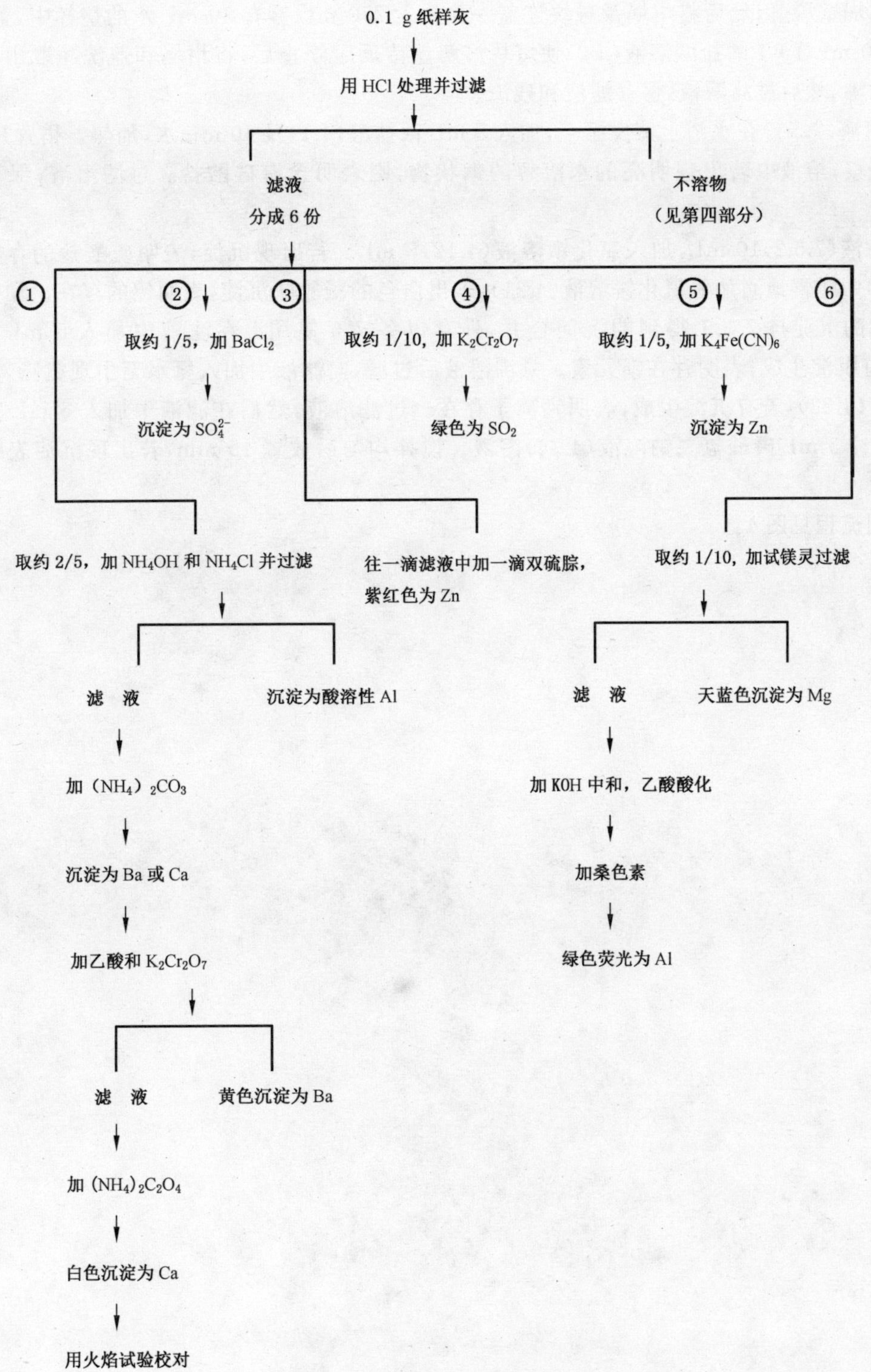

图3　硫酸盐、锌、镁、铝、钡和钙的鉴别流程

7.5　第四部分：镁、铝的硅酸盐（滑石粉、高岭土）、氢氧化铝、硫酸盐的鉴别

7.5.1　将残渣(7.4.1)放到铂坩埚中，干燥、灼烧，冷却并加入1 g～2 g的无水碳酸钠(4.20)搅拌均匀，

放入高温炉在 925 ℃～1 000 ℃高温中熔融半小时，取出冷却后向坩埚中加少量蒸馏水，用玻璃棒搅拌使熔块与坩埚壁脱落，然后将坩埚及融块连盖一并放入 250 mL 盛有 20 mL 水的烧杯中，盖上表面皿。缓慢加入 20 mL 1：1 的盐酸溶液(4.2)使熔块溶解。待反应停止后，将坩埚和盖洗净取出。将烧杯中溶液加热煮沸，然后过滤溶液，保存滤液和残渣。

7.5.2 将滤液(7.5.1)在水浴上蒸发至干，加入 5 mL 浓盐酸(4.1)及 40 mL 水，加热。稍置片刻后，在黑色背景下观察，溶液中若出现明亮的水溶解的絮状物，则表明含有硅酸盐。过滤溶液，保存滤液继续试验。

7.5.3 取滤液(7.5.2)10 mL，加入氯化钡溶液(4.12)5 mL。若出现沉淀，表明硫酸盐的存在。向剩余滤液(7.5.2)中缓慢地滴加氢氧化铵溶液(4.21)，若出白色的凝胶状沉淀，表明铝的存在。加热并过滤溶液。将过滤的沉淀与 7.5.1 得到的沉淀合并，保存以备 7.6 使用。在滤液中加入 5 mL 5％的硫酸(4.11)，若有沉淀生成，表明存在钡元素。煮沸溶液后过滤，向滤液中加入氨水至出现氨味，加入足量的草酸铵溶液(4.23)，若有沉淀生成，表明钙离子存在。过滤溶液，然后在滤液中加入 5 mL 氢氧化铵溶液(4.21)和约 5 mL 磷酸氢二钠溶液(4.24)溶液。搅拌均匀后放置 15 min，若出现沉淀表明有镁的化合物。

7.5.4 鉴别流程见图 4。

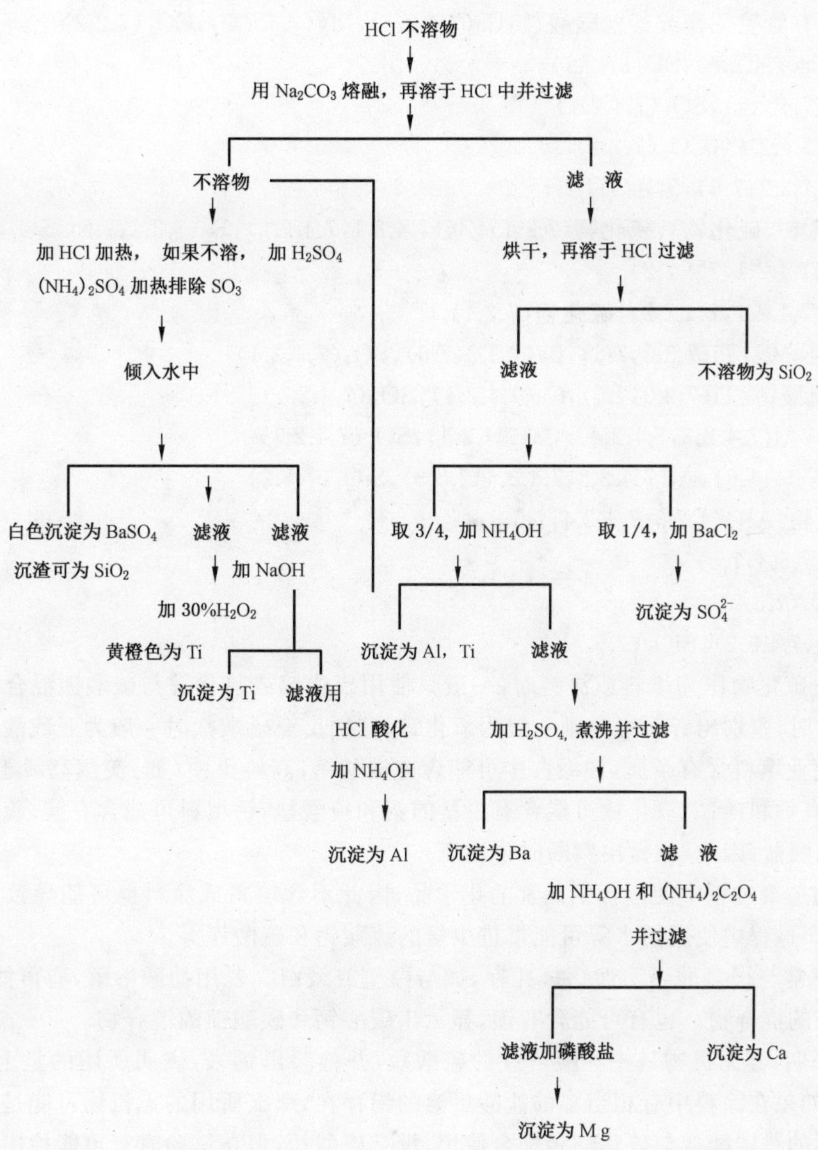

图 4 镁、铝的硅酸盐(滑石粉、高岭土)、氢氧化铝、硫酸盐的鉴别流程

7.6 第五部分:二氧化硅、硫酸钡和二氧化钛

7.6.1 将沉淀(7.5.3)转移到烧杯中,加入 5 mL 的浓盐酸(4.1)。若溶解不完全,则加入 10 mL 的浓硫酸(4.9),在通风柜内加热至出现白烟。

7.6.2 待溶液冷却后,倾入盛有 35 mL 蒸馏水的烧杯中。若出现白色沉淀,表明含有硫酸钡。过滤溶液,在滤液中加入 2 滴甲基红指示剂(4.25),缓慢加入 2 mol/L 的氢氧化钠溶液(4.17)中和溶液至溶液呈黄色,继续加入与中和时消耗的相同体积的氢氧化钠溶液(4.17)。加热至沸并冷却,若出现沉淀表明存在二氧化钛。过滤溶液,用 1∶1 的盐酸(4.2)中和滤液,加热至沸。再用氢氧化铵溶液(4.21)中和至出现氨味,若有沉淀生成表明含有铝元素。

7.7 化学定性试验的现象观察和判定

7.7.1 试样中无机填料或涂料的组成按以下对应章条判定:

碳酸钙:Ca(7.4.2.4),CO_2(7.2.2)

碳酸钙中带有氢氧化镁或其他碳酸盐：Ca(7.4.2.4)，Mg(7.4.2.2)，CO_2(7.2.2)

亚硫酸钙：Ca(7.4.2.4)，SO_2(7.2.1)

硫酸钙：Ca(7.4.2.4)，SO_4(7.4.2.1)

碳酸钡：Ba(7.4.2.4)，CO_2(7.2.2)

硫酸钡：Ba(7.3.2，7.6)，SO_4(7.4.2.1)

锌钡白(立德粉、硫化物)：硫化物(7.2.1)，Zn(7.4.2.1，7.4.2.2)，Ba(7.3.2，7.6)，SO_4(7.4.2.1)

氧化锌：Zn(7.4.2.1，7.4.2.2)

硫化锌：Zn(7.4.2.1，7.4.2.2)，硫化物(7.2.1)

二氧化钛-硫酸钡：Ti(7.3.3，7.6)，Ba(7.3.2，7.6)，SO_4(7.4.2.1)

二氧化钛-硫酸钙：Ti(7.3.3，7.6)，Ca(7.4.2.4)，SO_4(7.4.2.1)

缎白(涂料)：Al(7.4.2.3，7.4.2.4)，Ca(7.4.2.4)，SO_4(7.4.2.1)

硅铝酸钠：Na(7.4.6)，Al(7.4.2.3，7.4.2.4，7.5.3)，SiO_2(7.5.2)

铝的氢氧化物：Al(7.4.2.3，7.4.2.4，7.5.3)

高岭土：Al(7.5.3，7.6)

硅藻土：SiO_2(7.5.2)

滑石粉：Mg(7.4.2.2)，SiO_2(7.5.2)

7.7.2　造纸行业硫化物作为填料或涂料时，一般只使用硫化锌或硫化锌与硫酸钡混合物。填料或涂料中不含有硫化物时，鉴别出锌元素时则一般为氧化锌；鉴别出亚硫酸盐时一般为亚硫酸钙。

7.7.3　大部分商业填料含有杂质，如缎白中可能含有碳酸钙；高岭土中(如：美国高岭土)可能含有少量的钛，还可能含有钙和镁；二氧化钛可能含有少量的铝和硫酸盐；钙填料可能含有镁；硫化物和亚硫酸盐填料通常含有硫酸盐，因此，在做出判断时要注意。

7.7.4　在普通的造纸过程中使用含铝元素的化学品，因此不含填料或涂料也可能导致大量铝的化合物存在。同时，生产过程中使用的水等可能带进少量的硫酸钙和硫酸镁等。

7.7.5　碳酸盐通常与很多酸可溶性钙盐并存，如与白垩或缎白。若用盐酸溶解，有可能含有镁，显示出碳酸钙和碳酸镁的混合物。也有可能含有钡，显示出碳酸钙和碳酸钡的混合物。

7.7.6　由试验证明，其无机物是一种酸溶性的硫酸盐，并检验出钙来，表明所用的是上等填料硫酸钙、石膏、缎白等。如果在涂料中有相当多的盐酸可溶的铝存在，那么所用的无机物可能是缎白或铝的氢氧化物。如果所用的是碳酸盐与硫化物相配合使用，没有硫酸盐，但在试验时有可能检出硫酸盐来。

7.7.7　检定出有相当多的镁和硅酸盐存在，表明使用的是滑石粉、纤(维)滑石或微(滑)石棉。仅检出二氧化硅表明使用的是硅藻土，其硅藻土形状可以由显微镜检查辨认。

7.7.8　用浓硫酸处理残余物得到的部分残渣可能是高岭土、滑石粉、硅铝酸钠、硅酸钙、硅藻土、铝的氢氧化物或是这些物质的一种混合物，若确认试验有铝存在，表明所用的是高岭土，硅铝酸钠或铝的氢氧化物。

7.7.9　硫酸钡(重晶石或硫酸钡粉)，检定时显示出能溶于热的浓硫酸中，而在稀硫酸中却生成沉淀。可以用残渣的焰色试验来证实。

7.7.10　钛一般以二氧化钛的形式存在，通常造纸中用的为钛钡颜料($BaSO_4$-TiO_2)和钛钙颜料($CaSO_4$-TiO_2)。

8　红外光谱分析

8.1　原理

通过原试样的残余物进行红外扫描，然后由谱图的峰形，初步判断最可能含有的无机物组分，然后用化学的方法进行有针对性的分离，将其中的一个组分溶解，用定性法鉴定，而另一个组分仍然是固体沉淀，经干燥后再次扫描鉴定。

8.2 试验步骤

取少量残余物(7.2.1))用溴化钾压片，然后用红外分光光度计扫描。根据扫描所得红外谱图与标准谱比较。如果样品中的无机填料和涂料是单组分的，扫描得到的谱图与该组分的无机物标准图谱相同，从而得出无机物的名称(各种单组分的无机物红外谱图见图 5～图 20)。如果无机填料和涂料是由二至三种无机物组成的混合物，那么各种成分的无机物均会在红外谱图上出峰，这样可以由红外谱图的峰形和出峰位置，进行有目标的推断其无机物名称(例如图 20 是一个碳酸钙与高岭土的重叠红外光谱图，图 16 是一个硫酸钡与二氧化钛重叠的红外光谱图)。

8.3 红外光谱分析鉴别

8.3.1 碳酸盐与二氧化钛的鉴别

红外扫描图若是碳酸钙与二氧化钛，取残余物(7.1.1)约 0.1 g，加 2 mol/L 的盐酸溶液(4.3)10 mL 溶解，若出现大量气泡，证明是碳酸盐，加热使碳酸盐溶解，过滤，用热水洗至不呈酸性[用甲基橙指示液(4.26)检查]。滤液按 7.4.2.4 条的方法用化学法做钙的证实试验。而滤纸上的酸不溶物放在坩埚中干燥、炭化，925 ℃灼烧成灰。将残余物再用溴化钾压片进行红外光谱扫描，所得的谱图应该是碳酸盐的峰消失，谱图应与二氧化钛谱图相同而得到证实。

8.3.2 硅酸盐(高岭土或滑石粉)与二氧化钛的鉴别

8.3.2.1 取残余物(7.1.1)约 0.1 g，加入 10g 硫酸铵和 20 mL 浓硫酸，盖上表面皿煮沸至少 3 min，使二氧化钛溶解，冷却后小心地倾入 200 mL 的蒸馏水中，冷却过滤，滤液加 30％的过氧化氢(4.11)5 mL，若出现黄色，则表示有二氧化钛存在，滤纸上的残渣经彻底洗净，再次烘干，灼烧成灰，将残余物做红外扫描，这时二氧化钛的峰应消失，只保留硅酸盐的峰，与标准图比较，鉴别出是高岭土或是滑石粉。

8.3.2.2 取残余物(7.1.1)约 0.1 g 按 7.5.1 条的方法用碳酸钠进行熔融，用 1∶1 盐酸(4.2)溶解，其溶液分别按 7.5.2 和 7.5.3 条做镁或铝离子的证实试验，其沉淀一定是二氧化硅和二氧化钛的混合物。

8.3.3 钛钙颜料($CaSO_4$-TiO_2)的鉴别

从样品残余物的红外谱图上若观察到钛钙颜料时，可以再取 7.2.1 条处理的纸残余物 0.1 g，加1∶1 的盐酸溶液(4.2)20 mL，加热煮沸，再加 20 mL 水稀释，并过滤。先用稀盐酸(4.3)洗，再用热水洗至无酸性反应(用甲基橙指示液(4.26)做检查试验)，滤液按 7.4.2.1、7.4.2.4 条的方法分别做钙的硫酸根的证实试验，残渣烘干、灼烧，按上述方法做二氧化钛红外光谱的证实试验。

8.3.4 钛钡颜料($BaSO_4$-TiO_2)的鉴别

从样品残余物的谱图上若观察出是钛钡颜料时，可用下列方法来进行证实：取 7.2.1 条中的残余物 0.1 g，按 7.3.1 条的方法将残余物用硫酸铵-浓硫酸加热溶解，冷却后，倾入到 200 mL 的水中，若出现白色沉淀，则为硫酸钡，上层清液加 5 mL 30％的过氧化氢应出现黄色，其深浅与二氧化钛的含量成正比。若将沉淀的硫酸钡过滤、洗涤、烘干、灼烧，其残余物再次进行红外扫描，将出现硫酸钡的光谱图 15。

8.3.5 锌钡白(ZnS-$BaSO_4$)的鉴别

样品的残余物经扫描，若出现锌钡白的谱图时，可以另取 7.2.1 条的残余物 0.1 g，加 1∶1 的盐酸(4.2)溶解、过滤，滤液按 7.4.2.1 条的方法做锌的证实试验，而硫化物按 7.2.1 条的方法做证实试验，残渣再次灼烧后做残余物红外光谱图并与硫酸钡谱图相比较。

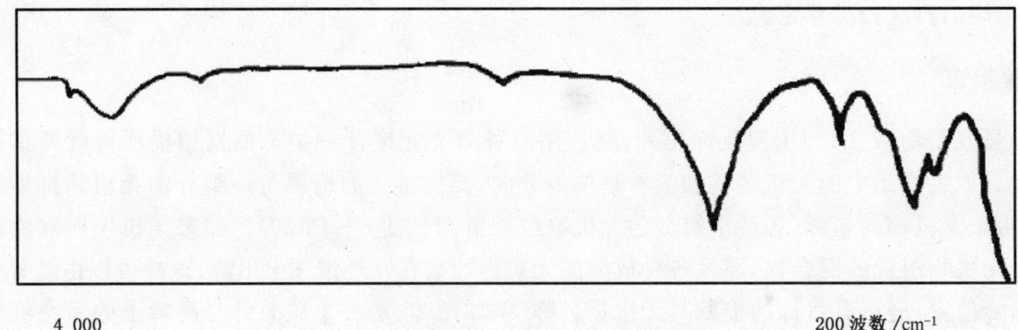

图 5　滑石粉(未灼烧)红外光谱图

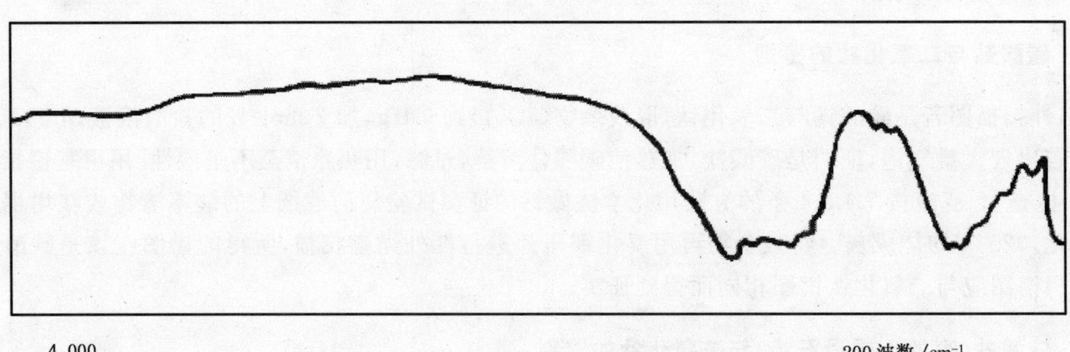

图 6　滑石粉(600 ℃以下灼烧)红外光谱图

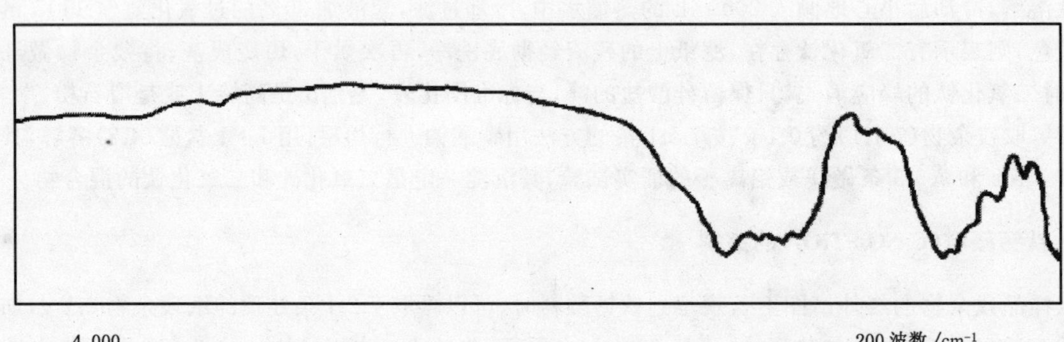

图 7　双面胶版印刷纸中的滑石粉(900 ℃灼烧)红外光谱图

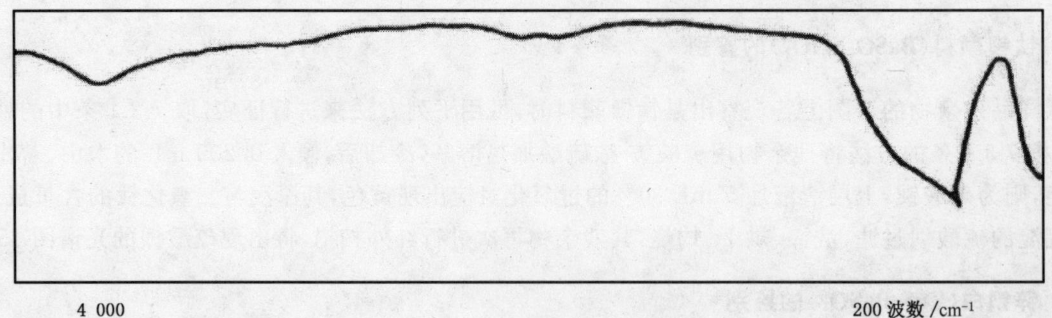

图 8　氧化镁红外光谱图

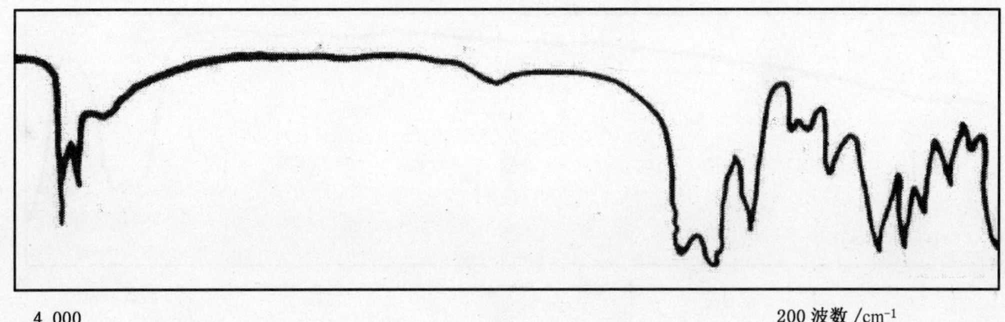

图 9　高岭土红外光谱图

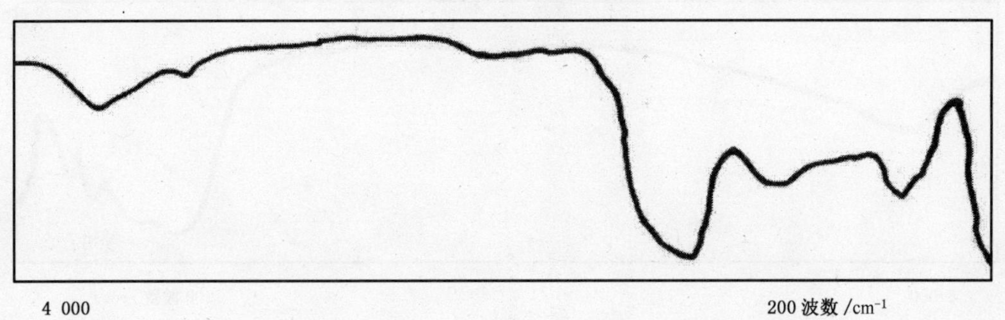

图 10　纸中高岭土(600 ℃以下灼烧)红外光谱图

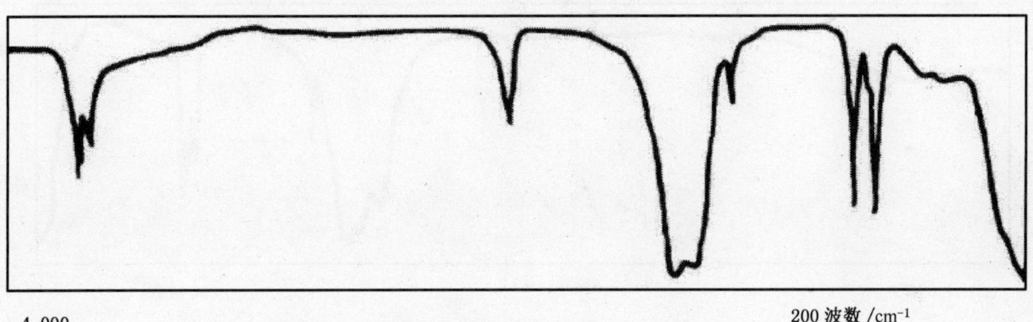

图 11　两个结晶水的硫酸钙红外光谱图

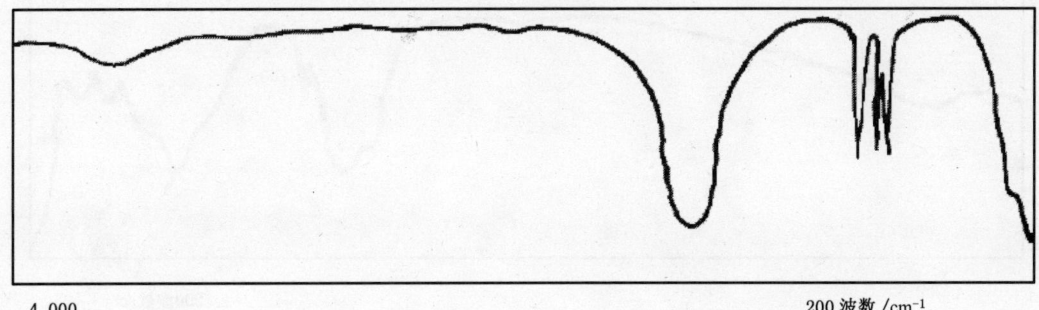

图 12　纸中硫酸钙(600 ℃以下灼烧)红外光谱图

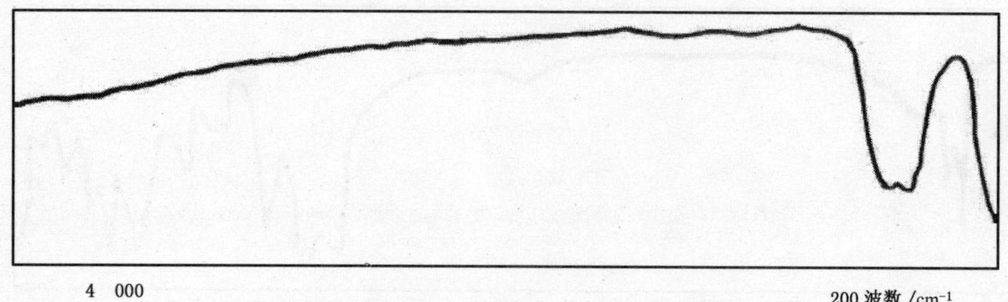

图 13 氧化锌红外光谱图

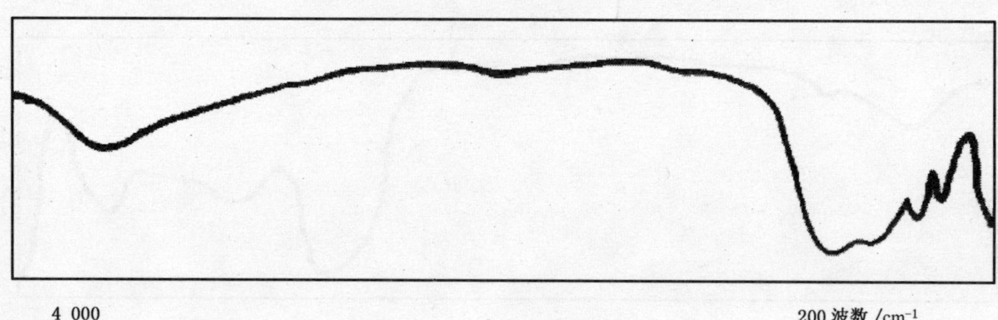

图 14 装饰纸中的二氧化钛红外光谱图

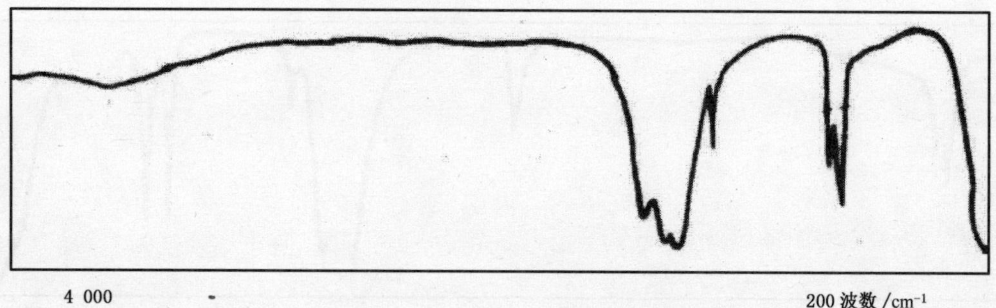

图 15 硫酸钡红外光谱图

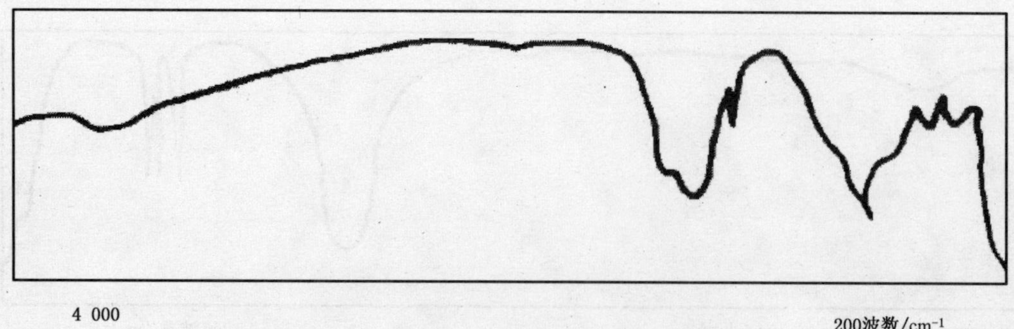

图 16 硫酸钡加二氧化钛红外光谱图

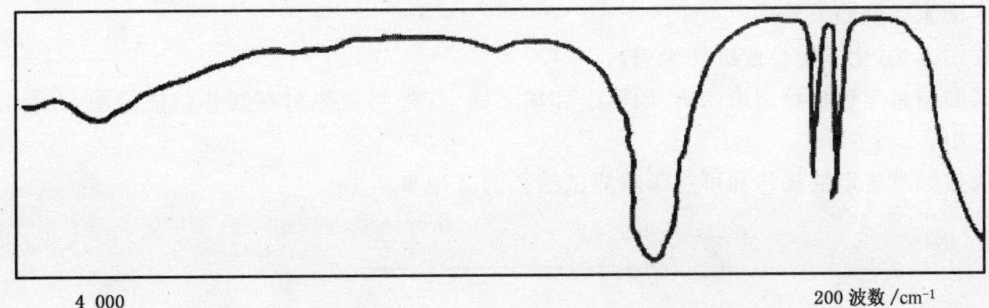

图 17 硫酸钙(600 ℃以下灼烧)红外光谱图

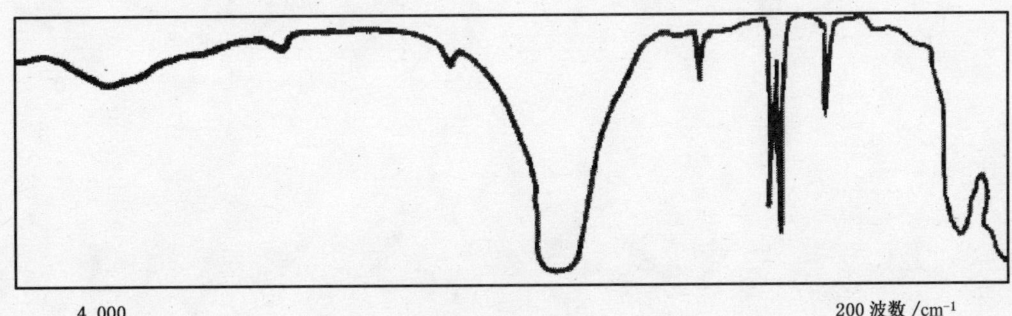

图 18 开源碳酸钙红外光谱图

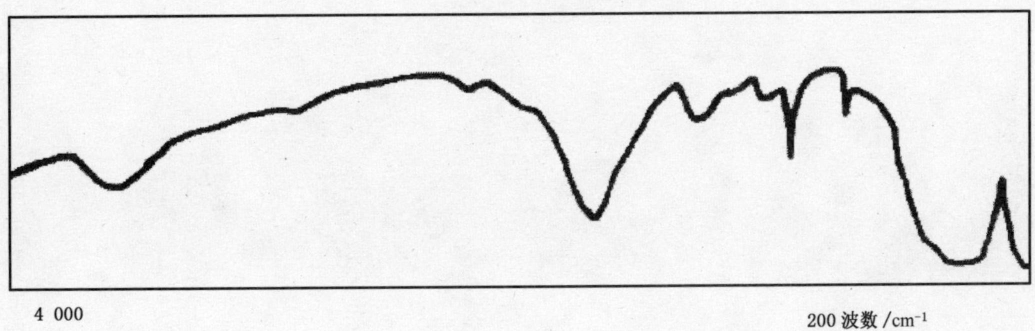

图 19 卷烟纸中碳酸钙(600 ℃以下灼烧)红外光谱图

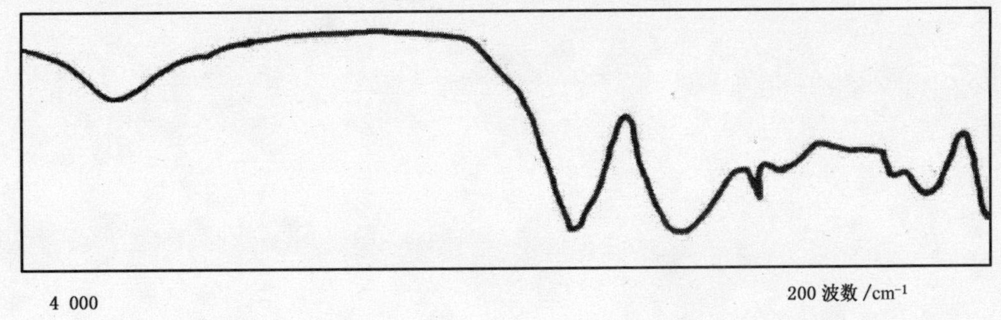

图 20 无碳复写纸中的碳酸钙加高岭土(600 ℃以下灼烧)红外光谱图

9 试验报告

试验报告应包括下列项目：

a) 本国家标准的编号；

b) 使用方法(化学定性或红外光谱)；

c) 试验结果应包括检定出的阴、阳离子和离子团，红外测定要附有红外扫描谱图，并指出其量的大小。

d) 未按标准规定的操作和可能影响测试结果的其他事项。

前　言

本标准非等效采用英国国家标准 BS 6410(Section 2.14.2):1991《最大等效孔径的测定法》,结合国内研制的仪器是自动测定的特点,对《过滤纸和纸板最大孔径测定》的标准进行制定。本标准的测定原理,压力传感器量程和升压速度与英国标准相同,但所用润湿剂则不同。此外英国标准是手动测定,而本标准的操作包括温度校正和结果的显示全部都是自动进行的。

本标准由中国轻工总会提出。

本标准由全国造纸标准化技术委员会归口。

本标准起草单位:中国制浆造纸工业研究所。

本标准主要起草人:赵璜、刘慧印、徐谡、单晓轩、陈曦。

中华人民共和国国家标准

过滤纸和纸板最大孔径的测定

GB/T 2679.14—1996

Filter paper and filterboard—

Determination of maximum pore diameter

1 范围

本标准规定了用最大孔径自动测定仪测定过滤纸及纸板最大孔径的方法。

本标准适用于 0.10 mm～3.50 mm 厚,能被润湿剂完全湿润的过滤纸及过滤板。

2 引用标准

下列标准所包含的条文,通过在本标准中引用而构成为本标准的条文。本标准出版时,所示版本均为有效。所有标准都会被修订,使用本标准的各方应探讨使用下列标准最新版本的可能性。

GB 450—89 纸和纸板试样的采取

3 术语

3.1 孔隙

纸的孔隙是由各种形状各异、曲折多变、四通八达、长度不等的毛细管通道组成的。

3.2 孔径

纸的孔径是指与具有相同毛细管压力的圆柱形毛细管相当的孔直径,因而是一种等效孔径。其中最大者即是最大孔径(ϕ_{max})。

4 原理

4.1 根据毛细管作用的原理,只要测得空气逐出纸中最大毛细管内液体,冒出第一个气泡时的压力,利用已知的该测定温度下的液体表面张力,应用毛细管方程式就可算出该试样的最大孔径。

4.2 试液的表面张力应低,能充分润湿滤纸而不影响纸的组织结构,无毒且挥发性要小。如异丙醇和煤油等都是适用的液体。异丙醇的表面张力 $\gamma_t=\gamma_0-\Delta\gamma\cdot t=22.90-0.079t$(mN/m);煤油的表面张力 $\delta_t=27.19-0.092t$(mN/m)。

5 仪器

采用 QZH-2 型最大孔径自动测定仪(见图 1)。

国家技术监督局 1996-06-25 批准　　　　1997-01-01 实施

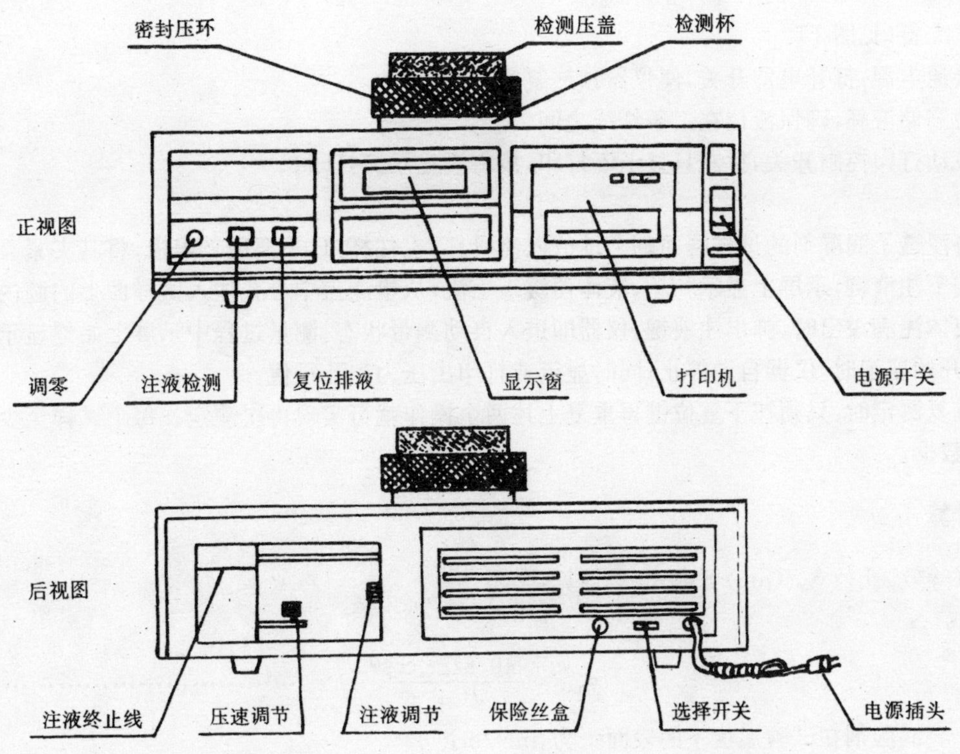

图 1

主要参数：

a)测定滤纸厚度范围 (0.10～3.50)mm；

b)试验面积 (20.0±0.5)cm²；

c)夹环内径 ϕ(50.0±0.5)mm；

d)夹环外径 ϕ(54.0±0.5)mm；

e)试样上液高 (28.7±0.4)mm。

6 仪器的校准

6.1 将仪器水平放置。

6.2 从注液孔加润湿剂，储液杯中的液位应在两条红线之间。

6.3 接通电源，预热 20～30 min，旋开密封压环，取下检测压盖，调节零点。

6.4 校验

用标准孔箔(0.17 mm 厚铝箔上打有小孔)试验，以 3～4 次测定的压力，标准偏差在 10 Pa(即1 mm 水柱)之内为合格。

7 取样和处理

7.1 取样按 GB 450—89 的规定采取或按产品标准检验规则的规定进行。

7.2 从采取的纸样上，沿横向纸幅等距离地切取直径约 60 mm 的试样 6～10 片(编上号)，并保持清洁。

7.3 用润湿剂将试样浸透。

8 试验方法

8.1 测试准备(见图1)。

8.1.1 接通电源,打开电源开关,使仪器预热复零。

8.1.2 检查储液杯,确保液位在二条红线之间。

8.1.3 拨动打印控制开关,拨左只显示不打印,拨右既显示又打印。

8.2 测定

8.2.1 将浸透了润湿剂的试样网面朝上地放入测量杯,盖住杯口,不要碰着电极,将其夹紧。

8.2.2 按下注液键,示屏上显示"ㄅ",液体便缓缓上流,从检测盖中心孔注入试样面上的腔内。

8.2.3 液体注满溢出时,弹出注液键,仪器即进入自动测量状态。测量过程中示屏上始终显示压力变化的情况。开始冒泡时,仪器自动停止,同时显示或打印出压力和孔径值。

8.2.4 重复测定时,只须按下复位键再重复上述两个操作就可实现再次测定。每个试样至少测出5个有效试验数据。

9 结果计算

最大(等效)孔径 ϕ_{max}(μm)可由式(1)计算:

$$\phi_{max} = \frac{40.8\gamma_t \cdot \cos\theta}{P - p} \qquad \cdots\cdots(1)$$

式中:γ_t——润湿剂在试验温度下的表面张力,mN/m;

$\cos\theta$——表面张力与毛细管壁夹角的余弦;

40.8——换算系数;

P——空气压力,kPa;

p——纸面上润湿剂的压力,kPa。

以其算术平均值表示结果,精确至1位小数。

10 试验报告

试验报告应包括如下项目:

a)本标准编号;

b)试样的说明;

c)试验结果;

d)偏离本标准的任何试验条件。

前　言

本标准等效采用 ISO/CD 13821。

本标准在 ISO/CD 13821 的基础上，按照 Tappi（美国制浆造纸工业技术协会）T 811—88 的规定，补充了试验的精密度的要求。

本标准是瓦楞纸板浸蜡的边压强度测定法，而 GB 6546—86 是瓦楞纸板不浸蜡的边压强度测定法。

本标准由中国轻工总会提出。

本标准由全国造纸工业标准化技术委员会归口。

本标准起草单位：中国制浆造纸工业研究所、南京林业大学。

本标准主要起草人：李兰芬、张少玲。

本标准系首次发布。

中华人民共和国国家标准

瓦楞纸板边压强度的测定（边缘补强法）

GB/T 2679.17—1997

Corrugated fibreboard—Determination of edgewise crush resistance (Edge reinforced method)

1 范围

本标准规定了一种平行于楞的瓦楞纸板边压强度的测定方法。

本标准适用于单瓦楞(双面)、双瓦楞和三瓦楞的瓦楞纸板。本标准不适用于涂蜡的和帘幕涂布的瓦楞纸板。

2 引用标准

下列标准所包含的条文，通过在本标准中引用而构成为本标准的条文。本标准出版时，所示版本均为有效。所有标准都会被修订，使用本标准的各方应探讨使用下列标准最新版本的可能性。

GB 450—89 纸和纸板试样的采取

GB 6546—86 瓦楞纸板 边压强度的测定方法

GB 10739—89 纸浆、纸和纸板试样处理与试验的标准大气

3 原理

矩形的瓦楞纸板试片放于压缩试验仪的两压板之间，并使试片的楞垂直于压板，然后加一压缩力，直至试样压坏为止。为防止施加负荷时试样边缘过早地出现毁坏，对试片的受力边缘进行补强。

测量每一试片所能承受的最大压力。

4 仪器和材料

4.1 由电动机驱动的压板式压缩试验仪

压板必须足够大，以支持所选定尺寸(见7.1)的试片和导块(4.3)不会伸出压板外。压板还应满足以下要求：

——平行度不大于1∶1000；

——横向窜动不超过0.05mm。

试验仪必须有一个用于测量和指示试样能够承受的最大负荷的工具。

4.1.1 压板移动的相对速度应在一恒定的范围(12.5±2.5)mm/min。

4.1.2 如果试验仪依据梁挠曲的原理操作，那么试样压塌瞬间的挠曲度应在仪器所能测量的挠度量程的20%～80%范围内。

当压板接触到试片时，压板应以(110±23)N/s的速度施加压力。

4.2 切样装置应能够按7.1规定的要求切取试片。

国家技术监督局1997-06-26批准 1997-12-01实施

可用带锯或刀切割夹具准备试片，这些装置能制备出的试片的切割边缘既没有破损、又笔直且垂直于纸板的表面。

4.2.1 带锯呈圆环状，具有锋利、无端（希望是圆圈或圆带）的锯刀。确保锯刀与试片的支撑面呈90°角。

4.2.2 马达驱动的双刀型切刀具有平坦的、笔直的、平行的和刚磨锋利的刀片，刀片厚度大约0.5mm，一面磨锋利，其刀口斜角渐增大约3mm，使刀片平的侧面彼此相对。这种切刀的刀片必须很好地保持在一直线上。建议这种类型的切刀的刀片使用不超过50次。

4.2.3 其他：试片切刀的其他类型，如手动切刀与标准样板一起使用，以便用于提供满足7.1要求的试片。

4.3 导块：两块矩形的、打磨平滑的金属（或木头）块，其尺寸为40mm×20mm。至少40mm长用于支撑试样，以保持试样垂直于压板。导块从背面切去2mm，如图1所示，以避免与试样的浸蜡区接触。

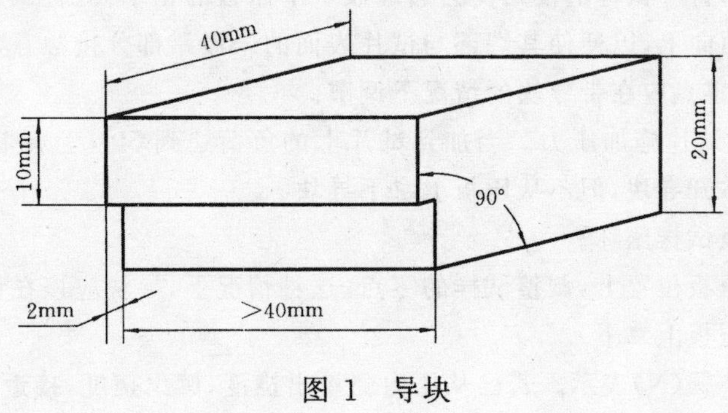

图1 导块

4.4 石蜡

应采用熔点大约为52℃的石蜡。

5 取样

按GB 450取样。在样品上应能制出无任何机械划痕的试片。

6 温湿处理

试样按GB 10739进行温湿处理。

7 试片的制备

7.1 试片的切取

用锯或锋利的刀片和标准样板，以保证平行地切取。从样品上切取瓦楞与宽度方向或与受力边缘垂直的（在10mm以内）矩形的试片（除非经协议双方同意，至少切取10片）。其大小如下：

对A楞和双瓦楞及三瓦楞的纸板类：(50.8±0.8)mm×(50.8±0.8)mm；

对C楞型：高(38.1±0.8)mm×宽(50.8±0.8)mm；

对B楞型：高(32.0±0.8)mm×宽(50.8±0.8)mm。

注：可采用能切出的最大宽度和高度为50mm的切样装置。受力边缘应彼此平行而且垂直于瓦楞的方向。

受力边缘应切割得洁净和笔直，经检查的试片，确定无破损或明显的纤维疏松。应能在一受力边缘无支撑的情况下竖放一试样，然后在其顶部边缘以一手指轻轻加压，这时在底部切边下不应有光线透过。翻转试样以同样的方法进行检查。

试片的瓦楞和测试区域内应避免加工机械的压痕、印刷和损伤。

7.2 浸蜡

在每个受力边缘（长度边缘）浸入熔融的石蜡达6mm深，且保持其深度，用目测观察，直至吸收的蜡超出 6mm 浸蜡线后移出。一般在(69～74)℃的熔融的石蜡中浸 3s 就足够了。如果过快地移出,会降低熔融石蜡的温度。在浸蜡后立即用已经在(77～82)℃的热盘上预热过的纸巾吸干试样的受力边缘。

再对试样进行温湿处理 2h,直至达到平衡。

注

1 按以下用石蜡浸渍试样的受力边缘的步骤也是允许的。将受力边缘放在一用石蜡饱和的衬垫上,例如已在(77～82)℃的热盘上加热过的纸巾,直至石蜡浸渍试样达到 6mm 深。一般这种方法比浸蜡方法缓慢,因而可更好地控制石蜡穿透试样的深度,因在试样中石蜡的移动是快速的。

2 涂蜡或帘幕涂布的试样不应再进行边缘浸蜡。

8 试验步骤

试验应在与温湿处理试样相同的大气条件下进行。

待试验压缩仪分开后,将一试样的浸蜡受力边缘放于下压板的正中央。在试片的两侧分别放一导块在下压板上,导块较大的面向上,以便使其端部与试片表面的未浸蜡部分接触。这样,试样能够保持垂直于压板表面。测量仪器的零点应在带导块的情况下调节。

以规定的加压速度对试片施加压力。当加到试片上的负荷达到 50N 且压板的移动速度没有改变时,小心地从试样的侧面移开导块,但不从压板上拿下导块。

继续操作试验仪,直至试样压坏。

或者,若导块没放在压板位置上,调整试样的零点。这种情况下,导块应该在试样被牢固地支撑住时马上从压板上移下(即从压板上拿下)。

记录最大的压力,以牛顿(N)表示。若已从压力测量出挠度,读出挠度,接近 0.01mm。

重复上述步骤测试余下试样。

9 计算

边缘耐压强度 R 以 kN/m 表示,按式(1)进行计算:

$$R=\frac{F}{W} \qquad (1)$$

式中:F——最大负荷,N;

W——试片受力边缘的宽度,mm。

10 精密度

同一试样的两个试验之间的变化,主要取决于瓦楞纸板的结构,以下数据可作为本方法精密度的参考。

10.1 同一试验室的仪器之间——试验的重复性

一定数量的瓦楞纸板并排四台不同的测试仪同时测定,测定结果(10 次测定的四个平均值)的变异系数一般小于 5%。

10.2 不同试验室之间——试验的再现性

10 个试验室间分别对同种瓦楞纸板进行测试,其变异系数小于 12%。

11 试验报告

试验报告应包括下列项目:

a) 本标准的编号;

b) 试验日期和地点;

c) 被测试产品的特征和说明;

d) 所用温湿处理的条件;

e）所用切样工具及试片的尺寸；

f）重复试验的次数；

g）所有重复试验结果的算术平均值，以 kN/m 表示，取三位有效数字；

h）重复试验结果的标准偏差及变异系数，kN/m，精确至 0.05；

i）与本标准规定程序的任何偏离或可能影响结果的因素。

前　言

本标准是对 GB/T 5406—1985《纸透油度的测定》的修订。

本标准自实施之日起,同时代替 GB/T 5406—1985。

本标准由中国轻工业联合会提出。

本标准由全国造纸工业标准化技术委员会归口。

本标准起草单位:中国制浆造纸研究院。

本标准主要起草人:陈曦、李兰芬、王华佳、宋川。

本标准首次发布于 1985 年。

本标准委托全国造纸工业标准化技术委员会负责解释。

中华人民共和国国家标准

GB/T 5406—2002

纸透油度的测定

代替 GB/T 5406—1985

Testing method of oil permeance for paper

1 范围

本标准规定了食品包装用纸和纸板耐油性能的测定方法。

本标准适用于油脂类食品包装用的防油纸。

2 引用标准

下列标准所包含的条文，通过在本标准中引用而构成为本标准的条文。本标准出版时，所示版本均为有效。所有标准都会被修订，使用本标准的各方应探讨使用下列标准最新版本的可能性。

GB/T 450—2002 纸和纸板试样的采取(eqv ISO 186:1994)

GB/T 10739—2002 纸、纸板和纸浆试样处理和试验的标准大气条件(eqv ISO 187:1990)

3 术语

透油度 oil permeance

在一定温度和压力条件下，标准变压器油在一定时间内从 1 m^2 面积的纸页中渗透过来的质量，以克/平方米表示。

4 仪器

4.1 油杯口内径 ϕ(112.8±0.1)mm。

4.2 标准 25$^{\#}$变压器油温度(20±1)℃时，粘度为(1.7～1.8)×10^{-3} Pa·s[(17～18)cP]。

4.3 直径 ϕ125 mm 的定性滤纸，应在标准大气条件下处理过。

4.4 准确度 0.000 1 g 的分析天平。

5 仪器校准

5.1 将仪器调至水平。

5.2 定期校准压力表，如有误差应进行调节或修正。

5.3 杯内充油 40 mL，杯口盖防油纸，衬三层滤纸。压紧杯盖翻转 180℃，并加压至 49 kPa 后，持续 30 min，压力不应降低 2 kPa，油不得从杯口外缘漏出。

5.4 定期用秒表校准时间继电器，如有误差应进行调节，精确至(300±2)s。

6 试样的采取和处理

6.1 试样的采取应按 GB/T 450 进行。

6.2 试样的处理应按 GB/T 10739 进行，并在标准大气条件下进行试样的制备和测试。

6.3 沿纸幅横向均匀切取 120 mm×120 mm 的试样，正、反面至少各需 3 片。

中华人民共和国国家质量监督检验检疫总局 2002-09-06 批准　　2003-01-01 实施

7 试验步骤

7.1 向透油杯内注入标准变压器油(4.2)40 mL。

7.2 将试样放至透油杯口上,上面衬三层精确称量至 0.000 1 g 的滤纸,然后将杯盖盖上并压紧。

7.3 将透油杯翻转 180℃,使变压器油覆盖在纸面上。同时开始记时,并迅速用压力球向杯内充气加压至 49 kPa,充气加压的操作时间不应超过 10 s。

注:根据试样特点可选用其他测试压力,但应在试验报告中注明。

7.4 计时至 5 min 时立即排气降压,翻转油杯,在 10 s 内取出衬纸,然后称量,精确至 0.000 1 g。

7.5 每测定一份试样的全部试片后,倒出杯内已用过的油,更换新油开始下一份试样的测试。

8 结果的计算

8.1 透油度 p(g/m²)应按式(1)进行计算:

$$p(\mathrm{g/m^2}) = \frac{m_2 - m_1}{0.01} \qquad \cdots\cdots(1)$$

式中:m_1——吸油前的滤纸质量,g;

m_2——吸油后的滤纸质量,g;

0.01——油杯面积,$\mathrm{m^2}$。

8.2 以正、反面共 6 个测定值的算术平均值报告结果,计算结果应修约至三位有效数字。

9 试验报告

a) 本标准号;

b) 试验所采用的测试压力和时间;

c) 正、反面所有测定值的算术平均值(修约至三位有效数字)及变异系数;

d) 偏离本标准的任何试验条件。

前　　言

本标准等效采用 ISO 2759:1993《纸板——耐破强度的测定》。

本标准是 GB 6545—86《瓦楞纸板耐破强度的测定法》的修订稿。

本标准是根据 GB/T 1.1—1993《标准化工作导则　第 1 单元:标准的起草与表述规则　第 1 部分 标准编写的基本规定》编写的。

本标准从实施之日起,同时代替 GB 6545—86。

本标准由中国轻工总会提出。

本标准由全国造纸工业标准化技术委员会归口。

本标准起草单位:中国制浆造纸工业研究所。

本标准主要起草人:李兰芬、张少玲。

本标准首次发布于 1986 年 6 月 10 日。

中华人民共和国国家标准

GB/T 6545—1998
eqv ISO 2759:1983

瓦楞纸板耐破强度的测定法

代替 GB 6545—86

Corrugated fibreboard—Determination of bursting strength

1 范围

本标准规定了以液压增加法测定瓦楞纸板的耐破强度的方法。

本标准适用于耐破度为 350～5 500 kPa 的瓦楞纸板。

2 引用标准

下列标准所包含的条文，通过在本标准中引用而构成为本标准的条文。本标准出版时，所示版本均为有效。所有标准都会被修订，使用本标准的各方应探讨使用下列标准最新版本的可能性。

GB 450—89 纸和纸板试样的采取

GB 10739—89 纸浆、纸和纸板试样处理与试验的标准大气

3 定义

本标准采用下列定义。

耐破强度 Bursting strength

在试验条件下，瓦楞纸板在单位面积上所能承受的垂直于试样表面的均匀增加的最大压力。

4 试验原理

将试样置于胶膜之上，用试样夹夹紧，然后均匀地施加压力，使试样与胶膜一起自由凸起，直至试样破裂为止。试样耐破度是施加液压的最大值。

5 试验仪器

5.1 试样夹盘系统

上夹盘直径(31.5±0.5)mm，下夹盘孔直径(31.5±0.5)mm。上下夹环应同心，其最大误差不得大于 0.25 mm。两夹环彼此平行且平整。测定时接触面受力均匀。

测定时为防止试样滑动，试样夹盘应具有不低于 690 kPa 的夹持力。但这样的压力一般会使试样的瓦楞压塌，应在报告中注明。

5.2 胶膜

胶膜是圆形的，由弹性材料组成。胶膜被牢固地夹持着，它的上表面比下夹环的顶面约低 5.5 mm。胶膜材料和结构应使胶膜凸出下夹盘的高度与弹性阻力相适应，即：凸出高度为 10 mm 时，其阻力范围为(170～220)kPa；凸出 18 mm 时，其阻力范围为(250～350)kPa。

6 试样的采取和处理

6.1 试样的采取按 GB 450 的规定进行。

6.2 试样应按 GB 10739 的规定进行温湿处理。

国家质量技术监督局 1998-05-19 批准 1999-02-01 实施

7 试样的制备

试样面积必须比耐破度测定仪的夹盘大，试样不得有水印、折痕或明显的损伤。在试验中不得使用曾被夹盘压过的试样。

8 试验步骤

在6.2条规定的大气条件下进行裁样和试验。

开启试样的夹盘，将试样夹紧在两试样夹盘的中间，然后开动测定仪，以(170±15)mL/min的速度逐渐增加压力。在试样爆破时，读取压力表上指示的数值。然后松开夹盘，使读数指针退回到开始位置。当试样有明显滑动时应将数据舍弃。

9 结果表示

以正反面各10个贴向胶膜的试样进行测定，以所有测定值的算术平均值(kPa)表示。

10 试验报告

试验报告包括如下内容：

a）本国家标准编号；

b）样品种类、规格；

c）试验所用的标准；

d）试验场所的大气条件；

e）所用试验仪的名称和型号、所用夹持力；

f）纸板正反面耐破度的平均值，保留三位有效数字；

g）试验日期、地点、试验人员等。

前　　言

本标准等同采用 ISO 3070:1987《瓦楞纸板——边缘耐压强度的测定》。

本标准是 GB 6546—86《瓦楞纸板边压强度的测定法》的修订稿。

本标准是根据 GB/T 1.1—1993《标准化工作导则　第 1 单元:标准的起草与表述规则　第 1 部分:标准编写的基本规定》编写的。

本标准从实施之日起,同时代替 GB 6546—86。

本标准由中国轻工总会提出。

本标准起草单位:中国制浆造纸工业研究所。

本标准主要起草人:李兰芬、张少玲。

本标准首次发布于 1986 年 6 月 30 日。

中华人民共和国国家标准

瓦楞纸板边压强度的测定法

GB/T 6546—1998
idt ISO 3070:1987

代替 GB 6546—86

Corrugated fibreboard—Determination of edgewise crush resistance

1 范围

本标准规定了瓦楞纸板边压强度的测定方法。

本标准适用于单楞(三层)、双楞(五层)、三楞(七层)瓦楞纸板边压强度的测定。

2 引用标准

下列标准所包含的条文,通过在本标准中引用而构成为本标准的条文。本标准出版时,所示版本均为有效。所有标准都会被修订,使用本标准的各方应探讨使用下列标准最新版本的可能性。

GB 450—89 纸和纸板试样的采取

GB 10739—89 纸浆、纸和纸板试样处理与试验的标准大气

3 试验原理

矩形的瓦楞纸板试样置于压缩试验仪的两压板之间,并使试样的瓦楞方向垂直于压缩试验仪的两压板,然后对试样施加压力,直至试样压溃为止。测定每一试样所能承受的最大压力。

4 试验仪器

4.1 固定压板式电子压缩试验仪

该压缩仪是采用一块固定压板和另一块直接刚性驱动压板操作的,动压板的移动速度为(12.5±2.5)mm/min。压板尺寸应满足试样的选定尺寸,使试样不致超出压板之外。压板还应满足如下要求:

a) 压板的平行度偏差不大于 1:1 000;

b) 横向窜动不超过 0.05 mm。

4.2 弯曲梁式压缩仪

该压缩仪是根据梁弯曲的工作原理,对上下压板的要求与固定压板式电子压缩仪相同。测试时,压溃瞬间的刻度应在仪器可能测量的挠度量程的 20%～80%范围内;当压板开始接触到试样时,压板压力增加的速度应为(67±13)N/s。

使用该种仪器试验时应在报告中注明,并不得用于仲裁检验。

4.3 切样装置

可以使用带锯或刀子,也可使用模具准备试样,但必须切出光滑、笔直且垂直于纸板表面的边缘。

4.4 导块

两块打磨平滑的长方形金属块,其截面大小为 20 mm×20 mm,长度小于 100 mm;导块用于支持试样,并使试样垂直于压板。

国家质量技术监督局 1998-05-19 批准　　　　1999-02-01 实施

5 试样的采取和处理

5.1 试样的采取按 GB 450 的规定进行。

5.2 试样应按 GB 10739 的规定进行温湿处理。

6 试样的制备

切取瓦楞方向为短边的矩形试样，其尺寸为(25±0.5)mm×(100±0.5)mm。试样上不得有压痕、印刷痕迹和损坏。除非经双方同意，至少需切取 10 个试样。

7 试验步骤

在 5.2 条规定的大气条件下进行裁样和试验。

将试样置于下压板的正中，使试样的短边垂直于两压板，再用导块支持试样，使之端面与两压板之间垂直，两导块彼此平行且垂直于试样的表面。

开动试验仪，施加压力。当加压接近 50 N 时移开导块，直至试样压溃。记录试样所能承受的最大压力，精确至 1 N。

按上述步骤测试剩余的试样。

8 结果表示

垂直边缘抗压强度按式(1)进行计算，以 N/m 表示：

$$R=\frac{F\times 10^{3}}{L} \qquad \cdots\cdots(1)$$

式中：R——垂直边缘抗压强度，N/m；

F——最大压力，N；

L——试样长边的尺寸，mm。

9 试验报告

试验报告包括如下内容：

a）本国家标准的编号；

b）样品种类、规格；

c）试验所用的标准；

d）试验场所的大气条件；

e）所用试验仪的型号和加压速度；

f）试验结果的算术平均值；

g）其他有助于说明试验结果的资料。

前　　言

本标准等效采用ISO 3034:1991《瓦楞纸板——厚度的测定》。

本标准是GB 6547—86《瓦楞纸板厚度的测定方法》的修订稿。

本标准是根据GB/T 1.1—1993《标准化工作导则　第1单元:标准的起草与表述规则　第1部分:标准编写的基本规定》编写的。

本标准从实施之日起,同时代替GB 6547—86。

本标准由中国轻工总会提出。

本标准由全国造纸工业标准化技术委员会归口。

本标准起草单位:中国制浆造纸工业研究所。

本标准主要起草人:李兰芬、张少玲。

中华人民共和国国家标准

GB/T 6547—1998
eqv ISO 3034:1991

代替 GB 6547—86

瓦楞纸板厚度的测定法

Corrugated fibreboard—Determination of thickness

1 范围

本标准规定了瓦楞纸板厚度的测定方法。这些瓦楞纸板用于制造包装箱或用在包装箱内。

本标准适用于测定各种类型的瓦楞纸板的厚度。

2 引用标准

下列标准所包含的条文,通过在本标准中引用而构成为本标准的条文。本标准出版时,所示版本均为有效。所有标准都会被修订,使用本标准的各方应探讨使用下列标准最新版本的可能性。

GB 450—89 纸和纸板试样的采取

GB 10739—89 纸浆、纸和纸板试样处理与试验的标准大气

3 试验原理

瓦楞纸板试样在规定的压力下,在厚度计两平行平面之间测量的距离。

4 试验仪器

厚度计具有一个圆形底盘和一个与该底盘是同心圆的柱状轴向活动平面,底盘和活动平面的接触面积都是(10±0.2)cm^2,测量平面间的不平行度应在圆形底盘直径的 1/1 000 以内。

柱状活动平面施加的压力为(20±0.5)kPa。仪器足够准确,所测数据精确至 0.05 mm。

5 试样的采取、处理与制备

5.1 试样的采取按 GB 450 进行。

5.2 试样的处理按 GB 10739 进行。

5.3 试样的制备:选择足够大的待测瓦楞纸板,切取面积为 500 cm^2(200 mm×250 mm)的试样,以保证读取 10 个有效的数据。不得从同一张样品上切取多于 2 个试样,试样上不得有损坏或其他不合规定之处,除非有关方面同意,不得有机加工的痕迹。

6 试验步骤

在第 5 章规定的大气条件下进行测试,每个试样在不同的点测量两次。

将试样水平地放入仪器的两个平面之间,试样的边缘与圆形底盘边缘之间的最小距离不小于 50 mm,测量时应轻轻地以 2～3mm/min 的速度将活动平面压在试样上,以避免产生任何冲击作用,并保证试片与厚度仪测量平面的平行。当示值稳定但要在纸板被“压陷”下去前读数。读数时不许将手压在仪器上和试片上。重复上述步骤测试其余的四个试样。

国家质量技术监督局 1998-05-19 批准　　1999-02-01 实施

7 试验报告

试验报告包括以下内容：

a）本标准的编号；

b）试验的日期和地点；

c）待测试样的种类和说明；

d）试验的大气条件；

e）报告全部测量数值的平均值，以毫米为单位，准确至 0.05 mm；

f）计算其标准差（以 95%的置信度）；

g）对测量误差分析；

h）与试验结果有关的其他说明。

ICS 85-010
Y 30

中华人民共和国国家标准

GB/T 6548—2011
代替 GB/T 6548—1998

瓦楞纸板粘合强度的测定

Determination of ply adhesive strength for corrugated fiberboard

2011-05-12 发布　　2011-09-15 实施

中华人民共和国国家质量监督检验检疫总局
中国国家标准化管理委员会　发布

前 言

本标准代替 GB/T 6548—1998《瓦楞纸板粘合强度的测定法》。

本标准与 GB/T 6548—1998 相比主要变化如下：

——规范性引用文件代替了引用标准，删除了 GB/T 6546—1998《瓦楞纸板边压强度的测定法》，增加了 GB/T 22876《纸、纸板和瓦楞纸板 压缩试验仪的描述和校准》(1998 版的第 2 章，本版的第 2 章)；

——增加了粘合强度的术语和定义(本版的第 3 章)；

——修改细化了原理的阐述(1998 版的第 3 章，本版的第 4 章)；

——修改了压缩试验仪的要求(1998 版的 4.1，本版的 5.1)；

——修改了切取试样装置的要求(1998 版的 4.2，本版的 5.2)；

——增加了附件(剥离架)的技术要求(1998 版的 4.3，本版的 5.3)；

——修改了试样制备的数量和尺寸(1998 版的 5.3，本版的 6.3)；

——修改了被测试样装入剥离架的图示(1998 版的图 2，本版的图 2)；

——修改细化了插针步骤(1998 版的 6.1，本版的 7.1)；

——增加了不同层数瓦楞纸板各粘合层的测试说明(1998 版的 6.2，本版的 7.2～7.3)；

——修改了粘合强度的计算公式和粘合强度取值说明(1998 版的第 7 章，本版的第 8 章)。

本标准由中国轻工业联合会提出。

本标准由全国造纸工业标准化技术委员会(SAC/TC 141)归口。

本标准起草单位：广东出入境检验检疫局检验检疫技术中心、中国制浆造纸研究院。

本标准主要起草人：周颖红、郭仁宏、谢蕴仪、项署临、黎敏。

本标准所代替标准的历次版本发布情况为：

——GB 6548—1986、GB/T 6548—1998。

瓦楞纸板粘合强度的测定

1 范围

本标准规定了瓦楞纸板粘合强度的测定方法。

本标准适用于测定各种类型的瓦楞纸板的粘合强度。

2 规范性引用文件

下列文件中的条款通过本标准的引用而成为本标准的条款。凡是注日期的引用文件，其随后所有的修改单(不包括勘误的内容)或修订版均不适用于本标准，然而，鼓励根据本标准达成协议的各方研究是否可使用这些文件的最新版本。凡是不注日期的引用文件，其最新版本适用于本标准。

GB/T 450　纸和纸板　试样的采取及试样纵横向、正反面的测定(GB/T 450—2008，ISO 186：2002，MOD)

GB/T 10739　纸、纸板和纸浆试样处理和试验的标准大气条件(GB/T 10739—2002，eqv ISO 187：1990)

GB/T 22876　纸、纸板和瓦楞纸板　压缩试验仪的描述和校准(GB/T 22876—2008，ISO 13820：1996，MOD)

3 术语和定义

下列术语和定义适用于本标准。

3.1

粘合强度　ply adhesive strength

在规定的试验条件下，分离单位长度瓦楞纸板粘合楞线所需的力，以牛顿每米(N/m)表示。

4 原理

将针形附件(剥离架)插入试样的楞纸和面(里)纸之间(或楞纸和中纸之间)，然后对插有试样的针形附件(剥离架)施压，使其做相对运动，测定其被分离部分分开所需的最大力。

5 仪器

5.1 压缩试验仪

压缩试验仪应符合 GB/T 22876 的规定。

5.2 裁样装置

裁样装置可使用电动、气动或手动的制样刀，但试样切边应整齐，并与瓦楞纸板面垂直。

5.3 剥离架

5.3.1　剥离架是由上部分附件和下部分附件组成，是对试样各粘合部分施加均匀压力的装置。每部分附件由等距插入瓦楞纸板楞间空隙的针式件和支撑件组成，见图 1。

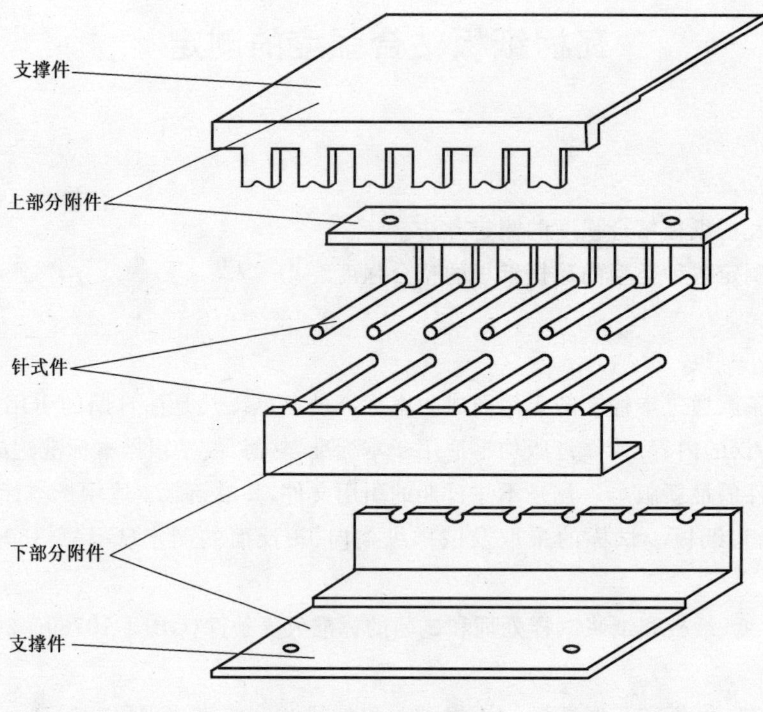

图 1　剥离架示意图

5.3.2　支撑件支架顶端应具有支撑支持针及压力针的等距小孔或凹槽。针式件和支撑件的平行度偏差应小于1%。

5.3.3　按照试样楞型的不同，选用符合表1规定的适当插针，其他楞型可选择与楞型匹配的插针直径和针数。

表 1

项　目		A 楞	C 楞	B 楞	E 楞
上部分附件压力针	针数/支	4	4	6	6
	针的有效长度[a]/mm	30±1			
	针的直径/mm	3.5±0.1	3.0±0.1	2.0±0.1	1.0±0.1
下部分附件支持针	针数/支	5	5	7	7
	针的有效长度/mm	40±1			
	针的直径/mm	3.5±0.1	3.0±0.1	2.0±0.1	1.0±0.1
[a] 针的有效长度是指支持针或压力针放置在支撑架上时的净长度。					

5.3.4　所有插针均应呈直线，不应有弯曲的现象。

6　试样的采取、处理与制备

6.1　试样的采取按GB/T 450进行。

6.2　试样的处理及测试的标准大气条件按GB/T 10739要求进行。

6.3　试样的制备：从样品中切取10个(单瓦楞纸板)、或20个(双瓦楞纸板)或30个(三瓦楞纸板)(25±0.5)mm×(100±1)mm的试样，瓦楞方向应与短边的方向一致。

7 试验步骤

7.1 根据试样粘合面楞型选择合适的剥离架。按试样被测面楞距不同调整好剥离架附件插针的针距，如图 2 所示将试样装入剥离架，然后将其放在压缩试验仪下压板的中心位置。

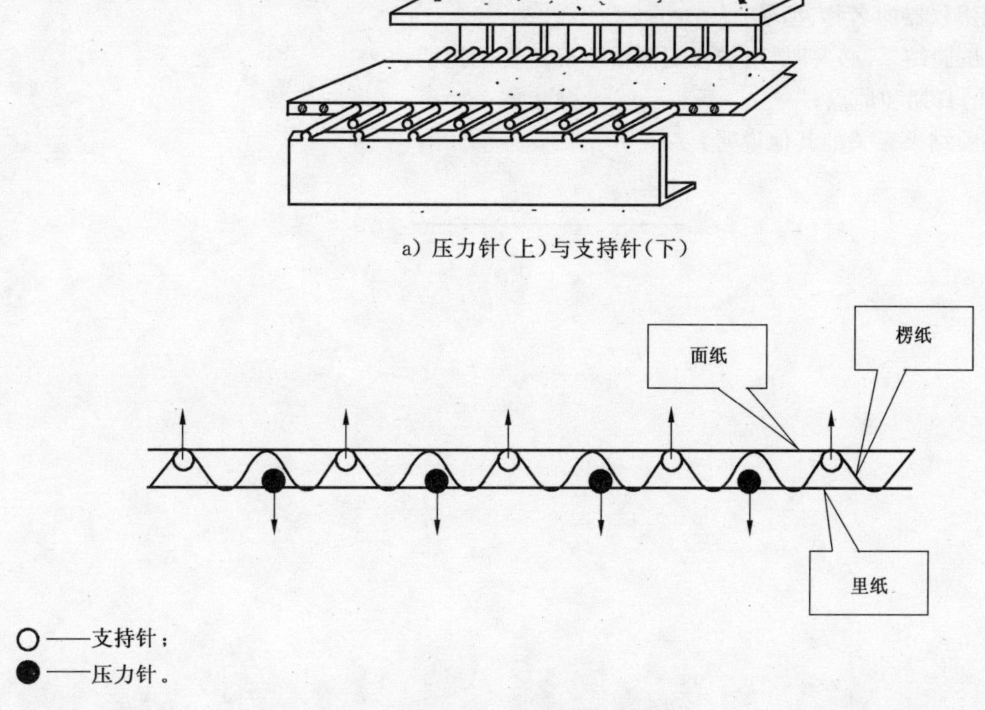

a) 压力针(上)与支持针(下)

○——支持针；
●——压力针。

b) 压力针与支持针正面图

图 2 插针示意图

7.2 开动压缩试验仪，以(12.5±2.5)mm/min 的速度对装有试样的剥离架施压，直至楞峰和面纸(或里/中纸)分离为止。记录显示的最大力，精确至 1 N。

7.3 对于单瓦楞纸板，应分别测试面纸与楞纸、楞纸与里纸的分离力各 5 次，共测 10 次；双瓦楞纸板则应分别测试面纸与楞纸 1、楞纸 1 与中纸、中纸与楞纸 2、楞纸 2 与里纸的分离力各 5 次，共测 20 次；三瓦楞纸板则应测试共 30 次。

8 结果表示

分别计算各粘合层测试分离力的平均值，然后按式(1)计算各粘合层的粘合强度，最后以各粘合层粘合强度的最小值作为瓦楞纸板的粘合强度，结果修约至 3 位有效数字。

$$P=\frac{F}{(n-1)L} \qquad \cdots\cdots(1)$$

式中：

P——粘合强度，单位为牛每米(N/m)；

F——各粘合层测试分离力的平均值，单位为牛(N)；

n——插入试样的针根数；

L——试样短边的长度，即 0.025 m。

9 试验报告

试验报告应包括以下内容：

a) 本标准的编号；

b) 试样的种类、状态和标识说明；

c) 试验的大气条件；

d) 试验用仪器的名称、型号；

e) 报告试验结果，必要时，附加评定测量不确定度的声明；

f) 试验的日期和地点；

g) 与试验结果有关的其他说明。

ICS 85.060
Y 30

中华人民共和国国家标准

GB/T 7973—2003
代替 GB/T 7973—1987

纸、纸板和纸浆 漫反射因数的测定（漫射/垂直法）

**Paper, board and pulps—
Measurement of diffuse reflectance factor(Diff/ Geometry)**

（ISO 2469:1994,NEQ）

2003-10-20 发布　　2004-06-01 实施

中华人民共和国
国家质量监督检验检疫总局　发布

前　言

本标准对应于ISO 2469:1994《纸、纸板和纸浆——漫反射因数的测定》，与ISO 2469的一致性程度为非等效。

本标准代替GB/T 7973—1987《纸浆、纸及纸板　漫反射因数测定法(漫射/垂直法)》。

本标准与GB/T 7973—1987相比主要变化如下：

——增加了第2章“规范性引用文件”；

——参照ISO 2469:1994取消了附录C、附录D的内容。

本标准的附录A为规范性附录，附录B为资料性附录。

本标准由中国轻工业联合会提出。

本标准由全国造纸工业标准化技术委员会归口。

本标准起草单位：天津市轻工业造纸技术研究所、中国制浆造纸工业研究院。

本标准主要起草人：张景彦、侯维玲、杜丽萍。

本标准所代替标准的历次版本发布情况为：GB/T 7973—1987。

本标准由全国造纸工业标准化技术委员会负责解释。

纸、纸板和纸浆
漫反射因数的测定(漫射/垂直法)

1 范围

本标准规定了测定纸、纸板和纸浆漫反射因数的基本条件,如仪器的光谱、几何和光度计特性以及标准量值的传递方法等。

漫反射因数的测量可以求得以下光学性质:纸浆、纸及纸板的蓝光漫反射因数(蓝光亮度)、颜色、光散射和光吸收系数和纸的不透明度等。

本标准适用于测定纸、纸板和纸浆。

2 规范性引用文件

下列文件中的条款通过本标准的引用而成为本标准的条款。凡是注日期的引用文件,其随后所有的修改单(不包括勘误的内容)或修订版均不适用于本标准,然而,鼓励根据本标准达成协议的各方研究是否可使用这些文件的最新版本。凡是不注日期的引用文件,其最新版本适用于本标准。

GB/T 450 纸和纸板试样的采取(GB/T 450—2002,eqv ISO 186:1994)

GB/T 740 纸浆 试样的采取(GB/T 740—2003,ISO 7213:1991,IDT)

GB/T 1543 纸不透明度测定法(纸背衬)(GB/T 1543—1988,neq ISO 2471:1977)

GB/T 2679.1 纸透明度的测定法

GB/T 7974 纸、纸板和纸浆亮度(白度)的测定 漫射/垂直法(GB/T 7974—2002,neq ISO 2470:1999)

GB/T 7975 纸及纸板 颜色测定法(漫射/垂直法)

GB/T 10339 纸和纸浆的光散射和光吸收系数测定法(GB/T 10339—1989,eqv ISO/DP 9416)

3 术语和定义

下列术语和定义适用于本标准。

3.1

反射因数 reflectance factor

由一物体反射的辐通量与相同条件下完全反射漫射体反射的辐通量之比,以百分数表示。

3.2

漫反射因数 diffuse reflectance factor,R

由一物体反射的辐通量与相同条件下完全反射漫射体反射的辐通量之比,以百分数表示。相同条件即是本标准所描述的仪器漫射照明,并按本标准规定的条款进行校准。

3.3

内反射因数 intrinsic reflectance factor,R_∞

试样层数达到不透明时的反射因数。

3.4

一级参比标准 reference standard of level 1

在全光谱范围内,反射值等于1的理想完全反射漫射体,由标准化实验室用可测量绝对漫反射因数的仪器来实现。

3.5

二级参比标准　reference standard of level 2

标准化实验室用一级参比标准测量标定的传递标准。授权实验室用该标准标定其基准仪器。

3.6

三级参比标准　reference standard of level 3

授权实验室用经二级参比标准标定过的基准仪器测量标定的标准。工作实验室采用这些标准校准所用的仪器和工作标准。

4　标准量值传递的基本条件

4.1　基准仪器

授权实验室应使所用的基准仪器保持最佳的工作状态，为此，各基准仪器定期用新标定的二级参比标准标定，同时各授权实验室之间再交换三级参比标准进行标准比对。基准仪器的性能参数见附录A。

4.2　二级参比标准

为标定授权实验室基准仪器刻度的上限，要用二级参比标准。这些标准可以采用新压制的硫酸钡压片或是高反射率、高不透明度的乳白玻璃。

4.3　三级参比标准

由授权实验室用基准仪器测量标定后发放，为光学性能较稳定的四叠不同反射因数的纸样制作，其反射因数均匀分布在整个测定范围内。其中两叠用含荧光增白剂和相同材料不含荧光增白剂的纸样制作。为校标准仪器光谱特性，保证颜色测定准确性，亦可选用彩色纸样作为三级参比标准。

4.4　工作标准

4.4.1　平的乳白玻璃或陶瓷板，用以日常测试时校准工作仪器。

4.4.2　绝对反射因数不大于0.2%的黑筒，用于校准仪器的零点。

5　仪器

5.1　反射光度计

其几何特性、光度计特性和光谱特性规定见附录A。

5.2　两块工作标准板

5.2.1　工作标准板的标定

分别用四叠三级参比标准校准所用仪器后，测定清洗后的两块工作标准板，读数应准确至0.1%。每块工作标准板测得四个反射因数值，四个值的平均值即为每块工作标准板的反射因数标准值。为提高测定精度，四个值均可作为标准值。日常测试时，选用与试样反射因数接近的标准值校准仪器。

工作实验室每三个月从授权实验室获取一次三级参比标准，用三级参比标准标定一次工作标准板。

5.2.2　工作标准板的使用

日常测试只用一块工作标准板，而另一块作为工作标准板的监控标准板。每周擦拭一次工作标准板，再用监控标准板校准仪器后测定之，如果工作标准板的测定值有变化，应对其再进行清洗，如清洗后仍有变化，应用三级参比标准再对两块标准板进行标定。

5.2.3　工作标准板的清洗

用蒸馏水、合成纤维毛刷和无荧光洗涤剂对板面进行刷洗，洗净后先用蒸馏水后用乙醇清洗，并烘干至测定反射因数无变化。

6　取样

纸及纸板按GB/T 450规定进行取样，纸浆按GB/T 740规定进行取样。

7 试样的制备

在以反射因数为基础的各项光学性能测定方法中，均规定了试样的制备方法。

8 步骤

在以测定反射因数为基础的各项光学性能检验方法中均规定了试验步骤。

9 测定结果的计算和报告

在以测定漫反射因数为基础的各项光学性能测定方法中，均规定了结果的计算和报告。

——GB/T 1543 纸不透明度测定法(纸背衬)

——GB/T 2679.1 纸透明度的测定法

——GB/T 7974 纸、纸板和纸浆亮度(白度)的测定 漫射/垂直法

——GB/T 7975 纸及纸板 颜色测定法(漫射/垂直法)

——GB/T 10339 纸和纸浆的光散射和光吸收系数测定法

附 录 A
（规范性附录）
测定反射因数的仪器

本标准所用仪器的几何特性、光度计特性和光谱特性规定如下：

A.1 几何特性

A.1.1 以积分球对试样漫射照明，积分球内壁涂有无光谱选择性的白色涂料，积分球的内径为150 mm。

A.1.2 积分球的结构应做到在测试试样的同时，还可以用光度计对球内壁的一个小面积进行参比测试，以实现仪器的双光路测定功能。

A.1.3 积分球内应装有一个挡光板，以消除光线对试样面的直接照明。

A.1.4 积分球开孔和其他非反射面的面积之和不应超过球内壁面积的13%。

A.1.5 接收器的开孔周围有一个外径为(80.2±1)mm 的黑环(其外径对测孔中心是15.5°±0.5°夹角)。黑环表面应无光泽，在可见光范围内其反射因数不大于4%。该黑环作为“消光阱”使由试样面反射的镜面反射光不会被接收器吸收。

A.1.6 试样孔应设计成使试样成为球内壁的连续面，孔边缘厚度不大于1.5 mm，试样上的测试面为圆形，直径(30±1)mm。

测试孔直径大于测试面(～34 mm)，以使从测试孔边缘1 mm以内试样上无反射光进入接收器内。

A.1.7 试样面法线和观测光束轴线之间的夹角为0°，观测光束轴线和观测光线间的最大夹角为4°。

A.2 光度计特性

仪器的光度计特性为其线性误差，各级仪器线性误差规定如下：

基准仪器：不大于0.3%反射因数；

一级仪器：不大于0.5%反射因数；

二级仪器：不大于1.0%反射因数；

三级仪器：不大于2.0%反射因数。

A.3 光谱特性

A.3.1 对于采用滤光镜匹配的反射光度计，其光谱特性决定于仪器的滤光镜、接收器、积分球内壁、照明光源及其他光学部件的光谱特性，通过选择匹配滤光镜使仪器总的光谱特性与相应光学性能测定法中规定的光谱函数相一致。

A.3.2 对于简易光谱分光反射光度计，其光谱特性决定于各接收器接收名义光谱波长及半波宽的准确性，以及用于随后计算的数学函数的准确性，在从400 nm到700 nm可见光谱范围内，均匀分布接收器应不少于16个。

A.3.3 紫外调节滤光镜：为了准确测定含荧光增白剂的试样，仪器装有紫外调节滤光镜，借助含荧光增白剂的三级参比标准，把仪器光源中紫外含量调至符合相应标准的规定。

A.3.4 紫外截止滤光镜：为测定含荧光增白剂试样的荧光增白效果即荧光亮度，仪器应装有紫外截止滤光镜，使仪器具有含紫外辐射和不含紫外辐射的两种光源条件。该滤光镜对于波长不大于410 nm光的透过率应不大于0.5%，对于波长420 nm光的透射率应不大于50%。

附　录　B
（资料性附录）
仪器的校准

由国家纸张质量监督检验中心作为授权实验室，每季度向各工作实验室发放一次三级参比标准，各工作实验室每季度用三级参比标准校准其工作仪器，其方法是：

B.1　按仪器说明书规定，分别用四叠三级参比标准即1号～4号标样校准仪器，测定其工作标准，四个测定值间的极差即为仪器的线性误差，应符合第A.2章的规定。如：用1号标样校准仪器后，测定工作标准板的测定值为80.5，用2号标样校准仪器后测定同一工作标准板的测定值为79.8，用3号标样校准仪器后测定同一工作标准板的测定值为80.1，用4号标样校准仪器后测定同一工作标准板的测定值为80.3，四个测定值间的级差0.7即为该仪器的线性误差，符合本标准的二级仪器。

B.2　用不含荧光增白剂三级参比标准校准仪器后，测定与其相同材料含有荧光增白剂的三级参比标准，如测定值与该标准的标称值不符，通过调节仪器的紫外辐射量使两值达到一致。

B.3　国家纸张质量监督检验中心通过定期用标准化实验室发放的二级参比标准和与其他授权实验室互相交换三级参比标准，校准其基准仪器，使其保持准确无误的工作状态。

ICS 85.010
Y 30

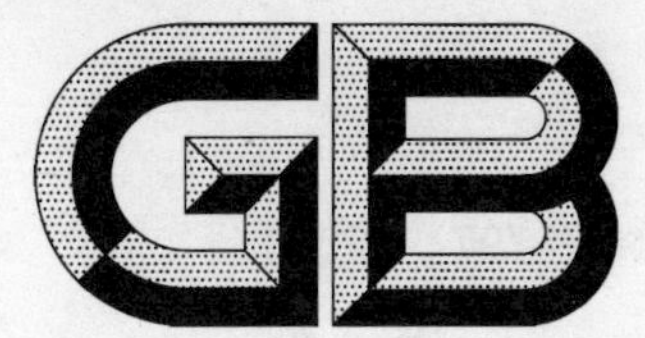

中华人民共和国国家标准

GB/T 7974—2013
代替 GB/T 7974—2002

纸、纸板和纸浆　蓝光漫反射因数 D65 亮度的测定(漫射/垂直法,室外日光条件)

Paper, board and pulps—Measurement of diffuse blue reflectance factor—D65 brightness(Diff/ Geometry, Outdoor daylight conditions)

[ISO 2470-2:2008, Paper, board and pulps—Measurement of diffuse blue reflectance factor—Part 2:Outdoor daylight conditions (D65 brightness), MOD]

2013-10-10 发布　　2014-05-01 实施

中华人民共和国国家质量监督检验检疫总局
中国国家标准化管理委员会　发布

前　言

本标准按照 GB/T 1.1—2009 给出的规则起草。

本标准代替 GB/T 7974—2002《纸、纸板和纸浆亮度(白度)的测定　漫射/垂直法》，本标准与 GB/T 7974—2002 相比，主要技术差异如下：

——修改了标准名称、术语和定义，亮度(白度)修改为 D65 亮度，荧光亮度(白度)修改为 D65 荧光亮度，使之与 ISO 标准中的术语一致；

——修改了调整仪器紫外线含量的方法及 D65 荧光亮度定标因子的计算方法；

——增加了简易型分光光度计 D65 荧光亮度的测定方法。

本标准使用重新起草法修改采用 ISO 2470-2:2008《纸、纸板和纸浆　蓝光漫反射因数的测定　第 2 部分：室外日光条件(D65 亮度)》。

本标准与 ISO 2470-2:2008 的主要技术性差异及其原因如下：

——关于规范性引用文件，本标准做了具有技术性差异的调整，以适应我国的技术条件，调整的情况集中反映在第 2 章"规范性引用文件"中，具体调整如下：

- 用修改采用国际标准的 GB/T 450 代替 ISO 186；
- 用等同采用国际标准的 GB/T 740 代替 ISO 7213；
- 用非等效采用国际标准的 GB/T 7973 代替 ISO 2469；
- 用等效采用国际标准的 GB/T 8940.2 代替 ISO 3688；
- 用修改采用国际标准的 GB/T 22880 代替 ISO 11475；
- 增加了 GB/T 10739；

——删减了辐亮度因数的术语和定义；

——修改了 D65 亮度结果表示的精确度；

——增加了 D65 荧光亮度定标因子的计算方法和 D65 荧光亮度的测定方法，以适应不同类型的仪器；

——增加了"仪器的校准"一章。

请注意本文件的某些内容可能涉及专利。本文件的发布机构不承担识别这些专利的责任。

本标准由中国轻工业联合会提出。

本标准由全国造纸工业标准化技术委员会(SAC/TC 141)归口。

本标准起草单位：中国制浆造纸研究院、广东理文造纸有限公司、山东华泰纸业股份有限公司、国家纸张质量监督检验中心。

本标准主要起草人：张清文、左建波、高凤娟。

本标准所代替标准的历次版本发布情况为：

——GB/T 7974—1987；

——GB/T 7974—2002。

纸、纸板和纸浆 蓝光漫反射因数D65亮度的测定(漫射/垂直法,室外日光条件)

1 范围

本标准规定了纸、纸板和纸浆D65亮度的测定方法。

本标准适用于白色和接近白色的纸、纸板和纸浆,也适用于含有荧光增白剂的纸、纸板和纸浆。测量含有荧光增白剂的试样时,应使用荧光参比标准将仪器的紫外辐射能量水平调整至与CIE标准照明体D65一致的情况下才能进行测量。

由于本标准采用的D65光源激发的荧光约为ISO 2470-1:2009中C光源的2倍,因此本标准更适用于测量荧光对提高亮度的贡献。

注:测量ISO亮度的仪器UV含量比本标准规定低很多,D65亮度不能与相当于室内观测条件下的ISO亮度相混淆。ISO 2470-1:2009描述了ISO亮度的测量方法。

2 规范性引用文件

下列文件对于本文件的应用是必不可少的。凡是注日期的引用文件,仅注日期的版本适用于本文件。凡是不注日期的引用文件,其最新版本(包括所有的修改单)适用于本文件。

GB/T 450 纸和纸板 试样的采取及试样纵横向、正反面的测定(GB/T 450—2008,ISO 186:2002,MOD)

GB/T 740 纸浆 试样的采取(GB/T 740—2003,ISO 7213:1991,IDT)

GB/T 7973 纸、纸板及纸浆 漫反射因数的测定(漫射/垂直法)(GB/T 7973—2003,ISO 2469:1994,NEQ)

GB/T 8940.2 纸浆亮度(白度)试样的制备(GB/T 8940.2—2002,ISO 3688:1999,EQV)

GB/T 10739 纸、纸板和纸浆试样处理和试验的标准大气条件(GB/T 10739—2002,ISO 187:1990,EQV)

GB/T 22880—2008 纸和纸板 CIE白度的测定,D65/10°(室外日光)(GB/T 22880—2008,ISO 11475:2004,MOD)

3 术语和定义

下列术语和定义适用于本文件。

3.1

漫反射因数 diffuse radiance factor

R

由一物体反射和激发的辐射与相同光源和观察条件下完全反射漫射体的反射之比。比值通常以百分数表示。

注:如果物体半透明,漫反射因数受背衬影响。

3.2

内反射因数 intrinsic radiance factor

R_∞

试样层数达到不透光，即测定结果不再随试样层数加倍而发生变化时的反射因数。

3.3

D65 亮度　D65 brightness

$R_{457,D65}$

使用符合 GB/T 7973 规定，具有主波长 457 nm、半波宽 44 nm 的滤光片或相应功能的反射光度计，照射到试样的 UV 含量调整与 CIE 标准照明体 D65 一致时测得的内反射因数。

4　原理

试样在标准仪器下漫射照明，垂直于试样表面的反射光线透过规定的滤光片并被光电检测器检测或被一系列对应于不同波长的光敏二极管检测。亮度就可从光电检测器输出直接测量，或通过光敏二极管的输出并使用适当的权重函数进行计算。

5　仪器

5.1　反射光度计

5.1.1　要求

反射光度计几何条件、光谱和光度测量特性符合 GB/T 7973 规定，并按照 GB/T 7973 进行校准，按照附录 A 规定测量蓝光漫反射因数 D65 亮度。

5.1.2　滤光片式反射光度计

使用荧光参比标准(5.2.2)调整或验证，使照射到试样的 UV 含量与 CIE 标准照明体 D65 一致。

5.1.3　简易型分光光度计

仪器应具有截止波长 395 nm 的 UV 可调滤光片或有用于调整和控制的其他系统，应使用荧光参比标准(5.2.2)对滤光片进行调整或对系统进行校准，使照射到样品的 UV 含量与 CIE 标准照明体 D65 一致。

5.2　参比标准

5.2.1　无荧光参比标准

用于光度校准，由符合 GB/T 7973 规定的授权实验室提供。

5.2.2　荧光参比标准

用于调整照射到样品上的 UV 含量，按照 GB/T 22880—2008 附录 B 中规定的授权实验室标定 CIE 白度值(D65/10°)，或按照 GB/T 7973 规定标定的 D65 亮度值。

注：如果使用荧光参比标准标定的 D65 亮度量值校准仪器，可以提高 D65 亮度测量的准确性。然而有些仪器在 CIE 标准照明体 D65 条件下的所有测量只有一个 UV 调整滤光片，可优先选用按照 GB/T 22880 标定的 CIE 白度值(D65/10°)。

5.3　工作标准

5.3.1　两块平整的乳白玻璃、陶瓷板或其他适宜的无荧光材料，按照 GB/T 7973 规定清洁和校准。

注：有些仪器基础工作标准的功能由内置的内部标准替代。

5.3.2 稳定的塑料或其他白板,含有荧光增白剂。

5.4 黑筒

对所有波长的反射因数与名义值之差不超过0.2%。黑筒应倒扣放置在无尘的环境或附有防护盖。

注:黑筒的状况根据仪器制造商要求进行检查。

6 样品的采取

如果试验用于评价一批纸或纸板,应按GB/T 450采取试样。如果是评价一批纸浆,应按照GB/T 740采取试样。如果评价不同类型的样品,应保证所取样品具有代表性。

建议按照GB/T 10739进行温湿处理,但不是必须的。

由于高温或高湿条件会改变光学特性,样品不应进行高温或高温预处理。

7 试样的准备

7.1 纸浆

按GB/T 8940.2制备纸浆D65亮度(白度)测定用纸页。

7.2 纸和纸板

避开水印、尘埃和明显的纸病,将试样切成约75 mm×150 mm矩形试样。至少10张试样正面朝上,组成试样叠。试样的数量应保证试样层数加倍后,反射因数不会变化。在试样叠的上下各附一纸页以保护试样。避免污染及不必要地曝露在光或热中。

在试样的一角作上标记,以区分试样及其正反面。

如能从试样的网面来区分正面,正面应朝上。如果不能区分正面,如夹网纸机生产或两面涂布的纸张,应保证纸样的同一面朝上,以保证纸和纸板的每面能分开测定。

8 仪器的校准

8.1 仪器紫外线含量的校准

按照仪器说明书,打开仪器电源开关,经预热后,分别用黑筒和无荧光参比标准(5.2.1)校准仪器。校准前应在仪器反射光束中插入R_{457}滤光镜,然后将荧光参比标准(5.2.2)放入测试孔,测定其D65亮度或CIE白度(D65/10°)。如测定值与标定值不一致,则通过紫外调节滤光镜来调节仪器的紫外线含量。再次校准仪器后重复上述测定,反复调节测试,直至测定值与标称值相一致。对于滤光片式反射光度计还应根据8.2要求进行D65荧光亮度定标因子的标定。

8.2 D65荧光亮度定标因子B的标定

8.2.1 在入射光束中插入紫外截止滤光镜,再次用黑筒和无荧光参比标准(5.2.1)校准仪器。将荧光参比标准(5.2.2)放于测试孔,测定消除紫外线条件下试样的D65亮度S_c值。

8.2.2 用荧光参比标准(5.2.2)D65荧光亮度标定值F和D65亮度标定值S,根据式(1)计算D65荧光亮度定标因子B。

$$B=F/(S-S_c) \quad \cdots\cdots(1)$$

式中：

B ——D65 荧光亮度定标因子；

F ——在 D65 光源照明下，荧光参比标准的 D65 荧光亮度标定值；

S ——在 D65 光源照明下，荧光参比标准的 D65 亮度标定值；

S_c ——在加紫外截止滤光镜消除紫外线后，荧光参比标准的 D65 亮度测定值。

9 试验步骤

9.1 D65 亮度的测定

9.1.1 按照仪器说明书使用无荧光参比标准(5.2.1)或工作标准(5.3.1)校准仪器，使之与无荧光参比标准(5.2.1)一致。如果被测的材料含有或怀疑含有荧光成分，应按照仪器说明书用荧光(5.2.2)和无荧光参比标准(5.2.1)调整 UV 调节滤光片的设置或系统的相关功能(见 5.1.2)。

9.1.2 取下试样叠的保护纸页，不能触摸测试区域，按照仪器的操作方法测量试样叠最上层试样的 D65 亮度。读取并记录结果，精确至 0.1%。

9.1.3 取下测过的试样放在试样叠的下面，测量下一试样的 D65 亮度，同样地测量余下的试样，直至不少于 10 个测量结果。

9.1.4 如有要求，翻过试样叠，重复上述过程测量另一面。

注：对于不含荧光的材料，D65 亮度和 ISO 亮度是相同的。

9.2 D65 荧光亮度的测定

9.2.1 滤光片式反射光度计

测定含荧光增白剂试样的 D65 荧光亮度 F 时，按照仪器说明书在入射光束中插入紫外截止滤光镜，用黑筒和工作标准校准仪器，重复 9.1 操作，测定消除紫外线条件下试样的 D65 亮度 R_c，精确至 0.1%。按式(2)计算试样的 D65 荧光亮度 F。

$$F = B(R_{457} - R_c) \qquad \cdots\cdots(2)$$

式中：

F ——D65 荧光亮度；

R_{457} ——在 D65 光源照明下，试样的 D65 亮度测定值；

R_c ——在加紫外截止滤光镜消除紫外线后，试样的 D65 亮度测定值；

B ——D65 荧光亮度定标因子。

9.2.2 简易型分光光度计

用黑筒和工作标准校准仪器，按照仪器说明书选择 D65 荧光亮度功能或函数，然后可直接测定每张试样的 D65 荧光亮度。或者按照仪器说明在照明光束中插入 UV 截止滤光片截止 420 nm 以下波长的光，测定消除紫外线条件下试样的 D65 亮度 R_c，精确至 0.1%。按式(3)计算试样的 D65 荧光亮度 F。

$$F = R_{457} - R_c \qquad \cdots\cdots(3)$$

式中：

F ——D65 荧光亮度；

R_{457} ——在 D65 光源照明下，试样的 D65 亮度测定值；

R_c ——在加紫外截止滤光镜截止 420 nm 以下波长的光后，试样的 D65 亮度测定值。

10 结果的表示

计算每个测量面的 D65 亮度或 D65 荧光亮度的平均值和标准偏差，来表示纸、纸板和纸浆的测量结果，以百分比表示，精确至 0.1%。如果试样两面差显著，超过 0.5%，应区分试样的两面并分别报告结果。如果差值不超过 0.5%，应报告总体平均值。

11 精密度

按照标准规定的方法调整照射到样品的紫外线含量后测量荧光纸样，结果表明，对于中等水平的荧光，不同实验室间的变异系数约为 1%。

12 试验报告

试验报告应包含以下信息：

a) 本标准编号；

b) 试验的地点和日期；

c) 样品的识别信息；

d) 是否经过温湿处理，如经温湿处理，报告温湿处理大气条件；

e) 所要求测量的每一面 D65 亮度或 D65 荧光亮度的平均值或两面的平均值，根据需要报告标准偏差，精确至 0.1%；

f) 使用仪器的类型；

g) 与本标准的任何偏离，或任何影响测量结果的因素。

附 录 A
（规范性附录）
测量 D65 亮度仪器的光谱特性

A.1 滤光片式反射光度计

通过光源、积分球、玻璃光学器件、滤光片和光电检测器的匹配，反射计主波长为 457 nm±0.5 nm，半波宽 44 nm，以上参数取决于以下条件：

a） 积分球反射的辐射通量相对光谱功率分布；

b） 玻璃光学器件的相对光学透射比；

c） 滤光片和检测系统光学传感器的相对光学透射比；

d） 光电检测器的相对光谱响应，它是波长的函数。

A.2 简易型分光光度计

表 A.1 给出间隔 5 nm 的 D65 亮度函数 $F(\lambda)$。对于测量间隔 10 nm 或 20 nm 的简易型分光光度计，计算 D65 亮度应使用表 A.1 中给出的对应值，而不要计算中间值。

本标准适用于白色或接近白色的纸张，不需要对这些函数做进一步处理。

另外，对于滤光片式仪器，700 nm 以上的光谱曲线 $F(\lambda)$ 面积应非常小以确保纸张产生的红外荧光辐射对测量没有影响。

表 A.1 用于测量 D65 亮度的光度计相对光谱功率分布函数 $F(\lambda)$

波长/nm	$F(\lambda)$	5 nm 权重	$F(\lambda)$	10 nm 权重	$F(\lambda)$	20 nm 权重
400	1.0	0.107	1.0	0.213	1.0	0.425
405	2.9	0.309				
410	6.7	0.715	6.7	1.430		
415	12.1	1.291				
420	18.2	1.942	18.2	3.885	18.2	7.728
425	25.8	2.752				
430	34.5	3.680	34.5	7.364		
435	44.9	4.790				
440	57.6	6.145	57.6	12.295	57.6	24.459
445	70.0	7.467				
450	82.5	8.801	82.5	17.609		
455	94.1	10.038				
460	100.0	10.668	100.0	21.345	100.0	42.463
465	99.3	10.593				
470	88.7	9.462	88.7	18.933		

表 A.1（续）

波长/nm	$F(\lambda)$	5 nm 权重	$F(\lambda)$	10 nm 权重	$F(\lambda)$	20 nm 权重
475	72.5	7.734				
480	53.1	5.665	53.1	11.334	53.1	22.548
485	34.0	3.627				
490	20.3	2.166	20.3	4.333		
495	11.1	1.184				
500	5.6	0.597	5.6	1.195	5.6	2.378
505	2.2	0.235				
510	0.3	0.032	0.3	0.064		
总 计	937.4	100.000	468.5	100.000	235.5	100.000

ICS 85-10
Y 30

中华人民共和国国家标准

GB/T 7977—2007
代替 GB/T 7976—1987,GB/T 7977—1987

纸、纸板和纸浆 水抽提液电导率的测定

Paper, board and pulps—Determination of conductivity of aqueous extracts

(ISO 6587:1992, MOD)

2007-12-05 发布　　　　2008-09-01 实施

中华人民共和国国家质量监督检验检疫总局
中国国家标准化管理委员会　发布

前　言

本标准修改采用 ISO 6587:1992《纸、纸板和纸浆　水抽提液电导率的测定》(英文版)。

本标准与国际标准 ISO 6587:1992 的主要差异如下:

——范围中明确本标准适用于包括电气用的绝缘纸和纸板的测定(本标准的第1章);

——规范性引用文件将 ISO 6587 中引用的国际标准转化为与之相对应的国家标准(本标准的第2章);

——取消了 ISO 6587 中的4.2条(本标准的第4章);

——修改了 ISO 6587 中第5章的描述,增加了仪器的内容(本标准的第5章);

——修改了 ISO 6587 中第6章,将 ISO 标准改为相应的国家标准,去除了6.3条款中 ISO 287(本标准的第6章);

——取消了 ISO 6587 中7.1条款电导池常数的测定,修改了试验步骤的表述,增加了7.1条款方法一和7.2条款方法二,并增加了7.2.2.2条款沸腾水浴法(本标准的第7章);

——修改了 ISO 6587 中第8章结果的表述(本标准的第8章);

——增加了质量保证和控制(本标准的第9章);

——修改了电导率的表示单位(本标准的第4、5、8、10章)。

本标准与 ISO 的结构对比在附录 A 中列出。

本标准与 ISO 的技术性差异在附录 B 中列出。

本标准代替 GB/T 7976—1987《绝缘纸和纸板　水抽提液电导率的测定》、GB/T 7977—1987《纸浆、纸和纸板　水抽提液电导率的测定》。

本标准与 GB/T 7976—1987 和 GB/T 7977—1987 相比主要变化如下:

——增加了前言;

——修改了范围,明确本标准适用于包括电气用的绝缘纸和纸板的测定(1987版的第1章,本版的第1章);

——增加了规范性引用文件(本版的第2章);

——增加了原理(本版的第3章);

——修改了试剂的要求(1987版的第3章,本版的第4章);

——修改了仪器的要求(1987版的第2章,本版的第5章);

——将试验步骤与结果计算分成两章,修改了试验步骤,增加了绝缘纸和纸板水抽提液的测定方法,方法二增加了冷抽提法、加热板法,修改了结果的表示(1987版的第6章,本版的第7、8章);

——增加了质量保证与控制(本版的第9章);

——增加了试验报告(本版的第10章);

——修改了电导率的表示单位(1987版的第2、3、6章,本版的第4、5、8、10章);

——增加了附录 A(资料性附录)本标准与 ISO 6587:1992 章条编号对照;

——增加了附录 B(资料性附录)本标准与 ISO 6587:1992 的技术性差异及其原因。

本标准的附录 A 和附录 B 均为资料性附录。

本标准由中国轻工业联合会提出。

本标准由全国造纸工业标准化技术委员会归口。

本标准由中华人民共和国深圳出入境检验检疫局负责起草。

本标准主要起草人：徐嵘、蒋艳。

本标准所代替标准的历次版本发布情况为：

——GB/T 7976—1987、GB/T 7977—1987。

本标准由全国造纸工业标准化技术委员会负责解释。

纸、纸板和纸浆
水抽提液电导率的测定

1 范围

本标准规定了纸、纸板和纸浆水抽提液电导率的测定方法。

本标准适用于包括电气用绝缘纸和纸板在内的各种纸、纸板和纸浆。

2 规范性引用文件

下列文件中的条款通过本标准的引用而成为本标准的条款。凡是注日期的引用文件,其随后所有的修改单(不包括勘误的内容)或修订版均不适用于本标准,然而,鼓励根据本标准达成协议的各方研究是否可使用这些文件的最新版本。凡是不注日期的引用文件,其最新版本适用于本标准。

GB/T 450　纸和纸样试样的采取(GB/T 450—2002,eqv ISO 186:1994)

GB/T 740　纸浆　试样的采取(GB/T 740—2003,ISO 7213:1991,IDT)

GB/T 741　纸浆　分析试样水分的测定(GB/T 741—2003,ISO 638:1978,MOD)

3 原理

用100 mL煮沸或冷的蒸馏水或去离子水抽提一定量的样品1 h,然后在规定的温度下用电导率仪测定抽提液的电导率。

4 试剂

在试验中应全部使用蒸馏水或去离子水,进行空白试验后,其电导率应不超过2 μS/cm。

注1:通常试验用水既要蒸馏也要去离子。为确保试验用水的电导率达到要求,应仔细检查试验中所用玻璃器皿的清洁程度。

注2:检测非绝缘纸、纸板和纸浆时,如蒸馏水或去离子水达不到规定纯度时,可以使用电导率较高的水,但应在试验报告中说明所用水的电导率。

5 仪器

本标准使用一般实验室仪器及以下仪器

5.1 250 mL的磨口锥形烧瓶,冷凝器,100 mL具塞锥形烧瓶。

注:所有玻璃器皿应用煮沸的蒸馏水或去离子水小心冲洗。

5.2 电导率仪,选择合适的仪器级别和量程,以确保测试的相对误差在±5%以内。

5.3 电加热板,至少可调至200 W。

5.4 恒温水浴锅,能沸腾水浴。

5.5 恒温水浴锅,能使温度保持在(23±0.5)℃及(25±0.5)℃。

6 试样采取和制备

6.1 取样

纸浆试样的采取按照GB/T 740的规定进行,纸和纸板试样的采取按照GB/T 450的规定进行。

6.2 试样的制备

将样品剪成或撕成大小约5 mm×5 mm试样,且混合均匀。操作时应戴上干净手套小心拿取,防

止污染。保存时应远离酸雾，制备好的试样应贮存于带盖的磨口广口瓶中。

6.3 水分含量的测定

如果样品是非电气用的纸、纸板和纸浆，按照GB/T 741测定试样的绝干物含量。

7 试验步骤

7.1 方法一（适用于绝缘纸和纸板水抽提液电导率的测定）

7.1.1 空白试验

与试样的测定平行进行，取相同量的所有试剂，采用相同的分析步骤，但不加试样。

7.1.2 试验

以下两种抽提法可供选择。

7.1.2.1 加热板法

做两份试样的平行测定。

称取(5±0.002)g风干试样放入250 mL锥形瓶中，再用量筒量取100 mL刚煮沸的蒸馏水于锥形瓶中。然后装上回流冷凝器(5.1)，在加热板(5.3)上温和煮沸(60±5)min。在装有冷凝器的情况下将锥形瓶放入冰水中，迅速冷却至约23℃，使液体中的纤维下沉，最后倒出抽提液于100 mL的具塞锥形烧瓶中。

7.1.2.2 沸腾水浴法

做两份试样的平行测定。

称取(5±0.002)g风干试样放入250 mL锥形瓶中，再用量筒量取100 mL煮沸的蒸馏水于锥形瓶中。然后装上回流冷凝器(5.1)，在恒温水浴锅(5.4)中沸腾水浴(60±5)min。在装有冷凝器的情况下将锥形瓶放入冰水中，迅速冷却至约23℃，使液体中的纤维下沉，最后倒出抽提液于100 mL的具塞锥形烧瓶中。

7.1.3 电导率的测定

使用恒温水浴锅(5.5)，调节抽提液温度至(23±0.5)℃，并在测定过程中始终保持此温度。

用蒸馏水小心冲洗电导池数次，再用抽提液冲洗两次，读取抽提液的电导率值，直至得到稳定的数值。

7.2 方法二（适用于非电气用的纸、纸板和纸浆水抽提液电导率的测定）

7.2.1 空白试验

与试样的测定平行进行，取相同量的所有试剂，采用相同的分析步骤，但不加试样。

7.2.2 试验

以下三种抽提法可供选择。

7.2.2.1 加热板法

做两份试样的平行测定。

准确称取(2±0.002)g(以绝干计)试样放入250 mL锥形烧瓶中。

用移液管量取100 mL蒸馏水于一个空锥形烧瓶中，装上回流冷凝器(5.1)，置于加热板(5.3)上，将水加热近沸腾。然后移去冷凝器，将水转入装有试样的锥形烧瓶中，再接上回流冷凝器，温和沸腾1 h。在装有冷凝器的情况下将锥形瓶放入冰水中，迅速冷却至约25℃，使液体中悬浮的纤维下沉，最后倒出抽提液于100 mL的具塞锥形烧瓶中。

7.2.2.2 沸腾水浴法

做两份试样的平行测定。

准确称取(2±0.002)g(以绝干计)试样放入250 mL锥形烧瓶中。

用移液管量取100 mL蒸馏水于一个空锥形烧瓶中，装上回流冷凝器(5.1)，在恒温水浴锅(5.4)中将水加热近沸腾。然后移去冷凝器，将水转入装有试样的锥形烧瓶中，再接上回流冷凝器，置入沸水浴中1 h。在装有冷凝器的情况下将锥形瓶放入冰水中，迅速冷却至约25℃，使液体中悬浮的纤维下沉，然后倒出抽提液于100 mL的具塞锥形烧瓶中。

7.2.2.3 冷抽提法

做两份试样的平行测定。

准确称取(2±0.002)g(以绝干计)试样放入250 mL锥形烧瓶中。

用移液管量取100 mL蒸馏水置于装有试样的锥形烧瓶中，用磨口玻璃塞封住烧瓶，在室温20℃～25℃放置1 h。在此期间应至少摇动一次烧瓶，然后倒出抽提液于100 mL的具塞锥形烧瓶中。

7.2.3 电导率的测定

使用恒温水浴锅(5.5)调节抽提液温度至(25±0.5)℃，并在测定过程中始终保持此温度。

用蒸馏水小心冲洗电导池数次，再用抽提液冲洗两次。读取抽提液的电导率值，直至得到稳定的数值。

8 结果的表述

8.1 计算方法

抽提液的电导率按式(1)计算，以μS/cm表示。

$$X = G_1 - G_0 \quad \cdots\cdots(1)$$

式中：

X——抽提液的电导率，单位为微西门子每厘米(μS/cm)；

G_1——试样抽提液的电导率，单位为微西门子每厘米(μS/cm)；

G_0——空白试验的电导率，单位为微西门子每厘米(μS/cm)。

8.2 结果表示

同时测定两次，取其算术平均值作为测定结果。

对于绝缘纸和纸板，测定结果应精确至1 μS/cm，两次测定值的差应不超过较大值的10%；对于非电气用纸、纸板和纸浆，测定结果应精确至10 μS/cm，两次测定值的差应不超过较大值的10%时或不大于20 μS/cm。如果超过则应另做两份试样重复测定。报告测定结果的平均值及测定结果的范围。

9 质量保证和控制

9.1 测定电导率时，应严格控制抽提液的温度，因为电导率的变化与温度变化有直接关系。

9.2 应根据所测溶液的电导率范围，选择合适的电极和电导池常数。

9.3 试验过程中，应避免吸入空气中的二氧化碳。

10 试验报告

试验报告应包括以下项目：

a) 完整鉴定样品所必要的全部资料；

b) 本标准编号；

c) 所使用的试验方法，即方法一或方法二；

d) 所使用的抽提方法，即加热板法、沸腾水浴法或冷抽提法；

e) 电导率测定时的液体温度；

f) 以μS/cm表示测定结果；

g) 如果试验用水的电导率大于2 μS/cm时，应报告说明；

h) 试验中所观察到的任何异常现象；

i) 本标准或规范性引用文件中未规定的，并可能影响测定结果的任何操作。

附　录　A
（资料性附录）
本标准与 ISO 6587:1992 章条编号对照

表 A.1 给出了本标准与 ISO 6587:1992 章条编号对照一览表。

表 A.1　本标准与 ISO 6587:1992 章条编号对照

本标准章条编号	对应国标标准章条编号
1	1
2	2
3	3
4	4.1
5.1～5.3、5.5	5
5.4	—
6	6
—	7.1
7.1、7.2.2.2	—
7.2(除 7.2.2.2 外)	7.2～7.4
8.1	8.1、8.2
8.2	8.3
9	—
10	9
附录 A	—
附录 B	—

附 录 B
（资料性附录）
本标准与 ISO 6587:1992 的技术性差异及其原因

表 B.1 给出了本标准与 ISO 6587:1992 的技术性差异及其原因的一览表。

表 B.1 本标准与 ISO 6587:1992 的技术性差异及其原因

本标准的章条编号	技术性差异	原 因
1	国家标准适用于包括电气用绝缘纸和纸板在内的各种纸、纸板和纸浆。	将绝缘纸和纸板水抽提液电导率的测定方法加入本标准。
2	将国际标准转化为与之相对应的国家标准。	以适合我国国情。
4	取消了 ISO 6587:1992 中 4.2 条款氯化钾标准溶液及表 1。	用电导率仪直接测定电导率。由于仪器型号的不同，某些电导率仪直接选择电导池常数，某些电导率仪选择仪器专用校准溶液标定。
5	将电导仪或电阻电桥改为电导率仪，控制的技术参数不同；增加了沸腾水浴用的恒温水浴锅。	根据实际的使用情况。
6.3	取消了 ISO 6587:1992 的 6.3 条款中纸和纸板水分的测定标准 ISO 287。	根据实际的使用情况。
7	取消了测量池常数的测定。	用电导率仪直接测定电导率，不需要测定电导池常数。
	增加了方法一，绝缘纸和纸板水抽提液的测定。	将绝缘纸和纸板水抽提液电导率的测定方法加入本标准。
	增加了沸腾水浴热抽提法。	根据我国的实际情况。
8	修改了计算方法。	采用电导率仪，而不是电导仪或电阻电桥。
9	增加了质量保证与控制。	提高标准的可操作性。
4、5.2、8、10	修改了电导率的表示单位。	根据电导率仪的实际读数。

ICS 85.010
Y 30

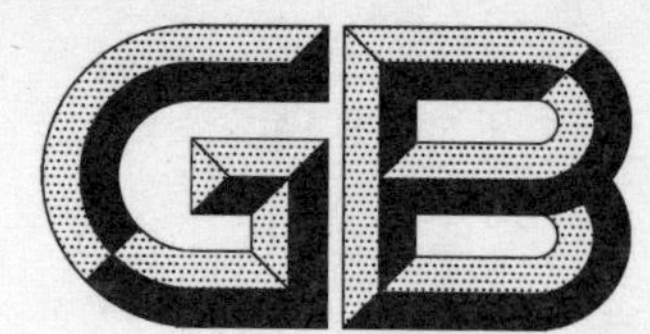

中华人民共和国国家标准

GB/T 8941—2013
代替 GB/T 8941—2007

纸和纸板　镜面光泽度的测定

Paper and board—Measurement of specular gloss

(ISO 8254-1:2009 Paper and board—Measurement of specular gloss—Part 1: 75°gloss with a converging beam, TAPPI method ,ISO 8254-3:2004 Paper and board—Measurement of specular gloss—Part 3: 20°gloss with a converging beam, TAPPI method ,MOD)

2013-12-17 发布　　2014-12-01 实施

中华人民共和国国家质量监督检验检疫总局
中国国家标准化管理委员会　发布

前　言

本标准按照 GB/T 1.1—2009 给出的规则起草。

本标准代替 GB/T 8941—2007《纸和纸板　镜面光泽度的测定(20°、45°、75°)》。本标准与 GB/T 8941—2007 相比,主要技术差异如下:

——修改了光泽度基准,采用折光指数为 1.567 的黑玻璃作为光泽度基准,符合我国光泽度量值传递系统。

——删除了菲涅尔(Fresnel)公式。

——试验步骤中由每张试样测 2 个方向修改为测定 4 个方向,共计 20 个测定值,与 ISO 标准一致。

——附录 B 中增加了几何条件图和定义光源视场光阑角度图。

——删除了精密度。

本标准使用重新起草法修改采用 ISO 8254-1:2009《纸和纸板镜　面光泽度的测定　第 1 部分:75°会聚光束光泽度,TAPPI 法》和 ISO 8254-3:2004《纸和纸板　镜面光泽度的测定　第 3 部分:20°会聚光束光泽度,TAPPI 法》。

本标准与 ISO 8254-1:2009 和 ISO 8254-3:2004 相比在结构上有较多调整,附录 A 列出了本标准与 ISO 8254-1:2009 和 ISO 8254-3:2004 的章条编号对照一览表。

本标准与 ISO 8254-1:2009 和 ISO 8254-3:2004 相比主要技术差异如下:

——关于规范性引用文件,本标准做了具有技术性差异的调整,以适应我国的技术条件,调整的情况集中反映在第 2 章"规范性引用文件"中,具体调整如下:

用修改采用国际标准的 GB/T 450 代替 ISO 186;

用等效采用国际标准的 GB/T 10739 代替 ISO 187。

本标准中 20°角测定方法与 ISO 8254-3:2004 的主要技术差异如下:

——修改了光泽度基准,以折光指数为 1.567 的黑玻璃作为光泽度基准,假设其平面在得到理想抛光的状态下,由该平面对自然光束进行镜向反射,定义此时的光泽度值为 100 光泽度单位。

——删除了 ISO 标准中的前言、引言。

——增加了镜面反射角、镜面光泽度值的术语和定义。

——删除了菲涅尔(Fresnel)公式。

——修改附录 B 中的光谱条件,与 ISO 8254-1:2009(E)中的光谱条件一致。

——删除了精密度。

本标准中 75°角测定方法与 ISO 8254-1:2009 的主要技术差异如下:

——修改了光泽度基准,以折光指数为 1.567 的黑玻璃作为光泽度基准,假设其平面在得到理想抛光的状态下,由该平面对自然光束进行镜向反射,定义此时的光泽度值为 100 光泽度单位。

——删除了 ISO 8254-1:2009(E)中 3.6 特征曲线和 3.7 反射计测定值两个术语,合并了 ISO 8254-1:2009(E)中 3.8 与 3.9 两个术语。

——删除了菲涅尔(Fresnel)公式。

——删除了精密度。

请注意本文件的某些内容可能涉及专利。本文件的发布机构不承担识别这些专利的责任。

本标准由中国轻工业联合会提出。

本标准由全国造纸工业标准化技术委员会(SAC/TC 141)归口。

本标准负责起草单位:浙江惠同纸业有限公司、杭州纸邦自动化技术有限公司、中国制浆造纸研究院、国家纸张质量监督检验中心。

本标准主要起草人：王振、张清文、尹巧、张青、梅庆君、陆文荣、朱春树、李大方、张文海、吕俊来。

本标准所代替标准的历次版本发布情况：

——GB/T 8941.1—1988、GB/T 8941.2—1988、GB/T 8941.3—1988；

——GB/T 8941—2007。

纸和纸板　镜面光泽度的测定

1　范围

本标准规定了以20°、45°、75°光泽度仪测定纸和纸板镜面光泽度的方法。

本标准适用于铸涂纸、蜡光纸、铝箔纸、真空镀铝纸、涂布纸及纸板等。20°光泽度测定法主要适用于铸涂纸、蜡光纸等高光泽度的纸和纸板,也适用于高印刷光泽度的纸和纸板印样。不适用于光泽度较低的涂布或未涂布的纸和纸板。45°光泽度测定法主要适用于测定铝箔纸、真空镀铝纸等金属复合纸和纸板。75°光泽度测定法主要适用于涂布纸及纸板,也可用于未涂布纸及纸板或低印刷光泽度的纸及纸板印样。试样的颜色和漫反射比的差别对测定光泽度的影响不大。

2　规范性引用文件

下列文件对于本文件的应用是必不可少的。凡是注日期的引用文件,仅注日期的版本适用于本文件。凡是不注日期的引用文件,其最新版本(包括所有的修改单)适用于本文件。

GB/T 450　纸和纸板试样的采取及试样纵横向、正反面的测定(GB/T 450—2008,ISO 186:2002,MOD)

GB/T 10739　纸、纸板和纸浆试样处理和试验的标准大气条件(GB/T 10739—2002,ISO 187:1990,EQV)

3　术语和定义

下列术语和定义适用于本文件。

3.1

光泽度　gloss

物体表面方向性选择反射的性质,这一性质决定了呈现在物体表面所能见到的强反射光或物体镜像的程度。

3.2

定向反射　regular reflection

遵循几何光学定律,没有漫射的反射。

3.3

漫反射　diffuse reflection

宏观范围内,没有定向反射的反射。

3.4

镜面反射角　specular angle

与入射光在同一平面上,角度相等、方向相反,与平面法线之间的夹角。

3.5

镜面光泽度　specular gloss

在一定反射角度观察或测定的光泽度。

3.6

镜面光泽度值 specular gloss value

使用符合附录 B、附录 C、附录 D 中规定的几何特性且使用依据 5.2 规定确定量值的光泽度基准进行校准的光泽度计所测量的值。

注 1：镜面光泽度值是试样表面反射进入镜面反射角方向上规定的光阑的光通量与在同样照明条件下标准镜面反射表面反射的光通量之比的 100 倍。

注 2：镜面光泽度值是无量纲的值，而不是百分数。

4 原理

用光电检测器测定与法线成一定角度(20°、45°、75°)入射到试样表面，并从试样表面与法线成相应角度(20°、45°、75°)反射到规定孔径内的光，其结果显示在仪器上。

5 仪器

5.1 光学系统

5.1.1 20°光泽度测定仪光学系统的技术要求见附录 B，光学系统由光源、透镜、试样压板和光电器件组成，主要器件的位置和相对尺寸见图 B.1、图 B.2 和图 B.3。

5.1.2 45°光泽度测定仪光学系统的技术要求见附录 C，光学系统由光源、透镜、试样压板和光电器件组成，主要器件的位置和相对尺寸见图 C.1。

5.1.3 75°光泽度测定仪光学系统的技术要求见附录 D，光学系统由光源、透镜、试样压板和光电器件组成，主要器件的位置和相对尺寸见图 D.1。

5.2 光泽度板

5.2.1 光泽度基准

以折光指数为 1.567 的黑玻璃作为光泽度基准，假设其平面在得到理想抛光的状态下，由该平面对自然光束进行镜向反射，定义此时的光泽度值为 100 光泽度单位。

5.2.2 光泽度标准

5.2.2.1 20°和 75°光泽度标准

5.2.2.1.1 20°和 75°高光泽度标准

洁净的抛光黑玻璃板，由光泽度基准(5.2.1)直接测量给出。

5.2.2.1.2 20°和 75°中光泽度标准

具有平整的表面与所测试的纸张有相近的反射通量分布、中心区域光泽度均匀且可稳定地放在测量位置的陶瓷板。由光泽度基准(5.2.1)直接测量给出。

5.2.3 工作标准

5.2.3.1 20°和 75°高光泽度工作标准

用于校准仪器，工作标准量值溯源于光泽度基准。

5.2.3.2 20°和75°中光泽度工作标准

用于校准仪器，工作标准量值溯源于光泽度基准。

注1：光泽度工作标准板不用时放在密闭的盒内，保持清洁，防止其表面受到污染或损伤。切勿将标准板的工作面朝下放置，以免脏污或磨损。手持标准板时，握在标准板边缘，以免手上的油汗沾污标准板的工作表面。标准板可浸在热水和淡洗涤液(不能用肥皂水)中，用软毛刷轻轻刷洗。然后用近65 ℃的热水冲洗，漂清洗涤液，最后用蒸馏水漂洗干净，放在约70 ℃烘箱中烘干。高光泽度标准板可用不掉毛的脱脂擦镜纸或其他吸收性材料轻轻擦净，但中光泽度标准板不宜擦拭。

注2：几年之后，高光泽度标准板表面的折光指数会逐渐降低，光泽度值也会随之发生变化。因此建议每隔一年由上级计量部门校准一次，最好重新抛光表面，以恢复其原状。

5.2.3.3 45°光泽度工作标准

光泽度工作标准表面是一个全部内反射的45°直角三棱镜的斜边面，该表面衬在阳极氧化铝板上。三棱镜的尺寸是25 mm×25 mm×35.3 mm，用硬冕玻璃制成；折光指数为1.50～1.52。在25 mm距离内，能吸收可见光1.5%～2.0%，且其镜面反射率应在80%～90%。光泽度标准应定期由上级计量部门标定。

5.3 零光泽度标准

由黑色天鹅绒衬里的空阱或其他适宜的黑阱构成。

6 试样制备

6.1 按GB/T 450规定取样，并按GB/T 10739进行试样的处理和测定。

6.2 避开水印、斑点及可见纸病，在抽取的样品上沿纸页横幅均匀切取100 mm×100 mm试样5张。如需要两面测定，则应切取10张试样。试样应标明正反面或测试面，并保持清洁，不应用手接触测试面。

7 仪器校准

7.1 预热

接通电源，选择测试角度，按规定时间预热。

7.2 调零

放上零光泽度标准(5.3)，调节读数至零。

7.3 标准值校准

7.3.1 20°和75°测试时，取下零光泽度标准(5.3)，用高光泽度工作标准(5.2.3.1)校准仪器，把读数调节到高光泽度工作标准的标定值。然后换上中光泽度工作标准(5.2.3.2)测定其光泽度，该读数应与中光泽度工作标准的标定值接近。如果相差超过1光泽度单位，应检查仪器的几何特性、光谱特性和光度计特性，并检查标准板。

7.3.2 45°测试时，取下零光泽度标准(5.3)，用光泽度标准(5.2.3.3)将仪器读数校准至光泽工作标准的标定值。

8 试验步骤

8.1 仪器校准后，将试样的测试面对准测试孔，纵向、横向及相对的纵向和横向各测定一次，然后换一张试样测定同一面，直至测完5张试样；如需测定两面的光泽度，则另取5张试样按上述相同的步骤测定另一面的值。

8.2 试样每面光泽度值为5张试样纵向、横向及相对的纵向和横向测定值(20个测定值)的平均值，以光泽度单位表示，结果精确至1光泽度单位。

注：在测定过程中，可用工作标准和黑筒多次校准仪器。当测定结束后，再校准一次，以确保仪器始终校准无误。

9 试验报告

试验报告应包括以下项目：

a) 本标准编号并注明所采用的角度；

b) 试样的标志和说明；

c) 报告光泽度测定结果的平均值，或分别报告正面和反面的光泽度平均值；

d) 根据需要，报告测定结果的标准偏差和变异系数；

e) 偏离本标准的任何试验条件。

附　录　A
（资料性附录）
本标准与 ISO 8254-1:2009 和 ISO 8254-3:2004 相比的结构变化情况

本标准与 ISO 8254-1:2009 和 ISO 8254-3:2004 相比在结构上有较多调整，具体章条编号对照情况见表 A.1。

表 A.1　本标准与 ISO 8254-1:2009 和 ISO 8254-3:2004 的章条编号对照情况

本标准章条编号	对应 ISO 8254-1 章条编号	对应 ISO 8254-3 章条编号
1	1	1
2	2	2
3.1	3.1	3.1
3.2	3.2	3.2
3.3	3.3	3.3
3.4	3.4	—
3.5	3.5	3.4
—	3.6,3.7	—
3.6	3.8,3.9	—
4	4	4
5.1.1	—	5.1
5.1.2	—	—
5.1.3	5.1	—
5.2	5.2	5.2
5.2.1	5.2.1	5.2.1
5.2.2.1.1	5.2.2	5.2.2
5.2.2.1.2	5.2.3	5.2.3
5.2.3	5.2.4	5.2.4
5.3	5.3	5.3
6.1	6	6
6.2	7	7
7	8	8
8	9	9
9	11	11
附录 A	—	—
附录 B	—	附录 A
附录 C	—	—
附录 D	附录 A	—

附 录 B
（规范性附录）
纸和纸板镜面光泽度(20°)仪光学系统技术要求

B.1 20°光泽度光学系统

由光源、透镜、光源视场光阑、接收孔组成，见图 B.1。

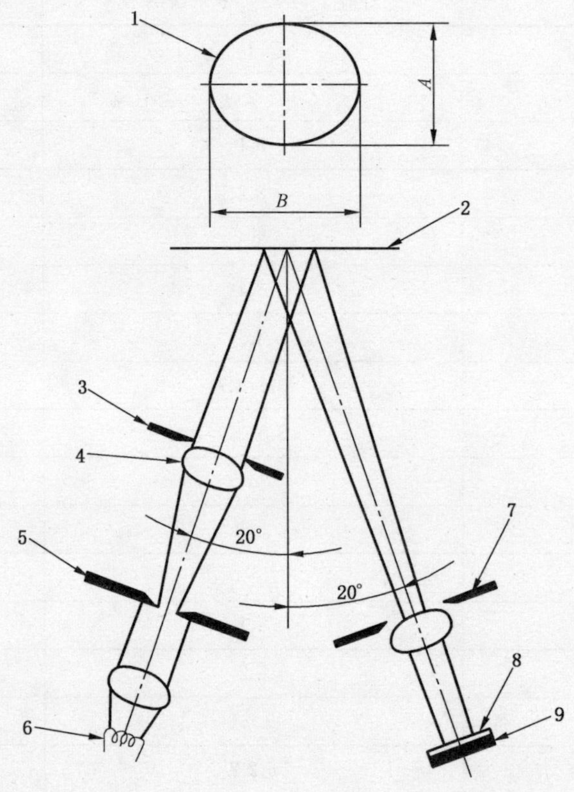

说明：
1——试样上的椭圆照明面积；
2——试样压板；
3——孔径光阑；
4——光源物镜；
5——光源视场光阑；
6——灯；
7——圆形接收孔；
8——滤光片；
9——光电器件。
A——试样上椭圆照明区域短轴；
B——试样上椭圆照明区域长轴。

图 B.1 20°光泽度仪光学系统

B.2 几何条件

入射光束的轴线对试样法线的角度为(20.0°±0.1°),接收器的轴线应与入射光束轴线的镜面图像相符,偏差为±0.1°。当在试样位置放上抛光玻璃或其他前平面镜时,在接收孔的中心便形成光源视场光阑的像。

接收孔呈圆形,其直径对于试样照明面积中心的张角为(5.00°±0.04°)。接收孔直径 W 可按式(B.1)计算:

$$W = 2D\tan(2.5 \pm 0.20)^\circ \qquad \cdots\cdots\cdots\cdots\cdots\cdots (B.1)$$

式中:

D——从试样表面到接收孔表面的距离。

光源视场光阑和光源物镜的组合可以确保孔径光阑充满光线并且在接收孔的中心形成光源视场光阑的像,使得光源图像的孔径对于试样(见图 B.2)照明区域中心的张角为(4.0°±0.4°)。图像的直径 I 可按(B.2)式计算:

$$I = 2D\tan(2.0 \pm 0.20)^\circ \qquad \cdots\cdots\cdots\cdots\cdots\cdots (B.2)$$

试样照明区域将是一个短轴为 A、轮廓不明显的椭圆形,短轴 A 可按式(B.3)计算:

$$A = 4D\tan(2.0 \pm 0.20)^\circ \qquad \cdots\cdots\cdots\cdots\cdots\cdots (B.3)$$

且长轴 B 可按式(B.4)计算:

$$B = \frac{4D\tan(2.0 \pm 0.20)^\circ}{\cos 20^\circ} \qquad \cdots\cdots\cdots\cdots\cdots\cdots (B.4)$$

注 1:为了全面描述这些等式的推导,需要试样中心光学系统详细的反射光线图。然而,这是建立在具体角度和距离基础上的简单光学的计算问题,因此这里不包括反射光图表。

注 2:例如:如果 $D=126$ mm,那么 $A=17.6$ mm 和 $B=18.7$ mm,且试样的照明区域$(\pi AB)/4=258.5\text{mm}^2$。$A$ 比表面任何部位尺寸要大,如 $A\geqslant10$ mm 这意味着 $D\geqslant72$ mm。如果 D 长度较这一距离短,为了确保试样足够面积得以测定,那么试样数量需相应的增加。

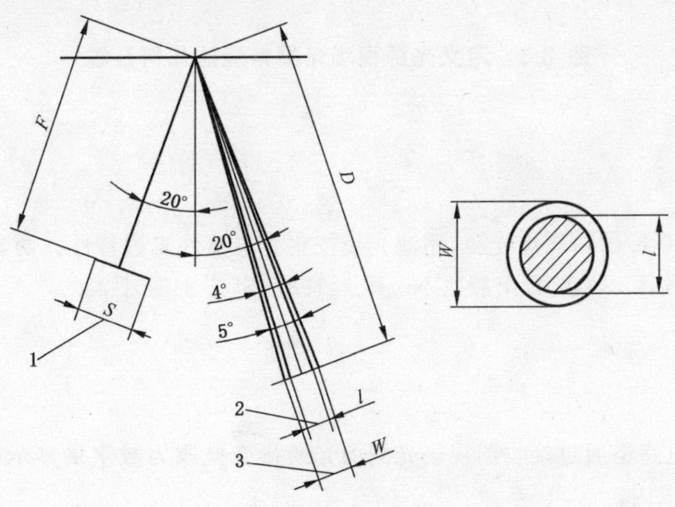

说明:

1——孔径光阑;

2——成像直径;

3——接收孔直径;

F——孔径光阑距试样表面距离;

S——孔径光阑直径;

D——试样表面到接收孔表面距离;

l——成像直径;

W——接收孔直径。

图 B.2 几何图表

注 3:该图并不代表光线的实际路径。它仅是作为几何技术说明的参考。

孔径光阑的直径 S 可按式(B.5)计算：

$$S = 2(2D + F)\tan(2.0 \pm 0.2)^{\circ} \qquad \text{(B.5)}$$

式中：

F——孔径光阑距试样表面的距离。

注 4：尽管 F 不固定，但是测试已经显示。如果 $F=(0.7\pm0.1)D$ 时可以取得最理想的结果，并且建议遵循这一关系。

光源视场光阑的直径和其距孔径光阑的距离是由所选光源物镜决定的。光源视场光阑的角直径 G 与其接收孔处自身像的尺寸(见图 B.3)有关，可按式(B.6)计算：

$$G = (4.0 \pm 0.4)^{\circ} \cdot \frac{D}{(F + D)} \qquad \text{(B.6)}$$

注 5：如果 $F=0.7D$，$G=2.35^{\circ}$，将不会有光线落在规定的视场角度内。

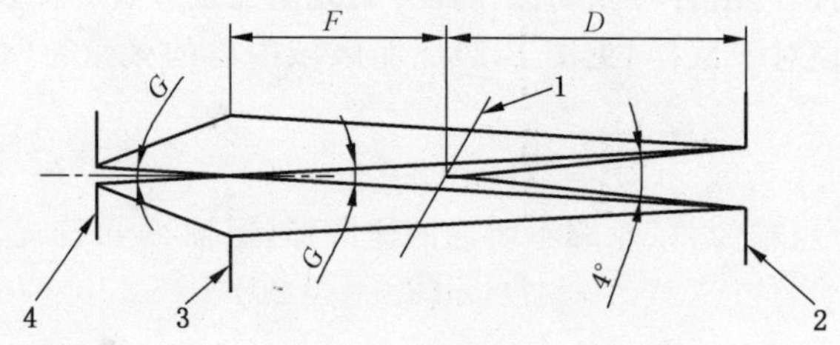

说明：
1——试样；
2——图像；
3——孔径光阑；
4——光源视场光阑。
D——试样表面到接收孔表面距离；
F——孔径光阑距试样表面距离；
G——光源视场光阑的角直径。

图 B.3 定义光源视场光阑角度的几何系统

B.3 光谱条件

色温 2 850 K±100 K 的白炽灯光源，用滤光镜校正光电器件光谱特性。两者组合的光谱响应应符合 CIE 光谱光效率函数，$V(\lambda)$(CIE 出版物 No.17.4:1987，定义 845-01-22)。

B.4 光电器件

光电器件和显示电路将通过接收器视场光阑的光通量变换成为数字量显示，在整个范围内转换精度应在量程的±0.2%以内。

B.5 试样压板或真空压板

压板表面应无明显条纹，呈无光黑色，平整度在 0.025 mm 以内。压板在压紧纸板的同时可以打开吸气开关，使压板和试样之间形成负压，将试样吸附在压板上保持平整。

附 录 C
（规范性附录）
纸和纸板镜面光泽度(45°)仪光学系统技术要求

C.1 45°光泽仪光学系统(见图 C.1)

C.1.1 由稳定电源供电的 3 W 磨砂灯泡发出的光，照在一个孔径为 1.5 mm 的光阑上，光阑处于透镜的焦点位置。所产生的平行光束投射在试样表面上并发生反射，入射角和反射角都为 45°±0.5°。反射光通过第二透镜聚焦，在接收光阑孔上形成入射光阑孔的影像。

C.1.2 透镜采用消色差双合粘合透镜，其相对孔径应不超过 f/3。

C.1.3 光电池与接收光阑距离应足够远，因为光照点的直径约为 19 mm。

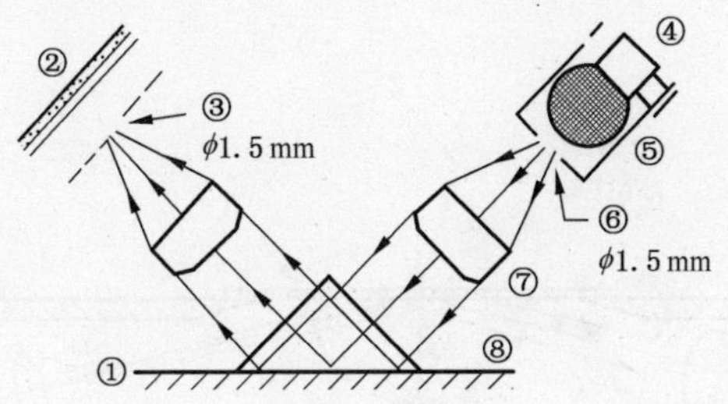

说明：

①——反射表面；

②——光电池；

③——接受光阑孔；直径 1.5 mm；

④——磨砂灯泡；

⑤——黄铜灯罩；

⑥——入射光阑，直径 1.5 mm；

⑦——透镜；

⑧——全反射三棱镜。

图 C.1 45°角光泽度仪光学系统示意图

C.2 试样压板或真空压板

将试样压紧在测试孔上，需要时可以打开吸气开关使压板和试样之间形成负压，将试样吸附在压板上保持平整。试样压板用于真空吸附试样时，当吸板将一片厚薄均匀的塑料膜(如 0.08 mm 的光学级聚酯膜)定位后，在受光窗口形成的影像与标准板形成的影像在位置和尺寸上不应有差异。

附 录 D
（规范性附录）
纸和纸板镜面光泽度(75°)仪光学系统技术要求

D.1 75°光学系统(见图 D.1)

光线从光源出发，经过聚光镜和矩形孔径(矩形光源视场光阑)的几何中心，光阑用来限制灯丝使之成为有效光源；光线通过光源物镜和矩形孔径光阑的几何中心，到达试样。轴向光线与试样平面的交点称为测试面中心(不必与测试孔的几何中心重合)。将一块前平面镜放到试样位置，轴向光线被平面镜反射并且通过接收孔的中心，光源物镜将光源孔径成像在接收孔上，将测试面中心到接收孔距离 D 作为确定其他尺寸的基数。关键尺寸是入射角度和接收孔的位置和直径。

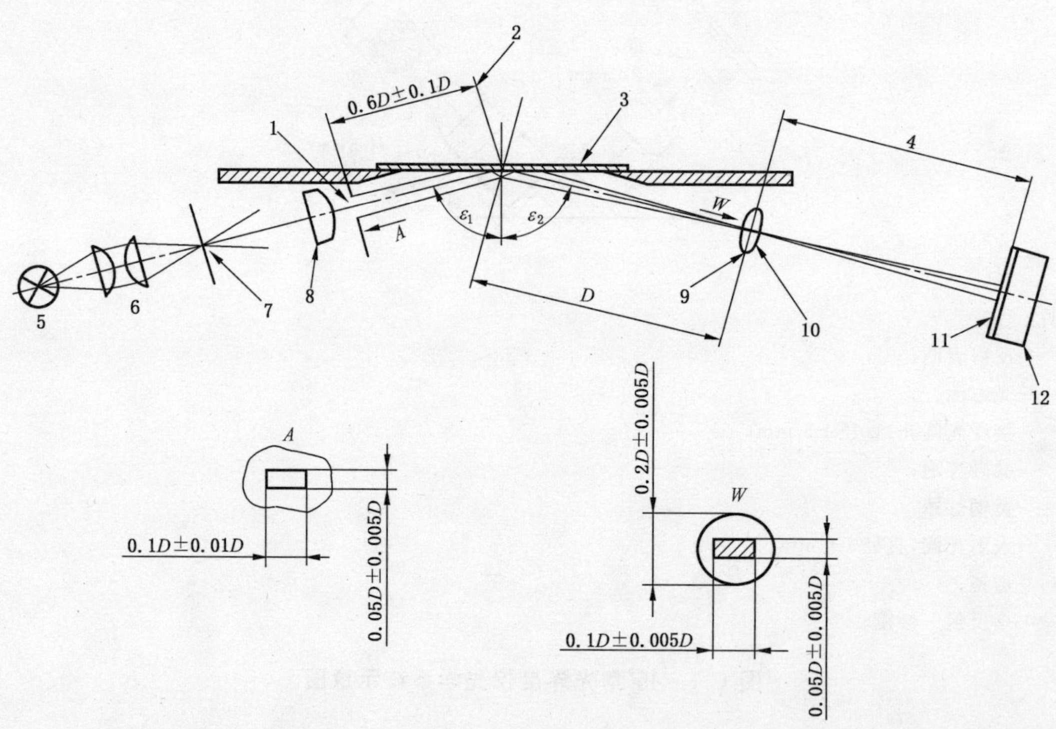

说明：

1——矩形孔径光阑；	7——矩形视场光阑；
2——测试面中心；	8——照明物镜；
3——试样；	9——接收孔；
4——光轴；	10——透镜；
5——灯；	11——滤光片；
6——聚光镜；	12——光电器件。

图 D.1 75°角光泽度仪示意图

D.2 光混合器

紧靠接收孔的正透镜将试样表面成像在光电器件上，为了使经过不同路径进入接收孔的光线得到均匀接收，光电器件前面可以装一块毛玻璃，使试样成像在毛玻璃上，光电器件接收毛玻璃散射光，使进入接收孔的杂散光都被内壁吸收消除。

D.3 入射角

光束轴对试样的入射角通常为 $\varepsilon_1=(75.0\pm0.1)°$。

D.4 反射角

镜面反射光束轴与试样平面法线的夹角应为：$\varepsilon_2=\varepsilon_1+0.1°$ 即：$|\varepsilon_1-\varepsilon_2|\leqslant0.1°$

D.5 接收孔

接收孔直径为 $0.2D\pm0.005D$，边缘厚度小于等于 $0.005D$。当轴向光线从试样位置的前平面镜反射时，反射光线应垂直于接收孔的平面，并通过接收孔的中心，允差 $0.004D$。

D.6 光源孔径的位置和尺寸

光源孔径成像在接收孔平面上，(沿光轴方向)位置误差允许在 $\pm0.04D$ 以内，矩形像的尺寸为 $(0.1D\pm0.005D)\times(0.05D\pm0.005D)$ 短边平行于入射平面。

D.7 光源孔径内光的均匀性

光源孔径内的光应均匀分布。

D.8 矩形孔径光阑的位置和尺寸

矩形孔径光阑垂直于光束轴，离测试面中心 $0.6D\pm0.1D$。光阑尺寸为 $(0.1D\pm0.01D)\times(0.05D\pm0.005D)$，短边平行于入射平面。入射光束不受其他光阑限制。

D.9 矩形孔径光阑内光的均匀性

允许误差与光源孔径相同(见 D.6)

D.10 光谱条件

色温 2 850 K±100 K 的白炽灯光源，用滤光镜校正光电器件光谱特性。两者组合的光谱响应应符合 CIE 光谱光效率函数，$V(\lambda)$(CIE 出版物 No.17.4:1987，定义 845-01-22)。

D.11 光电器件

光电器件和显示电路将接收的光通量转换成数字量显示，在整个范围内转换精度应在全量程的±0.2%，即0.2光泽度单位以内。

D.12 试样压板或真空压板

试样压板将试样压紧在测试孔上，需要时可以打开吸气开关使压板和试样之间形成负压，将试样吸附在压板上保持平整。当试样是一片厚度均匀的软塑料薄膜(如厚度0.08 mm的光学级聚酯薄膜)时，打开吸气开关，在接收孔上可以看到灯丝的像。与前面提到的黑玻璃标准板产生的灯丝像比较，两者位置和尺寸视觉上不应有差别。

ICS 85.010
Y 30

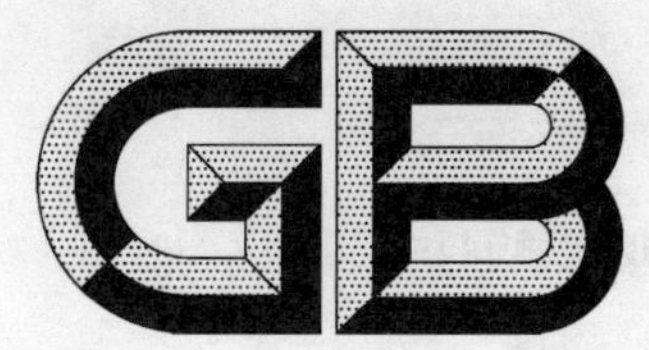

中华人民共和国国家标准

GB/T 8942—2016
代替 GB/T 8942—2002

纸　柔软度的测定

Paper—Determination of softness

2016-12-13 发布　　2017-07-01 实施

中华人民共和国国家质量监督检验检疫总局
中国国家标准化管理委员会　发布

前　言

本标准按照 GB/T 1.1—2009 给出的规则起草。

本标准代替 GB/T 8942—2002《纸柔软度的测定》,与 GB/T 8942—2002 相比,主要变化如下:

——增加了柔软度测定原理;

——增加了测定纵横向柔软度时试样放置的说明及试样尺寸不足 100 mm×100 mm 时的柔软度换算方法及示例;

——调整了板状测头长度,由原来的 240 mm 调整为不小于 120.0 mm;

——删除了柔软度术语;

——删除了附录 A。

请注意本文件的某些内容可能涉及专利。本文件的发布机构不承担识别这些专利的责任。

本标准由中国轻工业联合会提出。

本标准由全国造纸工业标准化技术委员会(SAC/TC 141)归口。

本标准起草单位:杭州品享科技有限公司、中国造纸制浆研究院。

本标准主要起草人:王振、李萍、苏红波、郭利斌。

本标准所代替标准的历次版本发布情况为:

——GB/T 8942—1988、GB/T 8942—2002。

纸　柔软度的测定

1　范围

本标准规定了用手感式柔软度仪测定纸柔软度的方法。

本标准适用于各种卫生纸、纸巾纸以及其他对柔软性能有要求的纸张。

2　规范性引用文件

下列文件对于本文件的应用是必不可少的。凡是注日期的引用文件,仅注日期的版本适用于本文件。凡是不注日期的引用文件,其最新版本(包括所有的修改单)适用于本文件。

GB/T 450　纸和纸板　试样的采取及试样纵横向、正反面的测定

GB/T 10739　纸、纸板和纸浆试样处理和试验的标准大气条件

3　原理

在规定条件下,板状测头将试样压入狭缝一定深度(约 8 mm)时,仪器记录试样本身的抗弯曲力和试样与缝隙处摩擦力的最大矢量之和,称之为试样的柔软度,仪器示值越小说明试样越柔软。

4　仪器和设备

4.1　仪器结构

手感式柔软度仪结构示意图见图 1。

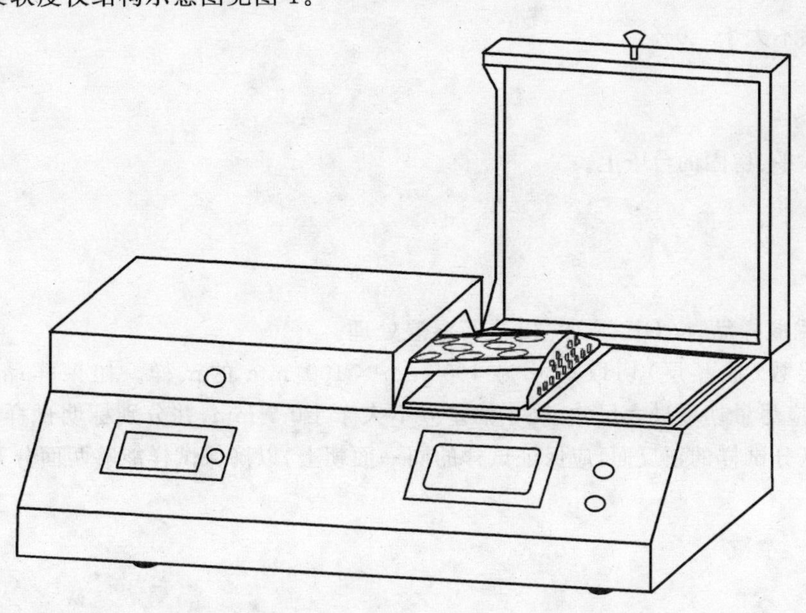

图 1　手感式柔软度仪示意图

4.2 仪器参数

4.2.1 狭缝宽度

仪器狭缝的宽度应分为 5.00 mm、6.35 mm、10.00 mm、20.00 mm 四个档次，宽度偏差应不超过±0.05 mm。

4.2.2 板状测头外形尺寸

长度不小于 120.0 mm，厚度为 2.0 mm，测口圆弧半径为 1.0 mm。

4.2.3 测头平均行进速度及总行程

测头平均行进速度为(1.20±0.24)mm/s；总行程为(12.0±0.5)mm。

4.2.4 试样压入深度

试样压入深度为 $8.0^{+0.5}_{0}$ mm。

4.2.5 狭缝平行度

狭缝平行度应不超过 0.05 mm。

4.2.6 测头对中性

测头进入狭缝后，测头与狭缝两边应对称，对称度应不大于 0.05 mm。

4.3 仪器示值误差

仪器示值误差为±1.0%。

4.4 仪器示值重复性

仪器示值重复性不大于 1.0%。

4.5 注意事项

仪器应安装于水平、稳固的台子上。

5 试样的制备

5.1 按 GB/T 450 采取样品，按 GB/T 10739 进行温湿处理。

5.2 按产品实际层数(成品层)切取尺寸为 100 mm×100 mm 的试样。如果样品的尺寸不足 100 mm×100 mm，应尽量切取最大尺寸，尺寸偏差应不大于±0.5 mm，并分别标明试样的纵、横向及正反面。如果不能区分试样的正反面，应保证试样的同一面朝上，以确保试样能够两面分开测定。

6 试验步骤

6.1 开机预热，按仪器说明书进行校准。

6.2 将试样置于仪器试验台中央，并尽可能地使之对称于狭缝。对于多层试样，应先将试样分层，再按原来的顺序重叠在一起进行柔软度的测定。按下测定按钮，开始测定。板状测头走完全程后，仪器记录测定值。

6.3 按6.2测定剩余试样，纵、横向一般分别测定10个有效数据。每个方向测定时试样应5个正面向上，5个正面向下。

注：纵向柔软度测定时，试样的纵向与狭缝的方向垂直；横向柔软度测定时，试样的纵向与狭缝的方向平行。

7 结果的计算

分别以纵、横向测定结果的算术平均值表示结果，以毫牛顿(mN)表示，修约至整数。

注：对于柔软度过高或尺寸不足100 mm×100 mm的试样，可以选用小于100 mm的试样进行测定，柔软度最终结果需进行相应换算，并在实验报告中注明。换算方法：纵向柔软度＝实测纵向柔软度×100 mm÷试样横向尺寸，横向柔软度＝实测横向柔软度×100 mm÷试样纵向尺寸。

示例：试样纵向尺寸为98 mm，横向尺寸为95 mm，实测纵向柔软度为45 mN，实测横向柔软度为83 mN，则纵向柔软度＝45×100÷95＝47(mN)，横向柔软度＝83×100÷98＝85(mN)。

8 试验报告

试验报告应包括以下内容：

a) 本标准编号；
b) 试验环境条件；
c) 报告柔软度值；
d) 被测样品层数；
e) 狭缝宽度；
f) 完整识别样品的所有必要信息；
g) 所有偏离本标准并可能影响结果的任何操作。

ICS 85.060
Y 30

中华人民共和国国家标准

GB/T 8943.1—2008
代替 GB/T 8943.1—1988

纸、纸板和纸浆　铜含量的测定

Paper, board and pulp—Determination of copper content

(ISO 778:2001, MOD)

2008-01-04 发布　　　　2008-09-01 实施

中华人民共和国国家质量监督检验检疫总局
中国国家标准化管理委员会　发布

前　言

GB/T 8943 分为四个部分：

——GB/T 8943.1《纸、纸板和纸浆　铜含量的测定》；

——GB/T 8943.2《纸、纸板和纸浆　铁含量的测定》；

——GB/T 8943.3《纸、纸板和纸浆　锰含量的测定》；

——GB/T 8943.4《纸、纸板和纸浆　钙、镁含量的测定》。

本部分为 GB/T 8943 的第 1 部分，对应国际标准 ISO 778:2001《纸、纸板和纸浆　铜含量的测定》。

本部分是对 GB/T 8943.1—1988《纸浆、纸和纸板铜含量的测定法》的修订。

本部分修改采用国际标准 ISO 778:2001

本部分与国际标准 ISO 778:2001 相比有如下变化：

——增加了新的试验方法(见本部分的第 3 章)。

本部分与 ISO 778:2001 的技术性差异在附录 A 中列出。

本部分与 ISO 778:2001 的结构对比在附录 B 中列出。

本部分代替 GB/T 8943.1—1988。

本部分与 GB/T 8943.1—1988 相比有如下变化：

——增加了警告语；

——增加了规范性引用文件；

——修改了部分叙述语句。

本部分的附录 A 和附录 B 均为资料性附录。

本部分由中国轻工业联合会提出。

本部分由全国造纸工业标准化技术委员会归口。

本部分由浙江省纸张质量监督检验站负责起草。

本部分主要起草人：潘勇、余德清、干海华。

本部分所代替标准的历次版本发布情况为：

——GB/T 8943.1—1961；GB/T 8943.1—1981；GB/T 8943.1—1988。

本部分由全国造纸工业标准化技术委员会负责解释。

纸、纸板和纸浆　铜含量的测定

警告！在 GB/T 8943 的本部分所规定的方法中，需要使用某些危险的化学药品以及与空气可以形成爆炸性混合物的气体，因此必须注意保证遵守有关的安全预防措施。

1　范围

GB/T 8943 的本部分规定了两个方法，即二乙基二硫代氨基甲酸钠分光光度法（方法 A）和火焰原子吸收分光光度法（方法 B），测定纸浆、纸和纸板中铜的含量，仲裁时应采用火焰原子吸收分光光度法（方法 B）。

本部分适用于各种纸浆、纸和纸板中铜含量的测定。

2　规范性引用文件

下列文件中的条款通过 GB/T 8943 的本部分的引用而成为本部分的条款。凡是注日期的引用文件，其随后所有的修改单（不包括勘误的内容）或修订版均不适用于本部分，然而，鼓励根据本部分达成协议的各方研究是否可使用这些文件的最新版本。凡是不注日期的引用文件，其最新版本适用于本部分。

GB/T 450　纸和纸板　试样的采取（GB/T 450—2002，eqv ISO 186:1994）

GB/T 462　纸和纸板　水分的测定（GB/T 462—2003，ISO 287:1985，MOD）

GB/T 740　纸浆　试样的采取（GB/T 740—2003，ISO 7213:1991，IDT）

GB/T 741　纸浆　分析试样水分的测定（GB/T 741—2003，ISO 638:1978，MOD）

GB/T 742　纸、纸板和纸浆　残余物（灰分）的测定（900℃）（GB/T 742—2003，ISO 2144:1997，MOD）

3　方法 A　二乙基二硫代氨基甲酸钠分光光度法

3.1　原理

将样品灰化，然后将残余物（灰分）溶解于盐酸中，在氨性溶液中，铜离子与二乙基二硫代氨基甲酸钠作用生成黄棕色胶态络合物，其颜色深浅与铜离子浓度成正比。利用淀粉作保护胶体，可使这种黄棕色胶态络合物形成一种稳定的胶体悬浮液。用分光光度法，在 435 nm 波长下，对此有色溶液进行光度测定。

3.2　试剂

分析时，应使用分析纯的试剂和蒸馏水或相当纯度的水。蒸馏水的铜含量应低于 0.01 mg/kg。

3.2.1　0.1 g/L 标准铜溶液Ⅰ：将 0.100 g 纯的电解金属铜溶解于约 5 mL 的硝酸（密度为 1.4 g/mL）中，将溶液煮沸，以便驱除亚硝烟。待冷却后，将全部溶液移入 100 mL 容量瓶中，再用蒸馏水稀释至容量瓶刻度，并混合均匀。1 mL 该标准溶液中含有 0.1 mg 铜。

3.2.2　0.01 g/L 标准铜溶液Ⅱ：移取 100 mL 标准铜溶液Ⅰ于 1 000 mL 容量瓶中，用蒸馏水稀释至容量瓶刻度，混合均匀。1 mL 该标准溶液中含有 0.01 mg 铜。此溶液不稳定，使用时间不应超过 24 h。

3.2.3　二乙基二硫代氨基甲酸钠溶液：约 1 g/L。将 0.1 g 二乙基二硫代氨基甲酸钠 [$(C_2H_5)_2NCSSNa \cdot 3H_2O$] 溶解于 100 mL 蒸馏水中（如混浊，则应过滤）。用棕色玻璃瓶贮存，置于暗处。此溶液可保持大约一周不变。

3.2.4 酒石酸钾钠溶液：约 50 g/L。将 50 g 酒石酸钾钠溶解于水，并稀释至 1 000 mL。

3.2.5 淀粉溶液：约 2.5 g/L。将 0.25 g 可溶性淀粉溶解于 100 mL 蒸馏水中，煮沸并待冷却后备用。

3.2.6 盐酸溶液：约 6 mol/L。

3.2.7 氨水：1∶5 的氢氧化铵溶液。将 1 体积浓氨水（密度 0.91g/mL）与 5 体积蒸馏水混合。

3.3 仪器

一般实验室的仪器和分光光度计。

3.4 样品采取和制备

纸浆试样的采取按 GB/T 740 进行，纸和纸板试样的采取按 GB/T 450 进行。

将风干样品撕成适当大小的碎片，但不应采用剪切、冲孔或其他可能发生金属污染的工具制备样品。

3.5 试验步骤

3.5.1 标准曲线的绘制

3.5.1.1 空白参比溶液

在测定试样的同时，应进行空白试验。空白试验应采用与测定试样时的相同步骤和相同数量的所有试剂，但不放试样。

3.5.1.2 标准比色溶液的制备

分别向 5 个 100 mL 烧杯中注入 20 mL 盐酸溶液（3.2.6），加入浓氨水（密度 0.91 g/mL）（3.2.7）至中性，加热浓缩至约 20 mL，然后分别移入 5 个 50 mL 容量瓶中。用少量蒸馏水漂洗烧杯，洗液也倾入容量瓶中。按表 1 列出的体积向各容量瓶中加入标准铜溶液Ⅱ（3.2.2），混合后，分别加入 1 mL 酒石酸钾钠溶液（3.2.4），5 mL 氨水（3.2.7），1 mL 新配制的淀粉溶液（3.2.5），混合均匀后，加入 5 mL 二乙基二硫代氨基甲酸钠（3.2.3）溶液，加蒸馏水稀释至容量瓶刻度，摇匀。倾出一定量溶液于光距 1 cm 比色皿中，立即进行吸收值测量。

表 1

标准铜溶液Ⅱ体积/mL	相当铜的质量/mg
0[a]	0
2.0	0.02
5.0	0.05
7.0	0.07
10.0	0.10

[a] 空白参比溶液。

3.5.1.3 吸收值的测量

将可见分光光度计的波长调至 435 nm，用空白参比溶液将仪器的吸收值调节为 0，然后分别测定其他溶液的吸收值。

3.5.1.4 绘制曲线

以铜的质量（mg）为横坐标，以相应的吸光值为纵坐标绘制标准曲线。

3.5.2 样品的测定

3.5.2.1 试样的称取和灰化

每个样品称取两份 10 g（称准至 0.01 g）试样，如果试样的铜含量已知超过 10 mg/kg，则只称取 5 g。同时称取两份试样按 GB/T 741 或 GB/T 462 测定试样的水分。

将称好的试样放在瓷蒸发皿（最好采用带盖有柄蒸发皿）或坩埚内，试样按 GB/T 742 灼烧成残余物（灰分）。

3.5.2.2　残余物(灰分)的溶解和试样溶液的制备

仔细向含有试样残余物(灰分)的蒸发皿内加入 5 mL 盐酸溶液(3.2.6),并在蒸汽浴上蒸发至干,如此重复操作一次。然后用 20 mL 盐酸溶液(3.2.6)处理残渣,并在蒸汽浴上加热 5 min。稍冷,徐徐加入氨水(密度 0.91 g/mL)(3.2.7)至成微碱性。此时,铁应以氢氧化铁沉淀析出,溶液应为无色。用滤纸过滤,用热水洗涤 6 次～7 次,集滤液及洗液于烧杯中,蒸浓至约为 20 mL,移入 50 mL 容量瓶中,用少量水漂洗烧杯 3 次,洗液也倾入容量瓶中。

向容量瓶中加入 1 mL 酒石酸钾钠溶液(3.2.4),5 mL 氨水(3.2.7),1 mL 新配制的淀粉溶液(3.2.5),混合均匀后,加入 5 mL 二乙基二硫代氨基甲酸钠溶液(3.2.3),加水稀释至容量瓶刻度,摇匀。

3.5.2.3　吸收值的测量

倾出一定量试样溶液于 1 cm 比色皿中,用空白参比溶液将仪器的吸收值调节为 0 后,立即按 3.5.1.3 的规定测量试样溶液的吸收值。

3.6　结果计算

试样的铜含量 X 以 mg/kg 表示,按式(1)计算:

$$X=\frac{m_1}{m_0}\times 1\,000 \qquad \cdots\cdots(1)$$

式中:

X——试样的铜含量,单位为毫克每千克(mg/kg);

m_1——由标准曲线所查得的试样溶液的含铜质量,单位为毫克(mg);

m_0——试样的绝干量,单位为克(g)。

用两次测定的平均值,取一位小数报告结果。

4　方法 B　火焰原子吸收分光光度法

4.1　原理

将试样灰化,并把残余物(灰分)溶解于盐酸中。将试样溶液吸入一氧化二氮-乙炔或空气-乙炔火焰中,测量试样溶液对铜空心阴极灯所发射的 324.7 nm 谱线的吸收值。

4.2　试剂

分析时应使用分析纯的试剂和蒸馏水或相当纯度的水。蒸馏水的铜含量应低于 0.01 mg/kg。

4.2.1　盐酸溶液约 6 mol/L。

4.2.2　标准铜溶液Ⅰ:0.1 g/L 按方法 A 中的 3.2.1 规定制备。

4.2.3　标准铜溶液Ⅱ:0.01 g/L 按方法 A 中的 3.2.2 规定制备。

4.3　仪器

4.3.1　一般实验室仪器。

4.3.2　原子吸收分光光度计,配备有一氧化二氮-乙炔燃烧器或空气-乙炔燃烧器。

4.3.3　铜空心阴极灯。

4.4　样品的采取和制备

按方法 A 中 3.4 进行。

4.5　试验步骤

4.5.1　校准曲线的绘制

4.5.1.1　标准比较溶液的制备

分别向 5 个 50 mL 的容量瓶中加入 10 mL 盐酸溶液(4.2.1)和表 1 所示的一定体积的标准铜溶液Ⅱ。然后用蒸馏水稀释至容量瓶刻度,并混合均匀。

4.5.1.2　校正仪器

将铜空心阴极灯安装在原子吸收分光光度计的灯座上,按仪器规定的操作步骤开动仪器,接通电流，并使电流稳定。根据仪器测定铜的条件，调节并固定波长为 324.7 mm。然后调节电流、灵敏度狭缝、燃烧头高度、燃气/助燃气比、气流速度以及吸入量等。

安全须知：若采用一氧化二氮-乙炔时，应特别注意安全，防止爆炸。应使用一氧化二氮-乙炔燃烧头，在接通一氧化二氮-乙炔前需先用空气-乙炔将燃烧器点燃。

4.5.1.3　吸收值测量

待仪器正常，火焰燃烧稳定后，依次将标准比对溶液吸入火焰中，并测量每一个溶液的吸收值。测量时应以空白试样溶液作对照，将仪器的吸收值调节为 0，然后测量其余待测标准溶液。在标准曲线的制备过程中，应注意保持仪器使用条件的恒定。每次测量之后，应吸蒸馏水清洗燃烧器。

4.5.1.4　绘制曲线

以铜的质量(mg)作为横坐标，以相应标准溶液的吸收值作为纵坐标，绘制标准曲线。

4.5.2　样品的测定

4.5.2.1　试样的称取和灰化

按方法 A 中 3.5.2.1 进行。

4.5.2.2　残余物(灰分)的溶解和试样溶液的制备

按方法 A 中 3.5.2.2 进行后，用蒸馏水稀释至容量瓶刻度，并混合均匀。如果溶液中含有悬浮物，则可待其下沉后对其清液进行吸收值的测量。

4.5.2.3　校正仪器

校正仪器与 4.5.1.2 同。

4.5.2.4　吸收值的测量

吸收值的测量与 4.5.1.3 同。

4.6　结果计算

试样的铜含量 X 以 mg/kg 表示，按式(2)计算：

$$X = \frac{m_1}{m_0} \times 1\,000 \qquad \cdots\cdots(2)$$

式中：

X——试样的铜含量，单位为毫克每千克(mg/kg)；

m_1——由标准曲线所查得的试样溶液的含铜质量，单位为毫克(mg)；

m_0——试样的绝干质量，单位为克(g)。

用两次测定的平均值，取一位小数报告结果。

5　试验报告

a)　本部分编号；

b)　完整鉴定样品所必需的全部资料；

c)　本部分的参考文献以及所使用的方法(A 或 B)；

d)　如果多于两次测定，应说明测定次数；

e)　如果标准方法有所更改，应报告标准步骤的任何变更情况；

f)　测定结果；

g)　试验过程中观察到的任何异常情况；

h)　本部分或规范性引用文件中未规定的并可能影响结果的任何操作。

附　录　A
（资料性附录）
本部分与 ISO 778:2001 的技术性差异及其原因

表 A.1 给出了本部分与 ISO 778:2001 的技术性差异及其原因。

表 A.1　本部分与 ISO 778:2001 的技术性差异及其原因

本部分的章条编号	技术性差异	原　因
第 3 章	二乙基二硫代氨基甲酸钠分光光度法	由于考虑到国内原子吸收光谱仪和等离子发射光谱仪的普及率很低，因此增加了二乙基二硫代氨基甲酸钠分光光度法

附　录　B
（资料性附录）
本部分章条编号与 ISO 778:2001 章条编号对照

表 B.1 给出了本部分章条编号与 ISO 778:2001 章条编号对照。

表 B.1　本部分章条编号与 ISO 778:2001 章条编号对照

本部分章条编号	对应的国际标准章条编号
方法 B	方法 B
1	1
2	2
—	3
4.1	4
4.2	5
4.2.1	5.1
4.2.2	5.3
4.2.3	5.4
4.4	7
4.5	8
4.5.1	9
4.5.2	10
4.6	11

ICS 85.060
Y 30

中华人民共和国国家标准

GB/T 8943.2—2008
代替 GB/T 8943.2—1988

纸、纸板和纸浆 铁含量的测定

Paper, board and pulps—Determination of iron

(ISO 779:2001, MOD)

2008-01-04 发布 2008-09-01 实施

中华人民共和国国家质量监督检验检疫总局
中国国家标准化管理委员会 发布

前　言

GB/T 8943 分为四个部分：

——GB/T 8943.1《纸、纸板和纸浆　铜含量的测定》；

——GB/T 8943.2《纸、纸板和纸浆　铁含量的测定》；

——GB/T 8943.3《纸、纸板和纸浆　锰含量的测定》；

——GB/T 8943.4《纸、纸板和纸浆　钙、镁含量的测定》。

本部分为 GB/T 8943 的第 2 部分，对应国际标准 ISO 779:2001《纸、纸板和纸浆　铁含量的测定》。本部分是对 GB/T 8943.2—1988《纸浆、纸和纸板铁含量的测定法》的修订。

本部分修改采用国际标准 ISO 779:2001。

本部分与国际标准 ISO 779:2001 相比有如下变化：

——增加了新的试验方法 A(见本部分的第 3 章)。

本部分与 ISO 779:2001 的技术性差异在附录 A 中列出。

本部分与 ISO 779:2001 的结构对比在附录 B 中列出。

本部分代替 GB/T 8943.2—1988。

本部分与 GB/T 8943.2—1988 相比有如下变化：

——增加了规范性引用文件(见本版的第 2 章)；

——增加了新的试验方法(见本版的第 4 章)；

——调整了试剂中的顺序(见本版的 3.2、4.2)；

——修改了仪器中的内容(见本版的 3.3)；

——调整了试验步骤的顺序和内容(见本版的 3.5、4.5、3.5.2.2)。

本部分的附录 A 和附录 B 均为资料性附录。

本部分由中国轻工业联合会提出。

本部分由全国造纸工业标准化技术委员会(SAC/TC 141)归口。

本部分由天津轻工业造纸技术研究所负责起草。

本部分主要起草人：聂俊红。

本部分所代替标准的历次版本发布情况为：

——GB/T 8943.2—1961、GB/T 8943.2—1981、GB/T 8943.2—1988。

本部分由全国造纸工业标准化技术委员会负责解释。

纸、纸板和纸浆　铁含量的测定

1　范围

GB/T 8943的本部分规定了两种测定纸张铁含量的试验方法，即1，10-菲罗啉分光光度法和火焰原子吸收光谱法（或等离子喷射光谱法）。

本部分适用于各种纸、纸板和纸浆中铁含量的测定。

2　规范性引用文件

下列文件中的条款通过GB/T 8943的本部分的引用而成为本部分的条款。凡是注日期的引用文件，其随后所有的修改单（不包括勘误的内容）或修订版均不适用本部分。然而，鼓励根据本部分达成协议的各方研究是否可使用这些文件的最新版本，凡是不注日期的引用文件，其最新版本适用于本部分。

GB/T 462　纸和纸板　水分的测定（GB/T 462—2003，ISO 287：1985，MOD）

GB/T 741　纸浆　分析试样水分的测定（GB/T 741—2003，ISO 638：1978，MOD）

GB/T 742　纸、纸板和纸浆　残余物（灰分）的测定（900 ℃）（GB/T 742—2003，ISO 2144：1997，MOD）

3　方法A：1，10-菲罗啉分光光度法

3.1　原理

灰化样品，然后将灰溶解于盐酸中，用氯化羟胺（盐酸羟胺）还原三价铁。在缓冲介质溶液中，二价铁与1，10-菲罗啉形成一种络合物，在波长510 nm下对此络合物进行光度测定。

3.2　试剂

除非另有说明，在分析中应使用分析纯试剂和蒸馏水或相同纯度的水。

3.2.1　乙酸钠三水化合物（$NaCOOCH_3 \cdot 3H_2O$）溶液：540 g/L。

3.2.2　盐酸溶液：约6 mol/L。

3.2.3　0.1 g/L标准铁溶液Ⅰ：将纯铁丝0.100 g放在1 000 mL容量瓶中，溶解于尽可能少的盐酸（密度1.19 g/mL）中。然后用水稀释至刻度，并混合均匀。

1 mL这种标准溶液，含有0.1 mg铁。

3.2.4　0.01 g/L标准铁溶液Ⅱ：移取标准铁溶液Ⅰ（3.2.3）100 mL于1 000 mL容量瓶中，用水稀释至刻度并混合均匀。

1 mL这种标准溶液，含有0.01 mg铁。此溶液不稳定，应当天用当天配。

3.2.5　氯化羟胺（盐酸羟胺）（$HONH_3Cl$）溶液：20 g/L。

3.2.6　盐酸1，10-菲罗啉（$C_{12}H_8N_2 \cdot HCl \cdot H_2O$）溶液：10 g/L。

该试剂可用相当数量的1，10-菲罗啉代替。

贮存此溶液时，避免光线照射。应注意只使用无色溶液。

3.3　仪器

一般实验室仪器及

3.3.1　分光光度计，或

3.3.2　光电比色计，配备了在波长500 nm～520 nm之间有最大透过率的滤光片和带盖的比色皿。

3.4　试样制备

将风干试样撕成适当大小的碎片，不应采用剪切、冲孔刀具或其他可能发生金属污染的工具制备样品。

3.5 步骤

3.5.1 标准曲线的绘制

3.5.1.1 空白参比溶液的制备

测定试样的同时，进行空白试验。空白试验时不放试样，但其所有试验步骤及试剂用量，与测定试样时完全相同。

3.5.1.2 标准比色溶液的制备

分别向5个50 mL容量瓶中移取如表1所示的一定体积的标准铁溶液Ⅱ(3.2.4)。再向每个容量瓶中加入盐酸溶液(3.2.2)10 mL，氯化羟胺（盐酸羟胺）溶液(3.2.5)1 mL，盐酸1,10-菲罗啉溶液(3.2.6)1 mL，乙酸钠三水化合物溶液(3.2.1)15 mL。然后用水稀释至刻度，混合均匀，并放置15 min。

表1

标准铁溶液Ⅱ(3.2.4)体积/mL	相当铁的质量/mg
0[a]	0
5.0	0.05
10.0	0.10
15.0	0.15
20.0	0.20

[a] 标准曲线用的空白参比溶液。

3.5.1.3 吸收值测定

用分光光度计(3.3.1)在510 nm波长下，或用配有适宜滤光片的光电比色计(3.3.2)，以空白参比溶液作对照，将仪器的吸收值调节为0，然后分别测定试验溶液的吸收值。

3.5.1.4 绘制曲线

以铁的质量(mg)为横坐标，以相应的吸收值为纵坐标，绘制标准曲线。

3.5.2 试样测定

3.5.2.1 试样灰化

称取两份10 g(称准至0.01 g)试样，如果已知试样的铁含量大于20 mg/kg，则只称取5 g。同时按GB/T 741或GB/T 462测定试样的水分。

将称好的试样放在洁净无铁的蒸发皿或坩埚（瓷、石英或铂质）中，按GB/T 742将其灼烧成灰。

注：检查蒸发皿无铁的方法：存蒸发皿中加热约2 mL盐酸(3.2.2)，并用约10 mL水稀释。待溶液冷却后加入1 mL氯化羟胺（盐酸羟胺）溶液(3.2.5)，1 mL盐酸1,10-菲罗啉溶液(3.2.6)和10 mL乙酸钠三水化合物溶液(3.2.1)，此时溶液不应显红色。

3.5.2.2 溶解试样并制备试验溶液

向灰中加入5 mL盐酸溶液(3.2.2)，并在蒸汽浴上蒸发至干。如此重复一次，然后再用5 mL盐酸溶液处理残渣，并在蒸汽浴上加热5 min。

用蒸馏水将蒸发皿中的内容物移入50 mL容量瓶中，为保证抽提完全，再向蒸发皿中的残渣加入5 mL盐酸溶液，并在蒸汽浴上加热。然后用蒸馏水将最后的内容物移入容量瓶中，与主要的试样溶液合并在一起，并用蒸馏水稀释至刻度，且混合均匀。

向试验溶液中按顺序加入1 mL氯化羟胺（盐酸羟胺）溶液，1 mL盐酸1,10-菲罗啉溶液和15 mL乙酸钠三水化合物溶液，调节pH值至3～6（用pH试纸检查）。然后用蒸馏水稀释至刻度，混合均匀，然后放置15 min。如果溶液混浊，可用玻璃过滤器过滤或离心分离。

3.5.2.3 光谱测定

显色后，先以空白参比溶液作对照，将仪器的吸收值调节为0。然后按3.5.1.3的规定，对试验溶液进行光谱测定。

3.5.3 结果表示

按式(1)计算铁含量 X,并用 mg/kg 表示。

$$X = \frac{m_1}{m_0} \times 1\,000 \qquad \cdots\cdots(1)$$

式中:

X——试样的铁含量,单位为毫克每千克(mg/kg);

m_1——由标准曲线查得的试样溶液的含铁质量,单位为毫克(mg);

m_0——试样的绝干质量,单位为克(g)。

用两次测定的平均值表示结果,并保留一位小数。

4 方法 B:火焰原子吸收光谱法(或等离子喷射光谱法)

4.1 原理

试样灰化后用 6 mol/L 的盐酸溶液处理,然后将试验溶液吸入一氧化二氮-乙炔或空气-乙炔的火焰中,并按以下步骤测定铁含量。

——测定由铁空心阴极灯所发射的 248.3 nm 谱线的吸收值,或

——测定由等离子体所发射的 248.3 nm 谱线的吸收值。

4.2 试剂

分析时,应使用分析纯试剂和蒸馏水或相同纯度的水。

4.2.1 盐酸溶液:约 6 mol/L。

4.2.2 标准铁溶液:0.01 g/L,按(3.2.4)的规定制备。

4.3 仪器

一般实验室仪器及

4.3.1 原子吸收光谱仪,配备有一氧化二氮-乙炔燃烧器或空气-乙炔燃烧器。或

4.3.2 等离子喷射光谱仪。

4.4 试样制备

见 3.4。

4.5 步骤

4.5.1 标准曲线的绘制

4.5.1.1 空白参比溶液的制备

见 3.5.1.1。

4.5.1.2 标准比色溶液的制备

分别向 5 个 50 mL 容量瓶中加入 10 mL 盐酸溶液(4.2.1)和表 2 所示的一定体积的标准铁溶液(4.2.2)。然后用蒸馏水稀释至刻度,并混合均匀。

表 2

标准铁溶液(4.2.2)体积/mL	相当铁的质量/mg
0[a]	0
5.0	0.05
10.0	0.10
15.0	0.15
20.0	0.20

a 标准曲线用的空白参比溶液。

4.5.1.3 **吸收值测定**

按顺序将标准比色溶液(4.5.1.2)吸入火焰中,并测定每个溶液的吸收值。测定时应以空白参比溶液作对照,将仪器的吸收值调节为0。在整个测定过程中,应保持恒定的吸入速度。每次测定后,应喷水清洗燃烧器。

4.5.1.4 **绘制曲线**

以铁的质量(mg)为横坐标,以相应的吸收值为纵坐标,绘制标准曲线。

4.5.2 **试样测定**

4.5.2.1 **试样灰化**

见3.5.2.1。

4.5.2.2 **溶解试样并制备试验溶液**

见3.5.2.2。

如果溶液中含有悬浮物,应待悬浮物下沉后,用清液进行吸收值的测定。

4.5.2.3 **光谱测定**

见3.5.2.3。

4.5.3 **结果表示**

按式(2)计算铁含量 X,并用 mg/kg 表示。

$$X=\frac{m_1}{m_0}\times 1\,000 \qquad \cdots\cdots(2)$$

式中:

X——试样的铁含量,单位为毫克每千克(mg/kg);

m_1——由标准曲线查得的试验溶液的含铁质量,单位为毫克(mg);

m_0——试样的绝干质量,单位为克(g)。

用两次测定的平均值表示结果,并保留一位小数。

5 试验报告

试验报告应包括以下项目:

a) 本部分编号;

b) 完整鉴定样品所必需的全部资料;

c) 本部分的参考文献以及所使用的方法(A或B);

d) 如果多于两次测定,应说明测定次数;

e) 如果标准方法有所更改,应报告标准步骤的任何变更情况;

f) 测定结果;

g) 试验过程中观察到的任何异常情况;

h) 本部分或规范性引用文件中未规定的并可能影响结果的任何操作。

附　录　A
（资料性附录）
本部分与 ISO 779:2001 的技术性差异及其原因

表 A.1 给出了本部分与 ISO 779:2001 的技术性差异及其原因。

表 A.1　本部分与 ISO 779:2001 的技术性差异及其原因

本部分章条编号	技术性差异	原　因
第 3 章方法 A	ISO 779:2001 只规定了火焰原子吸收光谱法和等离子喷射光谱法。而在 GB/T 8943.2—2008 中增加了 1,10-菲罗啉分光光度法	由于考虑到国内原子吸收光谱仪和等离子喷射光谱仪的普及率很低，因此增加了 1,10-菲罗啉分光光度法

附　录　B
（资料性附录）
本部分章条编号与 ISO 779:2001 章条编号对照

表 B.1 给出了本部分章条编号与 ISO 779:2001 章条编号对照。

表 B.1　本部分章条编号与 ISO 779:2001 章条编号对照

本部分章条编号	对应国际标准章条号
1	1
2	2
3	—
4.1	4
4.2	5
4.2.1	5.1
4.2.2	5.3
4.3	6
4.3.1	6.3
4.3.2	6.4
4.4	7
4.5	8
4.5.1	—
4.5.1.1	8.2
4.5.1.2	9
4.5.1.3	10
4.5.1.4	—
4.5.2	—
4.5.2.1	8.1
4.5.2.2	—
4.5.2.3	—
4.5.3	11
5	13

ICS 85.060
Y 30

中华人民共和国国家标准

GB/T 8943.3—2008
代替 GB/T 8943.3—1988

纸、纸板和纸浆　锰含量的测定

Paper, board and pulp—Determination of manganese

(ISO 1830:2005, MOD)

2008-01-04 发布　　2008-09-01 实施

中华人民共和国国家质量监督检验检疫总局
中国国家标准化管理委员会　发布

前　言

GB/T 8943 分为四个部分：

——GB/T 8943.1《纸、纸板和纸浆　铜含量的测定》；

——GB/T 8943.2《纸、纸板和纸浆　铁含量的测定》；

——GB/T 8943.3《纸、纸板和纸浆　锰含量的测定》；

——GB/T 8943.4《纸、纸板和纸浆　钙、镁含量的测定》。

本部分是 GB/T 8943 的第 3 部分，对应国际标准 ISO 1830:2005《纸、纸板和纸浆　锰含量的测定》。本部分是对 GB/T 8943.3—1988《纸浆、纸和纸板锰含量的测定法》的修订。

本部分修改采用国际标准 ISO 1830:2005。

本部分与 ISO 1830:2005 的技术性差异在附录 A 中列出。

本部分与 ISO 1830:2005 的结构对比在附录 B 中列出。

本部分代替 GB/T 8943.3—1988。

本部分与 GB/T 8943.3—1988 相比有如下变化：

——增加了警告语；

——增加了规范性引用文件；

——修改了部分叙述语句。

本部分的附录 A 和附录 B 均为资料性附录。

本部分由中国轻工业联合会提出。

本部分由全国造纸工业标准化技术委员会归口。

本部分起草单位：浙江省纸张质量监督检验站、中国制浆造纸研究院。

本部分主要起草人：潘勇、余德清、干海华、高君。

本部分所代替标准的历次版本发布情况为：

——GB/T 8943.3—1961；GB/T 8943.3—1981；GB/T 8943.3—1988。

本部分由全国造纸工业标准化技术委员会负责解释。

纸、纸板和纸浆　锰含量的测定

警告！在 GB/T 8943 的本部分所规定的方法中，需要使用某些危险化学药品，它们与空气可以形成爆炸性气体，因此必须注意保证遵守有关的安全预防措施。

1　范围

GB/T 8943 的本部分规定了两个方法，即高碘酸钠分光光度法（方法 A）和火焰原子吸收分光光度法（方法 B），测定纸浆、纸和纸板中锰的含量。

本部分适用于各种纸、纸板和纸浆中锰含量测定。A、B 两种测定方法具有同等效力。

2　规范性引用文件

下列文件中的条款通过 GB/T 8943 的本部分的引用而成为本部分的条款。凡是注日期的引用文件，其随后所有的修改单（不包括勘误的内容）或修订版均不适用于本部分，然而，鼓励根据本部分达成协议的各方研究是否可使用这些文件的最新版本。凡是不注日期的引用文件，其最新版本适用于本部分。

GB/T 450　纸与纸板试样的采取（GB/T 450—2002，eqv ISO 186：1994）

GB/T 462　纸与纸板　水分的测定（GB/T 462—2003，ISO 287：1985，MOD）

GB/T 740　纸浆　试样的采取（GB/T 740—2003，ISO 7213：1991，IDT）

GB/T 741　纸浆　分析试样水分的测定（GB/T 741—2003，ISO 638：1978，MOD）

GB/T 742　纸、纸板和纸浆　残余物（灰分）的测定（900 ℃）（GB/T 742—2003，ISO 2144：1997，MOD）

3　方法 A：高碘酸钠分光光度法

3.1　原理

将样品灰化，并把残余物（灰分）溶解于盐酸中，用高碘酸钠在磷酸存在的条件下将二价锰氧化为七价锰，然后用分光光度计在 525 nm 波长下进行测量。

3.2　试剂

本部分测试用的所有试剂应是分析纯级（AR），测试用的水应是蒸馏水或去离子水。

3.2.1　亚硫酸钠溶液：50 g/L。

3.2.2　盐酸溶液（HCl）：约 6 mol/L。

3.2.3　高碘酸钠-磷酸溶液：密度 1.70 g/mL，每升含有 50 g 高碘酸钠（$NaIO_4$）和 200 mL 磷酸（H_3PO_4）。

3.2.4　0.1 g/L 标准锰溶液Ⅰ：称取 0.274 9 g 已于 450℃下烘干的硫酸锰（$MnSO_4$），用蒸馏水溶解后，移入 1 000 mL 的容量瓶中，再用蒸馏水稀释至容量瓶刻度，并混合均匀。该溶液的 1 mL 标准溶液中含 0.1 mg 锰。

3.2.5　0.01 mg/mL 标准锰溶液Ⅱ：量取 100 mL 标准锰溶液Ⅰ于 1 000 mL 的容量瓶中。用蒸馏水稀释至容量瓶刻度，并混合均匀。该 1 mL 标准溶液中含 0.01 mg 锰。此溶液不稳定，使用时间应不超过 24 h。

3.3　仪器

3.3.1　一般实验室仪器。

3.3.2　分光光度计。

3.3.3 坩埚或蒸发皿，需要用盐酸浸泡反复洗涤干净。最好用铂金器皿，其污斑应用细砂擦洗干净。

3.4 试样的采取和制备

纸浆试样的采取按照 GB/T 740 进行。纸和纸板试样的采取按照 GB/T 450 进行。

将风干样品撕成适当大小的碎片，但不应采用剪切或冲孔或其他可能发生金属污染的工具制备样品。

3.5 试验步骤

3.5.1 标准曲线的绘制

分别向 8 个 25 mL 容量瓶中移入表 1 所示的一定体积的标准锰溶液Ⅱ。

表 1

序 号	标准锰溶液Ⅱ体积/mL	相当锰的质量/mg
1	0	0
2	1.0	0.01
3	2.0	0.02
4	3.0	0.03
5	4.0	0.04
6	6.0	0.06
7	8.0	0.08
8	10.0	0.10

不经稀释，直接将容量瓶放入水浴中使溶液加热，并向每一个容量瓶中加入 1 mL 高碘酸钠-磷酸溶液(3.2.3)。继续在水浴中将各容量瓶加热 5 min，取出后向各容量瓶中加入 6 mol/L 盐酸(3.2.2) 5 滴，立即用水稀释至刻度，并混合均匀。使其冷却至室温再用水稀释至刻度。各容量瓶间溶液的温差应不大于 3℃。用分光光度计于波长 525 nm 的条件下测量吸收值。以不放标准锰溶液Ⅱ的补偿溶液作参比溶液，将仪器的吸收值调节为 0，再测量其余容量瓶的吸收值。以 25 mL 溶液所含的锰质量(mg)作为横坐标，以相应的吸收值作为纵坐标绘制标准曲线。

3.5.2 样品的测定

3.5.2.1 试样的称取和灰化

称取两份 10 g(称准至 0.01 g)试样，如果已知试样的锰含量超过 5 mg/kg，则只称取 5 g。同时按 GB/T 741 或 GB/T 462 测定试样的水分。

将称好的试样放在蒸发皿或坩埚中，对有争议的样品，应用铂金器皿仲裁。然后将试样按 GB/T 742 灼烧成残余物(灰分)。

3.5.2.2 试样残余物(灰分)的处理

向试样残余物(灰分)中加入 3 滴亚硫酸钠溶液(3.2.1)，并溶解于最多不超过 5 mL 的盐酸溶液(3.2.2)中。将坩埚放在蒸气浴上蒸发至干，滴 5 滴 6 mol/L 盐酸，将坩埚中的内容物用蒸馏水移入 25 mL 容量瓶中。

将容量瓶置于水浴中加热，加 1 mL 高碘酸钠-磷酸溶液(3.2.3)于容量瓶中，然后继续在水浴中加热 5 min。用蒸馏水稀释至刻度，摇匀。使其冷却至室温，再用蒸馏水稀释至刻度。此溶液的温度与标准比色溶液温度相差应不超过 ±3 ℃。如果溶液混浊，用离心法除去混浊物，但不应过滤溶液。

3.5.2.3 吸收值测量

用分光光度计于波长 525 nm 的条件下测量吸收值。测量方法和步骤与标准曲线绘制(3.5.1)的方法和步骤相同。

3.6 结果计算

试样的锰含量 X 以 mg/kg 来表示,按式(1)计算:

$$X = \frac{m_1}{m_0} \times 1\,000 \qquad \cdots\cdots(1)$$

式中:

X——试样的锰含量,单位为毫克每千克(mg/kg);

m_1——由标准曲线所查得试样溶液的含锰质量,单位为毫克(mg);

m_0——试样的绝干质量,单位为克(g)。

用两次测定的平均值,取准至一位小数报告结果。

4 方法 B:火焰原子吸收分光光度法

4.1 原理

将试样灰化,并把残余物(灰分)溶解于盐酸中。将试样溶液吸入一氧化二氮-乙炔或空气-乙炔的火焰中,测量试样溶液对锰空心阴极灯所发射的 279.5 nm 谱线的吸收值。

4.2 试剂

本部分测试用的所有试剂应是分析纯级(AR),测试用的水应是蒸馏水或去离子水。

4.2.1 过氧化氢溶液:浓度 30%。

4.2.2 盐酸溶液(HCl):约 6 mol/L。

4.2.3 标准锰溶液Ⅰ:与方法 A 中 3.2.4 相同。

4.2.4 标准锰溶液Ⅱ:与方法 A 中 3.2.5 相同。

4.3 仪器

4.3.1 一般实验室仪器。

4.3.2 原子吸收分光光度计,配备有锰空心阴极灯和一氧化二氮-乙炔燃烧器或空气-乙炔燃烧器。

4.3.3 坩埚或蒸发皿,需要用盐酸浸泡反复洗涤干净。最好用铂金器皿,其污斑应用细砂擦洗干净。

4.4 试样的采样和制备

与方法 A 中 3.4 相同。

4.5 试验步骤

4.5.1 标准曲线的绘制

4.5.1.1 标准比较溶液的制备

分别向 5 个 50 mL 容量瓶中加入 6 mol/L 的盐酸溶液(4.2.2)10 mL 和表 1 所示的一定体积的标准锰溶液Ⅱ。然后用蒸馏水稀释至容量瓶刻度,并混合均匀。

4.5.1.2 校正仪器

将锰空心阴极灯安装在原子吸收分光光度计的灯座上,按仪器规定的操作步骤开启仪器,接通电流,并使电流稳定。根据仪器测定锰的条件,调节并固定波长为 279.5 nm,调节电流、灵敏度、狭缝、燃烧头高度、燃气/助燃气比、气流速度、吸入量等。

安全须知:若采用一氧化二氮-乙炔,应特别注意安全,防止爆炸。应使用一氧化二氮-乙炔燃烧头,在接通一氧化二氮-乙炔前需先用空气-乙炔将燃烧器点燃。

4.5.1.3 吸收值测量

待仪器正常,火焰燃烧稳定后,依次将标准比较溶液吸入火焰中,测量每一个溶液的吸收值。测量时应以空白试样溶液作对照,将仪器的吸收值调节为 0,然后测量其余的试样溶液。在制备标准曲线的制备过程中,应注意保持仪器使用条件的恒定。每次测量之后,应吸蒸馏水清洗燃烧器。

标准曲线系列吸收值的测定应与试样溶液吸收值的测定同时进行,以克服试验条件变化引起的误差。

4.5.1.4 绘制标准曲线

以每 50 mL 标准溶液所含锰的质量(mg 计)作为横坐标,以相应的吸收值作为纵坐标,绘制标准曲线。

4.5.2 样品的测定

4.5.2.1 试样的称取和灰化

与 3.5.2.1 同。

4.5.2.2 试样残余物(灰分)的处理

先向试样残余物(灰分)中加入几滴蒸馏水,润湿后再加入 5 mL 盐酸溶液(4.2.2),并在蒸气浴上蒸发至干。如此重复操作一次,然后再用 5 mL 盐酸溶液(4.2.2)处理残渣,并在蒸气浴上加热 5 min。

用蒸馏水将坩埚里的内容物移入 50 mL 容量瓶中。为了保证完全抽提,再向每只坩埚中的残渣加入 5 mL 盐酸溶液(4.2.2),并在蒸气浴上加热,用蒸馏水将此最后的一部分内容物移入容量瓶中,与主要试样溶液合并在一起,用蒸馏水稀释至容量瓶刻度,并混合均匀。如果溶液中含有悬浮物,则可待沉淀物下沉后用清液进行吸收值的测定。

4.5.2.3 校正仪器

与 4.5.1.2 同。

4.5.2.4 吸收值的测量

与 4.5.1.3 同。

4.6 结果计算

试样的锰含量 X 以 mg/kg 来表示,按式(2)计算:

$$X = \frac{m_1}{m_0} \times 1000 \qquad (2)$$

式中:

X——试样的锰含量,单位为毫克每千克(mg/kg);

m_1——由标准曲线所查得的试样溶液的含锰质量,单位为毫克(mg);

m_0——试样的绝干质量,单位为克(g)。

用两次测定的平均值,取准至一位小数报告结果。

注:测试纸中的锰含量时,由于残余物(灰分)中可能烧成二氧化锰,若发现加 6 mol/L 盐酸;有不溶解的棕色沉淀物,可以滴 30%过氧化氢助溶,然后放在蒸气浴上蒸干。

5 试验报告

a) 本部分编号;

b) 完整鉴定样品所必需的全部资料;

c) 本部分的参考文献以及所使用的方法(A 或 B);

d) 如果多于两次测定,应说明测定次数;

e) 如果标准方法有所更改,应报告标准步骤的任何变更情况;

f) 测定结果;

g) 试验过程中观察到的任何异常情况;

h) 本部分或规范性引用文件中未规定的并可能影响结果的任何操作。

附 录 A
（资料性附录）
本部分与 ISO 1830:2005 的技术性差异及其原因

表 A.1 给出了本部分与 ISO 1830:2005 的技术性差异及其原因。

表 A.1 本部分与 ISO 1830:2005 的技术性差异及其原因

本部分章条编号	技术性差异	原　因
方法 A、 方法 B	ISO 1830:2005 规定了火焰原子吸收光谱法和等离子发射光谱法。而在本部分中规定了火焰原子吸收光谱法和高碘酸钠分光光度法	由于考虑到国内等离子发射光谱仪的普及率很低，而高碘酸钠分光光度法比较常用，因此保留高碘酸钠分光光度法，而没有采用等离子发射光谱法

附 录 B
（资料性附录）
本部分章条编号与 ISO 1830:2005 章条编号对照

表 B.1 给出了本部分章条编号与 ISO 1830:2005 章条编号对照。

表 B.1 本部分章条编号与 ISO 1830:2005 章条编号对照

本部分章条编号	对应的国际标准章条编号
1	1
2	2
3	—
—	3
4.1	4
4.2	5
4.3	6
4.4	7
4.5.2.1、4.5.2.2	8
4.5.1.1	9
4.5.1.2、4.5.1.3、4.5.1.4、4.5.2.3、4.5.2.4	10
4.6	11
—	12
5	13
附录 A	—
附录 B	—

ICS 85.060
Y 30

中华人民共和国国家标准

GB/T 8943.4—2008
代替 GB/T 8943.4—1988

纸、纸板和纸浆 钙、镁含量的测定

Paper, boaed and pulp—Determination of calcium and magnesium

(ISO 777:2001, MOD)

2008-01-04 发布 2008-09-01 实施

中华人民共和国国家质量监督检验检疫总局
中国国家标准化管理委员会 发布

前　言

GB/T 8943 分为四个部分：

——GB/T 8943.1《纸、纸板和纸浆　铜含量的测定》；

——GB/T 8943.2《纸、纸板和纸浆　铁含量的测定》；

——GB/T 8943.3《纸、纸板和纸浆　锰含量的测定》；

——GB/T 8943.4《纸、纸板和纸浆　钙、镁含量的测定》。

本部分是 GB/T 8943 的第 4 部分，对应国际标准 ISO 777:2001《纸、纸板和纸浆　钙含量的测定法》。本部分是对 GB/T 8943.4—1988《纸浆、纸和纸板钙、镁含量的测定法》的修订。

本部分修改采用国际标准 ISO 777:2001。

本部分与国际标准 ISO 777:2001 相比有如下变化：

——增加了新的试验方法(见本部分的第 3 章)。

本部分与 ISO 777:2001 的技术性差异在附录 A 中列出。

本部分与 ISO 777:2001 的结构对比在附录 B 中列出。

本部分代替 GB/T 8943.4—1988。

本部分与 GB/T 8943.4—1988 相比有如下变化：

——增加了警告语；

——增加了规范性引用文件；

——修改了部分叙述语句。

本部分的附录 A 和附录 B 均为资料性附录。

本部分由中国轻工业联合会提出。

本部分由全国造纸工业标准化技术委员会归口。

本部分由浙江省纸张质量监督检验站负责起草。

本部分主要起草人：潘勇、余德清、干海华。

本部分所代替标准的历次版本发布情况为：

——GB/T 8943.4—1961；GB/T 8943.4—1981；GB/T 8943.4—1988。

本部分由全国造纸工业标准化技术委员会负责解释。

纸、纸板和纸浆　钙、镁含量的测定

警告！在 GB/T 8943 的本部分所规定的方法中，需要使用某些危险化学药品，它们与空气可以形成爆炸性气体，因此必须注意保证遵守有关的安全预防措施。

1　范围

GB/T 8943 的本部分规定了两个方法，即 EDTA 络合滴定法（方法 A）和火焰原子吸收分光光度法（方法 B），测定纸、纸板和纸浆中钙、镁的含量，仲裁时应采用火焰原子吸收分光光度法（方法 B）。

当纸、纸板和纸浆中钙、镁各自含量大于 200 mg/kg 时，可以采用 EDTA 络合滴定法（方法 A）。

本部分适用于各种纸、纸板和纸浆中钙、镁含量的测定。

2　规范性引用文件

下列文件中的条款通过 GB/T 8943 的本部分的引用而成为本部分的条款。凡是注日期的引用文件，其随后所有的修改单（不包括勘误的内容）或修订版均不适用于本部分，然而，鼓励根据本部分达成协议的各方研究是否可使用这些文件的最新版本。凡是不注日期的引用文件，其最新版本适用于本部分。

GB/T 450　纸和纸板试样的采取（GB/T 450—2002，eqv ISO 186:1994）

GB/T 462　纸和纸板　水分的测定（GB/T 462—2003，ISO 287:1985，MOD）

GB/T 740　纸浆　试样的采取（GB/T 740—2003，ISO 7213:1991，IDT）

GB/T 741　纸浆　分析试样水分的测定（GB/T 741—2003，ISO 638:1978，MOD）

GB/T 742　纸、纸板和纸浆　残余物（灰分）的测定（900℃）（GB/T 742—2003，ISO 2144:1997，MOD）

3　方法 A：EDTA 络合滴定法

3.1　原理

将样品灰化，把残余物（灰分）溶解于盐酸中，并稀释到一定体积。取其中的一部分溶液调节至 pH＝12，以钙指示剂，用 EDTA 标准溶液滴定，由标准溶液的消耗量来计算样品的钙含量。

另取一部分溶液用氨缓冲液调至 pH＝10。以 KB 指示剂（一种酸性铬蓝 K 的混合指示剂）用 EDTA溶液滴定，消耗 EDTA 溶液的体积为钙、镁消耗量的总和。

由总量与钙所消耗 EDTA 量的差值来计算样品的镁含量。

3.2　试剂

测试用的所有试剂应是分析纯级（AR），测试用的水应是蒸馏水或去离子水。

3.2.1　EDTA 标准溶液：c(EDTA)＝1/56 mol/L，溶解 6.635 g 的 EDTA $C_{10}H_{14}O_8N_2Na_2 \cdot 2H_2O$（GB 1401）于蒸馏水中，并稀释至 1 L。

3.2.2　锌标准溶液：称 1 g 分析纯金属锌粒（称准至 0.1 mg）于 150 mL 锥形瓶中，加入 6 mol/L 盐酸溶液 10 mL～20 mL 使其完全溶解，移入 1 L 容量瓶中，用蒸馏水稀释至刻度，并按式（1）计算锌标准溶液的浓度。

$$c = \frac{m}{65.38} \qquad (1)$$

式中：

c——锌标准溶液的浓度，单位为摩尔每升(mol/L)；

m——称取金属锌粒的质量，单位为克(g)。

3.2.3 EDTA标准溶液浓度的标定：吸取20.00 mL锌标准溶液于250 mL锥形瓶中，加蒸馏水约50 mL，加几滴氨水至微弱氨味，再加入10 mL氨缓冲溶液和0.2 g左右的KB指示剂，在不断摇荡下，用EDTA溶液滴定至蓝色，并计算其浓度。

3.2.4 KB指示剂：1 g的酸性铬蓝K，2.5 g萘酚绿B和175 g的氯化钠研磨均匀，贮存于棕色瓶中。

3.2.5 钙红指示剂：1 g的钙红指示剂，即：2-羟基-1-(2羟基-4磺酸基-1萘基)偶氮-3-萘甲酸与100 g的硫酸钠研磨均匀，贮于棕色瓶中。

3.2.6 三乙醇胺溶液：50 mL的三乙醇胺加50 mL的蒸馏水稀释。

3.2.7 盐酸羟胺溶液：溶解5 g的盐酸羟胺，并用蒸馏水稀释至250 mL。

3.2.8 氢氧化钾溶液：约8 mol/L贮于聚乙烯塑料瓶中。

3.2.9 氨缓冲溶液：54 g的氯化铵和350 mL的浓氨水溶解混合，并用蒸馏水稀释至1 L。

3.2.10 盐酸溶液：约$c(HCl)=6$ mol/L。

3.2.11 硝酸溶液：约$c(HNO_3)=5$ mol/L，量取325 mL浓硝酸，$\rho_{20}=1.4$ g/mL，用500 mL蒸馏水稀释。

3.3 仪器

3.3.1 一般实验室仪器。

3.3.2 坩埚或蒸发皿：需要用盐酸浸泡反复洗涤干净。最好用铂金器皿，其污斑应用细砂擦洗干净。

3.4 试样的采取和制备

纸浆试样的采取按照GB/T 740进行，纸样的采取按照GB/T 450进行。

将风干样品撕成适当大小的碎片，制备样品时应戴上手套，不应采用剪切、穿孔或其他可能发生金属污染的工具制备样品。

3.5 试验步骤

3.5.1 试样的称取和灰化

每个样品称取10 g(准确至0.01 g)试样两份，同时按GB/T 741或GB/T 462测定试样的水分。将称好的试样放在坩埚中，按GB/T 742灼烧成残余物(灰分)。

3.5.2 试液的制备

向样品残余物(灰分)中加入约10 mL水，然后加3 mL盐酸溶液(3.2.10)，将坩埚置于蒸气浴上加热5 min～10 min。如果产生二氧化锰的棕色沉淀，则用滤纸将坩埚中的内容物滤入100 mL的容量瓶中，并用水洗涤。如果未发现不溶残渣或残渣为无色时，则不必过滤。在这种情况下，可直接用水将坩埚中的内容物洗至100 mL的容量瓶中，并用水稀释至容量瓶刻度。

3.5.3 钙的测定

用移液管移取一定量的试液(20 mL或25 mL)于250 mL锥形瓶中，并加入5 mL氢氧化钾溶液(3.2.8)。5 min后，在不时摇动锥形瓶的情况下，加入5 mL三乙醇胺溶液(3.2.6)、2 mL的盐酸羟胺溶液(3.2.7)和大约0.1 g的钙红指示剂(3.2.5)，再用EDTA标准溶液(3.2.1)进行滴定，使溶液的颜色由酒红色变成纯蓝色为止，记下消耗EDTA标准溶液的体积V_1。

3.5.4 镁的测定

用移液管移取一定量的试液(20 mL或25 mL)于250 mL锥形瓶中，并加入10 mL的氨缓冲溶液(3.2.9)。在不时摇动锥形瓶的情况下，加入5 mL三乙醇胺溶液(3.2.6)、2 mL的盐酸羟胺溶液(3.2.7)和大约0.1 gKB指标剂(3.2.4)，再用EDTA标准溶液(3.2.1)进行滴定，使溶液的颜色由酒红色变成纯蓝色为止，记下消耗EDTA标准溶液的体积V_2。V_2为钙、镁消耗EDTA标准溶液的总和。由V_2减去V_1得出V_3，V_3为试液中镁消耗EDTA的体积。

3.5.5 空白测定

在测定试样的同时，应进行空白试验。空白试验应采用与测定试样时的同样步骤，和测定试样时同样数量的所有试剂，只是试样溶液用同体积的蒸馏水代替。然后分别测定钙、镁空白试验所消耗的EDTA标准溶液体积，钙空白时消耗的 EDTA 的体积记作 V_4；镁空白时消耗 EDTA 的体积记作 V_5。

3.6 结果的表示

试样中钙和镁的含量以 mg/kg 表示，按式(2)和式(3)计算：

$$X_1=\frac{(V_1-V_4)\cdot c\times 40.08\times 10^3}{m_0} \quad \cdots\cdots\cdots\cdots(2)$$

$$X_2=\frac{(V_3-V_5)\cdot c\times 24.31\times 10^3}{m_0} \quad \cdots\cdots\cdots\cdots(3)$$

式中：

X_1——试样的钙含量，单位为毫克每千克(mg/kg)；

X_2——试样的镁含量，单位为毫克每千克(mg/kg)；

V_1——测定钙时消耗 EDTA 标准溶液体积，单位为毫升(mL)；

V_3——测定镁时消耗 EDTA 标准溶液体积，单位为毫升(mL)；

V_4——测定钙空白时消耗 EDTA 标准溶液体积，单位为毫升(mL)；

V_5——测定镁空白时消耗 EDTA 标准溶液体积，单位为毫升(mL)；

c——EDTA 标准溶液的浓度，单位为摩尔每升(mol/L)；

m_0——试样的绝干质量，单位为克(g)。

以两次测定结果的平均值，按表 1 的规定报告钙、镁含量的结果。

表 1

单位为毫克每千克

结果平均值	报告的精确单位
≤100	1
>100～500	5
>500	10

注 1：例行检测可以用瓷坩埚，仲裁有争议的样品时应用铂金坩埚。

注 2：溶解试样的残余物(灰分)用盐酸或硝酸均可。对于锰含量高的试样，用硝酸比较好，可以分离出二氧化锰沉淀，有助于消除锰在滴定中的干扰。

注 3：当样品中含铜量超过 0.03 mg 时，指示剂变化将会不明显，甚至失效。在这种情况下，滴定时可以加入 1 g/L 的氰化钾溶液 5 mL，以掩蔽所存在的铜，或加入浓度为 2 g/L 的硫化钠溶液 5 mL，使铜生成硫化铜沉淀，以消除铜的干扰。

安全须知：氰化钾属于极毒化学药品，使用时应严格遵守有关的安全预防措施。

4 方法 B：火焰原子吸收分光光度法

4.1 原理

将样品灰化，并把残余物(灰分)溶解于盐酸中。在加入锶离子(或镧离子)抑制某些干扰物质后，将试样溶液吸入一氧化二氮-乙炔或空气-乙炔火焰中。测定由钙空心阴极灯所发射的 422.7 nm 谱线的吸收值，以及由镁空心阴极灯所发射的 285.2 nm 谱线的吸收值。

4.2 试剂

测试用的所有试剂应是分析纯级(AR)，测试用的水应是蒸馏水或去离子水。

4.2.1 盐酸溶液：约 $c(HCl)=6$ mol/L。

4.2.2 氯化锶溶液：5%，称取 152.14 g 氯化锶($SrCl_2\cdot 6H_2O$)(AR 或优级纯)置于 250 mL 烧杯中，用

水溶解后转移至1 000 mL容量瓶中，再用水稀释至刻度，并混合均匀。

此溶液用于抑制一氧化二氮-乙炔火焰法中钙的电离。

当使用空气-乙炔火焰法时，不需要此溶液。

4.2.3 氧化镧溶液：约50 g/L。用水润湿59 g氧化镧(La_2O_3)，缓慢而仔细地加入250 mL浓盐酸($\rho_{20℃}=1.19\ g/cm^3$)，使氧化镧溶解。在1 000 mL容量瓶中用水稀释至刻度，并混合均匀。

此溶液用于消除空气-乙炔火焰法测定钙含量中的磷酸盐的干扰。

当使用一氧化二氮-乙炔火焰法时不需要此溶液。

4.2.4 500 mg/L标准钙溶液Ⅰ：称取已于温度不超过200℃干燥过的碳酸钙1.249 g±0.001g置于1 000 mL的容量瓶中，加50 mL水，然后一滴一滴地加入使碳酸钙完全溶解的最小体积的盐酸(大约10 mL)，再用水稀释至容量瓶刻度，并混合均匀。

1 mL此标准溶液含有0.500 mg钙。

4.2.5 50 mg/L标准钙溶液Ⅱ：移取100 mL标准钙溶液Ⅰ于1 000 mL容量瓶中，用水稀释至容量瓶刻度，并混合均匀。

1 mL此标准溶液含有0.050 mg钙。

4.2.6 500 mg/L标准镁溶液Ⅰ：称取0.500 0 g的镁条于1 000 mL的容量瓶中，加入50 mL的6 mol/L盐酸，再用水稀释至容量瓶刻度，并混合均匀。

1 mL此标准溶液含有0.500 mg镁。

4.2.7 10 mg/L标准镁溶液Ⅱ：移取20 mL标准镁溶液Ⅰ于1 000 mL的容量瓶中，再用水稀释至容量瓶刻度，并混合均匀。

1 mL此标准溶液含有0.010 mg镁。

4.3 仪器

4.3.1 一般实验室仪器。

4.3.2 原子吸收分光光度计，配备有钙、镁空心阴极灯和乙炔器。

注：多元素灯也可使用。

4.3.3 坩埚或蒸发皿：需要用盐酸浸泡反复洗涤干净。最好用铂金器皿，其污斑应用细砂擦洗干净。

4.4 试样的采取和制备

与方法A中3.4相同。

4.5 试验步骤

4.5.1 试样的称取和灰化

与方法A中3.5.1相同。

4.5.2 试样残余物(灰分)的处理

先向试样残余物(灰分)中加入几滴蒸馏水，润湿后再加入5 mL盐酸溶液(4.2.1)，并在蒸气浴上蒸发至干。如此重复操作一次，然后再用5 mL盐酸溶液(4.2.1)处理残渣，并在蒸气浴上加热5 min。

用水将坩埚里的内容物移入100 mL的容量瓶中。为了保证完全抽提，再向每只坩埚中的残渣加入5 mL盐酸溶液(4.2.1)，并在蒸气浴上加热。用水将此最后一部分内容物移入容量瓶中，与主要的试样溶液合并在一起，用水稀释至容量瓶刻度，并混合均匀。

4.5.3 标准比较溶液的制备

分别向六个100 mL的容量瓶中加入5%氯化锶溶液(4.2.2)4 mL或氧化镧溶液(4.2.3)20 mL，再加盐酸溶液(4.2.1)10 mL，再按表2所示的体积分别加入钙标准溶液Ⅱ(4.2.5)或者镁标准溶液Ⅱ(4.2.7)。

4.5.4 试液的配制

用移液管移取一定体积V_x的试液于50 mL的容量瓶中，使钙(或镁)含量符合表2的规定范围。如果不知道样品的钙、镁含量，V_x值可通过原子吸收预先测量，如移1.0 mL、2.0 mL或5.0 mL与标准比较溶液一起进行初步测量，或者移出 20 mL 用方法 A 测定出大概含量。

表 2

序号	钙标准溶液Ⅱ		镁标准溶液Ⅱ	
	体积/mL	相当钙的质量/mg	体积/mL	相当镁的质量/mg
1[a]	0	0	0	0
2	2	0.10	2	0.02
3	4	0.20	4	0.04
4	6	0.30	6	0.06
5	8	0.40	8	0.08
6	10	0.50	10	0.10
[a] 标准曲线用的试剂空白试验。				

然后加 5% 氯化锶溶液(4.2.2)2 mL 或 10 mL 氧化镧溶液(4.2.3)，再加 5 mL 盐酸溶液(4.2.1)，用水稀释至容量瓶刻度。如果溶液中有悬浮物，需待悬浮物下沉后再进行光谱测量。

4.5.5 校正仪器

将钙(或镁)空心阴极灯安装在原子吸收分光光度计的灯座上，按仪器规定的操作步骤开启仪器，接通电流并使电流稳定。根据仪器测定条件调节波长。钙在 422.7 nm，镁在 285.2 nm，在其波长范围内调节至最大吸收值。

然后根据仪器特性(每台仪器都提供有测试参考条件)将电流、灵敏度、狭缝、燃烧头高度、燃气/助燃气比、气流速度、吸入量等调至测试的规定条件。

安全须知：若采用一氧化二氮-乙炔时，要特别注意安全，防止爆炸。应使用一氧化二氮-乙炔燃烧头，在接通一氧化二氮-乙炔前需先用空气-乙炔燃烧器点燃。

4.5.6 吸收值测量

待仪器正常且火焰燃烧稳定后，依次将标准比较溶液吸入火焰中，并测量每一个溶液的吸收值。测量时应以空白溶液作对照，将仪器的吸收值调节为零，然后测量其余的试样溶液。在标准曲线的制备过程中，应注意保持仪器使用条件的恒定。每次测量之后，应吸蒸馏水清洗燃烧器。

标准曲线系列吸收值的测定应与试样溶液吸收值的测定同时进行，以克服实验条件变化引起的误差。

4.5.7 绘制曲线

以每 100 mL 标准比较溶液所含有的钙(或镁)的质量(以 mg 计)作为横坐标，所得的相应吸收值为纵坐标，绘制标准曲线。

4.6 结果计算

由试样溶液吸收值在标准曲线上查得对应的钙(或镁)质量(mg)，并按式(4)计算钙(或镁)的含量，以 mg/kg 表示。

$$x = 50\,000 \times \frac{m}{V \cdot m_0} \qquad \cdots\cdots(4)$$

式中：

x——试样中钙(或镁)的含量，单位为毫克每千克(mg/kg)；

50 000——释样和换算因子；

m——标准曲线所查得试样溶液的含钙(或镁)质量，单位为毫克(mg)；

V——移取试样溶液进行吸收值测量的体积，单位为毫升(mL)；

m_0——试样的绝干质量，单位为克(g)。

用两次测定结果的平均值，按表 3 的规定报告结果。

表 3

单位为毫克每千克

结果平均值	报告的精确单位
≤100	1
＞100～500	5
＞500	10

5 试验报告

a) 本部分编号；

b) 完整鉴定样品所必需的全部资料；

c) 本部分的参考文献以及所使用的方法(A 或 B)；

d) 如果多于两次测定，应说明测定次数；

e) 如果标准方法有所更改，应报告标准步骤的任何变更情况；

f) 测定结果；

g) 试验过程中观察到的任何异常情况；

h) 本部分或规范性引用文件中未规定的并可能影响结果的任何操作。

附　录　A
（资料性附录）
本部分与 ISO 777:2001 的技术性差异及其原因

表 A.1 给出了本部分与 ISO 777:2001 的技术性差异及其原因。

表 A.1　本部分与 ISO 777:2001 的技术性差异及其原因

本部分的章条编号	技术性差异	原　因
第 3 章	EDTA 络合滴定法	由于考虑到国内原子吸收光谱仪和等离子发射光谱仪的普及率很低，因此增加了 EDTA 络合滴定法

附　录　B
（资料性附录）
本部分章条编号与 ISO 777:2001 章条编号对照

表 B.1 给出了本部分章条编号与 ISO 777:2001 章条编号对照。

表 B.1　本部分章条编号与 ISO 777:2001 章条编号对照

本部分章条编号	对应的国际标准章条编号
方法 B	
1	1
2	2
—	3
4.1	4
4.2	5
4.2.1	5.1
4.2.4	5.2
4.2.5	5.3
4.2.3	5.4
4.2.2	5.5
4.3	6
4.4	7
4.5	8
4.5.1	8.1
4.5.3	9
4.5.6	10
4.6	11

ICS 85.010
Y 30

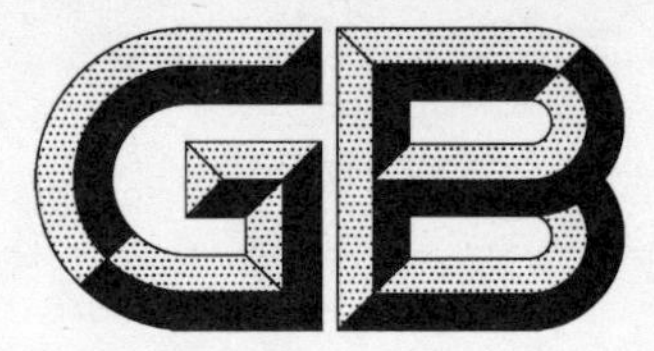

中华人民共和国国家标准

GB/T 10339—2018
代替 GB/T 10339—2007

纸、纸板和纸浆　光散射和光吸收系数的测定(Kubelka-Munk 法)

Paper, board and pulp—Determination of light scattering and absorption coefficients(Kubelka-Munk method)

[ISO 9416:2017, Paper—Determination of light scattering and absorption coefficients(using Kubelka-Munk theory), MOD]

2018-12-28 发布　　　　2019-07-01 实施

国家市场监督管理总局
中国国家标准化管理委员会　发布

前言

本标准按照 GB/T 1.1—2009 给出的规则起草。

本标准代替 GB/T 10339—2007《纸、纸板和纸浆的光散射和光吸收系数的测定》。本标准与 GB/T 10339—2007 相比，主要变化如下：

——修改了标准名称，在名称中加入“Kubelka-Munk 法”；

——修改了适用范围，增加了在特定的条件下可以测量含荧光物质的试样(见第 1 章，2007 年版的第 1 章)；

——修改了规范性引用文件，采用最新版本(见第 2 章，2007 年版的第 2 章)；

——修改了术语和定义的内容，参照国际标准将“单层反射因数”和“内反射因数”改为“单层光亮度因数”和“内光亮度因数”(见第 3 章，2007 年版的第 3 章)；

——修改了试验步骤，增加当测量含荧光物质的试样时，仪器应使用紫外截止滤光片(见 8.1)；

——将“单层光亮度因数”和“内光亮度因数”的测量精度提高到 0.01%(见 8.2、8.3，2007 年版的 8.1、8.2)；

——增加了本标准与 ISO 9416:2017 的章条编号对照一览表(见附录 A)；

——增加了测量光亮度因数反射光度计的光谱特性(见附录 B)。

本标准使用重新起草法修改采用 ISO 9416:2017《纸　光散射和光吸收系数的测定(使用 Kubelka-Munk 理论)》。

本标准与 ISO 9416:2017 相比在结构上有较多调整，附录 A 列出了本标准与 ISO 9416:2017 的章条编号对照一览表。

本标准与 ISO 9416:2017 相比，主要技术性差异及其原因如下：

——关于规范性引用文件，本标准做了具有技术性差异的调整，以适应我国的技术条件，调整的情况集中反映在第 2 章“规范性引用文件”中：

- 用修改采用国际标准的 GB/T 450 代替 ISO 186；
- 用等效采用国际标准的 GB/T 451.2 代替 ISO 536；
- 用非等效采用国际标准的 GB/T 7973 代替 ISO 2469；
- 用等效采用国际标准的 GB/T 10739 代替 ISO 187；
- 增加引用 GB/T 740、GB/T 1543、GB/T 24324 和 GB/T 24326。

——根据标准的实际使用目的，修改了适用范围(见第 1 章)；

——修改了术语和定义，以符合我国国情(见第 3 章)；

——将仪器中所采用的反射光度计修改为符合 GB/T 7973 的规定(见 5.1)；

——将 C 光源改为符合我国国情的 D65 光源(见 5.2)；

——增加了参比标准及要求，以提高仪器的准确性(见 5.5)；

——增加了试验大气条件，以及纸浆试样的制备，以提高试验数据的一致性(见 6.2)；

——根据我国仪器的实际情况，修改了测量光亮度因数反射光度计的光谱特性(见附录 B)；

——将 ISO 9416:2017 中的附录 B 精密度(资料性附录)调整为正文要求(见第 10 章)。

本标准做了下列编辑性修改：

——修改了标准名称。

请注意本文件的某些内容可能涉及专利。本文件的发布机构不承担识别这些专利的责任。

本标准由中国轻工业联合会提出。

本标准由全国造纸工业标准化技术委员会(SAC/TC 141)归口。

本标准起草单位:中建材轻工业自动化研究所有限公司、山东世纪阳光纸业集团有限公司、中国制浆造纸研究院有限公司、中国造纸协会标准化专业委员会。

本标准主要起草人:潘勇、梅鸿、谢婧、汪指航、蒋国文、盛永忠、王东兴。

本标准所代替标准的历次版本发布情况为:

——GB/T 10339—1989、GB/T 10339—2007。

纸、纸板和纸浆　光散射和光吸收系数的测定(Kubelka-Munk 法)

1　范围

本标准规定了基于 Kubelka-Munk 理论的纸、纸板和纸浆光散射和光吸收系数的测定方法。

本标准适用于不透明度小于 95%的白色和近白色未涂布纸或纸板及纸浆。

注：当用本标准测定含荧光增白剂的试样时，使用仪器上的 420 nm 紫外截止滤光片消除所有的荧光激发。

2　规范性引用文件

下列文件对于本文件的应用是必不可少的。凡是注日期的引用文件，仅注日期的版本适用于本文件。凡是不注日期的引用文件，其最新版本(包括所有的修改单)适用于本文件。

GB/T 450　纸和纸板　试样的采取及试样纵横向、正反面的测定(GB/T 450—2008，ISO 186：2002，MOD)

GB/T 451.2　纸和纸板定量的测定(GB/T 451.2—2002，eqv ISO 536：1995)

GB/T 740　纸浆　试样的采取(GB/T 740—2003，ISO 7213：1981，IDT)

GB/T 1543　纸和纸板　不透明度(纸背衬)的测定(漫反射法)(GB/T 1543—2005，ISO 2471：1998，MOD)

GB/T 7973　纸、纸板和纸浆　漫反射因数的测定(漫射/垂直法)(GB/T 7973—2003，neq ISO 2469：1994)

GB/T 10739　纸、纸板和纸浆试样处理和试验的标准大气条件(GB/T 10739—2002，eqv ISO 187：1990)

GB/T 24324　纸浆　物理试验用实验室纸页的制备　常规纸页成型器法(GB/T 24324—2009，ISO 5269-1：2005，MOD)

GB/T 24326　纸浆　物理试验用实验室纸页的制备　快速凯塞法(GB/T 24326—2009，ISO 5269-2：2004，MOD)

3　术语和定义

下列术语和定义适用于本文件。

3.1

反射因数　reflectance factor

R

由一物体的反射辐通量与相同条件下完全反射漫射体所反射的辐通量之比，以百分数表示。

3.2

光亮度因数(D65)　luminance factor(D65)

R_y

参照 CIE 标准照明体 D65 和 CIE1964 标准观察者条件下的颜色匹配函数 $y(\lambda)$定义的反射因数。

3.3

单层光亮度因数(D65)　single-sheet luminance factor(D65)

$R_{y,0}$

单层试样背衬黑筒的光亮度因数(D65)(3.2)。

3.4

内光亮度因数(D65)　intrinsic luminance factor(D65)

$R_{y,\infty}$

试样层数达到不透光,即测定结果不再随试样层数加倍而发生变化时的光亮度因数(D65)(3.2)。

3.5

不透明度(纸背衬)　opacity (paper backing)

同一试样的单层光亮度因数 $R_{y,0}$ 与其内光亮度因数 $R_{y,\infty}$ 之比值,以百分数表示。

3.6

光散射系数　light-scattering coefficient

S

光通过材料的无限薄层时被反射的漫射光通量部分。

本标准为采用特定几何特性和校准的仪器,并基于 CIE 标准照明体 D65 的光亮度因数的加权系数所获得的光亮度因数,再考虑定量后,通过 Kubelka-Munk 方程式计算出的系数,单位为 m^2/kg。

3.7

光吸收系数　light-absorption coefficient

K

光通过材料的无限薄层时被吸收的漫射光通量部分。

本标准为采用特定几何特性和校准的仪器,并基于 CIE 标准照明体 D65 的光亮度因数的加权系数所获得的光亮度因数,再考虑定量后,通过 Kubelka-Munk 方程式计算出的系数,单位为 m^2/kg。

注:术语 3.6 和 3.7 严格意义上来说适用于单色光,但在本标准中适用于宽谱带的辐射。在研究工作中,S 和 K 能够在研究所涉及的相关波长内测定。对于给定纸、纸板和纸浆的一般描述,此定义为与 $y(\lambda)$ 函数和 CIE 照明体 D65 有关。

4 原理

按 GB/T 1543 测定纸、纸板和纸浆的内光亮度因数和背衬黑筒的单层光亮度因数,按 GB/T 451.2 测定纸、纸板和纸浆的定量,根据这些测定的数据应用 Kubelka-Munk 理论公式计算出光散射系数和光吸收系数。

5 仪器

5.1 反射光度计

仪器的几何特性、光学特性及光谱特性应符合 GB/T 7973 的规定,能测量光亮度因数,并按照 GB/T 7973 的规定进行校准。

5.2 滤光片——功能

5.2.1 对于滤光片式反射光度计,滤光片与仪器本身的光学特性组合给出的总体响应应等效于被测试样在 CIE 标准照明体 D65 下的 CIE1964 补充标准色度系统的 CIE 三刺激值 Y_{10} 值。

5.2.2 对于简易分光反射光度计,可按附录 B 中给出的加权系数计算被测试样在 CIE 标准照明体 D65 下的 CIE1964 补充标准色度系统的 CIE 三刺激值 Y_{10} 值。

5.3 紫外截止滤光片

为了消除样品中荧光物质对测量结果的影响,仪器应配备可完全吸收截止紫外光的滤光片,紫外截止滤光片透光率在波长 410 nm 及以下时不超过 0.5%,在波长 420 nm 时不超过 50%。

5.4 工作标准

两块平整的陶瓷、乳白玻璃或其他材料的工作标准板，按 GB/T 7973 进行清洗和校准。

5.5 参比标准

由授权实验室提供，应符合 GB/T 7973 中有关仪器和工作标准的校准规定。

5.6 黑筒

对所有波长的反射因数与名义值之差不超过 0.2%。黑筒应倒扣放置在无尘的环境或附有防护盖。

注：黑筒的状况根据仪器制造商要求进行检查。

6 试样采取

6.1 如果试验用于评价一批纸或纸板，应按 GB/T 450 采取试样。如果是评价一批纸浆，应按照 GB/T 740 采取试样。如果评价不同类型的样品，应保证所取样品具有代表性。

6.2 建议按照 GB/T 10739 进行温湿处理，但不是必要的。由于高温或高湿条件会改变光学特性，样品不应进行高温或高温预处理。

7 试样制备

7.1 纸浆

按 GB/T 24324 或 GB/T 24326 的规定制备实验室纸页，纸页定量为$(60.0\pm3.0)g/m^2$。对于机械木浆，如果定量 $60.0g/m^2$ 的纸页其不透明度超过 95.0%，应把该纸页的定量降到$(50.0\pm2.5)g/m^2$，但应在试验报告中注明。

7.2 纸和纸板

7.2.1 从抽取的样品中，避开水印、尘埃及明显缺陷，切取 0.01 m^2 方形或圆形试样。将不少于 10 张试样叠在一起，形成试样叠，且正面朝上(试样叠的层数应能保证当试样数量加倍后，光亮度因数不会因试样层数的增加而改变)。然后在试样叠的上下各衬一张试样，以防止试样被污染，或受到不必要的光照及热辐射。

7.2.2 在最上面试样的一角上作出记号，以区分试样及其正面。

7.2.3 如果能够区分试样的正面和反面，应将所有试样的正面朝上；如果不能区分，如夹网纸机生产的纸张，则应保证试样的同一面朝上。

8 试验步骤

8.1 如果测试含有或者可能含有荧光增白剂的样品，应按照 GB/T 7973 的规定在光束中插入 420 nm 紫外截止滤光片，确保消除荧光激发。

8.2 取下试样叠上的保护层，手不应接触试样的测试区域。按照仪器的操作方法和工作标准，测试试样叠最上面一层的内光亮度因数 $R_{y,\infty}$，读数精确至 0.01%。

8.3 将最上面一层试样从试样叠上取下，用黑筒背衬，在相同测试区域内测试试样的单层光亮度因数 $R_{y,0}$，读数精确至 0.01%。

注：8.2 和 8.3 描述的是使用第 9 章中的 Kubelka-Munk 理论进行光吸收和光散射系数计算所需的两次独立测量。两次测量不一定要按上述顺序进行。

8.4 将已测试的试样放在试样叠的底部，重复 8.2 和 8.3 操作，测试第二张试样的 $R_{y,\infty}$ 和 $R_{y,0}$，然后将测试完的最上面的一张试样放到最底部，直至用同样方式测试完 5 张试样。

注：本条规定交替测量 $R_{y,\infty}$ 和 $R_{y,0}$ 的值，但这并不是必要的。可以在 5 次 $R_{y,\infty}$ 的测量之前或之后测量 5 次 $R_{y,0}$，也可以交替进行测量。

8.5 将纸样叠翻过来，重复 8.2～8.4 步骤，测试 5 张试样的另一面。

8.6 对已测试过的试样，按 GB/T 451.2 规定测定试样的定量。

注：为了提高精度，需测定每张试样的定量。

9 结果的表示

分别计算试样正面、反面 $R_{y,\infty}$ 和 $R_{y,0}$ 的平均值，然后按式(1)和式(2)分别计算 Kubelka-Munk 光散射系数 S 和光吸收系数 K，计算过程中 R_∞ 和 $R_{y,0}$ 用小数表示。

$$S=\frac{1\,000}{W}\times\frac{R_{y,\infty}}{1-R_{y,\infty}^2}\times\ln\left[\frac{R_{y,\infty}(1-R_{y,0}R_{y,\infty})}{R_{y,\infty}-R_{y,0}}\right] \qquad (1)$$

$$K=S(1-R_{y,\infty})^2/2R_{y,\infty} \qquad (2)$$

式中：

W ——定量，单位为克每平方米(g/m^2)；

S ——光散射系数，单位为平方米每千克(m^2/kg)；

K ——光吸收系数，单位为平方米每千克(m^2/kg)；

$R_{y,0}$ ——单层光亮度因数；

$R_{y,\infty}$ ——内光亮度因数。

注：为了提高精度，可分别计算每张试样的 S 值和 K 值，然后计算出总的平均值。

如果试样两面光散射系数之差小于 1.0 m^2/kg，则报告正反面的平均值；如果两面光散射系数之差大于等于 1.0 m^2/kg，则分别报告每一面的平均值；光散射系数的结果修约至整数位。相应地，报告中按同样原则报告光吸收系数，结果修约至 0.1 m^2/kg。

10 精密度

10.1 同一实验室内测定结果的重复性：光散射系数约为 0.7 m^2/kg，光吸收系数约为 0.05 m^2/kg。

10.2 不同实验室之间的复现性：光散射系数约为 2.0 m^2/kg，光吸收系数约为 0.2 m^2/kg。

11 试验报告

试验报告应包括以下项目：

a) 本标准编号；
b) 样品的鉴别信息；
c) 试验的日期和地点；
d) 光散射系数和光吸收系数；
e) 使用仪器的类型，以及是否使用 420 nm 紫外截止滤光片消除荧光激发；
f) 试验大气条件；
g) 偏离本标准的任何测定条件。

附　录　A
（资料性附录）
本标准与 ISO 9416:2017 章条编号对照

表 A.1 给出了本标准与 ISO 9416:2017 章条编号对照一览表。

表 A.1　本标准与 ISO 9416:2017 章条编号对照表

本标准章条编号	对应的 ISO 9416:2017 章条编号
1	1
2	2
3.1	3.1
3.2	3.2
3.3	3.3
3.4	3.4
3.5	3.5
3.6	3.7,3.8
3.7	3.6,3.9
4	4
5.1	5.1
5.2.1、5.2.2	5.2
5.3	5.3
5.4	5.4
5.5	—
5.6	5.5
6.1、6.2	6
7.1	—
7.2	7
8.1	8.1
8.2	8.2
8.3	8.3
8.4	8.4
8.5	8.5
8.6	8.6
9	9
10	附录 B
11	10
附录 A	—
附录 B	附录 A

附 录 B
（规范性附录）
测量光亮度因数反射光度计的光谱特性

B.1 滤光片式反射光度计

反射光度计光谱特性由光源、积分球、玻璃光学器件、滤光片和光电检测器决定。滤光片和仪器的光学特性给出的综合响应等效于试样在 CIE 标准照明体 D65 和 CIE 1964 (10°)标准观察者条件下的 CIE 三色刺激 Y_{10}值。

B.2 简易分光反射光度计

简易分光反射光度计在 CIE 标准照明体 D65 下的 CIE1964 补充标准色度系统三刺激值 Y_{10}值的不同波长间隔的三刺激加权系数($W_{10,y}$)见表 B.1。

表 B.1 不同波长间隔的三刺激加权系数($W_{10,y}$)

波长 nm	$W_{10,y}$ 10 nm	$W_{10,y}$ 20 nm
360	0.000	0.000
370	0.000	—
380	0.000	−0.001
390	0.000	—
400	0.010	0.013
410	0.064	—
420	0.171	0.280
430	0.283	—
440	0.549	1.042
450	0.888	—
460	1.277	2.534
470	1.817	—
480	2.545	4.872
490	3.164	—
500	4.309	8.438
510	5.631	—
520	6.896	14.030
530	8.136	—

表 B.1（续）

波长 nm	$W_{10,y}$ 10 nm	$W_{10,y}$ 20 nm
540	8.684	17.715
550	8.903	—
560	8.614	17.407
570	7.950	—
580	7.164	14.210
590	5.945	—
600	5.110	10.121
610	4.067	—
620	2.990	5.971
630	2.020	—
640	1.275	2.399
650	0.724	—
660	0.407	0.741
670	0.218	—
680	0.102	0.184
690	0.044	—
700	0.022	0.034
710	0.011	—
720	0.004	0.009
730	0.002	—
740	0.001	0.002
750	0.000	—
760	0.000	0.000
770	0.000	—
780	0.000	0.000
合计	99.997	100.001
白点	100.000	100.000

前　　言

本标准是对 GB/T 10739—1989《纸浆、纸和纸板　试样处理和试验的标准大气》的修订。

本标准等效采用 ISO 187:1990《纸浆、纸和纸板——温湿处理和试验的标准大气及其控制程序与试样温湿处理的步骤》，为了便于控制纸张实验室的标准大气条件，附录 A 中规定了具体的测定方法。

附录 A 是标准的附录，附录 B 是提示的附录。

本标准自实施之日起，同时代替 GB/T 10739—1989。

本标准由中国轻工业联合会提出。

本标准由全国造纸工业标准化技术委员会归口。

本标准起草单位：中国制浆造纸研究院。

本标准主要起草人：陈　曦、李兰芬、王华佳、宋　川。

本标准由全国造纸工业标准化技术委员会负责解释。

ISO 前言

ISO(国际标准化组织)是国际标准化团体(ISO 成员)的全球性联合体。国际标准的制定工作通常由 ISO 技术委员会完成,其中每一成员国对技术委员会曾经发布的标准感兴趣的,都有权向委员会表达其意见。与 ISO 有关的政府的或非政府的国际组织也可参与这项工作。ISO 与国际电工委员会(IEC)在电工标准方面有密切联系。

国际标准的草案要经过技术委员会各个成员的投票表决才能正式通过。作为国际标准的正式发布要求达到不低于 75%的投票率。

国际标准 ISO 187 是由 ISO/TC6 纸、纸板和纸浆技术委员会起草的。

第二版取消和代替了第一版(ISO 186:1977),它是技术性的修订。

附录 A 是该标准的整体中的一部分。附录 B 和 C 是提示性的附录。

中华人民共和国国家标准

纸、纸板和纸浆试样处理和试验的标准大气条件

GB/T 10739—2002
eqv ISO 187:1990

代替 GB/T 10739—1989

Paper, board and pulps—Standard atmosphere for conditioning and testing

1 范围

本标准规定了纸、纸板和纸浆试验前温湿处理和试验的标准大气条件。

本标准适用于所有纸、纸板和纸浆样品的处理和测试。

注 1:QB/T 3703 中规定纸浆手抄纸页以散湿方式进行处理。

2 引用标准

下列标准所包含的条文,通过在本标准中引用而构成为本标准的条文。本标准出版时,所示版本均为有效。所有标准都会被修订,使用本标准的各方应探讨使用下列标准最新版本的可能性。

QB/T 3703—1999 纸浆实验室纸页的制备 常规纸页成型器法(eqv ISO 5269-1)

3 定义

本标准采用下列定义。

3.1 相对湿度 relative humidity

在相同的温度和压力条件下,大气中实际水蒸气含量与饱和水蒸气含量之比,以%表示。

3.2 温湿处理 conditioning

使试样与规定温度、相对湿度的大气之间达到水分含量平衡的过程。当前后两次称量相隔 1 h 以上,且试样称量之差不大于试样质量的 0.25%时,就认为试样与大气条件之间达到平衡。

4 原理

试样暴露于规定的恒温恒湿大气中,当其水分含量进入到可重复状态时,该试样与这个大气条件即达到了平衡。

5 标准大气条件

5.1 纸、纸板和纸浆所采用的试验标准大气条件应是温度(23±1)℃、相对湿度 50%±2%,且符合附录 A 的要求。

5.2 按附录 A 对实验室的大气条件进行测定,如果所有的试验结果均在允许限度内,则认为这个大气条件符合本标准的要求。即使短时间出现温度、湿度的偏移,也会使试样平衡水分超过范围,所以温度和湿度都不应超过极限。一旦大气条件超限并引起试样水分含量发生变化,则所有样品在做任何试验之前,均应重新进行温湿处理(重复第 6 章温湿处理步骤)。

注 2:自动记录式湿度计应在室内连续工作。但这样的湿度计不能用来评价大气条件是否满足本标准要求,除非它

中华人民共和国国家质量监督检验检疫总局 2002-09-06 批准　　2003-01-01 实施

符合附录 A 的规定。所使用的湿度计应能迅速感应相对湿度的变化，例如当相对湿度发生 10% 的变化时，湿度计应在 1 min 内做出如实的反应。

注 3：如果已知或估计相对湿度已超过上限，应将所有样品在重新处理前，按 6.1 进行温湿预处理。

6 温湿处理步骤

6.1 样品的预处理

由于水分的平衡滞后会给试验带来严重误差，故在样品处理前，应将样品置于相对湿度为 10%～35%、温度不高于 40℃的大气条件中预处理 24 h。如果预知温湿处理（6.2）后的平衡水分含量相当于由吸湿过程达到平衡时的水分含量，则这个预处理可以省去。

注 4：亦可用密度 $\rho_{20℃}\geqslant 1.3951$ mg/mL 的硫酸干燥器预处理 24 h。

6.2 温湿处理

将切好的试样挂起来，使恒温恒湿的气流自由接触到试样的各个面，直至其水分含量与大气中的水蒸气达到平衡状态。当间隔 1 h 前后的两次称量之差不大于总质量的 0.25% 时（3.2），就认为试样与大气条件达到了平衡。对于高定量的纸张应适当延长两次称量的间隔时间，其两次称量之差的吻合程度作为试样平衡与否的判定依据，但应考虑到试验室循环特性的影响。

注 5：具有良好的循环条件的试验室，纸的温湿处理通常 4 h 已足够；对于定量较高的纸一般要 5 h～8 h；对于高定量的纸板和经特殊处理的材料，温湿处理至少需要 48 h。

7 试验报告

试验报告应包括以下内容：

a）本标准号；

b）所用的标准大气条件；

c）样品温湿处理的时间；

d）在处理前纸或纸板是否经过预处理。

附 录 A
（标准的附录）
标准大气的测定方法

A1 范围

本附录适用于本标准中所规定的纸张恒温恒湿实验室的控制、测定、大修后测定及自检。

A2 仪器

A2.1 吸气式干湿球湿度计应满足以下要求。

A2.1.1 其工作范围为10℃或更大，温度应精确至±0.1℃，配对温度计的一致程度应在0.05℃以内。如果是玻璃温度计，其刻度分度应为0.1℃，因此可估计至0.05℃。如果是热电偶或电阻温度计，应连接于一个温度数字显示板，且修约至0.1℃。

A2.1.2 温度计感应器的横向通风直径应不小于1 mm且不大于4 mm，轴向通风应不大于6 mm。热电偶和电阻温度计的灵敏度应足以追踪1℃/min的温度变化和1.5%/min的相对湿度变化。感应器上的气流速度应为4 m/s±1 m/s。该仪器也可以与刻度为0.05℃的曲线记录仪连接，对干球温度、湿球温度及仪器内计算机算出的相对湿度进行连续记录，形成一种自动记录式湿度计。

A2.1.3 湿带

湿带是由棉线或非醋酸酯人造丝制成的无缝套筒，它应整齐合体地套在感应器上，但不能太紧。

A2.1.3.1 湿带的清洁和维护

湿带的清洁度对于测试结果的精确度非常重要，特别是热电偶和电阻温度计，因此常用的湿带应经常更换。

手与湿带的轻微接触也会影响湿带的效果，因此拿湿带时不应用手直接与湿带接触，而应用镊子或带上塑料手套。

新湿带或特别脏的湿带，最好用20 g/L的氢氧化钠蒸馏水溶液煮洗30 min，再用蒸馏水冲洗干净。然后每次用400 mL蒸馏水煮沸15 min，重复三次。

如果湿带上的脏物怀疑是有机物质，则先用丙酮清洗，然后连续用蒸馏水清洗直至无气味为止。如果脏物仅是散粒悬尘，则用蒸馏水冲洗已足够了。清洗后的湿带应进行清洁度试验（A2.1.3.2），使用者可根据经验选择适宜的清洗方法。

A2.1.3.2 湿带清洁度试验

清洁的湿带应能立即吸收滴下去的水，任何滞后都表明湿带需要清洗。较长湿带清洁与否的定性试验是这样的：将长120 mm的干带子固定在玻璃棒上，使棒端留有约20 mm长的自由带子。然后将玻璃棒垂直放置，使湿带的自由端向下浸入至一蒸馏水盘中5 mm（湿带的自由端在水面上应留有15 mm），6 min后湿带上的水痕应至少上升85 mm，如果低于此值，说明带子不够清洁。

可将湿带存贮于蒸馏水中或干滤纸之内，也可存放在消毒无菌的玻璃容器内。

A2.1.4 供水器

不靠传感器那一端的湿带，应插入蒸馏水或去离子水中，盛水容器应完全与流动空气相隔离。有的仪器没有供水器，那么应在试验前先将带子浸湿，并每隔一段时间再浸湿一下带子，以防止湿带变干。

注6：水槽位置应保证水蒸发的速度不会过快，以致于形成水珠或喷雾。

A3 试验步骤

A3.1 测试之前，应在所测大气条件的温湿度下，对所有的湿度计进行平行比对试验，找出湿度计间的不一致性，并计算出各湿度计的校正值。

A3.2 非自动记录式湿度计

A3.2.1 为确保数据准确，操作者在读数时应尽可能地远离湿度计，应先读取湿球温度（或相对湿度）再读取干球温度，并且两者之间的时间间隔应尽可能短。

A3.2.2 每隔 2 min 读取一次干球温度、湿球温度或相对湿度，求出每 10 min 的平均值，连续测定 30 min，求出 30 min 内 3 个 10 min 平均值间的极差和 30 min 的平均值。

A3.2.3 每隔 30 min 测试一个 30 min 周期，即每小时测试 30 min，24 h 内测 20 个以上的 30 min 周期。

A3.3 自动记录式湿度计

A3.3.1 以 10 min 记录图作为一个周期，从图上每隔 2 min 读出干球温度、湿球温度或相对湿度，然后计算出 10 min 内读数的平均值。

A3.3.2 每隔 30 min 读取一个 30 min 周期的数据，24 h 内读取 48 个 30 min 周期的数据。同时求出各 30 min 周期内 3 个 10 min 均值间的极差以及各 30 min 周期的均值。

A3.4 若实验室面积≤50 m^2，应至少在不同位置测试 5 个点；若实验室面积>50 m^2，应测试 5 个以上的点。5 个测试点应布置在 3 个高度上，分别为(1.8±0.1)m、(1.5±0.1)m 和(1.2±0.1)m。而且这 5 个点应呈立体对角线分布，其中中心点的高度应为(1.5±0.1)m。

A3.5 在测试周期内，所有测试点应同时采数。

A3.6 如果测试结果是以干球温度和湿球温度的形式成对出现的，应依据附录 B 求出相对湿度。

A4 试验结果

A4.1 以每个点 10 min 温度和相对湿度的平均值作为一个测定结果。以 24 h 内各个点所有 10 min 均值与标准值的最大偏差表示该实验室的精确度。

A4.2 以 24 h 内各 30 min 内 3 个 10 min 均值间极差的最大值表示该实验室的 30 min 内稳定性，以实验室中 5 个点 24 h 内各 30 min 均值间的极差表示该实验室 24 h 内的稳定性。

A4.3 以各点同一时间 10 min 均值间极差的最大值表示室内空间温湿度的均匀性。

A4.4 如果自动记录式湿度计的全部测试数据均符合温度(23±0.1)℃，相对湿度 50%±2%的规定，则认为该实验室为合格实验室，不必再分别考核其精确度、稳定性和均匀性。

A5 实验室

实验室应具有规则形状（正方形或矩形），不应有小的凹室，以确保空气顺利循环。所有会迅速放热、吸热或吸水的设备应避免放置于室内。室内人员的数目应按设计允许进行控制，且最好是恒定的。实验室通常设计为顶部送风、地板回风，但以地板送风、顶部回风更为满意。

A6 温度和相对湿度的技术要求

实验室温度和相对湿度的精确度、稳定性和均匀性应符合表 A1 的规定。

表 A1

指标名称			单位	规定
精确度	任一 10 min 的均值	温度	℃	23±1.0
		相对湿度	%	50±2.0
同一点稳定性	某点任一 30 min 周期内的 10 min 均值间的极差	温度	℃	≤1.0
		相对湿度	%	≤2.0
	任两个 30 min 周期均值之差	温度	℃	≤0.5
		相对湿度	%	≤1.0
室内空间均匀性	任两点在任一瞬间的差值	温度	℃	≤0.5
		相对湿度	%	≤2.0

A7 其他技术要求

A7.1 风循环系统

室内空气应每小时循环15次～30次，工作区域内的空气流速应不高于18 m/min。

A7.2 新鲜空气补充量

室内工作人员人均新鲜空气补充量应不低于0.5 m^3/min。

A7.3 室内噪音

当全部空调设备开启时，室内噪音应不大于55 dB。

附　录　B
（提示的附录）
相对湿度对照表

相对湿度对照表见表 B1。

表 B1

湿球温度 ℃	相对湿度/%									
	21.0℃	21.1℃	21.2℃	21.3℃	21.4℃	21.5℃	21.6℃	21.7℃	21.8℃	21.9℃
13.8										
13.9										
14.0	45.3									
14.1	46.0									
14.2	46.7	46.1								
14.3	47.4	46.8	46.3							
14.4	48.1	47.5	47.0	46.4	45.8					
14.5	48.8	48.2	47.7	47.1	46.5	45.9				
14.6	49.5	48.9	48.3	47.8	47.2	46.6	46.1			
14.7	50.2	49.6	49.0	48.5	47.9	47.3	46.8	46.2		
14.8	50.9	50.3	49.7	49.2	48.6	48.0	47.4	46.9	46.3	
14.9	51.6	51.0	50.4	49.8	49.3	48.7	48.1	47.6	47.0	46.4
15.0	52.3	51.7	51.1	50.5	50.0	49.4	48.8	48.2	47.7	47.1
15.1	53.0	52.4	51.8	51.2	50.6	50.1	49.5	48.9	48.4	47.8
15.2	53.7	53.1	52.5	51.9	51.3	50.8	50.2	49.6	49.0	48.5
15.3	54.4	53.8	53.2	52.6	52.0	51.4	50.9	50.3	49.7	49.1
15.4			53.9	53.3	52.7	52.1	51.5	51.0	50.4	49.8
15.5				54.0	53.4	52.8	52.2	51.7	51.1	50.5
15.6					54.1	53.5	52.9	52.3	51.8	51.2
15.7						54.2	53.6	53.0	52.4	51.9
15.8							54.3	53.7	53.1	52.5
15.9									53.8	53.2
16.0										53.9
16.1										
16.2										

湿球温度 ℃	相对湿度/%									
	22.0℃	22.1℃	22.2℃	22.3℃	22.4℃	22.5℃	22.6℃	22.7℃	22.8℃	22.9℃
14.6										
14.7										
14.8										
14.9	45.9									
15.0	46.5	46.0								
15.1	47.2	46.7	46.1							
15.2	47.9	47.3	46.8	46.2						

表 B1(续)

湿球温度 ℃	相对湿度/%									
	22.0℃	22.1℃	22.2℃	22.3℃	22.4℃	22.5℃	22.6℃	22.7℃	22.8℃	22.9℃
15.3	48.6	48.0	47.5	46.9	46.3					
15.4	49.3	48.7	48.1	47.6	47.0	46.5	45.9			
15.5	49.9	49.4	48.8	48.2	47.7	47.1	46.6	46.0		
15.6	50.6	50.0	49.5	48.9	48.4	47.8	47.3	46.7	46.2	
15.7	51.8	50.7	50.2	49.6	49.0	48.5	47.9	47.4	46.8	46.3
15.8	52.0	51.4	50.8	50.3	49.7	49.1	48.6	48.0	47.5	46.9
15.9	52.6	52.1	51.5	50.9	50.4	49.8	49.3	48.7	48.1	47.6
16.0	53.3	52.8	52.2	51.6	51.0	50.5	49.9	49.4	48.8	48.3
16.1	54.0	53.4	52.9	52.3	51.7	51.1	50.6	50.0	49.5	48.9
16.2		54.1	53.5	53.0	52.4	51.8	51.3	50.7	50.1	49.6
16.3			54.2	53.6	53.1	52.5	51.9	51.4	50.8	50.2
16.4					53.7	53.2	52.6	52.0	51.5	50.9
16.5						53.8	53.3	52.7	52.1	51.6
16.6							53.9	53.4	52.8	52.2
16.7								54.0	53.5	52.9
16.8									54.1	53.6
16.9										
17.0										

湿球温度 ℃	相对湿度/%									
	23.0℃	23.1℃	23.2℃	23.3℃	23.4℃	23.5℃	23.6℃	23.7℃	23.8℃	23.9℃
15.4										
15.5										
15.6										
15.7										
15.8	46.4									
15.9	47.0	46.5	46.0							
16.0	47.7	47.2	46.6	46.1						
16.1	48.4	47.8	47.3	46.7	46.2					
16.2	49.0	48.5	47.9	47.4	46.8	46.3				
16.3	49.7	49.1	48.6	48.0	47.5	47.0	46.4	45.9		
16.4	50.4	49.8	49.2	48.7	48.2	47.6	47.1	46.5	46.0	
16.5	51.0	50.5	49.9	49.4	48.8	48.3	47.7	47.2	46.7	46.1
16.6	51.7	51.1	50.6	50.0	49.5	48.9	48.4	47.8	47.3	46.8
16.7	52.3	51.8	51.2	50.7	50.1	49.6	49.0	48.5	47.9	47.4
16.8	53.0	52.4	51.9	51.3	50.8	50.2	49.7	49.1	48.6	48.1
16.9	53.7	53.1	52.5	52.0	51.4	50.9	50.3	49.8	49.2	48.7
17.0	54.3	53.8	53.2	52.6	52.1	51.5	51.0	50.4	49.9	49.3
17.1			53.8	53.3	52.7	52.2	51.6	51.1	50.5	50.0
17.2				53.9	53.4	52.8	52.3	51.7	51.2	50.6
17.3					54.0	53.5	52.9	52.4	51.8	51.3

表 B1(完)

湿球温度 ℃	相对湿度/%									
	23.0℃	23.1℃	23.2℃	23.3℃	23.4℃	23.5℃	23.6℃	23.7℃	23.8℃	23.9℃
17.4						54.1	53.6	53.0	52.5	51.9
17.5							54.2	53.7	53.1	52.6
17.6									53.8	53.2
17.7										53.9
17.8										

湿球温度 ℃	相对湿度/%									
	24.0℃	24.1℃	24.2℃	24.3℃	24.4℃	24.5℃	24.6℃	24.7℃	24.8℃	24.9℃
16.2										
16.3										
16.4										
16.5										
16.6	46.2									
16.7	46.9	46.3								
16.8	47.5	47.0	46.5	45.9						
16.9	48.2	47.6	47.1	46.6	46.0					
17.0	48.8	48.3	47.7	47.2	46.7	46.2				
17.1	49.5	48.9	48.4	47.9	47.3	46.8	46.3			
17.2	50.1	49.6	49.0	48.5	48.0	47.4	46.9	46.4	45.9	
17.3	50.7	50.2	49.7	49.1	48.6	48.1	47.5	47.0	46.5	46.0
17.4	51.4	50.8	50.3	49.6	49.2	48.7	48.2	47.7	47.1	46.6
17.5	52.0	51.5	50.9	50.4	49.9	49.3	48.8	48.3	47.8	47.2
17.6	52.7	52.1	51.6	51.0	50.5	50.0	49.4	48.9	48.4	47.9
17.7	53.3	52.8	52.2	51.7	51.1	50.6	50.1	49.5	49.0	48.5
17.8	54.0	53.4	52.9	52.3	51.8	51.2	50.7	50.2	49.7	49.1
17.9		54.1	53.5	53.0	52.4	51.9	51.3	50.8	50.3	49.8
18.0			54.2	53.6	53.1	52.5	52.0	51.4	50.9	50.4
18.1					53.7	53.2	52.6	52.1	51.5	51.0
18.2						53.8	53.3	52.7	52.2	51.6
18.3							53.9	53.3	52.8	52.3
18.4								54.0	53.4	52.9
18.5									54.1	53.5
18.6										

ICS 85.060
Y 30

中华人民共和国国家标准

GB/T 12032—2005
代替 GB/T 12032—1989

纸和纸板　印刷光泽度印样的制备

Paper and board—Preparation of a offset print for test gloss

2005-09-26 发布　　　　2006-04-01 实施

中华人民共和国国家质量监督检验检疫总局
中国国家标准化管理委员会　发布

前　言

本标准代替 GB/T 12032—1989《纸和纸板印刷光泽度印样的制备》。

本标准与 GB/T 12032—1989 相比有如下变化：

——增加了纵向取样的方法(见第 6 章中的注)；

——将印样的干燥时间缩短为 3 h～4 h(见 7.2.4)。

本标准由中国轻工业联合会提出。

本标准由全国造纸工业标准化技术委员会(SAC/TC 141)归口。

本标准起草单位：中国制浆造纸研究院。

本标准主要起草人：史记。

本标准所代替标准的历次版本发布情况为：

——GB/T 12032—1989。

本标准由全国造纸工业标准化技术委员会负责解释。

纸和纸板　印刷光泽度印样的制备

1　范围

本标准规定了用于测定纸和纸板印刷光泽度的印样制备方法。

本标准适用于各种涂布印刷纸和纸板。

2　规范性引用文件

下列文件中的条款通过本标准的引用而成为本标准的条款。凡是注日期的引用文件，其随后所有的修改单(不包括勘误的内容)或修订版均不适用于本标准，然而，鼓励根据本标准达成协议的各方研究是否可使用这些文件的最新版本。凡是不注日期的引用文件，其最新版本适用于本标准。

GB/T 450　纸和纸板试样的采取(GB/T 450—2002，eqv ISO 186:1994)

GB/T 10739　纸、纸板和纸浆试样处理和试验的标准大气条件(GB/T 10739—2002，eqv ISO 187:1990)

QB 1020　纸张印刷适性用标准油墨

3　术语和定义

下列术语和定义适用于本标准。

3.1

镜面光泽度　specular gloss

试样表面在镜面反射(规则反射)的方向上，反射到规定孔径的光通量与相同条件下标准镜面反射的光通量之比，以百分数表示。

3.2

印刷光泽度　printing gloss

以一定印刷条件，用 IGT 印刷适性仪印在试样上的墨层的镜面光泽度。

4　仪器和材料

4.1　IGT 印刷适性仪(主机)。

4.2　IGT 打墨机，着墨面积的总和为(1 200±15)cm^2。

4.3　注墨管，准确至 0.005 mL。

4.4　包胶印刷墨盘，肖氏硬度为 80HSD～85HSD。

4.5　标准印刷油墨，印刷光泽度专用标准油墨，应符合 QB 1020 的规定。标准印刷油墨应在试验前4 h放于试验标准大气条件中，以保证油墨温度与试验条件相一致。

4.6　秒表或电子计时器，准确至 1 s。

4.7　其他：溶剂汽油、软毛刷、培养皿及卫生纸。

5　试样采取及处理

按 GB/T 450 和 GB/T 10739 进行试样采取和处理。

6　试样制备

根据所用印刷墨盘的宽度进行切样，如果使用 50 mm、30 mm、20 mm 宽的墨盘，应分别切取

55 mm、35 mm、25 mm 宽的横向试样。对于双面涂布纸，应在一面作出标记，且每面应至少切取 4 条试样。

注：如果横向取样不够，也可纵向取样，但应在试验报告中说明。

7 试验步骤

7.1 墨盘上墨

7.1.1 按仪器说明书操作。首先将标准印刷油墨吸入注墨管，应注意不要吸入空气。如果注墨管注墨后油墨自行涌出，说明注墨管内混入空气，应先清除注墨管内的全部油墨，然后重新注墨。

7.1.2 在使用打墨机和墨盘前，应先用软毛刷沾溶剂汽油刷洗所有胶辊和墨盘，再用卫生纸沾溶剂汽油擦洗打墨机的所有金属辊筒。

按表 1 将标准印刷油墨均匀加在打墨机一边的辊筒上，然后挂上油墨加速分布辊，开动打墨机并放下胶辊。

7.1.3 待打墨机上的油墨分布均匀后，插上两个墨盘同时上墨，上墨时间应符合表 2 规定。取下上墨后的墨盘，同时准备用于印刷的试样。随后按表 1 规定，在打墨机上均匀补充定量油墨，并使之分布均匀。

7.1.4 先用软毛刷沾溶剂汽油将印刷后墨盘洗干净，再用卫生纸擦干，应注意勿将纸毛粘到墨盘上。

7.1.5 重复 7.1.3 和 7.1.4 的操作，直至试样印刷结束。然后对打墨机的油墨分布系统、墨盘、注墨管进行彻底清洗。

如果印刷试验超过 1.5 h 或印刷试样超过 40 条，则应停止试验，并对打墨机的油墨分布系统进行清洗，在重新加墨后进行试验。

7.1.6 打墨机的首次加墨量及每次上墨后的补充墨量见表 1。

表 1

墨盘宽度/mm	墨盘上墨厚度/μm	首次加墨量/mL	上墨墨盘数量/个	每次上墨后的补充墨量/mL
50	4.8	0.680	2	0.105
30	4.8	0.640	2	0.060
20	4.8	0.615	2	0.040

7.1.7 打墨机首次加墨的分布时间、墨盘上墨时间及补充油墨的分布时间见表 2。

表 2

生产仪器年代	首次加墨分布时间/min	墨盘上墨时间/s	补充油墨分布时间
20 世纪 70 年代以前	8	45	3 min
20 世纪 70 年代以后	1	30	45 s

7.2 试样印制

7.2.1 按仪器说明书操作。电动式仪器需打开电源开关，在 IGT 印刷适性仪的无衬垫扇形体上夹上试样，使扇形体处于起始位置。

7.2.2 顺时针旋转 IGT 印刷适性仪上部墨盘轴的加压手柄至终点，并将把已上墨的墨盘插入上部墨盘轴，再逆时针旋转加压手柄至终点，调节印刷压力。对于使用 50 mm、30 mm、20 mm 墨盘的印样，应分别调节印刷压力至 625 N、375 N、250 N。

7.2.3 使用电动式仪器，将速度选择器拨至“恒速”，调节印刷速度至 0.2 m/s，然后以此条件印刷试样。使用手动式仪器时，用右手握住摆锤的手柄，左手拨开制动杆，通过手动摆锤以接近 0.2 m/s 的速度进行印刷。

试样的每面印刷不少于4条。

印刷结束后调节印刷压力装置回零。

7.2.4 印刷后的印样互不接触地悬挂在标准大气条件下，在印样干燥3 h～4 h内进行印刷光泽度的测试。如果印样在3 h～4 h内没有干燥则应适当延长干燥时间，但应在报告中注明。

如果印样宽度小于光泽度仪测孔，可采取两条印样拼接的方法测试印刷光泽度。但应在报告中注明。

8 试验报告

试验报告应包括以下项目：

a) 本标准编号及试验日期；

b) 试样的标志和说明；

c) IGT印刷适性仪型号、墨盘宽度；

d) 除50 mm墨盘外，应注明其他所使用的墨盘宽度；

e) 如果纵向取样，在此应说明；

f) 任何偏离本标准的操作及异常现象。

中华人民共和国国家标准

GB 12910—91

纸和纸板二氧化钛含量的测定法

Paper and board—Determination of titanium dioxide

本标准等效采用国际标准 ISO 5647—1989《纸和纸板中二氧化钛含量的测定》。

1 主题内容与适用范围

本标准规定了采用分光光度法和火焰原子吸收分光光度法测定二氧化钛的含量。这两种方法具有同等效力。

本标准适用于所有类型的涂布或加填的纸和纸板。不管钛以何种形式存在都不会影响其测定结果。

2 引用标准

GB 450 纸和纸板试样的采取

GB 462 纸和纸板水分的测定法

GB 463 纸和纸板灰分的测定

3 原理

首先将样品灼烧成灰，用硫酸和硫酸铵加热溶解其灰分，然后加入过氧化氢使其显色，应用分光光度法测定；或加入氯化钾溶液应用火焰原子吸收分光光度法测定。

4 试剂

分析时，必须使用分析纯的试剂，水应符合 4.1 条的规定。

4.1 蒸馏水或去离子水 电导率小于 1 mS/m。

4.2 浓硫酸，H_2SO_4 密度 1.84 g/mL。

4.3 硫酸铵，$(NH_4)_2SO_4$。

4.4 稀酸溶液 在一个烧杯中，大约加 500 mL 的蒸馏水，在不断搅拌下小心地加入 100 mL 浓硫酸(4.2)和 40 g 硫酸铵(4.3)，然后用蒸馏水稀释至 1 L。

4.5 二氧化钛标准溶液 每升含二氧化钛(TiO_2)500 mg。称取 0.500 g 二氧化钛(TiO_2)于一个 400 mL 的烧杯中，加入 40.0 g 的硫酸铵(4.3)和 100 mL 浓硫酸(4.2)。在一个通风柜中慢慢地加热至沸，保持沸腾 5～10 min，让其冷却至室温。在不断搅拌下，小心地倾入到另一个预先盛有约 300 mL 蒸馏水的 500 mL 烧杯中，待溶液再次冷却至室温后，将其定量地转移到一个 1 000 mL 的容量瓶中。用蒸馏水淋洗两个烧杯，并将淋洗液也倾入容量瓶中，最后用蒸馏水稀释至刻度。

注：若购不到分析纯的二氧化钛，也可以用金属钛粉或草酸钛钾代，但钛粉(Ti)的称量为 0.299 7 g，而草酸钛钾〔$K_2TiO(C_2O_4)\cdot H_2O$〕的称量为 2.217 g，配置方法与用二氧化钛相同。

4.6 过氧化氢溶液 每升含过氧化氢(H_2O_2)30 g(此溶液仅用在分光光度法)。

4.7 氯化钾溶液 每升含氯化钾(KCl)20 g(此溶液仅用在火焰原子吸收分光光度法)。

国家技术监督局1991-05-18批准 1992-03-01实施

5 仪器

5.1 铂的、石英的或瓷的坩埚

应彻底地清洗铂器皿，用细砂擦洗除去器皿中的任何污斑，用 6 mol/L 的盐酸煮，使用中应避免与除铂外的其他金属接触。对于瓷坩埚务必要瓷釉洁白完好，瓷的或石英坩埚都要用 6 mol/L 的盐酸煮，洗涤干净。

5.2 分光光度计或具有滤光片的光电比色计，能在波长 410 nm 处测定吸收值，并配备有 10 mm 光径的带盖的比色皿(仅用在分光光度法测定)。

5.3 原子吸收分光光度计，配备有乙炔气，一氧化二氮(即笑气，N_2O)，高温燃烧头和钛的空心阴极灯(仅用在火焰原子吸收分光光度法)。

5.4 一般实验室仪器。

6 样品的采取和制备

样品的采取按 GB 450 的规定进行。带上防护的棉手套，将风干的样品撕成适当大小的碎片，但不得采用剪刀、冲孔或其他可能发生金属污染的工具。

7 灰分溶解液的制备

7.1 称取试样两份，每份称 10 g(称准至 0.01 g)。同时分开称取试样按 GB 462 的规定测其水分。称样量的大小可以根据样品含二氧化钛量增减，但至少称取 1 g(称准至 0.001 g)，如灰化 10 g 的样品，二氧化钛校准曲线范围是 0.1～2 g/kg(分光光度法)或 1～5 g/kg(火焰原子吸收法)。

7.2 将称好的试样放入 50 mL 的铂的或瓷的坩埚中，按 GB 463 炭化灼烧成灰。如果需要测定其灰分，可以将灰分按规定恒重后，计算出灰分含量。

7.3 将烧好的灰分转移到一个 250 mL 的玻璃烧杯中，加入 4 g 硫酸铵(4.3)和用 10 mL 浓硫酸(4.2)分次淋洗坩埚，倾入烧杯中，盖上表面皿，混匀后放在通风柜中加热至逸出三氧化硫烟雾，并维持沸腾 30 min。取下令其自然冷却至室温，然后一滴一滴小心地将它加入到一个装有 50 mL 蒸馏水的 100 mL 的容量瓶中，用蒸馏水淋洗烧杯及坩埚，将淋洗液一起倾入到该容量瓶中，待它冷却后，用蒸馏水稀释至刻度，摇匀。

8 分光光度法试验步骤

8.1 标准曲线的绘制

8.1.1 标准比色溶液的制备

按表 1 所示的体积分别向六个 50 mL 的容量瓶中加入二氧化钛标准溶液(4.5)和 5 mL 的过氧化氢(4.6)，然后用稀酸溶液(4.4)稀释至刻度并混合均匀。

表 1

	二氧化钛标准溶液，mL	相应于含二氧化钛的浓度[1]，mg/L
1	试剂空白液	0.0
2	2.0	20.0
3	4.0	40.0
4	6.0	60.0
5	8.0	80.0
6	10.0	100.0

注：1) 如果标准采用 0,50,100,150,200,250 mg/L 的二氧化钛(TiO_2)，其最大吸收值在 2 左右，最后曲线有点弯曲。

8.1.2 吸收值的测量

在 1 h 之内，倾出一定量的溶液(8.1.1)于 10 mm 光径的比色皿中，用分光光度计在波长 410 nm 处，以稀酸溶液为参比溶液调节仪器的吸收值为零，然后，分别测量其他溶液的吸收值。

8.1.3 绘制曲线

以二氧化钛标准溶液的浓度(mg/L)为横坐标，以所得相应的吸收值为纵坐标绘制标准曲线。

8.2 样品的测定

8.2.1 试液的制备

移取灰分溶解液(7.3)25 mL(如果溶液含有不溶物，可以用干的紧密无灰滤纸过滤，但不要洗涤滤纸，移取滤液。若溶解液是清亮的则不必过滤)于一个 50 mL 的容量瓶中，加入 5 mL 的过氧化氢(4.6)，用稀酸溶液(4.4)稀释至刻度，摇匀。

如果样品溶液是混浊的，或样品含铁量大于 1 g/kg 时，应另制备一种不显色试液，移取 25 mL 的灰分溶解液或经过滤后的滤液于一个 50 mL 的容量瓶中，并用稀酸(4.4)稀释至刻度。若试液清亮无色，则可省略配备此溶液。

配成的试液浓度一定要在绘制标准曲线时所制备的比较溶液相应的浓度范围之内，显色后的试液太稀或太浓，则在配置显色试液和不显色试液时应适当地增减所移取灰分溶解液的毫升数。

8.2.2 吸收值的测量

在 1 h 之内，用 10 mm 光径的比色皿在分光光度计波长 410 nm 处，以稀酸溶液为参比液，调节仪器的吸收值为零，然后分别测量显色试液的吸收值和不显色试液的吸收值。将显色试液的吸收值减去不显色试液的吸收值所得的数值从标准曲线图上读出样品溶液的二氧化钛浓度。

8.3 分光光度法的结果计算

试样的二氧化钛含量 X，以 g/kg 表示，按公式(1)计算：

若试样的二氧化钛含量 Y，以%表示，按公式(2)计算：

如果测试中所用的皆为标准规定的体积毫升数，计算公式(1)、(2)可以分别简化为(3)、(4)：

$$X=\frac{c\cdot V_1\cdot V_3}{1\,000\cdot V_2\cdot m} \qquad \cdots\cdots(1)$$

$$Y=\frac{c\cdot V_1\cdot V_3}{10\,000\cdot V_2\cdot m} \qquad \cdots\cdots(2)$$

$$X=\frac{0.3\ c}{m} \qquad \cdots\cdots(3)$$

$$Y=\frac{0.02\ c}{m} \qquad \cdots\cdots(4)$$

式中：X ——样品的二氧化钛含量，g/kg；

Y ——样品的二氧化钛含量，%；

c ——由标准曲线(8.1.3条)查得的试液的二氧化钛浓度，mg/L；

V_1 ——配成比色溶液的体积(8.2.1条标准规定为 50 mL)，mL；

V_2 ——为配置比色溶液所移取灰分溶解液的体积(标准规定为 25 mL)，mL；

V_3 ——灰分溶解液的总体积(7.3条标准规定为 100 mL)，mL；

m ——试样的绝干质量，g。

9 火焰原子吸收分光光度法试验步骤

9.1 标准曲线的绘制

9.1.1 标准比较溶液的制备

按表 2 所示的体积分别向六个 50 mL 的容量瓶中加入标准二氧化钛溶液(4.5)和 2.5 mL 氯化钾溶液(4.7)，然后用稀酸溶液(4.4)稀释至刻度并混合均匀。

表 2

	二氧化钛标准溶液,mL	相应含二氧化钛的浓度,mg/L
1	0.0	0.0
2	5.0	50.0
3	10.0	100.0
4	15.0	150.0
5	20.0	200.0
6	25.0	250.0

9.1.2 校正仪器

将钛空心阴极灯安装在原子吸收分光光度计的灯座上,按仪器规定的操作步骤开动仪器接通电流待稳定后,根据仪器测定钛的条件调节并固定波长 365.3 nm,然后调节电流、灵敏度、狭缝、燃烧头高度、燃气/助燃气比、气流速度以及吸入量等。

注意!本试验采用 N_2O-C_2H_2,要特别注意安全,防止爆炸,要用 N_2O-C_2H_2 规定的高温燃烧头,在接通 N_2O-C_2H_2 前一定要先用空气-乙炔将燃烧器点燃,待正常后把开关转成 N_2O-C_2H_2。

9.1.3 吸收值测量

待仪器正常,火焰燃烧稳定后,依次将标准比较溶液(9.1.1)吸入火焰中,并测量每一个溶液的吸收值。测量时需以稀酸溶液(4.4)作对照,调节仪器的吸收值为 0,然后测量其余待测溶液。整个制备标准曲线过程中要注意保持仪器使用的条件恒定。每次测量之后要喷水通过燃烧器进行清洗。

9.1.4 绘制曲线

以二氧化钛标准溶液的浓度(mg/L)为横坐标,以所得相应的吸收值为纵坐标绘制标准曲线。

如果仪器设置有自动数据计算系统,则可以省略绘制曲线。

9.2 样品的测定

9.2.1 试液的制备

移取灰分溶解液(7.3)25 mL(如果溶解液含有不溶解物,让其沉淀下去,移取上部澄清液)于一个 50 mL 的容量瓶中,加入 2.5 mL 氯化钾溶液(4.7),然后用稀酸溶液(4.4)稀释至刻度,混合均匀。

配成后的试液浓度一定要在绘制标准曲线时所制备的比较溶液相应的浓度范围之内,否则应适当地增减移取灰分溶解液的体积。

9.2.2 校正仪器

校正仪器与 9.1.2 同。

9.2.3 吸收值的测量

吸收值的测量与 9.1.3 同。

9.3 火焰原子吸收分光光度法的结果计算

试样的二氧化钛含量 X,以 g/kg 表示,按公式(5)计算:

若试样的二氧化钛含量 Y,以%表示,按公式(6)计算:

如果测试中所用的皆为标准规定的体积,公式(5)、(6)可以分别简化为(7)、(8):

$$X=\frac{c\cdot V_1\cdot V_3}{1\,000\cdot V_2\cdot m} \quad\cdots\cdots(5)$$

$$Y=\frac{c\cdot V_1\cdot V_3}{10\,000\cdot V_2\cdot m} \quad\cdots\cdots(6)$$

$$X=\frac{0.2\,c}{m} \quad\cdots\cdots(7)$$

$$Y=\frac{0.02\,c}{m} \quad\cdots\cdots(8)$$

式中：X ——样品的二氧化钛含量，g/kg；

Y ——样品的二氧化钛含量，%；

c ——由标准曲线(9.1.4)查得的试验样品溶液的二氧化钛浓度，mg/L；

V_1 ——配成测量溶液的体积(9.2.1条标准规定为50 mL)，mL；

V_2 ——为了配制测量溶液所移取灰分溶解液的体积(标准规定为25 mL)，mL；

V_3 ——灰分溶解液的总体积(7.3条标准规定为100 mL)，mL；

m ——试样的绝干质量，g。

10 试验报告

试验报告应包括下列项目：

a. 本国家标准的编号；

b. 试验的地点、数据和参考资料；

c. 使用的方法(分光光度法或火焰原子吸收分光光度法)；

d. 完整鉴定样品所需的一切资料；

e. 两份测定结果的平均值，对含二氧化钛低于100 g/kg的试样修约至0.1 g/kg，超过100 g/kg的试样修约至整数。其相对误差不超过5%；

f. 未按标准规定的操作和可能影响测试结果的其他环境。

附加说明：

本标准由中华人民共和国轻工业部提出。

本标准由全国造纸工业标准化技术委员会归口。

本标准由轻工业部造纸工业科学研究所起草。

本标准主要起草人魏鹏月、杨妍飞。

中华人民共和国国家标准

纸和纸板油墨吸收性的测定法

GB 12911—91

Paper and board—Determination of the ink absorbency

1 主题内容与适用范围

本标准规定了纸和纸板油墨吸收性测定方法。

本标准适用于平版、凹版和凸版印刷用白色或近白色、涂布或未涂布纸和纸板。

2 引用标准

GB 450 纸和纸板试样的采取

GB 10739 纸浆、纸和纸板试样处理与试验的标准大气

GB 1543 纸的不透明度测定法(纸背衬)

GB 7973 纸浆、纸及纸板漫反射因数测定法(漫射/垂直法)

3 原理

通过测定纸和纸板在规定时间内标准面积上吸收非干性油墨后表面反射因数 R_y 的降低来表示油墨吸收性能。

4 术语

4.1 油墨吸收性 纸和纸板在规定时间内吸收标准油墨的性能。以试样同一表面吸收油墨前后反射因数之差,除以该试样本来的反射因数即为油墨吸收值。

4.2 油墨吸收时间 从涂油墨开始到擦油墨擦完一半涂油墨面积时所需时间。

5 仪器

5.1 油墨吸收性试验仪(见图 1)

仪器应设计成能在规定尺寸试样的 $2.0\pm0.4\ cm^2$ 正方形或圆形面积上均匀地涂上一层厚约 0.1 mm的吸收性油墨,并能用擦墨纸按规定的油墨吸收时间擦去未吸收的油墨,在试样上留下色调均匀一致的墨迹。试验仪还应配备有下述备品或配件:

a. 专用铁磁性油墨刮棒。

b. 油墨刮刀。

c. 标准吸收性油墨[1]。

d. 擦墨纸[1]。

注:1) 可向天津造纸技术研究所订购。

国家技术监督局1991-05-18批准 1992-03-01实施

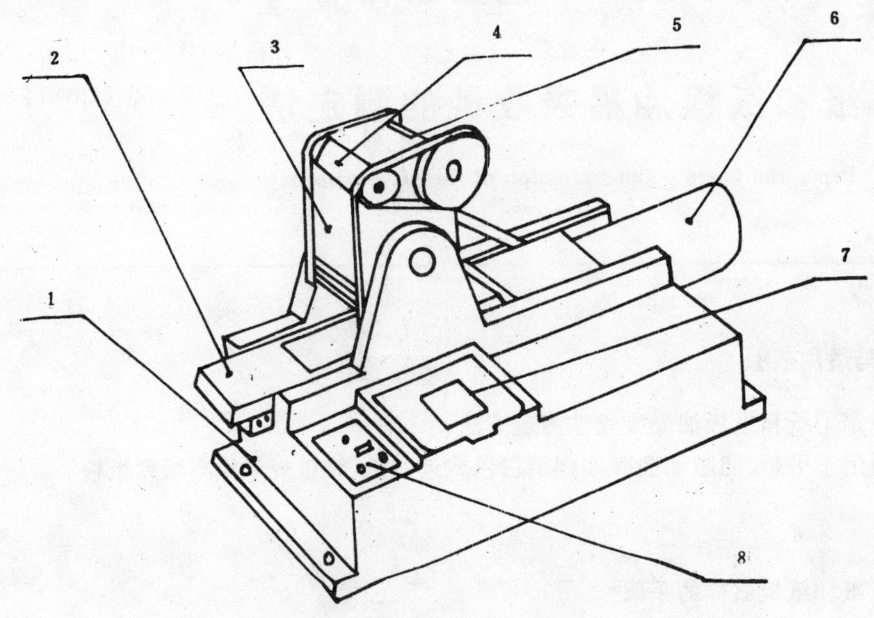

图 1　纸和纸板油墨吸收性试验仪结构示意图

1—机座；2—擦墨台；3—扇形体；4—卷纸轴；5—纸卷架；
6—电机；7—涂墨压板；8—控制面板

5.2　反射光度计

仪器几何条件和光谱特性应符合 GB 1543 或 GB 7973 有关规定。

5.3　计时秒表：分辨率 0.1 s。

6　试样采取和制备

6.1　按 GB 450 有关规定取样。

6.2　在距平板纸和卷筒纸边缘 15 mm 以上的部位一次切取矩形 65±2 mm×210 mm 足够数量的试样，确保被测面（单面使用的纸和纸板正面，双面使用的纸和纸板正、反面）有不少于 5 个的可用试片。试片长边为试验材料的纵向。各试片均应正面向上叠成一叠。每叠上、下各衬一张试片加以保护。

7　试样温湿处理

按 GB 10739 有关规定对试样进行温湿处理。

8　试验步骤

8.1　各仪器按照出厂说明书要求进行检查，预热和校准。

8.2　按 GB 1543 或 GB 7973 有关规定。用反射光度计测定试样表面涂吸收性油墨前的绿光反射因数 R_0，被测试片下应衬相同材料试片若干层至不透明。依次测试不得少于 5 张试片。

8.3　在已知反射因数 R_0 的试片上用油墨吸收性试验仪涂吸收性油墨。

8.3.1　取一张试片放在涂墨压板下。试片被测面向上，长边平行于仪器前后方向，沿长边方向的中心线应与涂墨压板开孔中心位置对正。

8.3.2　将吸收性油墨搅拌均匀，取适量放在涂墨压板上，通过铁磁性专用油墨刮棒和压板开孔使油墨均匀分布在试片上，使之形成面积为 20 cm^2、厚度为 0.1 mm 的正方形或圆形油墨膜。

8.3.3　用夹在仪器扇形体上的擦墨纸将未吸收的油墨擦掉，试片上留下 20 cm^2 的墨迹。自动擦墨操作应确保油墨吸收时间平均为 2 min。手动操作用计时秒表计时。

注：油墨吸收时间可按需要选定，但必须在试验报告中注明。仲裁时必须用 2 min 油墨吸收时间。

8.3.4 重复 8.3.1～8.3.3 步骤，依次制备不少于 5 张试片。

8.4 为防止墨迹因外界环境影响发生变化，擦墨后即用反射光度计测定试片墨迹中心区域绿光反射因数 R_1，操作及要求同 8.2。背衬材料为未涂墨相同材料的试片。依次测试不得少于 5 张试片。

9 试验结果的表示

9.1 按式(1)计算油墨吸收值

$$油墨吸收值 = \frac{R_0 - R_1}{R_0} \times 100 + R_k \quad \cdots\cdots (1)$$

式中：R_0——涂油墨前试片表面绿光反射因数。

R_1——涂油墨后试片表面墨迹中心区域绿光反射因数。

R_k——油墨的修正系数，用以消除油墨批间的差异该系数标在油墨包装容器上。

9.2 分别计算每个试片的油墨吸收值，然后算出 5 个结果的算术平均值。结果取至整数个位。

9.3 计算结果的变异系数，精确到小数点后第二位。

10 试验的精确度

用单独试验结果的重复性(变异系数)表示试验的精确度。对不同试样该方法的重复性如下：

表 1

项目 试样	油墨吸收值范围	重复性范围，%	平均重复性，%
新闻纸	42～53	0.33～4.99	2.39
凸版和胶印书刊纸	47～60	0.41～7.01	2.81
胶版印刷纸	36～65	0.47～6.71	2.50
胶版印刷涂布纸	16～43	1.90～17.10	6.21
铸涂纸板	12～40	0.39～14.60	4.45

11 试验报告

试验报告应包括下列内容：

a. 本国家标准编号；

b. 试样标志和说明；

c. 试验日期和地点；

d. 试验的大气条件；

e. 试样油墨吸收平均值和变异系数；

f. 偏离本标准的任何操作。

附 录 A
油墨吸收性试验仪的校准
（补充件）

A1　擦墨台擦墨运行平均速度的校验

用分辨率为 0.1 s 的计时秒表和量程为 30 cm 的钢板尺测量擦墨台擦墨运行全程所需时间 t 和擦墨台上任一点的位移 L。按式(A1)计算：

$$\overline{V}=\frac{L}{t}\times 60 \qquad \cdots\cdots(A1)$$

式中：$\overline{V}$——擦墨台擦墨运行平均速度，cm/min；

L——擦墨台上任一点在擦墨全程的位移，cm；

t——擦墨台擦墨运行全程所需时间，s。

计算结果 $\overline{V}$ 应为 15.5±1.0 cm/min。

A2　油墨吸收时间的校验

时间控制开关放在“自动”位置，将试片欲涂墨位置用铅笔画出墨迹轮廓，放试片于擦墨台上。用上述计时秒表记取涂油墨开始到擦墨扇形体擦墨到试片上用铅笔构画的墨迹轮廓一半时所需时间(s)。自动控制机构控制油墨吸收时间，5 次校验平均值应为 120±5 s。

A3　涂墨压板厚度的校验

用千分尺按图 A1 所示 A、B、C 三个部位对涂墨压板进行测量取三个部位测量结果的算术平均值，其厚度应为 $0.10^{+0.02}_{0}$mm。

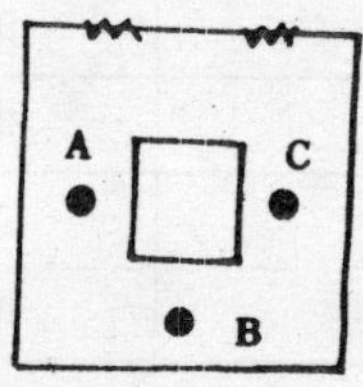

图 A1

A4　涂墨压板中心开孔尺寸的校验

用分度值为 0.02 mm 量程为 200 mm 的游标卡尺对涂墨压板中心开孔尺寸进行测量，并计算出正方形或圆形面积数值。其开孔面积应为 20±0.4 cm^2。

A5　目测涂墨玻璃垫板表面应平整。

A6　仪器自动计时器校验

用分辨率为 0.1 s 的计时秒表校验自动计时器，5 次校验结果平均值应符合 120±5 s。

附 录 B
油墨吸收指数表示法
（参考件）

为排除纸的亮度对油墨吸收值的影响，也可以用油墨吸收指数 X 表示纸和纸板的油墨吸收性能，其计算方法如式(B1)：

$$X=100\left(\frac{1}{R_1}-\frac{1}{R_0}\right)+\frac{R_k}{R_1} \qquad \cdots\cdots(B1)$$

式中：R_0——涂油墨前试片表面绿光反射因数；

R_1——涂油墨后试片表面墨迹中心区域绿光反射因数；

R_k——油墨的修正系数，用以消除油墨批间的差异该系数标在油墨包装容器上。

附加说明：

本标准由中华人民共和国轻工业部提出。

本标准由全国造纸标准化技术委员会归口。

本标准由轻工业部造纸工业科学研究所起草。

本标准主要起草人刘克谦、王长泰。

本标准参照采用英国标准 BS 4574—1970《纸和纸板 K&N 油墨吸收性的测定法》。

GB/T 12911—1991《纸和纸板油墨吸收性的测定性》第 1 号修改单

本修改单业经国家技术监督局于 1994 年 10 月 25 日以技监国标函[1994]194 号文批准，自 1994 年 11 月 1 日起实施。

一、9.1 条中“油墨吸收值”更改为“油墨吸收值，%”；“反射因数”更改为“反射因数，%”；“油墨的修正系数”更改为“油墨的修正系数(%)”。

二、10 条表 1 中“油墨吸收值范围”更改为“油墨吸收值范围，%”。

三、附录 B 式中：“反射因数”更改为“反射因数，%”；“油墨的修正系数”更改为“油墨的修正系数(%)”。

ICS 85-010
Y 30

中华人民共和国国家标准

GB/T 12914—2018
代替 GB/T 12914—2008

纸和纸板　抗张强度的测定　恒速拉伸法(20 mm/min)

Paper and board—Determination of tensile properties—Constant rate of elongation method(20 mm/min)

[ISO 1924-2:2008,Paper and board—Determination of tensile properties—Part 2:Constant rate of elongation method(20 mm/min),MOD]

2018-12-28 发布　　2019-07-01 实施

国家市场监督管理总局
中国国家标准化管理委员会　发布

前言

本标准按照 GB/T 1.1—2009 给出的规则起草。

本标准代替 GB/T 12914—2008《纸和纸板　抗张强度的测定》。与 GB/T 12914—2008 相比，主要技术变化如下：

——修改了标准名称；

——修改了范围（见第 1 章，2008 年版的第 1 章）；

——增加了本标准与 GB/T 22898—2008[ISO 1924-3:2005，MOD]差异的说明（见第 1 章的注）；

——修改了术语和定义（见第 3 章），增加了伸长量（见 3.3）、伸长率（见 3.4）的定义；

——删除了恒速加荷法相关内容（见 2008 年版的第 4 章）并重新编排标准章条；

——将伸长率测量精度修改为伸长量测量精度（见 5.1，2008 年版的 5.2.1.1）并增加了对伸长量测量精度的补充说明（见 5.1 注 2）；

——增加了裂断长的计算公式（见 9.5）；

——修改了弹性模量的计算公式（见 9.8，2008 年版的 10.8）；

——增加了精密度的相关数据（见 10.3 中表 2、表 3）。

本标准采用重新起草法修改采用 ISO 1924-2:2008《纸和纸板　抗张强度的测定　第 2 部分：恒速拉伸法（20 mm/min）》。

本标准与 ISO 1924-2:2008 相比，主要技术差异及原因如下：

——关于规范性引用文件，本标准做了具有技术性差异的调整，以适应我国的技术条件，调整的情况集中反映在第 2 章"规范性引用文件"中，具体调整如下：

- 用修改采用国际标准的 GB/T 450 代替 ISO 186；
- 用等效采用国际标准的 GB/T 451.2 代替 ISO 536；
- 用等同采用国际标准的 GB/T 451.3 代替 ISO 534；
- 用等效采用国际标准的 GB/T 10739 代替 ISO 187；

——鉴于裂断长指标在我国仍被广泛使用，增加了裂断长的定义和计算公式（见 3.6 和 9.5）。

本标准做了下列编辑性修改：

——参考 ISO 1924-3 对伸长量测量精度进行了补充说明（见 5.1.2 的注 2）以区别不同试验项目对伸长量测量精度的不同要求；

——修改了各项抗张性能指标的字母代号（见第 9 章）以便于仪器显示、打印并保持与相关标准的一致性；

——修改了抗张指数的单位（见 9.3），数值不变，以保持与相关产品标准和现有仪器的一致性；

——增加了附录 B（资料性附录），本标准与 ISO 1924-2:2008 的符号对照。

请注意本文件的某些内容可能涉及专利。本文件的发布机构不承担识别这些专利的责任。

本标准由中国轻工业联合会提出。

本标准由全国造纸工业标准化技术委员会（SAC/TC 141）归口。

本标准起草单位：四川长江造纸仪器有限责任公司、山东世纪阳光纸业集团有限公司、中国制浆造纸研究院有限公司、国家纸张质量监督检验中心。

本标准主要起草人：殷报春、黎的非、温建宇、盛永忠、王东兴。

本标准所代替标准的历次版本发布情况为：

——GB/T 453—1989、GB/T 453—2002；

——GB/T 12914—1991、GB/T 12914—2008。

纸和纸板　抗张强度的测定
恒速拉伸法(20 mm/min)

1　范围

本标准规定了使用恒定拉伸速度(20 mm/min)的试验仪器测定纸和纸板抗张强度、断裂时伸长率、裂断长和抗张能量吸收的方法,并规定了抗张指数、抗张能量吸收指数和弹性模量的计算公式。

本标准适用于除瓦楞纸板外的所有纸和纸板。

注:GB/T 22898—2008《纸和纸板　抗张强度的测定　恒速拉伸法(100 mm/min)》(ISO 1924-3:2005,MOD)规定了恒速拉伸法的另外一种形式,使用100 mm/min的恒定拉伸速度和100 mm试验长度。对于不同的试样,拉伸速度对抗张强度、断裂时伸长率、抗张能量吸收和弹性模量的影响不同。大多数情况下,当拉伸速度从20 mm/min(180 mm试验长度)增加到100 mm/min(100 mm试验长度)时,抗张强度增加5%~15%。使用两种方法得到的试验结果不宜相互比较。

2　规范性引用文件

下列文件对于本文件的应用是必不可少的。凡是注日期的引用文件,仅注日期的版本适用于本文件。凡是不注日期的引用文件,其最新版本(包括所有的修改单)适用于本文件。

GB/T 450　纸和纸板　试样的采取及试样纵横向、正反面的测定(GB/T 450—2008,ISO 186:2002,MOD)

GB/T 451.2　纸和纸板定量的测定(GB/T 451.2—2002,eqv ISO 536:1995)

GB/T 451.3　纸和纸板厚度的测定(GB/T 451.3—2002,idt ISO 534:1988)

GB/T 10739　纸、纸板和纸浆试样处理和试验的标准大气条件(GB/T 10739—2002,eqv ISO 187:1990)

3　术语和定义

下列术语和定义适用于本文件。

3.1

抗张强度　tensile strength

在规定的试验条件下,单位宽度的试样断裂前所能承受的最大张力。

3.2

抗张指数　tensile index

抗张强度除以定量。

3.3

伸长量　elongation

试样长度的增加量。

注:以毫米(mm)表示。

3.4

伸长率　strain

试样的伸长量与初始试验长度的比值。

注1：伸长率用相对初始试验长度的百分比表示。

注2：试样的初始试验长度等于两夹持线间的初始距离。

3.5

断裂时伸长率　strain at break

在规定的试验条件下，试样断裂瞬间的伸长量与初始试验长度的比值。

3.6

裂断长　breaking length

假设将一定宽度的纸或纸板的一端悬挂起来，计算由其因自重而断裂的最大长度。

3.7

抗张能量吸收　tensile energy absorption

单位面积的试样被拉伸至最大抗张力时所吸收的能量。

注：试样面积用试验长度乘以试样宽度计算。

3.8

抗张能量吸收指数　tensile energy absorption index

抗张能量吸收除以定量。

3.9

弹性模量　modulus of elasticity

抗张力-伸长量曲线的最大斜率乘以初始试验长度再除以试样的宽度和厚度的乘积。

注：参见图2。

4　原理

使用抗张试验仪，在恒定的拉伸速度下将规定尺寸的试样拉伸至断裂，记录其抗张力。如需要，记录其伸长量。如果能够连续记录抗张力和伸长量，则可测定出断裂时伸长率、抗张能量吸收和弹性模量。通过记录的数据和已知的试样定量，可计算出抗张指数和抗张能量吸收指数。

5　仪器

5.1　抗张试验仪

5.1.1　抗张试验仪应能以恒定的拉伸速度（20 mm/min）拉伸规定尺寸的试样，测定其抗张力，并在必要时测定其伸长量。

5.1.2　抗张试验仪抗张力测定和显示装置的最大允许误差为±1％，必要时，其伸长量测定和显示装置的最大允许误差为±0.1％。抗张力可在电子积分仪或其他等效装置上记录为伸长量的函数。

注1：伸长量测量精度非常重要。为准确测定实际伸长量，建议在试样上直接安装适当的引伸计，以避免由于试样在夹头内不可觉察的滑移及仪器连接部位的拉紧而带来虚假的伸长量。后者取决于所施加的载荷，对使用一段时间的仪器，由于连接部位的磨损，误差将会增大。在试样上安装引伸计所带来的附加载荷宜控制在要求的抗张力允许误差极限范围内。

注2：如果伸长量测定结果只用于断裂时伸长率和抗张能量吸收计算，±0.1 mm的伸长量测量精度是可以接受的。

5.1.3　抗张试验仪包含两个用于夹持规定宽度试样的夹头。每个夹头应设计为能在试样全宽上以一条直线牢固地夹持住试样而不致损坏或滑移，并具有夹持力的调节装置。两组夹头的夹持表面应位于同一平面，以使试样在整个测试过程中始终被夹持在该平面。

注：夹头将试样夹持在一个圆柱面和一个平面之间，或者两个圆柱面之间，试样面与圆柱面相切。如果试样在测定过程中不发生损伤或滑动，也可使用其他类型的夹头。

5.1.4　试样被夹持后，两条夹持线应互相平行，其夹角不超过1°（见图1）。同时，在受力状态下，夹持线应保持与抗张力的施加方向及试样长边垂直，偏差不超过±1°(见图1)。两夹持线间距离应能调节至要求的试验长度，误差不超过±1 mm。

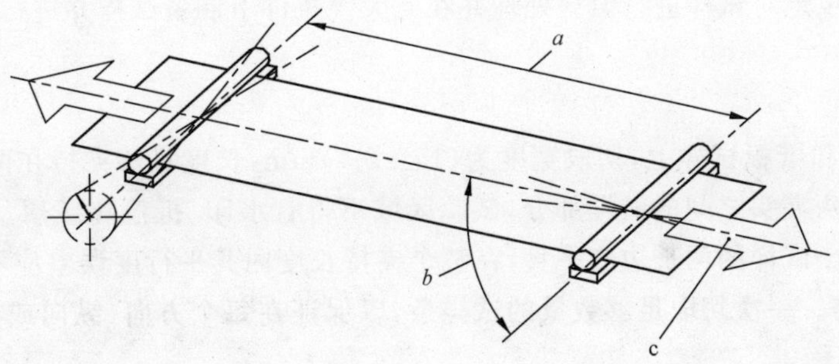

说明：

a ——两夹持线之间的夹角，$a=0°\pm1°$。

b ——试样中心线与夹持线的夹角，$b=90°\pm1°$。

c ——张力方向，与试样中心线平行，夹角不大于1°。

图1　夹持线与试样的关系

5.2　试样裁切装置

用于将试样裁切至规定尺寸。

5.3　在线测量装置

如积分仪，最大允许误差为±1%。此装置应可编程，以适应不同的初始试验长度。如需测定抗张能量吸收，应使用此装置。

注：某些抗张试验仪自身具备计算抗张能量吸收的功能，不需外接上述装置。

5.4　绘制抗张力-伸长量曲线并测量曲线最大斜率的装置

仅在需要测定弹性模量时使用。

注：某些抗张试验仪自身具备绘制抗张力-伸长量曲线和计算弹性模量的功能，不需外接上述装置。

6　试验仪的调节和校准

6.1　按使用说明书安装仪器。如需要，按附录A校准仪器的抗张力测定装置和伸长量测定装置。

6.2　调节夹头位置，使试验长度即两夹持线间距离为(180±1)mm。

注：在某些情况下，例如高伸长率的纸或长度受限的样品，可使用较小的试验长度。此时，建议将拉伸速度数值调节到初始试验长度的(10±2.5)%，并在试验报告中注明所采用的试验长度和拉伸速度。

6.3　在夹头内夹持一条薄的铝箔，测量两夹持压痕之间的距离，检查试验长度是否准确。

6.4　调节夹头分离速度即试样拉伸速度至(20±5)mm/min。

6.5　调节夹持压力，使试样既无滑移又无损伤。

注：对某些纸和纸板，试样可能很快(如5 s内)断裂或需要较长时间(如超过30 s)才断裂。此时，可使用不同的拉伸速度，并在试验报告中注明该速度。

7　试样制备和处理

7.1　取样

按GB/T 450规定采取试样。

7.2 温湿处理

按 GB/T 10739 规定对试样进行温湿处理并在此大气条件下制备试样并进行试验。

7.3 试样制备

7.3.1 从无损伤的纸和纸板试样上，切取宽度为(15±0.1)mm，长度足够夹持在两夹头之间的试样条。避免用裸手接触位于两夹头之间的试样部分，试验区域不得有水印、折痕和皱褶。如果必须包含水印，应在试验报告中注明。试样的两长边应平直，在整个夹持长度内其平行度误差应不超过±0.1 mm。试样切口应整齐、无损伤。一次切取足够数量的试样条，以保证在每个方向(纵向或横向)各有 10 个有效的测定结果。

注：某些纸张难以切齐，可将两层或三层纸夹在较硬的纸(如证券纸)中形成一叠，然后再切取试样。

7.3.2 如需测定抗张指数或抗张能量吸收指数，则应按 GB/T 451.2 规定测定试样定量。

7.3.3 如需测定弹性模量，则应按 GB/T 451.3 规定测定试样厚度。

8 试验步骤

8.1 检查试验仪及记录仪(如使用)零位。

8.2 将夹头距离调节到规定的初始试验长度并将试样夹在夹头上，注意不应用手接触试样两夹持线之间的试验区域。建议处理试样时，佩戴一次性手套或轻质的棉手套。摆正并夹紧试样，不留任何可觉察的松弛，并且不产生明显的应变。保证试样平行于所施加的张力方向(见图 1)。

注 1：仪器在垂直方向夹持试样时，为防止试样松弛，可以在试样下端附上一个小砝码，如低定量的纸可以附上一个 10 g 砝码。该方法不适用于高伸长率的纸。

注 2：对特定类型的纸，不对试样施加张力时很难辨别“可觉察的松弛”。此时，试样可以保留最低限度的松弛。

8.3 开始试验直至试样断裂。记录所施加的最大抗张力，如需要，还应记录伸长量(单位为 mm)，或者从仪器上直接读出断裂时伸长率(%)。

8.4 在要求的每个方向(纵向或横向)各测试至少 10 个试样，舍去所有在距夹持线 10 mm 范围内断裂的试样的试验数据，每个方向上得到 10 个有效结果。如果 20%以上的试样在距夹持线 10 mm 范围内断裂，则应检查试验仪是否符合 5.1 和第 6 章要求，如仪器有故障，则舍弃全部试验结果并采取补救措施。在试验报告中注明在距夹持线 10 mm 范围内断裂的试样数量。

9 计算和结果报告

9.1 总则

分别计算并以纸和纸板每个方向所得结果表示。机制纸或纸板有纵向和横向，而实验室手抄片没有方向的区别。

9.2 抗张强度

测定每个试样的最大抗张力，计算最大抗张力的平均值，按式(1)计算抗张强度 S，单位为千牛每米(kN/m)：

$$S=\frac{\overline{F}}{b} \qquad \cdots\cdots(1)$$

式中：

$\overline{F}$ ——最大抗张力的平均值，单位为牛顿(N)；

b ——试样的宽度,单位为毫米(mm)。

抗张强度用三位有效数字表示。

9.3 抗张指数

如需要,按式(2)计算抗张指数 I,单位为牛顿米每克(N·m/g):

$$I=\frac{1\,000S}{w} \qquad \cdots\cdots(2)$$

式中:

w——试样的定量,单位为克每平方米(g/m²)。

抗张指数用三位有效数字表示。

注:由抗张强度平均值和定量计算抗张指数。测定定量和抗张力时,二者的变异性不同,彼此之间也不存在相关性,因此不能真实地反映出抗张指数的偏差,影响标准偏差的计算。鉴于上述原因,不推荐计算抗张指数的标准偏差。

9.4 断裂时伸长率

如需要,且仪器进行了伸长量测定,按式(3)计算每次试验的断裂时伸长率 ε,以断裂时伸长量与初始试验长度的比值(%)表示:

$$\varepsilon=\frac{\delta}{l}\times 100 \qquad \cdots\cdots(3)$$

式中:

δ ——断裂时伸长量,单位为毫米(mm);

l ——试样的初始试验长度,单位为毫米(mm)。

计算断裂时伸长率的平均值,结果保留一位小数。

如果仪器直接以百分数的形式给出断裂时伸长率,计算其平均值,结果保留一位小数。

9.5 裂断长

如需要,按式(4)计算裂断长 L_B,单位为千米(km):

$$L_B=\frac{1}{9.8}\times\frac{S}{w}\times 10^3 \qquad \cdots\cdots(4)$$

裂断长用三位有效数字表示。

9.6 抗张能量吸收

如需要,通过与抗张试验仪相连的积分仪或通过抗张力-伸长量曲线下方最大抗张力点之前的面积测定每个试样的抗张能量吸收。按式(5)计算抗张能量吸收 Z,单位为焦耳每平方米(J/m²):

$$Z=\frac{1\,000\times\bar{E}}{b\times l} \qquad \cdots\cdots(5)$$

式中:

$\bar{E}$——抗张力-伸长量曲线下方面积的平均值,单位为毫焦耳(mJ)。

抗张能量吸收用三位有效数字表示。

9.7 抗张能量吸收指数

如需要,按式(6)计算抗张能量吸收指数 I_Z,单位为焦耳每千克(J/kg):

$$I_Z=\frac{1\,000\times Z}{w} \qquad \cdots\cdots(6)$$

抗张能量吸收指数用三位有效数字表示。

9.8 弹性模量

如需要，按式(7)计算每个试样抗张力-伸长量曲线的最大斜率 S_{max}(见图 2)，单位为牛顿每毫米(N/mm)：

$$S_{max}=\left[\frac{\Delta F}{\Delta \delta}\right]_{max} \quad \cdots\cdots(7)$$

式中：

ΔF ——抗张力增量，单位为牛顿(N)；

$\Delta \delta$ ——伸长量增量，单位为毫米(mm)。

用最大斜率的平均值 $\overline{S}_{max}$，按式(8)计算弹性模量 E^*，单位为兆帕(MPa)：

$$E^*=\frac{\overline{S}_{max}\times l}{b\times t} \quad \cdots\cdots(8)$$

式中：

t——试样厚度，单位为毫米(mm)。

弹性模量用三位有效数字表示。

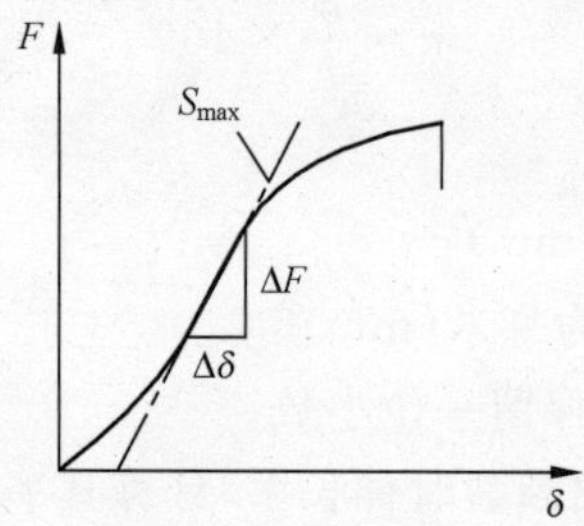

说明：

F ——抗张力；

δ ——伸长量；

S_{max}——最大斜率；

ΔF ——抗张力增量；

$\Delta \delta$ ——伸长量增量。

图 2 测定弹性模量所用的概念

10 精密度

10.1 总则

试验的精密度取决于被测纸和纸板的离散性及所使用的试验仪器。表 1 为荷兰和美国进行的独立试验结果的数据统计，表 2 和表 3 为欧洲造纸工业联合会比较试验机构(CEPI-CTS)在欧洲范围内开展的比较试验结果。

10.2 重复性

同一实验室重复性试验的结果以变异系数 CV(实验室内)在表 1 中列出，以重复性标准偏差 s_r 和重复性限 r 在表 2 和表 3 中列出。

10.3 再现性

不同实验室再现性试验的结果以变异系数 CV(实验室间)在表 1 中列出，以再现性标准偏差 s_R 和再现性限 R 在表 2 和表 3 中列出。

表 1 抗张强度和断裂时伸长率的重复性和再现性

范围	试验项目	CV(实验室内)平均值 %	CV(实验室间)平均值 %
0.5 kN/m～1.3 kN/m	抗张强度	5.8	未知
2.9 kN/m～11.5 kN/m	抗张强度	3.8	12
0.7%～1.9%	断裂时伸长率	9.0	未知
1.4%～2.6%	断裂时伸长率	6.6	30
2.3%～7.0%	断裂时伸长率	4.5	未知
30 J/m^2～200 J/m^2	抗张能量吸收	10	28

表 2 抗张强度的重复性和再现性

范围 kN/m	平均值 kN/m	实验室数	s_r kN/m	r kN/m	s_R kN/m	R kN/m
1.30～1.70	1.50	19	0.06	0.166	0.06	0.235
4.50～5.50	5.00	18	0.23	0.637	0.18	0.810
6.50～7.50	7.00	18	0.23	0.637	0.24	0.921
11.0～12.5	11.75	19	0.65	1.801	0.50	2.273

表 3 断裂时伸长率的重复性和再现性

范围 %	平均值 %	实验室数	s_r %	r %	s_R %	R %
2.50～3.50	3.00	19	0.46	1.274	0.19	1.380
1.40～2.00	1.70	17	0.14	0.388	0.08	0.447
1.40～2.00	1.70	19	0.11	0.305	0.13	0.472
4.50～5.50	5.00	19	0.32	0.886	0.28	1.179

11 试验报告

试验报告应包括以下信息：

a) 本标准的编号；

b) 试验的日期和地点；

c) 用于准确鉴别试样的全部信息；

d) 所用的温湿处理条件；

e) 试样方向；

f) 第 9 章所要求的试验结果；

g) 距夹持线 10 mm 内断裂的试样数量；

h) 所要求的试验结果的标准偏差；

i) 如测定，报告试样的定量和厚度以及厚度测定时使用的压力；

j) 任何偏离本标准及可能影响试验结果的情况。

附 录 A
（规范性附录）
抗张试验仪的校准

依据仪器的使用频率定期校准仪器。建议每月至少校准一次。

使用已知质量、最大允许误差为±0.1%的砝码校准仪器的测力装置和记录装置(如使用)。根据砝码质量和重力加速度计算所施加的力。此外,也可使用如预先校准的弹性校准体等校准装置。

加载状态下,在要求的伸长量测量范围内,使用游标卡尺或者块规校准抗张试验仪的伸长量测量装置和记录装置(如使用)。

有些抗张试验仪的抗张力测量装置在受力后可能伸长。在仪器有效工作范围内的不同点同时校准抗张力和伸长量测量装置,以确保不致影响测量结果。

如果使用积分仪测定测量抗张能量吸收,则应在抗张力和伸长量的相应量程内按使用说明书校准积分仪。

检查夹头是否符合5.1.3和5.1.4要求。

检查用于弹性模量测定的绘图装置。

附 录 B
（资料性附录）
本标准与 ISO 1924-2:2008 的符号对照

表 B.1 给出了本标准与 ISO 1924-2:2008 所使用符号的对照表。

表 B.1 本标准与 ISO 1924-2:2008 使用符号对照表

参数项目	本标准使用符号	ISO 1924-2:2008 使用符号
抗张强度	S	σ_{T}^{b}
最大抗张力平均值	$\overline{F}$	$\overline{F}_{\mathrm{T}}$
抗张指数	I	σ_{T}^{w}
断裂时伸长率	ε	ε_{T}
抗张能量吸收	Z	W_{T}^{b}
抗张力-伸长量曲线下方面积的平均值	$\overline{E}$	$\overline{U}_{\mathrm{T}}$
抗张能量吸收指数	I_Z	W_{T}^{w}
弹性模量	E^*	E

ICS 85-010
Y 30

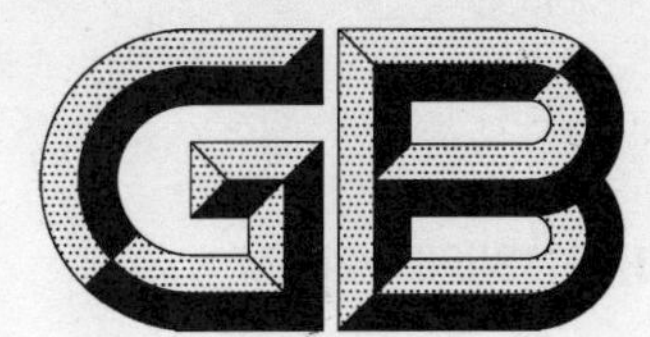

中华人民共和国国家标准

GB/T 13528—2015
代替 GB/T 13528—1992

纸和纸板　表面 pH 的测定

Paper and board—Determination of surface pH

2015-09-11 发布　　2016-04-01 实施

中华人民共和国国家质量监督检验检疫总局
中国国家标准化管理委员会　发布

前　言

本标准按照 GB/T 1.1—2009 给出的规则起草。

本标准代替 GB/T 13528—1992《纸和纸板表面 pH 值的测定法》。与 GB/T 13528—1992 相比主要技术变化如下：

——修改了范围；

——增加了规范性引用文件；

——修改了测试仪器；

——修改了测试时间。

请注意本文件的某些内容可能涉及专利。本文件的发布机构不承担识别这些专利的责任。

本标准由中国轻工业联合会提出。

本标准由全国造纸工业标准化技术委员会(SAC/TC 141)归口。

本标准起草单位:遂昌县兴昌纸业有限公司、中国制浆造纸研究院、珠海经济特区红塔仁恒纸业有限公司、国家纸张质量监督检验中心。

本标准主要起草人:高君、李萍、尹巧、詹延林、单黎跃、马洪生、汪东伟、张东生、李大方。

本标准所代替标准的历次版本发布情况为：

——GB/T 13528—1992。

纸和纸板　表面 pH 的测定

1　范围

本标准规定了纸和纸板表面 pH 的测定方法。

本标准适用于测定表面吸水性较低的纸和纸板，也可用于图书馆馆藏书籍、政府机关档案等中的纸和纸板表面 pH 的测定。

2　规范性引用文件

下列文件对于本文件的应用是必不可少的。凡是注日期的引用文件，仅注日期的版本适用于本文件。凡是不注日期的引用文件，其最新版本(包括所有的修改单)适用于本文件。

GB/T 450　纸和纸板　试样的采取及试样纵横向、正反面的测定

3　原理

在试样表面滴一滴水，将平头电极浸入水滴中，使电极在试样上的压力保持恒定，在规定的时间内测试 pH。

4　仪器

4.1　pH 计：带平头电极，可以浸入一滴水中，仪器应有温度补偿功能，读数准确至 0.01。

4.2　垫子：为非吸收性材料，可以使电极与纸表面充分接触的平板(例如胶垫等)。

4.3　吸收棉或滤纸：用于吸干测试后样品表面的液体。

4.4　秒表：秒表或者电子定时器。

4.5　温度计：测量范围为 0 ℃～100 ℃。

4.6　容量瓶：1 000 mL。

5　试剂

5.1　水，蒸馏水或去离子水。水的 pH 为 6.0～7.3，电导率应不超过 0.1 mS/m。当没有满足上述规定的水时，可使用电导率较高的水，但应在试验报告中说明所用水的电导率。

5.2　邻苯二甲酸氢钾($KHC_8H_4O_4$)溶液，0.05 mol/L，25 ℃时 pH 为 4.01。准确称取在 115 ℃±5 ℃干燥 2 h～3 h 的邻苯二甲酸氢钾 10.21 g，加水使溶解并稀释至 1 000 mL。

5.3　磷酸二氢钾(KH_2PO_4)和磷酸氢二钠(Na_2HPO_4)溶液，25 ℃时 pH 为 6.86。准确称取在 115 ℃±5 ℃干燥 2 h～3 h 的无水磷酸氢二钠 3.55 g 与磷酸二氢钾 3.40 g，加水使溶解并稀释至 1 000 mL。

5.4　四硼酸钠($Na_2B_4O_7$)溶液，0.01 mol/L，25 ℃时 pH 为 9.18。准确称取硼砂 3.81 g(注意避免风化)，加水使溶解并稀释至 1 000 mL，置于聚乙烯塑料瓶中，塞紧瓶塞避免空气中二氧化碳进入。

6 试样的采取与制备

按 GB/T 450 规定,采取至少 5 张试样。由于本方法也适用于非破坏性试样,可不需要对试样进行裁切或其他的破坏,所以试样可以是书或者书的内页的边缘部分。

7 校准

7.1 将复合电极连接在 pH 计(4.1)上。

7.2 将复合电极浸泡到水中至少 2 h。

7.3 按 pH 计的使用说明书,用邻苯二甲酸氢钾($KHC_8H_4O_4$)溶液(5.2)、磷酸二氢钾(KH_2PO_4)和磷酸氢二钠(Na_2HPO_4)溶液(5.3)。在测量高 pH 样品时,使用四硼酸钠($Na_2B_4O_7$)溶液(5.4)进行校准。

注:也可使用从有资质机构购买的带有证书的标准缓冲溶液进行校准。

8 试验步骤

8.1 按 7.1 和 7.2 要求准备好仪器,按 7.3 进行仪器校准。

8.2 将试样放于垫子(4.2)上,测试面朝上。

8.3 在试样的表面滴一滴水(5.1),室温控制在 25 ℃±5 ℃。当将电极放入水滴中时,应确保水滴不在试样表面扩散。

8.4 将电极的测试头放入水滴中。一般试样读取浸泡 5 min 时的测试值。对于高施胶或高涂布试样,可适当延长浸泡时间后读取测试值,但全部浸泡时间不应超过 30 min。

8.5 按 pH 计的操作规程测试 pH,结果精确到小数点后两位。

8.6 读数结束后,将电极垂直地拿开。

8.7 用吸收棉或滤纸吸干试样上的水滴,在储存或做其他处理前将试样风干。

注:在测试书本内页后,应让水渍干后再合上书本。

8.8 按以上方法测量其余 4 张试样。

8.9 测试完成后,用水冲洗电极,然后将电极放到浸泡液中保存。

9 结果计算

以 5 张试样测定值的平均值作为结果,结果准确至小数点后一位。

10 试验报告

试验报告应包括以下项目:

a) 本国家标准的编号;

b) 完整识别试样所需的所有信息;

c) 试验日期、地点;

d) 试验结果;

e) 偏离本标准并可能影响试验结果的任何情况。

ICS 13.220.40
C 82

中华人民共和国国家标准

GB/T 14656—2009
代替 GB/T 14656—1993

阻燃纸和纸板燃烧性能试验方法

Test method for burning behavior of flame-retardant paper and board

2009-03-11 发布　　2009-11-01 实施

中华人民共和国国家质量监督检验检疫总局
中国国家标准化管理委员会　发布

前　言

本标准修改采用 ASTM D777—97(2002)《阻燃纸和纸板的标准燃烧性能试验方法》(英文版)。考虑到我国国情，在采用 ASTM D777—97(2002)时，本标准做了一些修改。有关技术性差异已编入正文中并在它们所涉及的条款的页边空白处用垂直单线标识。在附录 A 中列出了本标准章条编号与 ASTM D777—97(2002)章条编号的对照一览表。在附录 B 中给出了这些技术性差异及其原因的一览表以供参考。

为了便于使用，本标准对 ASTM D777—97(2002)做了下列编辑性修改：

——标准的名称作了修改；

——用小数点符号“.”代替小数点符号“,”。

本标准代替 GB/T 14656—1993《阻燃纸和纸板燃烧性能试验方法》。

本标准与 GB/T 14656—1993 相比主要变化如下：

——修改了范围中的有关规定(见本版第 1 章)；

——增加了规范性引用文件(见本版第 2 章)；

——修改了术语和定义(见本版第 3 章)；

——修改了试验装置的有关规定(见本版第 4 章)；

——增加了试样状态调节的有关规定(见本版第 6 章)；

——修改了试验程序的有关规定(见本版第 7 章)；

——修改了试验报告的有关规定(见本版第 10 章)。

本标准的附录 A、附录 B 均为资料性附录。

本标准由中华人民共和国公安部提出。

本标准由全国消防标准化技术委员会防火材料分技术委员会(SAC/TC 113/SC 7)归口。

本标准负责起草单位：公安部四川消防研究所。

本标准主要起草人：赵成刚、邓小兵。

本标准所代替标准的历次版本发布情况为：

——GB/T 14656—1993。

阻燃纸和纸板燃烧性能试验方法

1 范围

本标准规定了阻燃纸和纸板燃烧性能的试验方法。试验方法包括：

a) 试验方法A：主要用于经阻燃处理，且经水浸洗后阻燃效果受到明显影响的纸或纸板；

b) 试验方法B：主要用于经阻燃处理，且经水浸洗后阻燃效果未受到明显影响的纸或纸板。

本标准适用于厚度不超过1.6 mm的纸和纸板。

2 规范性引用文件

下列文件中的条款通过本标准的引用而成为本标准的条款。凡是注日期的引用文件，其随后所有的修改单(不包括勘误的内容)或修订版均不适用于本标准，然而，鼓励根据本标准达成协议的各方研究是否可使用这些文件的最新版本。凡是不注日期的引用文件，其最新版本适用于本标准。

GB/T 5907 消防基本术语 第一部分

GB/T 10739 纸、纸板和纸浆试样处理和试验的标准大气条件(GB/T 10739—2002，eqv ISO 187：1990)

3 术语和定义

GB/T 5907中确立的以及下列术语和定义适用于本标准。

3.1

炭化长度 char length

在试验条件下，与试样脱离的炭化材料的长度。

3.2

续燃时间 flaming time

在试验条件下，移开燃烧器火焰后试样持续有焰燃烧的时间。

3.3

灼燃时间 glowing time

试样停止有焰燃烧后，试样持续灼热燃烧的时间。

3.4

非耐洗型阻燃纸或纸板 un-laundering resistant flame-retardant paper and board

在试验条件下，经水浸洗后阻燃效果受到明显影响的纸或纸板。

3.5

耐洗型阻燃纸或纸板 laundering resistant flame-retardant paper and board

在试验条件下，经水浸洗后阻燃效果未受到明显影响的纸或纸板。

4 试验装置

4.1 燃烧试验箱

如图1所示，燃烧试验箱由金属板(或其他不燃材料)制作，箱体底部尺寸为(305×355)mm，高760 mm。试验箱设有供观察燃烧现象的含卡口的玻璃门。箱体顶板下方25 mm处设有一块挡板，顶板上均匀分布16个直径为ϕ12.5 mm的通风孔。箱体两侧面各设有8个直径为ϕ12.5 mm的通风孔，孔中心距离箱体底边25 mm。

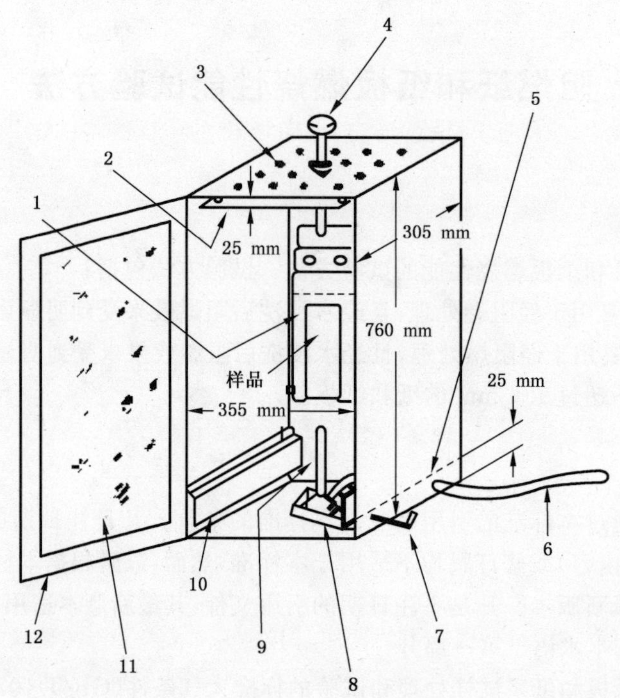

1——试样夹；
2——顶板；
3——通风孔；
4——可旋转试样的球形手柄；
5——通风孔(位于箱体两侧)；
6——供气橡胶管；
7——本生灯定位手柄；
8——本生灯滑槽；
9——本生灯；
10——挡板(位于两侧)；
11——观察窗；
12——绞链门。

图 1 燃烧试验箱

4.2 试样夹

试样夹为一个悬挂于箱体中心的倒“U”型金属夹，可夹持尺寸为(70×210)mm 的试样，夹持后试样的长轴线位于垂直方向。夹持试样时，应沿试样整个长度方向，距试样边缘 10 mm 位置进行夹取，暴露面为(50×210)mm。试样夹应与箱体顶部连接，并能在箱体外部旋转试样夹，以观察试样的两个侧面。

4.3 试验火焰

试验火焰由本生灯提供，灯管内径为 ϕ10 mm，位于试样底边中心处，灯管顶端距离试样底边 19 mm。调节灯管的空气供应量以产生(40±2)mm 高的火焰。本生灯配有拉伸手柄和轨道，在点燃本生灯后可使本生灯滑动至规定位置。

燃气通常可使用天然气或丙烷，输入压力应为(17.2±1.8)kPa。

4.4 记时器

采用精度为 0.2 s 的秒表或电子记时器。

4.5 刻度尺

采用精度为 0.5 mm 的直尺。

5 试样制备

5.1 非耐洗型阻燃纸或纸板

从样品的纵向和横向各切取两块尺寸为(70×210)mm 的试样。将试样分为两组,每组包括一块纵向切取的试样和一块横向切取的试样。

5.2 耐洗型阻燃纸或纸板

从样品的纵向和横向各切取四块尺寸为(70×210)mm 的试样。将试样分为四组,每组包括一块纵向切取的试样和一块横向切取的试样。

6 状态调节

试样应按 GB/T 10739 的规定进行状态调节。

7 试验程序

7.1 试验方法 A

7.1.1 浸洗程序

7.1.1.1 将按 5.2 规定制备的四组试样中的两组试样放入 2 000 mL 的玻璃烧杯中。

7.1.1.2 用一张金属丝网盖住烧杯口,将一根内径约为 ϕ6 mm 的玻璃管插至烧杯底部,通过玻璃管以 12 L/h 的速度向烧杯中连续注入(24±1)℃的蒸馏水(或去离子水),注入持续时间为 4 h。

7.1.1.3 向烧杯注入蒸馏水(或去离子水)完毕后,从烧杯中取出试样,用纸巾擦除试样表面水分。

7.1.1.4 将试样水平置于(105±3)℃的烘箱中干燥 1 h。

7.1.1.5 将烘干后的试样按第 6 章规定进行状态调节。

7.1.2 点火程序

7.1.2.1 将经状态调节后的试样夹持在试样夹上,并将本生灯火焰高度调节为(40±2)mm。

7.1.2.2 关闭箱门,滑动本生灯,使本生灯火焰直接与试样底边接触 12 s,然后立即移开本生灯火焰。记录试样的续焰时间和灼燃时间。

7.1.3 炭化长度的测量程序

7.1.3.1 从试样夹上取出试样,如图 2 所示,水平把持住试样,用直径 ϕ6 mm 的玻璃棒轻轻拍打试样的炭化区域,以去除松脆的炭渣。

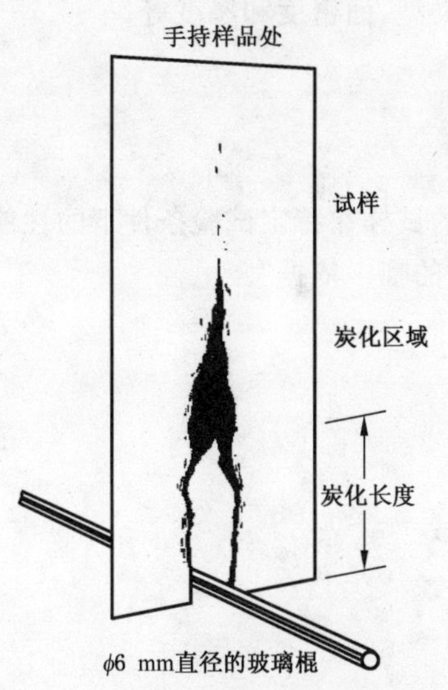

图 2 测量炭化长度

7.1.3.2 测量并记录每个空缺区域的最大长度。应从试样底边开始测量，精确至1 mm。

7.2 试验方法B

试样不需浸洗烘干，按第6章的规定进行状态调节后，依照7.1.2～7.1.3规定的程序测试试样。

7.3 非耐洗型阻燃纸或纸板和耐洗型阻燃纸或纸板燃烧性能试验方法

7.3.1 非耐洗型阻燃纸或纸板按试验方法B规定进行试验。

7.3.2 耐洗型阻燃纸或纸板分别按试验方法A和方法B规定进行试验。

8 试验结果的表述

记录并计算纵向和横向试样的续焰时间、灼燃时间和炭化长度的算术平均值，并得到以下结果：

a) 平均续燃时间；

b) 平均灼燃时间；

c) 平均炭化长度。

9 纸或纸板燃烧性能要求

纸或纸板燃烧性能试验结果应符合下列要求：

a) 平均续燃时间≤5 s；

b) 平均灼燃时间≤60 s；

c) 平均炭化长度≤115 mm。

10 试验报告

试验报告应包含样品在每个方向（纵向和横向）上两块试样的下述信息：

a) 试验依据的本标准代号；

b) 实验室的名称和地址；

c) 报告的日期和编号；

d) 委托方的名称和地址；

e) 生产商名称和地址；

f) 到样日期；

g) 制品标识；

h) 试验制品的一般说明，包括类型、面密度和厚度等；

i) 状态调节的详情；

j) 试验日期；

k) 根据第8章表述的试验结果；

l) 说明“本试验结果只与制品的试样在特定试验条件下的性能相关，不能将其作为评价该制品在实际使用中潜在火灾危险性的唯一依据”。

附 录 A
（资料性附录）
本标准章条编号与 ASTM D777—97(2002)章条编号对照

表 A.1 给出了本标准章条编号与 ASTM D777—97(2002)章条编号对照一览表。

表 A.1 本标准章条编号与 ASTM D777—97(2002)章条编号对照

本标准章条编号	ASTM D777—97(2002)章条编号
1	1.2 的第一句、1.4、1.5 和 1.6
—	1.1、1.3、1.7 和 1.8
—	2
2	—
3.1～3.5	3.1.1～3.1.5
—	3.2、3.3 和 4
4.1～4.5	5.1～5.5
—	6.1 和 6.2
5.1～5.2	7.1～7.2
6	8.1.2.1
7	8
7.1	8.1
7.1.1	8.1.1
7.1.1.1～7.1.1.5	8.1.1.1、8.1.1.3、8.1.1.4、8.1.1.5 和 8.1.2.1
7.1.2	8.1.2
7.1.2.1～7.1.2.3	8.1.2.2～8.1.2.3
7.1.3	8.1.3
7.1.3.1～7.1.3.2	8.1.3.1～8.1.3.2
7.2	8.2 和 8.2.1
7.3	—
8	8.1.2.3～8.1.3.2
—	9.1～9.3
9	—
10	10.1、10.1.4、10.1.5 和 10.1.6
—	11.1 和 11.2
—	11.1.1～11.1.3
—	12
附录 A	—
附录 B	—

附 录 B
（资料性附录）
本标准与 ASTM D777—97(2002)技术性差异及其原因

表 B.1 给出了本标准与 ASTM D777—97(2002)技术性差异及其原因一览表。

表 B.1 本标准与 ASTM D777—97(2002)技术性差异及其原因

本标准的章条编号	技术性差异	原 因
2	引用了采用国际标准的 GB/T 10739，以及 GB/T 5907	适合我国国情，强调与 GB/T 1.1 的一致性
3	去掉了 ASTM D777—97(2002)中纸和燃烧两个术语	不需要纸的术语，燃烧术语有标准规定，本标准不再做说明
4.3	将 ASTM D777—97(2002)中“注”的内容改为正文，并去掉了特殊燃气配比“混合气体：(55±1)％氮气，(24±1)％甲烷，(3±1)％乙烷，(18±1)％一氧化碳”的要求	这部分要求不适用我国国情
7.3	增加试验方法分类	使试验方法分类表述更清晰
8	去掉 ASTM D777—97(2002)中对结果分析的参数	本标准不需要额外说明
9	增加了纸和纸板的阻燃性能要求	保留原国标要求，增强标准适用性，以及对纸或纸板阻燃性能的规范性
10	对 ASTM D777—97(2002)中第 10 章有关试验报告的内容按我国通行的要求进行修改	原标准中对报告内容的规定不适合我国对方法标准的规定
—	删除 ASTM D777—97(2002)的 3.2、3.3、第 4 章、第 6 章	本标准不需要对抽样要求进行说明
—	删除 ASTM D777—97(2002)的第 12 章	列举关键词不符合我国对方法标准的规定

ICS 55.160
A 83

中华人民共和国国家标准

GB/T 19788—2015
代替 GB/T 19788—2005

蜂窝纸板箱检测规程

Inspection procedure for honeycomb fibreboard boxes

2015-05-15 发布　　2016-01-01 实施

中华人民共和国国家质量监督检验检疫总局
中国国家标准化管理委员会　发布

前　言

本标准按照 GB/T 1.1—2009 给出的规则起草。

本标准代替 GB/T 19788—2005《蜂窝纸板箱检测规程》。本标准与 GB/T 19788—2005 相比，除编辑性修改外主要技术变化如下：

——增加了第 4 章“材料检验”中的缓冲性能项目；

——删除了第 4 章“材料检验”中的芯纸、面纸、粘合剂、防潮性项目；

——修改了第 4 章“材料检验”中的密度、静态弯曲强度和平压强度项目的检验内容；

——删除了第 5 章“外观检验”中的钉合、摇盖耐折项目；

——删除了第 6 章“性能检验”中的喷淋试验和高温、高湿试验项目；

——增加了第 7 章“抽样与合格判定”。

本标准由全国包装标准化技术委员会(SAC/TC 49)提出并归口。

本标准起草单位：中国出口商品包装研究所、东莞市优越检测技术服务股份有限公司、赛闻(天津)工业有限公司、长春市净月包装有限公司、山东丽曼包装印务有限公司、山东省产品质量检验研究院、江苏彩华包装集团公司。

本标准主要起草人：徐银华、吴海娇、甄荣基、孟庆光、王波、李晓明、祁新宇、高学文。

本标准的历次版本发布情况为：

——GB/T 19788—2005。

蜂窝纸板箱检测规程

1 范围

本标准规定了运输包装用蜂窝纸板箱的检验分类、材料检验、外观和尺寸检验、性能检验、抽样与合格判定。

本标准适用于运输包装用蜂窝纸板箱的质量检验。

2 规范性引用文件

下列文件对于本文件的应用是必不可少的。凡是注日期的引用文件，仅注日期的版本适用于本文件。凡是不注日期的引用文件，其最新版本(包括所有的修改单)适用于本文件。

GB/T 191 包装储运图示标志

GB/T 462 纸、纸板和纸浆 分析试样水分的测定

GB/T 1453 夹层结构或芯子平压性能试验方法

GB/T 2828.1 计数抽样检验程序 第1部分:按接收质量限(AQL)检索的逐批检验抽样计划

GB/T 4857.3 包装 运输包装件基本试验 第3部分:静载荷堆码试验方法

GB/T 4857.4 包装 运输包装件基本试验 第4部分:采用压力试验机进行的抗压和堆码试验方法

GB/T 4857.5 包装 运输包装件 跌落试验方法

GB/T 4857.6 包装 运输包装件 滚动试验方法

GB/T 4857.7 包装 运输包装件基本试验 第7部分:正弦定频振动试验方法

GB/T 4857.10 包装 运输包装件基本试验 第10部分:正弦变频振动试验方法

GB/T 4857.14 包装 运输包装件 倾翻试验方法

GB/T 5398 大型运输包装件试验方法

GB/T 6547 瓦楞纸板厚度的测定法

GB/T 8167 包装用缓冲材料动态压缩试验方法

GB/T 22364 纸和纸板 弯曲挺度的测定

BB/T 0016—2006 包装材料 蜂窝纸板

3 检验分类

3.1 蜂窝纸板箱的检验分为材料检验、外观和尺寸检验、性能检验。

3.2 材料检验是对蜂窝纸板箱的用纸和纸板性能的检验。

3.3 外观和尺寸检验是对蜂窝纸板箱外观、规格尺寸及制作工艺的检验。

3.4 性能检验是对蜂窝纸板箱满足流通环境要求的质量检验。

4 材料检验

蜂窝纸板箱用材料的检验项目、检验内容和检验方法见表1。

表1　蜂窝纸板箱用材料的检验项目、检验内容和检验方法

<table>
<tr><th>检验项目</th><th colspan="2">检验内容</th><th>检验方法</th></tr>
<tr><td>缓冲性能</td><td colspan="3">按 GB/T 8167 的规定</td></tr>
<tr><td>密度</td><td colspan="2">蜂窝纸板的密度应均匀，密度最大和最小值与平均密度的偏差应不大于 10%</td><td>按 BB/T 0016—2006 的规定</td></tr>
<tr><td>静态弯曲强度</td><td colspan="2">不低于 BB/T 0016—2006 中表 4 的规定</td><td>按 GB/T 22364 的规定</td></tr>
<tr><td>平压强度</td><td colspan="2">不低于 BB/T 0016—2006 中表 3 的规定</td><td>按 GB/T 1453 的规定</td></tr>
<tr><td>含水率</td><td colspan="2">蜂窝纸板含水率为(14±4)%</td><td>按 GB/T 462 的规定</td></tr>
<tr><td rowspan="5">厚度/mm</td><td>规格</td><td>公差</td><td rowspan="5">厚度是指蜂窝纸板上下面间的距离，按 GB/T 6547 的规定</td></tr>
<tr><td><10</td><td>±0.5</td></tr>
<tr><td>10～20</td><td>±1</td></tr>
<tr><td>21～50</td><td>±2</td></tr>
<tr><td>>50</td><td>±3</td></tr>
</table>

5　外观和尺寸检验

蜂窝纸板箱的外观和尺寸检验项目、检验内容和检验方法见表 2。

表2　蜂窝纸板箱的外观和尺寸检验项目、检验内容和检验方法

<table>
<tr><th>检验项目</th><th colspan="2">检验内容</th><th>检验方法</th></tr>
<tr><td>标志</td><td colspan="2">按 GB/T 191 规定</td><td>目测</td></tr>
<tr><td>箱体</td><td colspan="2">箱体方正，外表平整；外表面清洁，不得有明显脏污</td><td>目测</td></tr>
<tr><td>裱合</td><td colspan="2">箱面板不允许有缺材、破洞、折皱、透胶；脱胶部分面积之和不大于 20 cm^2/m^2</td><td>目测</td></tr>
<tr><td>箱体压痕、包角压痕</td><td colspan="2">压痕深浅一致，折线居中，无破裂</td><td>目测</td></tr>
<tr><td>箱体折角联接</td><td colspan="2">折角处裁切刀口应光洁，裁切角度应准确，包角应粘合牢固，不开裂</td><td>目测</td></tr>
<tr><td rowspan="4">内尺寸</td><td>箱型</td><td>长、宽、高极限尺寸偏差/mm</td><td rowspan="4">用专用内径尺或普通钢卷尺测量</td></tr>
<tr><td>小型</td><td>−3～+4</td></tr>
<tr><td>中型</td><td>−4～+5</td></tr>
<tr><td>大型</td><td>−4～+6</td></tr>
<tr><td colspan="4">注：小型箱：纸箱内综合尺寸长、宽、高之和小于 1 000 mm。
中型箱：纸箱内综合尺寸长、宽、高之和 1 000 mm～2 000 mm。
大型箱：纸箱内综合尺寸长、宽、高之和大于 2 000 mm。</td></tr>
</table>

6　性能检验

6.1　蜂窝纸板箱性能检验项目包括必检项目和选检项目。必检项目和选检项目应依据蜂窝纸板箱及包装件的特性和流通环境条件确定。

6.2 蜂窝纸板箱性能检验的试验条件如使用空箱或者包装件、堆码时间、跌落高度等，应依据蜂窝纸板箱及包装件的特性和流通环境条件确定。

6.3 蜂窝纸板箱的性能检验项目和检验方法见表3。

表3 蜂窝纸板箱的性能检验项目和检验方法

检验项目	检验方法	内装物质量/kg		
		＜100	100～500	＞500
堆码试验	按 GB/T 4857.3	√	√	
	按 GB/T 5398			√
压力试验(空箱)	按 GB/T 4857.4	√	+	
跌落试验	按 GB/T 4857.5	√		
	按 GB/T 5398		√	√
滚动试验	按 GB/T 4857.6	+	+	
起吊试验	按 GB/T 5398		+	+
振动试验	按 GB/T 4857.7 按 GB/T 4857.10	+	+	
倾翻试验	按 GB/T 4857.14		+	+
注：“√”为必检项目，“+”为选检项目。				

7 抽样与合格判定

按检验依据的标准或合同的规定，如标准或合同未作规定时，见附录A的规定。

附 录 A
（规范性附录）
抽样与合格判定

A.1 导言

检测依据的标准或合同中未规定抽样数量和方法时，按以下的规定。

A.2 材料检验的抽样数

材料检验的抽样数量见表 A.1。

表 A.1 蜂窝纸板箱材料检验的抽样数量

检验项目	抽样数量
材料检验（表 1）中的各项试验	合计不少于 3 件

A.3 外观和尺寸检验抽样数

外观和尺寸检验的抽样方法按 GB/T 2828.1 中不固定抽样方案的一般检验水平 Ⅰ 的规定，抽样数量见表 A.2。

表 A.2 蜂窝纸板箱外观和尺寸检验抽样数量

批量	抽样数量
＜90	5
91～150	8
151～280	13
281～500	20
501～1 200	32
＞1 201	50

A.4 性能检验的抽样数

性能检验的抽样数量见表 A.3。

表 A.3 蜂窝纸板箱性能检验的抽样数量

检验项目	抽样数量
性能试验（表 3）中的各项试验	每项试验 3 件
注：在不影响结果的前提下，试验样品可重复试验。	

A.5 合格判定

A.5.1 材料检验合格判定

材料检验各项指标应符合表 1 的规定，若有一项不合格时，则判定材料检验项不合格。

A.5.2 外观和尺寸检验合格判定

外观和尺寸检验各项指标应符合表 2 的规定，若其中两项及以上不合格，则判定该样箱不合格。若不合格样箱数等于或大于表 A.4 的规定，则判定外观和尺寸检验项不合格。

表 A.4 外观和尺寸检验不合格判定数

抽样数量	不合格判定数
5	2
8	2
13	3
20	4
32	6
50	8

A.5.3 性能检验合格判定

性能检验中的各项试验，若有一项不合格，则判定性能检验项不合格。

A.6 判定总则

材料检验、外观和尺寸检验和性能检验三项均合格，则判定该批检验合格。若有一项不合格，应加倍取样复验，复验结果仍不合格，则判定该批检验不合格。

ICS 85-060
Y 30

中华人民共和国国家标准

GB/T 21245—2007/ISO 5631:2000

纸和纸板　颜色的测定（C/2°漫反射法）

Paper and board—Determination of color (C/2° diffuse reflectance method)

（ISO 5631:2000,IDT）

2007-12-05 发布　　2008-09-01 实施

中华人民共和国国家质量监督检验检疫总局
中国国家标准化管理委员会　发布

前　言

本标准等同采用 ISO 5631:2000,仅作少量编辑性修改,在技术内容上完全相同。

本标准的附录 A 为规范性附录。

本标准由中国轻工业联合会提出。

本标准由全国造纸工业标准化技术委员会归口。

本标准起草单位:中国制浆造纸研究院。

本标准主要起草人:张清文。

本标准由全国造纸工业标准化技术委员会负责解释。

本标准首次发布。

纸和纸板　颜色的测定
(C/2°漫反射法)

1　范围

本标准规定了用消除光泽的漫反射法测定纸和纸板颜色的方法。

本标准不适用于加入荧光染料或颜料染色的纸和纸板。当仪器光源照射在试样上的紫外辐射量调准至与 ISO 2470 规定的授权实验室提供的在 CIE 照明体 C 条件下的荧光参比标准一致时，本标准可用于测定含有荧光增白剂的纸和纸板。

2　规范性引用文件

下列文件中的条款通过本标准的引用而成为本标准的条款。凡是注日期的引用文件，其随后所有的修改单(不包括勘误的内容)或修订版均不适用于本标准，然而，鼓励根据本标准达成协议的各方研究是否可使用这些文件的最新版本。凡是不注日期的引用文件，其最新版本适用于本标准。

GB/T 450　纸和纸板试样的采取(GB/T 450—2002，eqv ISO 186:1994)

GB/T 3977　颜色的表示方法

ISO 2469　纸、纸板和纸浆　漫反射因数测定法

ISO 2470　纸、纸板和纸浆　蓝光漫反射因数的测定(ISO 亮度)

ASTM E 308—95　使用 CIE 系统计算测量对象颜色的标准

3　术语和定义

下列术语和定义适用于本标准。

3.1

反射因数 *R*　reflectance factor

由一物体的反射辐通量与相同条件下完全反射漫射体所反射的辐通量之比。

注 1：反射因数以百分比表示。

注 2：如果物体是半透明的，反射因数受背衬影响。

3.2

内反射因数 R_∞　intrinsic reflectance factor

试样层数达到不透光，即测定结果不再随试样层数加倍而发生变化时的反射因数。

3.3

三刺激值 *X*、*Y*、*Z*　tristimulus values

在给定的三色系统中，与所研究的刺激颜色相匹配的三个参考色刺激的量。

注：在本标准中，用 CIE 1931 标准观察者和 CIE 照明体 C 定义三色系统。

3.4

CIELAB 色空间　CIELAB colour space

近似均匀的三维色空间，由矩形坐标绘制，L^*、a^*、b^* 的量值由第 9 章给出的公式规定。

4　原理

在规定的条件下，用三刺激滤光片式光度计或简易型光谱光度计分析试样上的反射光，就可计算出颜色的坐标。

5 仪器

5.1 反射光度计

几何特性、光学特性及光谱特性应符合 ISO 2469 的规定,并按 ISO 2469 规定进行校准。

注:在 ISO 2469:1994 版本中,反射光度计特性在附录 A 中描述,校准在附录 B 中描述。当 ISO 2469 修订后,编号发生了改变,因此 1994 版本以后的使用者应明确文本中的特性和校准属于哪部分。

5.2 滤光片—功能

对于滤光片式光度计,滤光片与仪器本身的光学特性组合给出的总体响应等效于被测试样在 CIE 照明体 C 及 CIE 1931 标准色度系统条件下的 CIE 三刺激值 X、Y、Z。

对于简易型光谱光度计,其中的一个功能允许按附表 A 的加权系数计算被测试样在 CIE 标准照明体 C 及 CIE 1931 标准色度系统条件下的 CIE 三刺激值 X、Y、Z。

5.3 参比标准

由授权实验室提供,应符合 ISO 2469 中有关仪器和工作标准的校准规定。为保证最高的准确性,在最大范围内有不同定值的参比标准,供测试特殊产品时选用。

如果有理由怀疑仪器的线性误差大,或测定结果与颜色匹配和观察者函数的真值偏差超过允许值,应考虑采用特制的参比标准。

5.4 工作标准

用由授权实验室(见 ISO 2469)发放的 ISO 三级参比标准校准仪器。应经常校准工作标准,以保证标定值的准确。

有效并经常地使用最新校准的参比标准,以保证仪器与参比仪器一致。

5.5 黑筒

在所有的波长范围内,其反射因数与名义值的差值应不超过 0.2%。黑筒应开口朝下放置在无尘的环境中,或盖上防护盖。

注 1:黑筒的状况应参照仪器制造商的要求进行检查。

注 2:名义值由制造商提供。

6 试样采取

如果评价一批样品,应按 GB/T 450 进行试样采取。如果评价不同类型的样品,应保证所取样品具有代表性。

7 试样制备

避开水印、尘埃及明显缺陷,切取约 75 mm×150 mm 的长方形试样。将不少于 10 张试样叠在一起形成试样叠,且正面朝上。试样叠的层数应能保证试样数量加倍后,反射因数不会因试样层数的增加而变化。然后在试样叠的上、下两面,各另衬一张试样,以保护试样,避免试样污染或受到不必要的光照及热辐射。

在最上面试样的一角作上记号,以标明试样及其正面,或区分试样的两面。

如果能够区分试样的正面和网面,应将试样的正面朝上;如果不能区分,如夹网纸机生产的纸张,则应保证试样的同一面朝上。

8 步骤

取下试样叠的保护层,不应用手触摸试样的测试区。按照仪器的操作方法和工作标准操作仪器,测定第一张试样的 CIE 三刺激值(或 CIELAB,如果仪器设计成直接报告色空间),读取并记录测定值,应准确至 0.05 单位。取下已测试样放在试样叠的下面,重复测定,直至 10 张试样测定完毕。如果需要,应重复以上步骤,测定试样的另一面。

9 结果计算

9.1 如果仪器的波长间隔等于或小于 5 mm，按照 GB/T 3977 计算 CIE 三刺激值。除此之外，按照 ASTM E 308-95 给出的相应的权重函数计算 CIE 三刺激值。如果仪器没有直接提供 CIE 三刺激值，可以用附录 A 给出的表计算。

9.2 CIELAB 坐标

用 CIE 三刺激值 X、Y、Z，分别按式(1)、式(2)、式(3)计算 CIELAB 坐标。

$$L^* = 116(Y/Y_n)^{1/3} - 16 \quad \cdots\cdots (1)$$

$$a^* = 500[(X/X_n)^{1/3} - (Y/Y_n)^{1/3}] \quad \cdots\cdots (2)$$

$$b^* = 200[(Y/Y_n)^{1/3} - (Z/Z_n)^{1/3}] \quad \cdots\cdots (3)$$

在这里，X_n、Y_n、Z_n 是在 C/2°条件下的完全反射漫射体的三刺激值。这些数据在附录 A 中作为白点给出。

对于非常暗的样品需进行修正。

如果 $Y/Y_n \leqslant 0.008\ 856$ 时，L^* 由式(4)代替：

$$L^* = 903.3\ (Y/Y_n) \quad \cdots\cdots (4)$$

如果任一 X/X_n，Y/Y_n，$Z/Z_n \leqslant 0.008\ 856$ 时，a^* 和 b^* 式中，X/X_n、Y/Y_n、Z/Z_n 分别由式(5)代入：

$$7.787F + 16/116 \quad \cdots\cdots (5)$$

在这种情况下，F 分别是 X/X_n、Y/Y_n 或 Z/Z_n。

9.3 结果分散性

由于三刺激值的计算很复杂，建议采用以下方法进行简化。

计算平均值〈 L^* 〉、〈 a^* 〉、〈 b^* 〉。

根据式(6)计算每个试样与平均值的色差：

$$\Delta E_{ab}{}^* = \sqrt{(\Delta L^*)^2 + (\Delta a^*)^2 + (\Delta b^*)^2} \quad \cdots\cdots (6)$$

在这里，ΔL^*、Δa^*、Δb^* 是试样 L^*、a^*、b^* 与相对应〈 L^* 〉、〈 a^* 〉、〈 b^* 〉平均值之差。

计算 $\Delta E_{ab}{}^*$ 的平均值，就得到颜色与平均值之间色差的平均值(MCDM)，它表示颜色在 CIELAB 色空间中的分散性，以围绕平均值点的空间半径表示。

注：这种计算方法也可用于表示两种样品之间的色差，可用下式计算：

$$\Delta E_{ab}{}^* = \sqrt{(\Delta L^*)^2 + (\Delta a^*)^2 + (\Delta b^*)^2}$$

在这里，ΔL^*、Δa^*、Δb^* 是两样品的 L^*、a^*、b^* 的差值。

色差的计算不是本标准的一部分。

10 结果表示

L^*、a^*、b^* 值保留三位有效数字，分散性 MCDM 值保留两位有效数字。

注：变异性可通过式(6)中规定的 ΔL^*、Δa^*、Δb^* 的平均值计算得到，但这不是本标准的一部分。

11 试验报告

试验报告应包括以下项目：

a) 本标准编号；

b) 试验的日期和地点；

c) 样品准确识别及试验的正反面；

d) 色品坐标的平均值，如要求，报告正反面与平均值的平均色差；

e) 使用的仪器型号；

f) 偏离本标准的任何试验条件。

附 录 A
（规范性附录）
三刺激值的计算方法

所测量的反射因数通过光反射因数与在 ASTM E 308-95 中规定的 CIE1931 (2°)观察者和 CIE C 照明体条件下的权重系数(见表 A.1 和表 A.2)的乘积求得。

表 A.1 仪器在 10 nm 间隔测量的加权系数

波长/nm	W_X	W_Y	W_Z
360	0.000	0.000	0.000
370	0.001	0.000	0.003
380	0.004	0.000	0.017
390	0.015	0.000	0.069
400	0.074	0.002	0.350
410	0.261	0.007	1.241
420	1.170	0.032	5.605
430	3.074	0.118	14.967
440	4.066	0.259	20.346
450	3.951	0.437	20.769
460	3.421	0.684	19.624
470	2.292	1.042	15.153
480	1.066	1.600	9.294
490	0.325	2.332	5.115
500	0.025	3.375	2.788
510	0.052	4.823	1.481
520	0.535	6.468	0.669
530	1.496	7.951	0.381
540	2.766	9.193	0.187
550	4.274	9.889	0.081
560	5.891	9.898	0.036
570	7.353	9.186	0.019
580	8.459	8.008	0.015
590	9.036	6.621	0.010
600	9.005	5.302	0.007
610	8.380	4.168	0.003
620	7.111	3.147	0.001
630	5.300	2.174	0.000
640	3.669	1.427	0.000

表 A.1(续)

波长/nm	W_X	W_Y	W_Z
650	2.320	0.873	0.000
660	1.333	0.492	0.000
670	0.683	0.250	0.000
680	0.356	0.129	0.000
690	0.162	0.059	0.000
700	0.077	0.028	0.000
710	0.038	0.014	0.000
720	0.018	0.006	0.000
730	0.008	0.003	0.000
740	0.004	0.001	0.000
750	0.002	0.001	0.000
760	0.001	0.000	0.000
770	0.000	0.000	0.000
780	0.000	0.000	0.000
总计核对	98.074	99.999	118.231
白点	98.074	100.000	118.232

表 A.2 仪器在 20 nm 间隔测量的加权系数

波长/nm	W_X	W_Y	W_Z
360	0.000	0.000	0.000
380	0.066	0.000	0.311
400	−0.164	0.001	−0.777
420	2.373	0.044	11.296
440	8.595	0.491	42.561
460	6.939	1.308	39.899
480	2.045	3.062	18.451
500	−0.217	6.596	4.728
520	0.881	12.925	1.341
540	5.406	18.650	0.319
560	11.842	20.143	0.059
580	17.169	16.095	0.028
600	18.383	10.537	0.013
620	14.348	6.211	0.002
640	7.148	2.743	0.000
660	2.484	0.911	0.000
680	0.600	0.218	0.000

表 A.2(续)

波长/nm	W_X	W_Y	W_Z
700	0.136	0.049	0.000
720	0.031	0.011	0.000
740	0.006	0.002	0.000
760	0.002	0.001	0.000
780	0.000	0.000	0.000
总计核对	98.073	99.998	118.231
白点	98.074	100.000	118.232

ASTM E 308-95 提供了两套表格，本附录中给出的表格应正确地使用。它们用于在三刺激值计算中对光谱带宽的修正，带宽的数据近似等于测量的间隔。

表 A.1 和表 A.2 中每列的下面标有核对总和的数据是每列数据的代数和。为了方便，核对值是在需要复制该表时保证表中的数据正确地复制。由于四舍五入，核对总和的数据可能与下面的白点的数据不一致。当用表中的数据和三刺激值计算 CIELAB 坐标时，白点的数据为 X_n、Y_n、Z_n 值。

下列规定在 ASTM 308-95 的 7.3.2.2 条款中给出，用于当波长范围超出 360 nm～780 nm 时，加权系数数据的获得。

当得不到全波长范围的 $R(\lambda)$ 相应的加权系数时，就把未得到权重的波长的权重加到能够得到权重数据的最短或最长波长的权重上。也就是：

a) 把不能得到权重的所有的测量波长(360 nm……)的权重加到另一个较高的可得到数据的权重上；

b) 把不能得到权重的所有的测量波长(……780 nm)的权重加到另一个较低的可得到数据的权重上。

ICS 85-010
Y 30

中华人民共和国国家标准

GB/T 22363—2008
代替 GB/T 2679.4—1994,GB/T 2679.9—1993

纸和纸板　粗糙度的测定(空气泄漏法)本特生法和印刷表面法

Paper and board—Determination of roughness (air leak methods)—Bendtsen method and print-surf method

[ISO 8791-2:1990,Paper and board—Determination of roughness/smoothness (air leak methods)—Part 2: Bendtsen method, ISO 8791-4:1992,Paper and board—Determination of roughness/smoothness (air leak methods)—Part 4:Print-surf method,MOD]

2008-08-19 发布　　2009-05-01 实施

中华人民共和国国家质量监督检验检疫总局
中国国家标准化管理委员会　发布

前　言

本标准规定了本特生法和印刷表面法测定纸和纸板粗糙度的方法，对 GB/T 2679.4—1994《纸和纸板粗糙度的测定法(本特生粗糙度法)》和 GB/T 2679.9—1993《纸和纸板粗糙度测定法(印刷表面法)》两项标准进行了整合。

本标准中本特生法修改采用 ISO 8791-2:1990《纸和纸板　粗糙度/平滑度　第 2 部分:本特生法》;印刷表面法修改采用 ISO 8791-4:1992《纸和纸板　粗糙度/平滑度　第 4 部分:印刷表面法》。

本标准本特生法与 ISO 8791-2:1990 相比，只做了编辑性修改，技术内容完全相同。

本标准印刷表面法与 ISO 8791-4:1992 相比，技术性差异是:本标准删除了 ISO 8791-4:1992 中 5.6、5.7、9.5、9.6.1 及附录 A、附录 C 及附录 E 中关于可变面积流量计型粗糙度仪的有关内容。

本标准同时代替 GB/T 2679.4—1994 和 GB/T 2679.9—1993。

本标准与 GB/T 2679.4—1994 相比，主要变化如下:

——修改了压力缓冲瓶容积和安装位置的规定(1994 年版的 5.2;本版的 3.3.2);

——增加了用毛细管检查仪器流量计的规定(1994 年版的 5.1.2;本版的 3.3.4);

——修改了测量头连接管的内径和长度(1994 年版的 5.1.1;本版的 3.3.5);

——测量装置中增加了金属重砣(见 3.3.7);

——删除了 1994 年版的 6.3“检查测量头压环是否平整”及 8.5“可压缩性及弹性的测定”;

——修改了本特生测定仪的保养与维护(1994 年版的附录 A;本版的附录 A);

——增加了空气流量的计算方法及检查校准用毛细管标定值的方法(本版的附录 B.2.3 和 B.3)。

本标准与 GB/T 2679.9—1993 相比主要变化如下:

——增加了测头测量环长度的规定(本版的 3.3.5);

——修改了对硬垫的要求的描述(1993 年版的 5.2.6;本版的 4.3.4.2);

——修改了仪器测量系统的测量范围和精确度(1993 年版的 5.2.6;本版的 4.3.6);

——修改了选择夹持压力的规定(1993 年版的 7.3;本版的 4.7.4);

——修改了仪器的校准方法(1993 年版的附录 C;本版的附录 D)。

本标准的附录 A、附录 B、附录 C、附录 D 为规范性附录。

本标准由中国轻工业联合会提出。

本标准由全国造纸工业标准化技术委员会归口。

本标准起草单位:中国制浆造纸研究院。

本标准主要起草人:张清文。

本标准所代替标准的历次版本发布情况为:

——GB/T 2679.4—1981、GB/T 2679.4—1994;

——GB/T 2679.9—1993。

本标准委托全国造纸工业标准化技术委员会负责解释。

纸和纸板　粗糙度的测定(空气泄漏法) 本特生法和印刷表面法

1　范围

本标准规定了使用本特生法和印刷表面法测定纸和纸板粗糙度的方法。

本特生法适用于本特生粗糙度值约为 50 mL/min～1 200 mL/min 的纸和纸板。不适用于测头端面会在纸的表面产生明显压痕的柔软纸张,也不适用于空气会穿透纸页的高透气性纸张,或在金属重环下不能平整放置的纸张。

印刷表面法适用于所有能与测头的保护环面形成良好密封的印刷纸和纸板。

2　规范性引用文件

下列文件中的条款通过本标准的引用而成为本标准的条款。凡是注日期的引用文件,其随后所有的修改单(不包括勘误的内容)或修订版均不适用于本标准,然而,鼓励根据本标准达成协议的各方研究是否可使用这些文件的最新版本。凡是不注日期的引用文件,其最新版本适用于本标准。

GB/T 450　纸和纸板　试样的采取及试样纵横向、正反面的测定(GB/T 450—2008,ISO 186:2002,MOD)

GB/T 10739 纸、纸板和纸浆试样处理和试验的标准大气条件(GB/T 10739—2002,eqv ISO 187:1990)

3　本特生法

3.1　术语和定义

下列术语和定义适用于本标准。

3.1.1

本特生粗糙度　Bendtsen roughness

在规定的试验条件和操作压力下,测定通过测头的环状平面与纸或纸板之间的空气流速,以毫升每分表示。

3.2　原理

将一张试样夹在一块平板和一个金属环状测量面之间,在封闭的测量面空间内通入名义压力为 1.47 kPa 的空气,测定测量面和试样间的空气流速。

3.3　试验装置

试验装置包括一台压缩机(A)、一个供给空气的压力缓冲容器(B)、一个具有压力控制装置(C)的流量计(D)和一个测头(E)(见图 1)。

附录 A 给出了本特生测定仪保养和维护的详细内容。

3.3.1　压缩机

压缩机应能产生压力约为 127 kPa 的空气。若需要,应装一个过滤器以保证空气清洁、无油。

3.3.2　压力缓冲容器

压力缓冲容器的容积应不小于 10 L,应安装在压缩机和稳压阀之间。

3.3.3　稳压阀

流量计入口处应用稳压阀来控制空气压力,大多数本特生仪器提供三个可互换的稳压砝码,将空气压力控制在 0.74 kPa±0.01 kPa、1.47 kPa±0.02 kPa 和 2.20 kPa±0.03 kPa。每个砝码上都应标有空气名义压力。然而，标准压力是 1.47 kPa，因此依据本方法测试时应使用该稳压砝码。

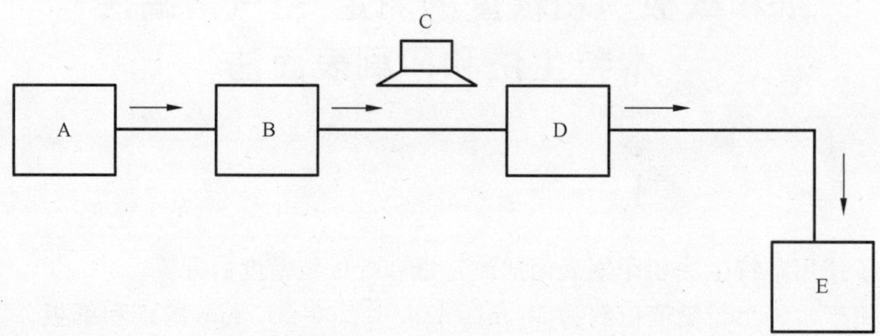

A——压缩机；
B——压力缓冲容器；
C——稳压阀；
D——流量计；
E——测头。

图 1　测量装置流程图

3.3.4　流量计

流速应用可变面积流量计进行测量。可供选择的流量计测量范围有 5 mL/min～150 mL/min 和 50 mL/min～500 mL/min，某些仪器可测 300 mL/min～3 000 mL/min。这三个可变面积流量计，应分别可读准至 2 mL/min、5 mL/min 和 20 mL/min。

注：其他测定流速的方法也可以使用，但精度应符合本方法的规定。如使用其他方法，应在测试报告中注明。

应备有一根毛细管，用于校验每个可变面积流量计的示值。毛细管量值应在相应流量计的工作范围内，且在与测头（附录 B 给出了可变面积流量计和毛细管的校准细则）相同的压差下，依据可靠的标准进行精确地校准（如皂泡计）。

3.3.5　测头

测头包括一个封闭式金属端面，最好具有防腐性。测头的下表面应光洁、平滑，内径为 31.5 mm±0.2 mm，环宽为 0.150 mm±0.002 mm，质量为 267 g±2 g。连接测头和流量计的橡胶或塑料软管，内径为 5 mm，长度应不超过 700 mm。

注：管子较长将导致流量计和测头之间产生明显的压力下降。

由于测头应通过人工的方式放在试样上，为避免在纸张表面压出凹痕，建议安装一个升降测头的机械装置。

3.3.6　平板

抛光的平板，最好是玻璃的，测定时应将测头的测量面放在上面。

3.3.7　金属重砣

重的金属环，或其他适宜形状的重砣，确保置于测头下面的试样保持平整。

3.4　试样的采取

应按 GB/T 450 采取试样。

3.5　温湿处理

应按 GB/T 10739 进行温湿处理。

3.6　试样的制备

每一测试面应至少切取 10 张试样，试样尺寸应最小为 75 mm×75 mm，并区分试样的正面和反面。测试面应无折子、皱纹、孔眼、水印，或纸和纸板不应有的其他缺陷。不应用手接触试样上被测试的位置。

3.7 试验步骤

3.7.1 试验大气

在与试样温湿处理相同的大气条件下进行试验。

3.7.2 测定

3.7.2.1 将仪器置于稳固水平的实验台上，并调整仪器至水平，保证不因振动而产生错误的读数，然后打开空气源。

3.7.2.2 确定试验所用的可变面积流量计，如果可能，选择使用 1.47 kPa 稳压砝码时读数在 80%范围以内的流量计。建议不使用大于 1 200 mL/min 的空气流量，因为在高流量下，流量计和测头之间有足够的压力降，会导致可变面积流量计的校准失效。

调整可变面积流量计底部的阀，使气流通过选定的可变面积流量计。当空气开始流动时，轻轻地将 1.47 kPa 稳压砝码放在轴上，并使其连续而平稳地旋转。

注：在气流开始进入后，才能将稳压砝码放在轴上，而且应在空气停止流动前取下。

3.7.2.3 调整流量计出口阀，以使空气通过较小(较低)流量的出口。

3.7.2.4 用合适的毛细管替换测头，检查可变面积流量计。空气流量的读数应与校准毛细管的读数相一致，即误差在±5%以内。

3.7.2.5 将测头连接于流量计上，并将测头的测量面直接放在平板上，检查流量计的转子是否停留在流量计的底部。若不是，则按第 A.1 章检查系统的空气泄漏。

3.7.2.6 将试样放在平板上，被测量面朝上。轻轻将测头放在试样上，一定应特别小心，确保测量面不会在试样表面产生压痕。如果试样不能放平，可用金属环将其压平。在测头放下至少 5 s 后，记下转子顶部处的读数，读数精度应符合 3.3.4 要求。

3.7.2.7 以同样的方法测定余下的试样。

3.7.2.8 在全部试样测定完后，移去稳压砝码，并关闭空气源。

3.8 结果的表示

3.8.1 计算试样各面测定结果的平均值，结果保留两位有效数字。

3.8.2 分别计算所测各面结果的标准偏差和变异系数，保留一位有效数字。

3.9 试验报告

试验报告应包括以下项目：

a) 本标准的编号；
b) 试验日期、地点；
c) 完整识别试样所需的所有信息；
d) 所用仪器类型；
e) 试验温度和相对湿度；
f) 试样的数量；
g) 采用的测定压力与本标准不同时，应注明所采用的测定压力，以 kPa 表示；
h) 本特生法注明所用流量计的范围；
i) 结果的算术平均值(3.8.1)；
j) 标准偏差或变异系数(3.8.2)；
k) 任何与本标准的偏离。

4 印刷表面法

4.1 术语和定义

下列术语和定义适用于本标准。

4.1.1

印刷表面粗糙度　print-surf roughness

在规定的压力条件下，纸或纸板表面与测量环平面之间的平均缝隙。

4.2　原理

将试样放在一个金属环形平面测头和弹性衬垫之间，内环面和外环面与试样形成一个密封。在测量面两侧的压差作用下，气流在测量面和试样之间通过。通过比较流过测量面产生的压差与通过已知阻尼产生的压差来测定气流流速，以微米表示空气缝隙。

4.3　试验装置

仪器操作原理如下：

从可控压力的气源出来的气体首先通过一个气流阻尼，然后再通过测头，最后排放到大气中。用一个传感器分别测定流经气流阻尼和流经测量面的压差，这两个压差随粗糙度变化而变化，并将信号转换成以微米表示的粗糙度。这类仪器的流程图如图 2 所示。

维护仪器处于良好工作状态的程序见附录 C。

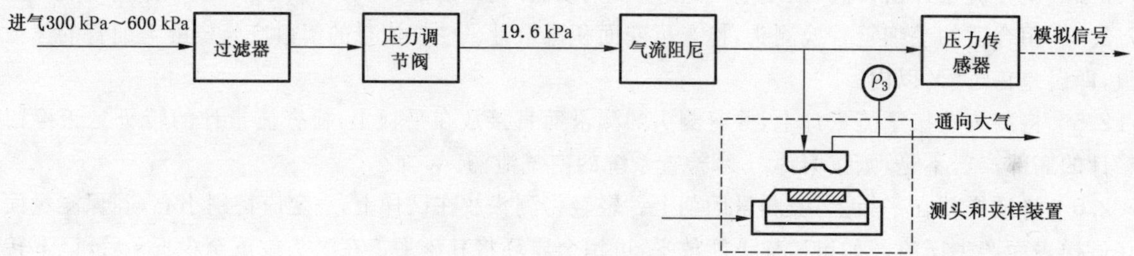

图 2　气阻型仪器流程图

4.3.1　气源

空气压力范围应在 300 kPa～600 kPa 之间，提供洁净、无油和无水滴的空气。

4.3.2　测头

由经研磨的三个同一平面不锈钢环面(见图 3 和图 4)组成。中心环面或测量面宽度应为 51 μm±1.5 μm，有效长度为 98.0 mm±0.5 mm。另外两个防护环任一点的宽度应至少不小于 1 000 μm。两环间任一点的径向距离应为 152 μm±10 μm。测量环面居于两环的中间位置，偏差应在±10 μm 以内。

三个环面应安装在密封座上，其结构可使空气从内保护面和测量面之间的缝隙进入，而从外保护面和测量面之间的缝隙排出。密封座的背面应平整，并与装有空气进出孔的接头平面形成一个配合面。

弹簧张力保护圈装在保护环的外部，当调整夹头压力时，应加上张力弹簧所施加的力(通常为 9.8 N)。

4.3.3　衬垫托

包括已知质量的钢性金属圆盘，上面有一凹槽，用于镶入一块弹性衬垫，其直径比外保护面的直径应至少大 10 mm。在初始调节夹持压力时，应考虑弹性衬垫和衬垫托的质量。

4.3.4　两个弹性衬垫

两个不同型号的衬垫，可用双面胶带固定在凹槽中。

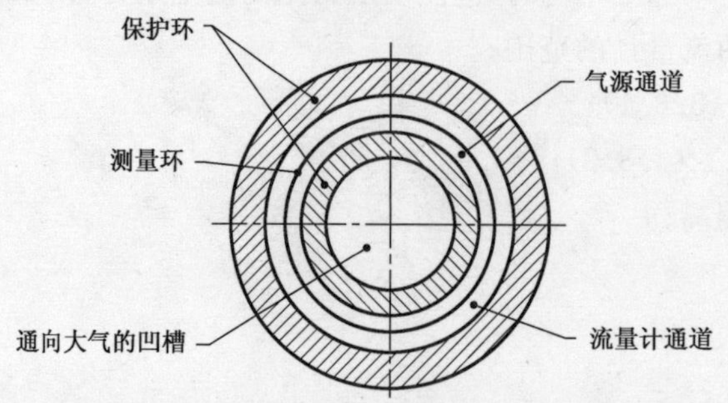

图 3　测头测量环和保护环平面图

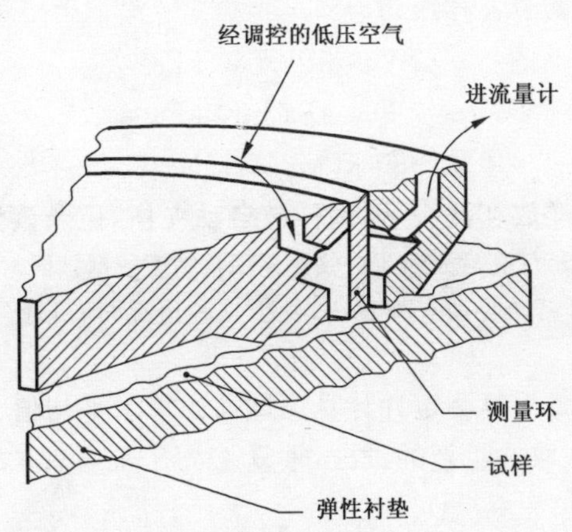

图 4 测头径向剖面图

4.3.4.1 软衬垫

具有弹性，由一层合成橡胶制成的胶版印刷垫，其厚度至少为 600 μm，粘在一纤维织物垫上组成，总厚度为 2 000 μm±200 μm。整个衬垫的表面硬度为 83 IRHO±6 IRHO(国际橡胶硬度单位)。

4.3.4.2 硬衬垫

具有弹性，通常将聚酯膜边缘粘结在软木胶印垫或类似材料上制成。有一个非常小的排气孔，以防空气密封在膜和垫之间。组成后的衬垫表面硬度为 95 IRHO±2 IRHO。

4.3.5 夹样装置

弹性衬垫的夹持压力可在 980 kPa±30 kPa 或 1 960 kPa±30 kPa 压力下任选。该压力由测量面和保护面的总面积计算得出。在某些仪器上，压力表显示为 10 kgf/cm^2 和 20 kgf/cm^2。计算压力时，应考虑将保护环的弹簧张力、弹性衬垫和衬垫托的质量包括在内。夹持速度应在 0.4 s 达到最终压力值的 90%，约 0.8 s 达到最终压力值的 99%。

注：大多数仪器有 490 kPa(5 kgf/cm^2)的第三种压力可供使用，由于保护环下有空气泄漏的可能性，本标准不推荐使用该压力。

4.3.6 测量系统

仪器利用气流阻尼、压力传感器和信号发生器测定空气泄漏。通过自动测定压差给出 0.6 μm～6.0 μm 范围内以微米表示的数字读数，精确至 0.1 μm，显示的读数是 3 s～5 s 后计算出的读数。这个装置应按附录 D 所述的方法进行校准。

4.4 试样的采取

应按 GB/T 450 采取试样。

4.5 温湿处理

应按 GB/T 10739 进行温湿处理。

4.6 试样的制备

每一测试面应至少切取 10 张试样，试样尺寸应最小为 75 mm×75 mm，并区分试样的正面和反面。测试面应无折子、皱纹、孔眼、水印，或纸和纸板不应有的其他缺陷。

不应用手接触试样上被测试的位置。

4.7 试验步骤

4.7.1 在与试样温湿处理相同的大气条件下进行试验。

4.7.2 将仪器放在坚固、无振动的水平台面上，并调整仪器至水平。每次使用前，应先按第 C.1 章的规定检查系统是否漏气。

4.7.3 选择安装与被测材料相适应的衬垫做试验，一般硬衬垫用于印刷时用纸作衬垫的凸版印刷用纸，软衬垫用于其他方法印刷用纸及纸板。

4.7.4 可依据以下所示选择和调节夹样压力。

硬衬垫凸版印刷　　1 960 kPa±30 kPa

软衬垫凸版印刷　　1 960 kPa±30 kPa

软衬垫胶版印刷　　980 kPa±30 kPa

4.7.5 将一张测试面朝上的试样放在测头下，试样被自动夹住，记录读数。

注：某些仪器中在标记“空气”显示灯亮后大约 4 s，仪器显示粗糙度数据。同时试样被松开，数据仍保留，直至插入下一张试样。小的试样不能驱动自动夹样过程，发生这种情况时，可通过操作标有“手动开始”的按键夹持试样。

4.7.6 其他试样按 4.7.5 的步骤重复测定并计算测试面的算术平均值、标准偏差或变异系数。

4.7.7 如果需要测量另一面，则取一组新的试样，重复 4.7.5 和 4.7.6 的步骤。

4.8 精密度

在加拿大、英国和美国实验室之间，按熟练的试验程序得出下列印刷表面法典型值，以微米表示，见表 1。

表 1

项目	1 μm 时	6 μm 时
重复性	0.04～0.10	0.06～0.20
再现性	0.20～0.40	0.40～0.60

4.9 试验报告

试验报告包括以下内容：

a) 本标准编号；

b) 试验日期和试验地点；

c) 完整识别试样所需的所有信息；

d) 所用仪器类型；

e) 衬垫的类型；

f) 试验温度和相对湿度；

g) 试样的数量；

h) 注明夹持压力，以千帕表示；

i) 注明夹头压力，以千帕表示；

j) 每个测试面结果的平均值；

k) 每个测试面结果的标准偏差或变异系数；

l) 任何与本标准的偏离。

附 录 A
（规范性附录）
本特生测定试仪的保养与维护

A.1 检查空气泄漏

按 3.7.2.5 将环状测头放在平板上，用 5 mL/min～150 mL/min 流量计检查空气的泄漏。若转子未停留在流量计底部，应检查平板与测头端面是否损坏或有缺陷，并且检查管子及其连接状况。

A.2 稳压砝码

在安装稳压砝码时应特别小心，避免损伤其边缘。特别是空气进入前，不应将砝码放在轴上，且应在气流停止前将砝码取下。

检查砝码的轴向孔是否清洁。

取下测头，将仪器接到 T 形管上，并将合适的毛细管接在直通位置，再将水柱压力计连接到 T 形管的侧端。检查该点的压力，在以下空气流量时，压力值应在压力计理想读数的 5％以内。

a) 5 mL/min～150 mL/min 可变面积流量计的压力计理想读数见表 A.1。

表 A.1

空气流量/(mL/min)	10	100	150
压力计理想读数/mm	152	150	148

b) 50 mL/min～500 mL/min 可变面积流量计的压力计理想读数见表 A.2。

表 A.2

空气流量/(mL/min)	50	100	300	500
压力计理想读数/mm	152	151	149	146

c) 300 mL/min～3 000 mL/min 可变面积流量计：

当所有流量在 1 200 mL/min 以上时，压力计理想读数均为 150 mm±10 mm。

为确保该点与试样之间的压力降不太显著，连接到测头上的管子内径应为 5 mm，且长度不应超过 700 mm。

稳压砝码不应加润滑油。

A.3 浮子的转动

检查可变面积流量计内的浮子是否自由旋转，即使不能很好旋转的浮子也可以给出稳定的读数，旋转的浮子有自身清洁的作用，而且即使流量计粘附到管壁上也不太可能给出错误的读数。应检查导槽，尤其是在低流量时，它决定了转子是否能正常转动。另外，影响转子旋转良好的重要因素是机械对称性和顶部边缘的状况。

如果转子卡在可变面积流量计管子的底部或顶部的弹簧里，在气流通过管子的情况下，轻轻地拍打仪器。如果转子仍被卡住，用一个特殊的扳手松开可变面积流量计的底部和顶部的外围衬套，取下流量计顶部的金属块，并取下管子。通过调整弹簧的形状，以防止再发生卡住。底部弹簧应连接在可变面积流量计中心的水平孔中，顶部弹簧应连接在可变面积流量计中心的竖孔中。

A.4 可变面积流量计的清洗

如果可变面积流量计的管子或浮子脏了，读数会偏高，可以从管子里取出浮子，用四氯化碳或用类似的液体清洗管子和浮子，然后在空气流中干燥。

液体洗涤剂可代替四氯化碳。可将其注入管子里，用水冲洗，来回冲若干次，并用稀的洗涤剂水溶液[大约10%(体积分数)]清洗浮子。最后用蒸馏水冲洗浮子，用空气流干燥。

如管子有缺陷，应更换。

A.5 气管

定期检查气管是否老化，如果需要，则更换它。所有气管应至少一年更换一次，否则将出现故障。

A.6 毛细管

毛细管很容易变脏，因此应定期细心地用放大镜检查，若有必要，按第A.4章中规定的方法进行清洗。

附 录 B
（规范性附录）
毛细管和可变面积流量计的校准

B.1 用毛细管检查可变面积流量计

流量计似乎对磨损敏感。如果刻度读数与所接毛细管指示值的差大于5%，则应采用下列步骤：

a) 用毛细管检查可变面积流量计，通常用相邻的可变面积流量计进行；

b) 如果两者读数都偏高，则检查可变面积流量计的管子和浮子的清洁程度；若有必要，可清洗它们；

c) 如果两者读数都偏低，则检查系统的堵塞或渗漏情况，例如塑料管或橡胶管的扭曲或泄漏；

d) 若两者读数不一致，或b)和c)发现的故障不能确定原因时，则根据第B.2章校准可变面积流量计；

e) 从d)的结果可知，可变面积流量计或毛细管是否已损坏，必要时可更换。

B.2 检查可变面积流量计的标定值

可变面积流量计可以通过皂泡计校准，有几种不同的皂泡计，图B.1是一个适宜的皂泡计示意图。

B.2.1 装置和材料

B.2.1.1 皂泡计，包括：

——锥形瓶或玻璃瓶，容积1 L；

——体积计，具有100 mL、250 mL、1 500 mL的刻度指示，其他容积可以通过更换体积计获得；

——针形阀；

——内径足够大的玻璃管和橡胶管，以有效减少压力降。

注：其他的校准程序也是允许的，只要其精度不低于本附录的程序即可。

B.2.1.2 秒表。

B.2.1.3 皂液：3%～5%液体洗涤剂的蒸馏水溶液。

B.2.2 步骤

为校准可变面积流量计，从胶管或塑料管的末端口取下测头，并将接口接到皂泡计的连接口A上，调整阀门，使被校流量计与皂泡计导通。调节针形阀，以产生一个便于测定的气流，并且保证流量恒定。快速挤压体积计底部的橡皮球，使一个皂泡进入体积计的管内。记录皂泡在已知体积的刻度间移动时间，以秒表示。选择的体积计范围应保证测定时间超过30 s。在流量计量程的80%工作范围内，重复测定6个不同的气流量。记录当时的大气压力。

注：在系统的高气流量下，系统的压降会导致校准误差。为尽可能减小误差，校准用管子的长度和直径应与测定时相同。

B.2.3 计算

根据每次的测定时间和体积，计算空气流量的真值，以毫升每分表示，检查流量计的读数是否在该流量的5%以内。否则检查流量计的运转情况，若有必要，可绘制一个校准图。

如果实际的大气压力与101.3 kPa的差大于5%，按式(B.1)修正空气流量。

$$q_0 = \frac{p \times V \times 60}{102.8 \times t} = \frac{0.584pV}{t} \qquad \text{(B.1)}$$

式中：

q_0——空气流速，单位为毫升每分(mL/min)，修正至102.8 kPa(标准大气压力101.3 kPa加上

23 ℃时规定的操作压力 1.47 kPa)；

V——被计时的体积计刻度间的容积，单位为毫升(mL)；

t——时间，单位为秒(s)；

p——标准大气压与规定操作压力(1.47 kPa)之和，单位为千帕(kPa)。

B.3 检查校准用毛细管的标定值

校准装置如图 B.1 所示，取下针形阀 C，将毛细管连接在此位置上。卸下测头，将仪器按 B.2.2 所述的程序接到皂泡计上。用调节阀门使之接通合适的流量计，快速挤压体积计底部的橡皮球，测定皂泡的通过时间。按 B.2.2 和 B.2.3 所述计算气流量。

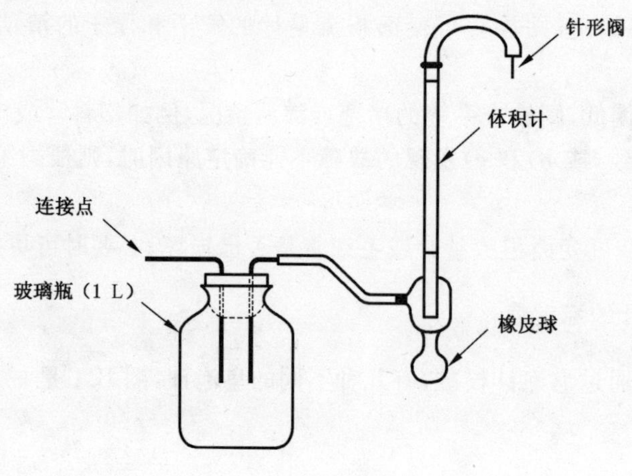

图 B.1 皂泡计

附　录　C
（规范性附录）
印刷表面粗糙度仪的维护

C.1　泄漏

按C.1.1,C.1.2和第C.3章规定对仪器进行维护,防止泄漏、衬垫表面的明显的损伤、压力计误差。在最低夹持压力下及19.6kPa的测头压差条件下检查泄漏。

C.1.1　当测头直接夹住软衬垫时,如果可测定出气流,则表明测头与接头之间漏气。如果漏气,可在测头背面的对应表面涂一薄层凡士林。

C.1.2　按以下方法检查测头损伤:

a）　用不掉毛、无油、柔软而干净的材料,小心擦拭测头表面;

b）　在测头和硬衬垫之间夹一片平滑的无划痕的125 μm厚的胶片如醋酸纤维膜,测定气流;

注1:试验对静电吸附的灰尘甚至手印都非常敏感。如果第一次就测出了气流,则小心擦拭胶片表面并重复试验。

注2:推荐在仪器制造厂和/或供货商处可获得适合的胶片。

c）　若在流量计的最低量程不能得到零的读数,使用50倍立体显微镜检查测量面以确认损伤。在气阻型仪器上,读数大于0.8 μm表明可能有损伤;

d）　如有明显的凹痕或划痕,应将测头返回仪器厂进行修复。

C.2　测头

经常用立体显微镜检查,确保在测量面和防护环之间的缝隙没有碎片。如有必要,应按仪器厂的建议进行清洁。

C.3　压力计

当仪器使用完毕,关闭气源时应确保两个压力计的指示均为零。

每年至少一次通过并联一个压力计或传感器的方法,检查一次压力表和传感器的准确性,校准装置应事先用砝码校准。正常地操作仪器,并记录达到的实际静压力。

将夹持压力读数转换成保护面和测量面单位面积的力。修正弹性衬垫和衬垫托的质量及防护环弹簧施加的力。将修正后的夹持压力、测量的测头压力与压力表读数同4.3.2和4.3.6中规定的调节压力进行比较。

更换有缺陷的压力表,或修理有故障的控制系统。

C.4　弹性衬垫

经常检查夹持表面,一旦发生任何可见的损伤,应按照仪器使用说明书更换衬垫。建议定期地更换衬垫,如每周一次,当读数不能为零时也应更换衬垫。

C.5　夹持压力的均匀性

在硬衬垫上放一张高质量的白纸,上面再放一张复写纸,并施加夹持压力。如果白纸上的印痕不均匀,则表明夹持压力不均匀,应由仪器厂修复。

附 录 D
（规范性附录）
使用ISO参比标准校准印刷表面粗糙度仪

D.1 由于气阻型仪器是通过对试样阻尼与仪器内部已知阻尼进行比较来测定粗糙度，而不是采用测定气体流量的方式，因此不能用附录B所述的程序校准该类仪器。

气阻型仪器应依靠ISO三级参比标准进行校准，参比标准是以微米表示粗糙度的具有已知阻尼的装置（模拟测头）。参比标准可以从ISO授权实验室得到，参比标准覆盖整个测量范围，并有三个不同的量值。

ISO三级参比标准也可用于校准可变面积流量计型仪器，然而适用于可变面积流量计型仪器的参比标准却不适用于气阻型仪器。因此参比标准应严格地按发放实验室的说明使用。

D.2 依次将每个三级参比标准插到测量位置，操作仪器并读取读数。比较仪器读数和标定值，如果在任何一点两者之差大于0.05 μm，应绘制一张校准图以供正常试验时使用。

注：这个方法是假定测头处于正确工作条件，而测头的机械状况应通过其他方法评价（第C.2章）。

ICS 85-010
Y 30

中华人民共和国国家标准

GB/T 22364—2018
代替 GB/T 22364—2008

纸和纸板　弯曲挺度的测定

Paper and board—Determination of bending resistance

(ISO 2493-1:2010,Paper and board—Determination of bending resistance—Part 1:Constant rate of deflection;ISO 2493-2:2011,Paper and board—Determination of bending resistance—Part 2:Taber-type tester;ISO 5629:2017,Paper and board—Determination of bending stiffness—Resonance method,MOD)

2018-12-28 发布　　2019-07-01 实施

国家市场监督管理总局
中国国家标准化管理委员会　发布

前言

本标准按照 GB/T 1.1—2009 给出的规则起草。

本标准代替 GB/T 22364—2008《纸和纸板　弯曲挺度的测定》。与 GB/T 22364—2008 相比，主要变化如下：

——修改了范围(见第 1 章，2008 年版的第 1 章)；

——修改了术语和定义(见第 3 章，2008 年版的第 3 章)；

——将静态弯曲法拆分为恒速弯曲法和泰伯式挺度仪法(见第 4 章、第 5 章，2008 年版的第 4 章)；

——修改了试验报告内容(见第 7 章，2008 年版的第 6 章)；

——增加了精密度的相关数据(见附录 B)；

——删除了 2008 年版的附录 B。

本标准使用重新起草法修改采用 ISO 2493-1:2010《纸和纸板　弯曲挺度的测定　第 1 部分:恒速弯曲法》(方法一:恒速弯曲法)、ISO 2493-2:2011《纸和纸板　弯曲挺度的测定　第 2 部分:泰伯式挺度仪法》(方法二:泰伯式挺度仪法)、ISO 5629:2017《纸和纸板　弯曲挺度的测定　共振法》(方法三:共振法)。

本标准与 ISO 2493-1:2010、ISO 2493-2:2011、ISO 5629:2017 相比，在结构上有较多调整，附录 A 列出了本标准与 ISO 2493-1:2010、ISO 2493-2:2011、ISO 5629:2017 的章条编号对照一览表。

本标准与 ISO 2493-1:2010、ISO 2493-2:2011、ISO 5629:2017 相比，主要技术性差异及其原因如下：

——关于规范性引用文件，本标准与 ISO 2493-1:2010、ISO 2493-2:2011、ISO 5629:2017 相比，做了具有技术性差异的调整，以适应我国的技术条件，调整的情况集中反映在第 2 章"规范性引用文件"中：

- 用修改采用国际标准的 GB/T 450 代替 ISO 186；
- 用等效采用国际标准的 GB/T 451.2 代替 ISO 536；
- 用等效采用国际标准的 GB/T 10739 代替 ISO 187。

本标准与 ISO 5629:2017 相比，主要技术性差异及其原因如下：

——将"一般试样宽度为 10 mm～25 mm"修改为"试样宽度为 15 mm，高定量试样的宽度可为 25 mm"，以有助于减小试验的误差(见 6.3.3)；

——将试验方法中的方法 A 和方法 B 内容进行了整合(见 6.4)，因两种方法的区别仅在定量测定的方法不同；

——合并结果表示方法 A 和方法 B，因两者计算方法实质相同(见 6.4.4)。

本标准做了下列编辑性修改：

——删除了 ISO 5629:2017 的附录 A；

——将精密度相关内容统一编排到附录 B(见 B.3)，以与本标准中其他两种方法协调一致。

请注意本文件的某些内容可能涉及专利。本文件的发布机构不承担识别这些专利的责任。

本标准由中国轻工业联合会提出。

本标准由全国造纸工业标准化技术委员会(SAC/TC 141)归口。

本标准起草单位：四川长江造纸仪器有限责任公司、中国制浆造纸研究院有限公司、国家纸张质量监督检验中心。

本标准主要起草人：殷报春、温建宇、黎的非、曹凯月。

本标准所代替标准的历次版本发布情况为：

——GB/T 2679.3—1981、GB/T 2679.3—1996；

——GB/T 12909—1991；

——GB/T 22364—2008。

纸和纸板　弯曲挺度的测定

1　范围

本标准规定了纸和纸板弯曲挺度的三种测定方法:恒速弯曲法、泰伯式挺度仪法和共振法。

本标准的恒速弯曲法适用于弯曲挺度为20 mN～10 000 mN的纸和纸板。本标准的泰伯式挺度仪法主要适用于高定量的纸和纸板,本标准中泰伯式挺度仪不包括使用10 mm弯曲长度的低量程泰伯式挺度仪。本标准的共振法适用于大多数纸和纸板,不适用于测定时会产生分层、有明显卷曲的纸和纸板,以及定量低于40 g/m^{2}的纸。本标准适用于瓦楞纸板组成成分但不适用于瓦楞纸板。

注:使用不同试验方法得到的测量结果不能相互换算。

2　规范性引用文件

下列文件对于本文件的应用是必不可少的。凡是注日期的引用文件,仅注日期的版本适用于本文件。凡是不注日期的引用文件,其最新版本(包括所有的修改单)适用于本文件。

GB/T 450　纸和纸板　试样的采取及试样纵横向、正反面的测定(GB/T 450—2008,ISO 186:2002,MOD)

GB/T 451.2　纸和纸板定量的测定(GB/T 451.2—2002,eqv ISO 536:1995)

GB/T 10739　纸、纸板和纸浆试样处理和试验的标准大气条件(GB/T 10739—2002,eqv ISO 187:1990)

3　术语和定义

下列术语和定义适用于本文件。

3.1

弯曲力　bending force

在本标准规定的试验条件下,弯曲一端被夹持的矩形试样所需要的力。

注:弯曲力定义适用于恒速弯曲法。

3.2

弯曲力矩　bending moment

在本标准规定的试验条件下,弯曲一端被夹持的矩形试样所需要的力矩。

注:弯曲力矩定义适用于泰伯式挺度仪法。

3.3

弯曲挺度　bending resistance

在本标准规定的试验条件下,纸和纸板在弹性变形范围内受力弯曲时所需要的力或力矩。

3.4

弯曲角度　bending angle

夹头从初始位置到弯曲挺度测量位置之间旋转的角度。

注:弯曲角度定义适用于恒速弯曲法和泰伯式挺度仪法,弯曲角度为15°或7.5°。

3.5

弯曲长度　bending length

夹头到试样受力点之间的恒定径向距离。

注：弯曲长度定义适用于恒速弯曲法(见图1中的l)和泰伯式挺度仪法。

3.6

自由长度　free length

试样伸出夹头部分的总长。

注：自由长度定义适用于恒速弯曲法(见图1中的L)。

3.7

弯曲挺度指数　bending resistance index

弯曲挺度除以定量的三次方。

注：弯曲挺度指数适用于恒速弯曲法和泰伯式挺度仪法。

4　方法一：恒速弯曲法

4.1　原理

在规定的弯曲长度(50 mm或10 mm)下，用将一端被夹持的试样弯曲到规定角度所需的弯曲力的平均值表示弯曲挺度。

4.2　仪器

4.2.1　取样器

用于切取符合精度要求的试样，例如冲切式取样器或双刀取样器。

4.2.2　弯曲挺度仪(见图1)

4.2.2.1　夹头：宽度不少于38 mm，长度不少于20 mm，在与试样平面垂直的方向上可调节以夹持试样。在初始位置，夹头将试样固定在垂直平面内。夹头应能以(5.0±0.5)°/s的恒定速度绕夹持线所形成的轴线旋转(15.0±0.3)°的弯曲角度。必要时可以使用(7.5±0.3)°的弯曲角度，见4.7。

4.2.2.2　刀口：与试样的初始位置垂直，在试样宽度的中间施加弯曲力。刀口线长度为(16±2)mm并与夹头的旋转轴(见图1)平行。刀口线应倒钝，刀口线到夹头旋转轴的距离为(50.0±0.1)mm。如必要，刀口线到夹头旋转轴的距离可以调整到(10.0±0.1)mm。

4.2.2.3　弯曲力测量装置：测量当试样弯曲到弯曲角度(15.0±0.3)°或(7.5±0.3)°时，通过试样施加到刀口线的力。读数在0 mN～100 mN之间时，弯曲力的最大允许误差为±5%；读数大于100 mN时，弯曲力的最大允许误差为±2%。在整个测量范围内，传感器在其受力方向上的变形应小于0.05 mm，力传感器对横向力应具有较低的灵敏度。

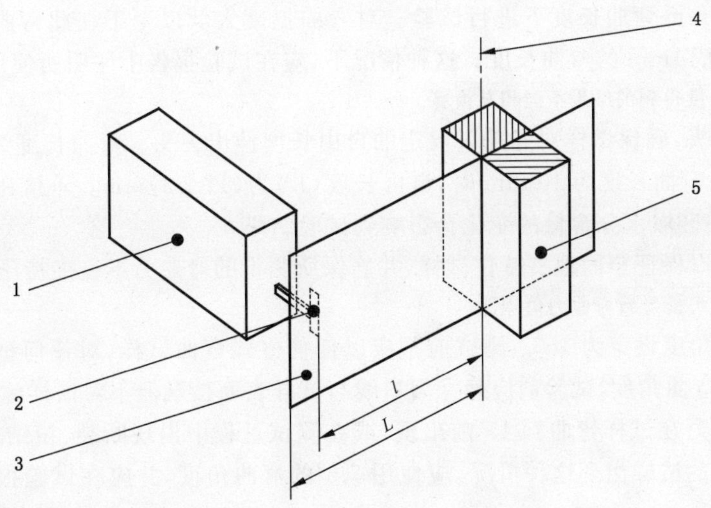

说明：
1——弯曲力测量装置；
2——刀口；
3——试样；
4——旋转轴；
5——夹头；
l——弯曲长度；
L——自由长度。

图1　弯曲挺度仪示意图

4.3　校准

应经常校准力传感器和弯曲角度。校准方法取决于仪器类型，应参照仪器使用说明书进行校准。

4.4　取样

如果试验用于评价一批样品，应按 GB/T 450 规定采取试样。如果试验用于评价其他类型的样品，应确保所取样品具有代表性。

4.5　温湿处理

纸和纸板试样应在 GB/T 10739 规定的大气条件下进行温湿处理，并在此大气条件下进行试样制备和试验。

4.6　试样制备

4.6.1　测定纵、横向挺度时，与试样长度一致的方向为测定方向。试样的测试区域不应有褶皱、折痕、肉眼可见的损伤或其他缺陷。如测试区域包含水印，应在试验报告中注明。标记试样正反面，以确保正反两面获得相同数量的测试结果。

4.6.2　高扭曲和卷曲的试样可能得出不可靠的结果，拉直卷曲或扭曲的试样均可能对原材料造成损坏。

4.6.3　在每个试验方向切取至少 10 片试样，试样宽度为(38.0±0.2)mm，长度至少 80 mm(弯曲长度为 50 mm)。如使用较短的弯曲长度，试样长度应至少为 40 mm(弯曲长度为 10 mm)。

4.7　试验步骤

4.7.1　如需测量弯曲挺度指数，按 GB/T 451.2 规定测定试样的定量。

4.7.2 在(50.0±0.1)mm弯曲长度下进行试验。对弯曲挺度太低以至于在此弯曲长度下无法测定的试样,可使用(10.0±0.1)mm的弯曲长度。这种情况下,应在试验报告中注明所使用的弯曲长度。

注:使用不同弯曲长度得到的结果不能相互换算。

4.7.3 将试样放入夹头,确保试样对齐并以规定的自由长度伸出夹头。弯曲长度为50 mm时,自由长度(L)为(57±3)mm;弯曲长度为10 mm时,自由长度(L)为(17±3)mm。不应用裸手接触试样靠近夹头部位的区域,这一区域水分含量的变化会影响到试验结果。

4.7.4 夹持压力应足以保证牢固地夹持住试样,并确保所测得的弯曲力不受夹持压力的影响。

注:过高的夹持压力可能导致弯曲力值降低。

4.7.5 将仪器的弯曲角度设定为15°。测试前不应以任何方式弯曲试样,对任何试样的测试不应超过一次。为获得准确的弯曲角度,试验前应确保刀口线与试样表面接触但不对试样施加任何力。

4.7.6 如果最大弯曲力在试样弯曲到15°前出现,或在测试过程中出现断裂、扭结或褶皱,应舍弃试验结果。如果超过10%的试样出现这种情况,应使用7.5°的弯曲角度,并应在试验报告中注明所使用的弯曲角度。

注:使用7.5°弯曲角度得到的试验结果,不能通过乘以2换算为15°弯曲角度的结果,因为其与弯曲角度的关系为非线性的。

4.7.7 根据所使用的仪器型式,按使用说明书指示的步骤测量弯曲力。记录规定数量试样的弯曲力。

4.7.8 测定时试样正反面弯曲试验的数目应相同。对每个测试方向,在规定的弯曲角度下,应至少测试10个试样并得到10组有效数据。试样从仪器夹头上取下后不得再次使用。

4.8 计算和结果表示

4.8.1 弯曲挺度

对每个试验方向,以所有弯曲力有效数据的平均值计算弯曲挺度及标准偏差。

报告每个方向的弯曲挺度,单位为牛顿(N)或毫牛顿(mN),保留三位有效数字。

4.8.2 弯曲挺度指数

如必要,按式(1)计算每个试验方向的弯曲挺度指数:

$$B_{\mathrm{I}}=\frac{B}{g^{3}} \qquad \cdots\cdots(1)$$

式中:

B_{I} ——弯曲挺度指数,单位为牛顿六次方米每三次方克($\mathrm{N \cdot m^6/g^3}$);

B ——弯曲挺度,单位为牛顿(N);

g ——试样的定量,单位为克每平方米($\mathrm{g/m^2}$)。

报告每个试验方向的弯曲挺度指数,保留三位有效数字。

5 方法二:泰伯式挺度仪法

5.1 原理

使用泰伯式挺度仪将规定尺寸的试样弯曲至一定的弯曲角度,读取仪器度盘上的弯曲力矩值。

5.2 仪器

5.2.1 泰伯式挺度仪(见图2)

5.2.1.1 摆P:安装在低摩擦轴承上,绕中心点CP旋转。摆上安装夹头C,夹头上有两个螺钉以夹持试样TP并使试样中心与摆的上端刻划的中心线L对齐。摆的下端是一个螺柱S1，其上可附加重砣，在距中心点100.0 mm±0.1 mm的位置对摆施加载荷。不加重砣时，载荷为10.000 g±0.001 g。

5.2.1.2 垂直度盘VD：由电机驱动，绕中心点CP旋转，上装两个驱动臂支架DAA，通过两个驱动臂DA，以一定的悬臂长度对试样加载。弯曲长度为50.0 mm±0.1 mm。驱动臂通过螺纹调节，以适应不同厚度试样的试验。驱动臂端部有滚筒作为向试样传递力的装置。可以调节驱动臂长度，使试样到每个滚筒的距离为0.33 mm±0.03 mm。垂直度盘的上边缘有中心线刻线，垂直度盘的外围距离中心线刻线两侧7.5°和15°的位置各刻有两根参考线。驱动装置驱动垂直度盘VD以恒定速度转动，转动速度允许范围为170°/min～210°/min。

5.2.1.3 固定环FAD：位于垂直度盘VD边缘的周围。固定环中心线刻线的两侧各刻有0～100标尺，指示将试样向左或向右弯曲所需要的力矩。

注：为了图样清晰，图2中只画出了0、20和40刻度。

5.2.1.4 座体：用于支撑摆P、垂直度盘VD和固定环FAD，装有调节仪器水平的装置。

5.2.1.5 各种载荷重砣：按制造商给出的测量范围分档安装在螺柱S1上，最大可提供490 mN·m的弯曲力矩。

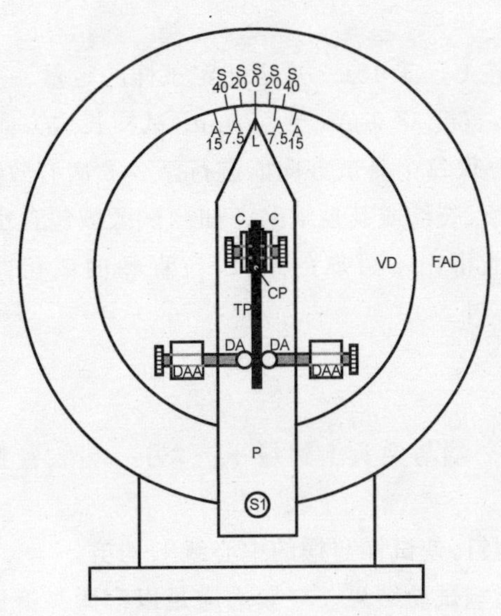

说明：

VD ——垂直度盘；	DAA ——驱动臂支架；
P ——摆；	DA ——驱动臂；
TP ——试样；	FAD ——固定环；
C ——夹头；	S 0 ——挺度值0参考线；
CP ——中心点；	S 20 ——挺度值20参考线；
S1 ——螺柱；	S 40 ——挺度值40参考线；
A7.5 ——7.5°偏角参考线；	L ——摆的中心线。
A15 ——15°偏角参考线；	

图2 泰伯式挺度仪示意图

5.2.2 仪器准备

5.2.2.1 将仪器放置在坚固、平整的台面上。将垂直度盘VD置于零位，将选定的重砣W安装在螺柱

S1 上。闭合夹头 C,使夹纸面与摆的中心线重合。调节仪器水平,使摆处于铅垂位置。

5.2.2.2 将摆推移 15°角并释放以检查轴承摩擦。在摆动停止前,摆的往复摆动次数应不少于 20 次。

5.3 校准

定期校准仪器并检查仪器精度。校准方法取决于仪器类型,应参照仪器使用说明书进行校准。

注:仪器制造商通常会提供弹簧钢试样条用于仪器校准。

5.4 取样

如果试验用于评价一批样品,应按 GB/T 450 规定采取试样。如果用于其他类型的评价试验,应确保所取样品具有代表性。

5.5 温湿处理

纸和纸板试样应在 GB/T 10739 规定的大气条件下进行温湿处理,并在此大气条件下进行试样制备和试验。

5.6 试样制备

5.6.1 如需测量弯曲挺度指数,按 GB/T 451.2 规定测定试样的定量。

5.6.2 试样长度 70 mm±1 mm,宽度 38.0 mm±0.2 mm,试样长边方向为测试方向。在试样的纵横两个方向各切取足够数量的试样,确保每个测试方向能进行至少 5 次有效测试。

5.6.3 测试区域应避免褶皱、折痕、裂纹或其他缺陷。如测试区域包含水印,应在试验报告中注明。

5.6.4 高扭曲和卷曲的试样可能得出不可靠的结果,拉直卷曲或扭曲的试样均可能对原材料造成损坏。

5.7 试验步骤

5.7.1 将试样放入夹头 C,试样一端与夹头上边缘平齐,另一端放置在两个驱动臂 DA 端部的滚筒之间。

5.7.2 调节夹头 C 的两个夹紧螺钉,使试样与摆的中心线 L 对齐。

5.7.3 夹头螺钉的夹紧力可能影响试验结果。夹紧力应足以牢固夹持试样,但不致使试样产生压缩或变形。除试样自由端表面与驱动臂 DA 间的摩擦力外,试样的自由端应不受其他限制。

5.7.4 调节驱动臂端部的滚筒使之刚好与试样接触。调节其中一个驱动臂 DA 的长度,使试样与滚筒间的距离为 0.33 mm±0.03 mm。

注:夹入试样后,摆可能不平衡在零位。试样自身的弯曲会造成向两个方向弯曲试验时的读数差异,试样的挺度是两个方向弯曲试验得到的读数的平均值。

5.7.5 开动电机使垂直度盘 VD 向一侧旋转弯曲试样,直至摆的中心刻线 L 对齐垂直度盘的 15°刻线,记录固定环 FAD 上读取的刻度值并立刻将垂直度盘返回至零位。

5.7.6 用同样方式将试样向另一侧弯曲得到另一个读数。根据需要对至少 5 个纵向(MD)试样和(或)至少 5 个横向(CD)试样进行试验,在要求的每个测试方向得到 5 组有效结果即 10 个有效数据。

5.7.7 如果最大弯曲力在试样弯曲到 15°前出现,或在测试过程中出现断裂、扭结或褶皱,应舍弃试验结果。如果在某个特定方向(纵向或横向)切取的试样中超过 10%出现这种情况,应在这一试样方向使用 7.5°的弯曲角度,并应在试验报告中注明所使用的弯曲角度。

注:使用 7.5°弯曲角度得到的试验结果,不能通过乘以 2 换算为 15°弯曲角度的结果,因为其与弯曲角度的关系为非线性的。

5.8 计算和结果表示

5.8.1 弯曲挺度

在每个试验方向，以全部10个测试结果(向左5个弯曲力矩和向右5个弯曲力矩)的平均值计算弯曲挺度。

注：有的仪器可能以泰伯挺度单位给出结果。泰伯挺度单位与国际单位制单位可通过式(2)换算：

$$M = T_r \times 0.098\ 066 \qquad \cdots\cdots(2)$$

式中：

M——弯曲挺度，单位为毫牛米(mN·m)；

T_r——泰伯弯曲力矩读数，单位为泰伯挺度单位。

报告纵向和(或)横向弯曲挺度，单位为毫牛米(mN·m)，保留三位有效数字。

5.8.2 弯曲挺度指数

如需要，按式(3)计算所需的每个试验方向的弯曲挺度指数：

$$B_g = \frac{B}{g^3} \qquad \cdots\cdots(3)$$

式中：

B_g——弯曲挺度指数，单位为毫牛米六次方米每三次方克($mN \cdot m \cdot m^6/g^3$)；

B——弯曲挺度，单位为毫牛米(mN·m)；

g——试样的定量，单位为克每平方米(g/m^2)。

按要求报告每个试验方向的弯曲挺度指数，结果保留三位有效数字。

6 方法三：共振法

6.1 原理

将试样一端夹住，在标准规定条件下测定其共振长度，由试样定量和共振长度计算弯曲挺度。

6.2 仪器

6.2.1 共振挺度仪

由夹具系统、试样夹振动装置、频闪灯、放大镜等组成。示意图见图3。

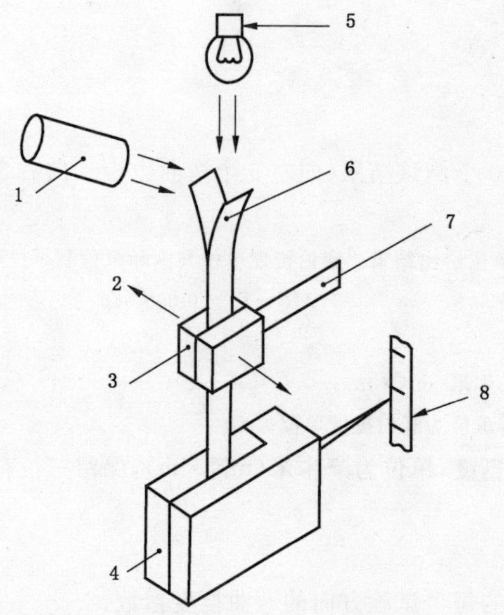

说明：
1——放大镜(可选)；
2——振动方向；
3——试样夹；
4——下夹具(可选)；
5——频闪灯；
6——试样；
7——振动机构；
8——标尺(可选)。

图 3 共振挺度仪示意图

6.2.2 夹具系统

6.2.2.1 试样夹由两个平行的金属平板组成，这两个金属平板可以调整到指定的间隙和夹持力。试样应正好能从夹板间拖过，夹板的安装应使试样可以从试样夹的两端伸出。夹板的大小无关紧要，但夹板宽度应超过所测试样宽度，通常应大于 25 mm。试样夹口的上边缘可为圆弧形，圆弧的曲率半径应小于 0.1 mm。

6.2.2.2 活动的下夹具，结构没有严格的规定。试样借助于下夹具可以从试样夹中拉进(有时需推出)。此夹具上还可以适当地连结一个测量装置，使得从刻度上能够直接读出试样的共振长度，其尺寸精度应读准至 0.1 mm。

6.2.3 试样夹振动装置

试样夹在与纸面垂直的水平面上，以 25.0 Hz±0.1 Hz 的频率、不大于 0.2 mm 的振幅振动。

6.2.4 频闪灯

在与振动装置相同的频率和相位下工作，用于照亮试样的顶部边缘。通常只要能够提供足够照度的灯亦可使用。

6.2.5 放大镜

用来观察试样自由端的振动情况。

6.3 试样的采取、制备和处理

6.3.1 试样应按 GB/T 450 规定采取。

6.3.2 试样按 GB/T 10739 的规定进行处理,并在规定条件下试验。

6.3.3 每个测定方向上应至少切取 10 张试样,试样宽度为 15 mm,高定量试样的宽度可为 25 mm。试样的长度应足以保证共振长度、夹持长度以及非共振区域方便用手拿取的长度和与下夹具连接的长度。试样切口应整洁平直,两个长边应相互平行,其平行度偏差应小于 0.1 mm。

6.4 试验步骤

6.4.1 共振长度

6.4.1.1 夹上试样,使试样从上夹口伸出足够的长度,确保试样垂直于上夹口。调节夹持力,使试样恰好能从振动夹中向下拉出。

6.4.1.2 启动仪器,小心地用活动下夹具将试样从试样夹中拉出,直至试样的自由端开始振动达到最大振幅(共振点)为止。共振点的特点是在灯的照射下,自由端可见的振动轮廓线的清晰度最高。

6.4.1.3 准确测定伸出试样夹口的试样长度。测定方法有两种:第一种是在夹口处小心地作上记号,从试样夹上取下试样,用游标卡尺或其他合适的量具测定其长度,共振长度测定值的误差应在±0.25 mm 或±5%以内(取较大者)。第二种方法是使用仪器上的刻度标尺直接读出共振长度,但应核实试样在测定过程中没有明显的拉伸,这样刻度值才能与伸出夹口的试样长度保持一致。由于可能存在两个波幅和一个波节的共振(见图 4),必要时应进行检查,通过进一步缩短伸出的长度,使之出现一个波幅的振动。

6.4.1.4 按照上述方法,在每个测定方向上测定 10 张试样。如果测定结果波动较大,则可以增加测定次数。

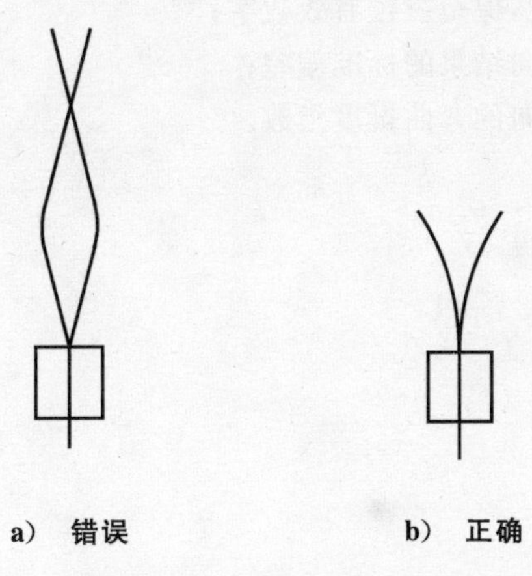

a) 错误　　b) 正确

图 4 试样振动状态示意图

6.4.2 定量测定的两种方法

6.4.2.1 称取每张试样的质量,精确至±0.001 g,将质量标在试样上,以便将其质量和相应共振长度的面积或试样面积相匹配,计算其定量。

6.4.2.2 按照 GB/T 451.2 测定试样的平均定量。

6.4.3 面积

与 6.4.2.1 相对应,准确测定每张试样的面积,并将面积标在试样上。

6.4.4 结果表示

6.4.4.1 用式(4) 分别计算每个试样的弯曲挺度 S,单位为毫牛米(mN·m)。

$$S=\frac{2l^4\rho_A}{10^9} \qquad \cdots\cdots(4)$$

式中:

l ——共振长度,单位为毫米(mm);

ρ_A——试样的平均定量,单位为克每平方米(g/m²)。

用得到的各个值计算平均弯曲挺度,标准偏差或变异系数,保留三位有效数字。

6.4.4.2 若试样的定量波动较大,平均定量明显影响测定结果或对测定精度要求较高时,可按 6.4.2.1 的方法测定试样的定量,代入式(4)计算每个试样的弯曲挺度,然后计算平均弯曲挺度。

7 试验报告

试验报告应包括以下内容:

a) 本标准的编号;

b) 试验的日期和地点;

c) 被测试样的描述和鉴别;

d) 选用的试验方法及使用的仪器类型;

e) 所用的温湿处理条件;

f) 对于恒速弯曲法,如试验长度不是 50 mm,报告试验长度;

g) 对于恒速弯曲法和泰伯式挺度仪法,如弯曲角度不是 15°,报告弯曲角度;

h) 每个试验方向的弯曲挺度,保留三位有效数字;

i) 如需要,报告每个试验方向结果的标准偏差;

j) 如需要,报告每个试验方向的弯曲挺度指数。

附 录 A
（资料性附录）
本标准与对应的国际标准章条编号对照

表 A.1 给出了本标准与对应的国际标准章条编号对照的一览表。

表 A.1 本标准与对应的国际标准章条编号对照

本标准章条编号	对应 ISO 2493-1:2010 章条编号	对应 ISO 2493-2:2011 章条编号	对应 ISO 5629:2017 章条编号
1	1	1	1
2	2	2	2
3	3	3	3
4.1	4	—	—
4.2	5	—	—
4.3	6	—	—
4.4	7	—	—
4.5	8	—	—
4.6	9	—	—
4.7	10	—	—
4.8	11	—	—
5.1	—	4	—
5.2	—	5	—
5.3	—	6	—
5.4	—	7	—
5.5	—	8	—
5.6	—	9	—
5.7	—	10	—
5.8	—	11	—
6.1	—	—	4
6.2	—	—	5
6.3.1	—	—	6
6.3.2	—	—	7
6.3.3	—	—	8
6.4.1	—	—	9.2.2、9.3.2

表 A.1（续）

本标准章条编号	对应 ISO 2493-1:2010 章条编号	对应 ISO 2493-2:2011 章条编号	对应 ISO 5629:2017 章条编号
6.4.2	—	—	9.2.1、9.3.1
6.4.4	—	—	10.2、10.3
7	12	12	12
附录 A	—	—	—
B.1	附录 A	—	—
B.2	—	附录 A	—
B.3	—	—	11、附录 B

附 录 B
（资料性附录）
精 密 度

B.1 恒速弯曲法

B.1.1 2008年11月，来自欧洲六个国家的九个实验室对六种样品的纵向(MD)和横向(CD)弯曲挺度进行了试验。对每种样品各测试10个试样，5个向左弯曲，5个向右弯曲。

B.1.2 计算依据为ISO/TR 24498和TAPPI T 1200。

B.1.3 表B.1和表B.2报告的重复性标准偏差为合并重复性标准差，即用所有参与实验室的标准偏差的均方根计算得出的标准偏差。这与ISO 5725对重复性的传统定义不同。

B.1.4 报告的重复性限和再现性限是在相同试验条件下，对相同材料得到的两组试验结果进行比较时，在95%置信概率下评价的最大差值。这一评价对不同材料或不同试验条件无效。

B.1.5 重复性限和再现性限通过重复性标准偏差和再现性标准偏差乘以2.77计算得到。

注：$2.77=1.96\sqrt{2}$，假定测试结果成正态分布且标准偏差 s_r 基于大量测试得到。

表 B.1 恒速弯曲法重复性

样本		实验室数	平均值 mN	标准偏差 s_r mN	变异系数 $C_{V,r}$ %	重复性限 r mN
涂布牛卡纸，390 g/m²	纵向	9	1 348	36.7	2.7	102
	横向	9	584	24.2	4.1	67.0
牛皮箱纸板，300 g/m²	纵向	9	420	20.5	4.9	56.8
	横向	9	176	13.3	7.6	36.7
白卡纸，220 g/m²	纵向	9	1 526	12.4	8.1	34.2
	横向	9	79.7	8.9	11.2	24.8
复印纸[a]，80 g/m²	纵向	9	100	10.0	10.0	27.7
	横向	9	48	6.9	14.4	19.2
复印纸[a]，75 g/m²	纵向	9	135	11.6	8.6	32.2
	横向	9	43.1	6.56	15.2	18.2
新闻纸[a]，45 g/m²	纵向	9	28	5.3	18.9	14.7
	横向	8	7.0	2.6	37.1	7.3

[a] 对复印纸和新闻纸样本，使用10 mm弯曲长度。

表 B.2 恒速弯曲法再现性

样本		实验室数	平均值 mN	标准偏差 s_R mN	变异系数 $C_{V,R}$ %	再现性限 R mN
涂布牛卡纸,390 g/m²	纵向	9	1 348	82.2	6.1	228
	横向	9	584	52.7	9.0	146.2
牛皮箱纸板,300 g/m²	纵向	9	420	27.9	6.6	77.4
	横向	9	176	15.7	8.9	43.6
白卡纸,220 g/m²	纵向	9	1 526	14.6	9.6	40.5
	横向	9	79.7	10.1	12.7	28.0
复印纸[a],80 g/m²	纵向	9	100	12.8	12.8	35.4
	横向	9	48	7.4	15.4	20.4
复印纸[a],75 g/m²	纵向	9	135	13.7	10.1	37.9
	横向	9	43.1	6.6	15.3	18.2
新闻纸[a],45 g/m²	纵向	9	28	5.4	19.3	14.9
	横向	8	7.0	2.7	38.6	7.4
[a] 对复印纸和新闻纸样本,使用 10 mm 弯曲长度。						

B.2 泰伯式挺度仪法

B.2.1 2008 年,来自欧洲 11 个国家的 16 个实验室对 3 种样品使用泰伯式挺度仪法进行了试验,每种样品各测试 10 个试样。

B.2.2 计算依据为 ISO/TR 24498 和 TAPPI T 1200。

B.2.3 表 B.3 的重复性标准偏差为合并重复性标准差,即用所有参与实验室的标准偏差的均方根计算得出的标准偏差。这与 ISO 5725 对重复性的传统定义不同。

B.2.4 表 B.3 和表 B.4 的重复性限和再现性限是在相同试验条件下,对相同材料得到的两组试验结果进行比较时,在 95%置信概率下评价的最大差值。这一评价对不同材料或不同试验条件无效。

B.2.5 重复性限和再现性限通过重复性标准偏差和再现性标准偏差乘以 2.77 计算得到。

注 1:重复性标准偏差等同于实验室内标准偏差。然而,再现性标准偏差与实验室间标准偏差不同,再现性标准偏差包含实验室间标准偏差和实验室内标准偏差二者。即:

$$s^2_{重复性} = s^2_{实验室内},但\ s^2_{再现性} = s^2_{实验室内} + s^2_{实验室间}$$

注 2:$2.77 = 1.96\sqrt{2}$,假定测试结果成正态分布且标准偏差 s 基于大量测试得到。

表 B.3　泰伯式挺度仪法重复性

样本	实验室数	平均值 mN·m	重复性标准偏差 s_r mN·m	变异系数 $C_{V,r}$ %	重复性限 r mN·m
样本水平 1[a]	14[b]	49	1.8	3.7	5.1
样本水平 2[a]	16	361	9.4	2.6	26.2
样本水平 3[a]	16	2 565	54.2	2.1	150.2

[a] 水平 1、水平 2 和水平 3 依据欧洲造纸工业联合会(CEPI)分类标准。

[b] 不包括离群值。

表 B.4　泰伯式挺度仪法再现性

样本	实验室数	平均值 mN·m	再现性标准偏差 s_R mN·m	变异系数 $C_{V,R}$ %	再现性限 R mN·m
样本水平 1[a]	14[b]	49	2.8	5.7	7.7
样本水平 2[a]	16	361	22.3	6.1	61.8
样本水平 3[a]	16	2 565	103.1	4.0	285.8

[a] 水平 1、水平 2 和水平 3 依据欧洲造纸工业联合会(CEPI)分类标准。

[b] 不包括离群值。

B.3　共振法

B.3.1　在常规实验室条件下，用共振法测得的弯曲挺度值的重复性约为 6%。对同一试验材料，在同一仪器上由同一操作者在短时间内进行测定得到的两个测试值的差值不超过重复性的概率为 95%。

B.3.2　2015 年至 2016 年，来自 4 个不同国家的 6 个实验室参与了一次国际循环比对，CEPI-CTS 提供的统计数据见表 B.5 和表 B.6，统计计算依据为 ISO/TR 24498 和 TAPPI T 1200。

B.3.3　表 B.5 中的重复性标准偏差为合并重复性标准偏差，即标准偏差由所有参比实验室标准偏差的均方根计算得到。这与 ISO 5725 中关于重复性的传统定义不同。

B.3.4　表 B.5 和表 B.6 的重复性限和再现性限是在相同试验条件下，对相同材料得到的两组试验结果进行比较时，在 95%置信概率下评价的最大差值。这一评价对不同材料或不同试验条件无效。

B.3.5　重复性限和再现性限由重复性标准偏差和再现性标准偏差乘以 2.77 计算得到。

表 B.5　共振法重复性

样品	实验室数	弯曲挺度平均值 mN·m	重复性标准偏差 s_r mN·m	变异系数 $C_{V,r}$ %	重复性限 r mN·m
光滑的高白纸，100 g/m²	6	0.50	0.03	5.62	0.08
白卡纸，280 g/m²	6	6.99	0.19	2.73	0.53
光滑的高白纸，400 g/m²	6	25.7	0.89	3.46	2.47
涂布白卡纸，380 g/m²	6	90.7	2.70	3.00	7.50

表 B.6 共振法再现性

样品	实验室数	弯曲挺度平均值 mN·m	再现性标准偏差 s_R mN·m	变异系数 $C_{V,R}$ %	再现性限 R mN·m
光滑的高白纸,100 g/m²	6	0.50	0.03	6.39	0.10
白卡纸,280 g/m²	6	6.99	0.66	9.37	1.80
光滑的高白纸,400 g/m²	6	25.7	3.07	11.9	8.50
涂布白卡纸,380 g/m²	6	90.7	20.8	22.9	57.5

参 考 文 献

［1］ ISO 5725(所有部分) Accuracy (trueness and precision) of measurement methods and results

［2］ ISO/TR 24498 Paper, board and pulps—Estimation of uncertainty for test methods

［3］ TAPPI T 1200 Interlaboratory evaluation of test methods to determine TAPPI repeatability and reproducibility

ICS 85-010
Y 30

中华人民共和国国家标准

GB/T 22365—2008
代替 GB/T 2679.15—1997,GB/T 2679.16—1997

纸和纸板　印刷表面强度的测定

Paper and board—Determination of printing surface strength

[ISO 3783:1980,Paper and board—Determination of resistance to picking—Accelerated speed method using the IGT-type tester (electric model),MOD]

2008-08-19 发布　　2009-05-01 实施

中华人民共和国国家质量监督检验检疫总局
中国国家标准化管理委员会
发布

前 言

本标准修改采用ISO 3783:1980《纸和纸板　抗拉毛性的测定　用IGT仪器的加速法(电动式)》(英文版)。

本标准与ISO 3783:1980的主要差异:

——修改了标准的名称;

——删除了引言;

——删除了6.1、6.2、11、12.2中的注;

——修改了范围(本版的第1章);

——修改了规范性引用文件(本版的第2章);

——修改了术语和定义(本版的第3章);

——修改并增加了仪器的内容(本版的5.2);

——修改了试样的制备(本版的6.3);

——将仪器的准备并入试验步骤(本版的7.1.1和7.2.1);

——修改了试验步骤(本版的第7章);

——增加了方法B:IGT试验仪(摆式)(本版的7.2);

——增加了结果处理(本版的第10章)。

本标准是对GB/T 2679.15—1997《纸和纸板印刷表面强度的测定(电动加速法)》、GB/T 2679.16—1997《纸和纸板印刷表面强度的测定(摆和弹簧加速法)》的整合修订,本标准代替GB/T 2679.15—1997和GB/T 2679.16—1997。

本标准与GB/T 2679.15—1997、GB/T 2679.16—1997相比,主要变化如下:

——修改了标准名称;

——修改了规范性引用文件;

——修改了术语和定义;

——修改了试验步骤;

——增加了结果的处理。

本标准的附录A、附录B为规范性附录,附录C、附录D为资料性附录。

本标准由中国轻工业联合会提出。

本标准由全国造纸工业标准化技术委员会归口。

本标准起草单位:河南省产品质量监督检验院、中国制浆造纸研究院。

本标准主要起草人:李红、阮健。

本标准所代替标准的历次版本发布情况为:

——GB/T 3331—1982;

——GB/T 10341—1989;

——GB/T 2679.15—1997;

——GB/T 2679.16—1997。

本标准委托全国造纸工业标准化技术委员会负责解释。

纸和纸板　印刷表面强度的测定

1　范围

本标准规定了纸和纸板印刷表面强度的测定方法。

本标准适用于各种纸和纸板模拟印刷的试验。

2　规范性引用文件

下列文件中的条款通过本标准的引用而成为本标准的条款。凡是注日期的引用文件，其随后所有的修改单(不包括勘误的内容)或修订版均不适用于本标准，然而，鼓励根据本标准达成协议的各方研究是否可使用这些文件的最新版本。凡是不注日期的引用文件，其最新版本适用于本标准。

GB/T 450　纸和纸板　试样的采取及试样纵横向、正反面的测定(GB/T 450—2008，ISO 186：2002，MOD)

GB/T 10739　纸、纸板和纸浆试样处理和试验的标准大气条件(GB/T 10739—2002，eqv ISO 187：1990)

QB 1020　纸张印刷适性用标准油墨

3　术语和定义

下列术语和定义适用于本标准。

3.1

拉毛　picking

在生产或印刷过程中，当施加在纸张表面的外部拉力大于纸或纸板的内聚力时，所发生的纸面层破坏现象。

注：对于涂布纸，此种破坏可导致涂层的颗粒或纤维全部或部分地从纸面脱落，表面“起泡”或“起毛”，未涂布纸的破坏形式一般是纤维束的剥离。

3.2

拉毛速度　picking velocity

印刷时印刷纸表面开始起毛的印刷速度。

3.3

印刷表面强度　printing surface strength

以连续增加的速度印刷纸面，直至纸面开始起毛时的速度，以 m/s 表示。

4　原理

恒压下用标准油墨印刷一张试样，同时使印刷速度逐渐增加，以纸面发生起毛时的最小速度测定纸张的印刷表面强度，此速度越高，表明纸张的印刷表面强度越好。

5　仪器

5.1　IGT 印刷试验仪(电动式)

试验仪包括两个独立部分：一个是油墨分布系统，能赋予印刷盘一层已知(给定的)厚度的标准油墨；另一个是电传动的印刷仪器，印刷压力由可变弹簧的负荷控制。

5.1.1 印刷仪器(见附录 A 中的图 A.1)

印刷仪器包括一个半圆的扇形轮,半径为 85 mm,上面用标准衬垫(5.4)包覆,从而可使试样得到保护。用作拉毛试验的扇形轮约有 150°,扇形轮与光滑的金属印刷盘接触,并以逐步增加的速度运转,以完成试样的印刷。

金属印刷盘的直径为 65 mm,宽为 10 mm,将试样压力调节至(345±10)N 进行印刷。

试验所需的加速度印刷条件,只有在扇形轮位于起始位置时,才可选择试验所需加速装置(14)。选择器开关(3)最初应在低速位置上,当最大速度高达 4 m/s 时,可以调节速度控制按钮(5),但速度不应超过 7 m/s。

仪器应有印刷速度和试样印刷位置关系图表,以便查出印区内每一点的印速。

将把试样妥善地安放在衬垫上,轴杆(12)上的印刷盘与试样相接触,调节印刷压力至设定值。

5.1.2 油墨分布系统

分布油墨用的匀墨辊应由聚氨酯制成。加 1 mL 标准油墨(5.3)印 10 条试样,印刷盘上的标准油墨(5.3)应为厚度(7.6±0.6)μm 的均匀墨层。

5.2 IGT 印刷试验仪(摆式)

试验仪包括两个独立的部分,一个是油墨分布系统,能赋予印刷盘一层已知(给定的)厚度的标准油墨;另一个是由摆或弹簧驱动的印刷仪器,印刷压力由调节弹簧的负荷控制。

5.2.1 印刷仪器(见附录 B 中的图 B.1)

印刷仪器有一个约 150°的扇形轮,半径为 85 mm,用标准衬垫(5.4)包覆,试样贴在上面。扇形轮与光滑的金属印刷盘接触,并以逐步增加的速度运转,以完成试样的印刷。

金属印刷盘的直径为 65 mm,宽为 10 mm,将试样压力调节至(345±10)N 进行印刷。

仪器备有印刷速度和试样印刷位置关系图表,以便查出印区内每一点的印速。

当扇形轮包好衬垫夹好试样,并在仪器轴杆上插入印刷盘,使之处于靠近试样位置时,可通过压力调节把手(7)将印刷压力调至设定值。

5.2.2 油墨分布系统

分布油墨用的匀墨辊应由聚氨酯制成。加 1 mL 标准油墨(5.3)印 10 条试样,赋予印刷盘上的标准油墨厚度(7.6±0.6)μm 的均匀墨层。

5.3 标准油墨

标准油墨应符合 QB 1020 的规定。

5.4 标准衬垫

衬垫厚度应为(1.5±0.1)mm。

一般纸垫用于凸版印刷试样用纸衬垫,胶版和凹版印刷试样用胶衬垫。

5.5 注墨管

容量 2 mL,分度 0.01 mL 的油墨吸液管。

5.6 标准拉毛观测灯

光源入射角为 75°,观测孔观测角为 30°。

5.7 其他

石油醚或溶剂汽油、培养皿、软毛刷。不掉毛的柔软纱布或高档卫生纸,用于清洗拉毛油。

6 取样及试样处理

6.1 取样

按照 GB/T 450 的规定取样。

6.2 试样处理

试样按 GB/T 10739 进行温湿处理。

6.3 试样制备

沿纸页横幅均匀切取(350×35)mm 的试样,正反面各不少于 5 张,试样的长向为纵向,并分别对正反面作出标记。

7 试验步骤

7.1 方法 A IGT 印刷试验仪(电动式)(图 A.1)

7.1.1 仪器的准备

7.1.1.1 衬垫的固定与张紧

沿逆时针方向尽量转动扇形轮上的两个小滚花螺钉。按开扇形轮左侧的衬垫夹子(18),将衬垫一端尽可能地插入夹头中,应保证衬垫在扇形轮上确实处于很平直的位置,然后用大的滚花螺母夹紧。按开扇形轮右侧的衬垫夹子(7),将衬垫的另一端尽可能地插入夹头中,用大的滚花螺母夹紧。顺时针方向拧紧扇形轮上的两个小滚花螺钉,将衬垫张紧在扇形轮上。如果衬垫损坏,应及时更换。

7.1.1.2 印刷压力的调节

将试样固定在扇形轮上,使试样平贴在衬垫上。

以顺时针方向将上部印刷盘升降器(11)尽量转动到最大限度,在轴上放一个没上标准油墨(5.3)的印刷盘。

将扇形轮转到启动位置。

以逆时针方向将上部印刷盘升降器(11)尽量转动到最大限度。

转动位于试验仪右侧顶部的张紧调节器(9),使印刷压力刻度尺(13)上的读数为(345±10)N。

7.1.2 试验条件

所有试验均应在 GB/T 10739 规定的标准大气条件下进行,应保证仪器与试验器材均与标准大气条件达到平衡。为达到较高的试验准确性,将试验室的温度条件最好控制在(23±0.5)℃范围内。

7.1.3 试样的插入

按开扇形轮左侧的衬垫夹子(18),将预处理好的试样插入夹头中,并保证试样与衬垫平行。

7.1.4 印刷盘的准备

首先将标准油墨(5.3)注入注墨管中,注意勿吸入空气。如果使用时,标准油墨(5.3)注入注墨管后,发现标准油墨自行涌出,说明注墨管内混入空气。应清除管内全部标准油墨,然后重新注入。

用软毛刷沾石油醚或溶剂汽油,擦洗打墨机上的大小聚氨酯匀墨辊和印刷盘,用卫生纸或软布沾石油醚或溶剂汽油,擦洗打墨机上的金属滚筒。

沿打墨机滚筒的轴向,用注墨管将 1 mL 标准油墨均匀施加到前滚筒上。匀展标准油墨至少 10 min 后,将印刷盘置于油墨分布器的固定轴上与胶辊接触,上油墨时间应至少为 30 s。

7.1.5 试样

将选择器的指针(14)拨至加速位置上。

将速度选择器开关(3)拨至低速位置上。

以顺时针方向尽量转动上部印刷盘升降器(11),并将上好标准油墨的印刷盘安放在轴杆(12)上,直至位置稳当合槽。

转动带有试样的扇形轮至启动位置,此时,位于仪器前面的指示灯(15)燃亮。

以逆时针方向尽量转动上部印刷盘升降器(11)。

转动刷子(16),使之与扇形轮上的试样相接触。右手按下启动按钮(6),左手立刻按下仪器左侧的扇形轮启动按钮(1)。此时扇形轮运转完成一次印刷,在印刷时应保持两个按钮都按下。当扇形轮停下后,从夹子中取下试样。

注:根据试样印刷表面强度的高低,选择加速印刷的最大速度,最大印刷速度由速度控制按钮(5)调节。

7.2 方法 B IGT 印刷试验仪(摆式)(图 B.1)

7.2.1 仪器的准备

7.2.1.1 衬垫的固定与张紧

转动扇形轮，使其夹子(9)位于对应手柄(2)的位置，将衬垫(3)平直地放在扇形轮上，前端用夹子夹紧，将衬垫的另一端插入张紧轴(4)处。转动扇形轮处于印刷启动位置，并同时将衬垫铺平。松开张紧轴的锁紧螺母(10)，按顺时针方向旋转该轴的滚花螺钉，拉紧衬垫，锁紧螺母将衬垫张紧。如果衬垫损坏，应及时更换。

7.2.1.2 印刷压力的调节

将试样固定在扇形轮上，使试样平贴在衬垫上。

以顺时针方向将把手(6)扳到头，在轴上插入一个没上标准油墨(5.3)的印刷盘，将扇形轮转到启动位置，以逆时针方向将把手(6)扳到底。旋转把手(7)，调节印刷压力至(345±10)N。

7.2.2 试验条件

所有试验均应在 GB/T 10739 规定的标准大气条件下进行，应保证仪器与试验器材均与标准大气条件达到平衡。为达到较高的试验准确性，将试验室的温度条件最好控制在(23±0.5)℃范围内。

7.2.3 试样的插入

将预处理好的试样插入纸夹内，并保证试样与衬垫相平行。转动扇形轮至启动位置。

7.2.4 印刷盘的准备

首先将标准油墨(5.3)注入注墨管，注意勿吸入空气。如果使用时，标准油墨(5.3)注入注墨管后，发现标准油墨自行涌出，说明注墨管内混入空气。应清除管内全部标准油墨，然后重新注入。

用软毛刷沾石油醚或溶剂汽油，擦洗打墨机上的大小聚氨酯匀墨辊和印刷盘，用卫生纸或软布沾石油醚或溶剂汽油，擦洗打墨机上的金属滚筒。

沿打墨机滚筒的轴向，用注墨管将 1 mL 标准油墨均匀施加到前滚筒上。匀展标准油墨至少 10 min 后，将印刷盘置于油墨分布器的固定轴上与胶辊接触，上油墨时间应至少为 30 s。

7.2.5 试验

将上了油墨的印刷盘插入印刷仪器的轴上，直至位置合槽。

逆时针转动把手(6)，使印刷盘与试样接触。

扳动手柄(2)，完成一次印刷，从夹子中取下试样。

注：根据试样印刷表面强度的高低，选择加速印刷的最大速度，如摆驱动为 1.25 m/s，弹簧驱动 A、M、B 三速分别为 2.5 m/s、3.0 m/s 和 3.5 m/s。

8 拉毛的判定

8.1 标出试样印迹最初(静止的)接触面的中心，作为印刷的起始点(端部宽约 5 mm 深色印迹的中间位置)。

8.2 将印刷试样立即放在标准拉毛观测灯(5.6)下，通过观测孔观察平整的印刷表面。以纸面开始连续成片拉毛作为拉毛的开始点，并作出标记。然后用印速与印刷位置标尺查出该点的印刷速度，即为该试样的印刷表面强度。

对于纸板和涂布纸的起泡分层，只需将试样的印刷面向里弯曲观测。

注：当拉毛出现于距印刷始点 20 mm 以内时，因不能得到准确结果，应选用较低的最大速度或低粘度拉毛油印刷。当有的试样一开始就有轻微拉毛，但随着印速增加，拉毛情况不趋于明显严重时，应采用更大印刷速度或采用较高粘度拉毛油印刷，以便找到拉毛的明显起始点。

8.3 记录拉毛的类型。

9 后续试验步骤

9.1 每印完一条试样，用沾有石油醚或溶剂汽油的卫生纸或软布清洗印刷盘，并用清洁的卫生纸或软布擦干，备用。

注：在进行下一次试验之前，应使印刷盘的温度恢复到温湿处理时的温度。

9.2 在连续快速地完成10次印刷后，在打墨机上沿滚筒轴向，用注墨管均匀补加油墨0.16 mL，油墨均匀分布不少于45 s后，继续对印刷盘上墨。

10 结果的处理

正反两面各测定5条试样（单面印刷纸只测定印刷面），完成印刷后将印刷盘和打墨机擦洗干净。

分别计算试样正反面测试结果的平均值，结果修约至0.01 m/s。

11 试验报告

试验报告应包括以下内容：

a) 本标准的编号；

b) 试验中观察到的任何异常现象；

c) 试验结果；

d) 试验的温湿度条件；

e) 所用的油墨；

f) 观察到的拉毛情况的叙述，包括在许多试样上出现的个别起毛点；

g) 偏离本标准的任何试验条件；

h) 本标准或规范性引用文件中未规定的并可能影响结果的任何操作。

附 录 A
(规范性附录)
IGT印刷试验仪(电动式)简图

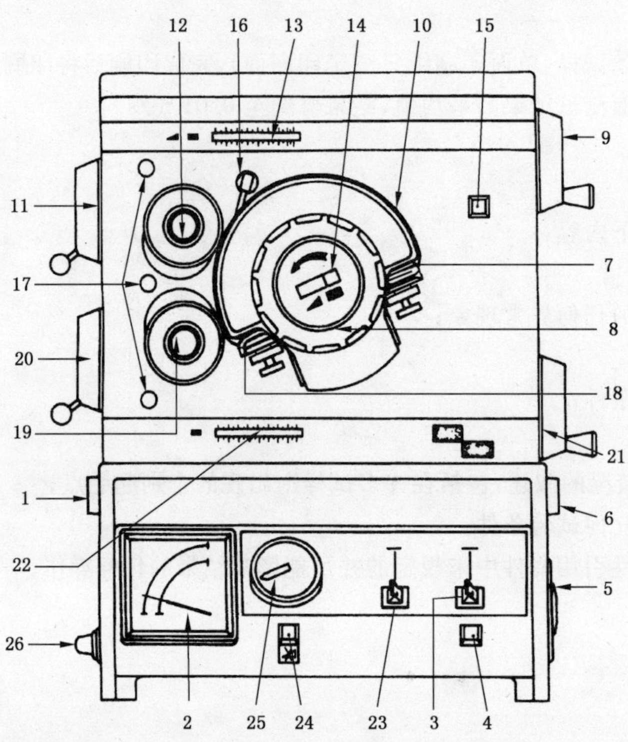

1——扇形轮启动按钮,只有在(6)已按下,(15)燃亮时,按下此按钮才起作用;
2——速度指示器;
3——总开关和速度选择器开关,
4——指示灯,只有开关(3)在L或H的位置时才亮;
5——具有放松按钮的速度控制装置;
6——马达启动按钮,当指示灯燃亮后,按下此按钮可以接通发动机的电源;
7——与(18)相同,衬垫夹和试样夹与纸的夹子;
8——扇形轮或压印滚筒;
9——上部印刷盘的印刷压力控制器;
10——衬垫;
11——上部印刷盘升降器,可使印刷盘脱离扇形轮而提起,另外可调节上部印刷盘的轴与扇形轮之间的距离;
12——上部印刷盘的轴;
13——上部印刷盘印刷压力的刻度尺;
14——用于指示速度的选择器指针;
15——指示灯,只有当扇形轮位于其启动位置时才亮;
16——刷子(可拆卸的);
17——附加装置的连接孔;
18——见(7);
19——同(12),只用于下部印刷盘,在纸张拉毛试验中不使用;
20——同(11),只用于下部印刷盘,在纸张拉毛试验中不使用;
21——同(9),只用于下部印刷盘,在纸张拉毛试验中不使用;
22——同(13),只用于下部印刷盘,在纸张拉毛试验中不使用;
23——速度选择开关,加速印刷时,开关指在“低”位置上的最大速度为4 m/s,指在“高”位置上的最大速度为7 m/s;
24——指示灯,表示仪器处于间歇印刷位置(在拉毛试验中不使用);
25——用于间歇印刷的定时器(在拉毛试验中不使用);
26——熔断器。

图 A.1 IGT印刷试验仪(电动式)简图

附 录 B
（规范性附录）
IGT 印刷试验仪（摆式）简图

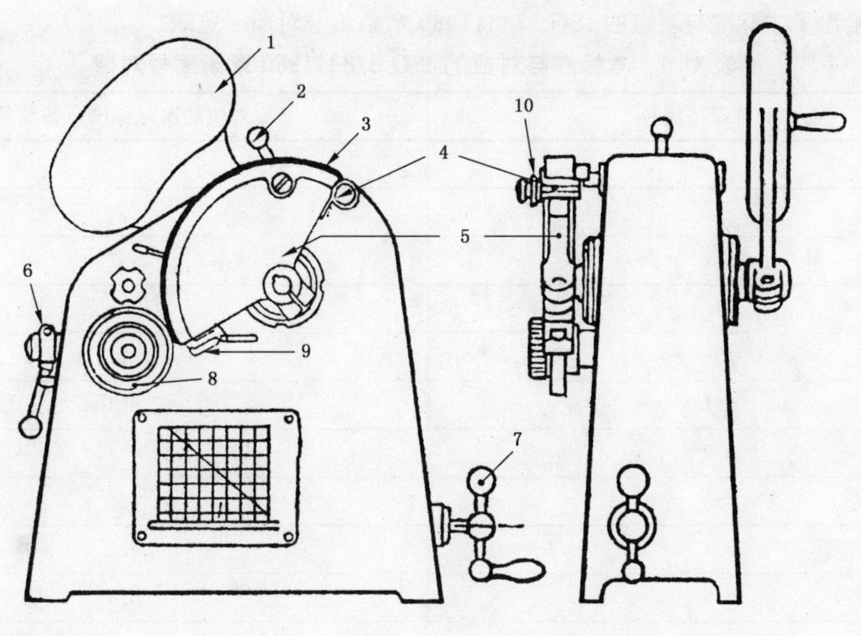

1——摆；
2——手柄；
3——衬垫；
4——张紧轴；
5——扇形轮；
6——移动印刷盘的把手；
7——调节印刷压力的把手；
8——印刷盘；
9——衬垫夹和试样夹；
10——锁紧螺母。

图 B.1　IGT 印刷试验仪（摆式）简图

附　录　C
（资料性附录）
本标准与对应的 ISO 3783:1980 章条编号对照

表 C.1 给出了本标准与对应的 ISO 3783:1980 章条编号对照一览表。

表 C.1　本标准与对应的 ISO 3783:1980 章条编号对照

本标准章条编号	对应的国际标准章条编号
1	1
2	3
3	4
4	5
5	6
5.1	6.1
5.2	—
5.3	6.2
5.4	6.3
5.5	6.4
5.6～5.7	—
6.1	7
6.2	8
6.3	9
7	11
7.1.1	10
7.1.1.1～7.1.1.2	10.1～10.2
7.1.2～7.1.5	11.1～11.4
7.2	—
8	12
9	13
10	—
11	14

附　录　D
（资料性附录）
本标准与 ISO 3783:1980 技术性差异及其原因

表 D.1 给出了本标准与 ISO 3783:1980 技术性差异及其原因一览表。

表 D.1　本标准与 ISO 3783:1980 技术性差异及其原因

本标准的章条编号	技术性差异	原　因
1	增加了适用于各种纸和纸板模拟印刷的试验	按 GB/T 1.1 的规定编写
2	引用了采用国际标准的我国标准，而非国际标准	以适合我国国情
3	修改了拉毛的定义，并增加了印刷表面强度的定义	按 GB/T 4687 统一了定义
5.2	增加了印刷适性仪（摆式）的要求	标准合并的需要
6.3	修改了措辞	简单易懂
7.1.1、7.2.1	将仪器的准备并入试验步骤	标准的一致性
7.2	增加了方法 B	标准合并的需要
10	增加了结果的处理	标准编写规定

ICS 55.040
A 82

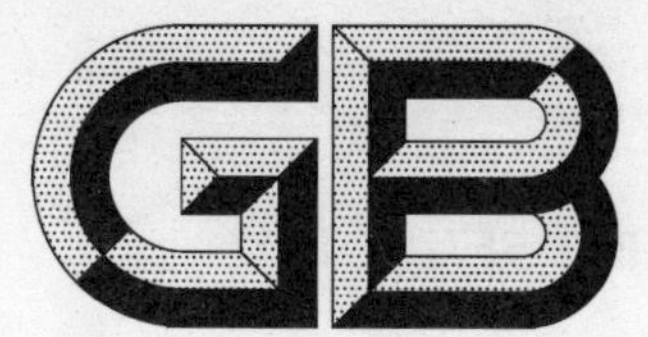

中华人民共和国国家标准

GB/T 35773—2017

包装材料及制品气味的评价

Assessment for odor of packaging materials and products

2017-12-29 发布　　　　2018-04-01 实施

中华人民共和国国家质量监督检验检疫总局
中国国家标准化管理委员会　发布

前　言

本标准按照 GB/T 1.1—2009 给出的规则起草。

本标准由全国质量监管重点产品检验方法标准化技术委员会(SAC/TC 374)提出并归口。

本标准起草单位:广东省东莞市质量监督检测中心、中检华纳(北京)质量技术中心有限公司、中国标准化研究院、中检联盟(北京)质检技术研究院有限公司、深圳市裕同包装科技股份有限公司、深圳劲嘉集团股份有限公司、山东丽鹏股份有限公司、大连市产品质量检验研究院、四川省宜宾普拉斯包装材料有限公司、维达纸业(中国)有限公司、青岛利康包装有限公司、广东华业包装材料有限公司、广东新宏泽包装股份有限公司、广东理文造纸有限公司、江苏省产品质量监督检验研究院、沈阳防锈包装材料有限责任公司、农夫山泉股份有限公司、浙江美浓世纪集团有限公司、云南侨通包装印刷有限公司、深圳市三上高分子环保新材料股份有限公司、深圳九星印刷包装集团有限公司、东莞玖龙纸业有限公司、广东昱升个人护理用品股份有限公司、珠海红塔仁恒包装股份有限公司、东莞智源彩印有限公司、上海烟草包装印刷有限公司、东莞职业技术学院、东莞铭丰包装股份有限公司、上海紫江彩印包装有限公司、东莞徐记食品有限公司、谱尼测试集团股份有限公司、昆明伟建科创印务有限公司、云南创新新材料股份有限公司、中顺洁柔纸业股份有限公司、鹤山市德柏纸袋包装品有限公司、荣华(清远)柯式印刷有限公司、东莞建晖纸业有限公司、廊坊军兴溢美包装制品有限公司、东莞市常兴纸业有限公司。

本标准主要起草人:义志忠、谷历文、李文武、陈润权、吴净土、牛金辉、李玉春、阳培翔、张本杰、姜浩、尹福寿、周刚、邢路坤、梁国锋、李新河、陈友标、林镇喜、刘凯、高巍、王凤玲、刘宏、徐胜、陆俊、文杰、纪小宾、覃玲、刘祥星、苏艺强、马洪生、李朝刚、吴刚、李小东、邓英、徐耀军、马浩、宋薇、朱学金、陈涛、张洪、李文良、谢文江、吕晓娣、杨海涛、苏伟雄。

包装材料及制品气味的评价

1 范围

本标准规定了包装材料及制品气味的评价的评测组、仪器和设施、样品制备、评价、结果计算和试验报告。

本标准适用于纸和纸板、塑料、金属、木材、复合材料等包装材料及制品的气味感官分析及评价。

2 规范性引用文件

下列文件对于本文件的应用是必不可少的。凡是注日期的引用文件,仅注日期的版本适用于本文件。凡是不注日期的引用文件,其最新版本(包括所有的修改单)适用于本文件。

GB/T 10221—2012 感官分析 术语

GB/T 13868 感官分析 建立感官分析实验室的一般导则

GB/T 16291.1 感官分析 选拔、培训与管理评价员一般导则 第1部分:优选评价员

CY/T 127 用于纸质印刷品的印刷材料挥发性有机化合物检测试样的制备方法

3 术语和定义

GB/T 10221—2012 界定的以及下列术语和定义适用于本文件。为了便于使用,以下重复列出了 GB/T 10221—2012 中的某些术语和定义。

3.1

包装材料 packaging materials

用于制造包装容器和构成产品包装的材料(如:纸和纸板、塑料、金属、木材、复合材料等)的总称。

3.2

气味 odor

嗅觉器官嗅某些挥发性物质所感受到的感官特性。

注:改写 GB/T 10221—2012,定义 4.18。

3.3

评价员 assessor

挑选出的具有较高感官分析能力的人员。

4 评测组

评测组由一名评测组长和四至八名评价员组成,评价员应符合 GB/T 16291.1 的要求。评测组成员宜在从事评测工作前接受相关培训。

5 仪器和设施

5.1 仪器

5.1.1 样品容器:宜采用上口磨平的金属罐或广口玻璃瓶作为样品容器。容器应清洁干燥、无气味,容

积为 1 L。应使用铝箔或玻璃纸等作为气密材料。

5.1.2 天平:分度值为 0.1 g。

5.1.3 直尺:分度值为 1 mm。

5.2 设施

检测室应符合 GB/T 13868 标准要求。

6 样品制备

6.1 样品储存

实验之前,将样品用无涂层的铝箔片包裹或放入一密闭的玻璃容器中,并置于低温环境(5 ℃±2 ℃)中保存不少于 8 h。

6.2 样品取样

6.2.1 取样应具有代表性,除去外层后,从样品中间部位取样。

6.2.2 对于多种材料组成的样品,按各种材料的表面积(或质量)所占比例进行取样。

6.2.3 对于含印刷或胶粘的样品,按照 CY/T 127,优先对油墨密度大或胶粘部位进行取样。

6.3 样品制备

6.3.1 对柔软的样品,将样品裁剪成规格为 1 cm×5 cm,样品总表面积与样品容器容积之比的推荐值为 600 cm^2/L。

6.3.2 对刚性样品,可在不改变其结构的情况下切成小块,样品质量与样品容器容积之比的推荐值为 25 g/L。

7 评价

7.1 根据评价员人数,准备待测样品,样品用三位数字随机编码。将待测样品放入样品容器中,密封样品容器并使其在 23 ℃±2 ℃的黑暗条件下,保持 20 h~24 h。

注:试验温度可由供需双方另行约定。

7.2 向每位评价员提供一个空白容器(作为气味强度为 0 的参照)和一份样品。评价员应摇动样品容器,打开样品容器,把头贴近样品容器(距离约 15 cm),立即吸入瓶内气体。吸入后,及时密闭容器。如果需要重复测试,应在样品容器被再次打开前关闭不少于 2 min。评价员应在评估表上记录感觉到的气味强度。

气味强度用整数表示,分为五个等级:

——0,没有可察觉的气味;

——1,气味刚可察觉;

——2,中度气味;

——3,中度强烈的气味;

——4,强烈气味。

评价员也可使用半数来描述。

必要时,实验室应配备气味浓度参比样系列,用于统一评价员对气味强度的评价尺度。参比样的制备过程应同被测样,而且所使用的参比材料不应影响其感官特性。

8 结果计算

计算所有气味强度的中位数。如果某个结果与中位数相差 1.5 或更多,则去掉该结果。如果存在两个或两个以上的结果与中位数相差 1.5 或更多,则应重新进行评价。

报告中位数值,精确至 0.5。

9 试验报告

试验报告应包括以下内容:

a) 检验日期;
b) 样品制备条件;
c) 试验温度;
d) 检验结果;
e) 评价中观察到的任何异常情况;
f) 本标准或规范性引用文件中未规定的并可能影响结果的任何操作。

ICS 65.160
X 85
备案号：48466—2015

中华人民共和国烟草行业标准

YC/T 207—2014
代替 YC/T 207—2006

烟用纸张中溶剂残留的测定 顶空-气相色谱/质谱联用法

Determination of solvent residuals on papers for cigarette—Headspace-gas chromatography/mass spectrometry

2014-12-24 发布　　2015-01-15 实施

国家烟草专卖局　发布

前　言

本标准按照 GB/T 1.1—2009 和 GB/T 20001.4—2001 给出的规则起草。

本标准代替 YC/T 207—2006《卷烟条与盒包装纸中挥发性有机化合物的测定　顶空-气相色谱法》。本标准与 YC/T 207—2006 相比，主要技术变化如下：

——标准名称调整为“烟用纸张中溶剂残留的测定　顶空-气相色谱/质谱联用法”；

——调整了适用范围，增加了烟用接装纸、烟用内衬纸等烟用纸张；

——修改了仪器检测方法和检测指标。

请注意本文件的某些内容可能涉及专利。本文件的发布机构不承担识别这些专利的责任。

本标准由国家烟草专卖局提出。

本标准由全国烟草标准化技术委员会烟用材料分技术委员会(SAC/TC 144/SC 8)归口。

本标准起草单位：上海烟草集团有限责任公司、郑州烟草研究院、中国烟草标准化研究中心、国家烟草质量监督检验中心、广东中烟工业有限责任公司、云南烟草科学研究院、红云红河烟草(集团)有限责任公司、福建中烟工业有限责任公司、湖南中烟工业有限责任公司、红塔烟草(集团)有限责任公司、河南中烟工业有限责任公司、江西中烟工业有限责任公司、云南中烟工业有限责任公司。

本标准主要起草人：林华清、孙文粱、李中皓、蔡君兰、韩云辉、唐纲岭、王嘉乐、赵乐、孔浩辉、吴达、范多青、李桂珍、张承明、余静、赵冰、许淑红、黄惠贞、蒋锦锋、陈翠玲、李绍晔、陆舍铭、王璐、刘惠芳、徐艳群、蒋次清、王庆华、柳维、梁晖、陈星洁、沈光林、吴名剑、曹红云。

本标准所代替标准的历次版本发布情况为：

——YC/T 207—2006。

烟用纸张中溶剂残留的测定 顶空-气相色谱/质谱联用法

1 范围

本标准规定了烟用纸张中溶剂残留(苯、甲苯、乙苯、二甲苯、苯乙烯、甲醇、乙醇、异丙醇、正丙醇、正丁醇、丙酮、4-甲基-2-戊酮、丁酮、环己酮、乙酸乙酯、乙酸正丙酯、乙酸正丁酯、乙酸异丙酯、2-乙氧基乙基乙酸酯、1-甲氧基-2-丙醇、1-乙氧基-2-丙醇、2-乙氧基乙醇、丁二酸二甲酯、戊二酸二甲酯、己二酸二甲酯)的顶空-气相色谱/质谱联用测定方法;其他溶剂残留可参考使用。

本标准适用于卷烟条包装纸、盒包装纸、烟用接装纸、烟用内衬纸;其他烟用纸张可参考使用。

2 原理

在密闭容器中和一定温度下,试样中的溶剂残留物在气相和基质(液相或固相)之间达到平衡时,将气相部分导入气相色谱/质谱仪进行分离鉴定,经基质校正后,测定试样中的溶剂残留量。

3 试剂和材料

警告——实验室内不应摆放相关挥发性有机化合物。实验人员应佩戴防护器具以保证安全。测试废液收集后统一处置。

除特殊要求外,应使用分析纯级或以上试剂。

3.1 三乙酸甘油酯。

3.2 溶剂残留物标样

3.2.1 典型溶剂残留物标样

3.2.1.1 苯。

3.2.1.2 甲苯。

3.2.1.3 乙苯。

3.2.1.4 (邻、间、对)二甲苯。

3.2.1.5 苯乙烯。

3.2.1.6 甲醇。

3.2.1.7 乙醇。

3.2.1.8 异丙醇。

3.2.1.9 正丙醇。

3.2.1.10 正丁醇。

3.2.1.11 丙酮。

3.2.1.12 4-甲基-2-戊酮。

3.2.1.13 丁酮。

3.2.1.14 环己酮。

3.2.1.15 乙酸乙酯。

3.2.1.16 乙酸正丙酯。

3.2.1.17　乙酸正丁酯。

3.2.1.18　乙酸异丙酯。

3.2.1.19　2-乙氧基乙基乙酸酯。

3.2.1.20　1-甲氧基-2-丙醇。

3.2.1.21　1-乙氧基-2-丙醇。

3.2.1.22　2-乙氧基乙醇。

3.2.1.23　丁二酸二甲酯。

3.2.1.24　戊二酸二甲酯。

3.2.1.25　己二酸二甲酯。

3.2.2　其他溶剂残留标样

由烟用纸张试样的定性分析结果来确定。

3.3　标准溶液

3.3.1　混合标准储备液

根据检测试样中溶剂残留的定性分析结果，分别称取对应的溶剂残留物标样(3.2)，溶解于三乙酸甘油酯(3.1)中制备混合标准储备溶液。

典型溶剂混合标准储备液推荐配制方法：在100 mL容量瓶中分别准确称取乙醇(3.2.1.7)、乙酸正丙酯(3.2.1.16)、1-甲氧基-2-丙醇(3.2.1.20)、1-乙氧基-2-丙醇(3.2.1.21)、丁二酸二甲酯(3.2.1.23)、戊二酸二甲酯(3.2.1.24)和己二酸二甲酯(3.2.1.25)各1 000 mg，苯(3.2.1.1)、甲苯(3.2.1.2)、乙苯(3.2.1.3)、邻-二甲苯(3.2.1.4)、间、对-二甲苯(3.2.1.4)、和苯乙烯(3.2.1.5)各15 mg，甲醇(3.2.1.6)、异丙醇(3.2.1.8)、正丙醇(3.2.1.9)、正丁醇(3.2.1.10)、丙酮(3.2.1.11)、4-甲基-2-戊酮(3.2.1.12)、丁酮(3.2.1.13)、环已酮(3.2.1.14)、乙酸乙酯(3.2.1.15)、乙酸正丁酯(3.2.1.17)、乙酸异丙酯(3.2.1.18)、2-乙氧基乙基乙酸酯(3.2.1.19)、2-乙氧基乙醇(3.2.1.22)各150 mg，分别精确至0.1 mg，以三乙酸甘油酯(3.1)定容，配制成混合标准储备液。所配制的混合标准储备液中乙醇(3.2.1.7)、乙酸正丙酯(3.2.1.16)、1-甲氧基-2-丙醇(3.2.1.20)、1-乙氧基-2-丙醇(3.2.1.21)、丁二酸二甲酯(3.2.1.23)、戊二酸二甲酯(3.2.1.24)和己二酸二甲酯(3.2.1.25)的浓度为10 mg/mL，苯(3.2.1.1)、甲苯(3.2.1.2)、乙苯(3.2.1.3)、邻-二甲苯(3.2.1.4)、间、对-二甲苯(3.2.1.4)和苯乙烯(3.2.1.5)的浓度为0.15 mg/mL，其他物质浓度为1.5 mg/mL。该混合标准储备液在－18 ℃条件下密封避光贮存，有效期6个月。

其他溶剂残留标样(3.2.2)根据实际情况配制标准储备液。

3.3.2　标准工作溶液

系列标准工作溶液应以三乙酸甘油酯(3.1)为溶剂，采用混合标准储备液稀释制备系列标准工作溶液，该系列标准工作溶液至少配制5级，根据样品实际含量配制合适浓度。取用时放置于常温下，达到常温后方可使用。

4　仪器及条件

4.1　静态顶空仪，仪器条件如下：

——顶空瓶：20 mL；

——样品环：3.0 mL；

——样品平衡温度：80 ℃；

——样品环温度：160 ℃；

——传输线温度：180 ℃；

——样品平衡时间：45.0 min；

——样品瓶加压压力：138 kPa；

——加压时间：0.20 min；

——充气时间：0.20 min；

——样品环平衡时间：0.05 min；

——进样时间：1.0 min。

4.2 气相色谱仪，仪器条件如下：

——VOC 专用毛细管柱(VOCOL 柱或等效柱)：规格为 60 m(长度)×0.32 mm(内径)×1.8 μm(膜厚)；

——载气：氦气(He)，恒流模式，流量 2.0 mL/min；

——进样口温度：180 ℃；

——分流比：20∶1；

——程序升温：40 ℃，保持 2 min，以 4 ℃/min 的速率升温至 200 ℃，保持 10 min。

4.3 质谱仪，仪器条件如下：

——辅助接口温度：220 ℃；

——电离方式：电子轰击源(EI)；

——离子源温度：230 ℃；

——电离能量：70 eV；

——四极杆温度：150 ℃；

——全扫描监测模式，扫描范围 29 amu～350 amu；

——选择离子监测模式，离子选择参数原则：在各个溶剂残留物的质谱离子碎片中，选择特异性和响应较高的离子作为定量离子；选择其他 1 个～2 个碎片离子作为辅助定性离子。典型溶剂残留物离子选择参数参见附录 A。

4.4 分析天平，感量为 0.1 mg。

4.5 活塞式移液枪，1 000 μL。

4.6 裁纸刀。

5 试样制备

5.1 一般要求

取实验室样品进行试样制备，平张的烟用纸张应从中间位置或从 4、5 层抽取样品来制备试样；卷筒和成盘的烟用纸张均应至少弃去表面 3 层后取样制备试样。每个样品制备两个平行试样。特殊规格的烟用纸张，应参照相应用途的烟用纸张取样面积制备试样。试样制备应快速准确，并确保样品不受污染。

5.2 硬盒包装纸

取一张硬盒包装纸样品，裁取面积为 22.0 cm×5.5 cm 的试样，试样应包含主包装面，将所裁试样印刷面朝里卷成筒状，立即放入顶空瓶中，加入 1 000 μL 三乙酸甘油酯(3.1)，密封后待测。

5.3 软盒包装纸

取一张软盒包装纸样品，裁取面积为 15.5 cm×10.0 cm 的试样，试样应包含主包装面，将所取试样印刷面朝里卷成筒状，立即放入顶空瓶中，加入 1 000 μL 三乙酸甘油酯(3.1)，密封后待测。

5.4 条包装纸

取一张条包装纸样品，在包装纸正面中央区域裁取面积为 22.0 cm×5.5 cm 的试样，将所裁试样印刷面朝里卷成筒状，立即放入顶空瓶中，加入 1 000 μL 三乙酸甘油酯(3.1)，密封后待测。

5.5 烟用接装纸

取一张接装纸样品，裁取面积为 20.0 cm×4.0 cm 的试样，试样应包含一个单边，将所裁试样印刷面朝里卷成筒状，立即放入顶空瓶中，加入 1 000 μL 三乙酸甘油酯(3.1)，密封后待测。

5.6 烟用内衬纸

取一张内衬纸样品，裁取面积为 17.0 cm×10.0 cm 的试样，将所裁试样印刷面朝里卷成筒状，立即放入顶空瓶中，加入 1 000 μL 三乙酸甘油酯(3.1)，密封后待测。

6 分析步骤

6.1 定性分析

6.1.1 典型溶剂残留的定性鉴定

以对应烟用纸张原纸(盒包装纸原纸、条包装纸原纸、烟用接装纸原纸、烟用内衬纸原纸，经 80 ℃烘烤 2 h 后待用)为样品基质，按 5.2～5.6 步骤分别制样，加入典型溶剂残留标样(3.2.1)，按仪器条件(4.1～4.3)进行顶空-气相色谱/质谱分析，确定典型溶剂残留标样的总离子流图、保留时间和定量离子峰。对照标样的保留时间和总离子流图，确定试样中的目标化合物。当试样和标样在相同保留时间处(±0.2 min)出现，并且对应质谱碎片离子的质荷比与标样一致，其丰度比与标样相比符合：相对丰度＞50％时，允许±10％偏差；相对丰度 20％～50％时，允许±15％偏差；相对丰度 10％～20％时，允许±20％偏差；相对丰度≤10％时，允许±50％偏差，此时可定性确证目标分析物。

典型溶剂残留标准工作溶液和试样的顶空-气相色谱/质谱图参见附录 B。

6.1.2 其他溶剂残留的定性鉴定

首先由试样质谱总离子流图中该色谱峰的离子碎片，调用质谱图谱库对照检索，得到溶剂残留的初步定性结果；根据该初步定性结果，取相对应的溶剂残留标样溶于三乙酸甘油酯(3.1)中，将该标样溶液加入烟用纸张/原纸试样中，按仪器条件(4.1～4.3)进行顶空-气相色谱/质谱分析，对照标样的保留时间和总离子流图，确定试样中的目标化合物。当试样和标样在相同保留时间处(±0.2 min)出现，并且对应质谱碎片离子的质荷比与标样一致，其丰度比与标样相比符合：相对丰度＞50％时，允许±10％偏差；相对丰度 20％～50％时，允许±15％偏差；相对丰度 10％～20％时，允许±20％偏差；相对丰度≤10％时，允许±50％偏差，此时可定性确证目标分析物。

6.2 定量分析

6.2.1 标准工作曲线绘制

以对应烟用纸张原纸为样品基质，按第 5 章要求制取检测试样，分别加入 1 000 μL 系列标准工作溶液(3.3.2)，按仪器条件(4.1～4.3)进行顶空-气相色谱/质谱分析，得到溶剂残留标样的总离子流图和定量离子峰。

根据溶剂残留标样的定量离子峰面积及其含量(单位面积纸张中所含化合物的质量数，mg/m^2)，建立标准工作曲线，工作曲线强制过原点，工作曲线线性相关系数 $R^2 \geqslant 0.995$。

每次试验均应制作标准工作曲线。20 次样品测试后应测定一个中等浓度的标准工作溶液，如果测定值与原值相差超过 5％，则应重新进行标准工作曲线的制作。

6.2.2 空白试验

以对应烟用纸张原纸为样品，按第5章要求制取空白试样，按仪器测试条件(4.1～4.3)进行顶空-气相色谱/质谱分析。

6.2.3 样品测定

按照仪器测试条件(4.1～4.3)测定样品。每个样品平行测定两次，每批样品做一组空白。

7 结果计算与表述

试样中溶剂残留的含量按式(1)进行计算：

$$c_i = \frac{A_i - A_0}{K_i} \qquad \cdots\cdots(1)$$

式中：

c_i ——试样中溶剂残留的含量，单位为毫克每平方米(mg/m^2)；

A_i——试样中溶剂残留的定量离子峰面积，单位为U(积分单位)；

A_0——空白样品中溶剂残留的定量离子峰面积，单位为U(积分单位)；

K_i——试样中溶剂残留的工作曲线斜率，单位为$U \cdot m^2/mg$。

以两次平行测定结果的算术平均值为最终测定结果，精确至0.01 mg/m^2。

当平均值大于等于1.00 mg/m^2 时，两次测定值之间相对平均偏差应小于10%；当平均值小于1.00 mg/m^2 时，两次测定值之间绝对偏差应小于0.10 mg/m^2。

8 重复性、回收率和检测限

本方法的重复性、回收率和检测限结果参见附录C。

9 试验报告

试验报告应说明：

——识别被测样品需要的所有信息；

——参照本标准所使用的试验方法；

——试验结果，包括两次平行测定结果及其平均值；

——与本标准规定分析步骤的差异；

——在试验中观察到的异常现象；

——试验日期；

——测试人员。

附 录 A
（资料性附录）
典型溶剂残留的定量离子示例

物质名称	保留时间 min	定量离子 m/z	辅助定性离子 m/z
甲醇	4.49	31	29
乙醇	5.63	31	45
异丙醇	6.58	45	43
丙酮	6.95	43	58
正丙醇	8.61	31	59
丁酮	10.63	43	72
乙酸乙酯	10.97	43	61
乙酸异丙酯	12.87	43	61
正丁醇	12.99	56	41
苯	13.50	78	77
1-甲氧基-2-丙醇	13.79	47	45
乙酸正丙酯	15.53	43	61
2-乙氧基乙醇	15.76	59	72
4-甲基-2-戊酮	17.06	43	58
1-乙氧基-2-丙醇	17.29	59	45
甲苯	18.66	91	92
乙酸正丁酯	20.40	43	56
乙苯	23.47	91	106
间,对-二甲苯	23.72	91	106
邻-二甲苯	25.20	91	106
苯乙烯	25.33	104	78
2-乙氧基乙基乙酸酯	25.51	43	59
环已酮	26.71	55	98
丁二酸二甲酯	32.04	115	114
戊二酸二甲酯	36.36	100	129
已二酸二甲酯	40.54	114	143

附 录 B
（资料性附录）
色谱图示例

B.1 典型溶剂残留标准工作溶液色谱图

典型溶剂残留标准工作溶液的顶空-气相色谱/质谱图见图B.1。

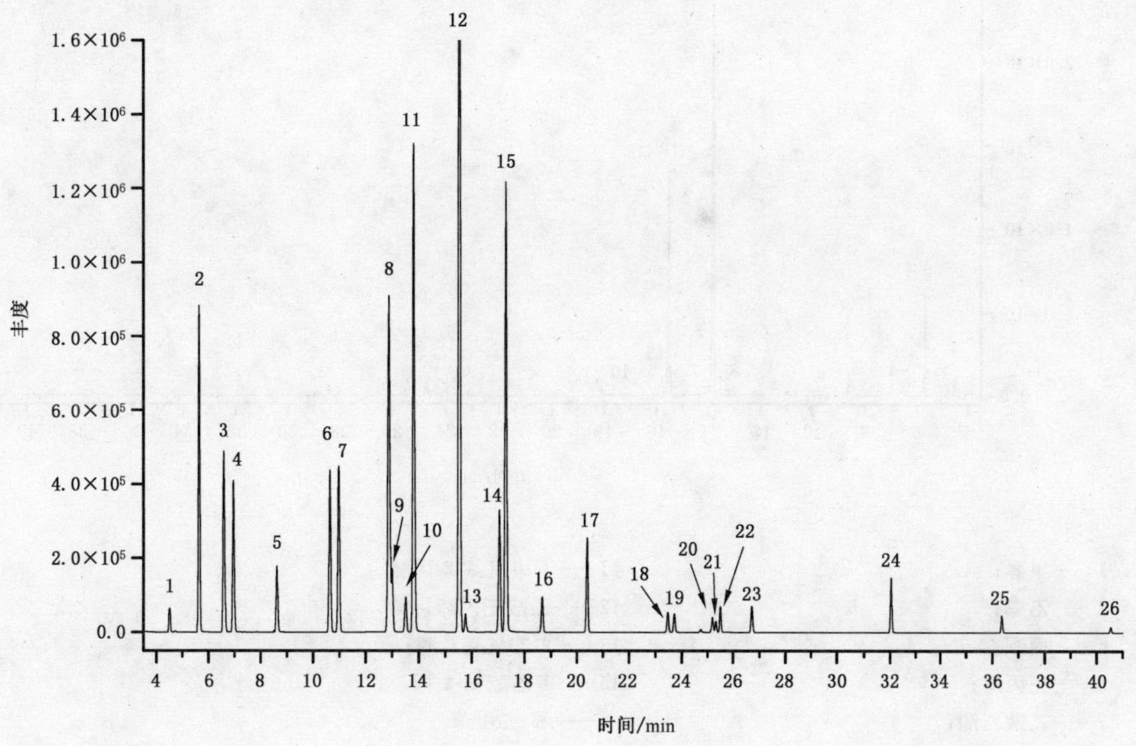

说明：

1 ——甲醇；	14——4-甲基-2-戊酮；
2 ——乙醇；	15——1-乙氧基-2-丙醇；
3 ——异丙醇；	16——甲苯；
4 ——丙酮；	17——乙酸正丁酯；
5 ——正丙醇；	18——乙苯；
6 ——丁酮；	19——间，对-二甲苯；
7 ——乙酸乙酯；	20——邻-二甲苯；
8 ——乙酸异丙酯；	21——苯乙烯；
9 ——正丁醇；	22——2-乙氧基乙基乙酸酯；
10——苯；	23——环己酮；
11——1-甲氧基-2-丙醇；	24——丁二酸二甲酯；
12——乙酸正丙酯；	25——戊二酸二甲酯；
13——2-乙氧基乙醇；	26——己二酸二甲酯。

图 B.1 典型溶剂残留标准工作溶液的顶空-气相色谱/质谱图

B.2 典型样品色谱图

典型样品的顶空-气相色谱/质谱图见图 B.2。

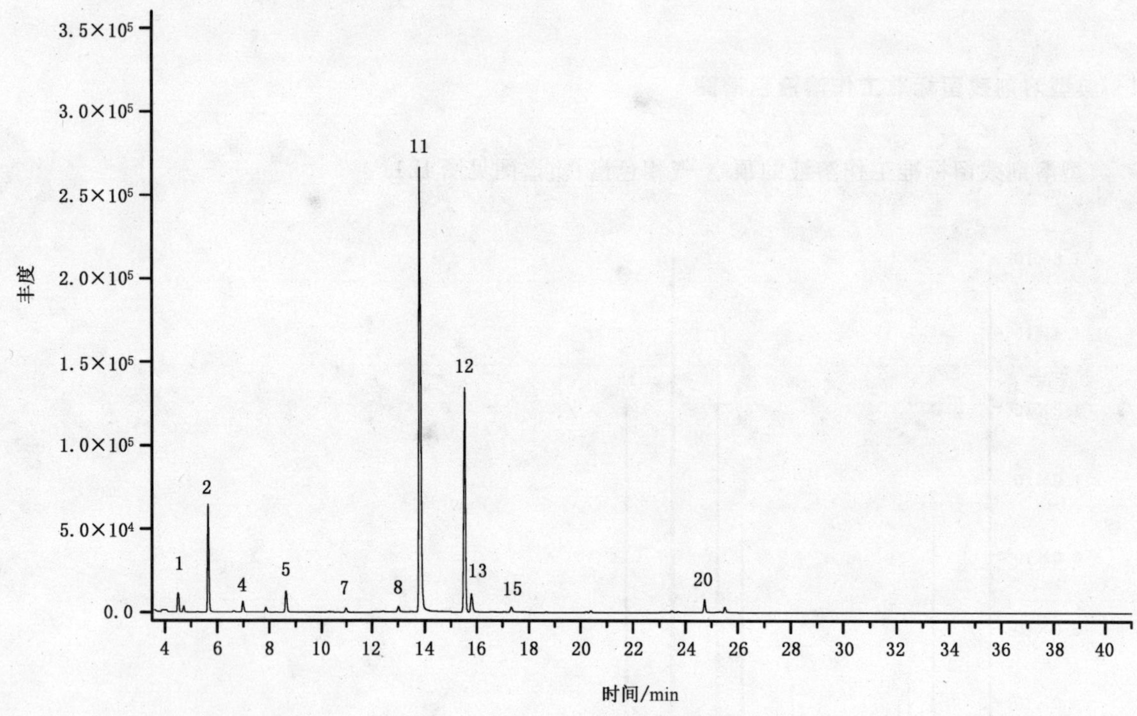

说明：

1——甲醇；

2——乙醇；

4——丙酮；

5——正丙醇；

7——乙酸乙酯；

8——乙酸异丙酯；

11——1-甲氧基-2-丙醇；

12——乙酸正丙酯；

13——2-乙氧基乙醇；

15——1-乙氧基-2-丙醇；

20——邻-二甲苯。

图 B.2 典型样品的顶空-气相色谱/质谱图

附 录 C
（资料性附录）
方法的重复性、回收率和检测限结果

C.1 硬盒及条包装纸

硬盒及条包装纸样品的重复性、回收率和检测限结果见表C.1。

表C.1 硬盒及条包装纸的重复性、回收率和检测限结果

化合物名称	相对标准偏差(n=5) %	回收率 %	检出限 mg/m²	定量限 mg/m²
甲醇	2.31	84.8～93.7	0.078	0.258
乙醇	1.43	88.2～107.8	0.051	0.171
异丙醇	3.04	90.8～96.1	0.016	0.053
丙酮	2.66	93.4～97.4	0.021	0.070
正丙醇	3.43	89.5～109.8	0.019	0.062
丁酮	5.11	87.5～93.3	0.020	0.066
乙酸乙酯	2.69	91.5～95.4	0.012	0.039
乙酸异丙酯	3.41	89.3～91.7	0.014	0.047
正丁醇	3.00	88.9～94.4	0.012	0.039
苯	3.64	83.8～90.4	0.001	0.004
1-甲氧基-2-丙醇	4.16	85.9～99.9	0.160	0.534
乙酸正丙酯	1.00	89.2～95.8	0.038	0.127
2-乙氧基乙醇	5.68	80.2～117.0	0.206	0.620
4-甲基-2-戊酮	2.80	91.6～99.8	0.010	0.034
1-乙氧基-2-丙醇	2.52	91.5～101.4	0.075	0.251
甲苯	3.33	86.8～89.1	0.002	0.006
乙酸正丁酯	3.21	89.9～95.7	0.012	0.040
乙苯	3.15	91.6～95.6	0.001	0.004
间、对-二甲苯	3.11	87.8～92.1	0.001	0.004
邻-二甲苯	2.61	88.9～92.0	0.001	0.003
苯乙烯	3.93	88.2～106.1	0.002	0.007
2-乙氧基乙基乙酸酯	4.36	83.1～118.2	0.200	0.610
环己酮	2.30	94.5～107.0	0.016	0.052
丁二酸二甲酯	3.05	90.9～115.5	0.260	0.810
戊二酸二甲酯	3.22	83.3～116.6	0.270	0.860
己二酸二甲酯	3.68	82.8～119.2	0.310	0.920

C.2 软盒包装纸

软盒包装纸样品的重复性、回收率和检测限结果见表C.2。

表C.2 软盒包装纸的重复性、回收率和检测限结果

化合物名称	相对标准偏差($n=5$) %	回收率 %	检出限 mg/m²	定量限 mg/m²
甲醇	1.02	85.8～97.6	0.005	0.016
乙醇	0.93	87.1～95.3	0.031	0.102
异丙醇	1.52	92.8～97.2	0.004	0.014
丙酮	1.78	87.0～95.3	0.005	0.018
正丙醇	1.33	96.0～101.4	0.004	0.012
丁酮	1.47	85.5～94.2	0.004	0.013
乙酸乙酯	1.98	86.6～95.7	0.008	0.027
乙酸异丙酯	1.79	92.8～93.3	0.005	0.016
正丁醇	1.42	90.3～94.6	0.004	0.012
苯	4.56	86.1～94.3	0.001	0.004
1-甲氧基-2-丙醇	3.49	101.8～105.2	0.088	0.293
乙酸正丙酯	1.12	92.4～101.6	0.032	0.108
2-乙氧基乙醇	3.66	87.7～105.6	0.180	0.520
4-甲基-2-戊酮	0.92	93.5～96.9	0.003	0.008
1-乙氧基-2-丙醇	2.60	93.6～99.4	0.047	0.155
甲苯	2.17	91.3～92.7	0.001	0.002
乙酸正丁酯	0.84	90.2～95.6	0.002	0.007
乙苯	2.64	88.7～93.2	0.001	0.003
间、对-二甲苯	2.75	83.0～91.8	0.001	0.003
邻-二甲苯	4.62	87.9～95.4	0.001	0.004
苯乙烯	2.96	87.4～94.5	0.001	0.003
2-乙氧基乙基乙酸酯	3.51	86.9～108.9	0.150	0.470
环己酮	1.33	87.8～99.1	0.004	0.012
丁二酸二甲酯	3.68	90.6～108.6	0.190	0.620
戊二酸二甲酯	3.77	92.5～112.2	0.200	0.650
己二酸二甲酯	3.91	90.6～119.7	0.210	0.680

C.3 烟用接装纸

烟用接装纸样品的重复性、回收率和检测限结果见表C.3。

表 C.3　烟用接装纸的重复性、回收率和检测限结果

化合物名称	相对标准偏差(n=5) %	回收率 %	检出限 mg/m²	定量限 mg/m²
甲醇	1.07	86.3～90.9	0.006	0.019
乙醇	0.92	92.9～102.1	0.053	0.177
异丙醇	0.84	87.2～89.6	0.004	0.013
丙酮	1.66	91.5～94.8	0.008	0.027
正丙醇	1.10	86.2～92.4	0.005	0.016
丁酮	1.23	89.9～92.2	0.006	0.019
乙酸乙酯	1.61	89.7～93.2	0.007	0.024
乙酸异丙酯	1.19	88.7～89.3	0.005	0.018
正丁醇	1.09	87.1～90.4	0.005	0.016
苯	2.88	87.3～92.6	0.001	0.004
1-甲氧基-2-丙醇	5.31	88.9～91.2	0.198	0.659
乙酸正丙酯	1.22	89.2～97.8	0.062	0.205
2-乙氧基乙醇	2.55	87.2～111.7	0.220	0.720
4-甲基-2-戊酮	0.92	87.5～89.8	0.004	0.015
1-乙氧基-2-丙醇	1.96	89.4～93.8	0.064	0.212
甲苯	1.67	88.6～91.4	0.001	0.003
乙酸正丁酯	1.32	90.8～97.4	0.006	0.020
乙苯	2.09	87.4～89.3	0.001	0.003
间、对-二甲苯	1.73	86.1～93.3	0.001	0.003
邻-二甲苯	3.01	85.0～88.3	0.001	0.005
苯乙烯	1.80	88.0～95.1	0.001	0.003
2-乙氧基乙基乙酸酯	3.08	83.6～115.6	0.200	0.660
环己酮	2.29	87.5～89.1	0.011	0.037
丁二酸二甲酯	3.32	84.3～115.6	0.257	0.850
戊二酸二甲酯	4.57	81.4～116.8	0.260	0.860
己二酸二甲酯	4.91	97.3～119.8	0.267	0.880

C.4　烟用内衬纸

烟用内衬纸样品的重复性、回收率和检测限结果见表 C.4。

表 C.4 烟用内衬纸的重复性、回收率和检测限结果

化合物名称	相对标准偏差(*n*=5) %	回收率 %	检出限 mg/m²	定量限 mg/m²
甲醇	4.68	82.5～93.8	0.018	0.058
乙醇	3.15	102.0～114.4	0.093	0.308
异丙醇	1.97	106.4～110.2	0.008	0.027
丙酮	2.18	91.6～99.1	0.027	0.089
正丙醇	3.24	86.1～99.1	0.007	0.025
丁酮	1.64	95.6～103.5	0.004	0.012
乙酸乙酯	1.31	99.8～105.6	0.003	0.009
乙酸异丙酯	2.47	89.7～100.2	0.005	0.016
正丁醇	1.87	85.6～103.2	0.004	0.012
苯	5.40	93.6～101.1	0.001	0.003
1-甲氧基-2-丙醇	2.98	99.1～102.7	0.045	0.149
乙酸正丙酯	1.88	103.4～111.9	0.043	0.144
2-乙氧基乙醇	3.85	82.6～104.0	0.145	0.480
4-甲基-2-戊酮	1.50	88.4～101.2	0.003	0.011
1-乙氧基-2-丙醇	2.13	89.0～106.6	0.028	0.093
甲苯	4.74	98.4～105.6	0.001	0.003
乙酸正丁酯	1.92	86.1～102.6	0.004	0.012
乙苯	4.20	100.4～111.0	0.001	0.003
间、对-二甲苯	4.40	82.9～93.0	0.001	0.003
邻-二甲苯	5.96	90.0～98.5	0.001	0.004
苯乙烯	5.17	98.6～107.4	0.001	0.003
2-乙氧基乙基乙酸酯	5.06	80.3～90.3	0.140	0.460
环己酮	2.15	100.3～107.8	0.005	0.018
丁二酸二甲酯	3.12	80.1～93.1	0.200	0.660
戊二酸二甲酯	3.68	82.4～95.0	0.188	0.620
己二酸二甲酯	3.98	82.2～105.9	0.182	0.600

ICS 65.160
X 85
备案号：24036—2008

中华人民共和国烟草行业标准

YC/T 268—2008

烟用接装纸和接装原纸中砷、铅的测定 石墨炉原子吸收光谱法

Determination of arsenic and lead in tipping paper and tipping base paper for cigarette—Graphite furnace atomic absorption spectrometry

2008-05-27 发布　　　　2008-07-01 实施

国家烟草专卖局　发布

前　言

本标准由国家烟草专卖局提出。

本标准由全国烟草标准化技术委员会(TC 144)归口。

本标准起草单位:国家烟草质量监督检验中心、上海烟草(集团)公司、浙江中烟工业有限责任公司。

本标准主要起草人:胡清源、朱风鹏、侯宏卫、唐纲岭、姚伟、陆怡峰、史佳沁、陆明华、朱书秀。

烟用接装纸和接装原纸中砷、铅的测定 石墨炉原子吸收光谱法

1 范围

本标准规定了烟用接装纸和接装原纸中砷、铅的测定方法(石墨炉原子吸收光谱法)。

本标准适用于烟用接装纸和接装原纸中砷、铅的测定。

2 规范性引用文件

下列文件中的条款通过本标准的引用而成为本标准的条款。凡是注日期的引用文件,其随后所有的修改单(不包括勘误的内容)或修订版均不适用于本标准,然而,鼓励根据本标准达成协议的各方研究是否可使用这些文件的最新版本。凡是不注日期的引用文件,其最新版本适用于本标准。

YC 170 烟用接装纸原纸

YC 171 烟用接装纸

3 原理

试样经微波消解后,注入石墨炉原子化器中,经干燥、灰化、原子化后,待测元素砷和铅分别吸收193.7 nm和283.3 nm共振线。在一定浓度范围,其吸收值与待测元素砷和铅的含量成正比,与标准系列比较定量。

4 试剂与材料

除非另有说明,均应使用优级纯级试剂。

4.1 水,超纯水或同等纯度的二次蒸馏水。

4.2 硝酸

4.2.1 硝酸:65%。

4.2.2 硝酸:1%。

4.3 过氧化氢:30%。

4.4 盐酸:37%。

4.5 氢氟酸:40%。

4.6 基体改进剂

4.6.1 硝酸钯溶液,1 g/L。称取1.0 g硝酸钯,加入约100 mL 1%硝酸(4.2.2),溶解后定量移入1 000 mL容量瓶(5.1)中,用1%硝酸(4.2.2)定容。

4.6.2 磷酸二氢铵溶液,10 g/L。称取10.0 g磷酸二氢铵,加入约100 mL 1%硝酸(4.2.2),溶解后定量移入1 000 mL容量瓶(5.1)中,用1%硝酸(4.2.2)定容。

4.6.3 硝酸镁溶液,1 g/L。称取1.0 g硝酸镁,加入约100 mL 1%硝酸(4.2.2),溶解后定量移入1 000 mL容量瓶(5.1)中,用1%硝酸(4.2.2)定容。

4.7 标准溶液

4.7.1 砷标准储备液,浓度4.0 mg/L。

4.7.2 铅标准储备液,浓度5.0 mg/L。

4.7.3 砷标准工作溶液:准确移取不同体积的砷标准储备液(4.7.1)至不同的50 mL容量瓶(5.1)中,

用1%硝酸(4.2.2)稀释定容,得到不同浓度的砷标准工作溶液,其浓度范围应覆盖预计在试样中检测到的砷含量。

4.7.4 铅标准工作溶液:准确移取不同体积的铅标准储备液(4.7.2)至不同的 50 mL 容量瓶(5.1)中,用1%硝酸(4.2.2)稀释定容,得到不同浓度的铅标准工作溶液,其浓度范围应覆盖预计在试样中检测到的铅含量。

5 仪器

常用实验仪器及下述各项:

5.1 塑料容量瓶:50 mL,1 000 mL。

5.2 分析天平,感量 0.000 1 g。

5.3 密闭微波消解仪(配微波消解罐)。

5.4 控温电加热器。

5.5 石墨炉原子吸收光谱仪,配砷无极放电灯和铅空心阴极灯。

6 分析步骤

6.1 取样

烟用接装纸原纸试样按 YC 170 规定的方法取样。

烟用接装纸试样按 YC 171 规定的方法取样。

6.2 消解

6.2.1 在 0.2 g~1.0 g 范围内,称取试样,精确至 0.000 1 g,置于微波消解罐中。

6.2.2 向微波消解罐中依次加入 5 mL 硝酸(4.2.1),1 mL 过氧化氢(4.3),1 mL 盐酸(4.4)和 1 mL 氢氟酸(4.5),密封后装入微波消解仪(5.3),按下面微波消解程序进行消解。

$$\text{室温}\xrightarrow{5\ \text{min}}100℃(5\ \text{min})\xrightarrow{5\ \text{min}}130℃(5\ \text{min})\xrightarrow{5\ \text{min}}160℃(5\ \text{min})\xrightarrow{5\ \text{min}}190℃(25\ \text{min})$$

6.2.3 消解完毕,待微波消解仪炉温降至 40℃以下后取出消解罐,置于控温电加热器(5.4)中,在130℃条件下,加热赶酸至约 0.5 mL。

6.2.4 赶酸完毕,冷却至室温后,将试样溶液转移至 50 mL 容量瓶(5.1)中,用1%硝酸(4.2.2)冲洗消解罐 3 次~4 次,清洗液同样转移至 50 mL 容量瓶(5.1)中,然后用1%硝酸(4.2.2)定容,摇匀后待测。

6.2.5 每次检测,按 6.2.2,6.2.3 和 6.2.4 进行试剂空白实验。

6.3 测定

6.3.1 仪器条件

运行石墨炉原子吸收光谱仪(5.5),表 1 所示仪器操作条件可供参考,采用其他条件应验证其适用性。

6.3.2 标准曲线的制作

6.3.2.1 砷标准曲线的制作

吸取标准空白液和配制好的不同浓度的砷标准工作溶液(4.7.3)各 20 μL,硝酸钯溶液(4.6.1) 5 μL和硝酸镁(4.6.3)3 μL 注入石墨炉,测得其吸光度值,并求得吸光度峰面积与砷浓度关系的一元线性回归方程,相关系数不应小于 0.99。

6.3.2.2 铅标准曲线的制作

吸取标准空白液和配制好的不同浓度的铅标准工作溶液(4.7.4)各 20 μL,磷酸二氢铵溶液(4.6.2)5 μL 和硝酸镁(4.6.3)3 μL 注入石墨炉,测得其吸光度值,并求得吸光度峰面积与铅浓度关系的一元线性回归方程,相关系数不应小于 0.99。

表 1 石墨炉原子吸收光谱仪 砷、铅测定操作条件

元素名称	As			Pb		
波长/nm	193.7			283.3		
光谱通带/nm	0.7			0.7		
灯电流/mA	360			10		
测定方式	吸收峰面积—背景吸收					
阶段	温度/℃	斜坡/s	保持/s	温度/℃	斜坡/s	保持/s
干燥	110	5	30	110	5	30
干燥	130	15	30	130	15	30
灰化	1 320	10	20	850	10	20
原子化	2 250	0	5	1 600	0	5
净化	2 450	1	3	2 450	1	3
氩气流量/(mL/min)	250					
原子化方式	停气原子化					
注入体积/μL	20					
基体改进剂	硝酸钯溶液(4.6.1)5 μL 和硝酸镁(4.6.3)3 μL			磷酸二氢铵溶液(4.6.2)5 μL 和硝酸镁(4.6.3)3 μL		

6.3.3 试样的测定

6.3.3.1 试样中砷含量的测定

吸取试剂空白液和消解定容后的试样液各 20 μL,硝酸钯溶液(4.6.1)5 μL 和硝酸镁(4.6.3)3 μL 注入石墨炉,测得砷的吸光度值,代入 6.3.2.1 制作的一元线性回归方程,求得试剂空白液和试样液中的砷含量。

6.3.3.2 试样中铅含量的测定

吸取试剂空白液和消解定容后的试样液各 20 μL,磷酸二氢铵溶液(4.6.2)5 μL 和硝酸镁(4.6.3) 3 μL注入石墨炉,测得铅的吸光度值,代入 6.3.2.2 制作的一元线性回归方程,求得试剂空白液和试样液中的铅含量。

7 结果的计算与表述

7.1 计算

试样中的砷、铅含量,按式(1)进行计算:

$$X=\frac{(c-c_0)\times V}{1\ 000\times m} \qquad \cdots\cdots(1)$$

式中:

X——试样中砷、铅的含量,单位为毫克每千克(mg/kg);

c——测定样液中砷、铅的浓度,单位为微克每升(μg/L);

c_0——试剂空白中砷、铅的浓度,单位为微克每升(μg/L);

V——试样消化液的总体积,单位为毫升(mL);

m——试样质量,单位为克(g)。

7.2 结果的表述

以两次平行测定的平均值表示,精确至 0.1 mg/kg。

8 精密度

烟用接装纸、接装原纸中铅、砷含量大于等于1.0 mg/kg时，平行测量结果其相对标准偏差应小于15%。

烟用接装纸、接装原纸中铅、砷含量小于1.0 mg/kg时，平行测量结果极差应小于0.3 mg/kg。

9 回收率和检出限

本方法的回收率和检出限结果见表2。

表2 方法的回收率和检出限结果

元素	回收率/%	检出限/(μg/L)
砷	101.5	0.37
铅	97.5	0.17

10 测试报告

测试报告应说明使用的方法和得到的结果，还应包括本标准未规定的或选择性的条件，以及可能影响结果的其他条件。测试报告应包括试样的唯一性资料。

ICS 65.160
X 85
备案号：25476—2009

中华人民共和国烟草行业标准

YC/T 274—2008

卷烟纸中钾、钠、钙、镁的测定 火焰原子吸收光谱法

Determination of potassium, sodium, calcium, magnesium in cigarette paper—Flame atomic absorption spectrometry

2008-12-23 发布　　2009-01-01 实施

国家烟草专卖局　发布

前　言

本标准由国家烟草专卖局提出。

本标准由全国烟草标准化技术委员会(TC 144)归口。

本标准起草单位:湖北中烟工业有限责任公司。

本标准主要起草人:叶明樵、程占刚、郑琴、胡素霞、闫爱华、吴凯、王惠、李会荣。

卷烟纸中钾、钠、钙、镁的测定 火焰原子吸收光谱法

1 范围

本标准规定了卷烟纸中钾、钠、钙、镁的检测方法——火焰原子吸收光谱法。

本标准适用于卷烟纸中钾、钠、钙、镁的测定。

本标准钾元素检出限 0.009 mg/L,定量限 0.03 mg/L;钠元素检出限 0.003 mg/L,定量限0.01 mg/L;钙元素检出限 0.009 mg/L,定量限 0.03 mg/L;镁元素检出限 0.003 mg/L,定量限 0.01 mg/L。

2 规范性引用文件

下列文件中的条款通过本标准的引用而成为本标准的条款。凡是注日期的引用文件,其随后所有的修改单(不包括勘误的内容)或修订版均不适用于本标准,然而,鼓励根据本标准达成协议的各方研究是否可使用这些文件的最新版本。凡是不注日期的引用文件,其最新版本适用于本标准。

GB/T 462 纸、纸板和纸浆 分析试样水分的测定(GB/T 462—2008;ISO 287:1985,MOD;ISO 638:1978,MOD)

GB/T 6682 分析实验室用水规格和试验方法(GB/T 6682—2008,ISO 3696:1987,MOD)

3 原理

试样经酸消解后,注入火焰原子化器中,经原子化后,待测元素钾、钠、钙、镁分别吸收 766.5 nm、589.0 nm、422.7 nm、285.2 nm 共振线。在一定浓度范围内,其吸光度与待测元素钾、钠、钙、镁的含量成正比,与标准系列比较定量。

4 试剂与材料

除特殊要求外,应使用优级纯试剂,溶液浓度以质量分数表示。

4.1 水

应为一级水(GB/T 6682)。

4.2 硝酸

4.2.1 硝酸:65%。

4.2.2 硝酸:15%。准确移取 107 mL 65%的硝酸(4.2.1),加入 1 000 mL 容量瓶(5.2)中,然后加入 500 mL 水(4.1),震荡摇匀。

4.2.3 硝酸:0.5%。准确移取 5.5 mL 65%的硝酸(4.2.1),加入 1 000 mL 容量瓶(5.2)中,然后加入 1 000 mL 水(4.1),震荡摇匀。

4.3 高氯酸

高氯酸浓度为 71%。

4.4 基体改进剂

4.4.1 氯化铯,光谱纯。

4.4.2 氯化铯溶液:5 g/L。称取 5 g 氯化铯,精确至 0.000 1 g,加入 1 000 mL 容量瓶(5.2)中,用 0.5%的硝酸(4.2.3)定容至刻度。

4.5 标准溶液

4.5.1 钾标准溶液

4.5.1.1 钾标准储备液,1 000 mg/L。

4.5.1.2 钾标准使用液,10 mg/L。准确移取 1 000 mg/L 的钾标准储备液(4.5.1.1)1.0 mL,加入 100 mL 容量瓶(5.2)中,用 0.5%的硝酸(4.2.3)定容至刻度。贮存于 0 ℃～4 ℃条件下,可保存 4 周。

4.5.1.3 钾标准工作溶液:准确移取 10 mg/L 的钾标准使用液(4.5.1.2)0 mL、2.5 mL、5.0 mL、10.0 mL、20.0 mL,分别加入 100 mL 容量瓶(5.2)中,并分别加入 1.0 mL 5 g/L 的氯化铯溶液(4.4.2),用 0.5%的硝酸(4.2.3)定容至刻度,得到浓度分别为 0 mg/L、0.25 mg/L、0.50 mg/L、1.00 mg/L、2.00 mg/L 的钾标准工作溶液,即配即用。其浓度应覆盖预计在试样中检测到的钾含量。

4.5.2 钠标准溶液

4.5.2.1 钠标准储备液,1 000 mg/L。

4.5.2.2 钠标准使用液,10 mg/L。准确移取 1 000 mg/L 的钠标准储备液(4.5.2.1)1.0 mL,加入 100 mL 容量瓶(5.2)中,用 0.5%的硝酸(4.2.3)定容至刻度。贮存于 0 ℃～4 ℃条件下,可保存 4 周。

4.5.2.3 钠标准工作溶液:准确移取 10 mg/L 的钠标准使用液(4.5.2.2)0 mL、2.5 mL、5.0 mL、10.0 mL、20.0 mL,分别加入 100 mL 容量瓶中(5.2),并分别加入 1.0 mL 5 g/L 的氯化铯溶液(4.4.2),用 0.5%的硝酸(4.2.3)定容至刻度,得到浓度分别为 0 mg/L、0.25 mg/L、0.50 mg/L、1.00 mg/L、2.00 mg/L 的钠标准工作溶液,即配即用。其浓度应覆盖预计在试样中检测到的钠含量。

4.5.3 钙标准溶液

4.5.3.1 钙标准储备液,1 000 mg/L。

4.5.3.2 钙标准使用液,20 mg/L。准确移取 1 000 mg/L 的钙标准储备液(4.5.3.1)2.0 mL,加入 100 mL 容量瓶(5.2)中,用 0.5%的硝酸(4.2.3)定容至刻度。贮存于 0 ℃～4 ℃条件下,可保存 4 周。

4.5.3.3 钙标准工作溶液:准确移取 20 mg/L 的钙标准使用液(4.5.3.2)0 mL、2.5 mL、5.0 mL、10.0 mL、20.0 mL,分别加入 100 mL 容量瓶中(5.2),并分别加入 1.0 mL 5 g/L 的氯化铯溶液(4.4.2),用 0.5%的硝酸(4.2.3)定容至刻度,得到浓度分别为 0 mg/L、0.50 mg/L、1.00 mg/L、2.00 mg/L、4.00 mg/L 的钙标准工作溶液,即配即用。其浓度应覆盖预计在试样中检测到的钙含量。

4.5.4 镁标准溶液

4.5.4.1 镁标准储备液,1 000 mg/L。

4.5.4.2 镁标准使用液,5 mg/L。准确移取 1 000 mg/L 的镁标准储备液(4.5.4.1)0.5 mL,加入 100 mL 容量瓶(5.2)中,用 0.5%的硝酸(4.2.3)定容至刻度。贮存于 0 ℃～4 ℃条件下,可保存 4 周。

4.5.4.3 镁标准工作溶液:准确移取 5 mg/L 的镁标准使用液(4.5.4.2)0 mL、2.5 mL、5.0 mL、10.0 mL、20.0 mL,分别加入 100 mL 容量瓶中(5.2),并分别加入 1.0 mL 5 g/L 的氯化铯溶液(4.4.2),用 0.5%的硝酸(4.2.3)定容至刻度,得到浓度分别为 0 mg/L、0.125 mg/L、0.25 mg/L、0.50 mg/L、1.00 mg/L 的镁标准工作溶液,即配即用。其浓度应覆盖预计在试样中检测到的镁含量。

5 仪器及条件

常用实验仪器及下述各项。

5.1 移液管:1 mL,2 mL,5 mL,20 mL。

5.2 容量瓶:10 mL,50 mL,100 mL,1 000 mL。

5.3 分析天平,感量 0.000 1 g。

5.4 微波消解仪(配微波消解罐)。

5.5 火焰原子吸收光谱仪(配钾、钠、钙、镁空心阴极灯)。

5.6 平板调压控温电炉。

5.7 烘箱。

5.8 干燥器。

6 取样及试样制备

随机抽取盘面清洁的卷烟纸试样两盘，去掉盘纸最外三层，每种卷烟纸取样不少于 50 g。

按照 GB/T 462 测定卷烟纸的水分。

7 分析步骤

7.1 前处理

7.1.1 酸消解法

7.1.1.1 称取 0.10 g～0.12 g 试样，精确至 0.000 1 g，剪成碎片，置于 25 mL 烧杯中。加入 2.0 mL 65％的硝酸(4.2.1)，以及 0.25 mL 高氯酸(4.3)，盖上表面皿，静置不少于 2 h。

7.1.1.2 在调压控温电炉(5.6)上温度控制在 110 ℃左右消解，赶酸至近干。冷却后转移至 50 mL 容量瓶(5.2)中，用 0.5％的硝酸(4.2.3)定容至刻度。

7.1.1.3 准确移取步骤 7.1.1.2 中的试样消化液 5.0 mL 于 100 mL 容量瓶中，加入 1.0 mL 5 g/L 的氯化铯(4.4.2)溶液，用 0.5％的硝酸(4.2.3)定容至刻度，用于钾、钠、镁的测定；若待测试样溶液的浓度超出标准工作曲线的浓度范围，则稀释后重新测定。

7.1.1.4 准确移取 0.5 mL 步骤 7.1.1.2 中的试样消化液于 100 mL 容量瓶中，加入 1.0 mL 5 g/L 的氯化铯(4.4.2)溶液，用 0.5％的硝酸(4.2.3)定容至刻度，用于钙的测定。若待测试样溶液的浓度超出标准工作曲线的浓度范围，则稀释后重新测定。

7.1.1.5 每次检测，按照 7.1.1.1、7.1.1.2、7.1.1.3 进行钾、钠、镁的试剂空白试验；按照 7.1.1.1、7.1.1.2、7.1.1.4 进行钙的试剂空白试验。

7.1.2 微波消解法

7.1.2.1 称取 0.10 g～0.12 g 试样，精确至 0.000 1 g，剪成碎片，置于微波消解罐中。向微波消解罐中加入 10.0 mL 15％硝酸溶液(4.2.2)，密封后装入微波消解仪中。下列消解条件可供参考，采用其他消解程序应验证其适用性。

对于温度控制，按照下列微波消解程序消解。

室温 $\xrightarrow{5\ \text{min}}$ 130 ℃(5 min) $\xrightarrow{5\ \text{min}}$ 170 ℃(5 min) $\xrightarrow{15\ \text{min}}$ 210 ℃(15 min)

对于微波功率控制，按照下列微波消解程序消解。

最高压力 75×10^5 Pa，最高温度 300 ℃，微波功率 100 W(5 min)⟶800 W(15 min)。

7.1.2.2 消解完毕，待微波消解罐冷却至室温后，将试样溶液转移至 50 mL 容量瓶中，用 0.5％的硝酸(4.2.3)清洗消化罐和消化罐盖 3 次～4 次，清洗液同样转移至 50 mL 容量瓶中，然后用 0.5％的硝酸(4.2.3)定容。

7.1.2.3 准确移取 5.0 mL 步骤 7.1.2.2 中的试样消化液于 100 mL 容量瓶中，加入 1.0 mL 5 g/L 的氯化铯(4.4.2)溶液，用 0.5％的硝酸(4.2.3)定容至刻度，用于钾、钠、镁的测定。若待测试样溶液的浓度超出标准工作曲线的浓度范围，则稀释后重新测定。

7.1.2.4 准确移取 0.5 mL 步骤 7.1.2.2 中的试样消化液于 100 mL 容量瓶中，加入 1.0 mL 5 g/L 的氯化铯(4.4.2)溶液，用 0.5％的硝酸(4.2.3)定容至刻度，用于钙的测定。若待测试样溶液的浓度超出标准工作曲线的浓度范围，则稀释后重新测定。

7.1.2.5 每次检测，按照 7.1.1.1、7.1.1.2、7.1.1.3 进行钾、钠、镁的试剂空白试验；按照 7.1.1.1、7.1.1.2、7.1.1.4 进行钙的试剂空白试验。

7.2 仪器条件

按照仪器制造商操作手册设置并运行火焰原子吸收光谱仪(5.5)，表 1 所示仪器操作条件可供参考，采用其他条件应验证其适用性。

表 1 火焰原子吸收光谱仪操作条件

元素	波长/nm	光谱通带/nm	灯电流/mA	测定方式	积分方式	时间积分/s	空气流量/(L/min)	乙炔流量/(L/min)
钾	766.5	0.7	8	原子吸收	时间积分	2	17.0	2.2
钠	589.0	0.2	8	原子吸收	时间积分	2	17.0	2.2
钙	422.7	0.7	10	原子吸收	时间积分	2	17.0	2.2
镁	285.2	0.7	6	背景校正原子吸收	时间积分	2	17.0	2.2

7.3 标准曲线的制作

利用 7.2 中的测定条件测定所配制的标准系列(4.5.1.3、4.5.2.3、4.5.3.3、4.5.4.3),绘制钾、钠、镁、钙标准工作曲线,相关系数不应小于 0.999。

7.4 试样的测定

利用 7.2 中的测定条件,测定稀释后试样液和空白溶液 7.1.1.3,7.1.1.5 或 7.1.2.3,7.1.2.5,测定钾、钠、镁含量;测定稀释后试样液和空白溶液 7.1.1.4,7.1.1.5 或 7.1.2.4,7.1.2.5,测定钙含量。

8 结果计算与表述

8.1 结果计算

钾、钠、镁、钙元素的含量 X 以质量分数(%)表示,按式(1)进行计算:

$$X=\frac{(C-C_0)\times V\times n}{1\,000\times 1\,000\times m\times(1-w)}\times 100\% \quad\cdots\cdots(1)$$

式中:

X——试样中钾、钠、镁、钙的含量,%;

C——测试样液中钾、钠、镁、钙的浓度,单位为毫克每升(mg/L);

C_0——试样空白中钾、钠、镁、钙的浓度,单位为毫克每升(mg/L);

V——试样消化液的总体积,单位为毫升(mL);

n——试样消化液的稀释倍数;

m——试样质量,单位为克(g);

w——试样水分含量,%。

8.2 结果表述

以两次平行测定的平均值为最终测定结果,结果精确至 0.001%。

9 精密度

若测得的卷烟纸中钾、钠、镁、钙的含量大于或等于 0.100%,两次平行测定结果的相对平均偏差不应大于 5.0%;若测得的卷烟纸中钾、钠、镁、钙的含量小于 0.100%,两次平行测定结果的绝对偏差不应大于 0.010%。

10 回收率

对某一卷烟纸试样进行加标回收试验,将样品分成两份,一份加标,一份对照,用酸消解法和微波消解法消解,算出其回收率。结果见表 2。

表 2 加标回收率结果

元素	加标前/(mg/L)	加标后/(mg/L)		加标量/(mg/L)	回收率/%		平均回收率/%	
		酸消解	微波消解		酸消解	微波消解	酸消解	微波消解
钾	0.348	1.649	1.633	1.400	92.93	91.79	93.91	95.22
		0.832	0.849	0.500	96.80	100.20		
		0.624	0.629	0.300	92.00	93.67		
钠	0.247	1.908	1.967	1.600	103.81	107.50	98.19	100.92
		0.63	0.624	0.400	95.75	94.25		
		0.437	0.449	0.200	95.00	101.00		
钙	1.237	3.494	3.565	2.400	94.04	97.00	96.32	98.76
		2.636	2.746	1.400	99.93	107.79		
		1.617	1.603	0.400	95.00	91.50		
镁	0.067	0.742	0.749	0.700	96.43	97.43	95.06	95.75
		0.442	0.433	0.400	93.75	91.50		
		0.124	0.126	0.060	95.00	98.33		

11 试验报告

试验报告应说明：

——识别被测试样需要的所有信息；

——参照本标准所使用的试验方法；

——测定结果，包括各单次测定结果及其平均值；

——与本标准规定的分析步骤的差异；

——在试验中观察到的异常现象；

——试验日期；

——测定人员。

ICS 65.160
X 87
备案号:25477—2009

中华人民共和国烟草行业标准

YC/T 275—2008

卷烟纸中柠檬酸根离子、磷酸根离子和醋酸根离子的测定　离子色谱法

Determination of citrate, phosphate and acetate in cigarette paper—Ion chromatography method

2008-12-23 发布　　2009-01-01 实施

国家烟草专卖局　发布

前　言

本标准的附录A、附录B为资料性附录。

本标准由国家烟草专卖局提出。

本标准由全国烟草标准化技术委员会(TC 144)归口。

本标准起草单位:中国烟草总公司郑州烟草研究院、上海烟草(集团)公司、湖北中烟工业有限责任公司。

本标准主要起草人:王昇、赵晓东、沈佚、叶明樵、程占刚、赵乐、刘克建、赵阁、王冰、谢复炜。

卷烟纸中柠檬酸根离子、磷酸根离子和醋酸根离子的测定　离子色谱法

1　范围

本标准规定了卷烟纸中柠檬酸根离子、磷酸根离子和醋酸根离子的测定方法——离子色谱法。

本标准适用于卷烟纸中柠檬酸根离子、磷酸根离子和醋酸根离子的测定。

本标准柠檬酸根离子检出限为 0.032 mg/g，定量限为 0.105 mg/g；磷酸根离子检出限为 0.046 mg/g，定量限为 0.153 mg/g；醋酸根离子检出限为 0.025 mg/g，定量限为 0.084 mg/g。

2　规范性引用文件

下列文件中的条款通过本标准的引用而成为本标准的条款。凡是注日期的引用文件，其随后所有的修改单(不包括勘误的内容)或修订版均不适用于本标准，然而，鼓励根据本标准达成协议的各方研究是否可使用这些文件的最新版本。凡是不注日期的引用文件，其最新版本适用于本标准。

GB/T 462　纸、纸板和纸浆　分析试样水分的测定(GB/T 462—2008；ISO 287：1985，MOD；ISO 638：1978，MOD)

GB/T 6682　分析实验室用水规格和试验方法(GB/T 6682—2008，ISO 3696：1987，MOD)

GB/T 12655　卷烟纸

3　原理

用去离子水超声提取卷烟纸中的柠檬酸根离子、磷酸根离子和醋酸根离子，然后经离子过滤，通过离子色谱分离柠檬酸根离子、磷酸根离子和醋酸根离子，采用电导检测器检测。

4　试剂

除特别要求以外，均应使用分析纯级试剂。

4.1　去离子水，应符合 GB/T 6682 中的规定，$R>18\ M\Omega$。

4.2　二水合柠檬酸钠、十二水合磷酸钠和无水醋酸钠，纯度均应大于 97%。

4.3　氢氧化钠，纯度大于 99%。

4.4　标准储备液：在 100 mL 烧杯中分别称量二水合柠檬酸钠、十二水合磷酸钠和无水醋酸钠(4.2) 0.311 2 g、0.800 0 g 和 0.139 0 g，准确至 0.000 1 g，加入约 30 mL 去离子水(4.1)完全溶解后，全部转移至 100 mL 的容量瓶中。再用去离子水(4.1)洗涤烧杯，全部转移至 100 mL 的容量瓶中，定容至刻度，该标准储备液柠檬酸根、磷酸根和醋酸根的浓度分别为 2 000 μg/mL、2 000 μg/mL 和 1 000 μg/mL，置于 4 ℃冰箱中冷藏保存，可存放四周。

4.5　一级标准溶液：移取 10 mL 标准储备液(4.4)至 100 mL 容量瓶中，用去离子水(4.1)定容至刻度。该一级标准溶液应在使用前配制。

4.6　柠檬酸盐、磷酸盐和醋酸盐校准溶液：分别准确移取 1 mL、2 mL、5 mL、10 mL、20 mL 一级标准溶液(4.5)至 50 mL 容量瓶中，用去离子水(4.1)定容至刻度。此五个校准溶液为系列校准溶液。该系列校准溶液应在使用前配制。

5　仪器及条件

常用实验仪器以及下述各项。

5.1　分析天平,精确至 0.000 1 g。

5.2　离子色谱仪,配有柱温箱、电导检测器,具有梯度淋洗功能。

推荐色谱柱:IonPac AS15 4×250 mm(分析柱);IonPac AG15 4×50 mm(保护柱)。

5.3　水相滤膜,0.45 μm。

5.4　超声波振荡器。

5.5　高速离心机。

5.6　烘箱,控温精度±1 ℃。

5.7　移液管。

5.8　容量瓶。

6　抽样

抽取符合 GB/T 12655 的卷烟纸试样,每种卷烟纸取样不少于 50 g。抽取样品时,注意均匀取样,同时戴手套,防止汗渍等污染样品。

7　分析步骤

7.1　样品水分测定

按 GB/T 462 测定试样水分含量。

7.2　样品萃取

截取适当长度的卷烟纸,剪碎。准确称量 0.5 g 的卷烟纸(精确至 0.1 mg)至 100 mL 的锥形瓶中,用移液管准确加入 40 mL 去离子水(4.1),超声萃取 30 min(温度不超过 40 ℃)。取适量溶液离心后,过 0.45 μm 滤膜,进离子色谱仪分析。

注:若待测试样溶液的浓度超出标准工作曲线的浓度范围,则稀释萃取液后重新测定。

7.3　离子色谱仪

按照仪器说明书操作离子色谱仪。以下分析条件可供参考,采用其他条件应验证其适用性。

色谱柱:IonPac AS15　4×250 mm 4 mm(分析柱);IonPac AG15 4×50 mm 4 mm(保护柱)。

淋洗液来源:EG50 淋洗液发生器或配制的氢氧化钠水溶液。

淋洗液梯度表,见表 1。

表 1　淋洗液梯度表

时间/min	OH^-/(mmol/L)
0.0	0
2.0	2
35.0	2
65.0	50
75.0	50
80.0	0
85.0	0

抑制器:ASRS 300　4 mm。

柱温:30 ℃。

柱流量:1.2 mL/min。

进样体积:25 μL。

典型卷烟纸样品色谱图参见附录 A 中的图 A.2。

7.4 测定

用离子色谱仪(7.3)测定一系列校准溶液(4.6),得到柠檬酸根、磷酸根和醋酸根的积分峰面积,用峰面积作为纵坐标,柠檬酸根、磷酸根和醋酸根浓度作为横坐标分别建立校正曲线。对校正数据进行线性回归,$R^2 \geqslant 0.99$。测定卷烟纸样品,由样品中柠檬酸根、磷酸根和醋酸根的峰面积计算每一个卷烟纸样品中柠檬酸根、磷酸根和醋酸根的浓度。

8 结果计算

卷烟纸样品中柠檬酸根、磷酸根和醋酸根的含量,按照式(1)计算得出:

$$P = \frac{c \times 40}{m \times (1 - w)} \qquad \cdots\cdots(1)$$

式中:

P——卷烟纸样品中柠檬酸根、磷酸根和醋酸根的含量,单位为毫克每克(mg/g);

c——萃取样品中柠檬酸根、磷酸根和醋酸根的浓度,单位为毫克每毫升(mg/mL);

40——萃取溶液体积,单位为毫升(mL);

m——卷烟纸样品的质量,单位为克(g);

w——试样的水分含量,%。

每个样品应平行测定两次。以两次测定的平均值作为测定结果,结果精确至0.01mg/g。平行测定的相对偏差应小于10%。

9 精密度、回收率和检出限

本方法的精密度、回收率和检出限试验研究结果参见附录B。

10 测试报告

测试报告应注明引用本标准。

测试报告应包含采用的方法和得到的结果,应分别列出柠檬酸根离子、磷酸根离子和醋酸根离子的含量(mg/g)。

测试报告应包含样品信息。

测试报告应包含实验人员和实验日期。

附 录 A
（资料性附录）
色 谱 图

A.1 柠檬酸根离子、磷酸根离子和醋酸根离子标样的离子色谱图，见图 A.1。

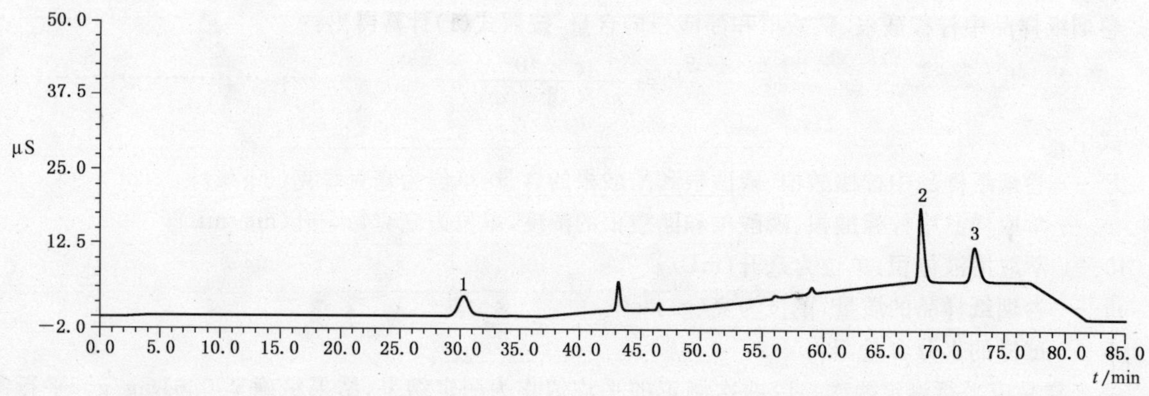

1——醋酸根；

2——磷酸根；

3——柠檬酸根。

图 A.1 柠檬酸根离子、磷酸根离子和醋酸根离子标样的离子色谱图

A.2 典型卷烟纸中柠檬酸根离子、磷酸根离子和醋酸根离子的离子色谱图，见图 A.2。

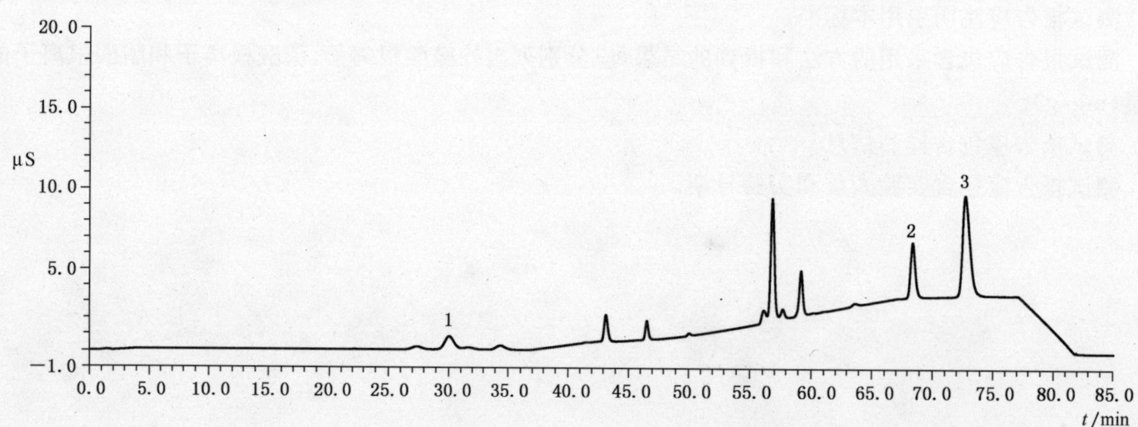

1——醋酸根；

2——磷酸根；

3——柠檬酸根。

图 A.2 典型卷烟纸中柠檬酸根离子、磷酸根离子和醋酸根离子的离子色谱图

附 录 B
（资料性附录）
方法的精密度、回收率

方法的精密度、回收率试验研究结果，见表 B.1。

表 B.1 方法的精密度、回收率试验研究结果（n=6）

化合物	低浓度		中浓度		高浓度		变异系数/%
	加入量/(mg/g)	回收率/%	加入量/(mg/g)	回收率/%	加入量/(mg/g)	回收率/%	
醋酸根	0.80	100.8	1.60	98.3	3.20	100.7	4.19
磷酸根	0.80	92.4	1.60	102.0	3.20	99.9	2.42
柠檬酸根	0.80	95.4	1.60	101.1	3.20	96.6	5.61

四、包装制品

ICS 55.160
A 82

中华人民共和国国家标准

GB/T 6543—2008
代替 GB/T 6543—1986,GB/T 5033—1985

运输包装用单瓦楞纸箱和双瓦楞纸箱

Single and double corrugated boxes for transport packages

2008-04-01 发布　　2008-10-01 实施

中华人民共和国国家质量监督检验检疫总局
中国国家标准化管理委员会　发布

前　言

本标准参照 JIS Z 1506《运输包装瓦楞纸箱》。

本标准代替 GB/T 6543—1986《瓦楞纸箱》、GB/T 5033—1985《出口产品包装用瓦楞纸箱》。

本标准与 GB/T 6543—1986、GB/T 5033—1985 相比主要变化如下：

——增加了规范性引用文件；

——本标准将瓦楞纸箱分为两类，取消了原标准的第 3 类规定。并重新给出了两类瓦楞纸箱的适用说明及所对应的瓦楞纸板；

——对于箱体连接所使用的粘合剂、扁丝等的要求进行了适当修改；

——对箱体连接时的搭接宽度、缺陷要求等进行了适当修改；

——取消了原标准中的耐冲击强度试验、抗转载试验等；

——修改了压力试验的要求；

——修改了原标准的检验规则的要求；

——修改了包装、标志、运输和储存的要求；

——增加了附录 C 三种尺寸的关系；

——修改了附录 D 瓦楞纸箱抗压强度计算方法。

本标准的附录 A 为规范性附录，附录 B、附录 C、附录 D 为资料性附录。

本标准由国家标准化技术委员会提出并归口。

本标准由华力包装贸易有限公司、厦门合兴包装印刷有限公司、胜达集团有限公司、深圳市包装行业协会负责起草，上峰集团有限公司、青岛丰彩纸制品有限公司、深圳市美盈森环保包装技术有限公司、东经控股集团有限公司、宁夏金世纪包装印刷有限公司参加起草。

本标准主要起草人：黄雪、蔡少龄、程明生、吴红一、滕大良、斯明勋、官民俊、蒋孟友、吴亮、刘颉、石义伟。

本标准所代替标准的历次版本发布情况为：

——GB/T 6543—1986；

——GB/T 5033—1985。

运输包装用单瓦楞纸箱和双瓦楞纸箱

1 范围

本标准规定了运输包装用单瓦楞纸箱和双瓦楞纸箱(以下简称瓦楞纸箱)的分类、结构形式、要求、试验与检验方法等。

本标准适用于瓦楞纸箱的设计、生产制造与检验,其他类型的瓦楞纸箱可参照本标准的有关规定。

2 规范性引用文件

下列文件的条款通过本标准的引用而成为本标准的条款,凡是注日期的引用文件,其随后所有的修改单(不包括勘误的内容)或修订版均不适用于本标准,然而,鼓励根据本标准达成协议的各方研究是否可使用这些文件的最新版本。凡是不注日期的引用文件,其最新版本适用于本标准。

GB/T 191 包装储运图示标志(GB/T 191—2008,ISO 780:1997,MOD)

GB/T 2828.1—2003 计数抽样检验程序 第1部分:按接收质量限(AQL)检索的逐批检验抽样计划(ISO 2859-1:1999,IDT)

GB/T 4857.4 包装 运输包装件压力试验方法(GB/T 4857.4—1992,eqv 2872:1985)

GB/T 4892 硬质直方体运输包装尺寸系列

GB/T 6544 瓦楞纸板

3 分类

瓦楞纸箱按照所使用的瓦楞纸板的不同种类、内装物的最大质量及综合尺寸、预计的储运流通环境条件等将其分为20种,如表1所示。

表1 瓦楞纸箱的种类

种类	内装物最大质量/kg	最大综合尺寸[a]/mm	1类[b]		2类[c]	
			纸箱代号	纸板代号	纸箱代号	纸板代号
单瓦楞纸箱	5	700	BS-1.1	S-1.1	BS-2.1	S-2.1
	10	1 000	BS-1.2	S-1.2	BS-2.2	S-2.2
	20	1 400	BS-1.3	S-1.3	BS-2.3	S-2.3
	30	1 750	BS-1.4	S-1.4	BS-2.4	S-2.4
	40	2 000	BS-1.5	S-1.5	BS-2.5	S-2.5
双瓦楞纸箱	15	1 000	BD-1.1	D-1.1	BD-2.1	D-2.1
	20	1 400	BD-1.2	D-1.2	BD-2.2	D-2.2
	30	1 750	BD-1.3	D-1.3	BD-2.3	D-2.3
	40	2 000	BD-1.4	D-1.4	BD-2.4	D-2.4
	55	2 500	BD-1.5	D-1.5	BD-2.5	D-2.5

[a] 综合尺寸是指瓦楞纸箱内尺寸的长、宽、高之和。

[b] 1类纸箱主要用于储运流通环境比较恶劣的情况。

[c] 2类纸箱主要用于流通环境较好的情况。

注:当内装物最大质量与最大综合尺寸不在同一档次时,应以其较大者为准。

4 基本箱型与代号

瓦楞纸箱的基本式样图形(见附录 A)。根据内装物的不同,也可以采用其他型式的瓦楞纸箱。瓦楞纸箱内可以使用隔板、衬垫、底座等纸箱附件,其种类及代号(参见附录 B)。

瓦楞纸箱的箱型代号由四位数字组成,前两位数字表示箱型种类,后两位数字表示同一类箱型中不同的纸箱式样。

4.1 开槽型(02 型)

通常由一片瓦楞纸板组成,由顶部及底部折片(俗称上、下摇盖)构成箱底和箱盖,通过钉合或粘合等方法制成纸箱。运输时可以折叠平放,使用时把箱盖和箱底封合。

4.2 套合型(03 型)

由几片箱坯组成的纸箱,其特点是箱底、箱盖等部分分开。使用时,把箱盖、箱底等几部分套合组成纸箱。

4.3 折叠型(04 型)

通常由一片瓦楞纸板折叠成纸箱的底、箱体和箱盖,使用前不需要钉合及粘合。

5 要求

5.1 材料

5.1.1 制造瓦楞纸箱所使用的瓦楞纸板见表 1,各项技术指标应符合 GB/T 6544 的规定,成箱后取样进行检测的纸板强度指标允许低于标准规定值的 10%。

5.1.2 钉合瓦楞纸箱应采用宽度 1.5 mm 以上的经防锈处理的金属钉线,钉线不应该有锈斑、剥层、龟裂或其他使用上的缺陷。

5.1.3 粘合瓦楞纸箱应使用有足够接合强度的符合有关标准规定的粘合剂。

5.2 尺寸与偏差

5.2.1 瓦楞纸箱的外尺寸应符合 GB/T 4892 的规定,瓦楞纸箱的长、宽之比一般不大于 2.5∶1;高宽之比一般不大于 2∶1,一般不小于 0.15∶1。

5.2.2 瓦楞纸箱的规格通常用内尺寸、展开尺寸(或制造尺寸)或外尺寸表示(单位为毫米),其规定如下:

——内尺寸:瓦楞纸箱内的净空尺寸,以长、宽、高的顺序表示;

——展开尺寸:制造时的压线尺寸。瓦楞纸箱展开时压线之间的尺寸,以长、宽、高的顺序表示;

——外尺寸:瓦楞纸箱的外形尺寸,以长、宽、高的顺序表示。

三种尺寸的关系参见附录 C。

5.2.3 瓦楞纸箱的尺寸公差为单瓦楞纸箱±3 mm,双瓦楞纸箱±5 mm。

5.3 质量与结构

5.3.1 纸箱的接合可用钉线或粘合剂等方式。瓦楞纸箱质量应均一,不得有粘合及钉合不良、不规则、脏污、伤痕等使用上的缺陷。

5.3.2 瓦楞纸箱钉合搭接舌边的宽度单瓦楞纸箱为 30 mm 以上,双瓦楞纸箱为 35 mm 以上。钉接时,钉线的间隔为单钉不大于 80 mm,双钉不大于 110 mm。沿搭接部分中线钉合,采用斜钉(与纸箱立边约成 45°)或横钉,箱钉应排列整齐、均匀。头尾钉距底面压痕中线的距离为 13 mm±7 mm。钉合接缝应钉牢、钉透,不得有叠钉、翘钉、不转角等缺陷。

5.3.3 瓦楞纸箱接头粘合搭接舌边宽度不少于 30 mm,粘合接缝的粘合剂涂布应均匀充分,不得有多余的粘合剂溢出现象。粘合应牢固,剥离时至少有 70%的粘合面被破坏。

5.3.4 瓦楞纸箱压痕线宽度不得大于 17 mm，折线居中，不得有破裂或断线。箱壁不得有多余的压痕线。

5.3.5 异型箱除外，构成纸箱的各面的切断部及棱必须互成直角。在压痕、合盖时，瓦楞纸板的表面不得破裂，在切断部位不得有显著的缺陷，切断口表面裂损宽度不得超过 8 mm。

5.3.6 箱面印刷图字清晰，位置准确。根据需要，在适当位置印刷瓦楞纸箱的种类或代号、生产日期及制造厂等信息。

5.3.7 瓦楞纸箱的摇盖应牢固，可以经受多次开合，经 6.2 试验面层不得有裂缝，里层裂缝长总和不大于 70 mm。

5.3.8 瓦楞纸箱的抗压能力按 6.2.3 规定的方法进行平面压力试验，其强度值应大于规定值。具体参数的确定可参见附录 D 或由供需双方协商确定。

5.3.9 瓦楞纸箱的抗机械冲击能力应与其内装物的性质、包装防护方式等综合考虑，可由供需双方协商进行有关试验并确定试验的强度值。具有特殊要求(如：防潮等)的纸箱性能应符合其他有关标准或规定。

6 检验与试验

6.1 检验

对材料、尺寸、质量与结构进行检验，应符合 5.1～5.3 的有关规定。

6.2 试验

6.2.1 测定内尺寸时，应将纸箱支撑成型，相邻面夹角成 90°，在搭舌上距摇盖压痕线 50 mm 处分别量取长度和宽度，以箱底与箱顶两内摇盖间的距离量取箱高；也可将纸箱展开，使弯折的部分充分展平，展不平时可压上重物，用直尺测量展开尺寸。可参考附录 C 的方法，根据展开尺寸与内尺寸的关系换算成内尺寸。

6.2.2 瓦楞纸箱摇盖经先合后开 180°往复 5 次，检验其面层和里层是否有裂缝。

6.2.3 瓦楞纸箱空箱抗压能力按 GB/T 4857.4 的规定进行，瓦楞纸箱应按拟采取的实际运输状态进行封合。

7 检验规则

7.1 检验分类

瓦楞纸箱的检验分为出厂检验和型式检验。

7.1.1 出厂检验

按 5.1、5.2、5.3.1～5.3.8 的要求对产品的材质、尺寸与偏差、质量与结构要求进行确认和检验。

7.1.2 型式检验

型式检验项目为第 5 章规定的全部项目。当有下列情况之一时，应进行型式检验：

a) 新产品投产的鉴定；

b) 当结构、工艺、材料有较大改变时；

c) 产品长期停产后，恢复生产时；

d) 出厂检验结果与上次型式检验有较大差异时；

e) 国家质量监督机构或用户提出要求时。

7.2 组批与抽样方案

7.2.1 一般情况下，以相同材料、相同工艺、相同规格、同时交付的产品为一批。

7.2.2 除空箱抗压试验外，所有项目按照 GB/T 2828.1—2003 正常检查二次抽样方案，一般检查水平Ⅰ，AQL＝6.5，见表 2。

表 2　抽样与合格判定方案

批量	第一次			第二次		
	抽样数	接收数 Ac	拒收数 Re	抽样数	接收数 Ac	拒收数 Re
＜150	5	0	2	5(10)	1	2
150～280	8	0	3	8(16)	3	4
281～500	13	1	3	13(26)	4	5
501～1 200	20	2	5	20(40)	6	7
1 201～3 200	32	3	6	32(64)	9	10
3 201～10 000	50	5	9	50(100)	12	13
＞10 000	80	7	11	80(160)	18	19

7.2.3　空箱抗压试验从一批中任意抽取 5 个样品进行试验。

7.3　判定规则

7.3.1　按 5.1、5.2、5.3.1～5.3.7 检验项目的要求对瓦楞纸箱进行单项判定，其中有两项不合格，则该纸箱为不合格。若同一项目有两个及以上纸箱不合格时，则这些纸箱不合格。

7.3.2　摇盖耐折性能不合格，则该纸箱不合格。

7.3.3　除空箱抗压试验外，不合格纸箱数达到表 2 规定的拒收数时，则该批为不合格；空箱抗压试验若有一个样品不合格，则该批不合格。

8　标志、包装、运输和贮存

8.1　包装标志应符合 GB/T 191 的规定。

8.2　瓦楞纸箱的包装方式和要求由供需双方商定。

8.3　瓦楞纸箱在储运过程中应避免雨雪、暴晒、受潮和污染，不得采用有损瓦楞纸箱质量的运输、装卸方式及工具。

8.4　瓦楞纸箱应贮存在通风干燥的库房内，底层距地面高度不小于 100 mm。短期露天存放时，应有必要的防雨防晒等措施。

附　录　A
（规范性附录）
基本箱型与代号

表 A.1　基本箱型与代号

箱型代号	展开图	组合图
0201	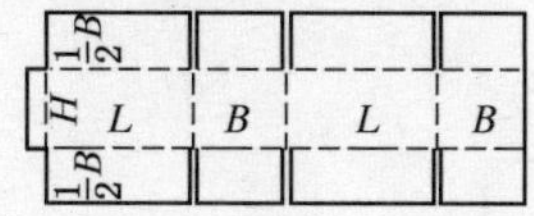	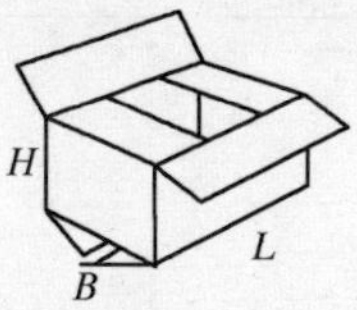
0202	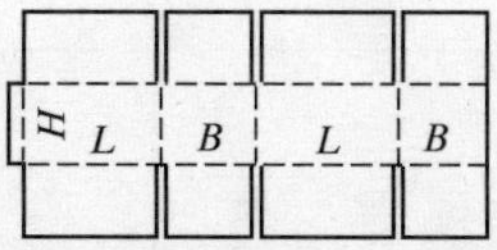	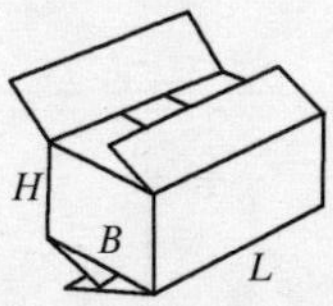
0203	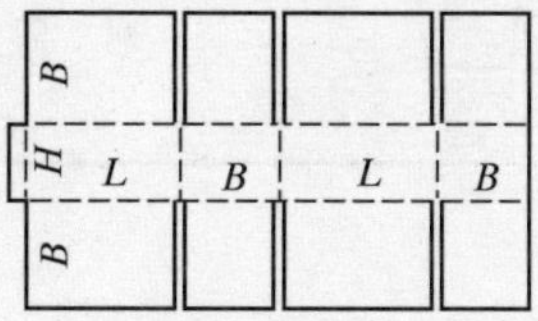	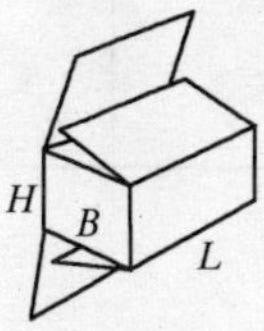
0204	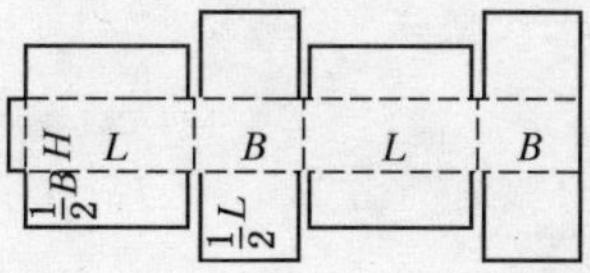	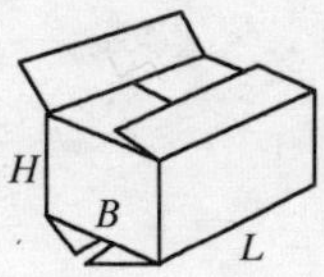
0205	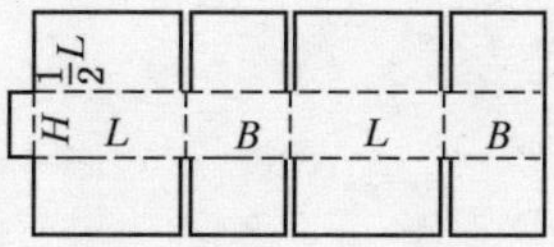	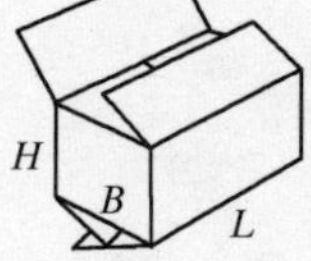
0206	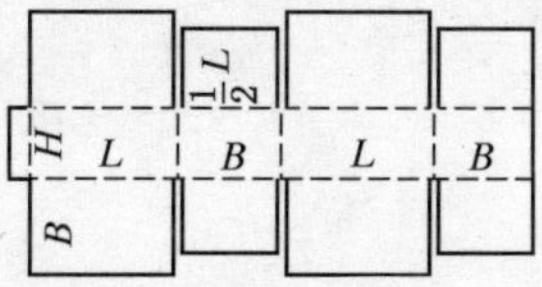	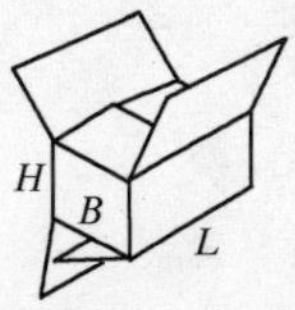
0310	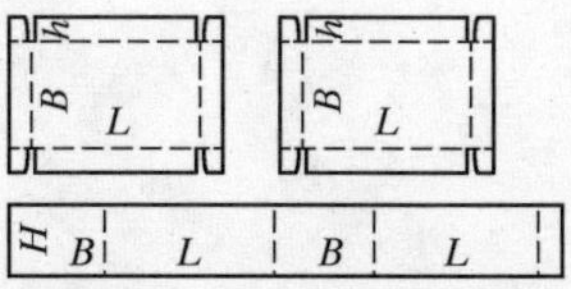	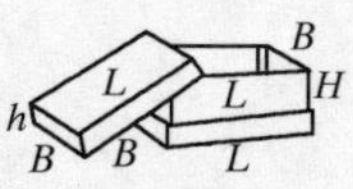

表 A.1(续)

箱型代号	展开图	组合图
0325	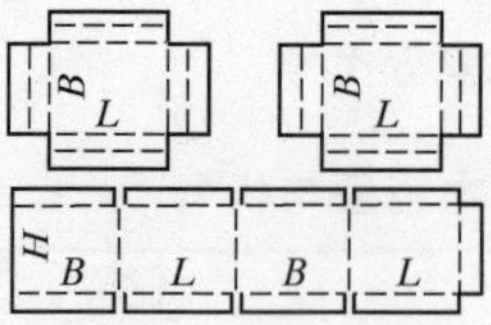 H B L B L B L	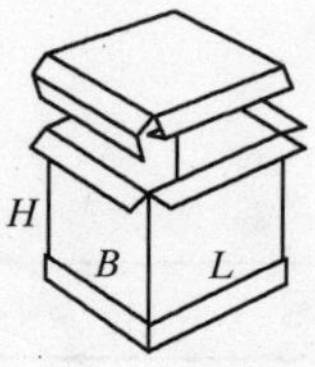 H B L
0402	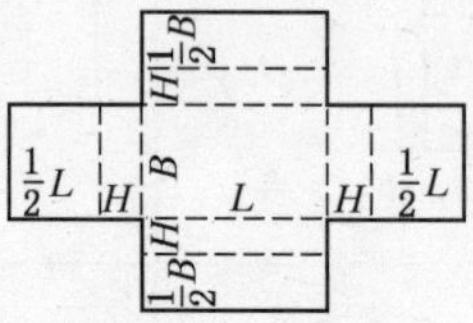 $\frac{1}{2}L$ H B L H $\frac{1}{2}L$ H $\frac{1}{2}B$	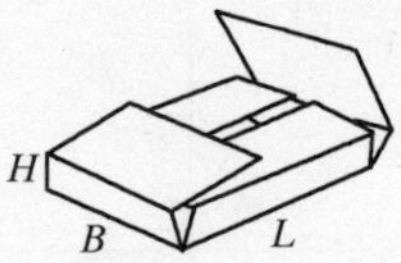 H B L
0406	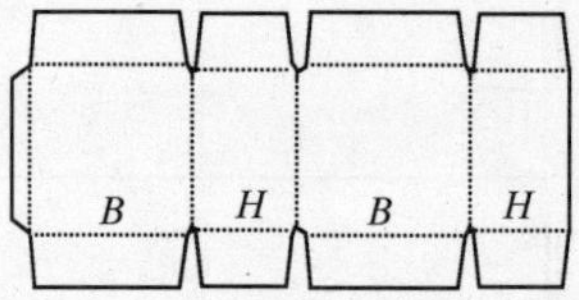 B H B H	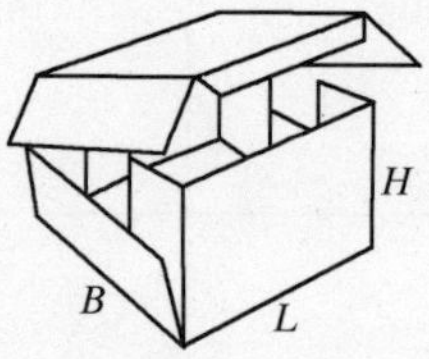 H B L

附　录　B
（资料性附录）
附件种类及代号

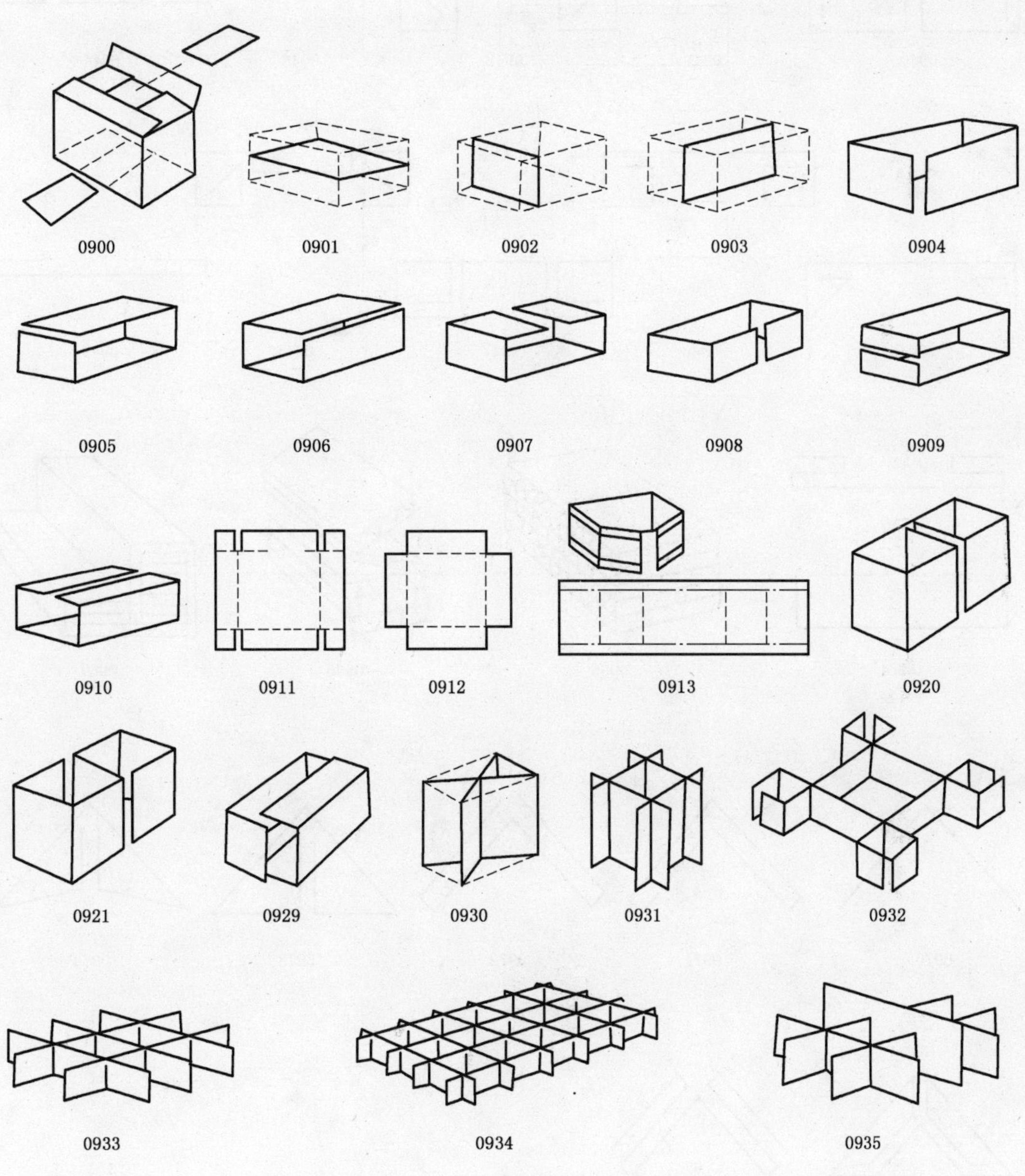

图 B.1　附件种类及代号

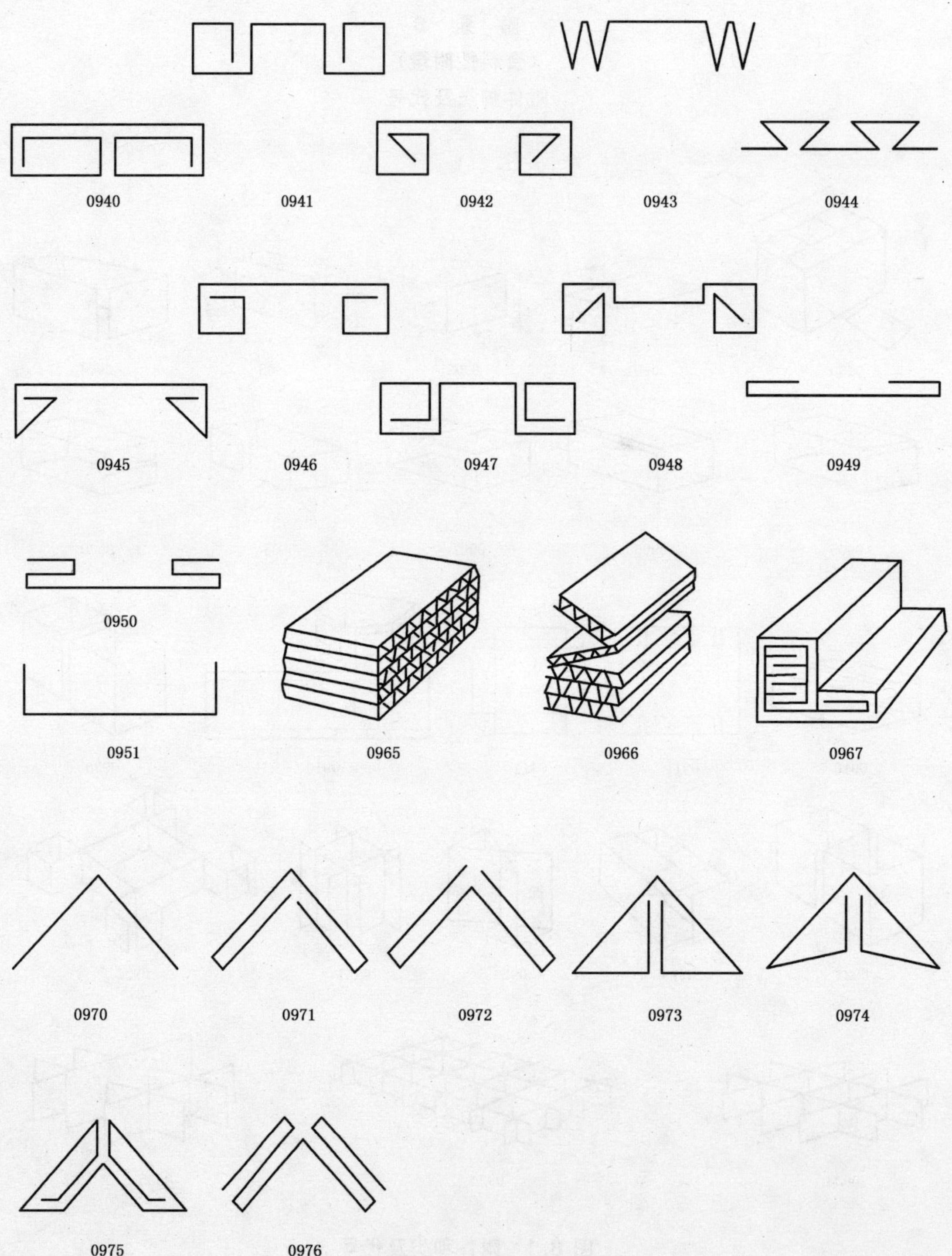
0940
0941
0942
0943
0944
0945
0946
0947
0948
0949
0950
0951
0965
0966
0967
0970
0971
0972
0973
0974
0975
0976

图 B.1(续)

附 录 C
（资料性附录）
三种尺寸的关系

C.1 0201 型纸箱的展开图如图 C.1 所示。

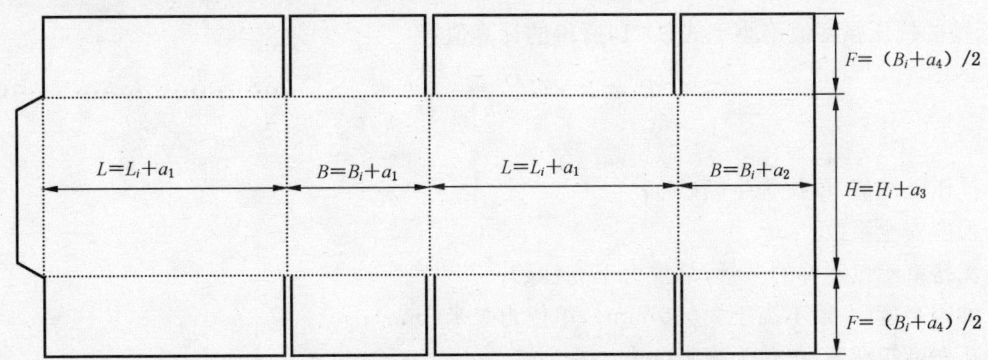

注：L、B 及 H、F 为展开尺寸，L_i、B_i 及 H_i 为内尺寸，a_1、a_2、a_3 及 a_4 为伸放量。

图 C.1 0201 型纸箱展开图

C.2 图 C.1 中的伸放量的参考值如表 C.1 所示。

表 C.1 0201 型纸箱的伸放量

纸板类别	楞型	伸放量/mm			
		a_1	a_2	a_3	a_4
单瓦楞纸板	A 楞	6	4	9	4
	C 楞	4	3	8	3
	B 楞	3	2	6	1
双瓦楞纸板	AB 楞	9	6	16	6
	BC 楞	8	5	14	5

注 1：摇盖 F 的计算式中(B_i+a_4)为奇数时加 1。

注 2：表中的伸放量只是一例。因为伸放量会受设备、加工方法、所用原纸及封箱方法等诸多因素的影响，故在新包装设计时，应制作样箱试装，反复改进后，才能得出该纸箱较实用的伸放量的值。

C.3 0201 型纸箱外尺寸与内尺寸的关系：

$L_0=L_i+$(纸板厚度$\times 2$)

$B_0=B_i+$(纸板厚度$\times 2$)

$H_0=H_i+$(纸板厚度$\times 4$)

附　录　D
（资料性附录）
瓦楞纸箱抗压强度的计算方法

D.1　计算公式

瓦楞纸箱的抗压强度值不小于式(D.1)所得的计算值：

$$P = K \cdot G \frac{H-h}{h} \times 9.8 \qquad \cdots\cdots\cdots\cdots (D.1)$$

式中：

P——抗压强度值，单位为牛顿(N)；

K——强度安全系数；

G——瓦楞纸箱包装件的质量，单位为千克(kg)；

H——堆码高度(一般不高于 3 000 mm)，单位为毫米(mm)；

h——瓦楞纸箱高度，单位为毫米(mm)。

D.2　强度安全系数 K

应根据实际储运流通环境条件确定，包括气候环境条件、机械物理环境条件及储运时间等，内装物能起到支撑作用的一般取 1.65 以上，不能起到的一般取 2 以上。

ICS 55.140
A 82

中华人民共和国国家标准

GB/T 10440—2008
代替 GB 10440—1989

圆柱形复合罐

Round composite cans

2008-07-18 发布　　　　　　2009-01-01 实施

中华人民共和国国家质量监督检验检疫总局
中国国家标准化管理委员会　发布

前 言

本标准代替 GB 10440—1989《圆柱形复合罐》。

本标准与 GB 10440—1989 相比，主要变化如下：

——增加了产品的分类方式；

——修改了对产品外观印刷质量要求；

——调整了物理机械性能指标；

——删除了塑料盖松紧度检验项目；

——增加了对接触食品的复合罐的卫生要求；

——修改了外观和尺寸极限偏差的抽样方案。

本标准由中国包装联合会提出。

本标准由全国包装标准化技术委员会归口。

本标准主要起草单位：中国包装科研测试中心、北京达美环保纸品包装有限公司、中国包装联合会、国家包装产品质量监督检验中心(广州)。

主要起草人：袁文广、杨海涛、牛淑梅、杨薇、孙靓、郑艳明、蔡祖福。

本标准所代替标准的历次版本发布情况为：

——GB 10440—1989。

圆 柱 形 复 合 罐

1 范围

本标准规定了圆柱形复合罐(以下简称复合罐)分类、要求、试验方法、检验规则及标志、包装、运输和贮存。

本标准适用于主要采用纸板和纸、塑、铝等组成的复合材料制成罐身,且一端已有端盖密封的圆柱形小型包装容器。

2 规范性引用文件

下列文件中的条款通过本标准的引用而成为本标准的条款。凡是注日期的引用文件,其随后所有的修改单(不包括勘误的内容)或修订版均不适用于本标准,然而,鼓励根据本标准达成协议的各方研究是否可使用这些文件的最新版本。凡是不注日期的引用文件,其最新版本适用于本标准。

GB/T 191 包装储运图示标志(GB/T 191—2008, ISO 780:1997, MOD)

GB/T 2828.1 计量抽样检验程序 第1部分:按接收质量限(AQL)检索的逐批检验抽样计划(GB/T 2828.1—2003,ISO 2859-1:1999,IDT)

GB/T 4857.5 包装 运输包装件 跌落试验方法(GB/T 4857.5—1992,idt 2248:1985)

3 结构与分类

3.1 结构

复合罐的结构示意图,见图1。

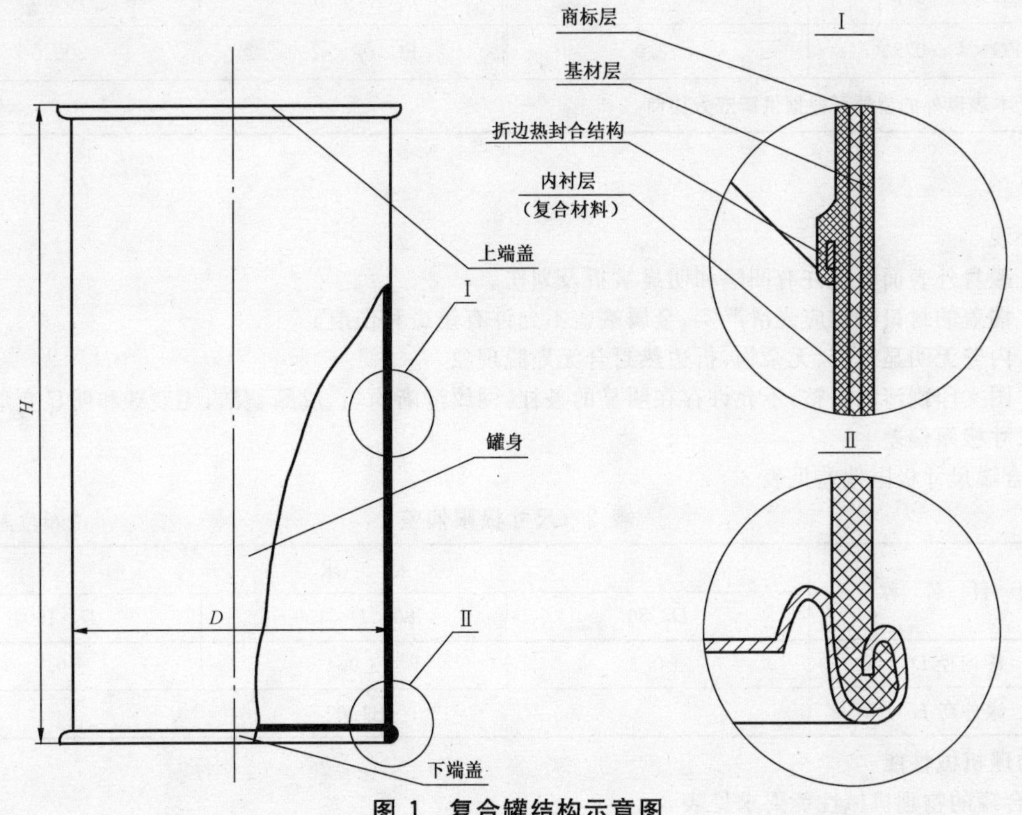

图1 复合罐结构示意图

3.2 分类

复合罐按端盖材料可分为：

金属/金属盖复合罐、复合材料/复合材料盖复合罐、金属/复合材料盖复合罐。

3.3 复合罐表示方法

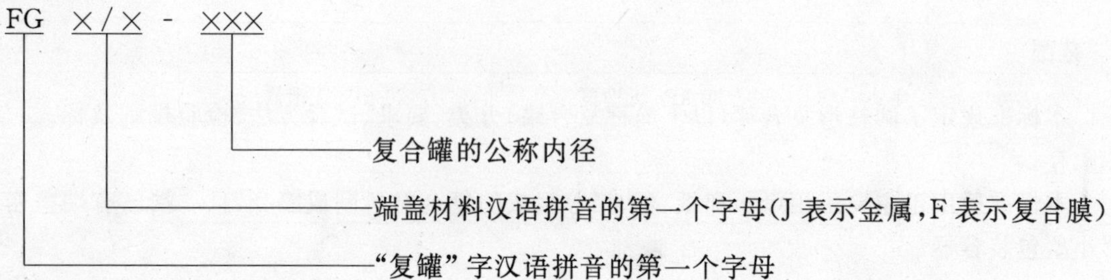

例：FGJ/F-083 即为内径尺寸为 83.2 mm、端盖材料为金属/复合膜型式的复合罐。

3.4 复合罐常见内径尺寸系列

复合罐常见内径尺寸与型号表示的对应见表 1。

表 1 复合罐的型号与对应的内径尺寸

单位为毫米

产品型号	内径尺寸	产品型号	内径尺寸
FG×/×-052	52.4	FG×/×-083	83.2
FG×/×-060	60.0	FG×/×-099	99.1
FG×/×-065	65.2	FG×/×-105	104.9
FG×/×-073	72.5	FG×/×-126	126.1
FG×/×-074	74.1	FG×/×-153	153.3
FG×/×-076	76.2	FG×/×-165	164.5
FG×/×-078	78.0	FG×/×-200	200.0
注：本表以外的型号可根据供需双方协商。			

4 要求

4.1 外观

4.1.1 罐身外表面不允许有凹陷和明显皱折及划伤。

4.1.2 端盖的封口部位应光滑严实，金属端盖不允许有锈斑和伤痕。

4.1.3 内壁无明显皱折、无杂物，折边热封合无虚脱现象。

4.1.4 图文印刷清晰完整，不允许存在明显的条杠，网纹清晰均匀，成品整洁，无残缺和明显变形。

4.2 尺寸极限偏差

复合罐尺寸极限偏差见表 2。

表 2 尺寸极限偏差

单位为毫米

项目名称	要求		
	$D\leqslant 80$	$80<D\leqslant 150$	$D>150$
罐内径 D	±0.3	±0.4	±0.5
罐外高 H	±1.0		

4.3 物理机械性能

复合罐的物理机械性能要求见表 3。

表 3 物理机械性能要求

项 目 名 称	要 求		
	D≤80 mm	80 mm<D≤150 mm	D>150 mm
端盖脱离力/N	≥320	≥350	≥400
轴向压溃力/N	≥750	≥900	≥1 100
快速泄漏试验	30 kPa 无泄露	20 kPa 无泄露	10 kPa 无泄露
跌落试验	不破裂		
注:端盖脱离力试验仅适用于有金属端盖的复合罐。			

4.4 卫生指标

直接接触食品的复合罐内层材料卫生指标应符合国家相关标准要求。

5 试验方法

5.1 样品的状态调节和试验的标准环境

样品的状态调节和试验的标准环境条件为温度 23 ℃±2 ℃;相对湿度 50%±5%,样品预处理时间为 24 h 以上。

5.2 外观

复合罐外观应在自然光线下目测。

5.3 尺寸及偏差

在不施加任何外力的情况下,用精度不低于 0.1 mm 的量具检测复合罐外高和内径(即封口处直径),测量内径时应避开罐壁折边热封合结构,试样为 3 只。

5.4 端盖脱离力

5.4.1 测试装置

a) 外径比需测试的复合罐内径小 0.1 mm,有气体通路并装有节流阀的芯棒一根;

b) 环形夹紧装置一个;

c) 0 kPa～250 kPa,1.6 级的压力表一只;

d) 安全罩一个。

5.4.2 测试步骤

5.4.2.1 将一端封有金属盖、另一端未封端盖的试样套在芯棒上,芯棒和端盖之间距离应不小于罐高的一半,并用环形装置夹紧,装好安全罩。

5.4.2.2 启动控制阀门,使压缩空气经过芯棒导入复合罐内,在 6 s±2 s 内升高压力直至吹脱端盖。

5.4.2.3 记录端盖被吹脱时压力表的读数。

5.4.3 计算

端盖脱离力应按式(1)计算:

$$F = \frac{\pi}{4} D^2 P \qquad \cdots\cdots(1)$$

式中:

F——端盖脱离力,单位为牛(N);

D——复合罐内径,单位为毫米(mm);

P——端盖吹脱时的压力,单位为兆帕(MPa);

π——圆周率(取三位有效数字)。

5.5 轴向压溃力

5.5.1 测试装置:压力试验机,其测量值应能精确到试样最小压溃负荷时的 1%,压板的垂直移动速度为 10 mm/min±3 mm/min。

5.5.2 正常使用状态空罐,试样不少于 3 只。

5.5.3 数据处理,测试试样轴向受压直至失去承载能力时的最大的力,求出其算术平均值。

5.6 快速泄漏试验(空气压力法)

5.6.1 测试装置

a) 将空气导入试样内的密封装置一个;

b) 水箱一个;

c) 空压机一台;

d) 分度值为 0 kPa～60 kPa,1.6 级的压力表一只。

5.6.2 测试步骤

5.6.2.1 准备试样不少于 3 只。

5.6.2.2 对于单端密封的样品,将导气密封装置插入样品未封合端,并套紧封严;对于两端均已密封的样品,用能在一侧罐盖开合适的导气孔而不损坏密封部位的工具开孔,将密封装置插入试样并套紧封严。

5.6.2.3 向试样内充气,使压力达到表 3 规定的压力值。

5.6.2.4 将充气的罐保压 60 s 后,完全浸入已装满水的水箱里,并旋转一周,观察有无气泡连续不断地形成并逸出。

5.7 跌落试验

罐内应填好模拟填充物,并使填充物与测试样品在同一条件下进行环境预处理。按 GB/T 4857.5 的规定进行底平面跌落试验,跌落高度按表 4,每只样品试验一次,每次测试样品不能少于 3 只,试验后检查样品是否有破裂。

表 4 跌落高度

单位为毫米

罐 内 径	跌 落 高 度
$D \leqslant 80$	1 500
$80 < D \leqslant 150$	1 200
$D > 150$	1 000

5.8 卫生指标

卫生指标按照相关检验标准进行。

6 检验规则

6.1 检验分类

6.1.1 出厂检验

按照 4.1、4.2 的要求对产品的外观、尺寸极限偏差进行检验。

6.1.2 型式检验

型式检验项目为第 4 章中规定的全部项目。当有下列情况之一时,应进行型式检验。

a) 新产品或老产品转厂生产的试制定型鉴定时;

b) 正常生产后,如材料、结构、工艺有较大改变,可能影响产品性能时;

c) 正常生产时,一年进行一次;

d) 长期停产 6 个月后,恢复生产时;

e) 出厂检验结果与上次型式检验有较大差异时;

f) 国家质量监督检验机构提出进行型式检验的要求时。

6.2 抽样

6.2.1 组批

产品以批为单位进行验收。同一品种同一规格产品的交货批为一检验批。

6.2.2 抽样方案

外观和尺寸极限偏差按 GB/T 2828.1 规定进行，采用正常检查二次抽样方案，特殊检查水平 S-4，接收质量限(AQL)为 2.5，见表 5。

表 5 外观和尺寸极限偏差抽样方案

批量	样本	样本量	累计样本量	接收数 Ac	拒收数 Re
35 001～500 000	第一	50	50	2	5
	第二	50	100	6	7
≥500 001	第一	80	80	3	6
	第二	80	160	9	10

6.2.3 物理性能的抽样方案，见表 6。

表 6 物理性能抽样方案

项目	样本	样本量	累计样本量	接收数 Ac	拒收数 Re
快速泄漏试验	第一	3	3	0	2
	第二	3	6	1	2
跌落试验	第一	3	3	0	2
	第二	3	6	1	2
轴向压溃力	第一	3	3	0	2
	第二	3	6	1	2
端盖脱离力	第一	3	3	0	2
	第二	3	6	1	2

6.3 判定规则

6.3.1 外观和尺寸极限偏差检验按 4.1、4.2 进行单项判定，若符合标准规定，判定该项合格。批判定按 6.2.2 抽样方案及判定规则进行判定。

6.3.2 物理性能检验分别按 4.3 中表 3 的规定进行单项判定，并按表 6 进行批判定。

6.3.3 直接接触食品的复合罐卫生性能有一项不合格则该批为不合格。

7 标志、包装、运输和贮存

7.1 标志

标志应符合 GB/T 191 规定。复合罐出厂时应有合格标识，标识应包括下列内容：制造厂名、产品名称、生产年月、产品代号、产品批号、合格标记及数量。

7.2 包装

复合罐必须有适宜的外包装才能出厂，上下两层之间应有衬垫。也可采用用户提供的外包装箱包装后出厂。

7.3 运输

运输过程中需使用清洁有篷的运输工具，要轻装、轻卸，避免与尖锐物体碰撞。

7.4 贮存

产品应保存在整洁干燥的库房内，堆放整齐，切勿重压。底部应垫有 15 cm 高的垫木，并不允许与能污染或损伤复合罐的物品混合堆放。自生产之日起，贮存期为 1 年。超过 1 年，经检验合格后，仍可使用。

ICS 55.140
A 82

中华人民共和国国家标准

GB/T 14187—2008
代替 GB/T 14187—1993

包装容器　纸桶

Packing containers—Fibre drum

2008-07-18 发布　　2009-01-01 实施

中华人民共和国国家质量监督检验检疫总局
中国国家标准化管理委员会　发布

前　言

本标准代替 GB/T 14187—1993《包装容器　纸桶》。

本标准与 GB/T 14187—1993 相比，主要变化如下：

——范围中增加了“本标准适用于各类运输包装用纸桶的设计、生产、检验与试验”和“本标准不适用于直接接触食品、药品包装用纸桶”；

——产品分级改为按储运流通环境恶劣程度分为 3 级；

——删除了产品种类；

——删除了纸桶封闭器的最大外径优选尺寸；

——删除了封闭器最大外径检验项目；

——增加了纸桶内径检验项目；

——修改了抗跌落性能中跌落高度要求。

本标准由中国包装联合会提出。

本标准由全国包装标准化技术委员会归口。

本标准起草单位：深圳市美盈森环保科技股份有限公司、中国包装科研测试中心、中国包装联合会、深圳职业技术学院。

本标准主要起草人：杨薇、蔡少龄、牛淑梅、王利婕、罗陈、袁文广、王海燕。

本标准所代替标准的历次版本发布情况为：

——GB/T 14187—1993。

包装容器　纸桶

1　范围

本标准规定了纸桶的分类、要求、试验方法、检验规则及标志、包装、运输和贮存。

本标准适用于运输包装用纸桶的设计、生产、检验与试验。

本标准不适用于直接接触食品、药品的包装用纸桶。

2　规范性引用文件

下列文件中的条款通过本标准的引用而成为本标准的条款。凡是注日期的引用文件，其随后所有的修改单(不包括勘误的内容)或修订版均不适用于本标准，然而，鼓励根据本标准达成协议的各方研究是否可使用这些文件的最新版本。凡是不注日期的引用文件，其最新版本适用于本标准。

GB/T 2828.1　计量抽样检验程序　第一部分：按接收质量限(AQL)检索的逐批检验抽样计划(GB/T 2828.1—2003，ISO 2859-1：1999，IDT)

GB/T 4857.1　包装　运输包装件　试验时各部位的标示方法

GB/T 4857.3　包装　运输包装件　第3部分：静载荷堆码试验方法

GB/T 4857.5　包装　运输包装件　跌落试验方法

3　术语和定义

下列术语和定义适用于本标准。

3.1

纸桶　fibre drum

具有用纸或纸板加粘合剂制造的桶身和用相同材料或其他材料制造的桶底和桶盖的刚性圆桶，以便形成可靠堆码的包装容器。

3.2

封闭器　closure

容器开口的封闭装置。

3.3

桶箍　drum band

为增强纸桶强度而固定在纸桶上、下口部的环形凹槽。

4　结构、分级及代号

4.1　结构

纸桶结构见图1所示。

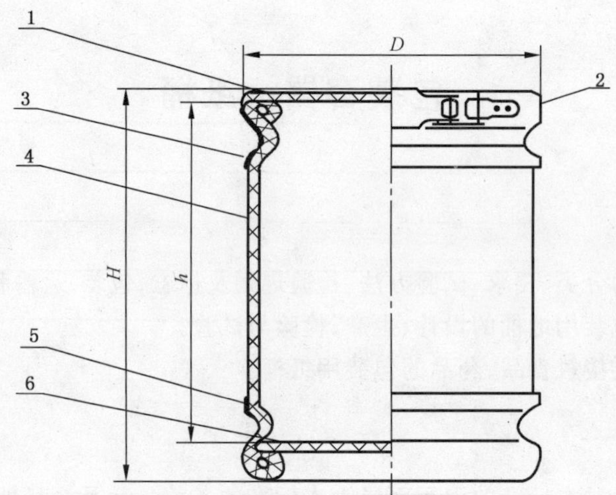

1——桶盖；
2——封闭器；
3——上箍；
4——桶身；
5——下箍；
6——桶底。

图 1　纸桶结构示意图

4.2　分级

纸桶根据流通环境分为 3 级，见表 1。

表 1　纸桶分级

级　别	流　通　环　境
1 级	主要用于储运流通环境比较恶劣的情况
2 级	主要用于流通环境较好的情况
3 级	主要用于短途、低廉商品的运输包装

4.3　代号

ZT-X-XX

ZT：“纸桶”汉语拼音字头；

X-XX：纸桶级别-纸桶最大容积。

5　要求

5.1　外观

纸桶外观要求见表 2。

表 2　外观

项　目	要　求
桶体	纸桶应圆整，无明显失圆、凹瘪、歪斜等缺陷；光滑，无损伤，无皱褶，无开胶；油漆涂布均匀，无漏涂，无泡，无明显流挂
圆卷边	无纸舌
桶箍	牢固、平整。金属桶箍不得有烧穿或虚焊，无明显锈蚀、剥层和龟裂。镀锌的桶箍应光亮、无脱落
封闭器	连接牢固开启灵活，闭合后桶盖与桶体封闭良好，镀锌的封闭器应光亮、无脱落
印刷	图文清晰均匀，附着牢固
清洁	纸桶内外清洁，无明显污染

5.2 尺寸规格和极限偏差

纸桶尺寸规格和极限偏差见表 3。

表 3 尺寸偏差

单位为毫米

项 目	极限偏差
内径	±2
内高	±4
外高	±6

5.3 物理机械性能

5.3.1 堆码性能

纸桶堆码性能要求见表 4。

表 4 堆码性能要求

分 级	堆码载荷/N	要 求
1级	4 900	24 h 不漏、不破裂、永久变形,应不影响纸桶的堆码能力。
2级	3 900	
3级	3 400	

5.3.2 抗跌落性能

纸桶抗跌落性能要求见表 5。

表 5 抗跌落性能要求

分 级	跌落高度/mm	要 求
1级	1 200	不漏、不破裂、封闭器不开。
2级	800	
3级	600	

6 试验方法

6.1 样品的状态调节和试验的标准环境

样品的状态调节和试验的标准环境条件为温度 23 ℃±2 ℃、相对湿度 50%±5%,并在此条件下进行 24 h 以上的样品预处理后完成试验。堆码和跌落试验应尽量用实际内装物进行试验,如采用模拟物,桶内应填干沙和锯末混合物达到规定容积的 95%和最大容纳质量并封闭。混合物的温湿度与样品预处理条件一致。

6.2 外观检验

纸桶外观应在自然光线下目测。

6.3 尺寸检验

纸桶尺寸偏差用精度为 1 mm 的通用量具检测。

6.4 堆码、跌落性能

6.4.1 堆码试验按 GB/T 4857.3 规定进行试验,试验数量 3 只。

6.4.2 跌落试验按 GB/T 4857.1 对样品进行标识,按 GB/T 4857.5 规定进行试验。首先使每个桶的底边任一点对着地面碰撞,再使每个桶的顶面外缘与封闭器把手相邻的一点对着地面碰撞。试验数量 3 只。

7 检验规则

7.1 检验分类

7.1.1 出厂检验

按照 5.1、5.2 的要求对产品的外观、尺寸规格和极限偏差进行检验。

7.1.2 型式检验

型式检验项目为5中规定的全部项目。当有下列情况之一时，应进行型式检验：

a) 新产品或老产品转厂生产的试制定型鉴定时；

b) 正常生产后，如材料、结构、工艺有较大改变，可能影响产品性能时；

c) 正常生产时，一年进行一次；

d) 长期停产6个月后，恢复生产时；

e) 出厂检验结果与上次型式检验有较大差异时；

f) 国家质量监督检验机构提出进行型式检验的要求时。

7.2 抽样

7.2.1 组批

产品以批为单位进行验收。同一品种，同一规格，同一天产量为一检验批。

7.2.2 抽样方案

7.2.2.1 外观及尺寸偏差按GB/T 2828.1规定进行，采用特殊检验水平S-3，合格质量水平AQL=10，正常检查二次抽样方案。

7.2.2.2 用于包装单元运输的纸桶，对不符合标准的不能用于包装单元运输。

7.2.2.3 物理机械性能中堆码性能、跌落性能检验的抽样方案见表6。

表6 堆码性能和跌落性能检验的抽样方案

序号	项目	样本	样本大小	Ac	Re
1	堆码性能	第一	3	0	1
		第二	3	1	2
2	跌落性能	第一	3	0	1
		第二	3	1	2

7.3 判定规则

7.3.1 外观及尺寸偏差检验按5.1、5.2进行单项判定，若符合标准规定，则判定该项合格。若以上全部项都合格，则该样本的外观及尺寸偏差为合格。

7.3.2 物理机械性能检验分别按5.3的规定进行单项判定，并按表6进行批判定。

7.3.3 若物理机械性能全部合格，则判定该批产品合格，若出现不合格项，则判定该批型式检验不合格。

8 标志、包装、运输和贮存

8.1 标志

出厂纸桶应按用户要求，进行标记和盖印生产日期。

8.2 包装

需要时，纸桶应按用户要求进行包装。

8.3 运输、贮存

产品贮运应避免受到雨淋、曝晒、潮湿和污染、防止锐器划伤，仓贮时应有防潮措施。

ICS 55.160
A 82

中华人民共和国国家标准

GB/T 16717—2013
代替 GB/T 16717—1996

包装容器　重型瓦楞纸箱

Packing containers—Heavy duty corrugated box

2013-12-31 发布　　　　2014-10-01 实施

中华人民共和国国家质量监督检验检疫总局
中国国家标准化管理委员会　发布

前言

本标准按照GB/T 1.1—2009给出的规则起草。

本标准代替GB/T 16717—1996《包装容器　重型瓦楞纸箱》。

本标准与GB/T 16717—1996相比，除编辑性修改外主要技术变化如下：

——对重型瓦楞纸箱的箱型、结构和分类进行了修改，取消了重型瓦楞纸箱的分等，并对所用纸板的物理性能作了修改；
——修改了重型瓦楞纸箱内尺寸公差的要求；
——修改了压痕线的规定；
——修改了裁切刀口裂损的规定；
——增加了手挽孔或提手的规定；
——增加了摇盖的具体规定；
——修改了搭接舌的宽度、所用钉线或粘合剂的要求，以及钉合或粘合的质量要求；
——增加了对Ⅱ类重型瓦楞纸箱的规定和加强的要求；
——修改了摇盖的耐折要求和试验方法；
——修改了所用纸板边压强度的试验方法；
——修改了重型瓦楞纸箱耐冲击强度试验方法；
——修改了检验规则的要求；
——修改了包装、标志、运输和贮存的要求；
——修改了重型瓦楞纸箱耐冲击强度试验方法；
——修改了重型瓦楞纸箱抗压强度的安全系数；
——增加了附录A Ⅱ类重型瓦楞纸箱的结构示例。

本标准由全国包装标准化技术委员会(SAC/TC 49)提出并归口。

本标准起草单位：上峰集团有限公司、厦门合兴包装印刷股份有限公司、江苏吉春集团有限公司、福建省晋江市大自然彩色印刷有限公司、东莞市美盈森环保科技有限公司、武汉华艺柔印环保科技有限公司、苏州王子包装有限公司、中国包装联合会。

本标准主要起草人：蔡少龄、黄雪、羌燕明、张波涛、石义伟、俞波、彭建平、金志伟、陈利科、彭新斌。

本标准的历次版本发布情况为：

——GB/T 16717—1996。

包装容器　重型瓦楞纸箱

1　范围

本标准规定了重型瓦楞纸箱的术语和定义、分类、要求、检验与试验、检验规则、标志、包装、运输和贮存。

本标准适用于运输包装用重型瓦楞纸箱(以下简称纸箱)的设计、生产制造、使用与监督检验。

2　规范性引用文件

下列文件对于本文件的应用是必不可少的。凡是注日期的引用文件,仅注日期的版本适用于本文件。凡是不注日期的引用文件,其最新版本(包括所有的修改单)适用于本文件。

GB/T 191　包装储运图示标志

GB/T 2679.7　纸板　戳穿强度的测定

GB/T 2679.17　瓦楞纸板边压强度的测定(边缘补强法)

GB/T 2828.1　计数抽样检验程序　第1部分:按接收质量限(AQL)检索的逐批检验抽样计划

GB/T 4857.4　包装　运输包装件基本试验　第4部分:采用压力试验机进行的抗压和堆码试验方法

GB/T 4857.5　包装　运输包装件　跌落试验方法

GB/T 4857.11　包装　运输包装件基本试验　第11部分:水平冲击试验方法

GB/T 4857.15　包装　运输包装件　可控水平冲击试验方法

GB/T 4892　硬质直方体运输包装尺寸系列

GB/T 6543　运输包装用单瓦楞纸箱和双瓦楞纸箱

GB/T 6544　瓦楞纸板

GB/T 6545　瓦楞纸板耐破强度的测定法

GB/T 12464　普通木箱

GB/T 13384—2008　机电产品包装通用技术条件

GB/T 18926　包装容器　木构件

GJB 2555　军用木框架瓦楞纸箱规范

3　术语和定义

下列术语和定义适用于本文件。

3.1

综合内尺寸　inside dimensions of length plus width and depth

纸箱内尺寸的长、宽、高之和。

3.2

重型瓦楞纸箱　heavy duty corrugated box

内装物质量大于55 kg或综合内尺寸大于2 500 mm,主要以瓦楞纸板为箱体材料的包装箱。

4 分类

4.1 Ⅰ类纸箱

4.1.1 A型(开槽型)

可由一片或两片瓦楞纸板组成,见图1。由两片瓦楞纸板组成时,箱体的结合部应在两个相对的棱上。外摇盖对接需重叠时,重叠部分的瓦楞可先压溃。

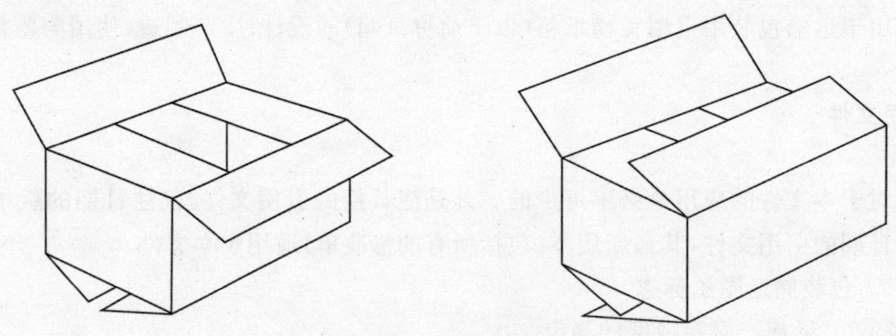

图1 A型纸箱

4.1.2 B型(套合型)

由两片瓦楞纸板组成,见图2,箱盖的内尺寸深度等于箱体的高度,箱盖和箱体的搭接部分应互相错开。

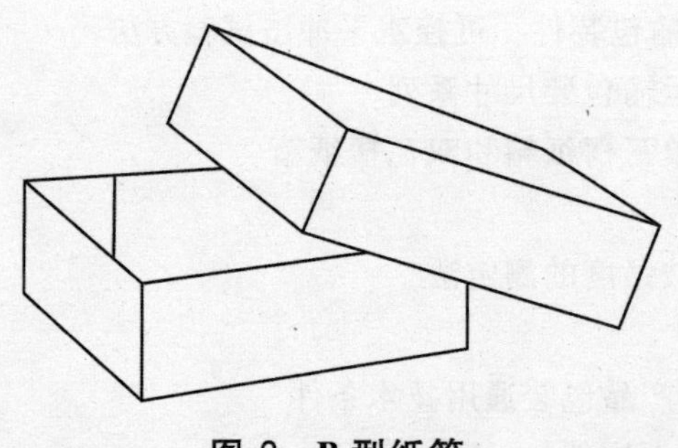

图2 B型纸箱

4.1.3 C型(半开槽型箱体加箱盖)

箱体可由一片或两片瓦楞纸板组成,见图3。由两片瓦楞纸板组成时,箱体的结合部应在两个相对的棱上。外摇盖对接需重叠时,重叠部分的瓦楞可先压溃。

箱盖的深度不小于100 mm,也可采用无须钉合或粘合的具有自锁结构的折叠式箱盖。

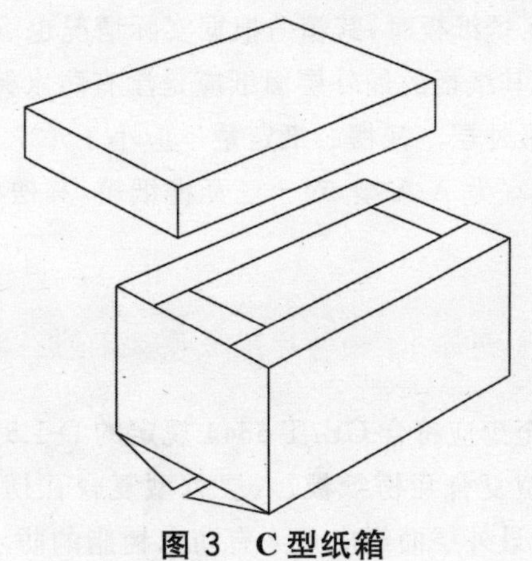

图 3 C型纸箱

4.2 Ⅱ类纸箱

除Ⅰ类纸箱之外的其他纸箱。Ⅱ类纸箱的结构示例如附录A所示。

5 要求

5.1 外观

5.1.1 箱面印刷图文正确、清晰，墨色深浅一致，位置准确。不应有明显偏斜。

5.1.2 箱体方正，表面不允许有明显的损坏和污迹，各箱面不得有拼接。

5.1.3 箱角无明显的漏洞或包角。除异型箱外，构成纸箱各面的切断部及棱应互成直角。

5.1.4 根据需要，在适当位置印刷纸箱的种类或代号、生产日期及制造厂等信息。

5.2 材料

5.2.1 Ⅰ类纸箱

5.2.1.1 Ⅰ类纸箱的种类及其纸板的物理性能如表1所示。成箱后取样进行检测的纸板强度指标可比表1的规定值低10%。

表 1 Ⅰ类纸箱的种类及其纸板的物理性能

种类		内装物最大质量[a]/kg	最大综合内尺寸/mm	瓦楞纸板最小综合定量[b]/(g/m²)	最小耐破强度/MPa	最小戳穿强度/J	最小边压强度/(kN/m)
双瓦楞	第1种	55	2 700	878	2.60	—	11.0
	第2种	65	2 820	1 083	3.30	—	14.0
	第3种	75	2 950	1 317	4.00	—	17.0
三瓦楞	第1种	100	2 700	820	—	20.0	12.0
	第2种	105	2 820	1 080	—	25.0	15.0
	第3种	110	2 950	1 290	—	30.0	18.0
	第4种	115	3 070	1 760	—	35.0	21.0

[a] 如果内装物的实际质量小于表中规定的内装物最大质量，则纸箱的最大综合内尺寸可以增加，但增加的尺寸不得大于表中规定的最大综合内尺寸乘以(1－内装物实际质量÷规定的内装物最大质量)×0.5。否则应采用高一档的纸板；

[b] 表中的瓦楞纸板最小综合定量是为达到戳穿强度/耐破强度的要求而规定的，根据流通环境或客户的要求，可以选择按照戳穿强度/耐破强度的要求，或者按照边压强度的要求生产纸箱。

5.2.1.2 C型纸箱的箱体采用三瓦楞纸板时，其箱盖根据实际情况也可以用有强度的双瓦楞纸板制作。

5.2.1.3 对于有防水要求的纸箱，其纸板的最外层面纸应是涂有防水树脂的防水纸板。

5.2.1.4 定量最高的面纸应置于最外层。瓦楞芯纸定量不应小于 127 g/m^2。

5.2.1.5 对于双瓦楞纸箱，其楞型宜为 A-A 型，对于三瓦楞纸箱，其楞型宜为 C-A-A 型或 A-A-A 型。

5.2.2 Ⅱ类纸箱

5.2.2.1 纸板

Ⅱ类纸箱用纸板的物理性能至少应符合 GB/T 6544 规定的 D-1.5 以上的双瓦楞纸板或 T-1.2 以上的三瓦楞纸板。亦可采用四层重型复合瓦楞纸板、六层重型复合瓦楞纸板或七层重型复合瓦楞纸板。对于有防水要求的纸箱，其纸板的最外层面纸应是涂有防水树脂的防水纸板。Ⅱ类纸箱也可以采用Ⅰ类纸箱用的瓦楞纸板。

5.2.2.2 纸箱的加强材料

纸箱的加强材料要求如下：

a) 纸箱加强用的箱档、立柱或托盘等木构件，其材质应符合 GB/T 18926 规定的 2 等以上，含水率应不大于 20%，需要时木构件应进行防虫害处理。

b) 木框架纸箱（参见附录 A 的 A.1）箱档的截面尺寸按 GJB 2555 的规定。

c) 裹包式纸箱（参见 A.2）的端面是一整块木板时，其厚度为 50 mm；由两层木板或木质箱档构成时，每层木板或箱档的厚度各为 25 mm，每块木板或箱档的宽度至少为 65 mm（参见的图 A.5）。

d) 需要时也可以使用其他加强材料，但应符合 GB/T 13384—2008 的 5.1 的规定。

5.3 尺寸与公差

5.3.1 纸箱的外尺寸应符合 GB/T 4892 的规定，纸箱的长、宽之比一般不大于 2.5：1，高宽之比一般不大于 2：1，一般不小于 0.15：1。

5.3.2 纸箱的规格通常用内尺寸、展开尺寸（或制造尺寸）或外尺寸表示（单位为毫米），关于这三种尺寸及这三种尺寸的关系，按 GB/T 6543 的规定。

5.3.3 纸箱的内尺寸公差，双瓦楞纸箱为±6 mm，三瓦楞纸箱为±10 mm。

5.4 压痕

5.4.1 压痕深浅一致，折线居中，不得有破裂或断线。箱壁不得有多余的压痕线。

5.4.2 压痕线有横压痕线（垂直于瓦楞方向）和纵压痕线（平行于瓦楞方向），将纸板按 6.2 规定的方法沿压痕线折叠时，纸板的面纸或底纸出现的裂缝不得大于 70 mm。

5.4.3 需要时，可采用模压的方法，使内摇盖的横压痕线低于外摇盖横压痕线一个纸板厚的距离。

5.5 开槽与裁切刀口

开槽与裁切的刀口光洁，切断部位不得有显著的缺陷，切断口表面裂损不超过 10 mm。

5.6 手挽孔或提手

为搬运方便可在纸箱侧面的中部开手挽孔或加装提手。需要时可采用适当的方法对开手挽孔或装提手的纸板进行加强。

5.7 摇盖

5.7.1 纸箱封箱时，纸箱的外摇盖一般不得重叠或有大于 10 mm 的缝隙。但是，需要重叠时可以有约 35 mm 的重叠，重叠部分的瓦楞可先被压溃。

5.7.2 内外摇盖的横压痕线处于同一高度的纸箱，沿横压痕线摇盖一侧的瓦楞可先被压溃约 65 mm 宽。

5.8 钉合

5.8.1 纸箱钉合应使用宽度 2 mm 以上的经防锈处理的带镀层(铜、锌)的低碳钢钉线，钉线不应有锈斑、剥层、龟裂或其他使用上的缺陷。

5.8.2 纸箱钉合的搭接舌宽度为 45 mm 以上，纸箱的搭接部分的瓦楞可先被压溃。

5.8.3 箱钉的间距不大于 60 mm。采用斜钉(与纸箱立边所成角度约为 45°)沿搭接部分中线钉合。箱钉应排列整齐、均匀，头尾钉距顶、底面压痕线距离不超过 20 mm±7 mm。纸箱的钉合应钉牢、钉透，不得有叠钉、缺钉、翘钉、断钉、不转角等缺陷。

5.8.4 Ⅰ类 B 型的箱体或箱盖的每个钉合处应用不少于四个箱钉固定，箱钉离纸板边缘为 30 mm±5 mm，每个钉合处围绕边缘的箱钉的中心距不得大于 130 mm。

5.9 粘合

5.9.1 纸箱的粘合应使用有粘合强度的粘合剂。对于有防水要求的纸箱，其所用的粘合剂应是耐水的。

5.9.2 纸箱粘合的搭接舌宽度为 50 mm 以上，搭接部分的瓦楞可先被压溃。粘合剂涂布充分、均匀，不得有多余的粘合剂溢出现象。粘合应牢固，剥离时至少有 75%的粘合面被破坏。

5.10 Ⅱ类纸箱的加强

5.10.1 除了可以在纸箱内使用瓦楞纸板隔板、套筒、衬板、衬垫等纸箱附件之外，还可以采用托盘、木构件、胶合板、纸护角、瓦楞纸板垫、塑料件甚至金属件等，以提高其承载能力和抵御储运中各种外力的能力。

5.10.2 加强用木构件的尺寸、瓦楞纸板与木构件连接的用钉以及钉钉的方法按 GJB 2555 的规定。

5.11 抗压能力

纸箱的抗压能力按 6.7 规定的方法进行平面压力试验，其强度值应大于规定值。具体参数的确定可参见附录 B 或由供需双方协商确定。

5.12 抗机械冲击能力及其他

纸箱的抗机械冲击能力应从其内装物的性质、包装防护方式以及流通环境等综合考虑。具有特殊要求(如：防潮、防火等)的纸箱性能要求由供需双方协商确定。

6 检验与试验

6.1 纸箱的外观、开槽与裁切、摇盖、钉合或粘合的质量采用目测或用尺子测量的方法进行检验。

6.2 对压痕线的质量进行检验时，将纸板沿每条横压痕线先向内折叠 90°，然后向外折 180°一次，以及沿每条纵压痕线向内折 180°一次。

6.3 对尺寸的检验按 GB/T 6543 的规定进行。

6.4 瓦楞纸板的耐破强度按 GB/T 6545 的规定进行。

6.5 瓦楞纸板的戳穿强度按 GB/T 2679.7 的规定进行。

6.6 瓦楞纸板的边压强度按 GB/T 2679.17 的规定进行。

6.7 纸箱的空箱抗压能力按 GB/T 4857.4 的规定进行。试验时纸箱应按拟采取的实际运输状态进行封合。

6.8 纸箱的抗冲击能力包括跌落冲击、水平冲击和可控水平冲击三种试验。具体试验方法由供需双方根据实际情况进行。分别按 GB/T 4857.5、GB/T 4857.11 和 GB/T 4857.15 规定的试验项目进行，并确定试验强度值。

7 检验规则

7.1 检验分类

纸箱的检验分为出厂检验和型式检验。

7.1.1 出厂检验

按 5.1、5.3～5. 9 的要求对产品的外观、尺寸、压痕、开槽与裁切、摇盖、钉合或粘合的质量进行出厂检验。

7.1.2 型式检验

型式检验项目为第 5 章规定的全部项目。当有下列情况之一时，应进行型式检验：

a) 新产品投产的鉴定；

b) 当结构、工艺、材料有较大改变时；

c) 产品停产 6 个月以上，恢复生产时；

d) 出厂检验结果与上次型式检验有较大差异时；

e) 国家质量监督机构或用户提出要求时。

7.2 组批与抽样方案

7.2.1 一般情况下，以相同材料、相同工艺、相同规格、同时交付的产品为一批。

7.2.2 除空箱抗压能力试验和抗机械冲击能力试验外，所有项目按照 GB/T 2828.1 正常检验两次抽样方案，一般检验水平Ⅰ，AQL＝6.5，见表 2。

表 2 抽样与合格判定方案

批 量	第一次			第二次		
	抽样数	接收数 Ac	拒收数 Re	抽样数	接收数 Ac	拒收数 Re
＜150	5	0	2	5(10)	1	2
150～280	8	0	3	8(16)	3	4
281～500	13	1	3	13(26)	4	5
501～1 200	20	2	5	20(40)	6	7
1 201～3 200	32	3	6	32(64)	9	10
3 201～10 000	50	5	9	50(100)	12	13
＞10 000	80	7	11	80(160)	18	19

7.2.3 空箱抗压能力试验，从一批中任意抽取 3 个样品进行试验。

7.2.4 抗机械冲击能力试验的样品数量由供需双方协商确定。

7.3 判定规则

7.3.1 按 5.1、5.3～5.9 检验项目的要求对纸箱进行单项判定，其中有两项不合格，则该纸箱为不合格。

7.3.2 摇盖耐折性能不合格，则该纸箱不合格。

7.3.3 瓦楞纸板的戳穿强度(耐破强度)或边压强度不合格，则该批纸箱不合格。

7.3.4 空箱抗压试验若有一个样品不合格，则该批纸箱不合格。

8 标志、包装、运输和贮存

8.1 包装标志应符合 GB/T 191 的规定。

8.2 纸箱的包装方式和要求由供需双方商定。

8.3 纸箱在储运过程中应避免雨雪、曝晒、受潮和污染，不得采用有损纸箱质量的运输、装卸方式及工具。

8.4 纸箱应贮存在通风干燥的库房内，底层距地面高度不小于 100 mm。短期露天存放时，应有必要的防雨防晒等措施。

附　录　A
（资料性附录）
Ⅱ类纸箱的结构示例

A.1　木框架纸箱

A.1.1　木框架纸箱基本箱型与代号见图 A.1。

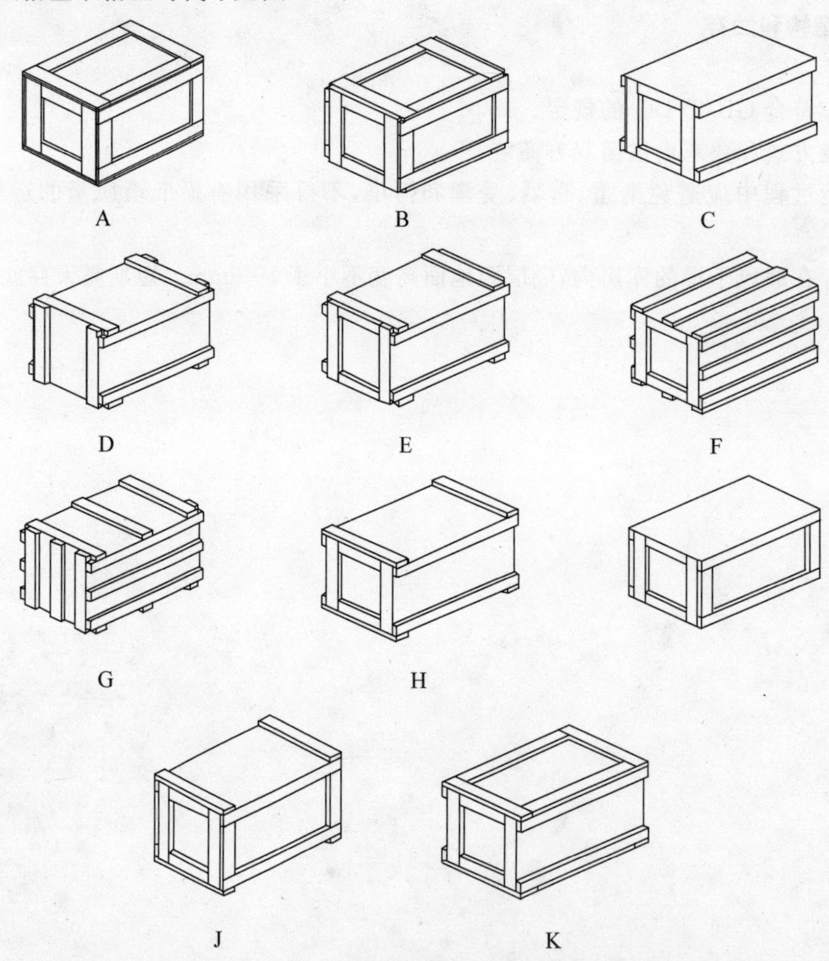

图 A.1　木框架纸箱基本箱型与代号

A.1.2　木框架纸箱底面的加强见图 A.2。

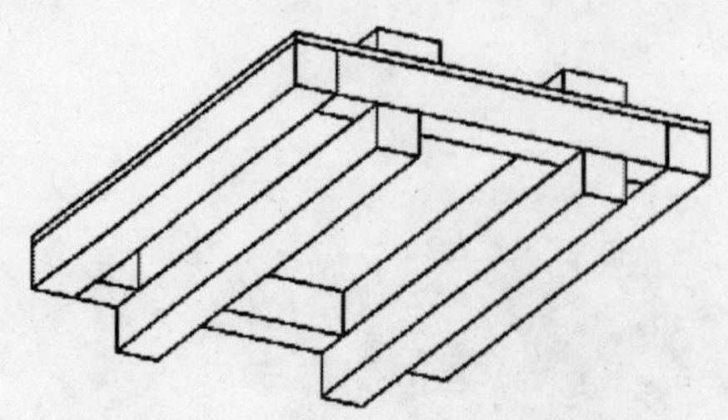

图 A.2　木框架纸箱底面的加强

A.1.3 木框架纸箱的 A 型、B 型和 K 型箱箱盖上的排水孔见图 A.3。

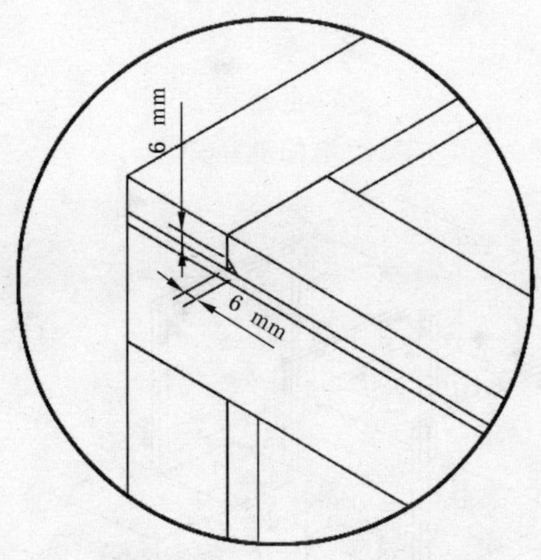

图 A.3 木框架纸箱的 A 型、B 型和 K 型箱箱盖上的排水孔

A.2 裹包式纸箱

A.2.1 裹包式纸箱如图 A.4。

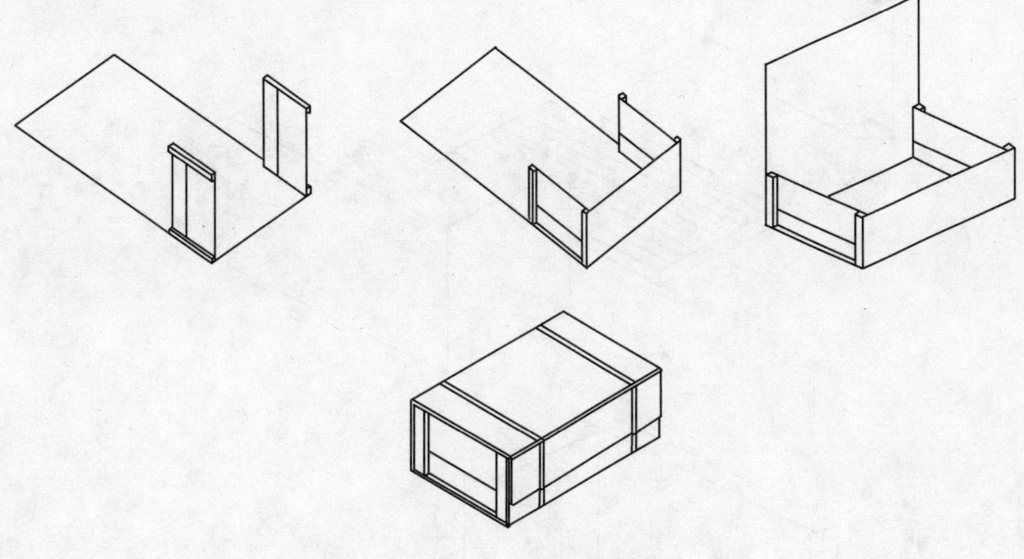

图 A.4 裹包式纸箱

A.2.2 裹包式纸箱的端面如图 A.5。

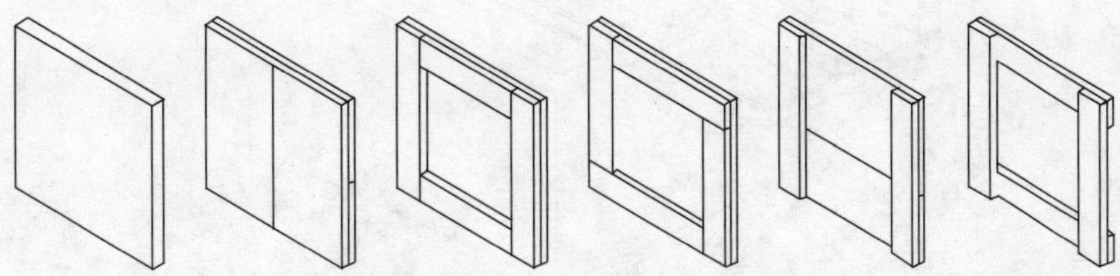

图 A.5 裹包式纸箱的端面

A.3 其他Ⅱ类纸箱的结构示例

示例图见图 A.6。

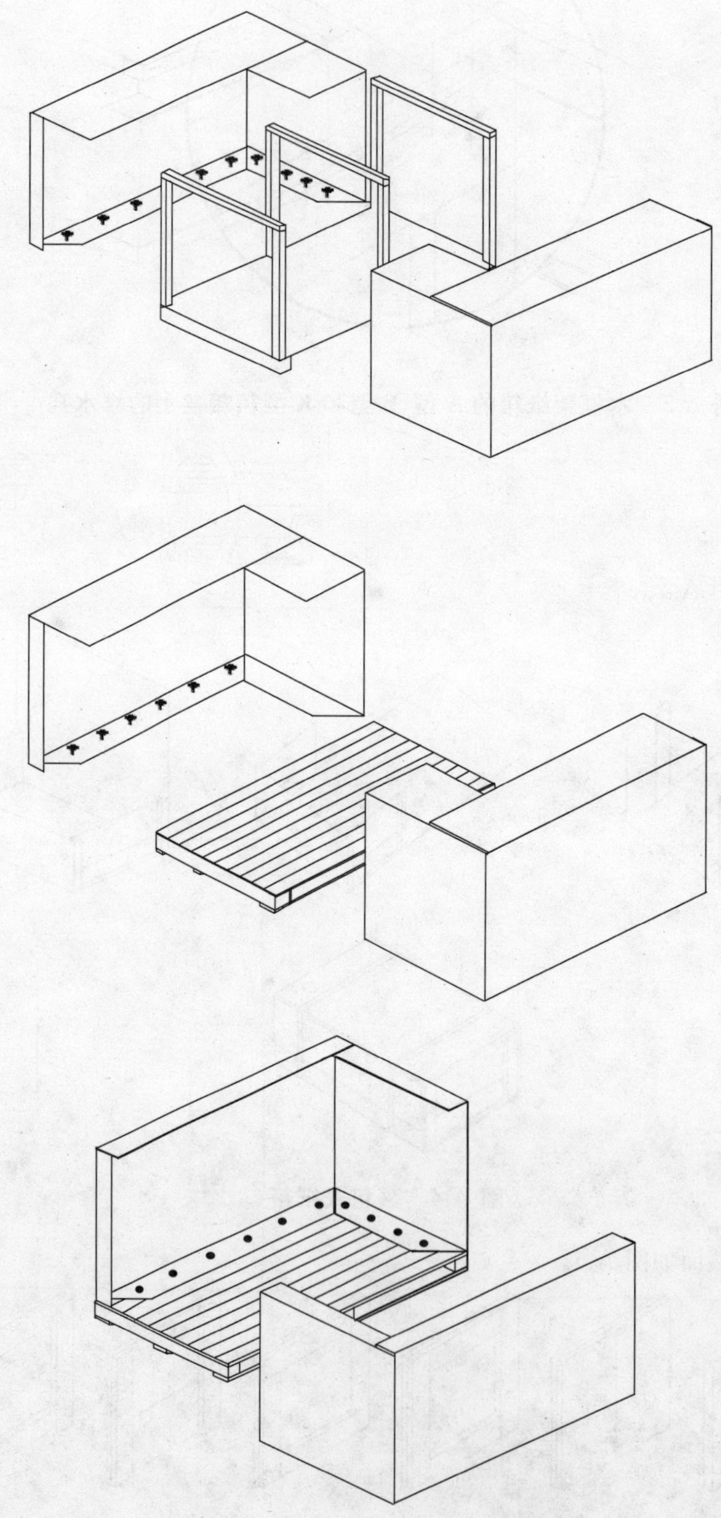

图 A.6 其他Ⅱ类纸箱的结构示例

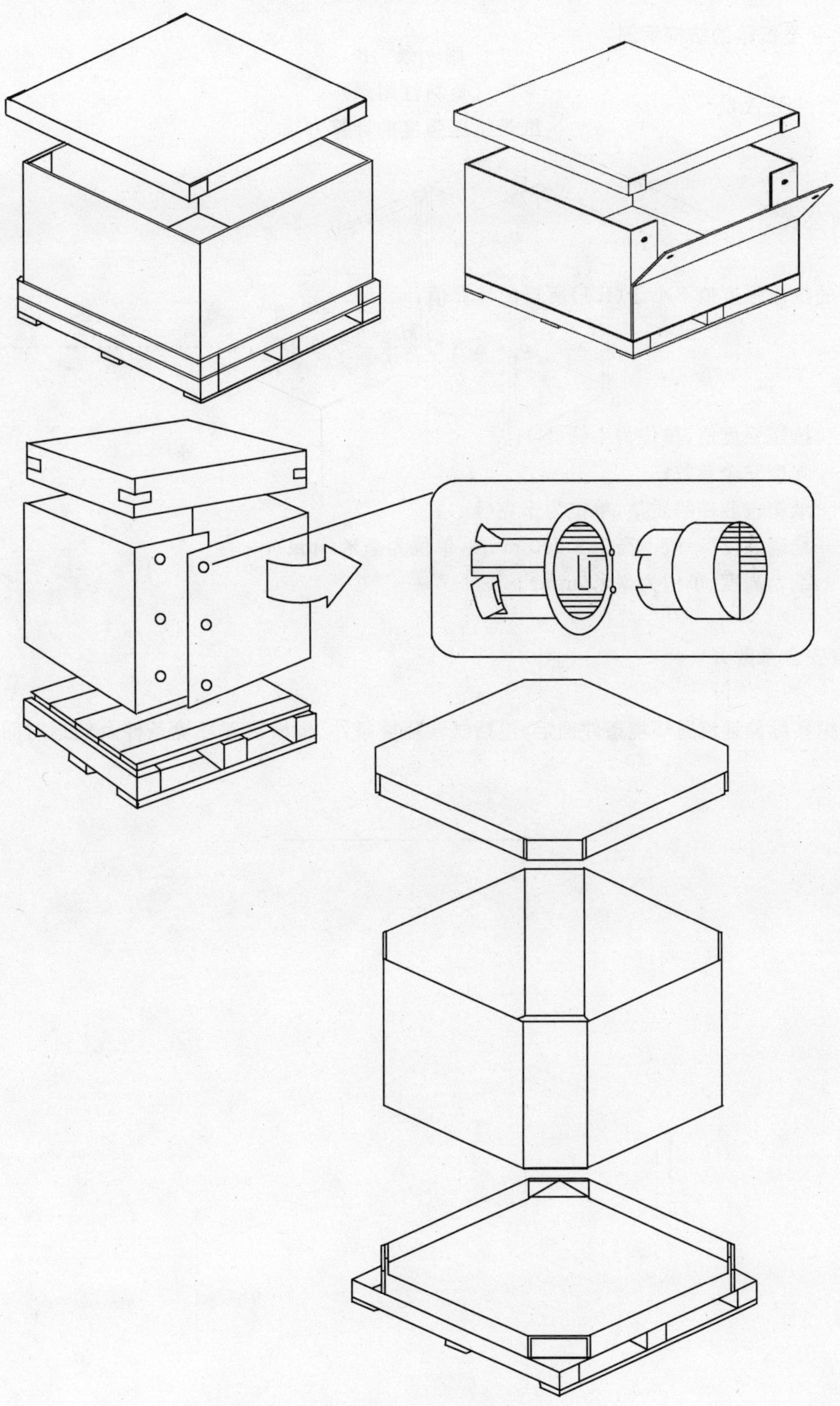

图 A.6　其他Ⅱ类纸箱的结构示例(续)

附　录　B
（资料性附录）
纸箱抗压强度的计算方法

B.1　计算公式

纸箱的抗压强度值不小于(B.1)所得的计算值：

$$p = K \cdot G \frac{H-h}{h} \times 9.8 \quad \cdots\cdots(B.1)$$

式中：

p ——抗压强度值，单位为牛顿(N)；

K ——强度安全系数；

G ——纸箱包装件的质量，单位为千克(kg)；

H ——堆码高度(一般不高于 3 000 mm)，单位为毫米(mm)；

h ——纸箱高度，单位为毫米(mm)。

B.2　强度安全系数 *K*

应根据实际储运流通环境条件确定，包括气候环境条件、机械物理环境条件及储运时间等，一般取 3 以上。

ICS 55.180.20
A 85

中华人民共和国国家标准

GB/T 19450—2004

纸　基　平　托　盘

Paper flat pallets

2004-03-04 发布　　2004-08-01 实施

中华人民共和国
国家质量监督检验检疫总局　发布

前　言

本标准非等效采用 ASTM D1185—1998a《货物运输用托盘及其相关构件的试验方法》而制定。

本标准的制定为我国包装领域提供了新型纸质材料托盘的种类和技术要求，应用本标准有利于环境保护并可较好地与国际接轨。

本标准由中国包装总公司提出。

本标准由全国包装标准化技术委员会归口。

本标准起草单位：中国出口商品包装研究所、中华人民共和国天津出入境检验检疫局、机械科学研究院、全军包装办公室、中华人民共和国北京出入境检验检疫局。

本标准主要起草人：李建华、黄雪、王利兵、郭宝华、王显云、唐树田。

纸　基　平　托　盘

1　范围

本标准规定了纸基平托盘的定义、型式，要求、检验、标志、运输和储存等。

本标准适用于纸基平托盘的生产、检验、流通和使用。

2　规范性引用文件

下列文件中的条款通过本标准的引用而成为本标准的条款。凡是注日期的引用文件，其随后所有的修改单(不包括勘误的内容)或修订版均不适用于本标准，然而，鼓励根据本标准达成协议的各方研究是否可使用这些文件的最新版本。凡是不注日期的引用文件，其最新版本适用于本标准。

GB/T 2934　联运通用平托盘　主要尺寸及公差

GB/T 3716　托盘术语

GB/T 4857.4　包装　运输包装件　压力试验方法

GB/T 4857.9　包装　运输包装件　喷淋试验方法

GB/T 4857.10　包装　运输包装件　正弦变频振动试验方法

GB/T 4996　联运通用平托盘　试验方法

GB/T 5034　出口产品包装用瓦楞纸板

GB/T 5398　大型运输包装件试验方法

GB/T 6544　包装材料　瓦楞纸板

GB/T 13023　瓦楞原纸

GB/T 15233　包装　单元货物尺寸

GB/T 16470　托盘包装

GB 18455　包装回收标志

BB/T 0016　包装材料　蜂窝纸板

SN/T 0806　出口商品运输包装蜂窝纸板托盘包装检验规程

3　术语和定义

GB/T 3716 确立的以及下列术语和定义适用于本标准。

3.1

纸基平托盘　paper flat pallets

用纸质材料做基材，经粘合联接、插接、钉合或一次成型工艺等制成的托盘。

4　型式及代号

4.1　纸基平托盘主要分为五种型式：

a 型　以瓦楞纸板为基材的平托盘。

b 型　以蜂窝纸板为基材的平托盘。

c 型　以两种以上纸板为基材的平托盘。

d 型　以层压硬纸板为基材的平托盘。

e 型　其他纸基材料平托盘。

4.2　纸基平托盘分单面(D)和双面(S)使用，双向进叉(D1、S1)和四方向向进叉(D2、S2)。

4.3　纸基平托盘主要型式及代号见表 1。

表 1 纸基平托盘主要型式及代号

名　　称	型式代号	示　　意　　图
瓦楞纸基托盘	a 型 D1 D2 S1 S2	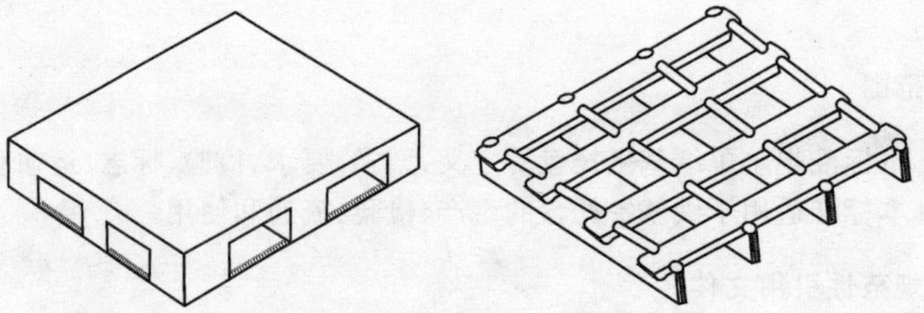
蜂窝纸基托盘	b 型 D1 D2 S1 S2	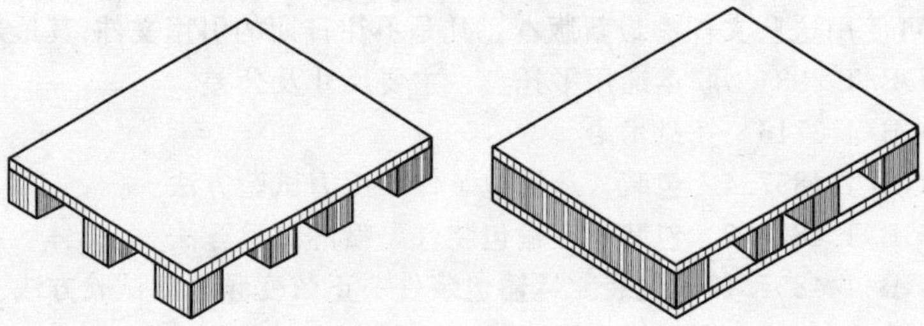
复合纸基托盘	c 型 D1 D2 S1 S2	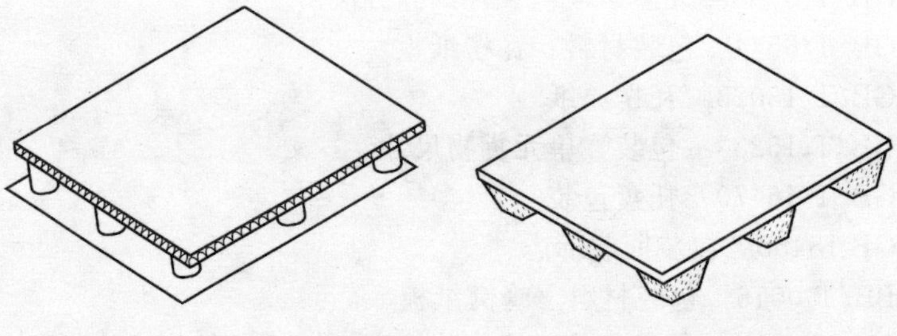
硬纸板类托盘	d 型 D1 D2 S1 S2	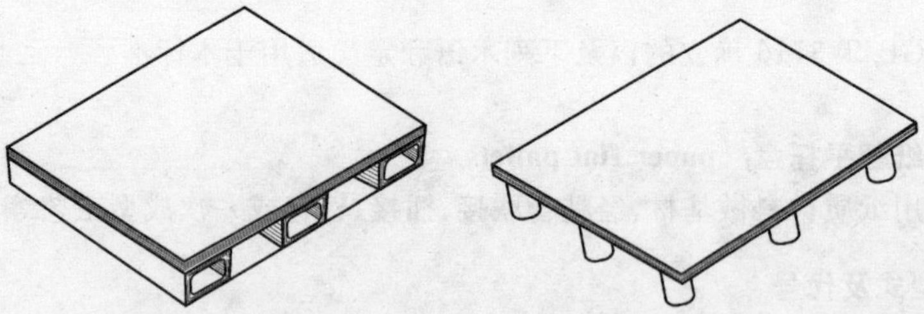

5 要求

5.1 载重量

本标准规定的纸基平托盘的额定载荷不大于 1 000 kg。

5.2 尺寸

5.2.1 纸基平托盘尺寸及公差按 GB/T 2934 和 GB/T 15233 的规定。

5.2.2 纸基平托盘叉孔高度尺寸为 70 mm～100 mm，优先选取 100 mm。

5.3 结构

纸基平托盘结构由承载面板和纵梁或垫块及(或)外加底铺板构成(见表1中示意图),应联结合理,牢固。

5.4 材质

5.4.1 纸基平托盘应合理选用符合GB/T 5034、GB/T 6544、GB/T 13023、BB/T 0016等标准规定的纸材制造,用胶应符合GB/T 5034,GB/T 6544和BB/T 0016的规定。

5.5 强度

5.5.1 纸基平托盘应具有足够的强度,以满足装卸、运输和贮存要求。

5.5.2 纸基平托盘应按GB/T 16470的规定确保货物预定码放状态,具有承受捆扎、束缚、拉伸裹包和收缩裹包等固定货物的能力。出口包装用纸基平托盘还应符合SN/T 0806等有关标准或规定。

5.6 制作

5.6.1 纸基平托盘粘合或钉合及插接成型后应牢固,保证在正常使用中不开裂。每平方米纸板脱胶部分之和不大于200 mm^2,每米长单张纸板纵、横方向翘曲不得大于20 mm。

5.6.2 纸基平托盘应做到切边齐整无毛刺,切断表面裂损宽度不得超过8 mm。表面不得有明显的油污、水渍、斑纹、粘痕等。

5.6.3 纸基平托盘不应有其他使用上的缺陷。

5.6.4 纸基平托盘可根据用户要求进行防潮处理。

6 试验方法

6.1 纸基平托盘应根据其结构型式和要求,以及实际流通环境条件进行压力试验、冲击试验、振动试验和对角线刚度试验。也可选做GB/T 4857.9规定的喷淋试验和GB/T 4996规定的有关试验。

6.2 纸基平托盘应在标准温度和相对湿度的条件下至少预处理24 h,应优先选择23℃±2℃和50%±5%。也可选择20℃±5℃和65%±5%、27℃±5℃和65%±5%或40℃±5℃和90%±5%。

6.3 压力试验

6.3.1 通过压力试验机对纸基平托盘进行加压试验(见图1),定量评定其托盘在受到压力时的耐压强度及对货物的承载能力。

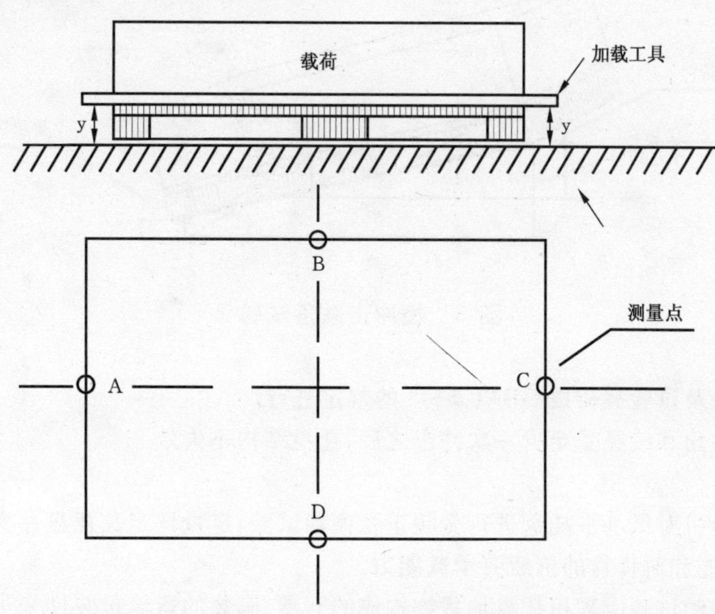

图1 压力试验

6.3.2 压力试验方法按 GB/T 4857.4 的规定进行。

6.3.3 压力试验也可通过堆码试验替代,并应符合 GB/T 4996 的规定。

6.3.4 压力试验载荷的确定应符合下列要求:

a) 由压缩负载极限值得出实际承载能力:当通过试验来确定纸基平托盘的压缩负荷极限值时,结合考虑储存时间及温湿度的影响,可将试验所得的压缩负载极限值乘以 34%,为该纸基平托盘的实际承载能力。

b) 预定负载:当试验要预先确定试验负载和纸基平托盘的变形量,来考核该纸基平托盘的承载能力时,其预定负载可按 GB/T 4996 中堆码试验公式计算。

6.3.5 在相当于 0.25R 准载荷条件下测得满载变形值 Y 的变化不应超过 4 mm。在卸载过程中,相当于 0.25R 准载荷条件下,Y 值的变化不应超过 1.5 mm,并且应在 1 h 之内复原。

6.4 冲击试验

6.4.1 通过角冲击跌落和棱冲击跌落对纸基平托盘进行冲击试验(见图 2、图 3),定量评定其托盘的耐冲击强度及对货物的承载能力。

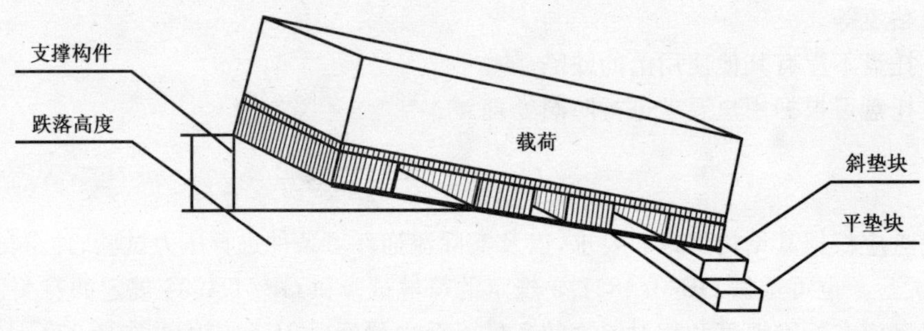

图 2 角冲击跌落试验

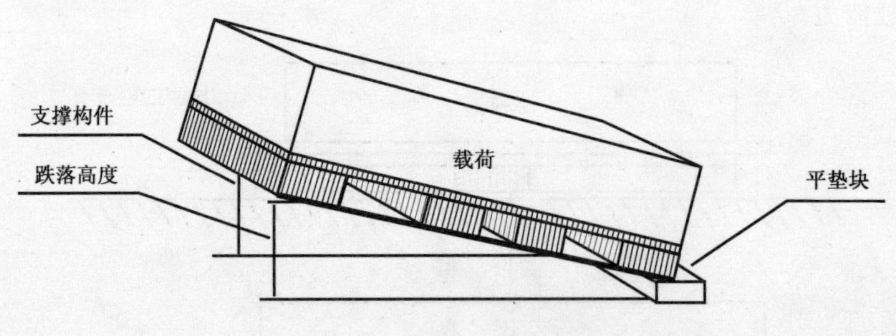

图 3 棱冲击跌落试验

6.4.2 冲击试验方法及试验载荷按 GB/T 5398 的规定进行。

6.4.3 在托盘底板各角和棱经受至少一次冲击之后,托盘结构不失效。

6.5 振动试验

6.5.1 通过振动试验机对纸基平托盘进行变频正弦振动试验,定量评定其托盘在实际流通过程中经受重复冲击时的耐振性能和对货物的抗疲劳承载能力。

6.5.2 纸基平托盘振动试验应采用托盘加货物构成的完整、满装的运输包装件来进行。

6.5.3 振动试验方法按 GB/T 4857.10 规定进行。振动试验参数按表 2 选取。必要时也可选做定频正弦振动试验,并应符合有关标准规定。

表 2 振动试验参数

频率范围/Hz	扫描和闭锁振幅(0-峰值)/g	闭锁时间/min
3～100	0.25±0.1 g;	15
	0.5±0.1 g;	10
	0.75±0.1 g。	5

6.5.4 扫频试验 3 Hz—100 Hz—3 Hz,并按每分钟二分之一个倍频程的扫描速度重复扫描两次,共振试验在共振频率上停留 15 min、最大加速度 0.75 g±0.1 g 的试验条件下,托盘结构不失效。

6.6 对角线刚度试验

6.6.1 通过垂直冲击跌落试验机对纸基平托盘进行对角线刚度试验,定量评定其托盘抗冲击变形及对货物的承载能力。

6.6.2 对角线刚度试验方法按 GB/T 4996 规定进行。

6.6.3 对角线刚度试验中托盘角跌落高度应为 1 000 mm,见图 4。

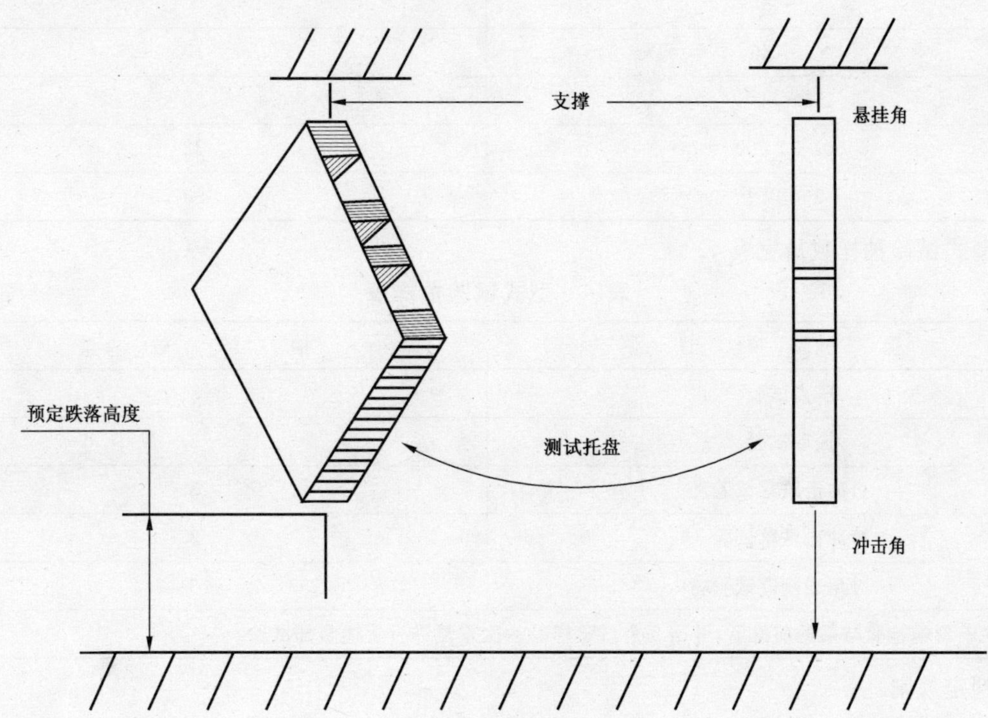

图 4 对角线刚度试验

6.6.4 托盘的同一个角经三次跌落后,所测得的对角线 y 值的变化最大不应超过 0.04 y。用三个托盘分别做试验并取其平均值。

7 检验规则

7.1 纸基平托盘的检验分出厂检验和型式试验。

7.2 检验项目

7.2.1 出厂检验为外观检验。项目主要包括本标准 5.6.1、5.6.2、5.6.3 中规定的加工质量、牢固度、清洁度。

7.2.2 型式试验

型式试验为本标准6.3、6.4、6.5、6.6中规定的压力、振动、角冲击跌落、棱冲击跌落和对角线刚度试验的全部项目。有下列情况之一时，应进行型式试验：

a) 新产品或老产品转厂生产的试制定型鉴定；

b) 正式生产后，如结构、材料、工艺有较大改变，可能影响产品性能时；

c) 产品长期停产后，恢复生产时；

d) 出厂检验结果与上次型式试验有较大差异时；

e) 国家质量监督机构提出进行型式试验要求。

7.3 抽样及判定规则

7.3.1 抽样

7.3.2 出厂检验抽样数量见表3。

表3 出厂检验抽样表

单位为个

批量范围	样品数量
15以下	5
51～90	8
91～150	13
151～500	20
501～1 200	32
1 200以上	50

7.3.3 型式试验抽样数量见表4。

表4 型式试验抽样表

单位为个

检验项目	抽样数量
压力试验	3
振动试验	3
角冲击跌落试验	3
棱冲击跌落试验	3
对角线刚度试验	3
注：在不影响检验结果的前提下，可用3个试验样品一次重复进行上述全部试验。	

7.3.4 判定规则

7.3.4.1 出厂检验判定规则

出厂检验各项指标均符合本标准第5章规定，则判定该托盘合格，否则判该托盘出厂检验不合格。出厂检验批合格准则按表5规定。

表5 出厂检验合格判定

样品数量	合格判定数	不合格判定数
5	1	2
8	2	3
13	3	4
20	5	6
32	7	8
50	10	11

7.3.4.2 型式试验判定规则

纸基平托盘按本标准6.3、6.4、6.5、6.6规定的各项性能试验全部合格，则判定该托盘型式检验合格，若有任一项不合格，则判定该托盘型式检验为不合格。

8 标志、包装、运输和贮存

8.1 纸基平托盘应标上型号、标准号、额定载荷、生产厂名称等标志。回收标志应符合GB 18455的规定。

8.2 纸基平托盘出厂时应根据用户要求及流通环境条件合理进行捆扎或箱装，便于运输和贮存。

8.3 纸基平托盘在运输中应防止机械损伤，并应有防雨，防潮措施。

8.4 纸基平托盘应在符合温、湿度条件要求和通风良好的仓库内贮存。

ICS 65.160
X 85
备案号：21205—2007

中华人民共和国烟草行业标准

YC/T 224—2007

卷烟用瓦楞纸箱

Corrugated board carton for cigarette

2007-07-05 发布　　2007-09-01 实施

国家烟草专卖局　发布

前 言

本标准是按照 GB/T 1.1—2000《标准化工作导则　第1部分:标准的结构和编写规则》等规定,结合烟草行业烟用材料的特点制定的。

本标准的附录A为资料性附录。

本标准由国家烟草专卖局提出。

本标准由全国烟草标准化技术委员会(TC 144)归口。

本标准起草单位:云南中烟物资(集团)有限责任公司、中国烟草标准化研究中心、红塔烟草(集团)有限责任公司、红云烟草(集团)有限责任公司、红河烟草(集团)有限责任公司、云南省造纸产品质量监督检验站。

本标准主要起草人:顾波、陈连芳、方斌、桂永发、王乐、韩云辉、周艳、范多青、陈家明、李慧、陆泉、秦云华、钱强、杨本彬。

卷烟用瓦楞纸箱

1 范围

本标准规定了卷烟用瓦楞纸箱的术语和定义、分类、技术要求、检验方法、检验规则及包装、标识、贮存、运输。

本标准适用于卷烟产品用瓦楞纸箱。

2 规范性引用文件

下列文件中的条款通过本标准的引用而成为本标准的条款。凡是注日期的引用文件,其随后所有的修改单(不包括勘误的内容)或修订版均不适用于本标准,然而,鼓励根据本标准达成协议的各方研究是否可使用这些文件的最新版本。凡是不注日期的引用文件,其最新版本适用于本标准。

GB/T 450 纸和纸板试样的采取(GB/T 450—2002,eqv ISO 186:1994)

GB/T 462 纸和纸板 水分的测定(GB/T 462—2003,ISO 287:1985,MOD)

GB/T 2679.7 纸板戳穿强度的测定法

GB/T 4857.4 包装 运输包装件 压力试验方法(GB/T 4857.4—1992,eqv ISO 2872:1985)

GB 5606.2 卷烟 第2部分:包装标识

GB/T 6545 瓦楞纸板耐破强度的测定法(GB/T 6545—1998,eqv ISO 2759:1983)

GB/T 6546 瓦楞纸板边压强度的测定法(GB/T 6546—1998,idt ISO 3070:1987)

GB/T 6547 瓦楞纸板厚度的测定法(GB/T 6547—1998,eqv ISO 3034:1991)

GB/T 6548 瓦楞纸板粘合强度的测定法

GB/T 7975 纸和纸板 颜色的测定(漫反射法)

GB/T 10739 纸、纸板和纸浆试样处理和试验的标准大气条件(GB/T 10739—2002,eqv ISO 187:1990)

3 术语和定义

下列术语和定义适用于本标准。

3.1

卷烟用瓦楞纸箱 corrugated board carton for cigarette

由一片或两片瓦楞纸板,经过模切、压痕、钉合或粘接等加工制成的纸箱,用于包装一定数量的条装卷烟。

3.2

摇盖 foldout

纸箱顶部和底部的折片,纸箱顶部和底部一般各有四片。

3.3

纸箱的综合尺寸 the dimension of corrugated board carton

纸箱内壁的长、宽、高尺寸之和。

3.4

异味 off-odor

除纸箱本身固有气味之外的,对卷烟产生不良影响的其他气味。

4 分类

卷烟用瓦楞纸箱分类见表1。

表1 卷烟用瓦楞纸箱分类

类别	等级	备注
Ⅰ类箱	A级	Ⅰ类箱适用出口卷烟包装。 Ⅱ类箱适用内销卷烟包装。
	B级	
Ⅱ类箱	A级	
	B级	
	C级	

5 技术要求

5.1 卷烟用瓦楞纸箱物理性能指标见表2。

表2 卷烟用瓦楞纸箱物理性能指标

类别及等级		空箱抗压强度/N	耐破强度/kPa	边压强度/(N/m)	戳穿强度/J	粘合强度/(N/m^2)	厚度/mm	水分/%
Ⅰ类箱	A级	≥3 500	≥1 350	≥6 860	≥7.0	≥58 800	设计值±0.5	设计值±2
	B级	≥3 000	≥1 180	≥4 900	≥6.4	≥58 800		
Ⅱ类箱	A级	≥3 200	≥1 177	≥6 000	≥6.4	—		
	B级	≥2 600	≥980	≥5 000	≥5.8	—		
	C级	≥2 000	≥784	≥4 500	≥4.9	—		

5.2 卷烟用瓦楞纸箱外观要求见表3。

表3 卷烟用瓦楞纸箱外观要求

序号	项目	指标
1	方正度	纸箱支撑成型,使其相邻面成直角后,综合尺寸>1 000 mm的,顶面或底面两对角线之差均≤6 mm;综合尺寸≤1 000 mm的,顶面或底面两对角线之差均≤4 mm。
2	色差	外观色差应与标准样箱无明显差异或ΔE_{ab}≤3.5。
3	压痕	单瓦楞压痕线宽度≤12 mm,双瓦楞压痕线宽度≤17 mm,压痕线折线居中,不应有破裂断线,不应有多余的压痕线。
4	裁切口	刀口无明显毛刺,切断口表面裂损宽度≤6 mm。
5	箱角漏洞	孔隙≤5 mm,不应有包角。
6	箱合拢	合拢时顶部和底部外摇盖离缝或搭结≤2 mm。 两盖参差≤4 mm。
7	摇盖耐折	内外表面裂缝总长≤70 mm。
8	印刷	印刷内容应符合GB 5606.2的要求。面层平整、表面光洁,无明显皱纹、划痕、污点;色泽饱满均匀、深浅一致,无虚影、糊版;图案、文字清晰,无漏印、重印、错印,偏离设计位置不应超过5 mm。
9	套印	偏差≤1.0 mm。
10	结合	接头搭舌宽度为35 mm~50 mm。用粘合剂结合的,粘合剂应涂布均匀充分,不应有溢出现象。

表 3（续）

序号	项　目	指　　标
11	裱合	粘贴牢固，不应有明显损坏和粘合剂污迹现象，不应有明显露楞，不起泡、无折皱、不缺材。开胶面积之和≤15 cm^2/m^2。
12	尺寸	长、宽、高的设计值±3 mm。
13	箱钉	应使用带有镀层（一般镀铜、锌）的低碳钢扁丝，不应出现锈斑、剥层、龟裂或其他使用上的缺陷。

5.3　卷烟用瓦楞纸箱应无异味。

6　检验方法

6.1　外观检验

卷烟用瓦楞纸箱的外观检验方法见表 4。

表 4　卷烟用瓦楞纸箱的外观检验方法

序号	项　目	检　验　方　法
1	方正度	将纸箱支撑成型，使其相邻面成直角后，用精度为 0.5 mm 的测量工具测量顶面或底面两对角线长度。
2	色差	目测或按 GB/T 7975 进行。
3	压痕	用精度为 0.5 mm 的测量工具测量上下压痕线的宽度。
4	裁切口	目测裁切口有无明显毛刺和表面裂损，有裂损时用精度为 0.5 mm 的测量工具测量表面裂损的最大宽度。
5	箱角漏洞	将纸箱支撑成型，使其相邻面成直角后，用精度为 0.5 mm 的测量工具测量箱角孔隙的最大直径。
6	箱合拢	将纸箱支撑成型，使其相邻面成直角后，用精度为 0.5 mm 的测量工具，分别测量顶部和底部两外摇盖的离缝或搭结宽度，两盖参差。
7	摇盖耐折	将纸箱支撑成型后，先将摇盖向内折 90°，然后开合 180°，往复五次，目测面层和里层是否有裂缝，有裂缝时用精度为 0.5 mm 的测量工具测量所有裂缝长度。
8	印刷	目测和用精度为 0.5 mm 的测量工具测量图案、文字的位置与设计位置的距离。
9	套印	用精度为 0.1 mm 的测量工具测量任意两套色之间差距的最大值。
10	结合	目测和用精度为 0.5 mm 的测量工具测量搭舌宽度。
11	裱合	目测和用精度为 0.5 mm 的测量工具测量开胶部位的最大长度和最大宽度，计算开胶面积。开胶面积＝最大长度×最大宽度。
12	尺寸	将纸箱支撑成型，使其相邻面成直角后，用与内装卷烟质（重）量相近的钢板（尺寸应小于纸箱内尺寸）压在箱底，用精度为 0.5 mm 的测量工具在搭接舌上距箱顶 50 mm 处分别量取箱长和宽；以箱底与箱顶两内摇盖间的距离量取箱高。卷烟用瓦楞纸箱及长、宽、高测量位置示意图见附录 A。
13	箱钉	目测。

6.2　物理性能检验

6.2.1　预处理条件及检验环境

除水分指标外，样品应按 GB/T 10739 规定，在温度 23℃±1℃，相对湿度 50%±2%环境中预处理 12 h 以上，并在此条件下进行检验。

6.2.2 样品制备

样品的采取按照 GB/T 450 的规定进行。从三个样箱上分别裁取戳穿强度、耐破强度、边压强度、粘合强度检验用试样。

——戳穿强度检验试样采取:从每个样箱壁上裁取四块不小于 175 mm×175 mm 的试样,共12块;

——耐破强度检验试样采取:从每个样箱壁上裁取四块不小于 140 mm×140 mm 的试样,共12块;

——边压强度检验试样采取:从每个样箱壁上裁取四块 25 mm×100 mm 的试样,共 12 块;

——粘合强度检验试样采取:从每个样箱壁上裁取四块 25 mm×80 mm 的试样,共 12 块。

6.2.3 戳穿强度的测定

按 GB/T 2679.7 的规定进行。

6.2.4 耐破强度的测定

按 GB/T 6545 的规定进行。

6.2.5 边压强度的测定

按 GB/T 6546 的规定进行。

6.2.6 空箱抗压强度的测定

按 GB/T 4857.4 的规定进行,结果取算术平均值。

6.2.7 粘合强度的测定

按 GB/T 6548 的规定进行。

6.2.8 水分的测定

按 GB/T 462 的规定进行。

6.2.9 厚度的测定

按 GB/T 6547 的规定进行。

6.3 异味检验

异味检验在抽样时完成,即在抽取纸箱样品时采用感官方法进行。

7 检验规则

7.1 产品检验

产品检验分交收检验和型式检验两种。

7.2 检验批

在一定时间内生产或一次交货的同一批次、同一类型、同一规格的卷烟用瓦楞纸箱为一个检验批。

7.3 交收检验

交收检验的项目由供需双方协商确定。

7.3.1 交收检验的外观检验抽样方法及判定

7.3.1.1 外观检验抽样方案

根据批量大小,从每一包装单位中随机抽取一只样箱,抽样数量及不合格判定数见表 5。

表 5 外观抽样数量及不合格判定数

单位为只

项　目	抽样数量及不合格判定数			
批量	≤1 000	1 001～10 000	10 001～15 000	≥15 001
样箱数量	6	12	18	24
不合格判定数	1	2	3	4

7.3.1.2 **外观检验产品判定**

外观检验按表 3 的要求逐个项目检验，若有三个以上项目不合格，则判定该样箱外观不合格。

7.3.1.3 **外观判定**

a) 若有一个或多于一个项目出现严重缺陷(影响正常使用)，则判定该批产品外观不合格。

b) 若不合格样箱数小于表 5 规定的不合格判定数，则判定该批产品外观合格。若大于或等于不合格判定数，则判定该批产品外观不合格。

7.3.2 **交收检验的物理性能抽样方法及判定**

7.3.2.1 **物理性能检验抽样方案**

不论批量的大小，随机抽取六只样箱，其中三只做空箱抗压强度检验，另外三只做其他物理性能检验。

7.3.2.2 **物理性能判定**

a) 若检验结果中空箱抗压强度、戳穿强度出现不合格项，则判定该批产品物理性能不合格；

b) 若检验结果中耐破强度、边压强度、粘合强度、厚度、水分出现两项或两项以上不合格项，则判定该批产品物理性能不合格。

7.3.3 **交收检验综合判定**

a) 若有明显异味，则判定该批产品不合格；

b) 若外观或物理性能不合格，则判定该批产品不合格；

c) 在判定该批产品不合格时，应对该批产品进行复检。

7.3.4 **复检规则**

复检时应从整批纸箱中重新抽样进行检验，若复检仍然不合格，则判定该批产品为不合格。若复检合格，应进行第二次复检，最终以第二次复检结果为准。

7.4 **型式检验**

7.4.1 型式检验项目为第 5 章(除水分外)的内容。

7.4.2 有下列情况之一，应进行型式检验。

a) 新产品或老产品转产生产的试制定型鉴定；

b) 原料、配方、工艺有较大改变，可能影响产品性能时；

c) 出厂检验结果与上次型式检验有较大差异时；

d) 国家质量监督机构提出进行型式检验的要求时。

7.4.3 型式检验抽样

a) 从检验批中随机抽取三个包装单位，从每个包装单位中随机抽取四只，共 12 只样箱。每六只为一个样本，其中一个样本用于检测，另外一个为备用样本。

b) 先进行外观及异味的检验，后进行物理性能检验；空箱抗压强度检测，数量为三只。另外三只做其他物理性能检验。

7.4.4 型式检验判定规则

7.4.4.1 外观判定

检测结果中任意一只样箱有三个以上项目不符合表 3 规定的，则判外观不合格。

7.4.4.2 物理性能判定

a) 若检验结果中空箱抗压强度、戳穿强度出现不合格项，则判物理性能不合格；

b) 若检验结果中耐破强度、边压强度、粘合强度、厚度出现两项或两项以上不合格项，则判物理性能不合格。

7.4.4.3 综合判定

a) 若有明显异味，则判定该批产品为不合格；

b) 若外观或物理性能不合格，则判定该批产品不合格；

c) 在判定该批产品不合格时,应对该批产品进行复检。

7.4.4.4 复检规则

复检时应用保留的备份样本进行检验,检验合格,判定该批产品为合格,复检仍然不合格,判定该批产品为不合格。

8 包装、标识、贮存、运输

8.1 包装

卷烟用瓦楞纸箱的包装以一定数量为一个包装单位,包装牢固。

8.2 标识

卷烟用瓦楞纸箱应在内摇盖上印有纸箱生产企业名称或代码、纸箱的类别、等级等。

8.3 贮存

堆码不宜超高,码放整齐,码垛之间留有空隙;贮存过程中应避免雨淋、曝晒、受潮、污染。

8.4 运输

卷烟用瓦楞纸箱在运输过程中应避免雨淋、曝晒、受潮、污染,不应采用有损产品质量的运输方式。

附 录 A
（资料性附录）
楞型分类和卷烟用瓦楞纸箱长、宽、高测量位置示意图

A.1 楞型分类

卷烟用瓦楞纸箱分单瓦楞纸箱和双瓦楞纸箱等，楞型分类见表 A.1。

表 A.1 卷烟用瓦楞纸箱楞型分类

楞 型	楞高/mm	楞数/(个/300 mm)
A	4.5～5	34±2
C	3.5～4	38±2
B	2.5～3	50±2
E	1.1～2	96±4

A.2 卷烟用瓦楞纸箱长、宽、高及测量位置

卷烟用瓦楞纸箱长、宽、高及测量位置见图 A.1。

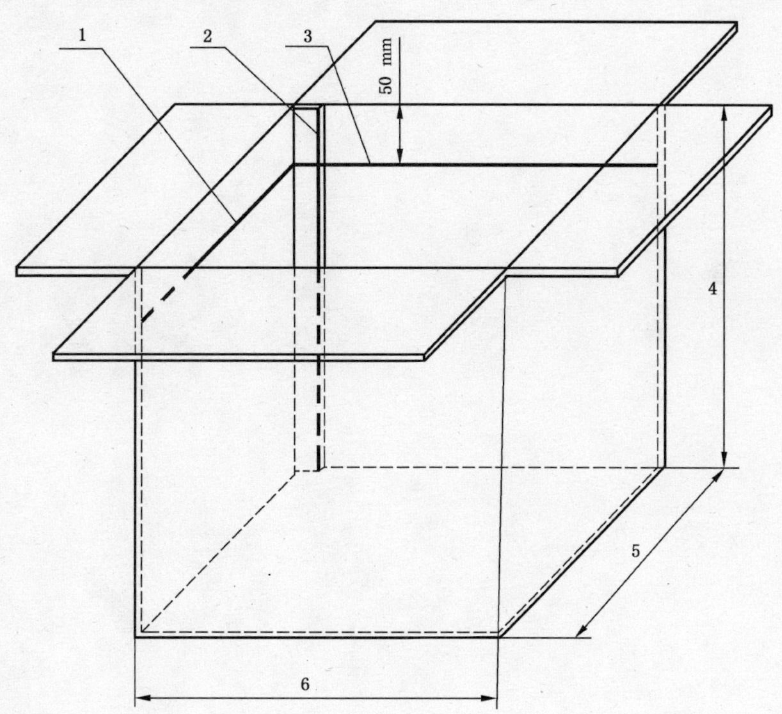

1——宽度测量位置；
2——高度测量位置；
3——长度测量位置；
4——纸箱的高度；
5——纸箱的宽度；
6——纸箱的长度。

图 A.1 卷烟用瓦楞纸箱长、宽、高及测量位置示意图

长沙精达印刷制版有限公司

长沙精达印刷制版有限公司成立于 1998 年 8 月，是一家专业生产凹印版辊的企业。公司位于长沙市经济技术开发区，交通便利，环境优美。公司经过 20 多年的发展，已经成为注册资金 2000 万元、年产值近亿元、年利税 1500 多万元的中型企业。公司现有员工 156 人，其中：本科以上学历的有 37 人，大专以上学历的有 59 人，各类专业技术人员 42 人，并设有专门的技术研发中心，中心定员 38 人，专门从事技术研发、质量提升、产品跟踪、售后服务工作。

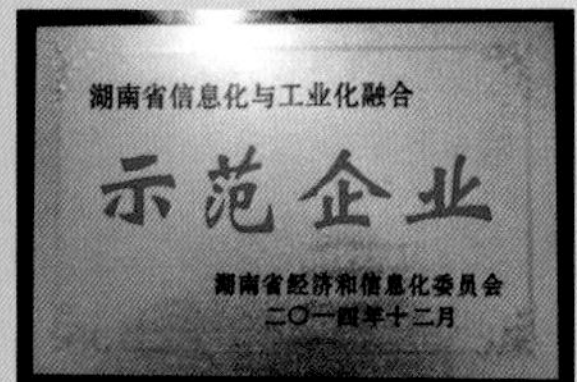

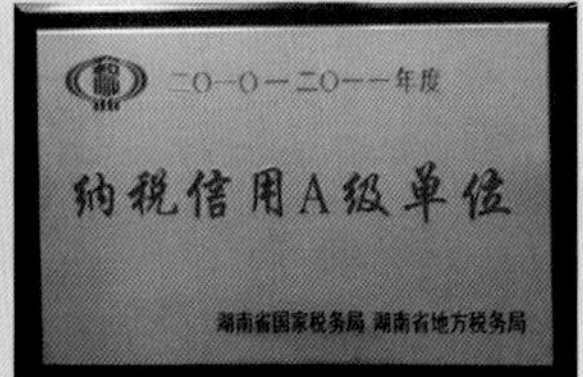

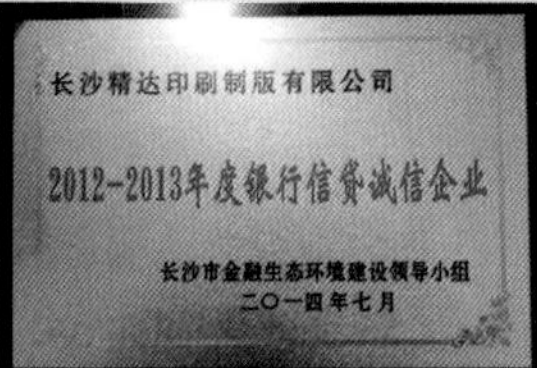

公司具备丰富的凹版制作经验，技术实力雄厚。公司主要生产烟盒印刷版辊、高档纸张印刷版辊、塑料包装印刷版辊等产品。公司现拥有多台从瑞士、美国等国家进口的具有国际先进水平的设备：2013 年投入 228 万元，购置并安装了一条 2.3 米新电镀自动镀铜镀铬生产线，日产能达到 200 支版辊以上。同年投入 240 余万元，购置并安装了一台美国全进口的精细电子雕刻机，专门配套制作精细烟包等高端产品，将产品做得更细腻、更美观。2016 年投入 208 万元，购置并安装了一条 1.7 米新电镀自动镀铜镀铬生产线，专门生产烟包产品，日产能达到 100 支烟包版辊以上。2016 年再次投入 1400 万元，从德国购置了一条世界先进的激光直接雕刻制版生产线，特别对水性墨凹印版辊的制作，具有良好稳定的效果，该条生产线已全面投入生产使用。

先进的生产设备、高素质的员工队伍、完善的管理体制保证了产品质量的优良性。我们生产的产品雕刻深度较大，油墨转移性好，墨色饱和，线条清晰，层次丰富，一次性上机印刷成功率高，特别是纸张版。公司可根据不同的承印物、不同的油墨、不同的设备与印刷环境设定特殊工艺，对雕前、雕后的版辊表面进行特殊处理，由此制出的版辊还原性好、光洁度高、耐印力强，版辊质量一直得到广大客户的信赖。

公司目前面向全国市场服务的厂家 300 余家，市场主要分布在湖南、湖北、江西、广东、广西、河南、四川、重庆、云南、上海、江苏、浙江、安徽、贵州、甘肃、山东等省市，建有外地办事处 18 家，为厂家的贴身服务和跟进服务奠定了雄厚的保障基础。主要服务对象为：常德金鹏印务有限公司、上海烟草包装印刷有限公司、武汉虹之彩印务有限公司、武汉红金龙印务有限公司、湖南福瑞印刷有限公司、黄金叶印务有限公司、许昌永昌印务有限公司、湖北金三峡联通印务有限公司、重庆宏声印务有限责任公司、昆明瑞丰印刷有限公司、青岛黎马敦包装有限公司四川金时印务有限公司四川宽窄印务有限公司、宁夏弘德包装材料有限公司、将军烟草集团有限公司山东临清纸业分公司、湖南真旺塑料包装有限公司、湖南晶鑫科技股份有限公司、湖南向维彩印包装有限公司等。生产的国内知名品牌产品有：芙蓉王系列、中华系列、白沙系列、黄鹤楼系列、红塔山系列、红金龙系列、娇子系列、黄山系列、红旗渠系列、黄金叶系列、利群系列、黄果树系列、重庆天子系列等烟包产品；康师傅系列标签、小龙王槟榔、统一系列标签；胖哥、口味王槟榔以及真旺集团和恒安集团的系列塑料包装产品等。

公司建立了质量记录控制程序、采购控制程序、与产品有关要求的评审控制程序、检验与试验控制程序、不合格品的控制程序、内部质量审核控制程序等，并对每个控制程序建立了相应的标准，对每个工序均制定了严格的作业指导书。2009 年 12 月 20 日被湖南省科学技术厅认定为“湖南省高新技术企业”，并自主研发申请了多项专利。公司自成立以来，多次被评为“重合同、守信用企业”。于 2012 年至今投资上百万引进了国内先进的“华天谋”咨询公司，进行 CTPM 精益化管理模式的导入，2014 年又和管理培训顾问公司——台湾健峰企业集团签订了长期合作协议，分期、分批地对全体员工进行培训，大大提高了公司的整体管理水平和市场竞争综合实力。

优质的服务、高效的管理，使公司不断地发展壮大。精达人正把“责任、创新、超越”融入自己的血脉，为更加美好的明天而努力！

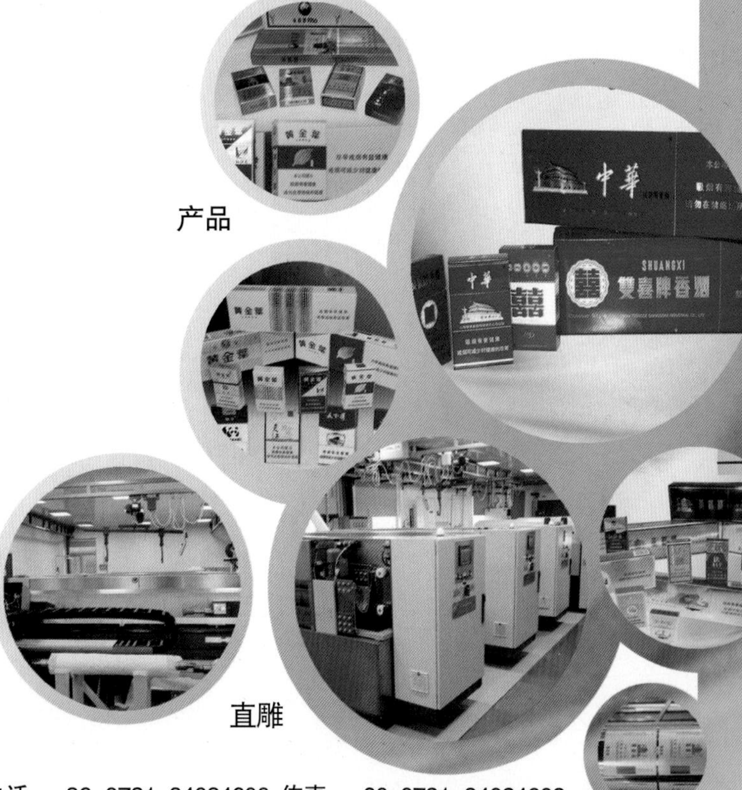

产品

直雕

地址：湖南长沙经济技术开发区寿昌路 5 号
网址：http://www.csjingda.com/ 邮箱：csjd2810@163.com 电话：+86-0731-84024606 传真：+86-0731-84024603

2016 年，荣获国家高新技术企业认证。

2016 年，通过中国环境标志产品认证（十环认证）。

2017 年 9 月，正式成为中国包装印刷标准研究基地。

2018 年 6 月，参与起草《印刷产品分类》国家标准。

2018 年，成功入围广东省东莞市“协同倍增”企业库名单。

2019 年，计划投资打造生产研发基地（广东省四会市）。

中国环境标志产品认证证书

证书编号:CEC 008 91441900797754546 0

申请方

东莞市冠力胶业有限公司

地址:广东省东莞市樟木头镇官仓社区银岭工业区1-3栋

制造商:东莞市冠力胶业有限公司

地址:广东省东莞市樟木头镇官仓社区银岭工业区1-3栋

生产厂:东莞市冠力胶业有限公司

地址:广东省东莞市樟木头镇官仓社区银岭工业区1-3栋

申请的胶粘剂符合中华人民共和国环境保护部颁布的环境标志产品技术要求HJ/T 220-2005

符合的认证产品商标、名称及型号:

申请号：21501093 牌

水基胶粘剂

（认证产品的商标、单元、名称、型号见证书附件）

认证模式：型式试验+现场审核+产品抽样检验+证后监督

中国环境标志产品认证制度遵循GB/T24024:2001 idt ISO14024:1999标准

本证书的有效性依据发证机构的监督获得保持

发证日期：二〇一六年十二月五日

有效期至：二〇一九年十二月四日

授权机构：中华人民共和国环境保护部

签发人：

本证书使用满一年后与年度确认标识同时使用方有效

第一次监督 第二次监督 第三次监督

年度确认防伪标识

中环联合(北京)认证中心有限公司

中国-北京-朝阳区育慧南路1号 100029

http://www.mepcec.com

高新技术企业证书

企业名称：东莞市冠力胶业有限公司

证书编号：GR201644004440

发证时间：2016年10月10日

有效期：三年

批准机关：

广东省科学技术厅 广东省财政厅 广东省国家税务局 广东省地方税务局

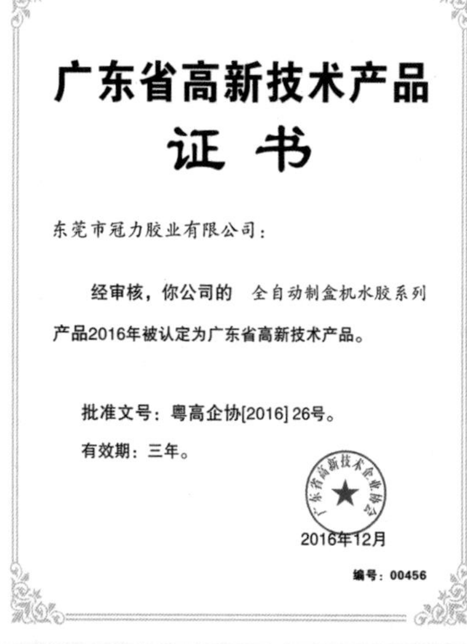

广东省高新技术产品证书

东莞市冠力胶业有限公司：

经审核，你公司的 全自动制盒机水胶系列 产品2016年被认定为广东省高新技术产品。

批准文号：粤高企协[2016] 26号。

有效期：三年。

广东省高新技术企业协会

2016年12月

编号：00456

东莞市冠力胶业有限公司

地址：广东省东莞市樟木头镇官仓社区银岭工业区 1-3 栋

电话：+86-0769-89074222

四川长江造纸仪器有限责任公司

Sichuan Changjiang Papermaking Instrument Co.,Ltd.

四川长江造纸仪器有限责任公司始建于1965年，是我国造纸、包装检测仪器行业的开拓者和领军企业之一。

公司主要从事造纸、包装检测仪器的研发和生产，产品含六大系列、五十多个品种，覆盖基本特性检测、强度性能检测、印刷适性检测等项目，广泛适用于纸浆、纸张、纸板、纸箱和烟草薄片的各项物理性能试验。公司产品以领先的技术水平、优良的产品质量和完善的售后服务，深得广大客户青睐。

电脑测控卫生纸厚度仪

卫生纸球形耐破度仪

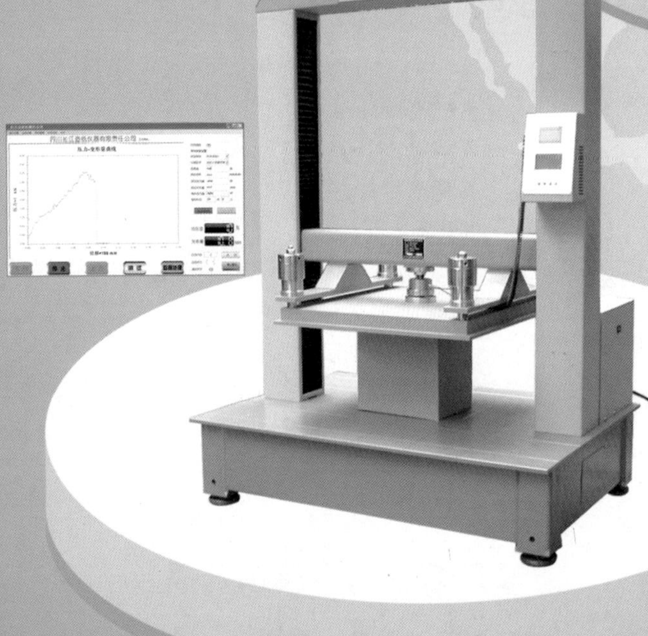

电脑测控抗压试验机

公司外景

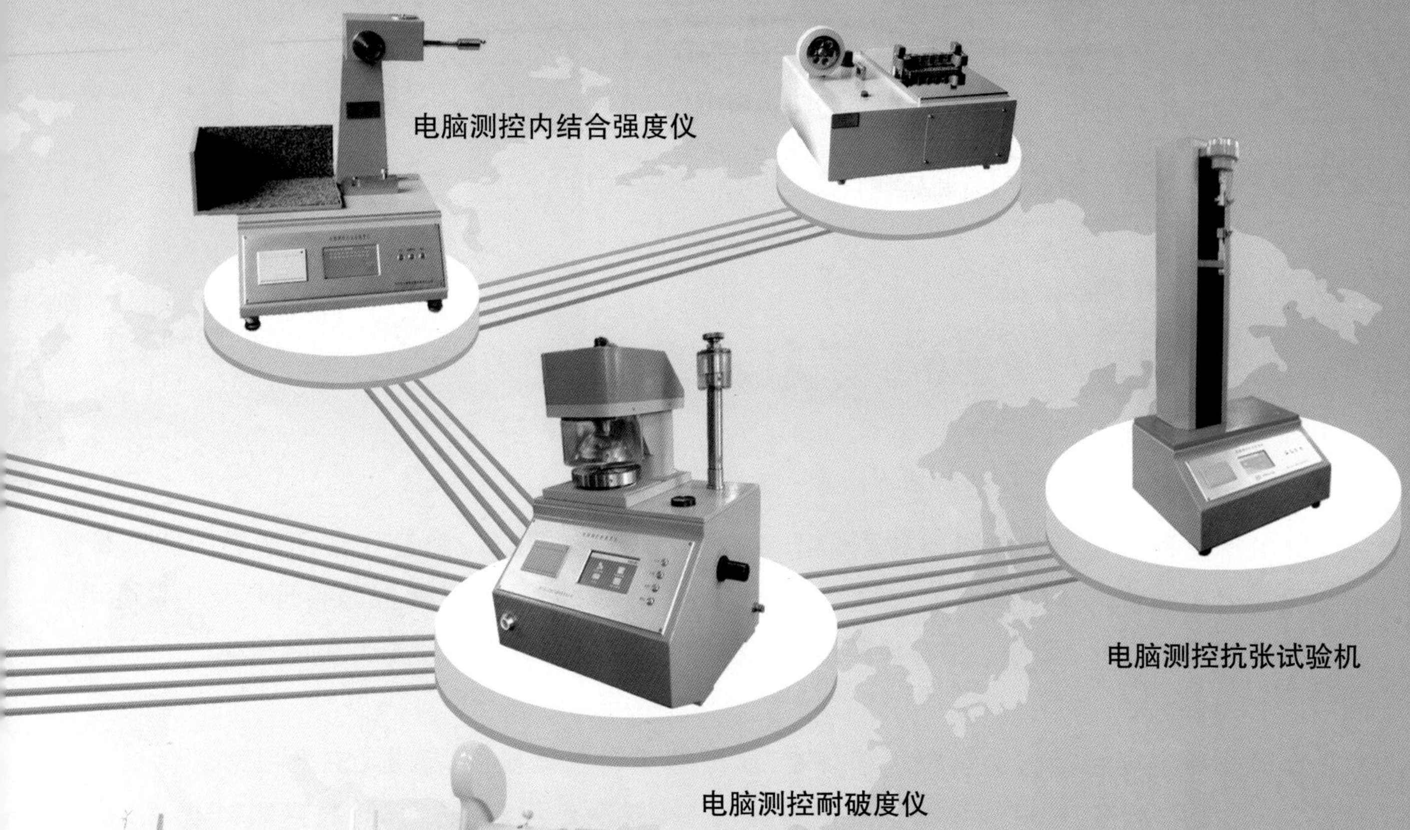

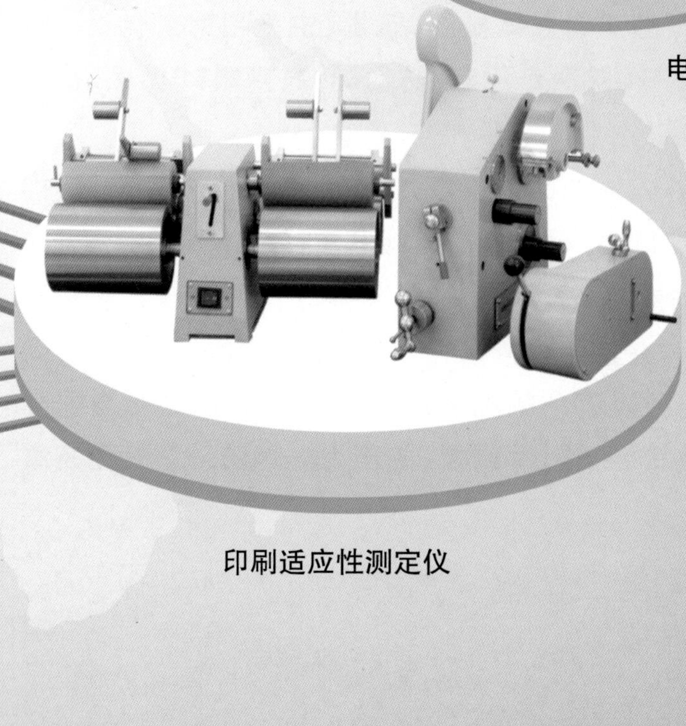

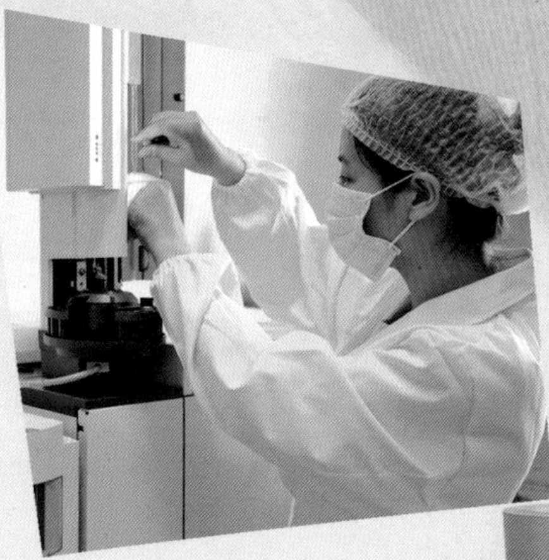

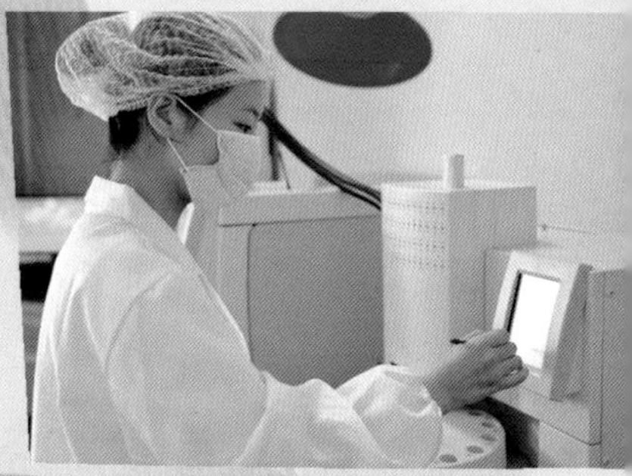

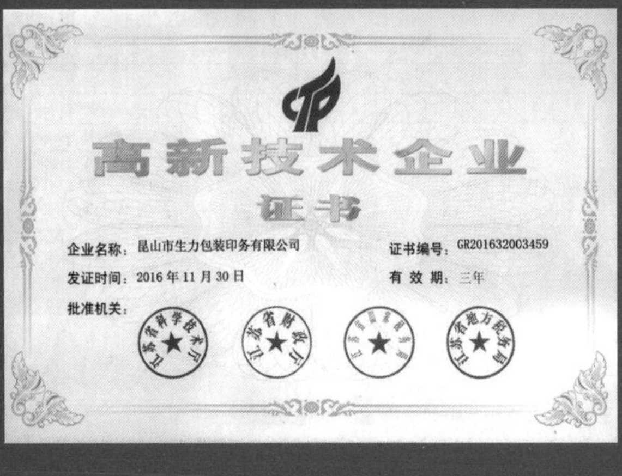

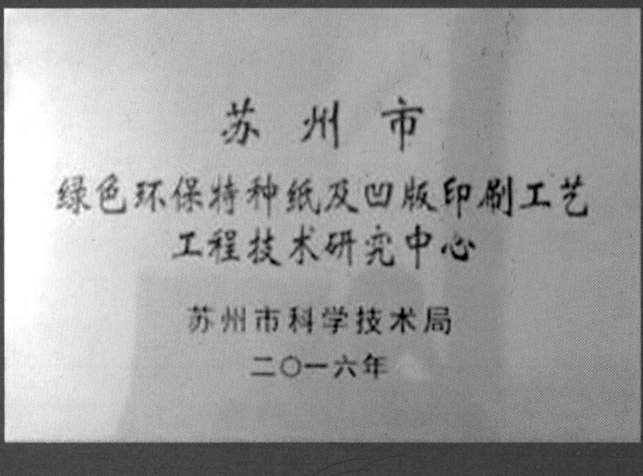

公司

厂区

成品仓原纸

物流配送中心

众品鑫包装

—— ZHONGPINXIN PACKING ——

“众品鑫包装”品牌由创始人黄庆丰先生创立于2004年10月美丽的滨海城市（浙江宁波），是一家集瓦楞纸板、纸箱研发、生产、销售及服务于一体的大型综合性包装企业，全国各地特别是浙江、江西的近万家客户提供优质的包装产品和售后服务。经过十几载春秋发展、壮大，集团目前拥有二十一家分公司、近千名员工，厂房生产面积超50万平方米，年产值可达15亿元，每年为国家缴纳税金超千万元，2017年跻身全国印刷行业“百强”队伍。

集团拥有国际国内一流的生产技术设备，有香港铭威、台湾协旭、意高发1450型7+1=8色预印机等自动化生产线5条，德国罗兰、上海鼎龙、科盛隆高速印刷机100余台及上海嘉亿、广东铖铭全自动糊箱机，山东信川、上海旭恒自动平压平等后道生产设备300多台。公司注重科技创新和产品研发，从2014年起成立了针对包装生产和设计的相关技术研发中心，开拓研发了2项发明专利和30项实用新型专利，技术创新能力处于行业领先水平。公司先后荣获“中国包装优秀品牌”“中国信用行业AAA级信用企业”“浙江省质量诚信AAA级品牌企业”“浙江省中小企业资质等级AAA级企业”“2012—2016年度高安市纳税特别贡献奖”“江西省优秀包装企业”“宜春市印刷行业十强”“2017中国印刷业最佳雇主”“2017中国印刷包装企业百强”“2017年江西省两化融合贯标试点企业公司”“先进基层党组织”。公司是中国包装联合会常务理事单位、中国包装联合会纸委会副主任单位、江西省包装技术协会会长单位。董事长黄庆丰获浙江大学授予的“爱心总裁”称号、“江西省优秀包装企业家”称号，以及“小康双建”爱心基金、“返乡投资优秀宜商”等称号。

设备
企业文化
主要产品
主要产品
旺旺
大礼包
AUX 奥克斯空调

中国包装标准汇编

纸包装卷

（第三版）

广告目录

上海烟草包装印刷有限公司
陆良福牌彩印有限公司
北京高盟新材料股份有限公司
四川金时印务有限公司
张家口市宣化新北方装潢印刷有限责任公司
威德霍尔机械（太仓）有限公司
福建泰兴特纸有限公司
达成包装制品（苏州）有限公司
永发印务（四川）有限公司
永发印务（东莞）有限公司
浙江爱迪尔包装集团有限公司
云南红塔彩印包装有限公司
长沙精达印刷制版有限公司
东莞市冠力胶业有限公司
四川长江造纸仪器有限责任公司
四川省宜宾普拉斯包装材料有限公司
昆山市生力包装印务有限公司
江西福山众品鑫包装有限公司
珠海经济特区诚成印务有限公司
汕头东风印刷股份有限公司
海南赛诺实业有限公司
青岛黎马敦包装有限公司
安徽集友新材料股份有限公司
廊坊市北方嘉科印务股份有限公司
青岛利康包装有限公司
青岛英恒达包装有限公司

鸣谢单位

北京高盟新材料股份有限公司 郝晓祎 唐志萍
达成包装制品（苏州）有限公司 卢思满
东莞市冠力胶业有限公司 赵建国 卢智燊 胡德志
上海烟草包装印刷有限公司 罗 龙 郦 彬
永发印务（东莞）有限公司 徐国雄 肖 武
珠海经济特区诚成印务有限公司 方锡强 王 伟
永发印务（四川）有限公司 金国明 李洪林
长沙精达印刷制版有限公司 谌伦祥 李文田
江西福山众品鑫包装有限公司 鄢小红 刘小勇
威德霍尔机械（太仓）有限公司 戴京辉
汕头东风印刷股份有限公司 王培玉
昆山市生力包装印务有限公司 赵根生 赵 元
青岛黎马敦包装有限公司 王 珂 王文峰
浙江爱迪尔包装集团有限公司 王鑫炎 魏来法
陆良福牌彩印有限公司 袁乔有 苏跃进
湛江卷烟包装材料印刷有限公司 王 健 谢挺煜
四川金时印务有限公司 李海坚
云南红塔彩印包装有限公司 郑绍武
廊坊市北方嘉科印务股份有限公司 龚声波 朱沐林
张家口宣化新北方装潢印刷有限责任公司 岳 宝
青岛利康包装有限公司 邵守信 李新河
四川长江造纸仪器有限责任公司 杨盛奎 刘邦贵 殷报春
四川省宜宾普拉斯包装材料有限公司 周立权 阳培翔 徐胜英